AutoCAD 2018 中文版 入门与提高

土木工程设计

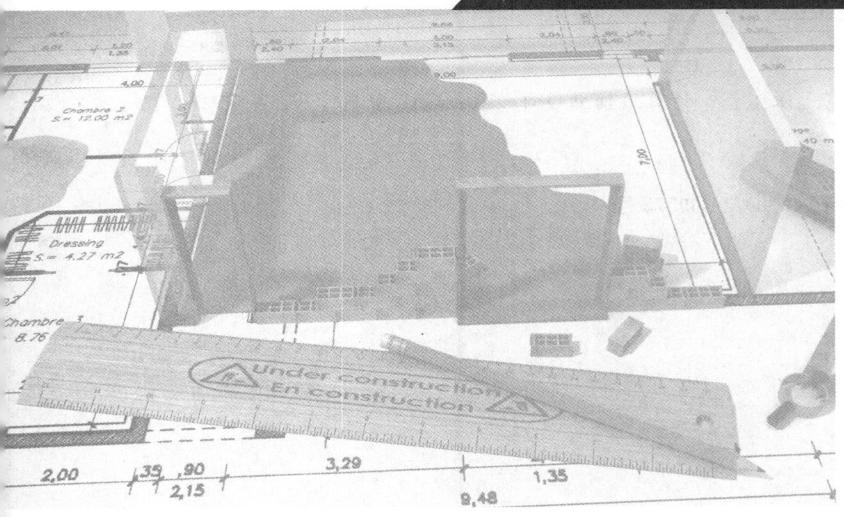

CAD/CAM/CAE技术联盟◎编著

清华大学出版社
北京

内容简介

本书结合建筑结构设计的基础知识，介绍了利用 AutoCAD 2018 进行土木建筑设计的方法和过程。全书分两篇：第 1 篇包括第 1～8 章，主要介绍了 AutoCAD 2018 的基本操作方法，土木结构施工图的具体绘图规定，以及结构施工图中部分图例的绘制方法；第 2 篇包括第 9～14 章，主要介绍了某别墅的建筑结构设计过程及绘制方法。

本书可用作建筑专业高职和本科院校学生的专业学习辅导教材，也可以作为各种建筑设计工程人员的自学参考书。

图书在版编目（CIP）数据

AutoCAD 2018 中文版入门与提高. 土木工程设计/CAD/CAM/CAE 技术联盟编著. —北京：清华大学出版社，2019
（CAD/CAM/CAE 入门与提高系列丛书）
ISBN 978-7-302-51808-2

Ⅰ. ①A…　Ⅱ. ①C…　Ⅲ. ①土木工程－计算机辅助设计－AutoCAD 软件　Ⅳ. ①TP391.72 ②TU201.4

中国版本图书馆 CIP 数据核字（2018）第 269575 号

责任编辑：赵益鹏　赵从棉
封面设计：李召霞
责任校对：刘玉霞
责任印制：宋　林

出版发行：清华大学出版社
网　　址：http://www.tup.com.cn，http://www.wqbook.com
地　　址：北京清华大学学研大厦 A 座　　**邮　　编**：100084
社 总 机：010-62770175　　**邮　　购**：010-62786544
投稿与读者服务：010-62776969，c-service@tup.tsinghua.edu.cn
质量反馈：010-62772015，zhiliang@tup.tsinghua.edu.cn
印 装 者：三河市君旺印务有限公司
经　　销：全国新华书店
开　　本：185mm×260mm　**印　张**：31.5　**字　　数**：722 千字
版　　次：2019 年 3 月第 1 版　**印　　次**：2019 年 3 月第 1 次印刷
定　　价：89.80 元

产品编号：073753-01

前　言

建筑物的土木结构设计关系着结构的安全及使用功能。合理的土木结构设计，可以充分发挥建筑的优势，提高结构安全性能。土木建筑结构设计包括初步设计和施工图深入设计。而绘制土木建筑结构施工图和普通制图是有区别的，不仅需要绘制结构的布局和尺寸，而且要详细注明结构构件的构造和施工要求，为施工提供依据。

在国内，AutoCAD 软件在土木建筑结构设计中的应用是最广泛的，掌握好该软件是每个建筑学子必不可少的技能。使用 AutoCAD 绘制土木建筑结构施工图，不仅可以利用人机交互界面实时进行修改，快速地把各人的意见反映到设计中去，而且可以感受修改后的效果，从多个角度任意进行观察，它是土木建筑结构设计的得力工具。

一、本书特点

☑ 作者权威

本书由 Autodesk 中国认证考试管理中心首席专家胡仁喜博士领衔的 CAD/CAM/CAE 技术联盟编写，所有编者都是在高校从事计算机辅助设计教学研究多年的一线人员，具有丰富的教学实践经验与教材编写经验，多年的教学工作使他们能够准确地把握学生的心理与实际需求，前期出版的一些相关书籍经过市场检验很受读者欢迎。本书由作者总结多年的设计经验以及教学的心得体会，历经多年的精心准备编写而成，力求全面、细致地展现 AutoCAD 软件在工程设计应用领域的各种功能和使用方法。

☑ 实例丰富

本书的实例不管从数量还是种类上来说都非常丰富。从数量上说，本书结合大量的工程设计实例，详细讲解了 AutoCAD 的知识要点，可以让读者在学习案例的过程中潜移默化地掌握 AutoCAD 软件的操作技巧。

☑ 提升技能

本书从全面提升 AutoCAD 实际应用能力的角度出发，结合大量的案例来讲解如何利用 AutoCAD 软件进行工程设计，力求使读者了解 AutoCAD 并能够独立地完成各种工程设计与制图。

本书中有很多实例本身就是工程设计项目案例，经过作者精心提炼和改编，不仅保证了读者能够学好知识点，更重要的是能够帮助读者掌握实际的操作技能，同时培养其工程设计实践能力。

☑ 内容全面

本书完整地介绍了 AutoCAD 软件在土木建筑结构设计中应用的各种结构设计形式，这些知识共同组成 AutoCAD 土木建筑结构设计的完整体系，既通过实例对 AutoCAD 的功能进行了透彻的讲解，也阐释了土木建筑结构设计中各种典型结构设计的基本方法。全书共分两篇：第 1 篇主要对一些基本方法和理论进行必要的准备，包括 AutoCAD 基本操作和建筑设计图例绘制等知识；第 2 篇则通过别墅土木建筑结

构设计的具体实例对前面的知识进行综合性的应用和深化。前后两篇，分工明确，逐步深入；前后紧密联系，又独成体系，共同组成全书这一有机整体。“秀才不出屋，能知天下事”。只要有本书在手，读者对 AutoCAD 土木建筑结构设计知识就会全精通。本书不仅有透彻的讲解，还有非常典型的工程实例。通过实例的演练，能够帮助读者找到一条学习 AutoCAD 建筑结构设计的捷径。

Note

☑ 认证通过率高

本书参照 Autodesk 中国认证考试中心 AutoCAD 工程师认证考试大纲编写，每章的同步练习题和上机操作题均来自考试题库原题，最后还给出一套 Autodesk 官方认证考试样卷。以本书作为教材，不仅可以学习到 AutoCAD 土建工程专业技能，必要时，还有利于读者通过 Autodesk 官方认证考试。

二、本书的基本内容

本书以最新的 AutoCAD 2018 版本为演示平台，全面介绍 AutoCAD 土木建筑结构设计从基础到实例的全部知识，希望帮助读者从入门走向提高。全书分为两篇，共 14 章。具体包括建筑结构设计概述、AutoCAD 2018 入门、二维绘图命令、辅助绘图工具、编辑命令、文字与表格、尺寸标注、集成绘图工具、图纸管理等内容，最后围绕某别墅建筑结构设计深入讲解建筑结构设计中各种图形的设计方法。

三、本书的配套资源

本书通过二维码扫码下载提供了极为丰富的学习配套资源，期望读者在最短的时间内学会并精通这门技术。

1. 配套教学视频

0-1

本书专门制作了 48 个经典中小型案例，1 个大型综合工程应用案例，131 节教材实例同步微视频，读者可以先看视频，像看电影一样轻松愉悦地学习本书内容，然后对照课本加以实践和练习，这样可以大大提高学习效率。

2. AutoCAD 应用技巧、疑难问题解答等资源

（1）AutoCAD 应用技巧大全：汇集了 AutoCAD 绘图的各类技巧，对提高作图效率很有帮助。

（2）AutoCAD 疑难问题解答汇总：疑难问题解答的汇总，对入门者来讲非常有用，可以扫除学习障碍，让学习少走弯路。

（3）AutoCAD 经典练习题：额外精选了不同类型的练习题，读者只要认真练，到一定程度就可以实现从量变到质变的飞跃。

（4）AutoCAD 常用图库：作者经过多年工作积累了内容丰富的图库，读者可以直接用，或者稍加改动就可以用，可以提高作图效率。

（5）AutoCAD 快捷命令速查手册：汇集了 AutoCAD 常用快捷命令，熟记可以提高作图效率。

（6）AutoCAD 快捷键速查手册：汇集了 AutoCAD 常用的快捷键，绘图高手通常会直接使用快捷键。

(7) AutoCAD 常用工具按钮速查手册：熟练掌握 AutoCAD 工具按钮的使用方法也是提高作图效率的方法之一。

(8) 软件安装过程详细说明文本和教学视频：此说明文本和教学视频可以解决令人烦恼的软件安装问题。

(9) AutoCAD 官方认证考试大纲和模拟考试试题：本书完全参照官方认证考试大纲编写，模拟试题由作者独家掌握的考试题库编写而成。

3. 10 套大型图纸设计方案及长达 12 小时的同步教学视频

为了帮助读者拓展视野，特赠送 10 套设计图纸集，以及图纸源文件，视频教学录像(动画演示，总长 12 小时)。

4. 全书实例的源文件和素材

本书附带了很多实例，包含实例和练习实例的源文件和素材，读者可以安装 AutoCAD 2018 软件，打开并使用它们。

四、关于本书的服务

1. 关于本书的技术问题或有关本书信息的发布

读者朋友遇到有关本书的技术问题，可以登录网站 http://www.sjzswsw.com 或将问题发到邮箱 win760520@126.com，我们将及时回复；也欢迎加入图书学习交流群(QQ 群：597056765)交流探讨。

2. 安装软件的获取

按照本书中的实例进行操作练习，以及使用 AutoCAD 进行工程设计与制图时，需要事先在计算机上安装相应的软件。读者可从网络中下载相应软件，或者从软件经销商处购买。QQ 交流群也会提供下载地址和安装方法教学视频，需要的读者可以关注。

本书由 CAD/CAM/CAE 技术联盟编著，具体参与编写的人员有胡仁喜、刘昌丽、康士廷、王敏、闫聪聪、杨雪静、李亚莉、李兵、甘勤涛、王培合、王艳池、王玮、孟培、张亭、王佩楷、孙立明、王玉秋、王义发、解江坤、秦志霞、井晓翠等。本书的编写和出版得到了很多朋友的大力支持，值此图书出版发行之际，向他们表示衷心的感谢。同时，也深深感谢支持和关心本书出版的所有朋友。

书中主要内容来自作者几年来使用 AutoCAD 的经验总结，也有部分内容取自国内外有关文献资料。虽然笔者几易其稿，但由于水平有限，加之时间仓促，书中纰漏与失误在所难免，恳请广大读者批评指正。

作　者

2018 年 10 月

目 录

Contents

第1篇 基础知识篇

Note

Note

Note

Note

Note

Note

Note

第 2 篇 别墅土建施工案例篇

Note

Note

Note

1

本篇导读：

本篇主要介绍土木建筑设计的基本理论和AutoCAD 2018的基础知识。

对建筑设计基本理论进行介绍的目的是使读者对建筑设计的各种基本概念、基本规则有一个感性的认识，帮助读者进行一个全景式的知识扫描。

对AutoCAD 2018的基础知识进行介绍的目的是为下一步建筑设计案例讲解作必要的知识准备。这一部分内容主要介绍AutoCAD 2018的基本绘图方法、辅助绘图工具的使用。

内容要点：

- 建筑结构设计概述
- 编辑命令
- AutoCAD 2018入门
- 文字与表格
- 二维绘图命令
- 尺寸标注
- 辅助绘图工具
- 集成绘图工具

第1篇　基础知识篇

第1章

建筑结构设计概述

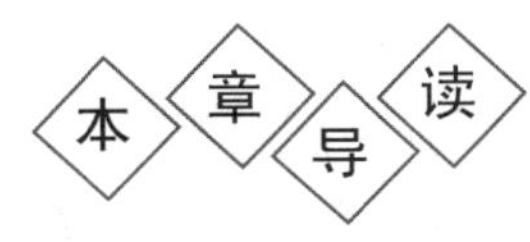

一个建筑物的落成，先要经过建筑设计，然后进行结构设计。结构设计的主要任务是确定结构的受力形式、配筋构造、细部构造等。要根据结构设计施工图进行施工，因此绘制明确详细的施工图是十分重要的工作。我国规定了结构设计图的具体绘制方法及专业符号。本章将结合相关标准，对建筑结构施工图的绘制方法及基本要求作简单介绍。

学 习 要 点

- 土木建筑结构设计基本知识
- 土木建筑结构设计要点
- 土木建筑结构设计施工图简介
- 土建制图基本规定
- 土建施工图编制
- 学习效果自测

1.1 土木建筑结构设计基本知识

Note

1.1.1 土木建筑结构的功能要求

根据我国《建筑结构可靠度设计统一标准》，土木建筑结构应该满足的功能要求可以概括为以下几方面。

(1) 安全性：建筑结构应能承受正常施工和正常使用时可能出现的各种荷载和变形，在偶然事件(如地震、爆炸等)发生时和发生后保持必需的整体稳定性，而不致发生倒塌。

(2) 适用性：结构在正常使用过程中应具有良好的工作性。例如，不产生影响使用的过大变形或振幅，不发生足以让使用者不安的过宽的裂缝等。

(3) 耐久性：结构在正常维护条件下应具有足够的耐久性，完好使用到设计规定的年限，即设计使用年限。例如，混凝土不发生严重风化、腐蚀、脱落，钢筋不发生锈蚀等。

良好的结构设计应能满足上述要求，这样设计的结构才是安全可靠的。

1.1.2 结构功能的极限状态

整个结构或者结构的一部分超过某一特定状态就不能满足设计指定的某一功能要求，这个特定状态称为该功能的极限状态，例如，构件即将开裂、倾覆、滑移、压屈、失稳等。也就是说，能完成预定的各项功能时，结构处于有效状态；反之，则处于失效状态。有效状态和失效状态的分界称为极限状态，它是结构开始失效的标志。

极限状态可以分为以下两类。

1. 承载能力极限状态

结构或构件达到最大承载能力或者达到不适于继续承载的变形状态，称为承载能力极限状态。当结构或构件由于材料强度不足而破坏，或因疲劳而破坏，或产生过大的塑性变形而不能继续承载时，将丧失稳定；结构转变为机动体系时，结构或构件就超过了承载能力极限状态。超过承载能力极限状态后，结构或构件就不能满足安全性的要求。

2. 正常使用极限状态

结构或构件达到正常使用或耐久性能中某项规定限度的状态称为正常使用极限状态。例如，当结构或构件出现影响正常使用的过大变形、裂缝过宽、局部损坏和振动时，可认为结构和构件超过了正常使用极限状态。超过了正常使用极限状态，结构和构件就不能保证适用性和耐久性的功能要求。

结构和构件按承载能力极限状态进行计算后，还应该按正常使用极限状态进行验算。通常在设计时要保证构造措施满足要求，这些构造措施在后面章节的绘图过程中会详细介绍。

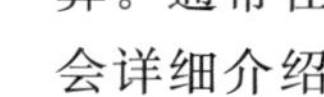

1.1.3　结构设计方法的演变

随着科学界对结构效应的认识及计算方法的进步，结构设计方法也从最初的简单考虑安全系数法发展到考虑各种因素的概率设计方法。

1. 容许应力设计方法

对于在弹性阶段工作的构件，容许应力方法有一定的设计可靠性，如钢结构。尽管材料在受荷后期表现出明显的非线性，但是当时由于设计人员对线弹性力学更为熟悉，所以在设计具有明显非线性的钢筋混凝土结构时，仍然采用材料力学的方法。

2. 破损阶段设计方法

破损阶段设计方法相对于容许应力设计方法的最大贡献就是：通过大量的钢筋混凝土构件试验，建立了钢筋混凝土构件抗力的计算表达式。

3. 极限状态设计方法

相对于前两种设计方法，极限状态设计方法的创新点在于以下几方面。

(1) 首次提出两类极限状态：

$$\text{抗力设计值} \geqslant \text{荷载效应设计值}$$

$$\text{裂缝最大值} \leqslant \text{裂缝允许值，挠度最大值} \leqslant \text{挠度允许值}$$

(2) 提出了不同功能工程的荷载观测值的概念，在观测值的基础上提出了荷载取用值的概念：

$$\text{荷载取用值} = \text{大于 1 的系数} \times \text{荷载观测值}$$

(3) 提出了材料强度的实测值和取用值的概念：

$$\text{强度取用值} = \text{小于 1 的系数} \times \text{强度实测值}$$

(4) 提出了裂缝及挠度的计算方法和控制标准。

尽管极限状态设计方法有创新点，但是其也存在某些缺点：

(1) 荷载的离散度未给出；

(2) 材料强度的离散度未给出；

(3) 荷载及强度系数仍为人为经验值。

4. 半概率半经验设计法

半概率半经验设计法的本质是极限状态设计法，但是与极限状态设计方法相比，又有一定的改进：

(1) 对荷载在观测值的基础上通过统计给出标准值；

(2) 对材料强度在观测的基础上通过统计分析给出标准值。

但是，对于荷载及材料系数仍然由人为经验确定。

5. 近似概率设计法

近似概率设计法将随机变量 R 和 S 的分布只用统计平均值 μ 和标准值 σ 来表征，且在运算过程中对极限状态方程进行线性化处理。

但是此设计方法也存在一些缺陷。

(1) 根据截面抗力设计出的结构，存在着截面失效不等于构件失效，更不等于结构失效的问题，因此不能很准确地表征结构的抗力效应。

(2) 未考虑不可预见的因素的影响。

Note

6. 全概率设计方法

全概率设计方法就是全面考虑各种影响因素,并基于概率论的结构优化设计方法。

1.1.4 结构分析方法

结构分析应以结构的实际工作状况和受力条件为依据,并且在所有的情况下均应对结构的整体进行分析,必要时,还应对结构中的重要部分、形状突变部位以及内力和变形有异常变化的部分(例如较大孔洞周围、节点及其附近、支座和集中荷载附近等)进行更详细的局部分析。结构分析的结果都应有相应的构造措施作保证。

所有结构分析方法的建立都基于三类基本方程,分别为力学平衡方程、变形协调(几何)条件和本构(物理)关系。其中力学平衡条件必须满足;变形协调条件对有些方法不能严格符合,但应在不同程度上予以满足;本构关系则需合理选用。

现有的结构分析方法可以归纳为五类,各类方法的主要特点和应用范围如下。

1. 线弹性分析方法

线弹性分析方法是最基本和最成熟的结构分析方法,也是其他分析方法的基础和特例。它适用于分析一切形式的结构和验算结构的两种极限状态。至今,国内外大部分混凝土结构的设计仍基于此方法。

结构内力的线弹性分析和截面承载力的极限状态设计相结合,实用且简易可行。按此设计的结构,其承载力一般偏于安全。少数结构会因混凝土开裂部分的刚度减小而发生内力重分布,可能影响其他部分的开裂和变形状况。

考虑到混凝土结构开裂后刚度减小,对梁、柱构件分别采取不等的折减刚度值,但各构件(截面)刚度不随荷载的大小而变化,则对结构的内力和变形仍可采用线弹性方法进行分析。

2. 考虑塑性内力重分布的分析方法

考虑塑性内力重分布的分析方法一般用于设计超静定混凝土结构,具有可以充分发挥结构潜力、节约材料、简化设计和方便施工等优点。

3. 塑性极限分析方法

塑性极限分析方法又称塑性分析或极限平衡法,此法在我国主要用于周边有梁或墙有支撑的双向板设计。工程设计和施工实践经验证明,按此法进行计算和构造设计简便易行,可保证安全。

4. 非线性分析方法

非线性分析方法以钢筋混凝土的实际力学性能为依据,引入相应的非线性本构关系后,可准确地分析结构受力全过程的各种荷载效应,而且可以解决一切体形和受力复杂的结构分析问题。这是一种先进的分析方法,已经在国内一些重要结构的设计中采用,并不同程度地纳入国外的一些主要设计规范。但这种分析方法比较复杂,计算工作量大,各种非线性本构关系尚不够完善和统一,至今其应用范围仍然有限,主要用于重大结构工程如水坝、核电站结构等的分析和地震中的结构分析。

5. 试验分析方法

结构或其部分的体形不规则和受力状态复杂,又无恰当的简化分析方法时,可采用

试验分析方法。例如剪力墙及其孔洞周围，框架和桁架的主要节点，构件的疲劳，平面应变状态的水坝等。

1.1.5 结构设计规范及设计软件

在结构设计过程中，为了满足结构的各种功能及安全性的要求，必须遵从我国制订的结构设计规范，主要有以下几种。

1. GB 50010—2010《混凝土结构设计规范》

本规范的制订是为了在混凝土结构设计中贯彻执行国家的技术经济政策，做到技术先进、安全适用、经济合理、确保质量。此规范适用于房屋和一般构筑物的钢筋混凝土、预应力混凝土以及素混凝土承重结构的设计，但是不适用于轻骨料混凝土及其他特种混凝土结构的设计。

2. GB 50011—2010《建筑抗震设计规范》

本规范的制订目的是为了贯彻执行《中华人民共和国建筑法》和《中华人民共和国抗震减灾法》并实行以预防为主的方针，使建筑经抗震设防后，减轻建筑的地震破坏，避免人员伤亡，减少经济损失。

按本规范进行抗震设计的建筑，其抗震设防的目标是：当遭受低于本地区抗震设防烈度的多遇地震影响时，一般不受损坏或不需修理可继续使用；当遭受相当于本地区抗震设防烈度的地震影响时，可能损坏，经一般修理或不需修理仍可继续使用；当遭受高于本地区抗震设防烈度预估的罕遇地震影响时，不致倒塌或发生危及生命的严重破坏。

3. GB 50009—2012《建筑结构荷载规范》

本规范是为了适应建筑结构设计的需要，以符合安全适用、经济合理的要求而制订的。此规范是根据《建筑结构可靠性设计统一标准》规定的原则制订的，适用于建筑工程的结构设计，并且设计基准期为 50 年。建筑结构设计中涉及的作用包括直接作用(荷载)和间接作用(如地基变形、混凝土收缩、焊接变形、温度变化或地震等引起的作用)。本规范仅对有关荷载做出规定。

4. JGJ 3—2010《高层建筑混凝土结构技术规程》

本规程适用于 10 层及 10 层以上或房屋高度超过 28m 的非抗震设计和抗震设防烈度为 6 度至 9 度抗震设计的高层民用建筑结构，其适用的房屋最大高度和结构类型应符合本规程的有关规定。但是本规程不适用于建造在危险地段场地的高层建筑。

高层建筑的设防烈度必须按照国家规定的权限审批、颁发的文件(图件)确定。一般情况下，抗震设防烈度可采用中国地震烈度区划图规定的地震基本烈度；对已编制抗震设防区划的地区，可按批准的抗震设防烈度或设计地震动参数进行抗震设防。并且，高层建筑结构设计中应注重概念设计，重视结构的选型和平面、立面布置的规则性，择优选用抗震和抗风性能好且经济合理的结构体系，加强构造措施。在抗震设计中，应保证结构的整体抗震性能，使整个结构具有必要的承载能力、刚度和延性。

5. GB 50017—2017《钢结构设计规范》

本规范适用于工业与民用房屋和一般构筑物的钢结构设计，其中，由冷弯成型钢材制作的构件及其连接应符合现行国家标准 GB 50018—2002《冷弯薄壁型钢结构技术规

范》的规定。

在钢结构设计文件中，应注明建筑结构的设计使用年限、钢材牌号、连接材料的型号（或钢号）和对钢材所要求的力学性能、化学成分及其他的附加保证项目。此外，还应注明所要求的焊缝形式、焊缝质量等级、端面刨平顶紧部位及对施工的要求。

6. GB 50003—2011《砌体结构设计规范》

为了贯彻执行国家的技术经济政策，坚持因地制宜、就地取材的原则，合理选用结构方案和建筑材料，做到技术先进、经济合理、安全适用、确保质量，制订本规范。本规范适用于建筑工程的下列砌体的结构设计，特殊条件下或有特殊要求的应按专门规定进行设计。

（1）砖砌体，包括烧结普通砖、烧结多孔砖、蒸压灰砂砖、蒸压粉煤灰砖无筋和配筋砌体。

（2）砌块砌体，包括混凝土、轻骨料混凝土砌块无筋和配筋砌体。

（3）石砌体，包括各种料石和毛石砌体。

7. JGJ 92—2016《无粘结预应力混凝土结构技术规程》

本规程适用于工业与民用建筑和一般构筑物中采用的无粘结预应力混凝土结构的设计、施工及验收。采用的无粘结预应力筋系指埋置在混凝土构件中者或体外束。无粘结预应力混凝土结构设计应根据建筑功能要求和材料供应与施工条件，确定合理的设计与施工方案，编制施工组织设计，做好技术交底，并应由预应力专业施工队伍进行施工，严格执行质量检查与验收制度。

随着设计方法的演变，一般的设计过程都要对结构进行整体有限元分析，因此，就要借助计算机软件进行分析计算。在国内，常用的几种结构分析设计软件如下。

（1）PKPM 结构设计软件

本系统是一套集建筑设计、结构设计、设备设计及概预算、施工软件于一体的大型建筑工程综合 CAD 系统。此系统采用独特的人机交互输入方式，使用者不必填写烦琐的数据文件。输入时用鼠标或键盘在屏幕勾画出整个建筑物。软件有详细的中文菜单指导用户操作，并提供了丰富的图形输入功能，可以有效地帮助输入。实践证明，这种方式设计人员容易掌握，而且比传统的方法可提高效率十几倍。

其中结构类包含 17 个模块，涵盖了结构设计中的地基、板、梁、柱、钢结构、预应力等方面。本系统具有先进的结构分析软件包，容纳了国内最流行的各种计算方法，如平面杆系、矩形及异形楼板、高层三维壳元及薄壁杆系、梁板楼梯及异形楼梯、各类基础、砖混及底框、钢结构、预应力混凝土结构分析等。全部结构计算模块均按新的设计规范编制，全面反映了新规范要求的荷载效应组合，设计表达式，抗震设计新概念要求的强柱弱梁、强剪弱弯、节点核心、罕遇地震以及考虑扭转效应的振动耦联计算方面的内容。

同时，本系统具有丰富和成熟的结构施工图辅助设计功能，可完成框架、排架、连梁、结构平面、楼板配筋、节点大样、各类基础、楼梯、剪力墙等施工图绘制，并在自动选配钢筋，按全楼或层、跨剖面归并，布置图纸版面，人机交互干预等方面独具特色。在砖混

计算中可考虑构造柱共同工作，可计算各种砌块材料，底框上砖房结构 CAD 适用于任意平面的一层或多层底框。可绘制钢结构平面图、梁柱及门式钢架施工详图、桁架施工图。

(2) SAP2000 结构分析软件

SAP2000 是 CSI 开发的独立的基于有限元的结构分析和设计程序。它提供了功能强大的交互式用户界面，带有很多工具以帮助快速和精确创建模型，同时具有分析最复杂工程所需的分析技术。

SAP2000 是面向对象的，即用单元创建模型来体现实际情况。一个与很多单元连接的梁用一个对象建立，和现实世界一样，与其他单元相连接所需要的细分由程序内部处理。分析和设计的结果对整个对象产生报告，而不是对构成对象的子单元，信息提供更容易解释并且和实际结构更协调。

(3) ANSYS 有限元分析软件

ANSYS 有限元分析软件主要包括 3 个部分：前处理模块、分析计算模块和后处理模块。

前处理模块提供了一个强大的实体建模及网格划分工具，用户通过它可以方便地构造有限元模型；分析计算模块可进行结构分析(可进行线性分析、非线性分析和高度非线性分析)、流体动力学分析、电磁场分析、声场分析、压电分析以及多物理场的耦合分析，可模拟多种物理介质的相互作用，具有灵敏度分析及优化分析能力；后处理模块可将计算结果以彩色等值线显示、梯度显示、矢量显示、粒子流显示、立体切片显示、透明及半透明显示(可看到结构内部)等图形方式显示出来，也可将计算结果以图表、曲线形式显示或输出。

ANSYS 提供了 100 种以上的单元类型，用来模拟工程中的各种结构和材料。该软件有多种不同版本，可以运行在从个人机到大型机的多种计算机设备上，如 PC、SGI、HP、SUN、DEC、IBM、CRAY 等。

(4) TBSA 系列程序

TBSA 系列程序由中国建筑科学研究院高层建筑技术开发部研制而成，主要是针对国内高层建筑而开发的分析设计软件。

TBSA、TBWE 为多层及高层建筑结构三维空间分析软件，分别采用空间杆-薄壁柱模型和空间杆-墙组元模型，完成构件内力分析和截面设计。

TBSA-F 为建筑结构地基基础分析软件，可计算独立桩、条形、交叉梁系、筏板(平板和梁板)和箱形基础，以及桩与各种承台组成的联合基础；按相互作用原理，结合国家规范，采用有限元法分析；根据不同地基模式和土的塑性性质、深基坑回弹和补偿、上部结构刚度影响、刚性板和弹性板以及变厚度板来计算；输出结果完善，有表格和平面简图等表达方式。

1.2 土木建筑结构设计要点

对于一个建筑物，首先要进行建筑方案设计，其次才能进行结构设计。结构设计不仅要注意安全性，同时还要关注经济合理性，而后者恰恰是投资方所关心的，因此

结构设计必须经过若干方案的计算比较，其结构计算量几乎占结构设计总工作量的一半。

Note

1.2.1 结构设计的基本过程

为了更加有效地做好建筑结构设计工作，应遵循以下步骤。

(1) 在建筑方案设计阶段，结构专业应该关注并适时介入，给建筑专业设计人员提供必要的合理化建议，积极主动地改变被动地接受不合理建筑方案的局面。只要结构设计人员摆正心态，尽心为完成更完美的建筑创作出主意、想办法，建筑师是会认同的。

(2) 建筑方案设计阶段的结构配合。应选派有丰富结构设计经验的设计人员参与，由其及时给予指点和提醒，避免不合理的建筑方案直接面对投资方。如果建筑方案新颖且可行，只是造价偏高，就需要结构专业提前进行必要的草算，做出大概的造价分析以提供建筑专业和投资方参考。

(3) 建筑方案一旦确定，结构专业应及时配备人力，对已确定的多方面方案进行多方面比较，其中包括竖向及抗侧力体系、楼屋面结构体系以及地基基础的选型等，通过结构专业参加人员的广泛讨论，选择既安全可靠又经济合理的结构方案作为实施方案，必要时应向建筑专业及投资方作全面的汇报。

(4) 结构方案确定后，作为结构工种(专业)负责人，应及时起草本工程结构设计的统一技术条件，其中包括工程概况、设计依据、自然条件、荷载取值及地震作用参数、结构选型、基础选型、所采用的结构分析软件及版本、计算参数取值以及特殊结构处理等，以此作为结构设计组共同遵守的设计条件，增加协调性和统一性。

(5) 加强设计组人员的协调和组织。每个设计人员都有其优势和劣势，作为结构工种负责人，应详细掌握每个设计人员的素质情况，在责任划分与分工时要以能调动起大家的积极性和主动性为前提，充分发挥出每个设计人员的智慧和能力，集思广益。设计中的难点问题的提出与解决应经大家讨论，群策群力，共同完成。

(6) 为了在有限的设计周期内完成繁重的结构设计工作量，应注意合理安排时间，结构分析与制图最好同步进行，以便及时发现问题及时解决问题，同时可以为其他专业资料提前做好准备。当结构布置作为资料提交各专业前，结构工种负责人应进行全面校审，以免给其他专业造成误解和返工。

(7) 基础设计在初步设计期间应尽量考虑完善，以满足提前出图要求。

(8) 计算与制图的校审工作应尽量提前介入，尤其对计算参数和结构布置草图等，一定要经校审后再实施计算和制图工作，只有保证设计前提的正确才能使后续工作顺利有效地进行，同时避免带来本专业内的不必要返工。

(9) 校审系统的建立与实施也是保证设计质量的重要措施，结构计算和图纸的最终成果必须至少有三个不同设计人员经手，即设计人、校对人和审核人，而每个不同类别的设计人员都应有相应的资质和水平要求。校审记录应有设计人、校审人和修改人签字并注明修改意见，校审记录随设计成果资料归档备查。

(10) 建筑结构设计过程中，难免存在某个单项的设计分包情况，对此应格外慎重对待。首先要求承担分包任务的设计方必须具有相应的设计资质、设计水平和资源，签订单项分包协议，明确分包任务，提出问题和成果要求，明确责任分工以及设计费用和支付方法等，以免造成设计混乱，出现问题后责任不清。

1.2.2　结构设计中需要注意的问题

在对结构进行整体分析后，也要对构件进行验算。要根据承载能力极限状态及正常使用极限状态的要求，分别按下列规定进行计算和验算。

(1) 承载力及稳定：所有结构构件均应进行承载力(包括失稳)计算；对于混凝土结构，失稳的问题不是很严重，但对于钢结构构件，必须进行失稳验算。必要时尚应进行结构的倾覆、滑移及漂浮验算。

有抗震设防要求的结构尚应进行结构构件抗震的承载力验算。

(2) 疲劳：直接承受吊车的构件应进行疲劳验算；但直接承受安装或检修用吊车的构件，根据使用情况和设计经验可不作疲劳验算。

(3) 变形：对使用上需要控制变形值的结构构件，应进行变形验算。

(4) 抗裂及裂缝宽度：对使用上要求不出现裂缝的构件，应进行混凝土拉应力验算；对使用上允许出现裂缝的构件，应进行裂缝宽度验算；对叠合式受弯构件，尚应进行纵向钢筋拉应力验算。

(5) 其他：结构及结构构件的承载力(包括失稳)计算和倾覆、滑移及漂浮验算，均应采用荷载设计值；疲劳、变形、抗裂及裂缝宽度验算，均应采用相应的荷载代表值；直接承受吊车的结构构件，在计算承载力及验算疲劳、抗裂时，应考虑吊车荷载的动力系数。

预制构件尚应按制作、运输及安装时相应的荷载值进行施工阶段验算。预制构件吊装的验算，应将构件自重乘以动力系数，动力系数可以取 1.5，但可根据构件吊装时的受力情况适当增减。

对现浇结构，必要时应进行施工阶段的验算。结构应具有整体稳定性，结构的局部破坏不应导致大范围倒塌。

1.3　土木建筑结构设计施工图简介

土木建筑结构施工图是土木建筑结构施工中的指导依据，决定了工程的施工进度和结构细节，指导了工程的施工过程和施工方法。

1.3.1　绘图依据

我国建筑业的发展是从 20 世纪 60 年代以后开始的。50 年代到 60 年代，我国的结构施工图的编制方法基本上袭用或参照苏联的标准。60 年代以后，我国开始制订自己的施工图编制标准。经过对 50 年代和 60 年代的建设经验及制图方法的总结，我国编制了第一个建筑制图的国家标准——GBJ 1—73《建筑制图标准》，在规范我国当时施工图的制图和编制方法上起到了应有的指导作用。

20 世纪 80 年代，我国进入了改革开放时期，建筑业飞速发展，原有的建筑制图标准已经不适应当时的需要，因此，经过总结我国的工程实践经验，结合我国国情，对原有的 GBJ 1—73《建筑制图标准》进行了必要的修改和补充，编制发布了 GBJ 1—86《房屋

Note

建筑制图统一标准》、GBJ 104—87《建筑制图标准》、GBJ 105—87《建筑结构制图标准》等六个标准。这些标准的制订与发布,可以提高图面质量和制图效率,使之符合设计、施工和存档等的要求,使房屋建筑制图做到基本统一与清晰简明,更加适应工程建设的需要。

进入 21 世纪,我国建筑业又上了一个新的台阶,建筑结构形式更加多样化,建筑结构更加复杂。制图方法也由过去的人工手绘转变为计算机制图。因此,制图标准也相应地需要更新和修订。在总结了过去几十年的制图和工程经验的基础上,经过研究,对原有规范进行了修订和补充,编制并发布了 GB/T 50103—2010《总图制图标准》、GB/T 50104—2010《建筑制图标准》、GB/T 50105—2010《建筑结构制图标准》,作为现代制图的依据。

1.3.2 图纸分类

建筑结构施工图没有明确的分类方法,可以按照建筑结构的类型进行分类。如按照建筑结构的结构形式可以分为混凝土结构施工图、钢结构施工图、木结构施工图等;按照结构的建筑用途可分为住宅建筑施工图、公共建筑施工图等;在某一个特定的结构工程中,可以将建筑结构施工图按照施工部位细分为总图、设备施工图、基础施工图、标准层施工图、大样详图等。

在进行工程设计时,要对设计所需要的图纸进行编排整理、统一规划,列出详细的图纸名称及图纸目录,以便施工人员管理与察看。

1.3.3 名词术语

各个专业都有其专用的术语名词,建筑结构专业也不例外。要想熟练掌握建筑结构施工图的绘制方法及应用,就要掌握绘制施工图时及施工图之中的各种基本名词术语。

建筑结构施工图中常用的基本名词术语如下。

图纸:包括已绘图样与未绘图样的带有图标的绘图用纸。

图纸幅面(图幅):图纸的大小规格。一般有 A0、A1、A2、A3 等。

图线:图纸上绘制的线条。

图样:图纸上按一定规则绘制的,能表示被绘物体的位置、大小、构造、功能、原理、流程的图。

图面:一般指绘有图样的图纸的表面。

图形:指图样的形状。

间隔:指两个图样、文字或两条线之间的距离。

间隙:指窄小的间隔。

标注:单指在图纸上注出的文字、数字等。

尺寸:包括长度、角度。

图例:以图形规定出的画法,代表某种特定的实物。

例图:作为实例的图样。

1.4　土建制图基本规定

建筑结构设计施工图的绘制必须遵守有关国家标准，包括图纸幅面、比例、标题栏及会签栏、字体、图线、各种基本符号、定位轴线等。下面分别进行简要讲述。

1.4.1　图纸规定

1. 标准图纸

绘制结构施工图所用的图纸与建筑绘图图纸是一样的，规定了标准图形的尺寸。标准型图纸幅面有五种，其代号为 A0、A1、A2、A3、A4，分别如图 1-1(a)～(c)所示。幅面尺寸符合表 1-1 的规定。在绘图时，可以根据所绘图形种类及图形的大小选择图纸。

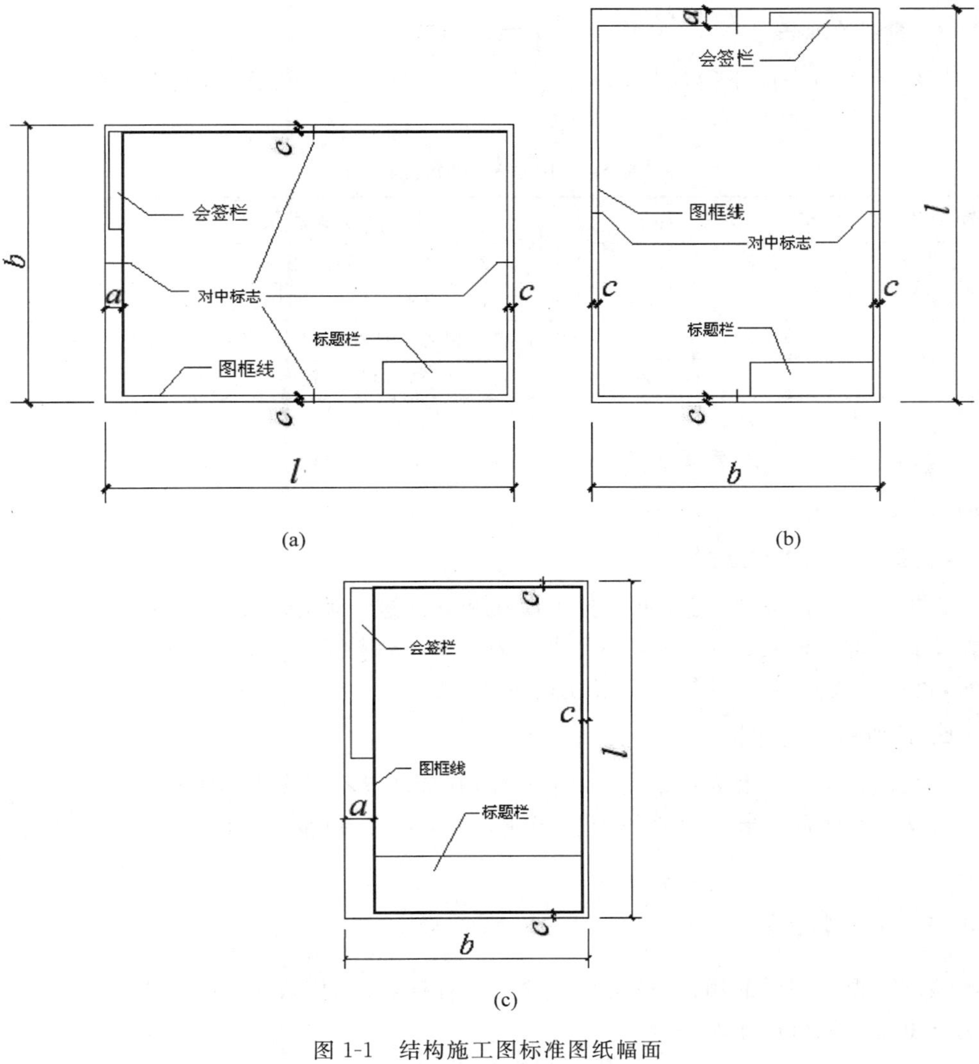

(a)

(b)

(c)

图 1-1　结构施工图标准图纸幅面

(a) A0～A3 横式幅面；(b) A0～A3 立式幅面；(c) A4 幅面

Note

表 1-1　幅面及图框尺寸

尺寸代号	幅面代号				
	A0	A1	A2	A3	A4
$b\times l$/(mm×mm)	841×1189	594×841	420×594	297×420	210×297
c/mm	10		5		
a/mm	25				

2. 微缩图纸

工程中有时需要对图纸进行微缩复制，这种图纸有一定的特殊要求。在图纸的一个边上应附有一段准确的米制尺度，四个边上应附有对中标志。米制尺度的总长应为100mm，分格应为10mm。对中标志应画在中点处，线宽应为0.35mm，深入图框内应为5mm，见图1-1中各图的相应位置。

3. 图纸的加长

图纸的短边一般不得加长，必要时A0～A3幅面可加长长边，但应符合表1-2的规定。

表 1-2　图纸长边加长的尺寸　mm

幅面代号	长边尺寸	长边加长后尺寸
A0	1189	1338　1487　1635　1784　1932　2081　2230　2387
A1	841	1051　1261　1472　1682　1892　2102
A2	594	743　892　1041　1189　1338　1487　1635　1783　1932　2080
A3	420	630　841　1051　1261　1472　1682　1892

说明：有特殊需要的图纸，可采用$b\times l$为841mm×891mm与1189mm×1261mm的幅面。

4. 图纸的横式和立式

根据工程绘图需要，图纸可以分为横式和立式进行使用。划分方法为：图纸以短边作垂直边称为横式，以短边作水平边称为立式。一般A0～A3图纸宜横式使用；必要时，也可立式使用。A4图纸一般立式使用。

5. 图纸幅面的选择

一套图纸除目录及表格采用A4幅面外，其余一般不宜多于两种幅面，且应优先选用A1或A2幅面。当总说明内容较多时，也可采用A4幅面，其页数根据篇幅需要确定。

1.4.2　比例设置

绘图时根据图样的用途，被绘物体的复杂程度，应选用表1-3中的常用比例，特殊情况下也可选用可用比例。

表 1-3　比例

图　　名	常用比例	可用比例
结构平面图 基础平面图	1∶50,1∶100 1∶150,1∶200	1∶60
圈梁平面图、总图中管沟、地下设施等	1∶200,1∶500	1∶300
详图	1∶10,1∶20	1∶5,1∶25,1∶4

说明：

(1) 当构件的纵横向断面尺寸相差悬殊时，可在同一详图中的纵、横向选用不同的比例绘制。轴线尺寸与构件尺寸也可选用不同的比例绘制。

(2) 计算机绘图时，一般选用足尺绘图。

1.4.3　标题栏及会签栏

工程中所用的图纸，包含标题栏和会签栏。标题栏中包括工程名称、设计单位以及图纸标号、图名区、签字区等，如图 1-2 所示。标题栏的绘制位置应符合下列规定：

(1) 横式使用的图纸，应按图 1-1(a)的形式布置；

(2) 立式使用的图纸，宜按图 1-1(b)的形式布置；

(3) 立式使用的 A4 图纸，应按图 1-1(c)的形式布置。

图标长边的长度应为 180mm；短边长度宜采用 40mm、30mm 或 50mm。

图标内各栏应清楚完整地填写，图名应写出主要图形的名称；当设计阶段为施工图设计时可简写成“施工”；签名字迹应清楚易辨。图号的组成应包括工程代号、项目代号、专业代号(或代字)、卷册顺序号及图纸顺序号。涉外工程图标内，各项主要内容下应附有英文译文，设计单位名称上方(或前面)应加“中华人民共和国”字样。

会签栏的格式如图 1-3 所示，其尺寸应为 75mm×20mm，栏内应填写会签人员所代表的专业、姓名、日期(年、月、日)；一个会签栏不够用时，可另加一个，两个会签栏应并列；不需会签的图纸，可不设会签栏。

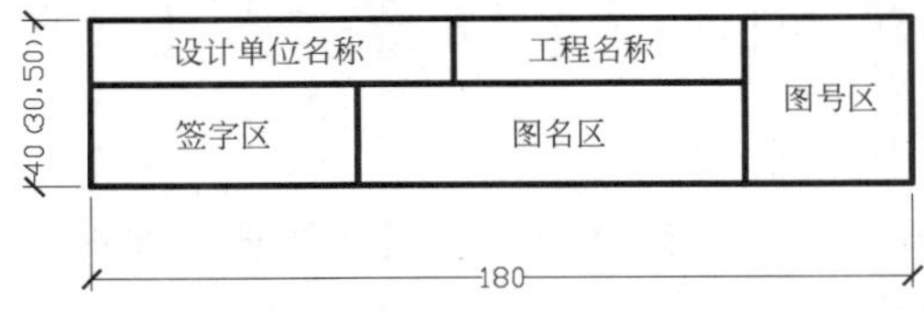

图 1-2　标题栏

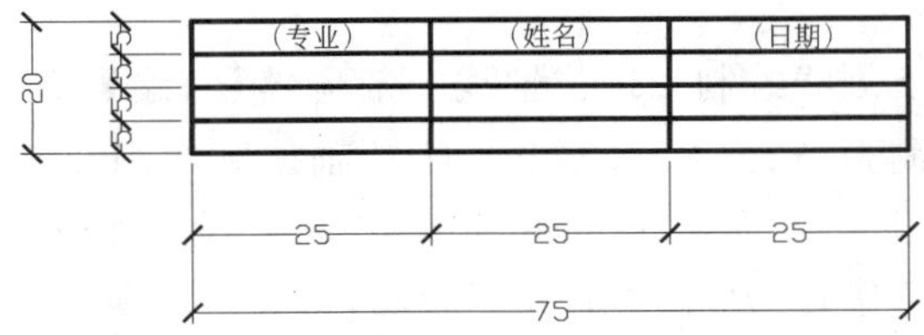

图 1-3　会签栏

1.4.4 字体设置

对图纸中字体的要求如下。

(1) 图纸上的文字、数字或符号等,均应清晰、字体端正,一般用计算机绘图,汉字一般用仿宋体,大标题、图册封面、地形图等的汉字也可书写成其他字体,但应易于辨认。

(2) 汉字的简化书写,必须符合国务院公布的《汉字简化方案》和有关规定。

(3) 数量的数值注写,应采用正体阿拉伯数字。各种计量单位凡前面有量值的,均应采用国家颁布的单位符号注写。单位符号应采用正体字母。

(4) 分数、百分数和比例数的注写,应采用阿拉伯数字和数学符号,例如:四分之三、百分之二十五和一比二十应分别写成3/4、25%和1∶20。

(5) 当注写的数字小于1时,必须写出个位的“0”,小数点应采用圆点,齐基准线书写,例如0.01。

1.4.5 图线的宽度

图线的宽度b,宜从下列线宽系列中取用:2.0、1.4、1.0、0.7、0.5、0.35mm。对于每个图样,应根据其复杂程度与比例大小先选定基本线宽b,再选用表1-4中相应的线宽组。

表1-4 线宽组 mm

线宽	线宽组					
b	2.0	1.4	1.0	0.7	0.5	0.35
$0.5b$	1.0	0.7	0.5	0.35	0.25	0.18
$0.25b$	0.5	0.35	0.25	0.18	—	—

说明:

(1) 需要微缩的图纸,不宜采用0.18mm及更细的线宽。

(2) 同一张图纸内,各不同线宽中的细线可统一采用较细的线宽组的细线。

1.4.6 基本符号

绘图中相应的符号应一致,且符合相关规定的要求。如钢筋、螺栓等的编号均应符合相应的规定。具体的符号绘制方法将在下一章介绍。

1.4.7 定位轴线

定位轴线应用细点划线绘制。定位轴线一般应编号,编号应注写在轴线端部的圆内。圆应用细实线绘制,直径为8~10mm。定位轴线圆的圆心,应在定位轴线的延长线上或延长线的折线上。平面图上定位轴线的编号,宜标注在图样的下方与左侧。横向编号应用大写拉丁字母,从下至上顺序编写,如图1-4所示。拉丁字母I、O、Z不得用于轴线编号。如字母数量不够使用,可用双字母或单字母加数字注脚,如AA、

BA、…、YA 或 A1、B1、Y1。

组合较复杂的平面图中定位轴线也可采用分区编号，如图 1-5 所示。编号的注写形式应为“分区号—该分区编号”。分区号采用阿拉伯数字或大写拉丁字母表示。

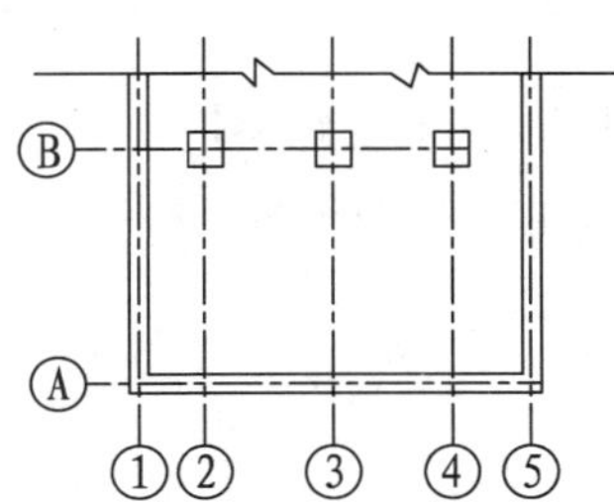

图 1-4　定位轴线编号顺序

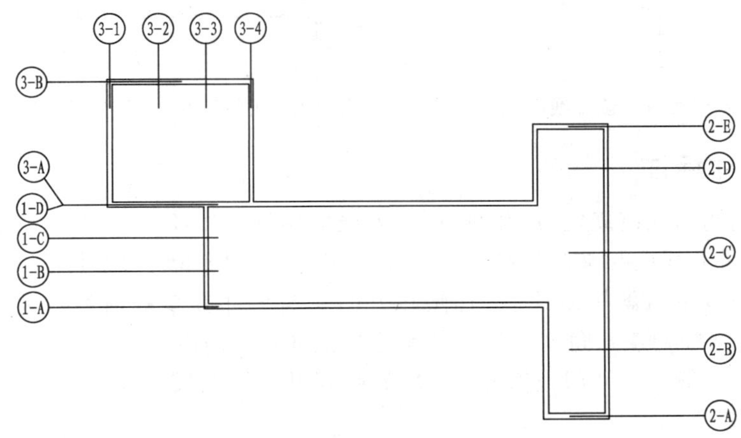

图 1-5　定位轴线分区编号

附加定位轴线的编号，应以分数形式表示，并应按下列规定编写。

(1) 两根轴线间的附加轴线，应以分母表示前一轴线的编号，分子表示附加轴线的编号，编号宜用阿拉伯数字顺序编写，例如：

1/2 表示 2 号轴线之后附加的第一根轴线；

3/C 表示 C 号轴线之后附加的第三根轴线。

(2) 1 号轴线或 A 号轴线之前的附加轴线的分母应以 01 或 0A 表示，例如：

1/01 表示 1 号轴线之前附加的第一根轴线；

1/0A 表示 A 号轴线之前附加的第一根轴线。

一个详图适用于几根轴线时，应同时注明各有关轴线的编号，如图 1-6 所示。通用详图中的定位轴线应只画圆，不注写轴线编号。

圆形平面图中的定位轴线的编号，其径向轴线宜用阿拉伯数字表示，从左下角开始，按逆时针顺序编写；其圆周轴线宜用大写拉丁字母表示，从外向内顺序编写，如图 1-7 所示。折线形平面图中定位轴线的编号可按如图 1-8 所示的形式编写。

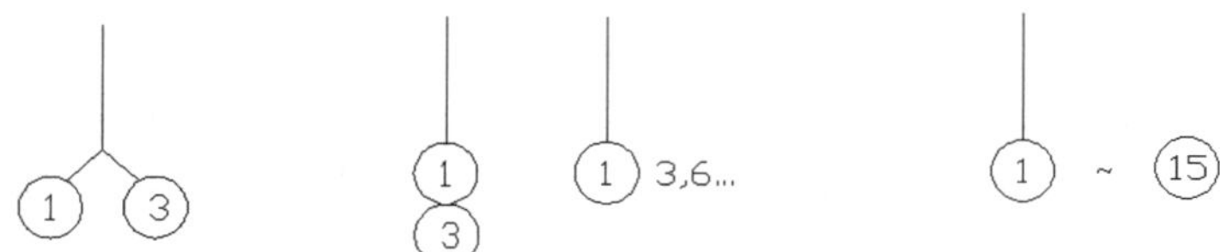

图 1-6　多根轴线编号

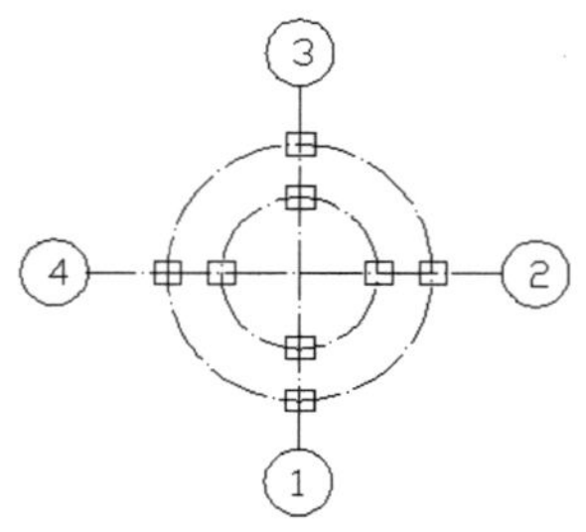

图 1-7　圆形平面图定位轴线的编号

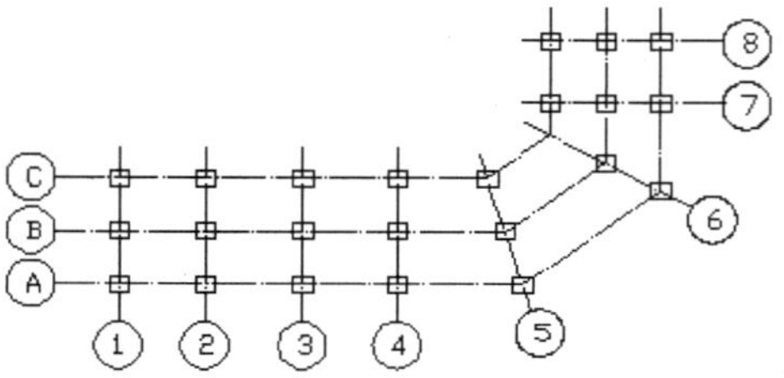

图 1-8　折线形平面图定位轴线的编号

1.4.8　尺寸标注

根据我国制图规范规定，尺寸线、尺寸界线应用细实线绘制，一般尺寸界线应与被注长度垂直，尺寸线应与被注长度平行。图样本身的任何图线均不得用作尺寸线。尺寸起止符号一般用粗斜短线绘制，其倾斜方向应与尺寸界线顺时针成 45°角，长度宜为 2～3mm。半径、直径、角度与弧长的尺寸起止符号宜用箭头表示。

尺寸标注一般由尺寸起止符号、尺寸数字、尺寸界线及尺寸线组成，如图 1-9 所示。

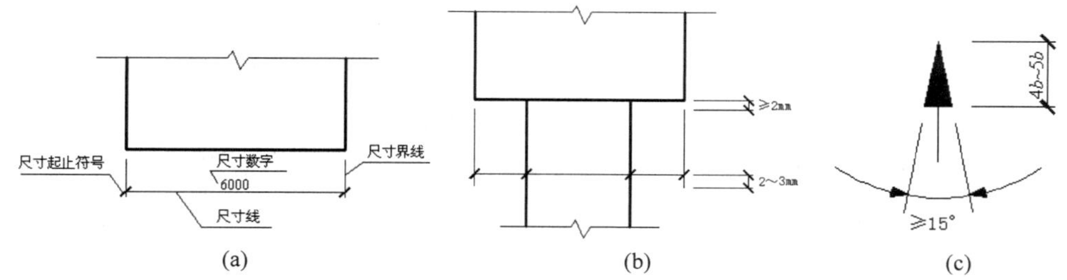

图 1-9　尺寸的组成与要求

(a) 尺寸的组成；(b) 尺寸界线；(c) 箭头尺寸起止符号

1.4.9　标高

标高属于尺寸标注在建筑设计中应用的一种特殊情形。在结构立面图中要对结构的标高进行标注。标高主要有以下几种形式，如图 1-10 所示。

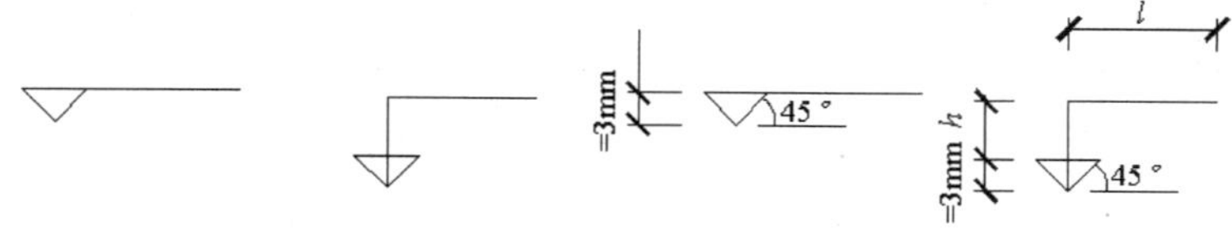

图 1-10　标高符号与要求

标高的标注方法及要求如图 1-11 所示。

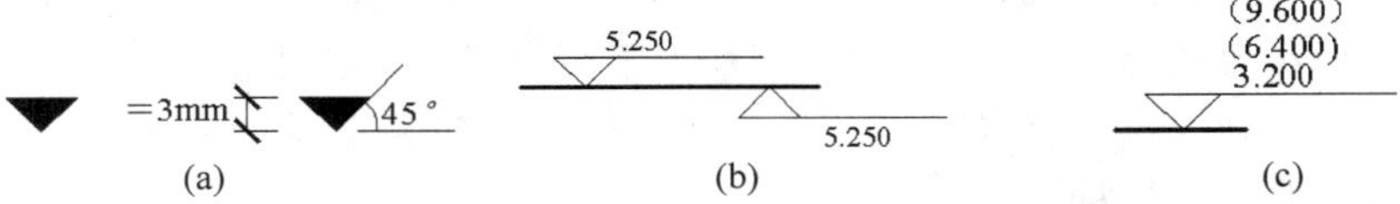

图 1-11 标高标注方法及要求

(a) 总平面图室外地坪标高符号；(b) 标高的指向；(c) 同一位置注写多个标高数字

1.5 土建施工图编制

一个具体的建筑，其结构施工图往往不是单个图纸或几张图纸所能表达清楚的。一般情况下会有很多单个的图纸，这时，就需要将这些结构施工图编制成册。

1.5.1 编制原则

建筑施工图的编制原则如下。

（1）施工图设计根据已批准的初步设计及施工图设计任务书进行编制。小型或技术要求简单的建筑工程也可根据已批准的方案设计及施工图设计任务书编制施工图，大型和重要的工业与民用建筑工程在施工图编制前宜增加施工图方案设计阶段。

（2）施工图设计的编制必须贯彻执行国家有关工程建设的政策和法令，符合国家(包括行业和地方)现行的建筑工程建设标准、设计规范和制图标准，遵守设计工作程序。

（3）在施工图设计中应因地制宜地积极推广和使用国家、行业和地方的标准设计，并在图纸总说明或有关图纸说明中注明图集名称与页次。当采用标准设计时，应根据其使用条件正确选择。

（4）重复利用其他工程图纸时，要详细了解原图利用的条件和内容，并作必要的核算和修改。

1.5.2 图纸组成

施工图一般由下列图纸依次组成。

1. 图纸目录

其中包含图纸的名称及图纸所在的页数。图纸目录应按图纸序号排列，先列新绘制图纸，后列选用的重复利用图和标准图。

2. 首页图(总说明)

首页图主要包括本套图纸的标题、总平面图简图及总说明。当设计合同有要求时，尚应包括材料消耗总表和钢筋分类总表。

大标题应为本套图纸的工程名称和内容，一般在首页图的最上部由左至右通长书写。

总平面图一般采用 1∶1000 或 1∶1500 的比例绘制。结构总平面图应示出柱网布

置和定位轴线，特征轴线应标注编号和尺寸，尺寸单位为m(米)。当为工业厂房时，尚应示出吊车轮廓线，并标注起重量和工作制。总平面简图宜标注总图坐标；当在总平面简图上不标注总图坐标时，应在相应的基础平面布置图上标注出。

Note

设备基础单独编制时，应绘出厂房定位轴线、主要设备基础轮廓线和定位轴线，还应标注特征定位轴线坐标。

每一个结构单项工程都应编写一份结构设计总说明，对多子项工程宜编写统一的结构施工图设计总说明。如为简单的小型单项工程，则设计总说明中的内容可分别写在基础平面图和各层结构平面图上。

结构设计总说明应包括以下内容。

(1) 本工程结构设计的主要依据。

(2) 设计±0.000标高所对应的绝对标高值。

(3) 图纸中标高、尺寸的单位。

(4) 建筑结构的安全等级和设计使用年限，混凝土结构的耐久性要求和砌体结构施工质量控制等级。

(5) 建筑场地类别、地基的液化等级、建筑抗震设防类别、抗震设防烈度(设计基本地震加速度及设计地震分组)和钢筋混凝土结构的抗震等级。

(6) 人防工程的抗力等级。

(7) 扼要说明有关地基概况，对不良地基的处理措施及技术要求、抗液化措施及要求，地基土的冰冻深度，地基基础的设计等级。

(8) 采用的设计荷载。

(9) 选用结构材料的品种、规格、性能及相应产品标准。混凝土结构应说明受力钢筋的保护层厚度、锚固长度、搭接长度、接长方法，预应力构件锚具种类、预留孔洞做法、施工要求及锚具防腐措施等，并对某些构件或部位的材料提出特殊要求。

(10) 对水池、地下室等有抗渗要求的建(构)筑物的混凝土，说明抗渗等级，提出需做渗漏试验的具体要求，在施工期间存有上浮可能时，应提出抗浮措施。

(11) 所采用的通用做法及标准构件图集；如有特殊构件需做结构性能检验时，应指出检验的方法与要求。

3. 基础平面图

(1) 绘出定位轴线、基础构件(包括承台、基础梁等)的位置和尺寸、底标高、构件编号，基础底标高不同时，应绘出放坡示意。

(2) 标明结构承重墙与墙垛、柱的位置与尺寸、编号，当为钢筋混凝土时，此项可绘平面图，并注明断面变化的关系。

(3) 标明地沟、地坑和已定设备基础的平面位置和尺寸、标高、无地下室时±0.000标高以下的预留孔与埋件的位置、尺寸、标高。

(4) 提出沉降观测要求及测点布置(宜附测点构造详图)。

(5) 说明中应包括基础持力层及基础进入持力层的深度，地基的承载能力特征值，基底及基槽回填土的处理措施与要求以及对施工的有关要求等。

(6) 桩基应绘出桩位平面位置及定位尺寸，说明桩的类型和桩顶标高、入土深度、桩端持力层及进入持力层的深度、成桩的施工要求、试桩要求和桩基的检测要求(若先

做试桩时，应先绘制试桩定位平面图)，注明单桩的允许极限承载力值。

(7) 当采用人工复合地基时，应绘出复合地基的处理范围和深度，置换桩的平面布置及其材料和性能要求、构造详图；注明复合地基的承载能力特征值及压缩模量等有关参数和检测要求。

(8) 当复合地基另由有设计资质的单位设计时，主体设计方应明确提出对地基承载力特征值和变形值的控制要求。

4. 基础详图

(1) 无筋扩展基础应绘出剖面、基础圈梁、防潮层位置，并标注总尺寸、分尺寸、标高及定位尺寸。

(2) 扩展基础应绘出平面、剖面及配筋、基础垫层，标注总尺寸、分尺寸、标高及定位尺寸等。

(3) 桩基应绘出承台梁剖面或承台板平面、剖面、垫层、配筋，标注总尺寸、分尺寸、标高及定位尺寸，桩构造详图(可另图绘制)及桩与承台的连接构造详图。

(4) 筏基、箱基可参照现浇楼面梁、板详图的方法表示，但应绘出承重墙、柱的位置。当要求设后浇带时应表示其平面位置并绘制构造详图。对箱基和地下室基础，应绘出钢筋混凝土墙的平面、剖面及其配筋，当预留孔洞、预埋件较多或复杂时，可另绘墙的模板图。

(5) 基础梁可参照现浇楼面梁详图的方法表示。

(6) 附加说明基础材料的品种、规格、性能、抗渗等级、垫层材料、杯口填充材料、钢筋保护层厚度及其他对施工的要求。

说明：对形状简单、规则的无筋扩展基础、基础梁和承台板，也可用列表方法表示。

5. 结构平面图

(1) 一般建筑的结构平面图，均应有各层结构平面图及屋面结构平面图。具体内容为：

① 绘出定位轴线及梁、柱、承重墙、抗震构造柱等的定位尺寸，并注明其编号和楼层标高；

② 注明预制板的跨度方向、板号、数量及板底标高，标出预留洞大小及位置，预制梁、洞口过梁的位置和型号、梁底标高；

③ 现浇板应注明板厚、板面标高、配筋(也可另绘放大比例的配筋图，必要时应将现浇楼面模板图和配筋图分别绘制)，标高或板厚变化处绘局部剖面，有预留孔、埋件及设备基础复杂时也可放大另绘；

④ 有圈梁时应注明位置、编号、标高，可用小比例绘制单线平面示意图；

⑤ 楼梯间可绘斜线注明编号与所在详图号；

⑥ 电梯间应绘制机房结构平面布置(楼面与顶面)图，注明梁板编号、板的厚度与配筋、预留洞大小与位置、板面标高及吊钩平面位置与详图；

⑦ 屋面结构平面布置图内容与楼面平面类同，当屋面上有留洞或其他设施时应绘出其位置、尺寸与详图，女儿墙或女儿墙构造柱的位置、编号及详图；

⑧ 当选用标准图中节点或另绘节点构造详图时，应在平面图中注明详图索引号。

（2）单层空旷房屋应绘制构件布置图及屋面结构布置图，应有以下内容：

① 构件布置应表示定位轴线，墙、柱、天桥、过梁、门樘、雨篷、柱间支撑、连系梁等的布置、编号、构件标高及详图索引号，并加注有关说明等；

② 屋面结构布置图应表示定位轴线（可不绘墙、柱）、屋面结构构件的位置及编号、支撑系统布置及编号、预留孔的位置及尺寸、节点详图索引号，以及有关的说明等。

6．钢筋混凝土构件详图

（1）现浇构件（现浇梁、板、柱及墙等详图）应绘出：

① 纵剖面、长度、定位尺寸、标高及配筋，梁和板的支座，现浇的预应力混凝土构件尚应绘出预应力筋定位图并提出锚固要求；

② 横剖面、定位尺寸、断面尺寸、配筋；

③ 需要时可增绘墙体立面；

④ 若钢筋较复杂不易表示清楚时，宜将钢筋分离绘出；

⑤ 对构件受力有影响的预留洞、预埋件，应注明其位置、尺寸、标高、洞边配筋及预埋件编号等；

⑥ 曲梁或平面折线梁宜增绘平面图，必要时可绘展开详图；

⑦ 一般的现浇结构的梁、柱、墙可采用“平面整体表示法”绘制，标注文字较密时，纵、横向梁宜分两幅平面绘制；

⑧ 除总说明已叙述外需特别说明的附加内容。

（2）预制构件应绘出：

① 构件模板图：应表示模板尺寸、轴线关系、预留洞及预埋件位置、尺寸，预埋件编号、必要的标高等；后张预应力构件尚需表示预留孔道的定位尺寸、张拉端、锚固端等。

② 构件配筋图：纵剖面表示钢筋形式、箍筋直径与间距，配筋复杂时宜将非预应力筋分离绘出；横剖面注明断面尺寸，钢筋规格、位置、数量等。

③ 需作补充说明的内容。

说明：对形状简单、规则的现浇或预制构件，在满足上述规定的前提下，可用列表法绘出。

7．节点构造详图

（1）对于现浇钢筋混凝土结构应绘制节点构造详图（可采用标准设计通用详图集）；

（2）预制装配式结构的节点、梁、柱与墙体锚拉等详图应绘出平面、剖面，注明相互定位关系，构件代号，连接材料，附加钢筋（或埋件）的规格、型号、性能、数量，并注明连接方法以及对施工安装、后浇混凝土的有关要求等；

（3）需作补充说明的内容。

8．其他图纸

（1）楼梯图：应绘出每层楼梯结构平面布置及剖面图，注明尺寸、构件代号、标高；绘出楼梯梁、楼梯板详图（可用列表法绘出）。

(2) 预埋件：应绘出其平面、侧面，注明尺寸，以及钢材和锚筋的规格、型号、性能、焊接要求等。

(3) 特种结构和构筑物：如水池、水箱、烟囱、烟道、管架、地沟、挡土墙、筒仓、大型或特殊要求的设备基础、工作平台等，均宜单独绘图；应绘出平面、特征部位剖面及配筋，注明定位关系、尺寸、标高，材料品种和规格、型号、性能。

9. 建筑幕墙的结构设计文件

(1) 按有关规范规定，幕墙构件在竖向、水平荷载作用下的设计计算书。

(2) 施工图纸，包括：

① 封面、目录(单另成册时)；

② 幕墙构件立面布置图，图中标注墙面材料、竖向和水平龙骨(或钢索)材料的品种、规格、型号、性能；

③ 墙材与龙骨、各向龙骨间的连接、安装详图；

④ 主龙骨与主体结构连接的构造详图及连接件的品种、规格、型号、性能。

说明：当建筑幕墙的结构设计由具有设计资质的幕墙公司按建筑设计要求承担设计时，主体结构设计人员应审查幕墙与相连的主体结构的安全性。

10. 钢结构

钢结构设计制图分为钢结构设计图和钢结构施工详图两阶段。

钢结构设计图应由具有设计资质的设计单位完成，设计图的内容和深度应满足编制钢结构施工详图要求；钢结构施工详图(即加工制作图)一般应由具有钢结构专项设计资质的加工制作单位完成，也可由具有该资质的其他单位完成。

说明：若设计合同未指明要求设计钢结构施工详图，则钢结构设计内容仅为钢结构设计图。

(1) 钢结构设计图

① 设计说明：设计依据、荷载资料、项目类别、工程概况、所用钢材牌号和质量等级(必要时提出物理、力学性能和化学成分要求)及连接件的型号和规格、焊缝质量等级、防腐及防火措施。

② 基础平面及详图应包括钢柱与下部混凝土构件的连接构造详图。

③ 结构平面(包括各层楼面、屋面)布置图应注明定位关系、标高、构件(可用单线绘制)的位置及编号、节点详图索引号等；必要时应绘制檩条、墙梁布置图和关键剖面图；空间网架应绘制上、下弦杆和关键剖面图。

④ 构件与节点详图：简单的钢梁、柱可用统一详图和列表法表示，注明构件的钢材牌号、尺寸、规格及加劲肋作法，连接节点详图，施工、安装要求；格构式梁、柱、支撑应绘出平、剖面(必要时加立面)与定位尺寸、总尺寸、分尺寸，注明单构件型号、规格，组装节点和其他构件连接详图。

(2) 钢结构施工详图

根据钢结构设计图编制组成结构构件的每个零件的放大图，标准细部尺寸、材质要求、加工精度、工艺流程要求、焊缝质量等级等，宜对零件进行编号，并考虑运输和安装

能力确定构件的分段和拼装节点。

1.5.3 图纸编排

图纸编排的一般顺序如下：

（1）按工程类别，先建筑结构，后设备基础、构筑物；

（2）按结构系统，先地下结构，后上部结构；

（3）在一个结构系统中，按布置图、节点详图、构件详图、预埋件及零星钢结构施工图的顺序编排；

（4）构件详图，先模板图，后配筋图。

1.6 学习效果自测

1. 简述极限状态的概念以及结构功能的两种极限状态。
2. 简述结构设计中需要注意的几个问题。
3. 土建制图的基本规定包括哪些项？
4. 简述结构分析的 5 种方法。

AutoCAD 2018入门

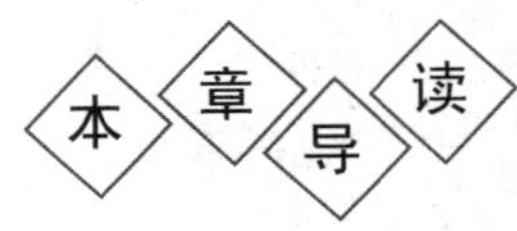

在本章中,我们开始循序渐进地学习有关 AutoCAD 2018 绘图的基本知识,了解如何设置图形的系统参数、样板图,掌握建立新的图形文件、打开已有文件的方法等。本章内容主要包括:绘图环境设置,工作界面说明,绘图系统配置,文件管理等。

学 习 要 点

- ◆ 操作界面
- ◆ 配置绘图系统
- ◆ 设置绘图环境
- ◆ 基本操作命令
- ◆ 图形的缩放
- ◆ 图形的平移
- ◆ 文件管理

Note

2.1 操作界面

AutoCAD 的操作界面是 AutoCAD 显示、编辑图形的区域，一个完整的 AutoCAD 2018 中文版的操作界面如图 2-1 所示，包括标题栏、十字光标、快速访问工具栏、绘图区、功能区、坐标系图标、命令行窗口、状态栏、布局选项卡、导航栏等。

2.1.1 界面风格

界面风格是由分组组织的菜单、工具栏、选项板和功能区控制面板组成的集合，使用户可以在专门的、面向任务的绘图环境中工作。

使用时，只会显示与任务相关的菜单、工具栏和选项板。此外，工作空间还可以自动显示功能区，即带有特定于任务的控制面板的特殊选项板。

具体的转换方法是：单击状态栏中的“切换工作空间”按钮 ，在弹出的快捷菜单中选择“草图与注释”命令，系统转换到“草图与注释”界面，如图 2-1 所示。

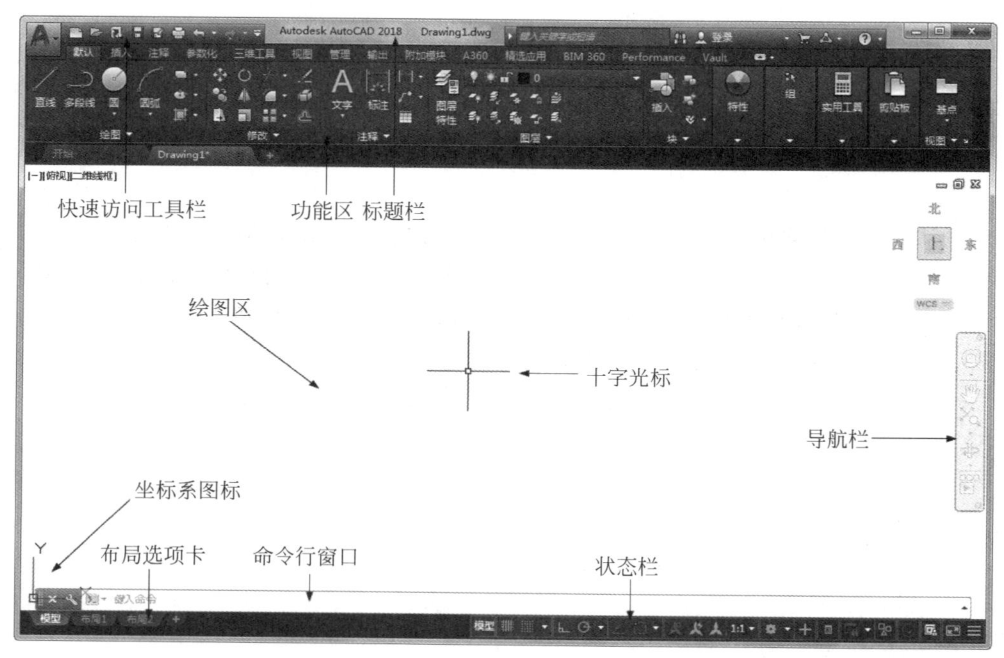

图 2-1　AutoCAD 2018 中文版操作界面

注意：安装 AutoCAD 2018 后，默认的界面如图 2-1 所示。在绘图区中右击，打开快捷菜单，如图 2-2 所示。选择“选项”命令，打开“选项”对话框，切换到“显示”选项卡，如图 2-3 所示，在窗口元素对应的“配色方案”中设置为“明”，单击“确定”按钮，退出对话框，其操作界面如图 2-4 所示。

图 2-2　快捷菜单

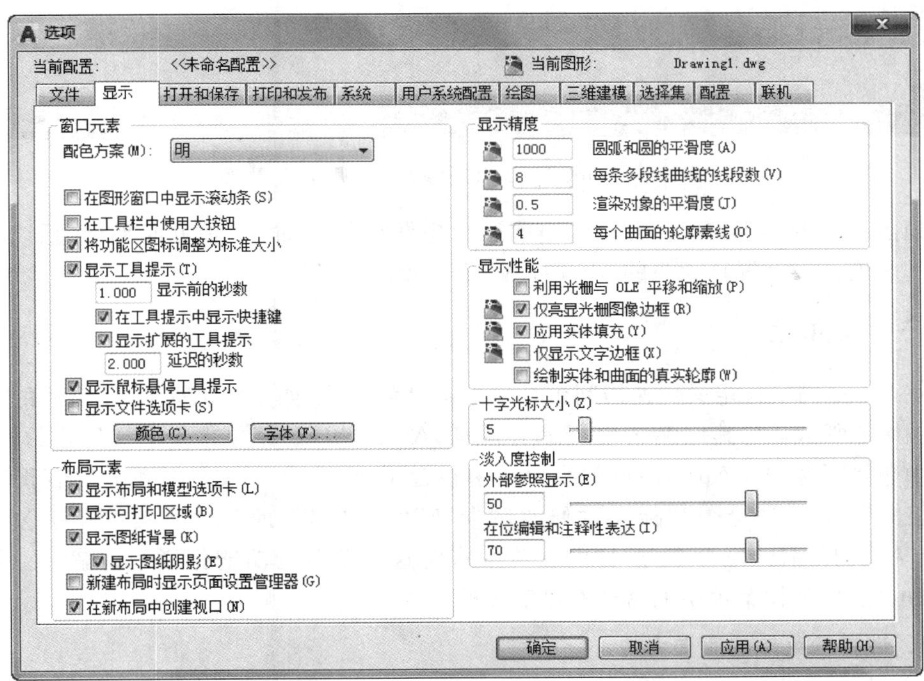

图 2-3　“选项”对话框

2.1.2　绘图区

绘图区是指在标题栏下方的大片空白区域，它是用户使用 AutoCAD 2018 绘制图形的区域，用户制作一幅设计图形的主要工作都是在绘图区中完成的。

在绘图区中，还有一个作用类似光标的十字线，其交点反映了光标在当前坐标系中的位置。在 AutoCAD 2018 中，将该十字线称为十字光标，AutoCAD 通过十字光标显

Note

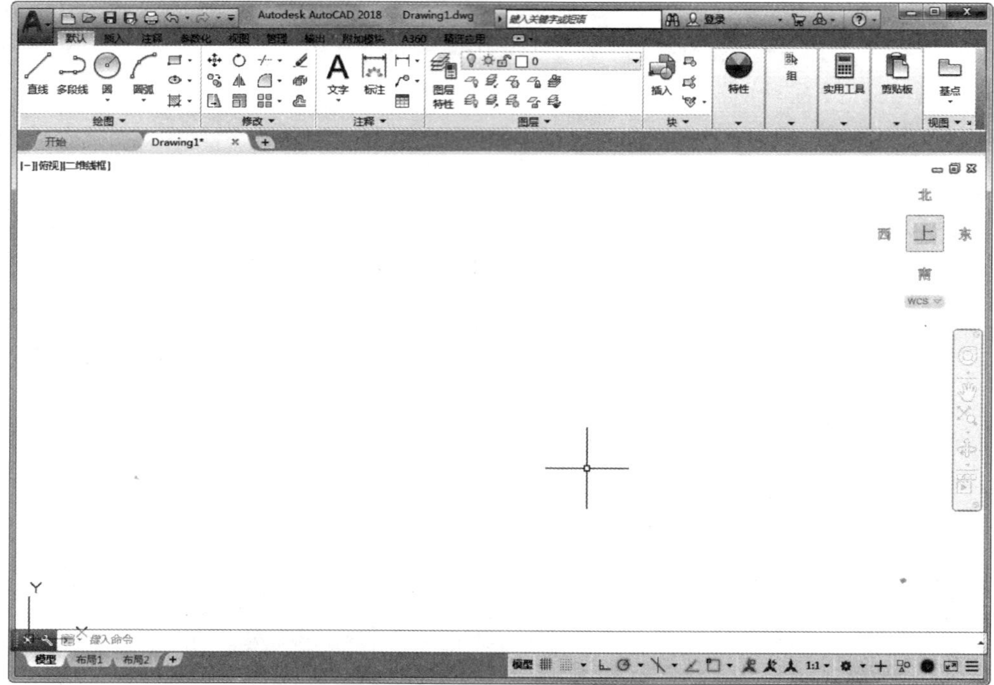

图 2-4　AutoCAD 2018 中文版的“明”操作界面

示当前点的位置。十字线的方向与当前用户坐标系的 X 轴、Y 轴方向平行，系统将十字线的长度预设为屏幕大小的 5%，如图 2-1 所示。

2.1.3　菜单栏

在 AutoCAD 自定义快速访问工具栏处调出菜单栏，如图 2-5 所示，调出后的菜单栏如图 2-6 所示。与其他 Windows 程序一样，AutoCAD 的菜单也是下拉形式的，并在菜单中包含子菜单。AutoCAD 的菜单栏中包含 12 个菜单："文件""编辑""视图""插入""格式""工具""绘图""标注""修改""参数""窗口""帮助"，这些菜单几乎包含了 AutoCAD 的所有绘图命令，后面的章节中将对这些菜单的功能作详细讲解。一般来讲，AutoCAD 下拉菜单中的命令有以下 3 种。

1. 带有子菜单的菜单命令

这种类型的命令后面带有子菜单。例如，单击菜单栏中的“绘图”菜单，将光标指向其下拉菜单中的“圆”命令，屏幕上就会进一步下拉出“圆”子菜单中所包含的命令，如图 2-7 所示。

2. 打开对话框的菜单命令

这种类型的命令后面带有省略号。例如，单击菜单栏中的“格式”菜单，再单击其下拉菜单中的“文字样式(S)...”命令，如图 2-8 所示，屏幕上就会打开对应的“文字样式”对话框，如图 2-9 所示。

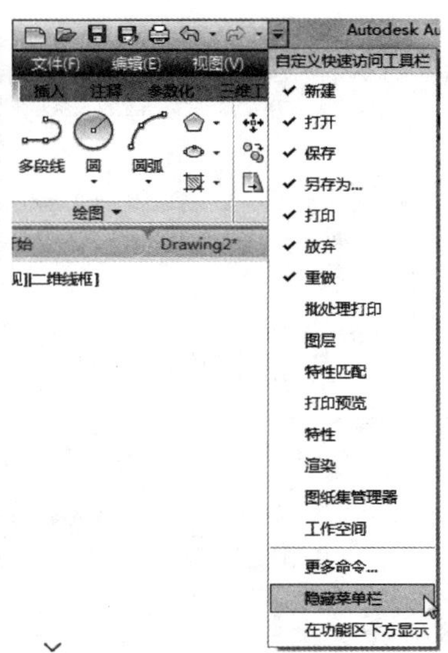

图 2-5　调出菜单栏

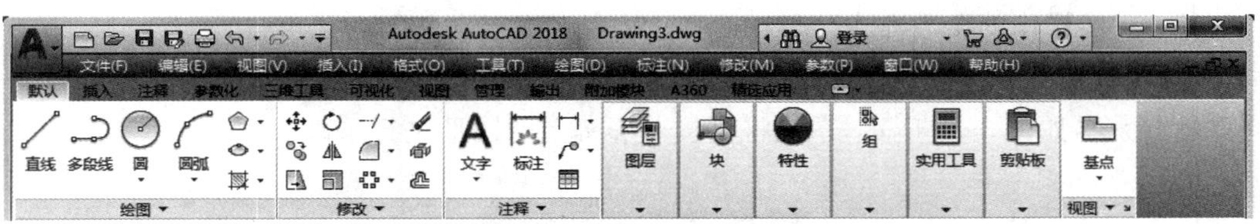

图 2-6　菜单栏显示界面

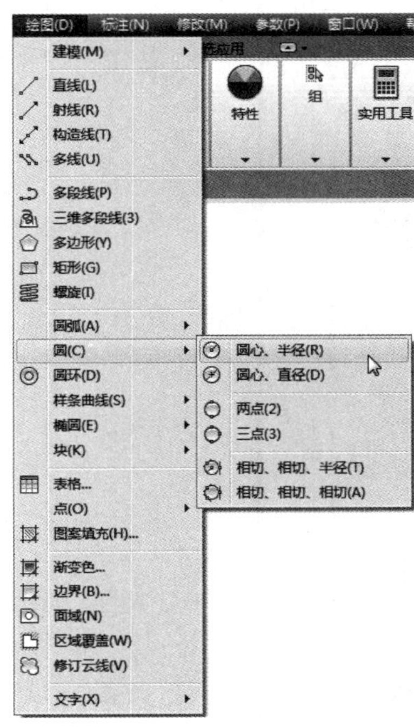

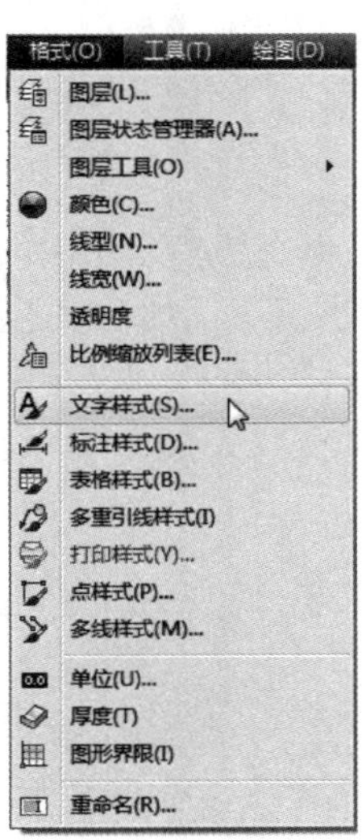

图 2-7　带有子菜单的菜单命令　　　图 2-8　激活相应对话框的菜单命令

Note

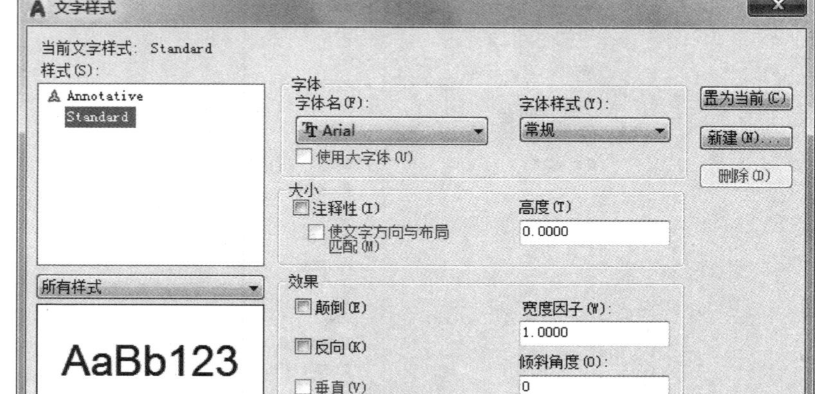

图 2-9 “文字样式”对话框

3. 直接操作的菜单命令

这种类型的命令将直接进行相应的绘图或其他操作。例如，选择“视图”菜单中的“重画”命令，如图 2-10 所示，系统将直接对屏幕上的图形进行重画。

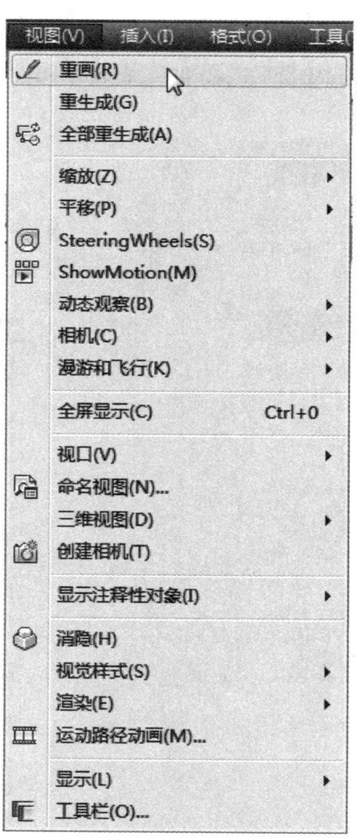

图 2-10 直接操作的菜单命令

Note

2.1.4　工具栏

工具栏是一组按钮工具的集合。选择菜单栏中的“工具”→“工具栏”→AutoCAD命令，调出所需要的工具栏，把光标移动到某个按钮上，稍停片刻即在该按钮的一侧显示相应的功能提示，同时在状态栏中显示对应的说明和命令名，此时单击按钮就可以启动相应的命令了。

1. 设置工具栏

AutoCAD 2018的标准菜单提供有几十种工具栏。选择菜单栏中的“工具”→“工具栏”→AutoCAD命令，调出所需要的工具栏，如图2-11所示。单击某一个未在界面显示的工具栏名，系统自动在界面打开该工具栏；反之，则关闭工具栏。

图2-11　调出工具栏

Note

2. 工具栏的“固定”“浮动”与打开

工具栏可以在绘图区“浮动”显示，如图 2-12 所示。此时显示该工具栏标题，并可关闭该工具栏。可以用鼠标拖动“浮动”工具栏到图形区边界，使它变为“固定”工具栏，此时该工具栏标题隐藏；也可以把“固定”工具栏拖出，使它成为“浮动”工具栏。

在有些图标的右下角带有一个小三角，单击它会打开相应的工具栏，选择其中适用的工具单击，该图标就成为当前图标。单击当前图标，即可执行相应命令，如图 2-13 所示。

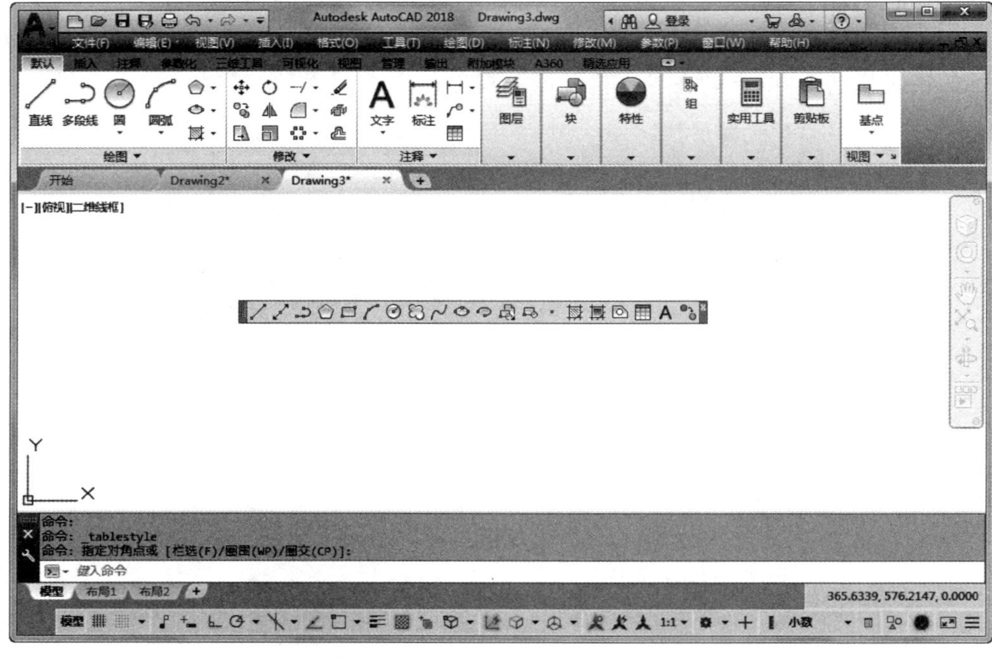

图 2-12　“浮动”工具栏

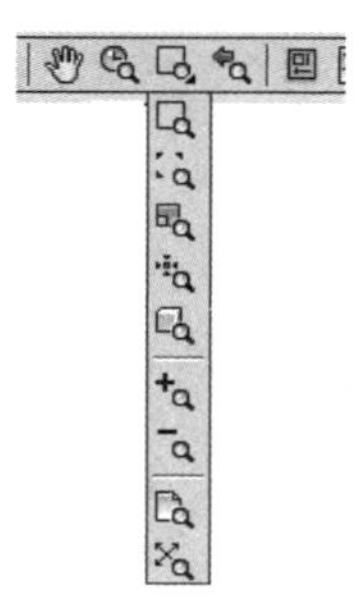

图 2-13　打开工具栏

注意： 安装 AutoCAD 2018 后，默认的界面如图 2-1 所示。为了快速简便地进行绘图操作，一般选择菜单栏中的“工具”→“工具栏”→AutoCAD 命令，将“绘图”“修改”工具栏打开，如图 2-14 所示。

Note

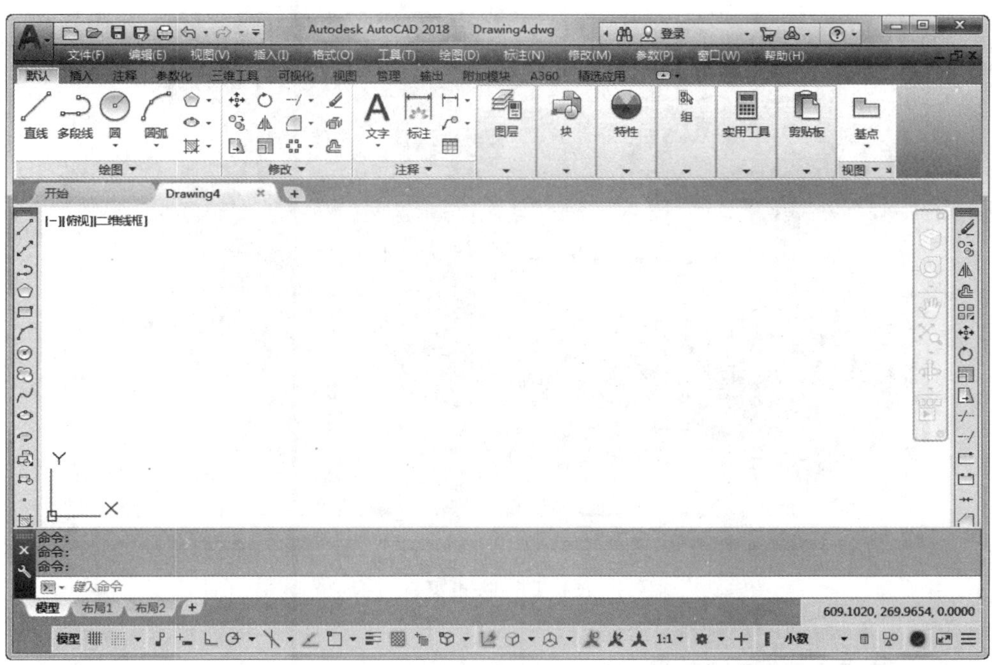

图 2-14　操作界面

2.1.5　命令行窗口

命令行窗口是输入命令名和显示命令提示的区域,默认的命令行窗口在绘图区下方,是若干文本行,如图 2-15 所示。对命令行窗口,需要说明以下几点。

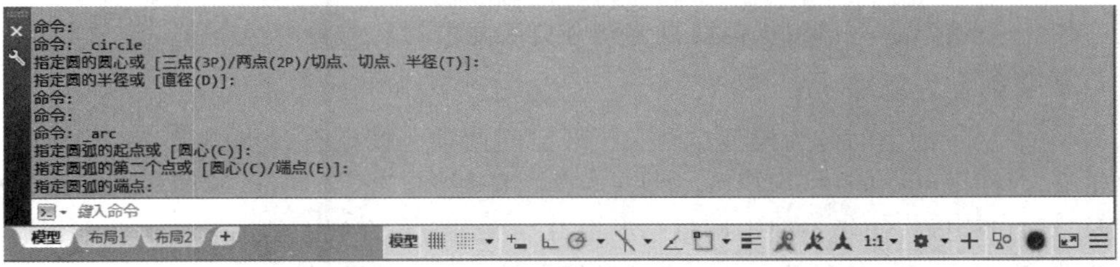

命令:
命令: _circle
指定圆的圆心或 [三点(3P)/两点(2P)/切点、切点、半径(T)]:
指定圆的半径或 [直径(D)]:
命令:
命令:
命令: _arc
指定圆弧的起点或 [圆心(C)]:
指定圆弧的第二个点或 [圆心(C)/端点(E)]:
指定圆弧的端点:
键入命令
模型　布局1　布局2
模型　1:1

图 2-15　命令行窗口

(1) 移动拆分条,可以扩大或缩小命令行窗口。

(2) 可以拖动命令行窗口,将其布置在屏幕上的其他位置。默认的命令行窗口在绘图区的下方。

(3) 可以按 F2 键,对当前命令行窗口中输入的内容用文本编辑的方法进行编辑,如图 2-16 所示。AutoCAD 文本窗口和命令行窗口相似,它可以显示当前 AutoCAD 进程中的命令的输入和执行过程,在执行 AutoCAD 的某些命令时,它会自动切换到文本窗口,列出有关信息。

(4) AutoCAD 通过命令行窗口反馈各种信息,包括出错信息。因此,用户要时刻关注在命令行窗口中出现的信息。

Note

```
AutoCAD 文本窗口 - Drawing1.dwg
编辑(E)

AutoCAD 菜单实用工具 已加载。*取消*

命令:
命令:

命令:
命令:  <栅格 关>
命令:
自动保存到 C:\Users\Administrator\appdata\local\temp\Drawing1_1_5702_1939.sv$ ...

命令:
命令:
命令:
命令:  options
命令: 指定对角点或 [栏选(F)/圈围(WP)/圈交(CP)]:
命令: 指定对角点或 [栏选(F)/圈围(WP)/圈交(CP)]:
命令: 指定对角点或 [栏选(F)/圈围(WP)/圈交(CP)]:
命令:
命令:
命令: 指定对角点或 [栏选(F)/圈围(WP)/圈交(CP)]:
命令: _u GROUP 删除文件
命令:

命令:
```

图 2-16　文本窗口

2.1.6　布局选项卡

AutoCAD 2018 系统默认设定一个模型空间布局选项卡和“布局 1”“布局 2”两个图纸空间布局选项卡。在这里，有两个概念需要解释一下。

1. 布局

布局是系统为绘图设置的一种环境，包括图纸大小、尺寸单位、角度设定、数值精确度等，在系统预设的 3 个标签中，这些环境变量都按默认设置。用户可根据实际需要改变这些变量的值，也可以根据需要设置符合自己要求的新选项卡。

2. 模型

AutoCAD 的空间分为模型空间和图纸空间两种。模型空间指的是我们通常绘图的环境，而在图纸空间中，用户可以创建叫作“浮动视口”的区域，以不同视图显示所绘图形。用户可以在图纸空间中调整浮动视口并决定所包含视图的缩放比例。如果选择图纸空间，则可打印多个视图。用户可以打印任意布局的视图。

在默认情况下，AutoCAD 2018 系统打开模型空间，用户可以通过单击来选择自己需要的布局。

2.1.7　状态栏

状态栏在屏幕的底部，依次有“坐标”“模型或图纸空间”“栅格”“捕捉模式”“推断约束”“动态输入”“正交模式”“极轴追踪”“等轴测草图”“对象捕捉追踪”“二维对象捕捉”“线宽”“透明度”“选择循环”“三维对象捕捉”“动态 UCS”“选择过滤”“小控件”“注释可见性”“自动缩放”“注释比例”“切换工作空间”“注释监视器”“单位”“快捷特性”“锁定用户界面”“隔离对象”“硬件加速”“全屏显示”“自定义”30 个功能按钮。单击部分开关按钮，可以实现这些功能的开关。通过单击部分按钮也可以控制图形或绘图区的状态。

Note

注意：默认情况下，不会显示所有工具，可以通过状态栏上最右侧的按钮选择要从“自定义”菜单显示的工具。状态栏上显示的工具可能会发生变化，具体取决于当前的工作空间以及当前显示的是“模型”选项卡还是“布局”选项卡。下面对部分状态栏上的按钮作简单介绍，如图 2-17 所示。

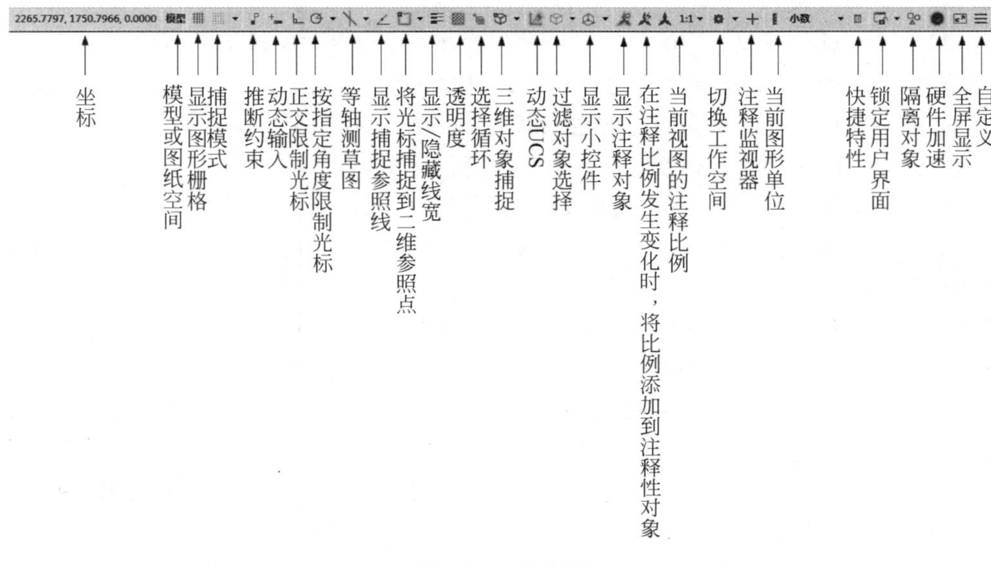

图 2-17 状态栏

(1) 坐标：显示工作区光标放置点的坐标。

(2) 模型空间：在模型空间与布局空间之间进行转换。

(3) 栅格：栅格是覆盖整个坐标系(UCS) XY 平面的由直线或点组成的矩形图案。使用栅格类似于在图形下放置一张坐标纸。利用栅格可以对齐对象并直观显示对象之间的距离。

(4) 捕捉模式：对象捕捉对于在对象上指定精确位置非常重要。不论何时提示输入点，都可以指定对象捕捉。默认情况下，当光标移到对象的对象捕捉位置时，将显示标记和工具提示。

(5) 推断约束：自动在正在创建或编辑的对象与对象捕捉的关联对象或点之间应用约束。

(6) 动态输入：在光标附近显示出一个提示框(称为“工具提示”)，工具提示中显示出对应的命令提示和光标的当前坐标值。

(7) 正交模式：将光标限制在水平或垂直方向上移动，以便于精确地创建和修改对象。当创建或移动对象时，可以使用“正交”模式将光标限制在相对于用户坐标系(UCS)的水平或垂直方向上。

(8) 极轴追踪：使用极轴追踪，光标将按指定角度进行移动。创建或修改对象时，可以使用“极轴追踪”来显示由指定的极轴角度所定义的临时对齐路径。

(9) 等轴测草图：通过设定“等轴测捕捉/栅格”，可以很容易地沿三个等轴测平面之一对齐对象。尽管等轴测图形看似三维图形，但它实际上是由二维图形表示的。因

此不能期望提取三维距离和面积、从不同视点显示对象或自动消除隐藏线。

(10) 对象捕捉追踪：使用对象捕捉追踪，可以沿着基于对象捕捉点的对齐路径进行追踪。已获取的点将显示一个小加号(+)，一次最多可以获取 7 个追踪点。获取点之后，在绘图路径上移动光标，将显示相对于获取点的水平、垂直或极轴对齐路径。例如，可以基于对象端点、中点或者对象的交点，沿着某个路径选择一点。

(11) 二维对象捕捉：使用执行对象捕捉设置(也称为对象捕捉)，可以在对象上的精确位置指定捕捉点。选择多个选项后，将应用选定的捕捉模式，以返回距离靶框中心最近的点。按 Tab 键以在这些选项之间循环。

(12) 线宽：分别显示对象所在图层中设置的不同宽度，而不是统一线宽。

(13) 透明度：使用该命令，调整绘图对象显示的明暗程度。

(14) 选择循环：控制当您将鼠标悬停在对象上或选择的对象与另一个对象重叠时的显示行为。

(15) 三维对象捕捉：三维中的对象捕捉与在二维中工作的方式类似，不同之处在于在三维中可以投影对象捕捉。

(16) 动态 UCS：在创建对象时使 UCS 的 XY 平面自动与实体模型上的平面临时对齐。

(17) 选择过滤：根据对象特性或对象类型对选择集进行过滤。当按下图标后，只选择满足指定条件的对象，其他对象将被排除在选择集之外。

(18) 小控件：帮助用户沿三维轴或平面移动、旋转或缩放一组对象。

(19) 注释可见性：当图标亮显时表示显示所有比例的注释性对象；当图标变暗时表示仅显示当前比例的注释性对象。

(20) 自动缩放：注释比例更改时，自动将比例添加到注释对象。

(21) 注释比例：单击注释比例右下角的小三角符号弹出注释比例列表，如图 2-18 所示，可以根据需要选择适当的注释比例。

(22) 切换工作空间：进行工作空间转换。

(23) 注释监视器：打开仅用于所有事件或模型文档事件的注释监视器。

(24) 单位：指定线性和角度单位的格式和小数位数。

(25) 快捷特性：控制快捷特性面板的使用与禁用。

(26) 锁定用户界面：按下该按钮，锁定工具栏、面板和可固定窗口的位置和大小。

(27) 隔离对象：当选择隔离对象时，在当前视图中显示选定对象，所有其他对象都暂时隐藏；当选择隐藏对象时，在当前视图中暂时隐藏选定对象，所有其他对象都可见。

(28) 硬件加速：设定图形卡的驱动程序以及设置硬件加速的选项。

(29) 全屏显示：该选项可以清除 Windows 窗口中的标题栏、功能区和选项板等界面元素，使 AutoCAD 的绘图窗口全屏显示，如图 2-19 所示。

(30) 自定义：状态栏可以提供重要信息，而无须中断工作流。使用 MODEMACRO 系统变量可将应用程序所能识别的大多数数据显示在状态栏中。使用该系统变量的计算、判断和编辑功能可以完全按照用户的要求构造状态栏。

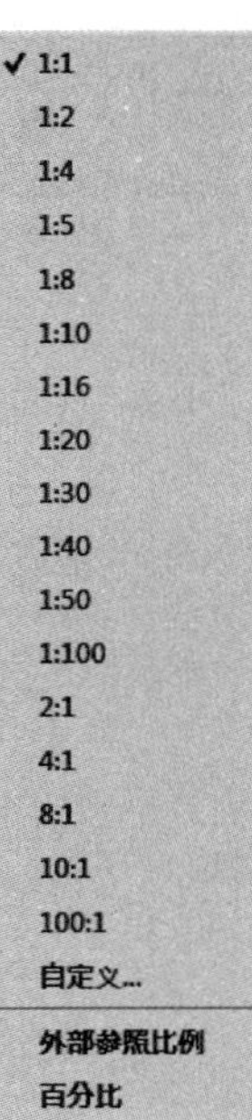

图 2-18　注释比例

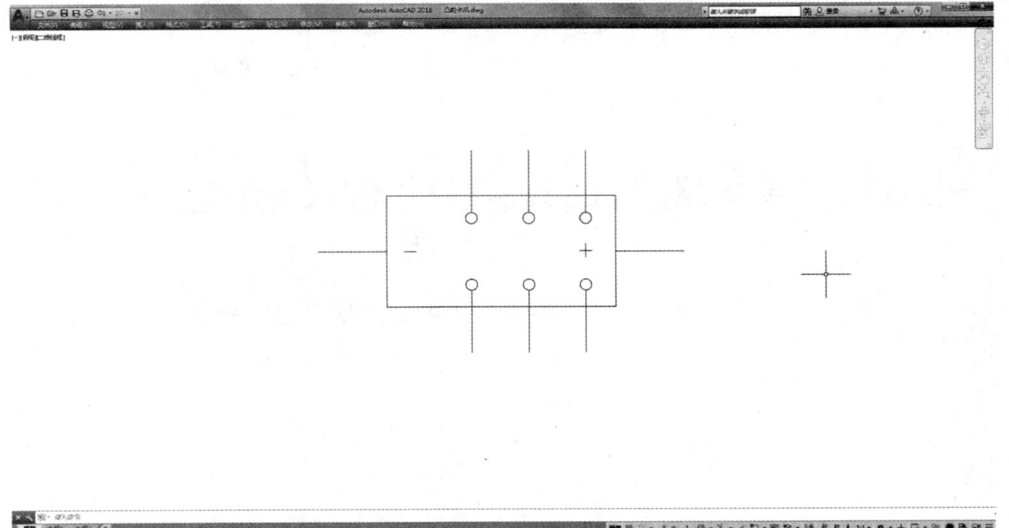

图 2-19　全屏显示

2.1.8　滚动条

在打开的 AutoCAD 2018 默认界面上是不显示滚动条的，我们需要把滚动条调出来。选择菜单栏中的“工具”→“选项”命令，系统打开“选项”对话框，切换到“显示”选项卡，选中“窗口元素”选项区中的“在图形窗口中显示滚动条”复选框，如图 2-20 所示。

滚动条包括水平滚动条和垂直滚动条，用于上下或左右移动绘图窗口内的图形。

Note

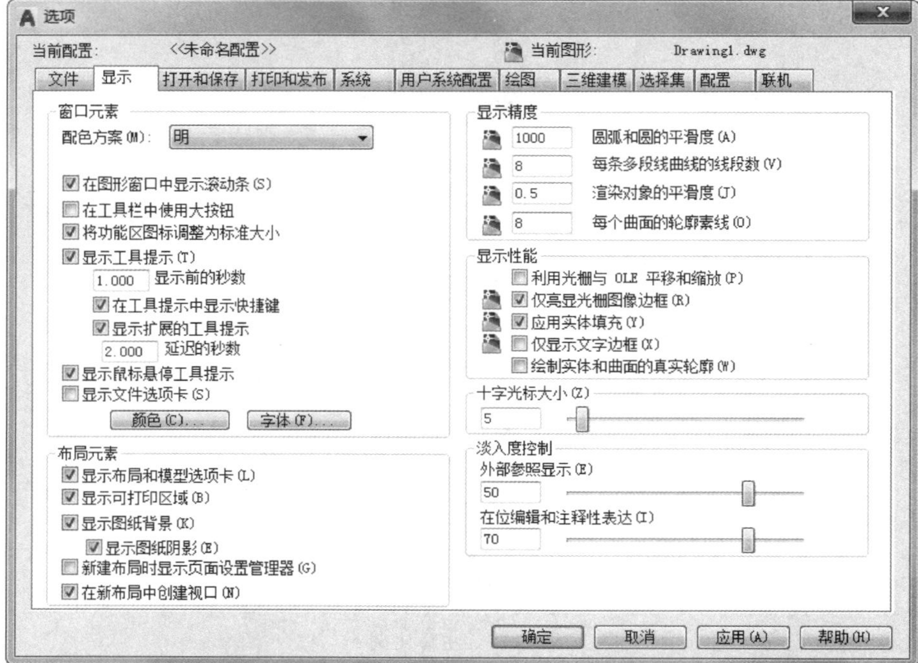

图 2-20 “选项”对话框中的“显示”选项卡

用鼠标拖动滚动条中的滑块或单击滚动条两侧的三角按钮，即可移动图形，如图 2-21 所示。

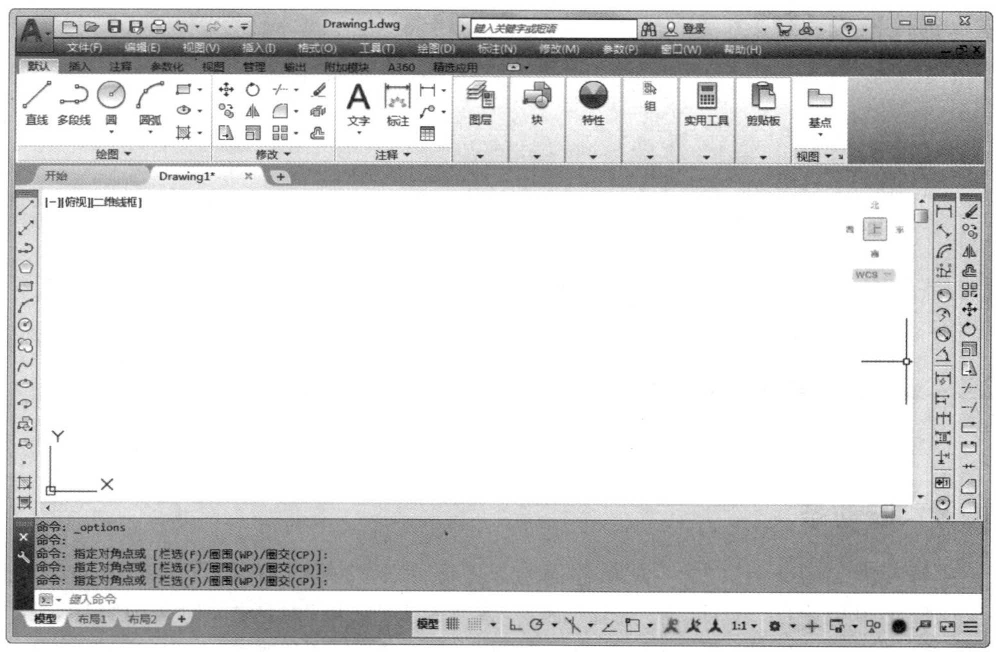

图 2-21 显示滚动条

Note

2.1.9 快速访问工具栏和交互信息工具栏

1. 快速访问工具栏

该工具栏中有“新建”“打开”“保存”“另存为”“打印”“放弃”“重做”和“工作空间”等几个常用的工具。用户也可以单击本工具栏后面的下拉按钮设置需要的常用工具。

2. 交互信息工具栏

该工具栏中有“搜索”“Autodesk A360”“Autodesk App Store”“保持连接”和“帮助”等几个常用的数据交互访问工具按钮。

2.1.10 功能区

在默认情况下，功能区中包括“默认”“插入”“注释”“参数化”“视图”“管理”“输出”“附加模块”“A360”以及“精选应用”选项卡，如图 2-22 所示（所有的选项卡显示面板如图 2-23 所示）。每个选项卡集成了相关的操作工具，方便了用户的使用。用户可以单击功能区选项后面的按钮控制功能的展开与收缩。

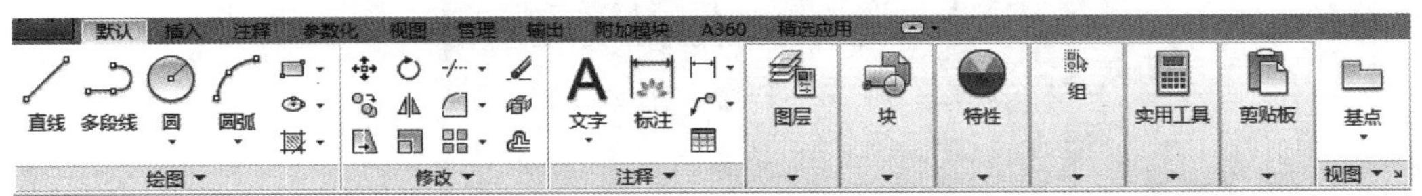

图 2-22 默认情况下出现的选项卡

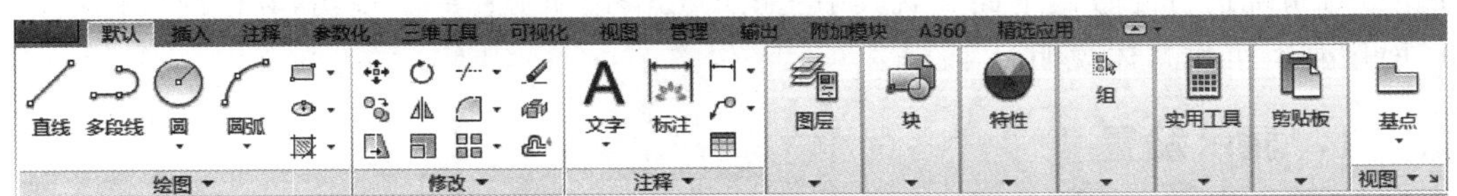

图 2-23 所有的选项卡

打开或关闭功能区的操作方式如下。

命令行：RIBBON（或 RIBBONCLOSE）

菜单栏：选择菜单栏中的“工具”→“选项板”→“功能区”命令。

2.2 配置绘图系统

由于每台计算机所使用的显示器、输入设备和输出设备的类型不同，用户喜好的风格及计算机的目录设置也是不同的，所以每台计算机都是独特的。一般来讲，使用 AutoCAD 2018 的默认配置就可以绘图，但为了使用用户的定点设备或打印机，以及提高绘图的效率，AutoCAD 推荐用户在开始作图前先进行必要的配置。

Note

1. 执行方式

命令行：PREFERENCES。

菜单栏：选择菜单栏中的“工具”→“选项”命令。

右键菜单：“选项”命令。（右击，系统打开右键菜单，其中包括一些最常用的命令，如图 2-24 所示。）

图 2-24 “选项”右键菜单

2. 操作步骤

执行上述命令后，系统自动打开“选项”对话框。用户可以在该对话框中选择有关选项，对系统进行配置。下面只就其中主要的几个选项卡作一下说明，其他配置选项在后面用到时再作具体说明。

2.2.1 显示配置

在“选项”对话框中的第二个选项卡为“显示”，该选项卡控制 AutoCAD 窗口的外观。该选项卡用于设定屏幕菜单、设置滚动条显示与否、固定命令行窗口中文字行数、AutoCAD 2018 的版面布局设置、各实体的显示分辨率以及 AutoCAD 运行时的其他各项性能参数的设定等。前面已经讲述了屏幕菜单设定、屏幕颜色、光标大小等知识，其余有关选项的设置读者可自己参照“帮助”文件学习。

在设置实体显示分辨率时，请务必记住，显示质量越高，即分辨率越高，计算机计算的时间越长，因此千万不要将其设置得太高。显示质量设定在一个合理的程度上是很重要的。

2.2.2 系统配置

“选项”对话框中的第五个选项卡为“系统”，如图 2-25 所示。该选项卡用来设置 AutoCAD 系统的有关特性。

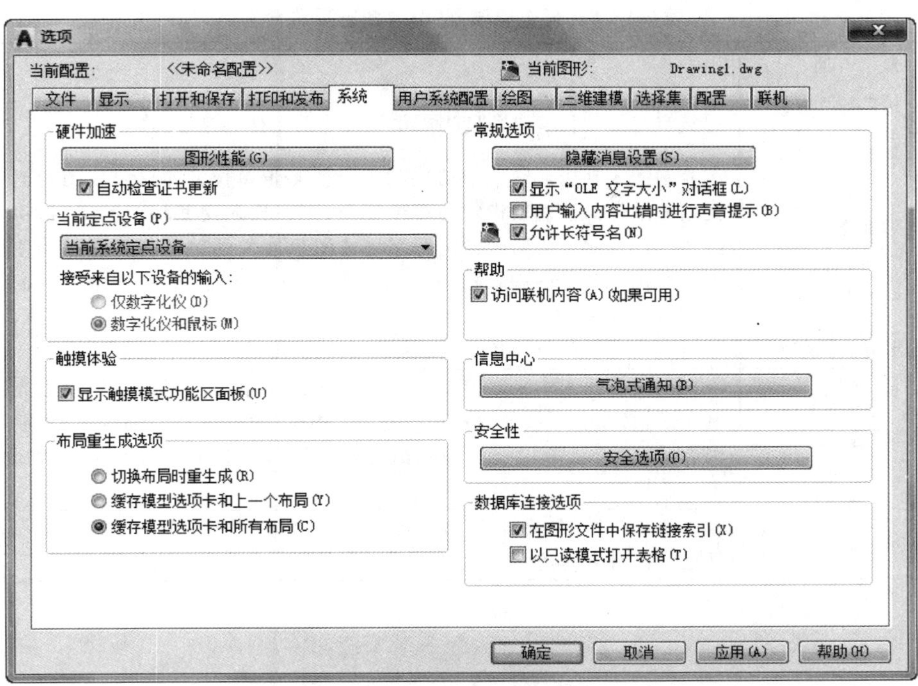

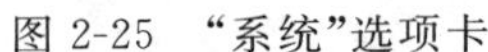
图 2-25 “系统”选项卡

2.3 设置绘图环境

在 AutoCAD 中,可以利用相关命令对图形单位和图形边界以及工作条件进行具体设置。

2.3.1 图形单位设置

1. 执行方式

命令行:DDUNITS(或 UNITS)。

菜单栏:选择菜单栏中的“格式”→“单位”命令。

2. 操作步骤

执行上述命令后,系统打开“图形单位”对话框,如图 2-26 所示。该对话框用于定义单位和角度格式。

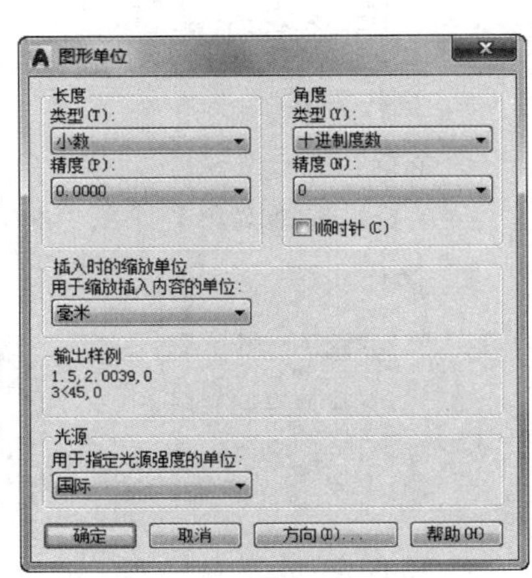

图 2-26 “图形单位”对话框

3. 选项说明

各选项的含义如表 2-1 所示。

Note

表 2-1 “图形单位设置”命令各选项的含义

选　项	含　义
“长度”与“角度”选项组	指定测量的长度与角度当前单位及当前单位的精度
“插入时的缩放单位”下拉列表框	控制插入到当前图形中的块和图形的测量单位。如果块或图形创建时使用的单位与该选项指定的单位不同，则在插入这些块或图形时，将对其按比例进行缩放。插入比例是原块或图形使用的单位与目标图形使用的单位之比。如果插入块时不按指定单位缩放，则在其下拉列表框中选择“无单位”选项
“输出样例”选项	显示用当前单位和角度设置的例子
“光源”选项组	控制当前图形中光度控制光源的强度测量单位。为创建和使用光度控制光源，必须从下拉列表框中指定非“常规”的单位。如果“用于缩放插入内容的单位”设置为“无单位”，则将显示警告信息，通知用户渲染输出可能不正确
“方向”按钮	单击该按钮，系统打开“方向控制”对话框，如图 2-27 所示。可以在该对话框中进行方向控制设置

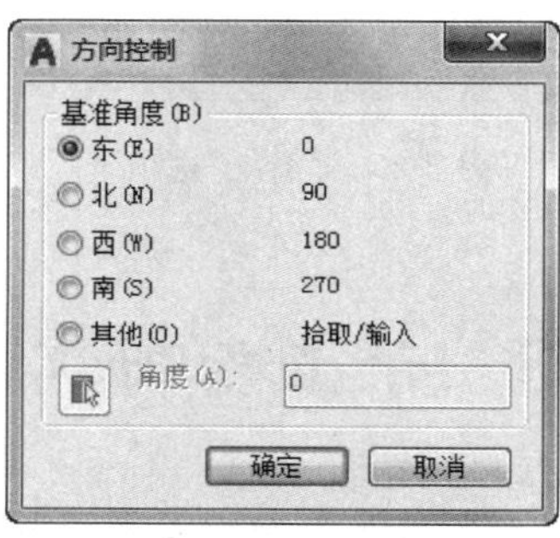

图 2-27 “方向控制”对话框

2.3.2 图形边界设置

1. 执行方式

命令行：LIMITS。

菜单栏：选择菜单栏中的“格式”→“图形范围”命令。

2. 操作步骤

```
命令:LIMITS↙
重新设置模型空间界限:
指定左下角点或[开(ON)/关(OFF)]<0.0000,0.0000>:(输入图形边界左下角的坐标后按 Enter 键)
指定右上角点<12.0000,9.0000>:(输入图形边界右上角的坐标后按 Enter 键)
```

3. 选项说明

各选项的含义如表 2-2 所示。

表 2-2 "图形边界设置"命令各选项含义

选 项	含 义
开(ON)	使绘图边界有效。系统在绘图边界以外拾取的点视为无效
关(OFF)	使绘图边界无效。用户可以在绘图边界以外拾取点或实体
动态输入角点坐标	可以直接在屏幕上输入角点坐标，输入了横坐标值后，按","键，接着输入纵坐标值，如图 2-28 所示。也可以按光标位置直接单击确定角点位置

图 2-28 动态输入

2.4 基本操作命令

本节介绍一些最基本的操作命令，引导读者掌握一些最基本的操作知识。

2.4.1 命令输入方式

AutoCAD 交互绘图必须输入必要的指令和参数。有多种 AutoCAD 命令输入方式，介绍如下。

1. 在命令行窗口输入命令名

命令字符可不区分大小写。例如，命令：LINE↙。执行命令时，在命令行的提示中经常会出现命令选项。例如，输入绘制直线命令 LINE 后，命令行提示与操作如下：

```
命令：LINE↙
指定第一个点：(在屏幕上指定一点或输入一个点的坐标)
指定下一点或 [放弃(U)]:
```

选项中不带括号的提示为默认选项，因此，可以直接输入直线段的起点坐标或在屏幕上指定一点，如果要选择其他选项，则应该首先输入该选项的标识字符，如"放弃"选项的标识字符为 U，然后按系统提示输入数据即可。在命令选项的后面有时候还带有尖括号，尖括号内的数值为默认数值。

2. 在命令行窗口输入命令缩写字

如 L(Line)、C(Circle)、A(Arc)、Z(Zoom)、R(Redraw)、M(More)、CO(Copy)、PL(Pline)、E(Erase)等。

3. 选择"绘图"菜单中的"直线"选项

选择该选项后，在状态栏中可以看到对应的命令说明及命令名，如图 2-29 所示。

Note

4. 选取工具栏中的对应图标

选取该图标后，在状态栏中也可以看到对应的命令说明及命令名，如图 2-30 所示。

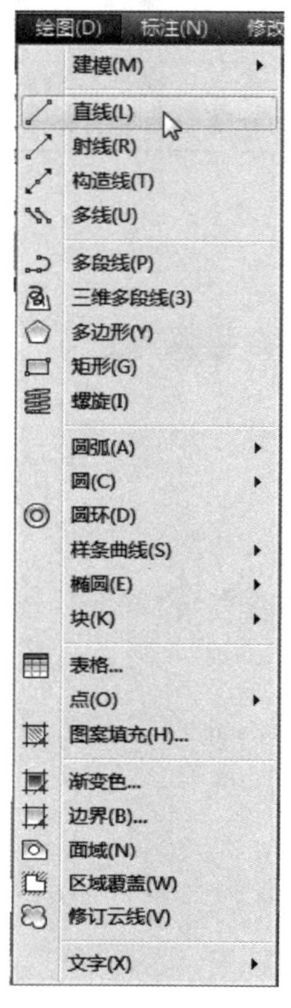

图 2-29　菜单输入方式

图 2-30　工具栏输入方式

5. 在绘图区打开快捷菜单

如果在前面刚使用过要输入的命令，可以在绘图区打开右键快捷菜单，在“最近的输入”子菜单中选择需要的命令，如图 2-31 所示。“最近的输入”子菜单中存储着最近使用的命令，如果经常重复使用某个命令，这种方法就比较快捷。

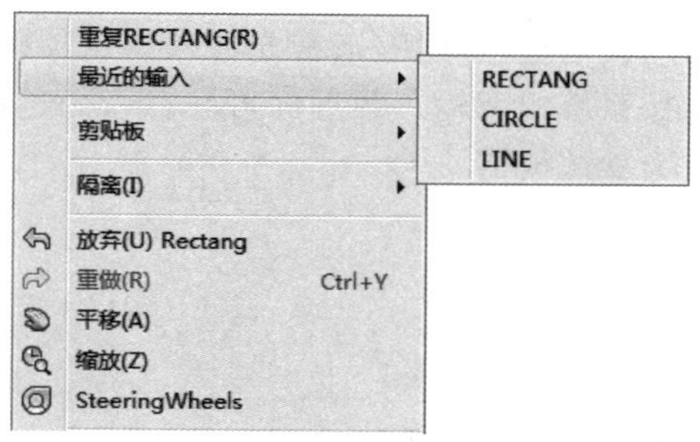

图 2-31　命令行右键快捷菜单

Note

6. 在命令行直接按 Enter 键

如果用户要重复使用上次使用的命令，可以直接在命令行按 Enter 键，则系统立即重复执行上次使用的命令。这种方法适用于重复执行某个命令。

2.4.2 命令的重复、撤销和重做

1. 命令的重复

在命令行窗口中按 Enter 键可重复调用上一次使用的命令，而不管该命令是完成了还是被取消了。

2. 命令的撤销

在命令执行过程中的任何时刻都可以取消和终止命令的执行。该命令的执行方式有如下 3 种。

命令行：UNDO。

菜单栏：选择菜单栏中的“编辑”→“放弃”命令。

工具栏：单击“标准”工具栏中的“放弃”按钮，或单击“快速访问”工具栏中的“放弃”按钮。

快捷键：Esc

3. 命令的重做

已被撤销的命令还可以恢复重做，可以恢复最后撤销的一个命令。该命令的执行方式如下。

命令行：REDO。

菜单栏：选择菜单栏中的“编辑”→“重做”命令。

工具栏：单击“标准”工具栏中的“重做”按钮，或单击“快速访问”工具栏中的“重做”按钮。

快捷键：Ctrl＋Y

AutoCAD 2018 可以一次执行多重放弃或重做操作。单击“快速访问”工具栏中的“放弃”按钮或“重做”按钮后面的小三角形，可以选择要放弃或重做的操作，如图 2-32 所示。

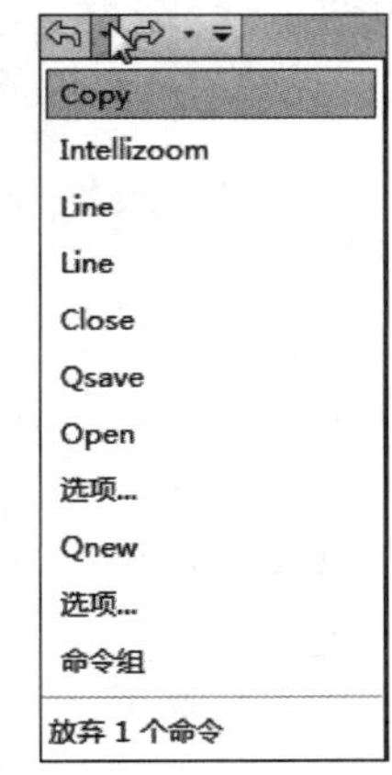

图 2-32 多重放弃或重做

2.4.3 透明命令

在 AutoCAD 2018 中，有些命令不仅可以直接在命令行中使用，而且还可以在其他命令的执行过程中插入并执行，待该命令执行完毕后，系统继续执行原命令，这种命令称为透明命令。透明命令一般多为修改图形设置或打开辅助绘图工具的命令。

上述 3 种命令的执行方式同样适用于透明命令的执行。命令行提示与操作如下：

```
命令: ARC↙
指定圆弧的起点或 [圆心(C)]: 'ZOOM↙(透明使用显示缩放命令 ZOOM)
```

```
(执行 ZOOM 命令)
>>按 Esc 或 Enter 键退出,或右击显示快捷菜单
正在恢复执行 ARC 命令.
指定圆弧的起点或 [圆心(C)]: (继续执行原命令)
```

Note

2.4.4 按键定义

在 AutoCAD 2018 中，除了可以通过在命令行窗口中输入命令、单击工具栏图标或单击菜单项来完成命令外，还可以使用键盘上的一组功能键或快捷键，通过这些功能键或快捷键可以快速实现指定功能，如按 F1 键，系统会调用 AutoCAD“帮助”对话框。

系统使用 AutoCAD 传统标准(Windows 之前)或 Microsoft Windows 标准解释快捷键。有些功能键或快捷键在 AutoCAD 的菜单中已经指出，如“粘贴”的快捷键为 Ctrl+V，用户只要在使用的过程中多加留意，就会熟练掌握这些快捷键。快捷键的定义见菜单命令后面的说明，如“剪切<Ctrl>+<X>”。

2.4.5 命令执行方式

有的命令有两种执行方式：通过对话框或通过命令行来执行。如指定使用命令行方式，可以在命令名前加半字线来表示，如“-LAYER”表示用命令行方式执行“图层”命令。而如果在命令行输入 LAYER，系统则会自动打开图层特性管理器。

另外，有些命令同时存在命令行、菜单和工具栏 3 种执行方式，这时如果选择菜单或工具栏方式，命令行会显示该命令，并在前面加一下划线，如通过菜单或工具栏方式执行“直线”命令时，命令行会显示“_line”，命令的执行过程和结果与命令行方式相同。

2.4.6 坐标系统与数据的输入方法

1. 坐标系

AutoCAD 采用两种坐标系：世界坐标系(WCS)与用户坐标系(UCS)。用户刚进入 AutoCAD 的操作界面时的坐标系统就是世界坐标系，这是固定的坐标系统。世界坐标系也是坐标系统中的基准，在多数情况下，绘制图形都是在这个坐标系统下进行的。

执行方式如下。

命令行：UCS。

菜单栏：选择菜单栏中的“工具”→“新建 UCS”命令。

AutoCAD 有两种视图显示方式：模型空间和图纸空间。模型空间是指单一视图显示法，我们通常使用的都是这种显示方式；图纸空间是指在绘图区域创建图形的多视图，用户可以对其中每一个视图进行单独操作。在默认情况下，当前 UCS 与 WCS 重合。图 2-33(a)所示为模型空间下的 UCS 坐标系图标，通常放在绘图区左下角处；也可以指定它放在当前 UCS 的实际坐标原点位置，如图 2-33(b)所示。图 2-33(c)所示为图纸空间下的坐标系图标。

2. 数据输入方法

在 AutoCAD 2018 中，点的坐标可以用直角坐标、极坐标、球面坐标和柱面坐标表

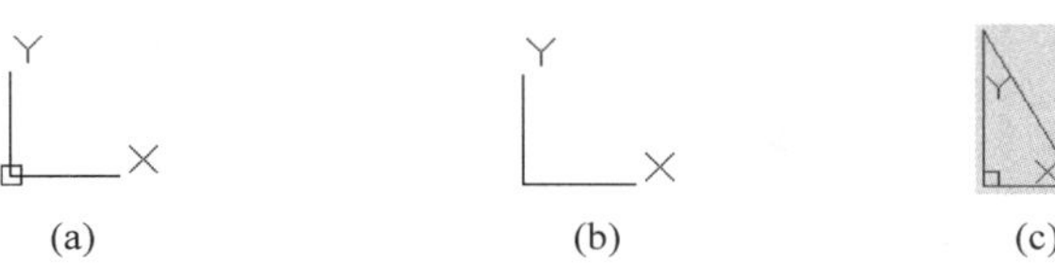

图 2-33　坐标系图标

示,每一种坐标又分别具有两种坐标输入方式：绝对坐标和相对坐标。在点的坐标表示法中,直角坐标和极坐标最为常用,下面主要介绍它们的输入方法。

(1) 直角坐标法：用点的 X、Y 坐标值表示的坐标。

在命令行中的输入点的坐标提示下,输入“15,18”,则表示输入了一个 X、Y 的坐标值分别为 15、18 的点,此为绝对坐标输入方式,表示该点的坐标是相对于当前坐标原点的坐标值,如图 2-34(a)所示。如果输入“@10,20”,则为相对坐标输入方式,表示该点的坐标是相对于前一点的坐标值,如图 2-34(b)所示。

(2) 极坐标法：用长度和角度表示的坐标,只能用来表示二维点的坐标。

在绝对坐标输入方式下,表示为“长度＜角度”,如“25＜50”,其中长度表示该点到坐标原点的距离,角度为该点至原点的连线与 X 轴正向的夹角,如图 2-34(c)所示。

在相对坐标输入方式下,表示为“@长度＜角度”,如“@25＜45”,其中长度表示该点到前一点的距离,角度为该点至前一点的连线与 X 轴正向的夹角,如图 2-34(d)所示。

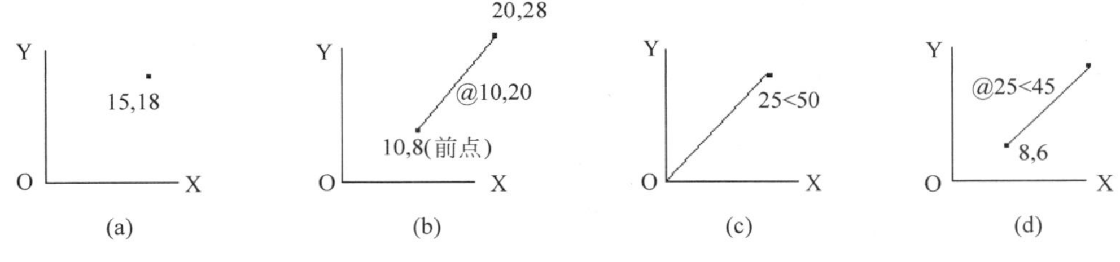

图 2-34　数据输入方法

3. 动态数据输入

单击状态栏上的按钮 ,系统打开动态输入功能,可以在屏幕上动态地输入某些参数数据。例如,绘制直线时,在光标附近会动态地显示“指定第一个点”及其后面的坐标框,坐标框中当前显示的是光标所在位置,可以重新输入数据,两个数据之间以逗号隔开,如图 2-35 所示。指定第一点后,系统动态显示直线的角度,同时要求输入线段的长度值,如图 2-36 所示,其输入效果与“@长度＜角度”的方式相同。

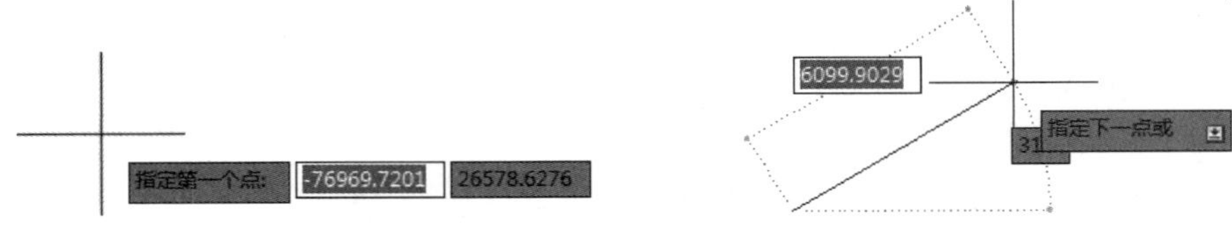

图 2-35　动态输入坐标值　　　图 2-36　动态输入长度值

Note

2.5 图形的缩放

改变视图最一般的方法就是利用缩放和平移命令。用它们可以在绘图区域放大或缩小图形显示，或者改变图形的观察位置。

2.5.1 实时缩放

利用实时缩放命令，用户可以通过垂直向上或向下移动光标来放大或缩小图形。利用实时平移命令，用户可以通过单击和移动光标来重新放置图形。

1. 执行方式

命令行：ZOOM。

菜单栏：选择菜单栏中的"视图"→"缩放"→"实时"命令。

工具栏：单击"标准"工具栏中的"实时缩放"按钮 。

功能区：单击"视图"选项卡"导航"面板中的"实时"按钮 。

2. 操作步骤

按住选择钮垂直向上或向下移动光标。从图形的中点向顶端垂直地移动光标就可以将图形放大一倍，向底部垂直地移动光标就可以将图形缩小一半。

2.5.2 放大和缩小

放大和缩小是两个基本缩放命令。放大图形则能观察到图形的细节，称之为"放大"；缩小图形则能看到大部分的图形，称之为"缩小"（图 2-37）。

1. 执行方式

菜单栏：选择菜单栏中的"视图"→"缩放"→"放大（缩小）"命令。

功能区：单击"视图"选项卡"导航"面板中的"放大"按钮 或"缩小"按钮 。

2. 操作步骤

单击菜单中的"放大（缩小）"命令，当前图形相应地自动放大一倍或缩小一半。

2.5.3 动态缩放

可以用动态缩放命令来改变画面显示而不产生重新生成的效果。动态缩放会在当前视区中显示图形的全部。

1. 执行方式

命令行：ZOOM。

菜单栏：选择菜单栏中的"视图"→"缩放"→"动态"命令。

功能区：单击"视图"选项卡"导航"面板中的"动态"按钮 。

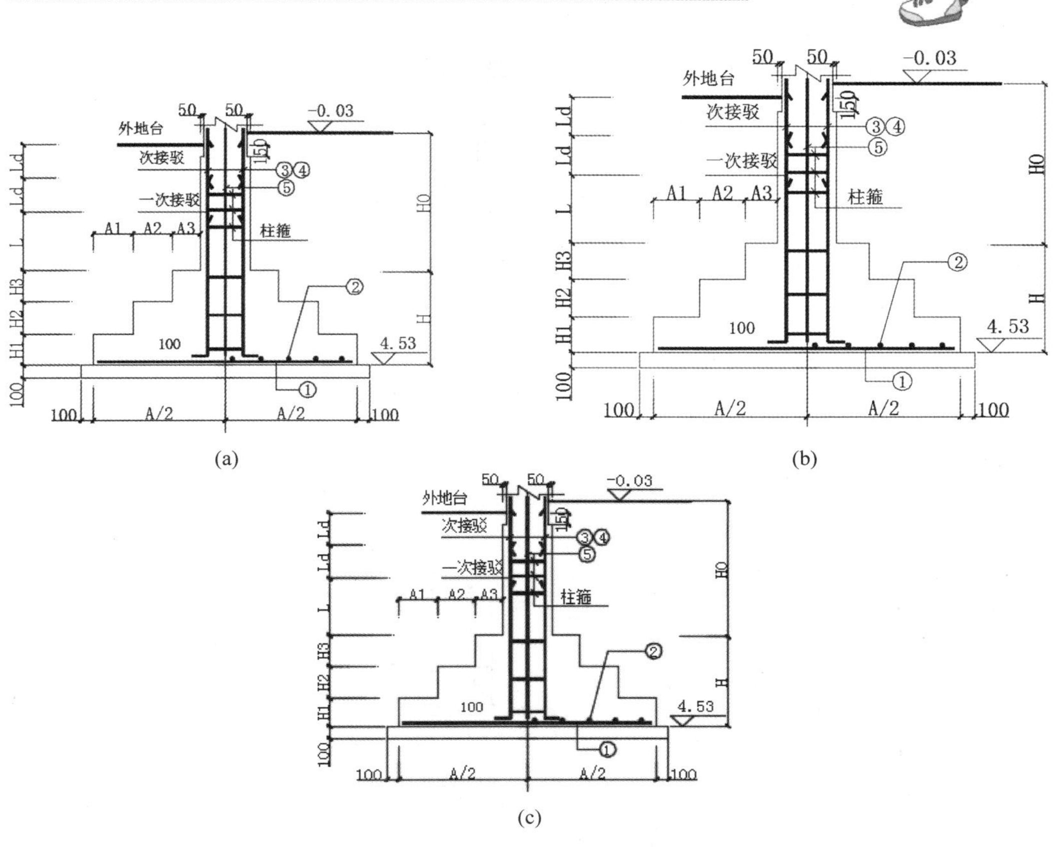

图 2-37　缩放视图

(a) 原图；(b) 放大；(c) 缩小

2. 操作步骤

```
命令：ZOOM↙
指定窗口角点，输入比例因子(nx 或 nxP)，或者[全部(A)/中心点(C)/动态(D)/范围(E)/上一个(P)/比例(S)/窗口(W)/对象(O)] D↙
```

执行上述命令后，系统弹出一个图框。选取动态缩放前的画面呈绿色点线。如果动态缩放后的图形显示范围与选取动态缩放前的图形显示范围相同，则此框与白线重合而不可见。重合区域的四周有一个蓝色虚线框，用以标记虚拟屏幕。

这时，如果视框中有一个"×"符号出现，如图 2-38(a)所示，就可以通过拖动线框把它平移到另外一个区域。如果要将图形放大到不同的倍数，按下选择钮，"×"就会变成一个箭头，如图 2-38(b)所示。这时，左右拖动边界线就可以重新确定视区的大小。缩放后的图形如图 2-38(c)所示。

另外，还有窗口缩放、范围缩放、圆心缩放、全部缩放、对象缩放、缩放上一个等命令，其操作方法与动态缩放类似，在此不再赘述。

2.5.4　快速缩放

利用快速缩放命令可以打开一个很大的虚屏幕，虚屏幕定义了显示命令(Zoom，Pan，View)及更新屏幕的区域。

Note

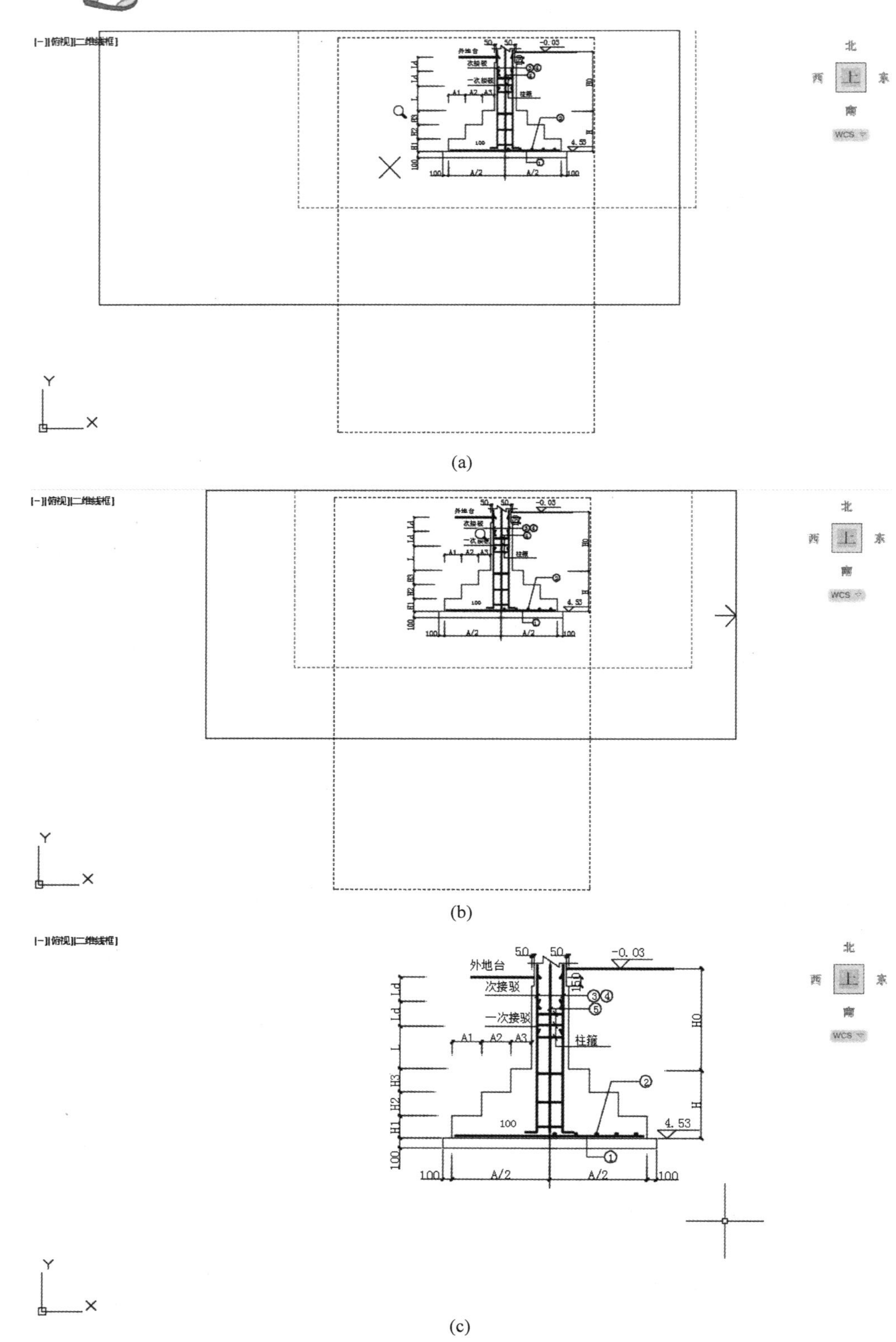

(a)

(b)

(c)

图 2-38　动态缩放

(a) 带“×”符号的视框；(b) 带箭头的视框；(c) 缩放后的图形

1. 执行方式

命令行：VIEWRES。

2. 操作步骤

```
命令：VIEWRES↙
是否需要快速缩放?[是(Y)/否(N)]<Y>:
输入圆的缩放百分比 (1-20000)<100>:
```

在命令提示下，输入 Y 就可以打开快速缩放模式；相反，输入 N 就会关闭快速缩放模式。快速缩放的默认状态为打开。如果快速缩放设置为打开状态，那么最大的虚屏幕就显示尽量多的图形而不必强制完全重新生成屏幕。如果快速缩放设置为关闭状态，那么虚屏幕就会关闭，同时，实时平移和实时缩放也关闭。

图 2-39 扫描精度

"圆的缩放百分比"表示系统的图形扫描精度，其值越大，精度越高。形象的理解就是，当扫描精度低时，系统以多边形的边表示圆弧，如图 2-39 所示。

2.6 图形的平移

2.6.1 实时平移

1. 执行方式

命令行：PAN。

菜单栏：选择菜单栏中的"视图"→"平移"→"实时"命令。

工具栏：单击"标准"工具栏中的"实时平移"按钮。

功能区：单击"视图"选项卡"导航"面板中的"平移"按钮。

2. 操作步骤

执行上述命令后，按下选择钮，然后通过移动手形光标就可以平移图形了。当手形光标移动到图形的边沿时，光标就会呈一个三角形显示。

另外，系统为显示控制命令设置了一个右键快捷菜单，如图 2-40 所示。在该菜单中，用户可以在显示控制命令执行的过程中透明地进行切换。

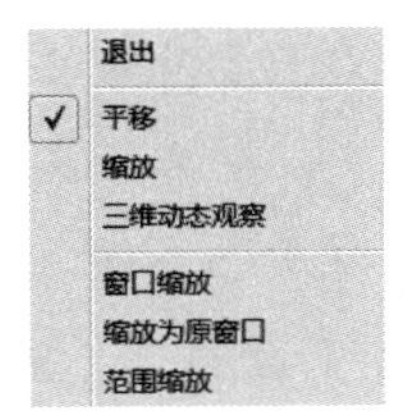

图 2-40 右键快捷菜单

2.6.2 定点平移和方向平移

除了最常用的实时平移外，也常用到定点平移命令。

1. 执行方式

命令行：－PAN。

菜单栏：选择菜单栏中的"视图"→"平移"下拉菜单命令。

Note

2. 操作步骤

```
命令: -pan↙
指定基点或位移:(指定基点位置或输入位移值)
指定第二点:(指定第二点确定位移和方向)
```

执行上述命令后，当前图形按指定的位移和方向进行平移。另外，在“平移”子菜单中，还有“左”“右”“上”“下”4个平移命令，如图2-41所示。选择这些命令后，图形就会按指定的方向平移一定的距离。

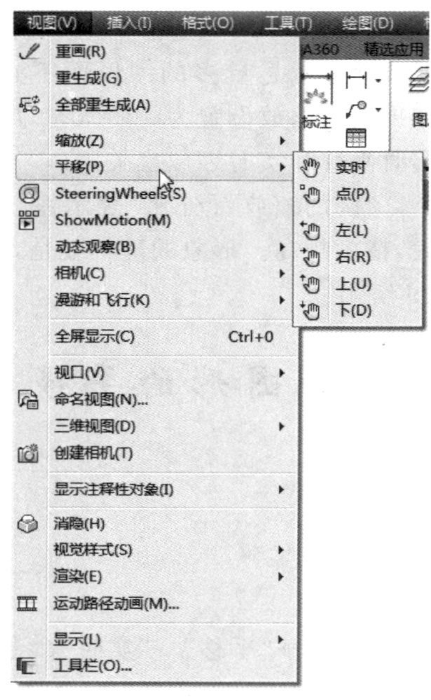

图2-41 “平移”子菜单

2.7 文件管理

本节将介绍有关文件管理的一些基本操作方法，包括新建文件、打开已有文件、保存文件、删除文件等，这些都是进行AutoCAD 2018操作的最基本的知识。

2.7.1 新建文件

1. 执行方式

命令行：NEW或QNEW。

菜单栏：选择菜单栏中的“文件”→“新建”命令。

工具栏：单击“标准”工具栏中的“新建”按钮，或单击“快速访问”工具栏中的“新建”按钮。

2. 操作步骤

当执行 NEW 命令时，系统打开如图 2-42 所示的“选择样板”对话框。

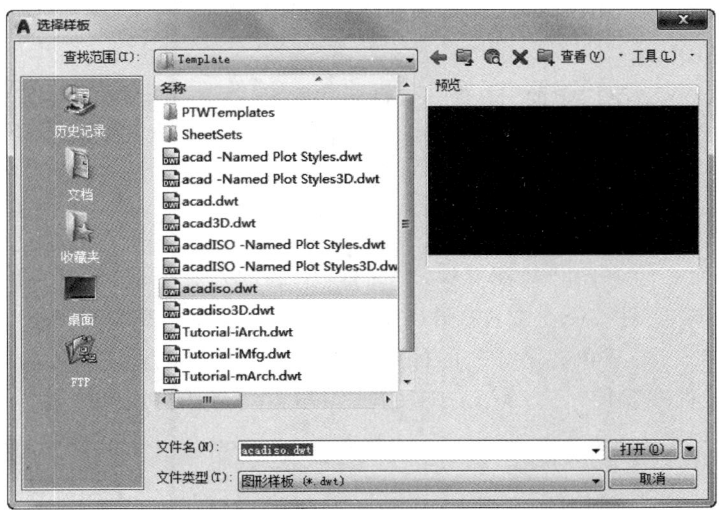

图 2-42　“选择样板”对话框

当执行 QNEW 命令时，系统立即从所选的图形样板中创建新图形，而不显示任何对话框或提示。

在执行快速创建图形功能之前，必须进行如下设置。

(1) 将 FILEDIA 系统变量设置为 1；将 STARTUP 系统变量设置为 0。

(2) 从“工具”→“选项”菜单中选择默认图形样板文件。具体方法是：在“文件”选项卡中，单击标记为“样板设置”的节点下的“快速新建的默认样板文件名”分节点，如图 2-43 所示。单击“浏览”按钮，打开“选择文件”对话框，然后选择需要的样板文件。

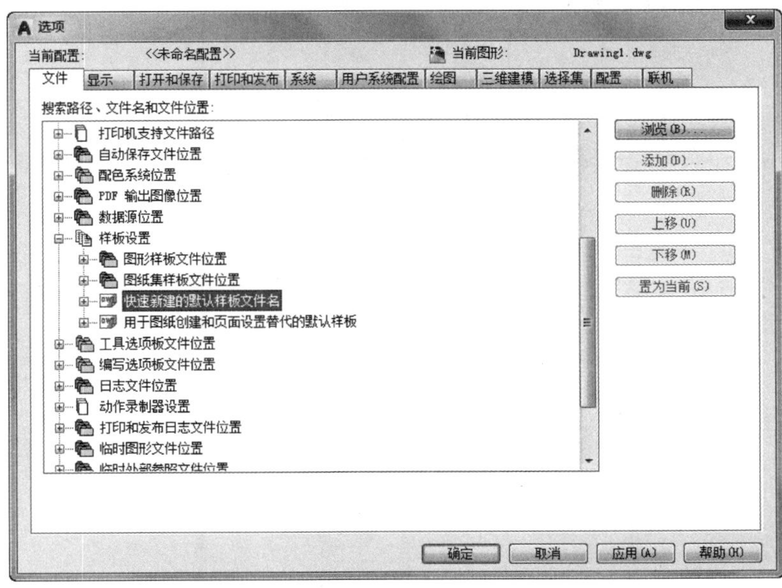

图 2-43　“选项”对话框的“文件”选项卡

2.7.2 打开文件

1. 执行方式

命令行：OPEN。

菜单栏：选择菜单栏中的“文件”→“打开”命令。

工具栏：单击“标准”工具栏中的“打开”按钮，或单击“快速访问”工具栏中的“打开”按钮。

2. 操作步骤

执行上述命令后，打开“选择文件”对话框(图 2-44)，在“文件类型”下拉列表框中，用户可选择.dwg 文件、.dwt 文件、.dxf 文件和.dws 文件。其中，.dws 文件是包含标准图层、标注样式、线型和文字样式的样板文件。.dxf 文件是用文本形式存储的图形文件，能够被其他程序读取，许多第三方应用软件都支持.dxf 格式的文件。

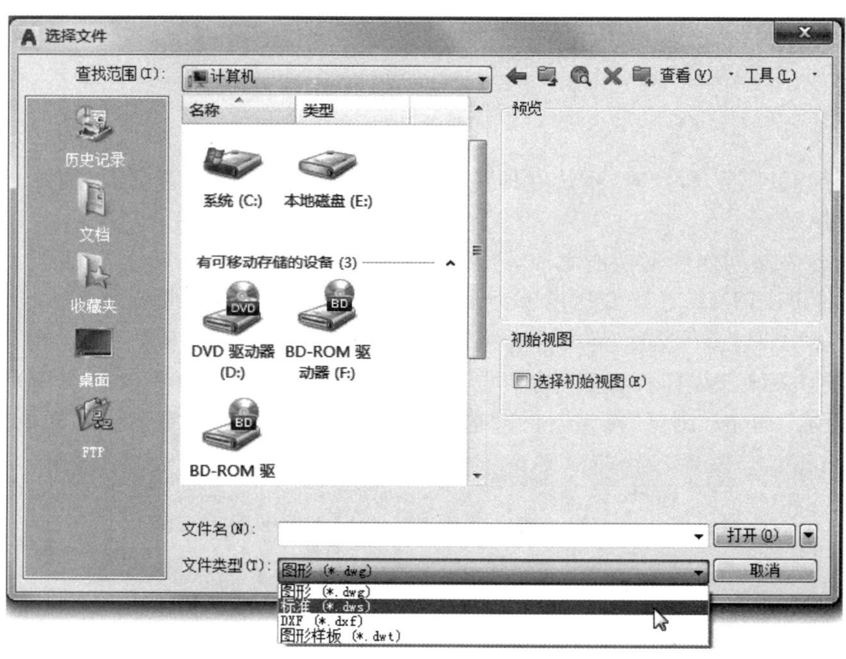

图 2-44 “选择文件”对话框

2.7.3 保存文件

1. 执行方式

命令行：QSAVE 或 SAVE。

菜单栏：选择菜单栏中的“文件”→“保存”命令。

工具栏：单击“标准”工具栏中的“保存”按钮，或单击“快速访问”工具栏中的“保存”按钮。

Note

2. 操作步骤

执行上述命令后，若文件已命名，则 AutoCAD 自动保存文件；若文件未命名（即为默认名 drawing1.dwg），则系统打开“图形另存为”对话框（图 2-45），用户可以进行命名保存。在“保存于”下拉列表框中，用户可以指定文件保存的路径；在“文件类型”下拉列表框中，用户可以指定文件保存的类型。

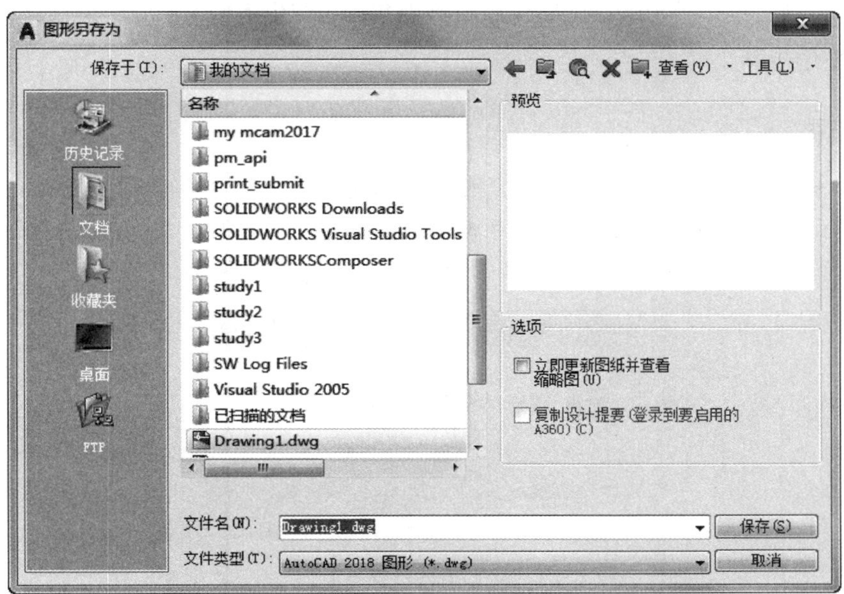

图 2-45 “图形另存为”对话框

为了防止因意外操作或计算机系统故障而导致正在绘制的图形文件丢失，可以对当前图形文件设置自动保存，有以下 3 种方法。

（1）利用系统变量 SAVEFILEPATH 设置所有“自动保存”文件的位置，如：C：\HU\。

（2）利用系统变量 SAVEFILE 存储“自动保存”文件的文件名。该系统变量储存的文件是只读文件，用户可以从中查询自动保存的文件名。

（3）利用系统变量 SAVETIME 设定在使用“自动保存”时，多长时间保存一次图形，单位是分钟。

2.7.4 另存文件

1. 执行方式

命令行：SAVEAS。

菜单栏：选择菜单栏中的“文件”→“另存为”命令。

2. 操作步骤

执行上述命令后，打开“图形另存为”对话框，AutoCAD 用另存名保存，并把当前图形更名。

Note

2.7.5 退出

1. 执行方式

命令行：QUIT 或 EXIT。

菜单栏：选择菜单栏中的"文件"→"退出"命令。

快捷方法：单击 AutoCAD 操作界面右上角的"关闭"按钮 ✖ 。

2. 操作步骤

```
命令:QUIT↙(或 EXIT↙)
```

执行上述命令后，若用户对图形所作的修改尚未保存，则会出现如图 2-46 所示的系统警告对话框。单击"是"按钮，则系统将保存文件，然后退出；单击"否"按钮，则系统将不保存文件。若用户对图形所作的修改已经保存，则直接退出。

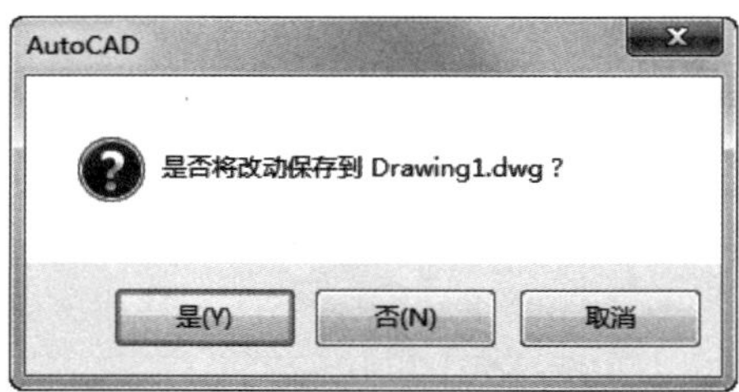

图 2-46　系统警告对话框

2.8　学习效果自测

1. 用什么命令可以设置图形界限？(　　)

   A. SCALE　　B. EXTEND　　C. LIMITS　　D. LAYER

2. AutoCAD 软件基本的样板文件为(　　)。

   A. dwg　　B. DWT　　C. DWS　　D. LIN

3. 正常退出 AutoCAD 的方法有(　　)。

   A. QUIT 命令　　B. EXIT 命令

   C. 屏幕右上角的"关闭"按钮　　D. 直接关机

4. 在日常工作中贯彻办公和绘图标准时，下列哪种方式最为有效？(　　)

   A. 应用典型的图形文件　　B. 应用模板文件

   C. 重复利用已有的二维绘图文件　　D. 在"启动"对话框中选取公制

5. 如果想要改变绘图区域的背景颜色，应该如何做？(　　)

   A. 在"选项"对话框的"显示"选项卡的"窗口元素"选项区域，单击"颜色"按钮，在弹出的对话框中进行修改

   B. 在 Windows 的"显示属性"对话框"外观"选项卡中单击"高级"按钮，在弹出

的对话框中进行修改

C. 修改 SETCOLOR 变量的值

D. 在“特性”面板的“常规”选项区域，修改“颜色”值

Note

6. 在 AutoCAD 中，以下哪种操作不能切换工作空间？（　　）

A. 通过菜单栏中的“工具”→“工作空间”命令切换工作空间

B. 通过状态栏上的“工作空间”按钮切换工作空间

C. 通过“工作空间”工具栏切换工作空间

D. 通过菜单栏中的“视图”→“工作空间”命令切换工作空间

7. “＊.Bmp”文件是怎么创建的？（　　）

A. 文件→保存　　B. 文件→另存为

C. 文件→输出　　D. 文件→打印

8. 重复使用刚执行的命令，按什么键？（　　）

A. Ctrl　　B. ALT　　C. Enter　　D. Shift

9. 在 AutoCAD 中，下面哪个对象在操作界面中是可以拖动的？（　　）

A. 功能区面板　　B. 菜单浏览器

C. 快速访问工具栏　　D. 菜单

2.9 上机实验

实例 1 设置绘图环境。

1. 目的要求

任何一个图形文件都有一个特定的绘图环境，包括图形边界、绘图单位、角度等。设置绘图环境的方法有两种：设置向导与单独的命令设置方法。通过学习设置绘图环境，可以促进读者对图形总体环境的认识。

2. 操作提示

(1) 选择菜单栏中的“文件”→“新建”命令，系统打开“选择样板”对话框，单击“打开”按钮，进入绘图界面。

(2) 选择菜单栏中的“格式”→“图形界限”命令，设置界限为“(0,0),(297,210)”，在命令行中可以重新设置模型空间界限。

(3) 选择菜单栏中的“格式”→“单位”命令，系统打开“图形单位”对话框，设置长度类型为“小数”，精度为 0.00；角度类型为十进制度数，精度为 0；用于缩放插入内容的单位为“毫米”，用于指定光源强度的单位为“国际”；角度方向为“顺时针”。

(4) 选择菜单栏中的“工具”→“工作空间”→“草图与注释”命令，进入工作空间。

实例 2 熟悉操作界面。

1. 目的要求

操作界面是用户绘制图形的平台，其上面的各个部分都有其独特的功能，熟悉操作界面有助于用户方便快速地进行绘图。本例要求了解操作界面各部分的功能，掌握改

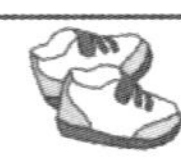

变绘图区颜色和光标大小的方法，能够熟练地打开、移动和关闭工具栏。

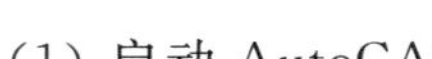

Note

2. 操作提示

(1) 启动 AutoCAD 2018，进入操作界面。

(2) 调整操作界面大小。

(3) 设置绘图区颜色与光标大小。

(4) 打开、移动、关闭工具栏。

(5) 尝试同时利用命令行、菜单命令、工具栏和功能区绘制一条线段。

第3章

二维绘图命令

二维图形是指在二维平面空间绘制的图形，主要由一些图形元素组成，如点、直线、圆弧、圆、椭圆、矩形、多边形、多段线、样条曲线、多线等。AutoCAD 提供了大量的绘图工具，可以帮助用户完成二维图形的绘制。本章内容主要包括：直线，圆和圆弧，椭圆和椭圆弧，平面图形，点，轨迹线与区域填充，徒手线和修订云线，多段线，样条曲线，多线和图案填充等。

学习要点

- 直线类图形
- 多段线
- 多线
- 图案填充

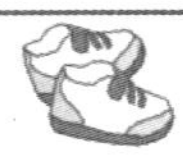

3.1　直线类图形

直线类命令包括直线、射线和构造线等命令。这几个命令是 AutoCAD 中最简单的绘图命令。

3.1.1　绘制直线段

1. 执行方式

命令行：LINE(快捷命令：L)。

菜单栏：选择菜单栏中的“绘图”→“直线”命令。

工具栏：单击“绘图”工具栏中的“直线”按钮。

功能区：单击“默认”选项卡“绘图”面板中的“直线”按钮。

2. 操作步骤

```
命令：LINE↙
指定第一个点:(输入直线段的起点,用鼠标指定点或者给定点的坐标)
指定下一点或 [放弃(U)]:(输入直线段的端点,也可以用鼠标指定一定角度后,直接输入直线段的长度)
指定下一点或 [放弃(U)]:(输入下一直线段的端点.输入选项 U 表示放弃前面的输入; 右击或按 Enter 键,结束命令)
指定下一点或 [闭合(C)/放弃(U)]:(输入下一直线段的端点,或输入选项 C 使图形闭合,结束命令)
```

3. 选项说明

各选项的含义如表 3-1 所示。

表 3-1　“绘制直线段”命令各选项的含义

选　　项	含　　义
指定下一点	若按 Enter 键响应“指定第一个点”的提示,则系统会把上次绘线(或弧)的终点作为本次操作的起始点。特别地,若上次操作为绘制圆弧,按 Enter 键响应后,绘出通过圆弧终点的与该圆弧相切的直线段,该线段的长度由鼠标在屏幕上指定的一点与切点之间线段的长度确定
	在“指定下一点”的提示下,用户可以指定多个端点,从而绘出多条直线段。但是,每一条直线段都是一个独立的对象,可以进行单独的编辑操作
	绘制两条以上的直线段后,若用选项 C 响应“指定下一点”的提示,系统会自动连接起始点和最后一个端点,从而绘出封闭的图形
绘制的直线段	若用选项 U 响应提示,则会擦除最近一次绘制的直线段
水平直线段或垂直直线段	若设置正交方式(单击状态栏上的“正交”按钮),则只能绘制水平直线段或垂直直线段
状态栏	若设置动态数据输入方式(单击状态栏上的按钮),则可以动态输入坐标或长度值。下面的命令同样可以设置动态数据输入方式,效果与非动态数据输入方式类似。除了特别需要(以后不再强调),否则只按非动态数据输入方式输入相关数据

Note

3.1.2 绘制射线

1. 执行方式

命令行：RAY。

菜单栏：选择菜单栏中的“绘图”→“射线”命令。

功能区：单击“默认”选项卡“绘图”面板中的“射线”按钮。

2. 操作步骤

```
命令：RAY↙
指定起点:(给出起点)
指定通过点:(给出通过点,绘制出射线)
指定通过点:(过起点绘制出另一射线,按 Enter 键结束命令)
```

3.1.3 绘制构造线

1. 执行方式

命令行：XLINE(快捷命令：XL)。

菜单栏：选择菜单栏中的“绘图”→“构造线”命令。

工具栏：单击“绘图”工具栏中的“构造线”按钮。

功能区：单击“默认”选项卡“绘图”面板中的“构造线”按钮。

2. 操作步骤

```
命令：XLINE↙
指定点或 [水平(H)/垂直(V)/角度(A)/二等分(B)/偏移(O)]:(给出点)
指定通过点:(给定通过点 2,画一条双向的无限长直线)
指定通过点:(继续给点,继续画线,按 Enter 键结束命令)
```

3. 选项说明

各选项的含义如表 3-2 所示。

表 3-2 “绘制构造线”命令各选项的含义

选　　项	含　　义
绘制构造线	执行选项中有“指定点”“水平”“垂直”“角度”“二等分”和“偏移”等 6 种方式绘制构造线
辅助线	这种线可以模拟手工绘图中的辅助绘图线。用特殊的线型显示，在绘图输出时，可不作输出。常用于辅助绘图

3.1.4 上机练习——标高符号

3-1

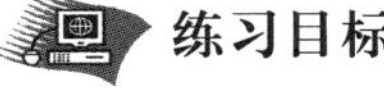

练习目标

绘制如图 3-1 所示的标高符号。

设计思路

利用直线命令，并结合状态栏中的动态输入功能绘制标高符号。

Note

操作步骤

首先关闭状态栏上的“动态输入”按钮和“正交模式”按钮，然后执行下面的操作：

```
命令：_line 指定第一个点：100,100↙(1 点)
指定下一点或 [放弃(U)]：@40, - 135↙
指定下一点或 [放弃(U)]：u↙(输入错误,取消上次操作)
指定下一点或 [放弃(U)]：@40<- 135↙(2 点,也可以单击状态栏上的"动态输入"按钮,在鼠标位置为 135 °时,动态输入 40,如图 3-2 所示,下同)
指定下一点或 [放弃(U)]：@40<135↙(3 点,相对极坐标数值输入方法,此方法便于控制线段长度)
指定下一点或 [闭合(C)/放弃(U)]：@180,0↙(4 点,相对直角坐标数值输入方法,此方法便于控制坐标点之间的正交距离)
指定下一点或 [闭合(C)/放弃(U)]：↙(按 Enter 键结束直线命令)
```

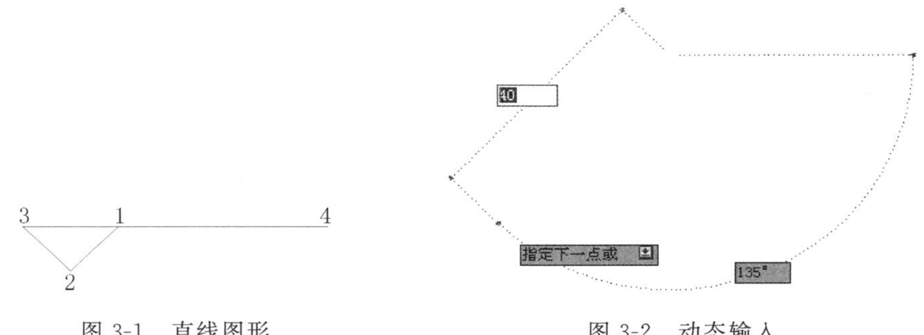

图 3-1　直线图形　　　图 3-2　动态输入

说明：

(1) 输入坐标时，逗号必须在西文状态下输入，否则会出现错误。

(2) 在命令行输入坐标时，需要先把状态栏上的“动态输入”按钮关闭。

3.2　圆类图形

圆类命令主要包括“圆”“圆弧”“椭圆”“椭圆弧”以及“圆环”等命令，这几个命令是AutoCAD 中最简单的圆类命令。

3.2.1　绘制圆

1. 执行方式

命令行：CIRCLE(快捷命令：C)。

菜单栏：选择菜单栏中的“绘图”→“圆”命令。

工具栏：单击“绘图”工具栏中的“圆”按钮⊙。

功能区：单击“默认”选项卡“绘图”面板中的“圆”下拉菜单。

2. 操作步骤

```
命令: CIRCLE↙
指定圆的圆心或 [三点(3P)/两点(2P)/切点、切点、半径(T)]: (指定圆心)
指定圆的半径或 [直径(D)]: (直接输入半径数值或用鼠标指定半径长度)
指定圆的直径 <默认值>: (输入直径数值或用鼠标指定直径长度)
```

3. 选项说明

各选项的含义如表 3-3 所示。

表 3-3　“绘制圆”命令各选项的含义

选　　项	含　　义
三点(3P)	用指定圆周上三点的方法画圆
两点(2P)	按指定直径的两端点的方法画圆
切点、切点、半径(T)	按先指定两个相切对象，后给出半径的方法画圆。“绘图”→“圆”菜单中有一种“相切、相切、相切”的方法，当选择此方式时，系统提示： 指定圆上的第一个点: _tan 到:(指定相切的第一个圆弧) 指定圆上的第二个点: _tan 到:(指定相切的第二个圆弧) 指定圆上的第三个点: _tan 到:(指定相切的第三个圆弧)

3.2.2　上机练习——绘制锚具端视图

3-2

练习目标

绘制如图 3-3 所示的锚具端视图。

设计思路

首先利用直线命令绘制十字交叉线，然后利用圆命令绘制适当大小的圆。

操作步骤

(1) 单击“默认”选项卡“绘图”面板中的“直线”按钮，绘制两条十字交叉直线，结果如图 3-4 所示。

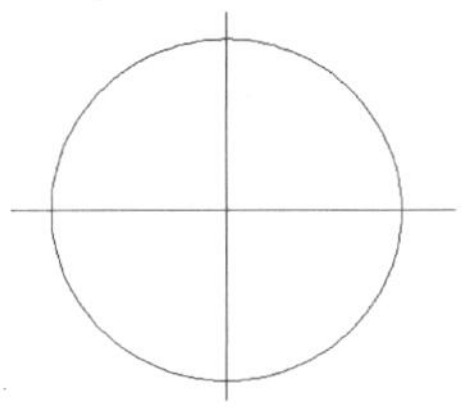
图 3-3　锚具端视图

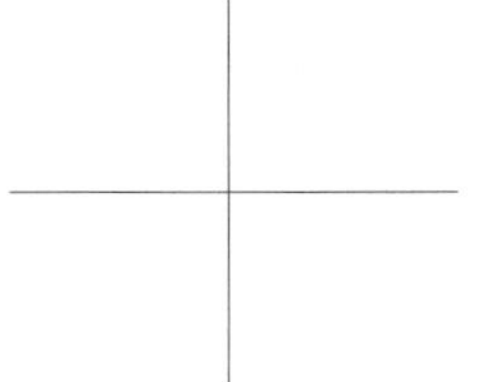
图 3-4　绘制十字交叉线

(2) 单击“默认”选项卡“绘图”面板中的“圆”按钮，绘制圆。命令行提示与操作

如下：

```
命令: _circle
指定圆的圆心或 [三点(3P)/两点(2P)/切点、切点、半径(T)]:(指定十字交叉线交点)
指定圆的半径或 [直径(D)]:(适当指定半径大小)
```

Note

结果如图 3-3 所示。

3.2.3　绘制圆弧

1. 执行方式

命令行：ARC(快捷命令：A)。

菜单栏：选择菜单栏中的“绘图”→“圆弧”命令。

工具栏：单击“绘图”工具栏中的“圆弧”按钮。

功能区：单击“默认”选项卡“绘图”面板中的“圆弧”下拉菜单。

2. 操作步骤

```
命令: ARC↙
指定圆弧的起点或 [圆心(C)]:(指定起点)
指定圆弧的第二点或 [圆心(C)/端点(E)]:(指定第二点)
指定圆弧的端点:(指定端点)
```

3. 选项说明

各选项的含义如表 3-4 所示。

表 3-4　“绘制圆弧”命令各选项的含义

选　　项	含　　义
11 种圆弧绘制	用命令行方式绘制圆弧时，可以根据系统提示单击不同的选项，具体功能和单击菜单栏中的“绘图”→“圆弧”中子菜单提供的 11 种方式相似。这 11 种方式绘制的圆弧分别如图 3-5(a)～(k)所示
画圆弧段	需要强调的是“继续”方式，它绘制的圆弧与上一线段或圆弧相切，因此提供端点即可

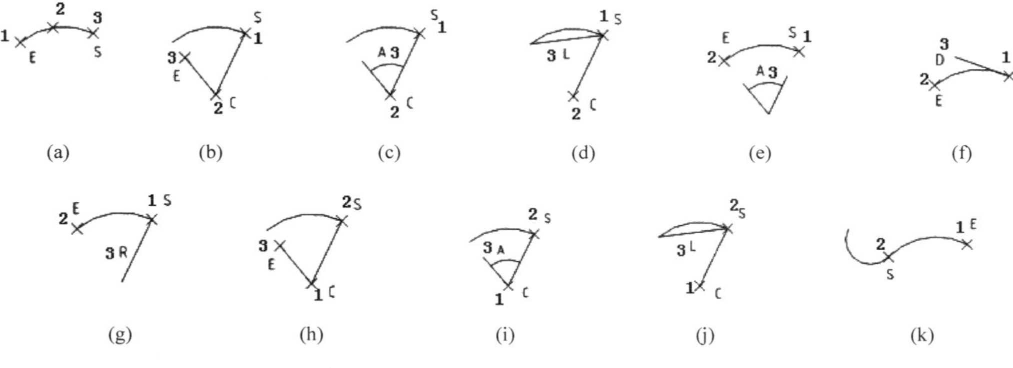

图 3-5　11 种圆弧绘制方法

3.2.4 上机练习——绘制带半圆形弯钩的钢筋端部

Note

练习目标

绘制如图 3-6 所示的带半圆形弯钩的钢筋端部。

图 3-6 带半圆形弯钩的钢筋端部

设计思路

首先利用直线命令绘制水平直线，然后利用圆弧命令，在水平线上绘制一段圆弧，最后利用直线命令，在圆弧端点处绘制一小段水平线。

操作步骤

3-3

（1）单击“默认”选项卡“绘图”面板中的“直线”按钮，绘制直线。命令行提示与操作如下：

```
命令：_line
指定第一个点：100,100↙
指定下一点或［放弃(U)］：200,100↙
指定下一点或［放弃(U)］：↙
```

结果如图 3-7 所示。

（2）单击“默认”选项卡“绘图”面板中的“圆弧”按钮，完成圆弧的绘制。命令行提示与操作如下：

```
命令：_arc
指定圆弧的起点或［圆心(C)］：100,100↙
指定圆弧的第二个点或［圆心(C)/端点(E)］：c↙
指定圆弧的圆心：100,110↙
指定圆弧的端点(按住 Ctrl 键以切换方向)或［角度(A)/弦长(L)］：a↙
指定夹角(按住 Ctrl 键以切换方向)：-180↙
```

结果如图 3-8 所示。

图 3-7 绘制直线

图 3-8 绘制圆弧

（3）单击“默认”选项卡“绘图”面板中的“直线”按钮，绘制直线。命令行提示与操作如下：

```
命令：_line
指定第一个点：100,120↙
指定下一点或［放弃(U)］：110,120↙
指定下一点或［放弃(U)］：↙
```

最终结果如图 3-6 所示。

注意：绘制圆弧时，应注意圆弧的曲率是遵循逆时针方向的，所以在选择指定

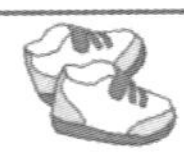

圆弧两个端点和半径模式时，需要注意端点的指定顺序或指定角度的正负值，否则有可能导致圆弧的凹凸形状与预期的相反。

Note

3.2.5 绘制圆环

1. 执行方式

命令行：DONUT(快捷命令：DO)。

菜单栏：选择菜单栏中的"绘图"→"圆环"命令。

功能区：单击"默认"选项卡"绘图"面板中的"圆环"按钮◎。

2. 操作步骤

```
命令：DONUT↙
指定圆环的内径 <默认值>：(指定圆环内径)
指定圆环的外径 <默认值>：(指定圆环外径)
指定圆环的中心点或 <退出>：(指定圆环的中心点)
指定圆环的中心点或 <退出>：(继续指定圆环的中心点，则继续绘制具有相同内外径的圆环.按Enter 键或右击，结束命令)
```

3. 选项说明

各选项的含义如表 3-5 所示。

表 3-5 "绘制圆环"命令各选项的含义

选 项	含 义
实心填充圆	若指定内径为零，则画出实心填充圆
绘制圆环	用命令 FILL 可以控制圆环是否填充。 命令：FILL↙ 输入模式 [开(ON)/关(OFF)] <开>：(选择 ON 表示填充，选择 OFF 表示不填充)

3-4

3.2.6 上机练习——绘制钢筋横截面

练习目标

绘制如图 3-9 所示的钢筋横截面。

设计思路

首先利用圆环命令，设定内径和外径来绘制钢筋横截面，最后将其进行保存。

图 3-9 钢筋横截面

操作步骤

(1) 单击"默认"选项卡"绘图"面板中的"圆环"按钮◎，绘制圆环。命令行提示与操作如下：

```
命令: _donut
指定圆环的内径 <0.5000>: 0↙
指定圆环的外径 <1.0000>: 5↙
指定圆环的中心点或 <退出>:(在绘图区指定一点)
指定圆环的中心点或 <退出>:
```

Note

绘制结果如图 3-9 所示。

(2) 单击“快速访问”工具栏中的“保存”按钮，保存图形。命令行提示如下：

```
命令: SAVEAS (将绘制完成的图形以"钢筋横截面.dwg"为文件名保存在指定的路径中)
```

3.2.7 绘制椭圆与椭圆弧

1. 执行方式

命令行：ELLIPSE(快捷命令：EL)。

菜单栏：选择菜单栏中的“绘图”→“椭圆”→“圆弧”命令。

工具栏：单击“绘图”工具栏中的“椭圆”按钮或“椭圆弧”按钮。

功能区：单击“默认”选项卡“绘图”面板中的“椭圆”下拉菜单。

2. 操作步骤

```
命令: ELLIPSE↙
指定椭圆的轴端点或 [圆弧(A)/中心点(C)]:
指定轴的另一个端点:
指定另一条半轴长度或 [旋转(R)]:
```

3. 选项说明

各选项的含义如表 3-6 所示。

表 3-6 “绘制椭圆与椭圆弧”命令各选项的含义

选 项	含 义
指定椭圆的轴端点	根据两个端点，定义椭圆的第一条轴。第一条轴的角度确定了整个椭圆的角度。第一条轴既可定义为椭圆的长轴，也可定义为椭圆的短轴
旋转(R)	通过绕第一条轴旋转圆来创建椭圆。相当于将一个圆绕椭圆轴翻转一个角度后的投影视图
中心点(C)	通过指定的中心点创建椭圆
椭圆弧(A)	该选项用于创建一段椭圆弧，与“绘图”工具栏中“椭圆弧”按钮功能相同。其中第一条轴的角度确定了椭圆弧的角度。第一条轴既可定义为椭圆弧长轴，也可定义为椭圆弧短轴。选择该选项，命令行提示如下： 指定椭圆弧的轴端点或 [中心点(C)]:(指定端点或输入 C) 指定轴的另一个端点:(指定另一端点) 指定另一条半轴长度或 [旋转(R)]: (指定另一条半轴长度或输入 R) 指定起点角度或 [参数(P)]:(指定起始角度或输入 P) 指定端点角度或 [参数(P)/夹角(I)]:

Note

续表

选　　项	含　　义	
椭圆弧(A)	其中各选项含义如下：	
	角度	指定椭圆弧端点的两种方式之一，光标与椭圆中心点连线的夹角为椭圆弧端点位置的角度
	参数(P)	指定椭圆弧端点的另一种方式，该方式同样是指定椭圆弧端点的角度，通过以下矢量参数方程式创建椭圆弧： p(u) = c + a* cos(u) + b* sin(u) 其中 c 为椭圆的中心点，a 和 b 分别为椭圆的长轴和短轴，u 为光标与椭圆中心点连线的夹角
	夹角(I)	定义从起始角度开始的包含角度

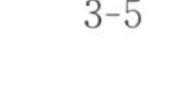

3-5

3.2.8　上机练习——绘制浴室洗脸盆图形

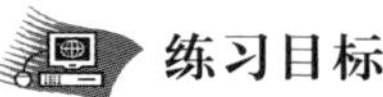

练习目标

绘制如图 3-10 所示的浴室洗脸盆图形。

图 3-10　浴室洗脸盆图形

设计思路

本实例绘制的浴室洗脸盆图形，首先利用直线和圆命令，绘制水龙头和水龙头的按钮，然后利用椭圆和椭圆弧命令，绘制脸盆外沿和部分内沿，最后利用圆弧命令，绘制剩余脸盆内沿部分，最终绘制出洗脸盆图形。

操作步骤

(1) 单击“默认”选项卡“绘图”面板中的“直线”按钮，绘制水龙头图形。结果如图 3-11 所示。

(2) 单击“默认”选项卡“绘图”面板中的“圆”按钮，绘制两个水龙头旋钮。命令行提示与操作如下：

```
命令: _circle
指定圆的圆心或 [三点(3P)/两点(2P)/切点、切点、半径(T)]:(指定中心)
指定圆的半径或 [直径(D)]:(指定半径)
```

采用同样方法绘制另一个圆，结果如图 3-12 所示。

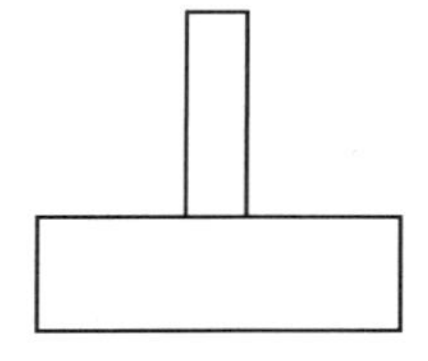

图 3-11　绘制水龙头

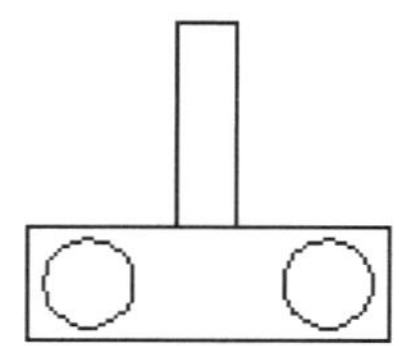

图 3-12　绘制旋钮

(3) 单击“默认”选项卡“绘图”面板中的“椭圆”按钮 ，绘制脸盆外沿。命令行提示与操作如下：

```
命令：_ellipse
指定椭圆的轴端点或 [圆弧(A)/中心点(C)]:(用鼠标指定椭圆轴端点)
指定轴的另一个端点:(用鼠标指定另一端点)
指定另一条半轴长度或 [旋转(R)]:(用鼠标在屏幕上拉出另一半轴长度)
```

结果如图 3-13 所示。

(4) 单击“默认”选项卡“绘图”面板中的“椭圆弧”按钮 ，绘制脸盆部分内沿。命令行提示与操作如下：

```
命令：_ellipse(选择工具栏或绘图菜单中的椭圆弧命令)
指定椭圆的轴端点或 [圆弧(A)/中心点(C)]: _a
指定椭圆弧的轴端点或 [中心点(C)]: C↙
指定椭圆弧的中心点:(单击状态栏中的"对象捕捉"按钮,捕捉刚才绘制的椭圆中心点.关于"捕捉"命令,后面会进行介绍)
指定轴的端点:(适当指定一点)
指定另一条半轴长度或 [旋转(R)]: R↙
指定绕长轴旋转的角度:(用鼠标指定椭圆轴端点)
指定起点角度或 [参数(P)]:(用鼠标拉出起始角度)
指定端点角度或 [参数(P)/夹角(I)]:(用鼠标拉出终止角度)
```

结果如图 3-14 所示。

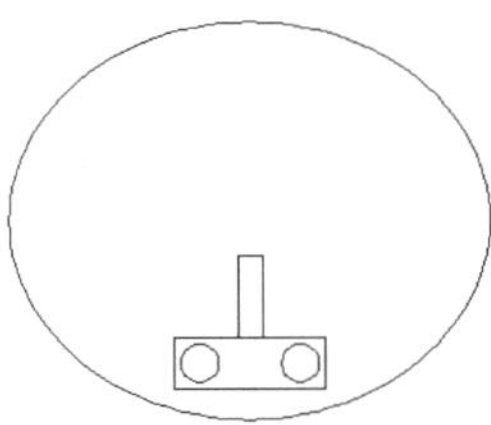

图 3-13　绘制脸盆外沿

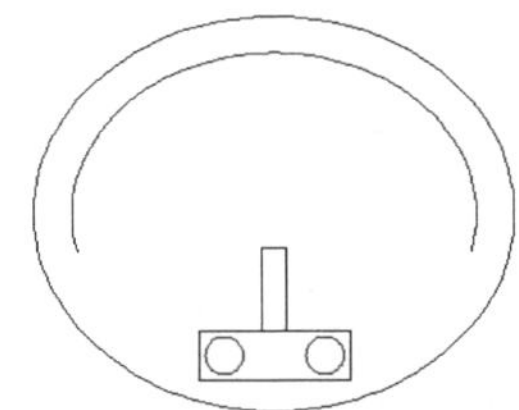

图 3-14　绘制脸盆部分内沿

(5) 单击“默认”选项卡“绘图”面板中的“圆弧”按钮 ，绘制脸盆其他部分内沿。命令行提示与操作如下：

```
命令：_arc
指定圆弧的起点或 [圆心(C)]:(捕捉椭圆弧端点)
指定圆弧的第二个点或 [圆心(C)/端点(E)]:(指定第二点)
指定圆弧的端点:(捕捉水龙头上一点)
```

(6) 用相同方法绘制另一圆弧，最终结果如图 3-10 所示。

3.3 平面图形

Note

3.3.1 绘制矩形

1. 执行方式

命令行：RECTANG(快捷命令：REC)。

菜单栏：选择菜单栏中的“绘图”→“矩形”命令。

工具栏：单击“绘图”工具栏中的“矩形”按钮 。

功能区：单击“默认”选项卡“绘图”面板中的“矩形”按钮 。

2. 操作步骤

```
命令：RECTANG↙
指定第一个角点或 [倒角(C)/标高(E)/圆角(F)/厚度(T)/宽度(W)]:
指定另一个角点或 [面积(A)/尺寸(D)/旋转(R)]:
```

3. 选项说明

各选项的含义如表 3-7 所示。

表 3-7 “绘制矩形”命令各选项的含义

选　　项	含　　义
第一个角点	通过指定两个角点来确定矩形，如图 3-15(a)所示
倒角(C)	指定倒角距离，绘制带倒角的矩形(如图 3-15(b)所示)，每一个角点的逆时针和顺时针方向的倒角可以相同，也可以不同，其中第一个倒角距离是指角点逆时针方向的倒角距离，第二个倒角距离是指角点顺时针方向的倒角距离
标高(E)	指定矩形标高(Z 坐标)，即把矩形画在标高为 Z 和 XOY 坐标面平行的平面上，并作为后续矩形的标高值
圆角(F)	指定圆角半径，绘制带圆角的矩形，如图 3-15(c)所示
厚度(T)	指定矩形的厚度，如图 3-15(d)所示
宽度(W)	指定线宽，如图 3-15(e)所示
尺寸(D)	使用长和宽创建矩形。第二个指定点将矩形定位在与第一角点相关的四个位置之一内
面积(A)	通过指定面积和长或宽来创建矩形。选择该项，系统提示： 输入以当前单位计算的矩形面积 <20.0000>:(输入面积值) 计算矩形标注时依据 [长度(L)/宽度(W)] <长度>:(按 Enter 键或输入 W) 输入矩形长度 <4.0000>:(指定长度或宽度) 指定长度或宽度后，系统自动计算出另一个维度后绘制出矩形。如果矩形被倒角或圆角，则在长度或宽度计算中会考虑此设置，如图 3-16 所示

续表

选　　项	含　　义
旋转(R)	旋转所绘制矩形的角度。选择该项，系统提示： 指定旋转角度或［拾取点(P)］<135>：(指定角度) 指定另一个角点或［面积(A)/尺寸(D)/旋转(R)］：(指定另一个角点或选择其他选项) 指定旋转角度后，系统按指定旋转角度创建矩形，如图 3-17 所示

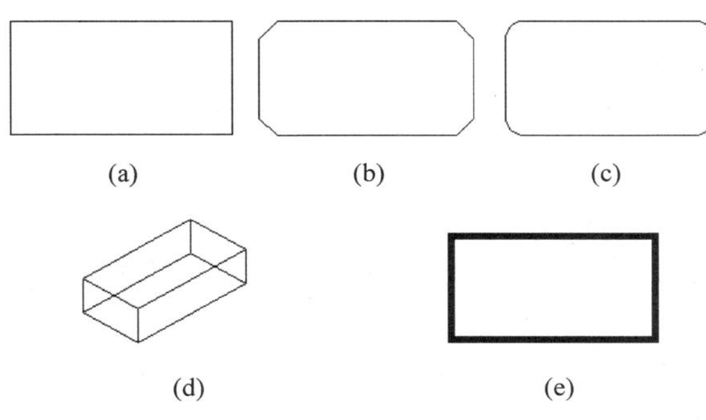

(a)　(b)　(c)

(d)　(e)

图 3-15　绘制矩形

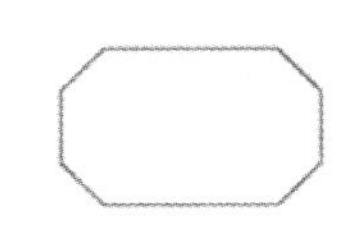

倒角距离(1,1)，面积为20，长度为6

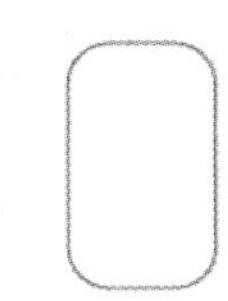

圆角半径为1.0，面积为20，宽度为6

图 3-16　按面积绘制矩形

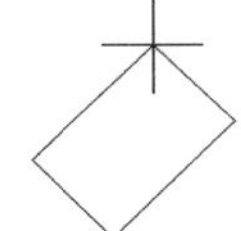

图 3-17　按指定旋转角度创建矩形

3.3.2　上机练习——绘制钢筋接头

3-6

练习目标

绘制如图 3-18 所示的钢筋接头。

设计思路

首先利用直线命令绘制两条水平线，然后利用矩形命令绘制接头。

操作步骤

(1) 单击“默认”选项卡“绘图”面板中的“直线”按钮，绘制两条直线，如图 3-19 所示。

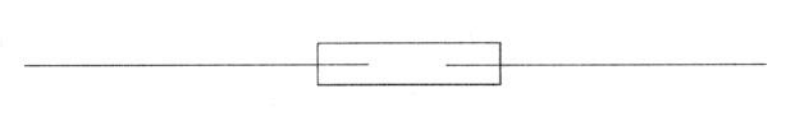

图 3-18　钢筋接头

图 3-19　绘制直线

（2）单击“默认”选项卡“绘图”面板中的“矩形”按钮，绘制接头。命令行提示与操作如下：

```
命令：RECTANG↙
指定第一个角点或［倒角(C)/标高(E)/圆角(F)/厚度(T)/宽度(W)]:
指定另一个角点或［面积(A)/尺寸(D)/旋转(R)]:
```

最终结果如图3-18所示。

3.3.3 绘制正多边形

1. 执行方式

命令行：POLYGON(快捷命令：POL)。

菜单栏：选择菜单栏中的“绘图”→“多边形”命令。

工具栏：单击“绘图”工具栏中的“多边形”按钮。

功能区：单击“默认”选项卡“绘图”面板中的“多边形”按钮。

2. 操作步骤

```
命令：POLYGON↙
输入侧面数<4>:(指定多边形的边数，默认值为4)
指定正多边形的中心点或［边(E)]:(指定中心点)
输入选项［内接于圆(I)/外切于圆(C)]<I>:(指定是内接于圆或外切于圆，I表示内接于圆，如图3-20(a)所示，C表示外切于圆，如图3-20(b)所示)
指定圆的半径:(指定外接圆或内切圆的半径)
```

3. 选项说明

如果选择“边”选项，则只要指定多边形的一条边，系统就会按逆时针方向创建该正多边形，如图3-20(c)所示。

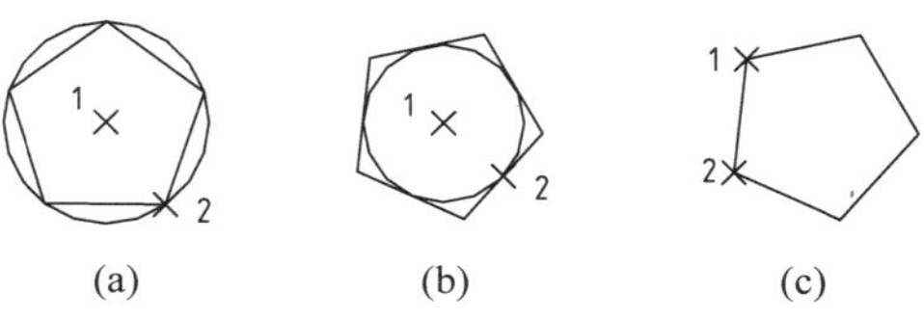

图3-20 画正多边形

3.4 点

点在AutoCAD中有多种不同的表示方式，用户可以根据需要进行设置，也可以设置等分点和测量点。

3.4.1 绘制点

1. 执行方式

命令行：POINT(快捷命令：PO)。

菜单栏：选择菜单栏中的“绘图”→“点”命令。

工具栏：单击“绘图”工具栏中的“点”按钮。

功能区：单击“默认”选项卡“绘图”面板中的“多点”按钮。

2. 操作步骤

```
命令: POINT↙
当前点模式: PDMODE = 0 PDSIZE = 0.0000
指定点:(指定点所在的位置)
```

3. 选项说明

各选项的含义如表 3-8 所示。

表 3-8 “绘制点”命令各选项的含义

选　　项	含　　义
单点	通过菜单方法进行操作时(图 3-21),“单点”命令表示只输入一个点,“多点”命令表示可输入多个点
对象捕捉	可以单击状态栏中的“对象捕捉”开关按钮,设置点的捕捉模式,进而拾取点
点样式	点在图形中的表示样式共有 20 种。可通过命令 DDPTYPE 或选择菜单栏中的“格式”→“点样式”命令,打开“点样式”对话框来设置点样式,如图 3-22 所示

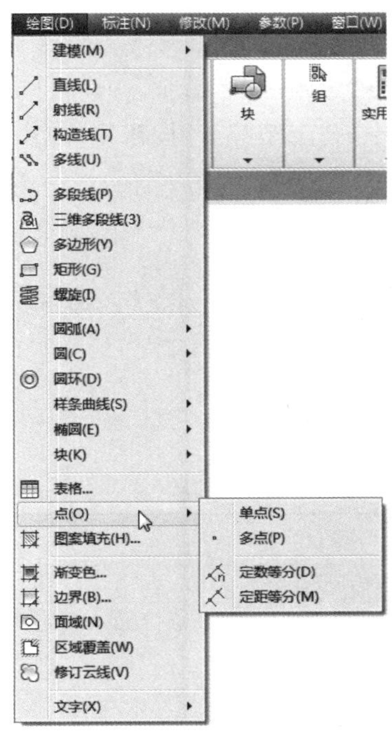

图 3-21 “点”子菜单

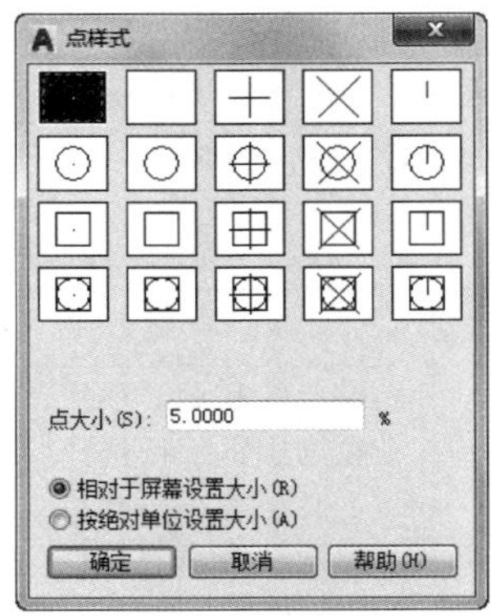

图 3-22 “点样式”对话框

3.4.2 绘制等分点

Note

1. 执行方式

命令行：DIVIDE(快捷命令：DIV)。

菜单栏：选择菜单栏中的"绘图"→"点"→"定数等分"命令。

功能区：单击"默认"选项卡"绘图"面板中的"定数等分"按钮。

2. 操作步骤

```
命令:DIVIDE↙
选择要定数等分的对象:(选择要等分的实体)
输入线段数目或 [块(B)]:(指定实体的等分数)
```

3. 选项说明

各选项的含义如表 3-9 所示。

表 3-9 "绘制等分点"命令各选项的含义

选　　项	含　　义
分数范围	等分数范围为 2～32767
等分点	在等分点处，按当前的点样式设置画出等分点
指定的块	在第二提示行选择"块(B)"选项时，表示在等分点处插入指定的块(BLOCK)

3.4.3 绘制测量点

1. 执行方式

命令行：MEASURE(快捷命令：ME)。

菜单栏：选择菜单栏中的"绘图"→"点"→"定距等分"命令。

功能区：单击"默认"选项卡"绘图"面板中的"定距等分"按钮。

2. 操作步骤

```
命令: MEASURE↙
选择要定距等分的对象:(选择要设置测量点的实体)
指定线段长度或 [块(B)]:(指定分段长度)
```

3. 选项说明

各选项的含义如表 3-10 所示。

表 3-10 "绘制测量点"命令各选项的含义

选　　项	含　　义
绘制起点	设置的起点一般指指定线段的绘制起点
第二提示行	在第二提示行选择"块(B)"选项时，表示在测量点处插入指定的块，后续操作与上节中等分点的绘制类似
测量点	在测量点处，按当前的点样式设置画出测量点
最后一个测量段	最后一个测量段的长度不一定等于指定分段的长度

3.4.4 上机练习——绘制楼梯

Note

练习目标

绘制如图 3-23 所示的楼梯。

设计思路

首先利用直线命令绘制墙体与扶手，然后设置点样式，并利用“定数等分”命令绘制扶手的等分点，最后根据等分点绘制水平线段并删除等分点。

3-7

操作步骤

(1) 单击“默认”选项卡“绘图”面板中的“直线”按钮，绘制墙体与扶手，如图 3-24 所示。

(2) 设置点样式。单击“默认”选项卡“实用工具”面板中的“点样式”按钮，在打开的“点样式”对话框中选择 X 样式。

(3) 单击“默认”选项卡“绘图”面板中的“定数等分”按钮，以左边扶手的外面线段为对象，数目为 8，绘制等分点，如图 3-25 所示。

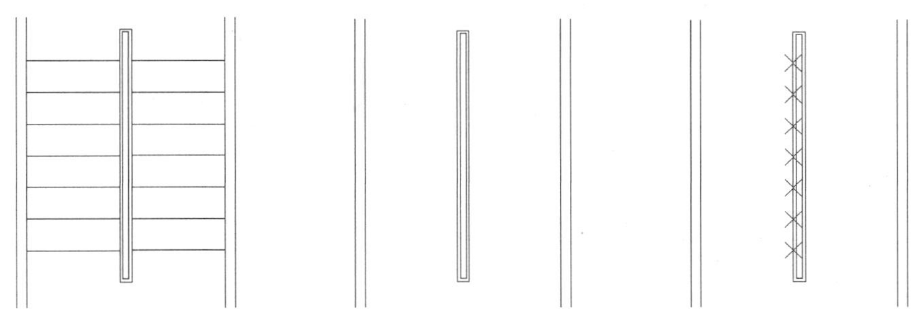

图 3-23 楼梯　　图 3-24 绘制墙体与扶手　　图 3-25 绘制等分点

(4) 分别以等分点为起点、左边墙体上的点为终点绘制水平线段，如图 3-26 所示。

(5) 删除绘制的等分点，如图 3-27 所示。

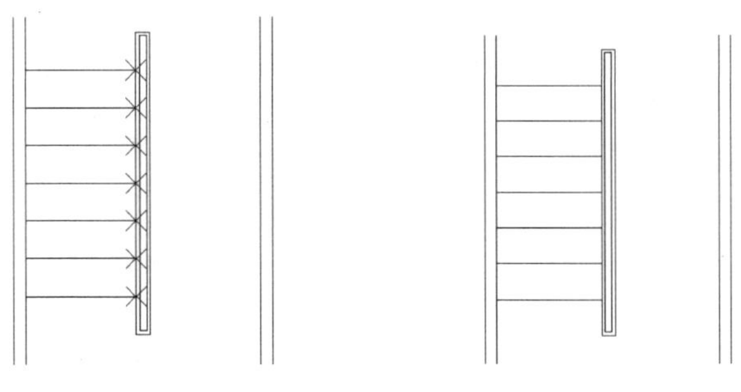

图 3-26 绘制水平线段　　图 3-27 删除等分点

(6) 采用相同方法绘制另一侧楼梯，最终结果如图 3-23 所示。

Note

3.5 多 段 线

多段线是一种由线段和圆弧组合而成的不同线宽的多线，这种线由于其组合形式的多样和线宽的不同，弥补了直线或圆弧功能的不足，适合绘制各种复杂的图形轮廓，因而得到了广泛的应用。

3.5.1 绘制多段线

1. 执行方式

命令行：PLINE（快捷命令：PL）。

菜单栏：选择菜单栏中的“绘图”→“多段线”命令。

工具栏：单击“绘图”工具栏中的“多段线”按钮。

功能区：单击“默认”选项卡“绘图”面板中的“多段线”按钮。

2. 操作步骤

```
命令: PLINE↙
指定起点:(指定多段线的起点)
当前线宽为 0.0000
指定下一个点或 [圆弧(A)/半宽(H)/长度(L)/放弃(U)/宽度(W)]:(指定多段线的下一点)
指定下一点或 [圆弧(A)/闭合(C)/半宽(H)/长度(L)/放弃(U)/宽度(W)]:
```

3. 选项说明

多段线主要由不同长度的连续的线段或圆弧组成，如果在上述提示中选“圆弧”命令，则命令行提示如下：

```
指定圆弧的端点(按住 Ctrl 键以切换方向)或[角度(A)/圆心(CE)/方向(D)/半宽(H)/直线(L)/半径(R)/第二个点(S)/放弃(U)/宽度(W)]:
```

3.5.2 编辑多段线

1. 执行方式

命令行：PEDIT（快捷命令：PE）。

菜单栏：选择菜单栏中的“修改”→“对象”→“多线段”命令。

工具栏：单击“修改Ⅱ”工具栏中的“编辑多段线”按钮。

快捷菜单：选择要编辑的多段线，在绘图区域右击，在弹出的快捷菜单中选择“多段线”→“编辑多段线”命令。

功能区：单击“默认”选项卡“修改”面板中的“编辑多段线”按钮。

2. 操作步骤

```
命令:PEDIT↙
选择多段线或 [多条(M)]:(选择一条要编辑的多段线)
```

```
输入选项 [闭合(C)/合并(J)/宽度(W)/编辑顶点(E)/拟合(F)/样条曲线(S)/非曲线化(D)/线型生成(L)/反转(R)/放弃(U)]:
```

3. 选项说明

各选项的含义如表 3-11 所示。

表 3-11　"编辑多段线"命令各选项的含义

选　项	含　义
合并(J)	以选中的多段线为主体，合并其他直线段、圆弧或多段线，使其成为一条新的多段线。能合并的条件是各段线的端点首尾相连，如图 3-28 所示
宽度(W)	修改整条多段线的线宽，使其具有同一线宽，如图 3-29 所示
编辑顶点(E)	选择该项后，在多段线起点处出现一个斜的十字叉"×"，它为当前顶点的标记，并在命令行出现进行后续操作的提示： `[下一个(N)/上一个(P)/打断(B)/插入(I)/移动(M)/重生成(R)/拉直(S)/切向(T)/宽度(W)/退出(X)] <N>:` 这些选项允许用户进行移动、插入顶点和修改任意两点间的线的线宽等操作
拟合(F)	从指定的多段线生成由光滑圆弧连接而成的圆弧拟合曲线，该曲线经过多段线的各顶点，如图 3-30 所示
样条曲线(S)	以指定的多段线的各顶点作为控制点生成 B 样条曲线，如图 3-31 所示
非曲线化(D)	用直线代替指定的多段线中的圆弧。对于选择"拟合(F)"选项或"样条曲线(S)"选项后生成的圆弧拟合曲线或样条曲线，删去其生成曲线时新插入的顶点，则恢复成由直线段组成的多段线
线型生成(L)	当多段线的线型为点划线时，控制多段线的线型生成方式开关。选择此项，系统提示： `输入多段线线型生成选项 [开(ON)/关(OFF)] <关>:` 选择 ON 时，将在每个顶点处允许以短划开始或结束生成线型；选择 OFF 时，将在每个顶点处允许以长划开始或结束生成线型(图 3-32)。"线型生成"不能用于包含带变宽的线段的多段线
反转(R)	反转多段线顶点的顺序。利用此选项可反转使用包含文字线型的对象的方向。例如，根据多段线的创建方向，线型中的文字可能会倒置显示

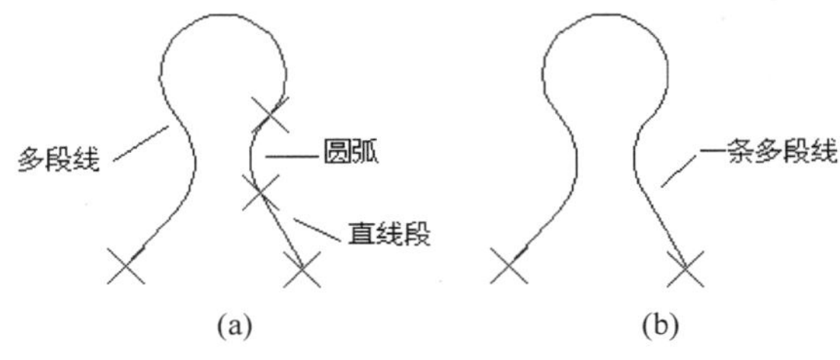

图 3-28　合并多段线
(a) 合并前；(b) 合并后

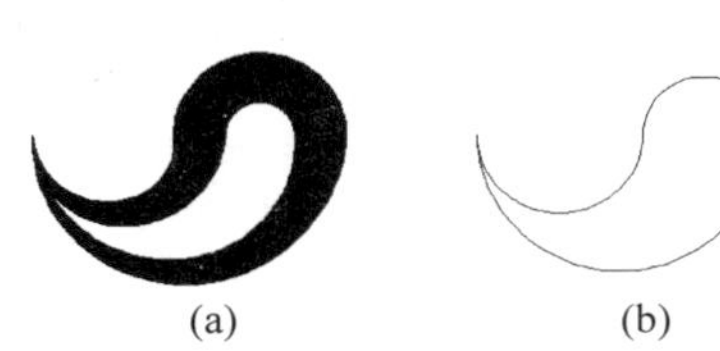

图 3-29　修改整条多段线的线宽
(a) 修改前；(b) 修改后

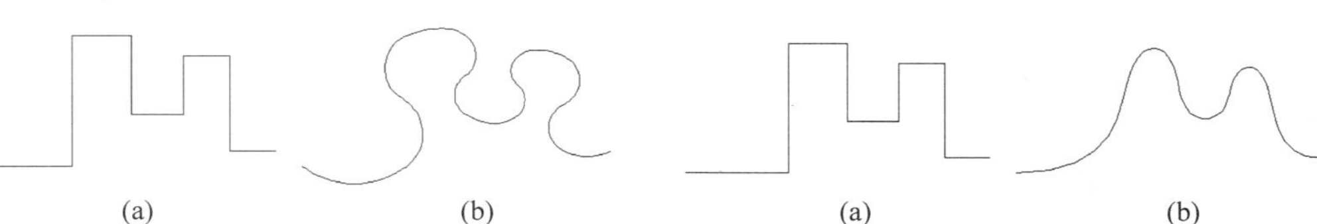

(a)　　(b)

图 3-30　生成圆弧拟合曲线

（a）修改前；（b）修改后

(a)　　(b)

图 3-31　生成 B 样条曲线

（a）修改前；（b）修改后

Note

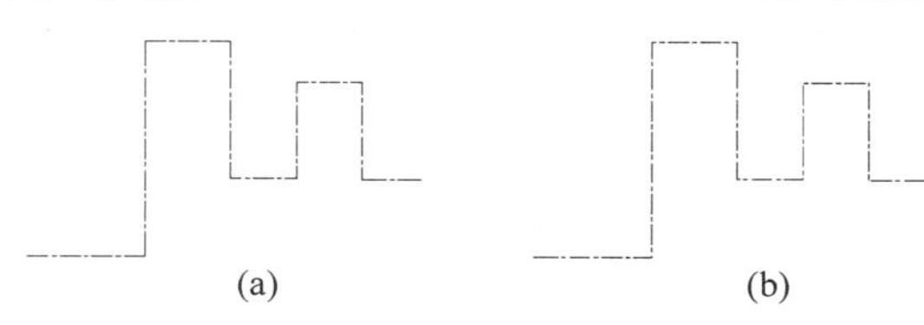

(a)　　(b)

图 3-32　控制多段线的线型(线型为点划线时)

（a）关；（b）开

3-8

3.5.3　上机练习——带半圆形弯钩的钢筋简便绘制方法

练习目标

绘制如图 3-33 所示的带半圆形弯钩的钢筋。

设计思路

利用多段线命令，设置线宽，绘制带半圆形弯钩的钢筋。

操作步骤

单击“默认”选项卡“绘图”面板中的“多段线”按钮。命令行提示与操作如下：

```
命令：PLINE
指定起点：
当前线宽为 0
指定下一个点或 [圆弧(A)/半宽(H)/长度(L)/放弃(U)/宽度(W)]: w
指定起点宽度 <0.0000>:0.5
指定端点宽度 <0.5000>:0.5
指定下一个点或 [圆弧(A)/半宽(H)/长度(L)/放弃(U)/宽度(W)]: @-15,0↙
指定下一点或 [圆弧(A)/闭合(C)/半宽(H)/长度(L)/放弃(U)/宽度(W)]:A↙
指定圆弧的端点(按住 Ctrl 键以切换方向)或[角度(A)/圆心(CE)/闭合(CL)/方向(D)/半宽(H)/
直线(L)/半径(R)/第二个点(S)/放弃(U)/宽度(W)]: @0,-5↙
指定圆弧的端点(按住 Ctrl 键以切换方向)或[角度(A)/圆心(CE)/闭合(CL)/方向(D)/半宽(H)/
直线(L)/半径(R)/第二个点(S)/放弃(U)/ 宽度(W)]: L
指定下一点或 [圆弧(A)/闭合(C)/半宽(H)/长度(L)/放弃(U)/宽度(W)]: @100,0↙
指定下一点或 [圆弧(A)/闭合(C)/半宽(H)/长度(L)/放弃(U)/宽度(W)]:↙
```

最终结果如图 3-34 所示。

图 3-33　带半圆形弯钩的钢筋

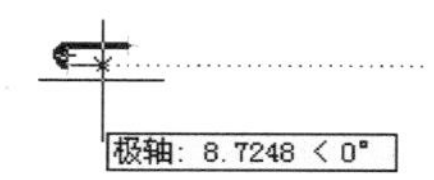

图 3-34　绘制圆弧

3.6　样条曲线

AutoCAD 使用一种称为非一致有理 B 样条(NURBS)曲线的特殊样条曲线类型。NURBS 曲线在控制点之间产生一条光滑的样条曲线，如图 3-35 所示。样条曲线可用于创建形状不规则的曲线，例如，为地理信息系统(GIS)应用或为汽车设计绘制轮廓线。

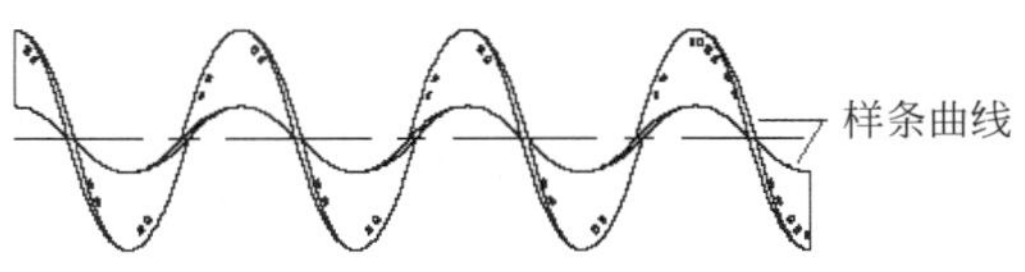

图 3-35　样条曲线

3.6.1　绘制样条曲线

1. 执行方式

命令行：SPLINE(快捷命令：SPL)。

菜单栏：选择菜单栏中的“绘图”→“样条曲线”命令。

工具栏：单击“绘图”工具栏中的“样条曲线”按钮。

功能区：单击“默认”选项卡“绘图”面板中的“样条曲线拟合”按钮或“样条曲线控制点”按钮。

2. 操作步骤

```
命令:SPLINE↙
当前设置: 方式 = 拟合　节点 = 弦
指定第一个点或 [方式(M)/节点(K)/对象(O)]:(指定一点)
输入下一个点或[起点切向(T)/公差(L)]:(输入下一点)
输入下一个点或 [端点相切(T)/公差(L)/放弃(U)]:(输入下一点)
输入下一个点或[端点相切(T)/公差(L)/放弃(U)/闭合(C)]:C
指定切向:
```

3. 选项说明

各选项的含义如表 3-12 所示。

表 3-12　“绘制样条曲线”命令各选项的含义

选　项	含　义
方式(M)	指定使用拟合点还是使用控制点来创建样条曲线。选项会因用户选择的是使用拟合点创建样条曲线还是使用控制点创建样条曲线而异
节点(K)	指定节点参数化，它会影响曲线在通过拟合点时的形状
对象(O)	将二维或三维的二次或三次样条曲线的拟合多段线转换为等价的样条曲线，然后(根据 DELOBJ 系统变量的设置)删除该拟合多段线

续表

<table>
<tr><th>选　　项</th><th>含　　义</th></tr>
<tr><td>起点切向(T)</td><td>定义样条曲线的第一点和最后一点的切向。
如果在样条曲线的两端都指定切向,可以通过输入一个点或者使用"切点"和"垂足"对象来捕捉模式使样条曲线与已有的对象相切或垂直。如果按 Enter 键,AutoCAD 将计算默认切向</td></tr>
<tr><td>公差(L)</td><td>指定距样条曲线必须经过的指定拟合点的距离。公差应用于除起点和端点外的所有拟合点</td></tr>
<tr><td>端点相切(T)</td><td>停止基于切向创建曲线。可通过指定拟合点继续创建样条曲线。选择"端点相切"后,将提示用户指定最后一个输入拟合点的最后一个切点</td></tr>
<tr><td>闭合(C)</td><td>将最后一点定义为与第一点一致,并使它在连接处与样条曲线相切,这样可以闭合样条曲线。选择该项后,系统继续提示:
指定切向:(指定点或按 Enter 键)
用户可以指定一点来定义切向矢量,或者通过使用"切点"和"垂足"对象来捕捉模式使样条曲线与现有对象相切或垂直</td></tr>
</table>

3.6.2 编辑样条曲线

1. 执行方式

命令行:SPLINEDIT。

菜单栏:选择菜单栏中的"修改"→"对象"→"样条曲线"命令。

快捷菜单:选择要编辑的样条曲线,在绘图区右击,从打开的右键快捷菜单中选择"编辑样条曲线"命令。

工具栏:单击"修改Ⅱ"工具栏中的"编辑样条曲线"按钮。

功能区:单击"默认"选项卡"修改"面板中的"编辑样条曲线"按钮。

2. 操作步骤

```
命令:SPLINEDIT↙
选择样条曲线:(选择要编辑的样条曲线.若选择的样条曲线是用 SPLINE 命令创建的,其近似点以夹点的颜色显示出来;若选择的样条曲线是用 PLINE 命令创建的,其控制点以夹点的颜色显示出来)
输入选项 [闭合(C)/合并(J)/拟合数据(F)/编辑顶点(E)/转换为多段线(P)/反转(R)/放弃(U)/退出(X)]<退出>:
```

3. 选项说明

各选项的含义如表 3-13 所示。

表 3-13 "编辑样条曲线"命令各选项的含义

选　　项	含　　义
合并(J)	选定的样条曲线、直线和圆弧在重合端点处合并到现有样条曲线。选择有效对象后,该对象将合并到当前样条曲线,合并点处将具有一个折点

续表

选　项	含　义
拟合数据(F)	编辑近似数据。选择该项后，创建该样条曲线时指定的各点将以小方格的形式显示出来
编辑顶点(E)	精密调整样条曲线定义
转换为多段线(P)	将样条曲线转换为多段线。精度值决定结果多段线与源样条曲线拟合的精确程度。有效值为介于 0～99 之间的任意整数
反转(R)	反转样条曲线的方向。此选项主要适用于第三方应用程序

3-9

3.6.3 上机练习——螺丝刀

练习目标

绘制如图 3-36 所示的螺丝刀。

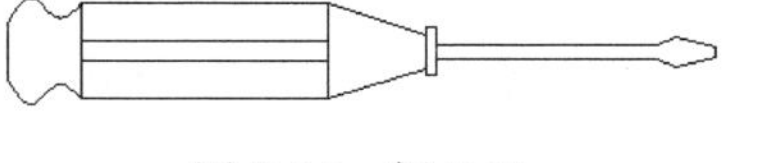

图 3-36　螺丝刀

设计思路

首先利用直线和样条曲线命令绘制初步图形，然后利用矩形和直线命令绘制手把，最后利用多段线命令绘制刀体。

操作步骤

(1) 单击“默认”选项卡“绘图”面板中的“直线”按钮，命令行提示与操作如下：

```
命令: LINE↙
指定第一个点: 100,110↙
指定下一点或 [放弃(U)]: 100,86
指定下一点或 [放弃(U)]: ↙
```

结果如图 3-37 所示。

(2) 单击“默认”选项卡“绘图”面板中的“样条曲线拟合”按钮，命令行提示与操作如下：

```
命令: SPLINE↙
指定第一个点或 [对象(O)]: 100,110↙
指定下一点: 110,118↙
指定下一点或 [闭合(C)/拟合公差(F)] <起点切向>: 120,112↙
指定下一点或 [闭合(C)/拟合公差(F)] <起点切向>: 130,118↙
指定下一点或 [闭合(C)/拟合公差(F)] <起点切向>:↙
指定起点切向:↙
指定端点切向:↙
```

重复上述命令绘制另一条样条曲线，其坐标分别为(100,86)，(110,78)，(120,84)，(130,78)，结果如图 3-38 所示。

(3) 单击“默认”选项卡“绘图”面板中的“矩形”按钮，命令行提示与操作如下：

```
命令: RECTANG↙
指定第一个角点或 [倒角(C)/标高(E)/圆角(F)/厚度(T)/宽度(W)]: 130,78↙
指定另一个角点或 [面积(A)/尺寸(D)/旋转(R)]: 230,118↙
```

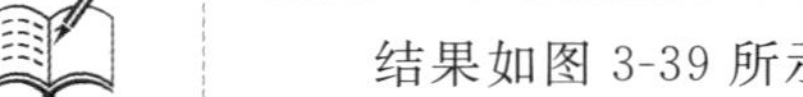

结果如图 3-39 所示。

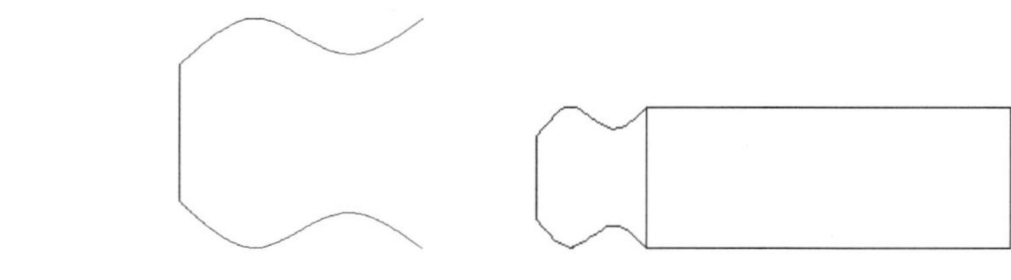

图 3-37　绘制直线　　图 3-38　绘制样条曲线　　图 3-39　绘制矩形

(4) 单击“默认”选项卡“绘图”面板中的“直线”按钮，绘制过点(130,102)和点(130,94)、长为 100 的水平直线，结果如图 3-40 和图 3-41 所示。

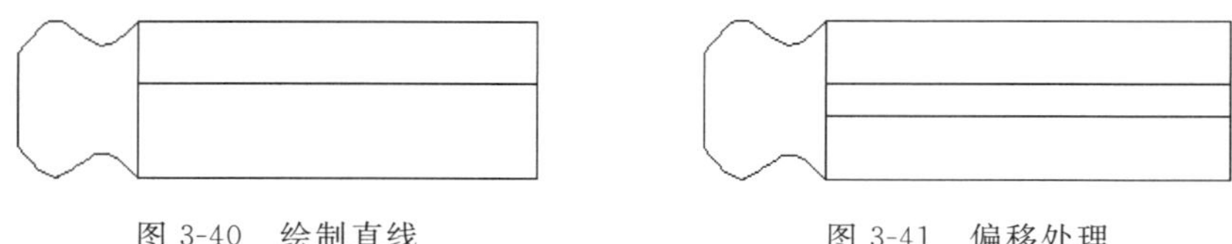

图 3-40　绘制直线　　图 3-41　偏移处理

(5) 单击“默认”选项卡“绘图”面板中的“直线”按钮，绘制从(230,118)到(270,104)和从(230,78)到(270,91)的直线，结果如图 3-42 所示。

(6) 单击“默认”选项卡“绘图”面板中的“矩形”按钮，绘制角点坐标分别为(270,108)和(274,88)的矩形，结果如图 3-43 所示。

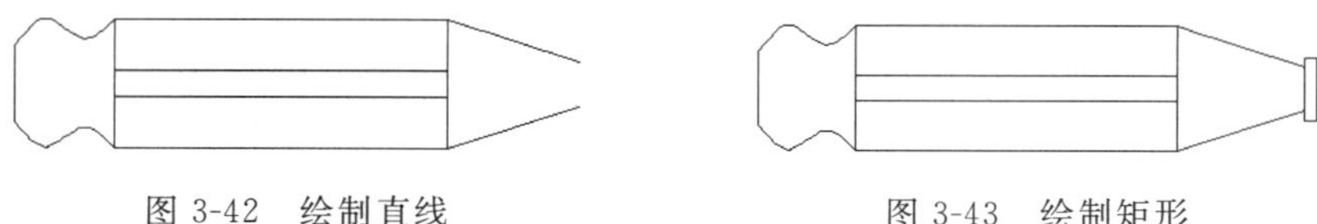

图 3-42　绘制直线　　图 3-43　绘制矩形

(7) 单击“默认”选项卡“绘图”面板中的“多段线”按钮，命令行提示与操作如下：

```
命令: PLINE↙
指定起点: 274,101
当前线宽为 0.0000
指定下一个点或 [圆弧(A)/半宽(H)/长度(L)/放弃(U)/宽度(W)]: 364,101
指定下一点或 [圆弧(A)/闭合(C)/半宽(H)/长度(L)/放弃(U)/宽度(W)]: 372,104
指定下一点或 [圆弧(A)/闭合(C)/半宽(H)/长度(L)/放弃(U)/宽度(W)]: 388,100
指定下一点或 [圆弧(A)/闭合(C)/半宽(H)/长度(L)/放弃(U)/宽度(W)]: 388,96
指定下一点或 [圆弧(A)/闭合(C)/半宽(H)/长度(L)/放弃(U)/宽度(W)]: 372,92
指定下一点或 [圆弧(A)/闭合(C)/半宽(H)/长度(L)/放弃(U)/宽度(W)]: 364,94
指定下一点或 [圆弧(A)/闭合(C)/半宽(H)/长度(L)/放弃(U)/宽度(W)]: 274,94
指定下一点或 [圆弧(A)/闭合(C)/半宽(H)/长度(L)/放弃(U)/宽度(W)]:
```

最终绘制的图形如图 3-36 所示。

3.7　多　线

多线是一种复合线，由连续的直线段复合组成。多线的一个突出优点是能够提高绘图效率，保证图线之间的统一性。

3.7.1　绘制多线

1. 执行方式

命令行：MLINE(快捷命令：ML)。

菜单栏：选择菜单栏中的"绘图"→"多线"命令。

2. 操作步骤

```
命令:MLINE↙
当前设置:对正 = 上,比例 = 20.00,样式 = STANDARD
指定起点或[对正(J)/比例(S)/样式(ST)]:(指定起点)
指定下一点:(给定下一点)
指定下一点或[放弃(U)]:(继续给定下一点,绘制线段.输入 U,则放弃前一段的绘制;右击或按Enter 键,结束命令)
指定下一点或[闭合(C)/放弃(U)]:(继续给定下一点,绘制线段.输入 C,则闭合线段,结束命令)
```

3. 选项说明

各选项的含义如表 3-14 所示。

表 3-14　"绘制多线"命令各选项的含义

选　项	含　义
对正(J)	该项用于给定绘制多线的基准。共有 3 种对正类型："上""无"和"下"。其中，"上(T)"表示以多线上侧的线为基准，以此类推
比例(S)	选择该项，要求用户设置平行线的间距。输入值为零时，平行线重合；值为负时，多线的排列倒置
样式(ST)	该项用于设置当前使用的多线样式

3.7.2　定义多线样式

1. 执行方式

命令行：MLSTYLE。

2. 操作步骤

```
命令: MLSTYLE↙
```

系统自动执行该命令后，打开如图 3-44 所示的"多线样式"对话框。在该对话框中，用户可以对多线样式进行定义、保存和加载等操作。

Note

图 3-44 “多线样式”对话框

3.7.3 编辑多线

1. 执行方式

命令行：MLEDIT。

菜单栏：选择菜单栏中的“修改”→“对象”→“多线”命令。

2. 操作步骤

执行上述命令，打开“多线编辑工具”对话框，如图 3-45 所示。

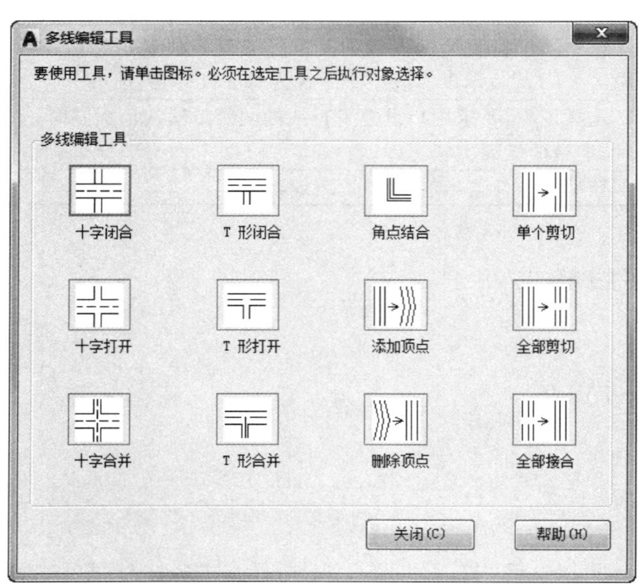

图 3-45 “多线编辑工具”对话框

Note

3-10

利用该对话框，可以创建或修改多线的模式。对话框中分4列显示了示例图形。其中，第一列管理十字交叉形式的多线，第二列管理T形多线，第三列管理拐角接合点和节点形式的多线，第四列管理多线被剪切或连接的形式。

选择某个示例图形，然后单击“关闭”按钮，就可以调用该项编辑功能。

3.7.4　上机练习——绘制墙体

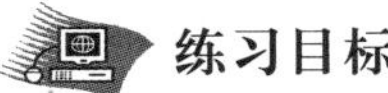

练习目标

绘制如图3-46所示的墙体。

设计思路

首先利用构造线命令绘制辅助线，然后设置多线样式，并利用多线命令绘制墙体，最后对所绘制的墙体进行编辑操作。

操作步骤

(1) 单击“默认”选项卡“绘图”面板中的“构造线”按钮，绘制出一条水平构造线和一条竖直构造线，组成“十”字形辅助线，如图3-47所示。

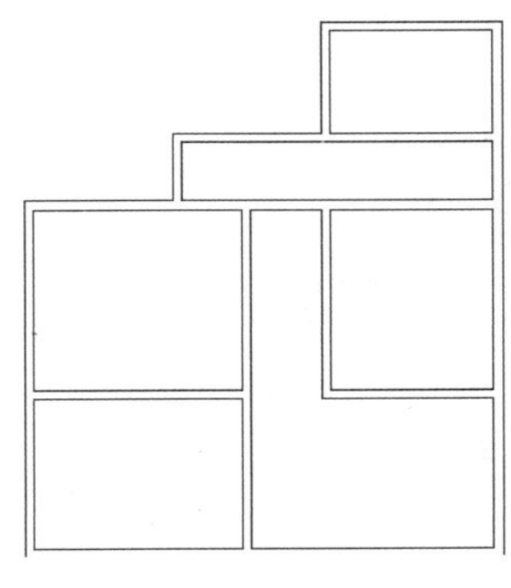

图3-46　墙体

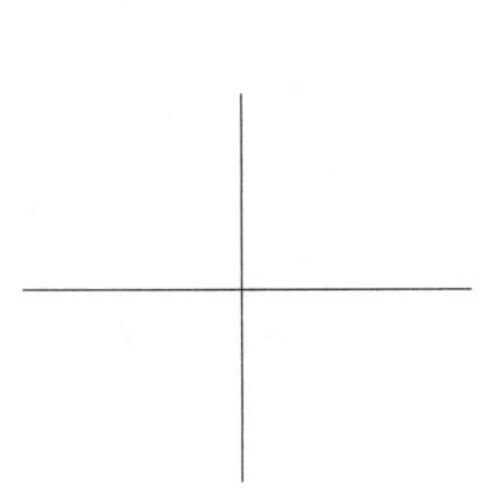

图3-47　“十”字形辅助线

重复上述命令继续绘制辅助线，命令行提示与操作如下：

```
命令: XLINE↙
指定点或 [水平(H)/垂直(V)/角度(A)/二等分(B)/偏移(O)]: O
指定偏移距离或 [通过(T)] <0.0000>: 4200
选择直线对象:(选择刚绘制的水平构造线)
指定向哪侧偏移:(指定上边一点)
选择直线对象:(继续选择刚绘制的水平构造线)
```

(2) 利用上述方法将绘制的水平构造线依次向上偏移5100、1800和3000，得到的水平构造线如图3-48所示。用同样方法绘制垂直构造线，并依次向右偏移3900、1800、2100和4500，结果如图3-49所示。

图 3-48　水平构造线

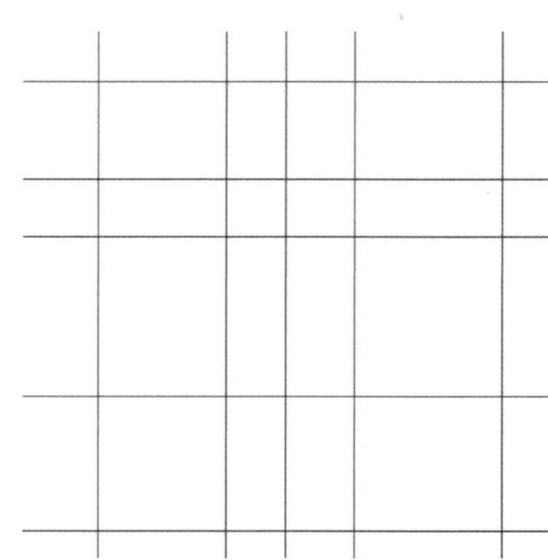
图 3-49　居室的辅助线网格

（3）在命令行输入命令 MLSTYLE，或者选择菜单栏中的“格式”→“多线样式”命令，打开“多线样式”对话框，在该对话框中单击“新建”按钮，系统打开“创建新的多线样式”对话框。在该对话框的“新样式名”文本框中输入“墙体线”。

（4）单击“继续”按钮，系统打开“新建多线样式：墙体线”对话框，对该对话框进行设置，结果如图 3-50 所示。

图 3-50　设置多线样式

（5）选择菜单栏中的“绘图”→“多线”命令绘制连续多段线。命令行提示与操作如下：

```
命令: MLINE↙
当前设置: 对正 = 上,比例 = 20.00,样式 = STANDARD
指定起点或 [对正(J)/比例(S)/样式(ST)]: S↙
输入多线比例 <20.00>: 1↙
```

Note

```
当前设置: 对正 = 上,比例 = 1.00,样式 = STANDARD
指定起点或 [对正(J)/比例(S)/样式(ST)]: J↙
输入对正类型 [上(T)/无(Z)/下(B)] <上>: Z↙
当前设置: 对正 = 无,比例 = 1.00,样式 = STANDARD
指定起点或 [对正(J)/比例(S)/样式(ST)]:(在绘制的辅助线交点上指定一点)
指定下一点:(在绘制的辅助线交点上指定下一点)
指定下一点或 [放弃(U)]:(在绘制的辅助线交点上指定下一点)
指定下一点或 [闭合(C)/放弃(U)]:(在绘制的辅助线交点上指定下一点)
指定下一点或 [闭合(C)/放弃(U)]:C↙
```

根据辅助线网格，用相同方法绘制多线，绘制结果如图 3-51 所示。

(6) 选择菜单栏中的“修改”→“对象”→“多线”命令，打开“多线编辑工具”对话框，如图 3-52 所示。在该对话框中选择“T 形合并”选项，单击“关闭”按钮后，命令行提示与操作如下：

```
命令: MLEDIT↙
选择第一条多线:(选择多线)
选择第二条多线:(选择多线)
选择第一条多线或 [放弃(U)]:(选择多线)
选择第一条多线或 [放弃(U)]: ↙
```

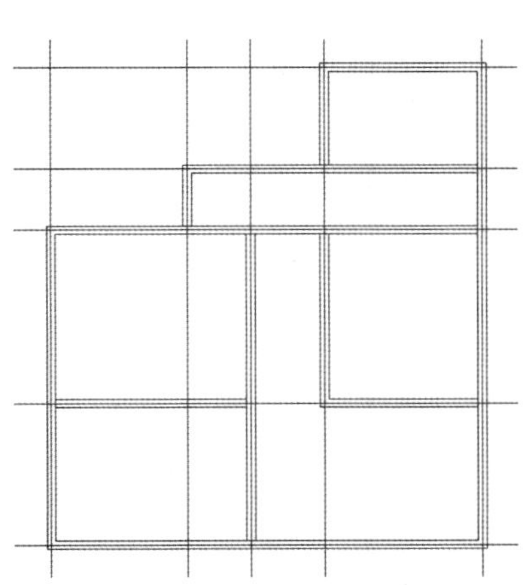

图 3-51　全部多线绘制结果

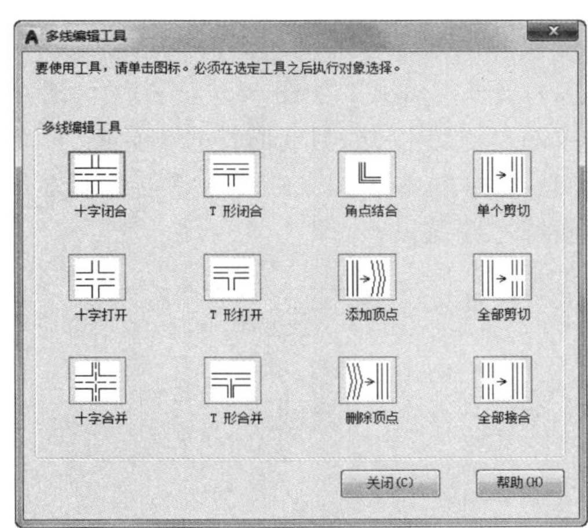

图 3-52　“多线编辑工具”对话框

用同样方法继续进行多线编辑，编辑的最终结果如图 3-46 所示。

3.8 图案填充

当用户需要用一个重复的图案(pattern)填充某个区域时，可以使用 BHATCH 命令建立一个相关联的填充阴影对象，即所谓的图案填充。

Note

3.8.1 基本概念

1. 图案边界

当进行图案填充时，首先要确定图案填充的边界。定义边界的对象只能是直线、双向射线、单向射线、多段线、样条曲线、圆弧、圆、椭圆、椭圆弧、面域等对象或用这些对象定义的块，而且作为边界的对象，在当前屏幕上必须全部可见。

2. 孤岛

在进行图案填充时，我们把位于总填充域内的封闭区域称为孤岛，如图 3-53 所示。在用 BHATCH 命令进行图案填充时，AutoCAD 允许用户以拾取点的方式确定填充边界，即在希望填充的区域内任意拾取一点，AutoCAD 会自动确定出填充边界，同时也确定该边界内的孤岛。如果用户是以点取对象的方式确定填充边界的，则必须确切地点取这些孤岛，有关知识将在下一节中介绍。

3. 填充方式

在进行图案填充时，需要控制填充的范围。AutoCAD 系统为用户设置了以下 3 种填充方式，来实现对填充范围的控制。

(1) 普通方式：如图 3-54(a)所示，该方式从边界开始，从每条填充线或每个剖面符号的两端向里画，遇到内部对象与之相交时，填充线或剖面符号断开，直到遇到下一次相交时再继续画。采用这种方式时，要避免填充线或剖面符号与内部对象的相交次数为奇数。该方式为系统内部的默认方式。

(2) 最外层方式：如图 3-54(b)所示，该方式从边界开始，向里画剖面符号，只要在边界内部与对象相交，则剖面符号由此断开，而不再继续画。

(3) 忽略方式：如图 3-54(c)所示，该方式忽略边界内部的对象，所有内部结构都被剖面符号覆盖。

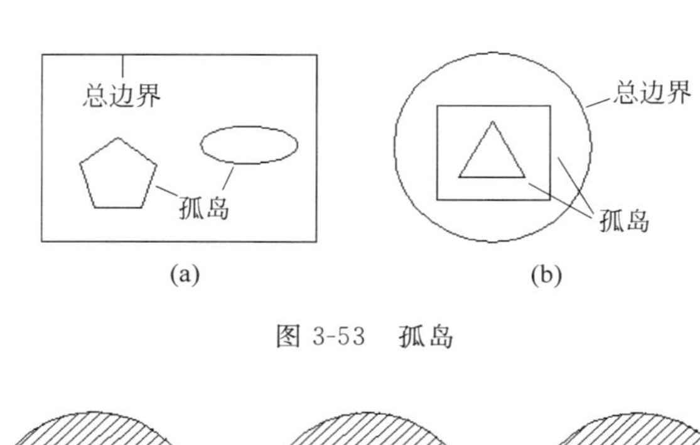

图 3-53 孤岛

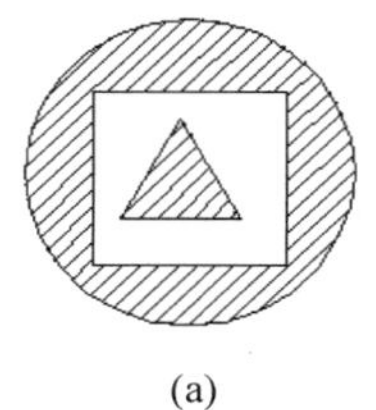

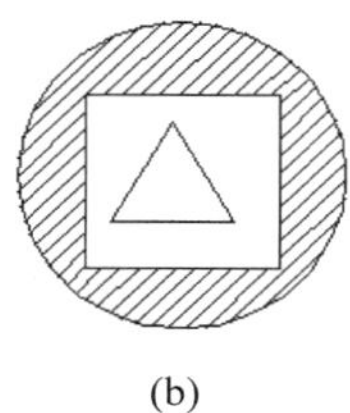

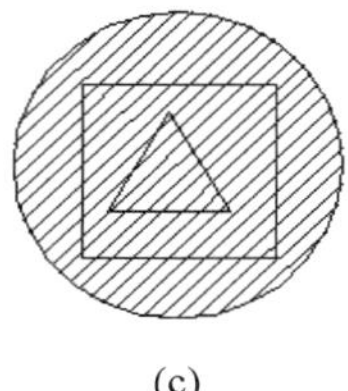

(a) (b) (c)

图 3-54 填充方式

Note

3.8.2　填充图案

当需要用一个重复的图案填充一个区域时，可以使用 BHATCH 命令建立一个相关联的填充阴影对象，即所谓的图案填充。

1. 执行方式

命令行：BHATCH(快捷命令：H)。

菜单栏：选择菜单栏中的"绘图"→"图案填充"或"渐变色"命令。

工具栏：单击"绘图"工具栏中的"图案填充"按钮或"渐变色"按钮。

功能区：单击"默认"选项卡"绘图"面板中的"图案填充"按钮。

执行上述命令后，系统弹出如图 3-55 所示的"图案填充创建"选项卡。

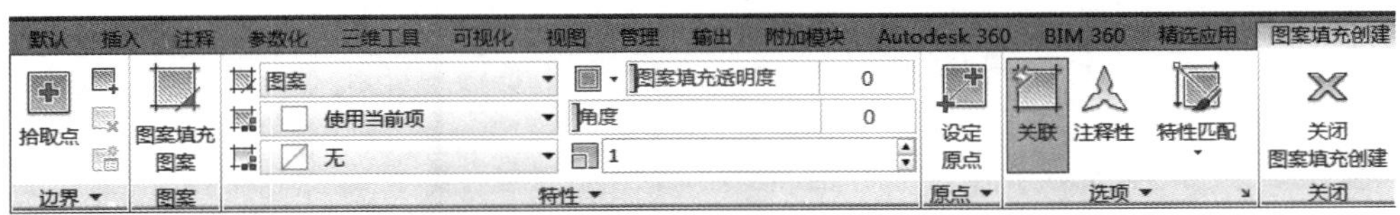

图 3-55　"图案填充创建"选项卡

2. 选项说明

各选项的含义如表 3-15 所示。

表 3-15　"图案填充"命令各选项的含义

面　板	选　项	含　义
"边界"面板	拾取点	通过选择由一个或多个对象形成的封闭区域内的点，确定图案填充边界(图 3-56)。指定内部点时，可以随时在绘图区域中右击以显示包含多个选项的快捷菜单
	选择边界对象	指定基于选定对象的图案填充边界。使用该选项时，不会自动检测内部对象，必须选择选定边界内的对象，以按照当前孤岛检测样式填充这些对象(图 3-57)
	删除边界对象	从边界定义中删除之前添加的任何对象(图 3-58)
	重新创建边界	围绕选定的图案填充或填充对象创建多段线或面域，并使其与图案填充对象相关联(可选)
	显示边界对象	选择构成选定关联图案填充对象的边界的对象，使用显示的夹点可修改图案填充边界
	保留边界对象	指定如何处理图案填充边界对象，包括以下选项。 (1) 不保留边界：(仅在图案填充创建期间可用)不创建独立的图案填充边界对象。 (2) 保留边界-多段线：(仅在图案填充创建期间可用)创建封闭图案填充对象的多段线。 (3) 保留边界-面域：(仅在图案填充创建期间可用)创建封闭图案填充对象的面域对象。 (4) 选择新边界集：指定对象的有限集(称为边界集)，以便通过创建图案填充时的拾取点进行计算

Note

续表

面　　板	选　　项	含　　义
"图案"面板	显示所有预定义和自定义图案的预览图像	
"特性"面板	图案填充类型	指定是使用纯色、渐变色、图案还是用户定义的填充
	图案填充颜色	替代实体填充和填充图案的当前颜色
	背景色	指定填充图案背景的颜色
	图案填充透明度	设定新图案填充或填充的透明度，替代当前对象的透明度
	图案填充角度	指定图案填充或填充的角度
	填充图案比例	放大或缩小预定义或自定义填充图案
	相对图纸空间	（仅在布局中可用）相对于图纸空间单位缩放填充图案。使用此选项，可很容易地做到以适合于布局的比例显示填充图案
	双向	（仅当"图案填充类型"设定为"用户定义"时可用）将绘制第二组直线，与原始直线成 90°角，从而构成交叉线
	ISO 笔宽	（仅对于预定义的 ISO 图案可用）基于选定的笔宽缩放 ISO 图案
"原点"面板	设定原点	直接指定新的图案填充原点
	左下	将图案填充原点设定在图案填充边界矩形范围的左下角
	右下	将图案填充原点设定在图案填充边界矩形范围的右下角
	左上	将图案填充原点设定在图案填充边界矩形范围的左上角
	右上	将图案填充原点设定在图案填充边界矩形范围的右上角
	中心	将图案填充原点设定在图案填充边界矩形范围的中心
	使用当前原点	将图案填充原点设定在 HPORIGIN 系统变量中存储的默认位置
	存储为默认原点	将新图案填充原点的值存储在 HPORIGIN 系统变量中
"选项"面板	关联	指定图案填充或填充为关联图案填充。关联的图案填充或填充在用户修改其边界对象时将会更新
	注释性	指定图案填充为注释性。此特性会自动完成缩放注释过程，从而使注释能够以正确的大小在图纸上打印或显示
	特性匹配	• 使用当前原点：使用选定图案填充对象（除图案填充原点外）设定图案填充的特性 • 使用源图案填充的原点：使用选定图案填充对象（包括图案填充原点）设定图案填充的特性
	允许的间隙	设定将对象用作图案填充边界时可以忽略的最大间隙。默认值为 0，此值指定对象必须封闭区域而没有间隙
	创建独立的图案填充	控制当指定了几个单独的闭合边界时，是创建单个图案填充对象，还是创建多个图案填充对象
	孤岛检测	• 普通孤岛检测：从外部边界向内填充。如果遇到内部孤岛，填充将关闭，直到遇到孤岛中的另一个孤岛。 • 外部孤岛检测：从外部边界向内填充。此选项仅填充指定的区域，不会影响内部孤岛。 • 忽略孤岛检测：忽略所有内部的对象，填充图案时将通过这些对象
	绘图次序	为图案填充或填充指定绘图次序。选项包括不更改、后置、前置、置于边界之后和置于边界之前

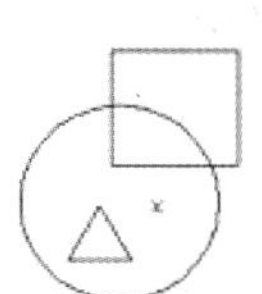
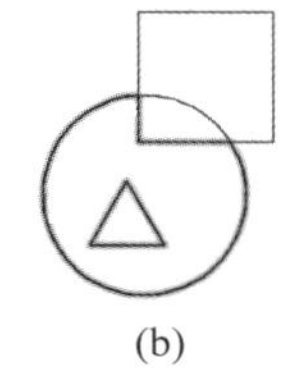
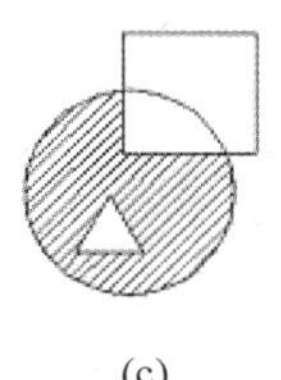

(a) (b) (c)

图 3-56 边界确定

(a) 选择一点；(b) 填充区域；(c) 填充结果

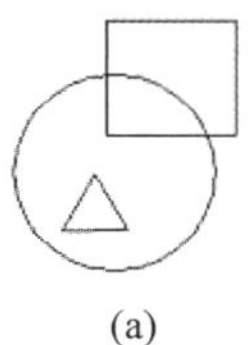
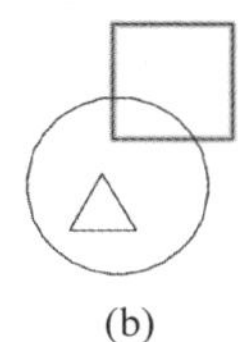
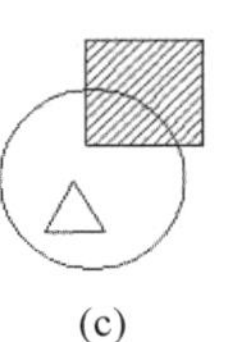

(a) (b) (c)

图 3-57 选取边界对象

(a) 原始图形；(b) 选取边界对象；(c) 填充结果

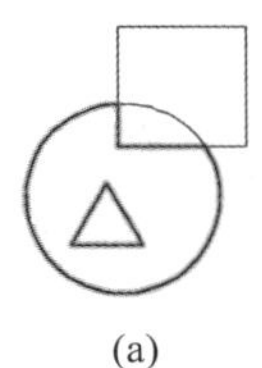
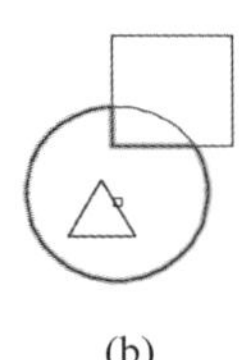
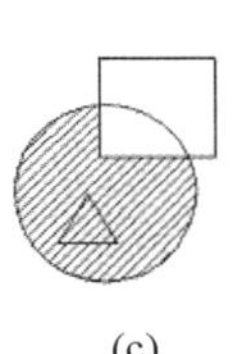

(a) (b) (c)

图 3-58 删除“岛”后的边界

(a) 选取边界对象；(b) 删除边界；(c) 填充结果

3.8.3 编辑填充的图案

可以利用 HATCHEDIT 命令，编辑已经填充的图案。

执行方式如下。

命令行：HATCHEDIT（快捷命令：HE）。

菜单栏：选择菜单栏中的“修改”→“对象”→“图案填充”命令。

工具栏：单击“修改Ⅱ”工具栏中的“编辑图案填充”按钮。

功能区：单击“默认”选项卡“修改”面板中的“编辑图案填充”按钮。

快捷菜单：选中填充的图案右击，在打开的快捷菜单中选择“图案填充编辑”命令。

快捷方法：直接选择填充的图案，打开“图案填充编辑器”选项卡（图 3-59）。

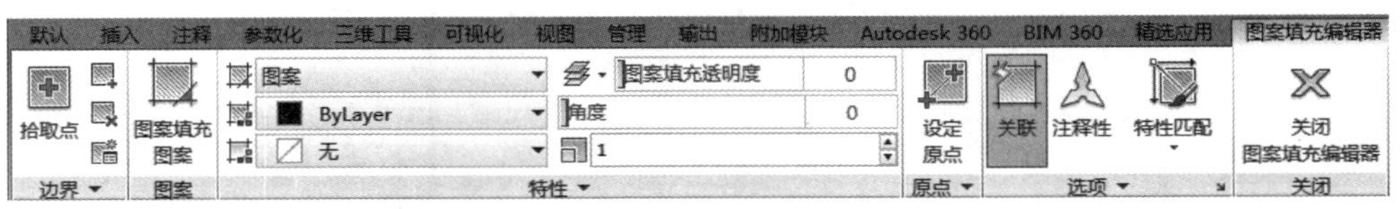

图 3-59 “图案填充编辑器”选项卡

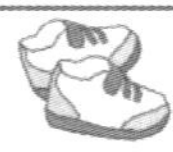

Note

3.8.4 上机练习——绘制小屋

练习目标

绘制如图 3-60 所示的小屋。

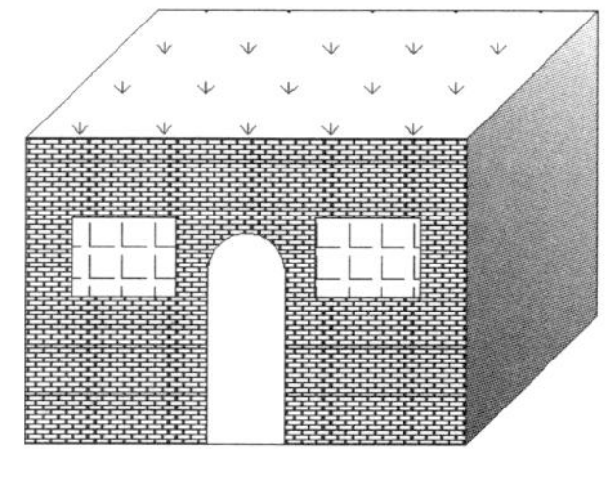

图 3-60 小屋

设计思路

首先利用直线和矩形命令绘制小屋轮廓，然后利用图案填充命令填充小屋。

3-11

操作步骤

(1) 单击“默认”选项卡“绘图”面板中的“矩形”按钮 ，绘制角点坐标为(210，160)和(400，25)的矩形。

(2) 单击“默认”选项卡“绘图”面板中的“直线”按钮 ，绘制焦点坐标为(210，160)、(@80＜45)、(@190＜0)、(@135＜－90)、(400，25)的直线。

重复利用直线命令绘制坐标为(400，25)、(@80＜45)的另一直线。

(3) 单击“默认”选项卡“绘图”面板中的“矩形”按钮 。绘制角点坐标为(230，125)和(275，90)的矩形。

重复利用矩形命令绘制角点坐标为(335，125)和(380，90)的矩形。

(4) 单击“默认”选项卡“绘图”面板中的“多段线”按钮 ，在上述绘制图形内绘制连续多段线。命令行提示与操作如下：

```
命令:_pline
指定起点:288,25↙
当前线宽为 0.0000
指定下一个点或 [圆弧(A)/半宽(H)/长度(L)/放弃(U)/宽度(W)]:288,76↙
指定下一点或 [圆弧(A)/闭合(C)/半宽(H)/长度(L)/放弃(U)/宽度(W)]:a↙
指定圆弧的端点(按住 Ctrl 键以切换方向)或[角度(A)/圆心(CE)/闭合(CL)/方向(D)/半宽(H)/
直线(L)/半径(R)/第二点(S)/放弃(U)/宽度(W)]:a↙(用给定圆弧的包角方式画圆弧)
指定夹角:-180↙(包角值为负,顺时针画圆弧;反之,则逆时针画圆弧)
指定圆弧的端点(按住 Ctrl 键以切换方向)或 [圆心(CE)/半径(R)]:322,76↙(给出圆弧端点
的坐标值)
指定圆弧的端点(按住 Ctrl 键以切换方向)或[角度(A)/圆心(CE)/闭合(CL)/方向(D)/半宽(H)/
直线(L)/半径(R)/第二点(S)/放弃(U)/宽度(W)]:l↙
指定下一点或 [圆弧(A)/闭合(C)/半宽(H)/长度(L)/放弃(U)/宽度(W)]:@51<-90↙
指定下一点或 [圆弧(A)/闭合(C)/半宽(H)/长度(L)/放弃(U)/宽度(W)]:↙
```

(5) 单击“默认”选项卡“绘图”面板中的“图案填充”按钮 ，选择上步绘制完成的图形为填充区域对其进行填充操作。命令行提示与操作如下：

```
命令:BHATCH↙(图案填充命令,输入该命令后将出现"图案填充创建"选项卡,选择预定义的
GRASS 图案,角度为 0,比例为 1,填充屋顶小草,如图 3-61 所示)
拾取内部点或 [选择对象(S)/放弃(U)/设置(T)]:(单击"添加:拾取点"按钮,用鼠标在屋顶内拾
取一点,如图 3-62 所示点 1)
```

按 Enter 键，系统以选定的图案进行填充。

图 3-61　“图案填充创建”选项卡

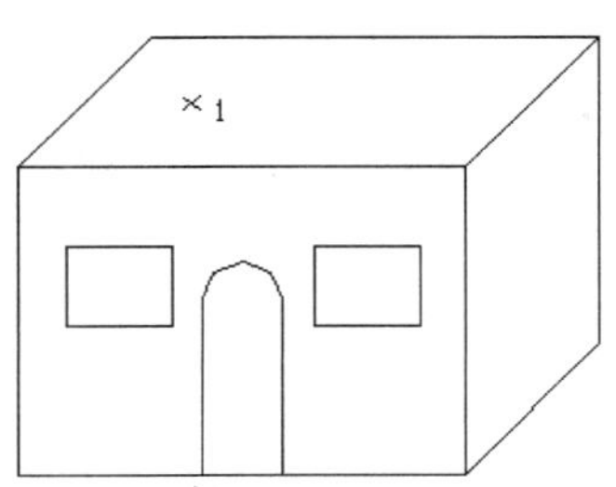

图 3-62　拾取点 1

重复“图案填充”命令，选择预定义的 ANGLE 图案，设置角度为 0，比例为 1，拾取如图 3-63 所示 2、3 两个位置的点为填充区域将窗户进行填充。

(6) 重复执行“图案填充”命令，选择预定义的 BRSTONE 图案，角度为 0，比例为 0.25，拾取如图 3-64 所示 4 位置的点填充小屋前面的砖墙。

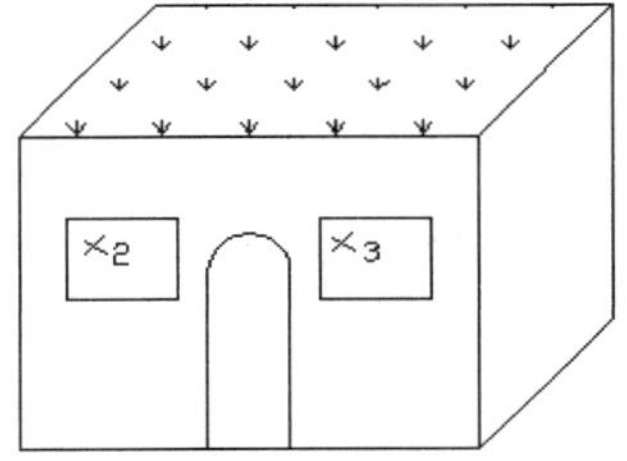

图 3-63　拾取点 2、点 3

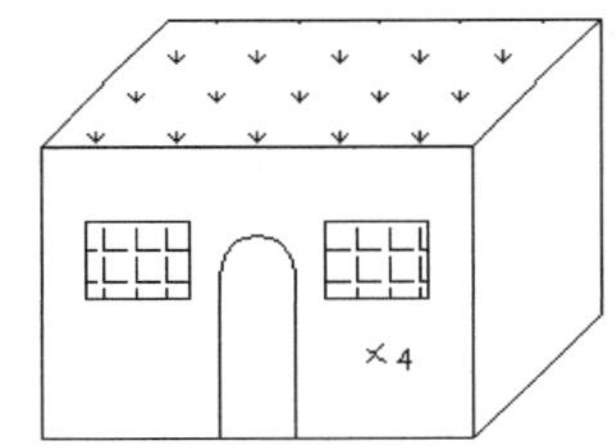

图 3-64　拾取点 4

(7) 重复执行“图案填充”命令，按照图 3-65 所示进行设置，拾取如图 3-66 所示 5 位置的点填充小屋前面的砖墙。最终结果如图 3-60 所示。

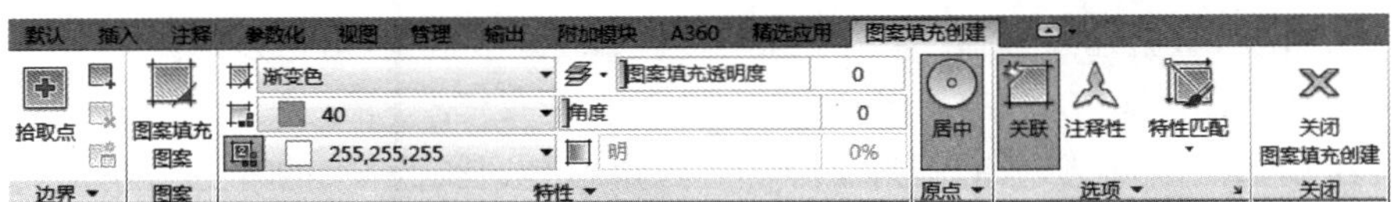

图 3-65　“图案填充创建”选项卡 1

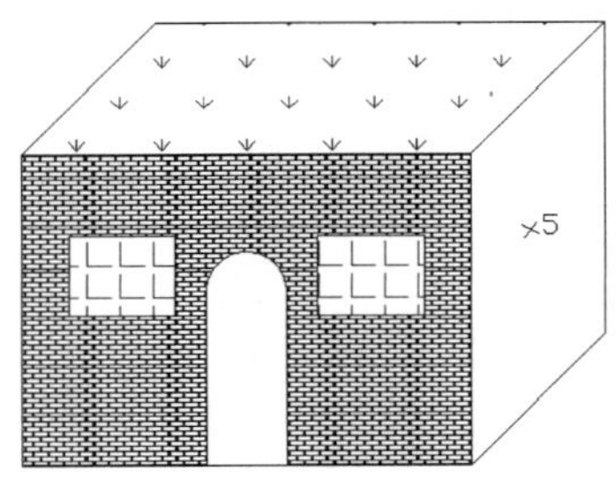

图 3-66　拾取点 5

3.9 学习效果自测

1. 在绘制圆时，采用“两点(2P)”选项，两点之间的距离是(　　)。

A. 最短弦长　　B. 周长　　C. 半径　　D. 直径

2. 如图 3-67 所示图形 1，正五边形的内切圆半径 R = (　　)。

A. 64.348　　B. 61.937

C. 72.812　　D. 45

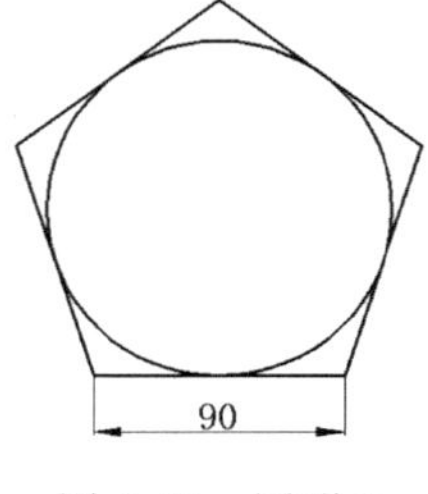

图 3-67　图形 1

3. 同时填充多个区域，如果修改一个区域的填充图案而不影响其他区域，则(　　)。

A. 将图案分解

B. 在创建图案填充的时候选择“关联”选项

C. 删除图案，重新对该区域进行填充

D. 在创建图案填充的时候选择“创建独立的图案填充”选项

4. 若需要编辑已知多段线，使用“多段线”命令的哪个选项可以创建宽度不等的对象？(　　)

A. 样条(S)　　B. 锥形(T)

C. 宽度(W)　　D. 编辑顶点(E)

5. 根据图案填充创建边界时，边界类型不可能是以下哪个选项？(　　)

A. 多段线　　B. 样条曲线　　C. 三维多段线　　D. 螺旋线

6. 可以有宽度的线有(　　)。

A. 构造线　　B. 多段线　　C. 直线　　D. 样条曲线

7. 绘制圆环时，若将内径指定为 0，则会(　　)。

A. 绘制一个线宽为 0 的圆　　B. 绘制一个实心圆

C. 提示重新输入数值　　D. 提示错误，退出该命令

8. 绘制如图 3-68 所示的图形 2。

9. 绘制如图 3-69 所示的图形 3，其中，三角形是边长为 81 的等边三角形，三个圆分别与三角形相切。

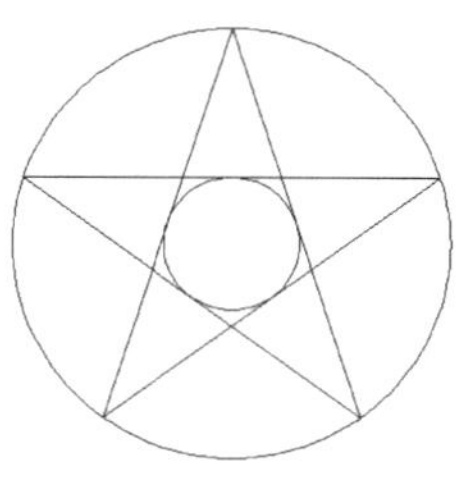

图 3-68　图形 2

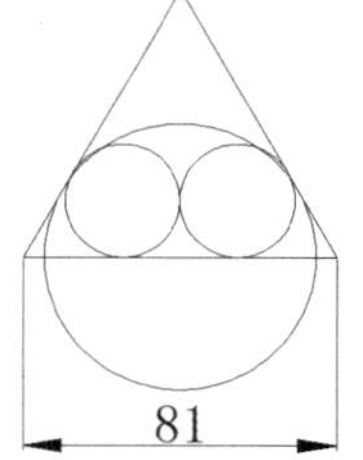

图 3-69　图形 3

Note

3.10 上机实验

实例 1　绘制如图 3-70 所示的哈哈猪。

1. 目的要求

本例图形涉及的命令主要是"直线"和"圆"。为了做到准确无误,要求通过坐标值的输入指定线段的端点和圆弧的相关点,从而使读者灵活掌握线段以及圆弧的绘制方法。

2. 操作提示

(1) 利用"圆"命令绘制哈哈猪的两个眼睛。

(2) 利用"圆"命令绘制哈哈猪的嘴巴。

(3) 利用"圆"命令绘制哈哈猪的头部。

(4) 利用"直线"命令绘制哈哈猪的上下颌分界线。

(5) 利用"圆"命令绘制哈哈猪的鼻子。

实例 2　绘制如图 3-71 所示的五瓣梅。

1. 目的要求

本例图形涉及的命令主要是"圆弧"。为了做到准确无误,要求通过坐标值的输入指定线段的端点和圆弧的相关点,从而使读者灵活掌握圆弧的绘制方法。

2. 操作提示

(1) 利用"圆弧"命令绘制第一段圆弧。

(2) 利用"圆弧"命令绘制其他圆弧。

实例 3　绘制如图 3-72 所示的剪力墙。

1. 目的要求

本例图形涉及的命令主要是"图案填充"。通过本实验,可以帮助读者巩固"图案填充"命令相关知识。

2. 操作提示

(1) 利用"直线"命令绘制外部轮廓。

(2) 利用"图案填充"命令绘制截面。

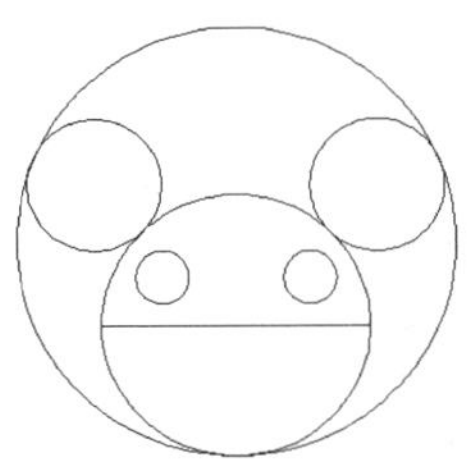

图 3-70　哈哈猪

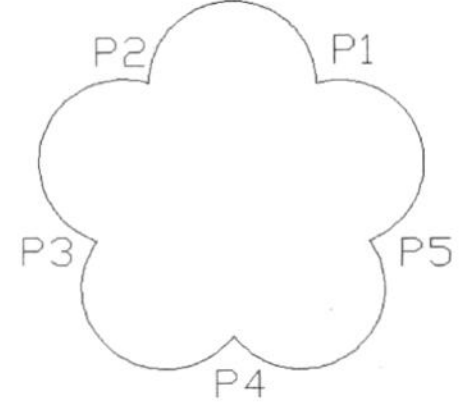

图 3-71　五瓣梅

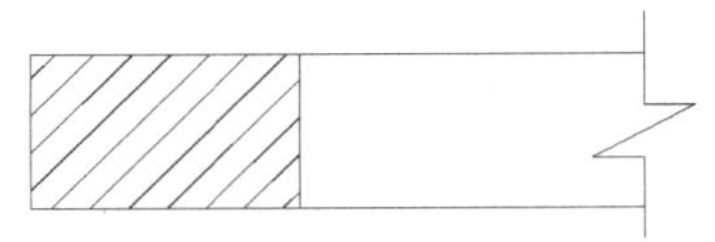

图 3-72　剪力墙

第4章

辅助绘图工具

为了快捷准确地绘制图形，AutoCAD提供了多种必要的和辅助的绘图工具，如工具栏、对象选择工具、对象捕捉工具、栅格和正交模式等。利用这些工具，用户可以方便、迅速、准确地实现图形的绘制和编辑，不仅可提高工作效率，而且能更好地保证图形的质量。本章内容主要包括：捕捉、栅格、正交、对象捕捉、对象追踪、极轴、动态输入图形的缩放、平移以及布局与模型等。

学习要点

- 精确定位工具
- 对象追踪
- 图层的线型
- 查询工具

4.1　精确定位工具

精确定位工具是指能够帮助用户快速准确地定位某些特殊点(如端点、中点、圆心等)和特殊位置(如水平位置、垂直位置)的工具。

精确定位工具主要集中在状态栏上,如图 4-1 所示为状态栏中显示的部分按钮。

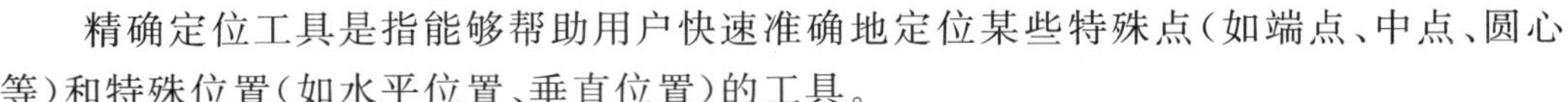

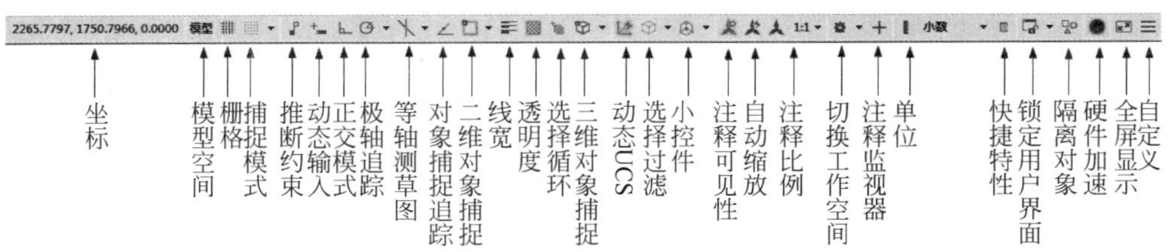

图 4-1　状态栏按钮

4.1.1　正交模式

在使用 AutoCAD 绘图的过程中,经常需要绘制水平直线和垂直直线,但是用鼠标拾取线段的端点的方式很难保证两个点严格沿水平或垂直方向,为此,AutoCAD 提供了正交功能。当启用正交模式,画线或移动对象时,只能沿水平方向或垂直方向移动光标,因此只能画平行于坐标轴的正交线段。

1. 执行方式

命令行:ORTHO。

状态栏:单击状态栏中的“正交模式”按钮 ∟ 。

快捷键:F8。

2. 操作步骤

```
命令: ORTHO↙
输入模式 [开(ON)/关(OFF)] <开>: (设置开或关)
```

4.1.2　栅格工具

用户可以应用栅格工具使绘图区上出现可见的网格,它是一个形象的画图工具,就像传统的坐标纸一样。本节介绍控制栅格的显示及设置栅格参数的方法。

1. 执行方式

菜单栏:选择菜单栏中的“工具”→“绘图设置”命令。

状态栏:单击状态栏中的“栅格显示”按钮 ▦(仅限于打开与关闭)。

快捷键:F7(仅限于打开与关闭)。

2. 操作步骤

执行上述命令后,系统打开“草图设置”对话框的“捕捉和栅格”选项卡,如图 4-2 所示。

Note

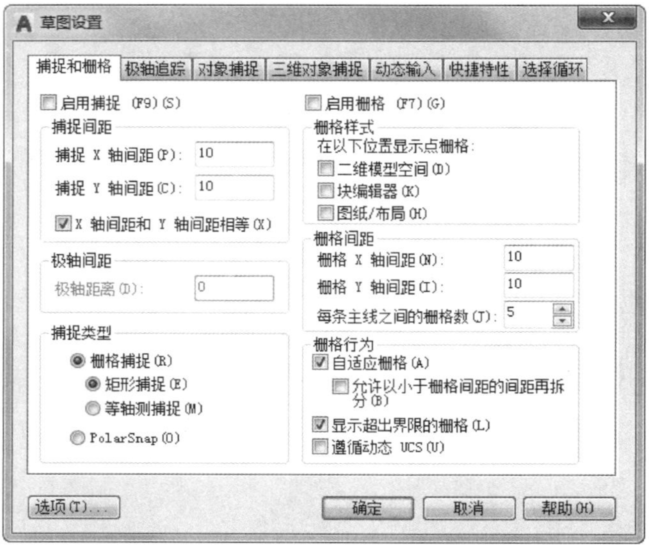

图 4-2 “草图设置”对话框

在图 4-2 所示的“草图设置”对话框的“捕捉和栅格”选项卡中，“启用栅格”复选框用来控制是否显示栅格。“栅格 X 轴间距”文本框和“栅格 Y 轴间距”文本框用来设置栅格在水平与垂直方向的间距，如果“栅格 X 轴间距”和“栅格 Y 轴间距”设置为 0，则 AutoCAD 会自动将捕捉栅格间距应用于栅格，且栅格的原点和角度总是和捕捉栅格的原点和角度相同。还可以利用 Grid 命令在命令行设置栅格间距，在此不再赘述。

说明：在“栅格 X 轴间距”和“栅格 Y 轴间距”文本框中输入数值时，若在“栅格 X 轴间距”文本框中输入一个数值后按 Enter 键，则 AutoCAD 会自动传送这个值给“栅格 Y 轴间距”，这样可减少工作量。

4.1.3 捕捉工具

为了准确地在屏幕上捕捉点，AutoCAD 提供了捕捉工具，它可以在屏幕上生成一个隐含的栅格（捕捉栅格），这个栅格能够捕捉光标，并且约束它只能落在栅格的某一个节点上，使用户能够高精确度地捕捉和选择这个栅格上的点。本节介绍捕捉栅格的参数设置方法。

1. 执行方式

菜单栏：选择菜单栏中的“工具”→“绘图设置”命令。

状态栏：单击状态栏中的“捕捉模式”按钮 （仅限于打开与关闭）。

快捷键：F9（仅限于打开与关闭）。

2. 操作步骤

执行上述命令后，系统打开“草图设置”对话框的“捕捉和栅格”选项卡，如图 4-2 所示。

Note

3. 选项说明

各选项的含义如表 4-1 所示。

表 4-1 “捕捉工具”命令各选项的含义

选　　项	含　　义
“启用捕捉”复选框	控制捕捉功能的开关，与 F9 快捷键和状态栏上的“捕捉”功能相同
“捕捉间距”选项组	设置捕捉的各参数。其中“捕捉 X 轴间距”文本框与“捕捉 Y 轴间距”文本框用来确定捕捉栅格点在水平与垂直两个方向上的间距
“捕捉类型”选项组	确定捕捉类型和样式。AutoCAD 提供了两种捕捉栅格的方式：“栅格捕捉”和“极轴捕捉”。“栅格捕捉”是指按正交位置捕捉位置点，而“极轴捕捉”则可以根据设置的任意极轴角来捕捉位置点。 “栅格捕捉”又分为“矩形捕捉”和“等轴测捕捉”两种方式。在“矩形捕捉”方式下，捕捉栅格是标准的矩形；在“等轴测捕捉”方式下，捕捉栅格和光标十字线不再互相垂直，而是成绘制等轴测图时的特定角度，这种方式对于绘制等轴测图是十分方便的
“极轴间距”选项组	该选项组只有在“极轴捕捉”类型时才可用。可在“极轴距离”文本框中输入距离值。 也可以通过命令行命令 SNAP 设置捕捉的有关参数

4.2 对象捕捉

在利用 AutoCAD 画图时，经常用到一些特殊的点，如圆心、切点、线段或圆弧的端点、中点等，如果用鼠标拾取的话，要准确地找到这些点是十分困难的。为此，AutoCAD 提供了一些识别这些点的工具，通过这些工具可以很容易地构造新的几何体，精确地画出创建的对象，其结果比传统的手工绘图更精确，更容易维护。在 AutoCAD 中，这种功能称为对象捕捉功能。

4.2.1 特殊位置点捕捉

在使用 AutoCAD 绘制图形时，有时需要指定一些特殊位置的点，例如圆心、端点、中点、平行线上的点等，这些点如表 4-2 所示。可以通过对象捕捉功能来捕捉这些点。

表 4-2 特殊位置点捕捉

捕 捉 模 式	功　　能
临时追踪点	建立临时追踪点
两点之间的中点	捕捉两个独立点之间的中点
自	建立一个临时参考点，作为指出后继点的基点
点过滤器	由坐标选择点
端点	线段或圆弧的端点
中点	线段或圆的中点
交点	线、圆弧或圆等的交点
外观交点	图形对象在视图平面上的交点

Note

续表

捕捉模式	功能
延长线	指定对象的延伸线
圆心	圆或圆弧的圆心
象限点	距光标最近的圆或圆弧上可见部分的象限点，即圆周上 0°、90°、180°、270°位置上的点
切点	最后生成的一个点到选中的圆或圆弧上引切线的切点位置
垂足	在线段、圆、圆弧或它们的延长线上捕捉一个点，使之与最后生成的点的连线与该线段、圆或圆弧正交
平行线	绘制与指定对象平行的图形对象
节点	捕捉用 Point 或 DIVIDE 等命令生成的点
插入点	文本对象和图块的插入点
最近点	离拾取点最近的线段、圆、圆弧等对象上的点
无	关闭对象捕捉模式
对象捕捉设置	设置对象捕捉

AutoCAD 提供了命令行、工具栏和快捷菜单等 3 种执行特殊点对象捕捉的方法。

1. 命令行方式

绘图过程中，当命令行提示输入一点时，输入相应特殊位置点的命令，如表 4-2 所示，然后根据提示操作即可。

2. 工具栏方式

使用如图 4-3 所示的“对象捕捉”工具栏，用户可以更方便地实现捕捉点的目的。当命令行提示输入一点时，单击“对象捕捉”工具栏上相应的按钮。当把光标放在某一图标上时，会显示出该图标功能的提示，然后根据提示操作即可。

3. 快捷菜单方式

快捷菜单可通过同时按下 Shift 键和鼠标右键来激活，菜单中列出了 AutoCAD 提供的对象捕捉模式，如图 4-4 所示。其操作方法与工具栏相似，只要在命令行提示输入一点时，单击快捷菜单上相应的菜单项，然后按提示操作即可。

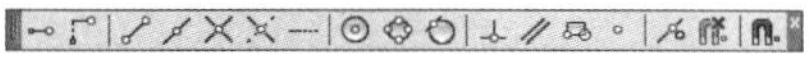

图 4-3 “对象捕捉”工具栏

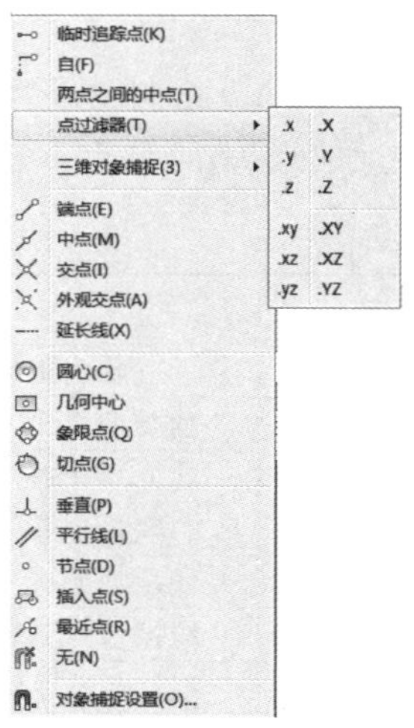

图 4-4 对象捕捉快捷菜单

Note

4.2.2 对象捕捉设置

在使用 AutoCAD 绘图之前，可以根据需要，事先设置并运行一些对象捕捉模式。绘图时，AutoCAD 能自动捕捉这些特殊点，从而加快绘图速度，提高绘图质量。

1. 执行方式

命令行：DDOSNAP。

菜单栏：选择菜单栏中的“工具”→“绘图设置”命令。

工具栏：单击“对象捕捉”工具栏中的“对象捕捉设置”按钮。

状态栏：单击状态栏中的“对象捕捉”按钮（仅限于打开与关闭）。

快捷键：F3（仅限于打开与关闭）。

快捷菜单：选择快捷菜单中的“捕捉替代”→“对象捕捉设置”命令（图 4-4）。

2. 操作步骤

```
命令:DDOSNAP↙
```

执行上述命令后，系统打开“草图设置”对话框的“对象捕捉”选项卡，如图 4-5 所示。利用此选项卡可以对对象捕捉方式进行设置。

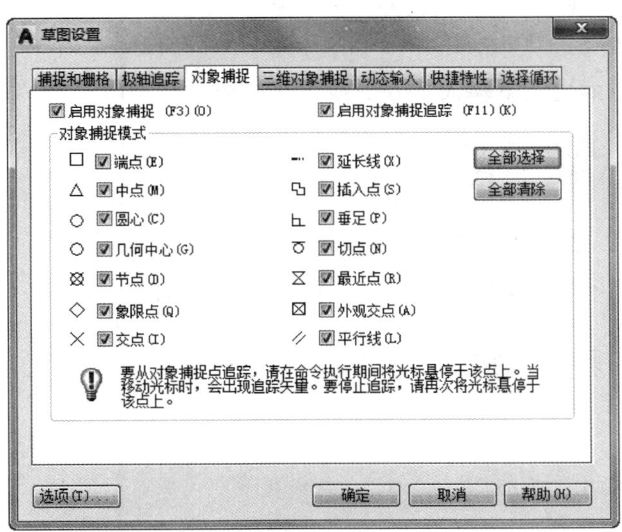

图 4-5 “草图设置”对话框“对象捕捉”选项卡

3. 选项说明

各选项的含义如表 4-3 所示。

表 4-3 “对象捕捉设置”命令各选项的含义

选 项	含 义
“启用对象捕捉”复选框	打开或关闭对象捕捉方式。选中此复选框时，在“对象捕捉模式”选项组中选中的捕捉模式处于激活状态

Note

续表

选　　项	含　　义
“启用对象捕捉追踪”复选框	打开或关闭自动追踪功能
“对象捕捉模式”选项组	此选项组中列出各种捕捉模式的单选按钮，选中某模式的单选按钮，则表示该模式被激活。单击“全部清除”按钮，则所有模式均被清除。单击“全部选择”按钮，则所有模式均被选中。 另外，在对话框的左下角有一个“选项(T)”按钮，单击它可打开“选项”对话框的“草图”选项卡，利用该对话框可决定对象捕捉模式的各项设置

4.2.3　基点捕捉

在绘制图形时，有时需要指定以某个点为基点的一个点。这时，可以利用基点捕捉功能来捕捉此点。基点捕捉要求确定一个临时参考点作为指定后继点的基点，此参考点通常与其他对象捕捉模式及相关坐标联合使用。

1. 执行方式

命令行：FROM。

快捷菜单：选择快捷菜单中的“自”命令(图 4-4)。

2. 操作步骤

当在输入一点的提示下输入 From，或单击相应的工具图标时，命令行提示：

```
基点:(指定一个基点)
<偏移>:(输入相对于基点的偏移量)
```

则得到一个点，这个点与基点之间的坐标差为指定的偏移量。

说明：在“<偏移>：”提示后输入的坐标必须是相对坐标，如(@10,15)等。

4.2.4　上机练习——按基点绘制线段

4-1

练习目标

绘制一条从点(45,45)到点(80,120)的线段。

设计思路

利用直线命令并结合 From 命令绘制所需直线。

操作步骤

(1) 单击“默认”选项卡“绘图”面板中的“直线”按钮，绘制一条从点(45,45)到点(80,120)的线段。命令行提示与操作如下：

```
命令: LINE↙
指定第一个点: 45,45↙
指定下一点或 [放弃(U)]:FROM↙
```

Note

```
基点: 100,100↙
<偏移>:@ - 20,20↙
指定下一点或 [放弃(U)]: ↙
```

(2) 结果绘制出从点(45,45)到点(80,120)的一条线段。

4.2.5 点过滤器捕捉

利用点过滤器捕捉,可以由一个点的 X 坐标和另一点的 Y 坐标确定一个新点。在“指定下一点或[放弃(U)]:”提示下选择此项(在快捷菜单中选择,如图 4-4 所示),AutoCAD 提示:

```
.X 于:(指定一个点)
(需要 YZ):(指定另一个点)
```

则新建的点具有第一个点的 X 坐标和第二个点的 Y 坐标。

4.2.6 上机练习——通过过滤器绘制线段

4-2

练习目标

绘制一条从点(45,45)到点(80,120)的线段。

设计思路

利用直线命令并结合点的过滤器功能绘制线段。

操作步骤

(1) 单击“默认”选项卡“绘图”面板中的“直线”按钮,绘制从点(45,45)到点(80,120)的一条线段。命令行提示与操作如下:

```
命令: LINE↙
指定第一个点: 45,45↙
指定下一点或 [放弃(U)]:(打开如图 4 - 4 所示的快捷菜单,选择"点过滤器"→".X"命令)
.X 于:80,100↙
(需要 YZ):100,120↙
指定下一点或 [放弃(U)]: ↙
```

(2) 结果绘制出从点(45,45)到点(80,120)的一条线段。

4.3 对象追踪

对象追踪是指按指定角度或与其他对象的指定关系绘制对象。可以结合对象捕捉功能进行自动追踪,也可以指定临时点进行临时追踪。

4.3.1 自动追踪

利用自动追踪功能可以对齐路径,有助于以精确的位置和角度来创建对象。自动追踪包括两种追踪方式:“极轴追踪”和“对象捕捉追踪”。“极轴追踪”是指按指定的极

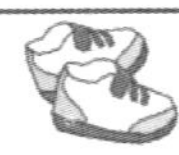

轴角或极轴角的倍数来对齐要指定点的路径；“对象捕捉追踪”是指以捕捉到的特殊位置点为基点，按指定的极轴角或极轴角的倍数来对齐要指定点的路径。

“极轴追踪”必须配合“极轴”功能和“对象追踪”功能一起使用，即同时打开状态栏上的“极轴”功能开关和“对象追踪”功能开关；“对象捕捉追踪”必须配合“对象捕捉”功能和“对象追踪”功能一起使用，即同时打开状态栏上的“对象捕捉”功能开关和“对象追踪”功能开关。

1. 对象捕捉追踪设置

（1）执行方式

命令行：DDOSNAP。

菜单栏：选择菜单栏中的“工具”→“绘图设置”命令。

工具栏：单击“对象捕捉”工具栏中的“对象捕捉设置”按钮。

状态栏：单击状态栏中的“对象捕捉”按钮和“对象捕捉追踪”按钮。

快捷键：F11。

快捷菜单：选择快捷菜单中的“捕捉替代”→“对象捕捉设置”命令。

（2）操作步骤

执行上述命令，系统打开如图 4-5 所示的“草图设置”对话框的“对象捕捉”选项卡，选中“启用对象捕捉追踪”复选框，即完成了对象捕捉追踪设置。

2. 极轴追踪设置

（1）执行方式

命令行：DDOSNAP。

菜单栏：选择菜单栏中的“工具”→“绘图设置”命令。

工具栏：单击“对象捕捉”工具栏中的“对象捕捉设置”按钮

状态栏：极轴追踪。

快捷键：F10。

（2）操作步骤

按照上述执行方式进行操作或者在“极轴”开关上右击，在弹出的快捷菜单中选择“设置”命令，打开如图 4-6 所示的“草图设置”对话框的“极轴追踪”选项卡。

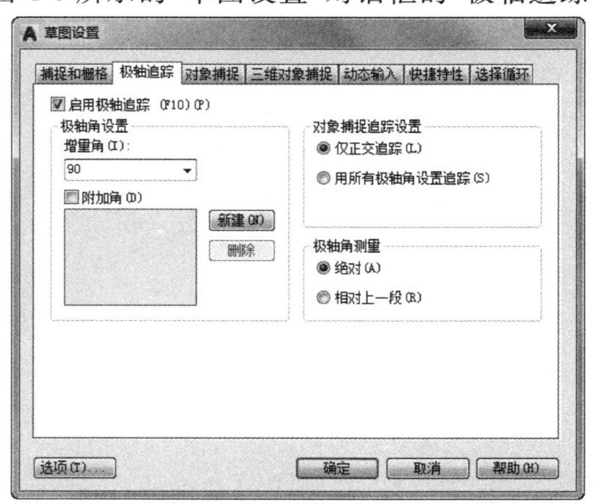

图 4-6 “草图设置”对话框“极轴追踪”选项卡

4-3

（3）选项说明

各选项的含义如表 4-4 所示。

表 4-4　“自动追踪”命令各选项的含义

选　　项	含　　义
“启用极轴追踪”复选框	选中该复选框，即启用极轴追踪功能
“极轴角设置”选项组	设置极轴角的值。可以在“增量角”下拉列表框中选择一个角度值。也可选中“附加角”复选框，单击“新建”按钮设置任意附加角。系统在进行极轴追踪时，同时追踪增量角和附加角，可以设置多个附加角
“对象捕捉追踪设置”选项组和“极轴角测量”选项组	按界面提示设置选择相应的单选按钮

4.3.2　上机练习——特殊位置线段的绘制

练习目标

绘制特殊位置的直线。

设计思路

利用直线命令并结合对象捕捉和对象追踪来绘制所需的直线。

操作步骤

绘制一条线段，使该线段的一个端点与另一条线段的端点在同一条水平线上。

（1）单击状态栏中的“对象捕捉”按钮和“对象捕捉追踪”按钮，启动对象捕捉追踪功能。

（2）单击“默认”选项卡“绘图”面板中的“直线”按钮，绘制一条线段。

（3）单击“默认”选项卡“绘图”面板中的“直线”按钮，绘制第二条线段，命令行提示与操作如下：

```
命令：LINE↙
指定第一个点：指定点 1，如图 4－7(a)所示
指定下一点或 [放弃(U)]：将光标移动到点 2 处，系统自动捕捉到第一条直线的端点 2，如图 4－7(b)所示.
```

系统显示一条虚线为追踪线，移动光标，在追踪线的适当位置指定点 3，如图 4-7(c)所示。

```
指定下一点或 [放弃(U)]：↙
```

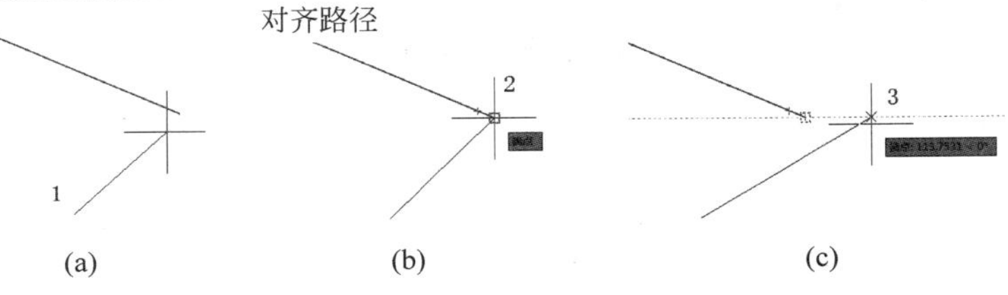

图 4-7　对象捕捉追踪

（a）起点；（b）获取的点；（c）端点

Note

4.3.3 临时追踪

绘制图形对象时，除了可以进行自动追踪外，还可以指定临时点作为基点进行临时追踪。

在命令行提示输入点时输入 tt，或打开右键快捷菜单，如图 4-4 所示，选择“临时追踪点”命令，然后指定一个临时追踪点，该点上将出现一个小的加号(＋)。移动光标时，相对于这个临时点，将显示临时追踪对齐路径。要删除此点，应将光标移回到加号(＋)上面。

4-4

4.3.4 上机练习——通过临时追踪绘制线段

练习目标

通过临时追踪绘制线段。

设计思路

首先绘制一个点，然后通过临时追踪绘制一条线段。

操作步骤

绘制一条线段，使其一个端点与一个已知点处于同一水平线上。

(1) 单击状态栏上的“对象捕捉”开关，并打开图 4-6 所示的“草图设置”对话框的“极轴追踪”选项卡，将“增量角”设置为 90，将对象捕捉追踪设置为“仅正交追踪”。

(2) 单击“默认”选项卡“绘图”面板中的“直线”按钮，绘制直线，命令行提示与操作如下：

```
命令: LINE↙
指定第一个点:(适当指定一点)
指定下一点或 [放弃(U)]: tt↙
指定临时对象追踪点: (捕捉左边的点,该点显示一个"+"号,移动光标,显示追踪线,如图 4-8
所示)
指定下一点或 [放弃(U)]:(在追踪线上适当位置指定一点)
指定下一点或 [放弃(U)]: ↙
```

结果如图 4-9 所示。

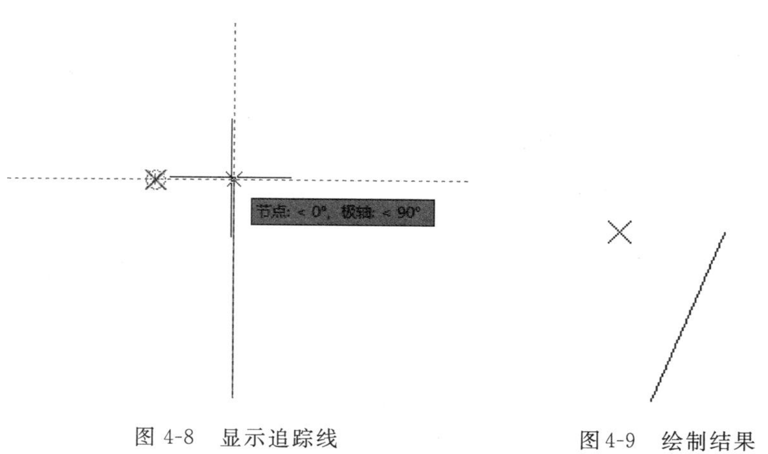

图 4-8　显示追踪线　　图 4-9　绘制结果

4.4　设置图层

图层的概念类似于投影片。将不同属性的对象分别画在不同的图层(投影片)上，例如将图形的主要线段、中心线、尺寸标注等分别画在不同的图层上，每个图层可设定不同的线型、线条颜色，然后把不同的图层堆叠在一起成为一张完整的视图，如此可使视图层次分明、有条理，方便图形对象的编辑与管理。一个完整的图形就是将所包含的所有图层上的对象叠加在一起，如图 4-10 所示。

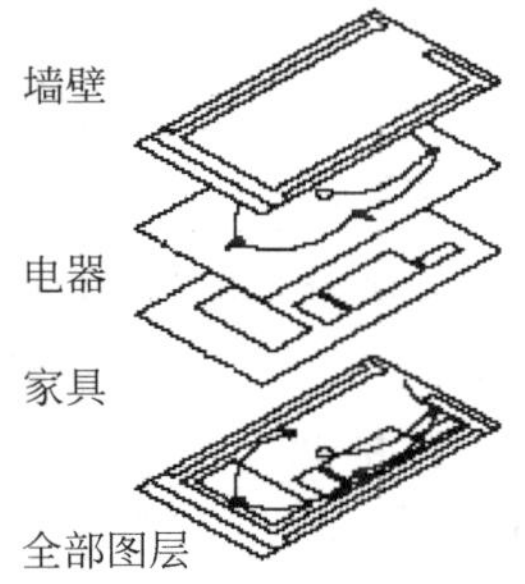

图 4-10　图层效果

在用图层功能绘图之前，首先要对图层的各项特性进行设置，包括建立和命名图层，设置当前图层，设置图层的颜色和线型，图层是否关闭、是否冻结、是否锁定，以及图层删除等。本节主要对图层的这些相关操作进行介绍。

4.4.1　利用对话框设置图层

AutoCAD 2018 提供了详细直观的图层特性管理器，用户可以方便地通过对该管理器中的各选项进行图层设置，从而实现建立新图层、设置图层颜色及线型等各种操作。

1. 执行方式

命令行：LAYER。

菜单栏：选择菜单栏中的“格式”→“图层”命令。

工具栏：单击“图层”工具栏中的“图层特性管理器”按钮。

功能区：单击“默认”选项卡“图层”面板中的“图层特性”按钮，或单击“视图”选项卡“选项板”面板中的“图层特性”按钮。

2. 操作步骤

执行上述命令后，系统打开如图 4-11 所示的图层特性管理器。

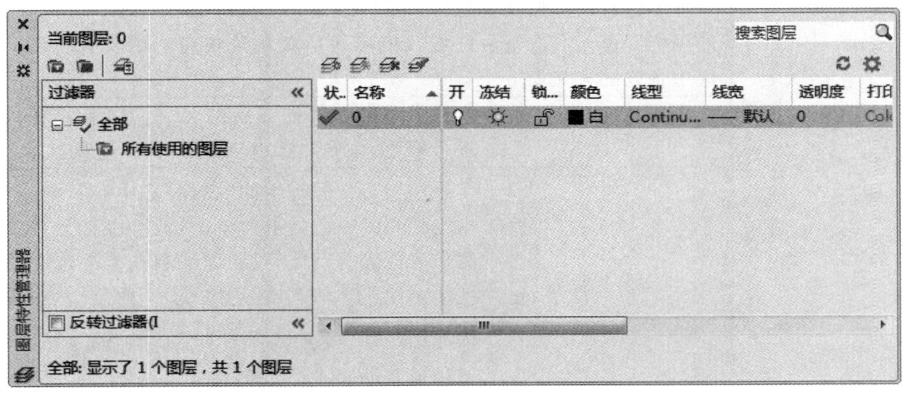

图 4-11　图层特性管理器

3. 选项说明

各选项的含义如表 4-5 所示。

表 4-5 “利用对话框设置图层”命令各选项的含义

<table>
<tr><th>选　　项</th><th colspan="2">含　　义</th></tr>
<tr><td>“新特性过滤器”按钮</td><td colspan="2">单击此按钮，打开“图层过滤器特性”对话框，如图 4-12 所示。从中可以基于一个或多个图层特性创建图层过滤器</td></tr>
<tr><td>“新建组过滤器”按钮</td><td colspan="2">单击此按钮，创建一个图层过滤器，其中包含用户选定并添加到该过滤器的图层</td></tr>
<tr><td>“图层状态管理器”按钮</td><td colspan="2">单击此按钮，打开“图层状态管理器”对话框，如图 4-13 所示。从中可以将图层的当前特性设置保存到命名图层状态中，以后可以恢复这些设置</td></tr>
<tr><td>“新建图层”按钮</td><td colspan="2">建立新图层。单击此按钮，图层列表中会出现一个新的图层名字“图层1”，用户可使用此名字，也可改名。要想同时产生多个图层，可在选中一个图层名后，输入多个名字，各名字之间以逗号分隔。图层的名字可以包含字母、数字、空格和特殊符号，AutoCAD 支持长达 255 个字符的图层名字。新的图层继承了建立新图层时所选中的图层的所有已有特性（颜色、线型、ON/OFF 状态等），如果建立新图层时没有图层被选中，则新的图层具有默认的设置</td></tr>
<tr><td>“删除图层”按钮</td><td colspan="2">删除所选图层。在图层列表中选中某一图层，然后单击此按钮，则把该图层删除</td></tr>
<tr><td>“置为当前”按钮</td><td colspan="2">设置所选图层为当前图层。在图层列表中选中某一图层，然后单击此按钮，则把该图层设置为当前图层，并在“当前图层”一栏中显示其名字。当前图层的名字被存储在系统变量 CLAYER 中。另外，双击图层名也可把该图层设置为当前图层</td></tr>
<tr><td>“搜索图层”文本框</td><td colspan="2">输入字符后，按名称快速过滤图层列表。关闭图层特性管理器时，并不保存此过滤器</td></tr>
<tr><td>“反转过滤器”复选框</td><td colspan="2">选中此复选框，显示所有不满足选定的图层特性过滤器中条件的图层</td></tr>
<tr><td>“设置”按钮</td><td colspan="2">单击此按钮，打开“图层设置”对话框，如图 4-14 所示。此对话框包括“新图层通知”选项组和“对话框设置”选项组</td></tr>
<tr><td rowspan="3">图层列表区</td><td colspan="2">显示已有的图层及其特性。要修改某一图层的某一特性，单击它所对应的图标即可。右击空白区域或使用快捷菜单可快速选中所有图层。列表区中各列的含义如下</td></tr>
<tr><td>名称</td><td>显示满足条件的图层的名字。如果要对某图层进行修改，首先要选中该图层，使其逆反显示</td></tr>
<tr><td>状态转换图标</td><td>在图层特性管理器的“名称”栏中有一列图标，移动光标到某一图标上并单击，则可以打开或关闭该图标所代表的功能，或从详细数据区中选中或取消选中关闭（ / ）、锁定（ / ）、在所有视口内冻结（ / ）及不打印（ / ）等项目，各图标说明如表 4-6 所示</td></tr>
</table>

续表

选　　项		含　　义
图层列表区	颜色	显示和改变图层的颜色。如果要改变某一图层的颜色，单击其对应的颜色图标，AutoCAD 就会打开如图 4-15 所示的“选择颜色”对话框，用户可从中选择自己需要的颜色
	线型	显示和修改图层的线型。如果要修改某一图层的线型，则单击该图层的“线型”项，打开“选择线型”对话框，如图 4-16 所示，其中列出了当前可用的所有线型，用户可从中选取。具体内容将在下节详细介绍
	线宽	显示和修改图层的线宽。如果要修改某一层的线宽，可单击该层的“线宽”项，打开“线宽”对话框，如图 4-17 所示，其中列出了 AutoCAD 设定的所有线宽值，用户可从中选择。“旧的”显示行显示前面赋予图层的线宽。当建立一个新图层时，采用默认线宽(其值为 0.01in，即 0.25mm)，默认线宽的值由系统变量 LWDEFAULT 来设置。“新的”显示行显示当前赋予图层的线宽
	打印样式	修改图层的打印样式，所谓打印样式是指打印图形时各项属性的设置

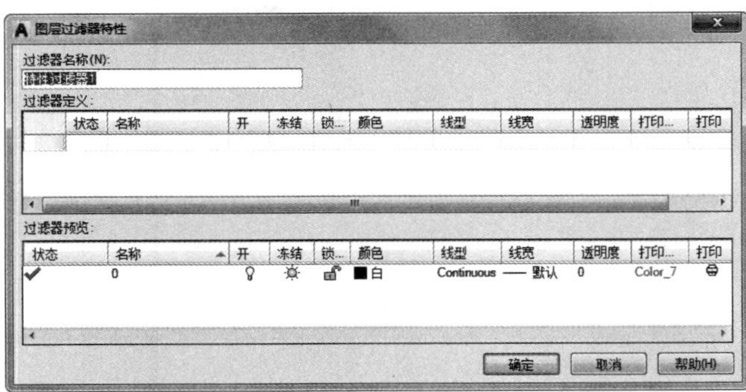

图 4-12 “图层过滤器特性”对话框

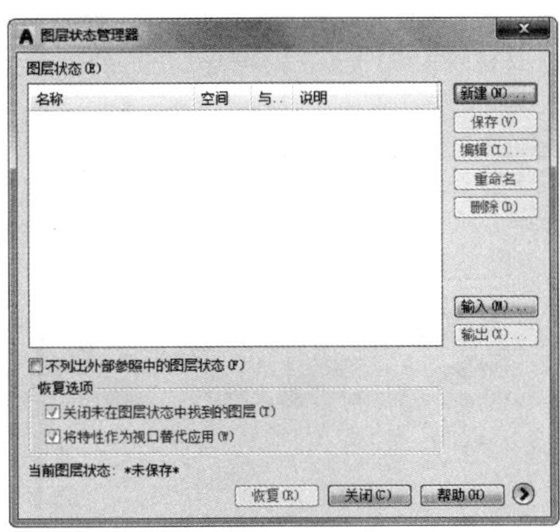

图 4-13 “图层状态管理器”对话框

Note

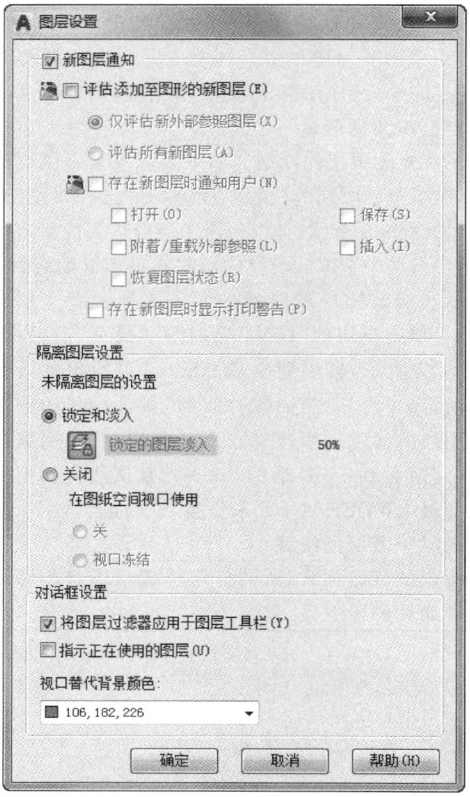

图层设置
新图层通知
评估添加至图形的新图层(E)
仅评估新外部参照图层(X)
评估所有新图层(A)
存在新图层时通知用户(N)
打开(O)
保存(S)
附着/重载外部参照(L)
插入(I)
恢复图层状态(R)
存在新图层时显示打印警告(P)
隔离图层设置
未隔离图层的设置
锁定和淡入
锁定的图层淡入 50%
关闭
在图纸空间视口使用
关
视口冻结
对话框设置
将图层过滤器应用于图层工具栏(Y)
指示正在使用的图层(U)
视口替代背景颜色:
106, 182, 226
确定 取消 帮助(H)

图 4-14 “图层设置”对话框

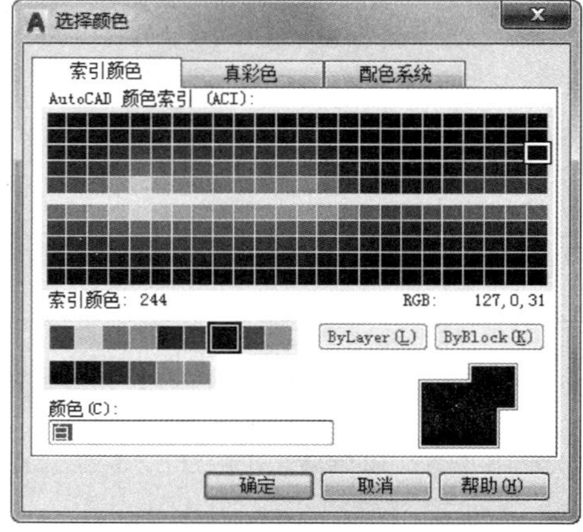

图 4-15 “选择颜色”对话框

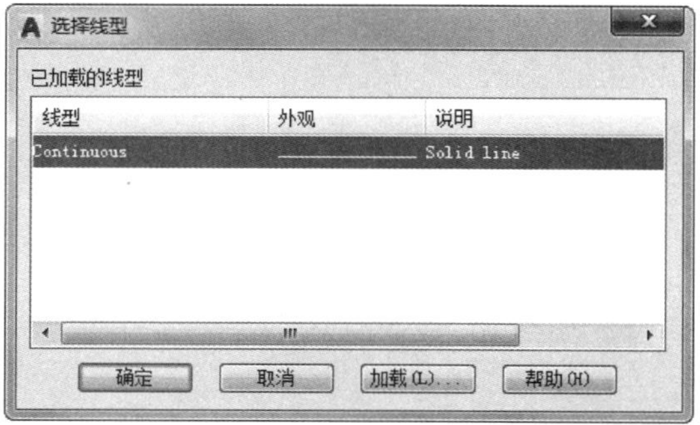

图 4-16 “选择线型”对话框

图 4-17 “线宽”对话框

Note

表 4-6　图层列表区图标说明

图　示	名　称	功能说明
/	打开/关闭	将图层设定为打开或关闭状态。当呈现关闭状态时，该图层上的所有对象将隐藏不显示，只有呈现打开状态的图层才会在屏幕上显示或由打印机打印出来。因此，绘制复杂的视图时，先将不编辑的图层暂时关闭，可降低图形的复杂性
/	解冻/冻结	将图层设定为解冻或冻结状态。当图层呈现冻结状态时，该图层上的对象均不会显示在屏幕上或由打印机打出，而且不会执行重生(REGEN)、缩放(ROOM)、平移(PAN)等命令的操作，因此若将视图中不编辑的图层暂时冻结，可加快图形编辑的速度。而 / (打开/关闭)功能只是单纯将对象隐藏，因此并不会加快执行速度
/	解锁/锁定	将图层设定为解锁或锁定状态。被锁定的图层仍然显示在屏幕上，但不能以编辑命令修改被锁定的对象，只能绘制新的对象，如此可防止重要的图形被修改
/	打印/不打印	设定该图层是否可以打印图形

4.4.2　利用面板设置图层

AutoCAD 提供了一个“特性”面板，如图 4-18 所示。用户可以利用面板下拉列表框中的选项，快速地查看和改变所选对象的图层、颜色、线型和线宽特性。“特性”面板上的图层、颜色、线型、线宽和打印样式的控制增强了查看和编辑对象属性的命令。在绘图屏幕上选择任何对象时，都将在面板上自动显示它所在的图层、颜色、线型等属性。下面对“特性”面板各部分的功能进行简单说明。

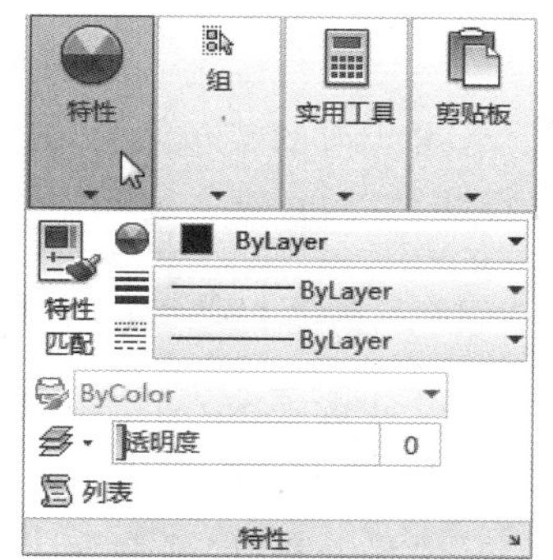

图 4-18　“特性”面板

1. “颜色控制”下拉列表框

单击右侧的下三角按钮，弹出一个下拉列表，用户可从中选择一种颜色使之成为当前颜色。如果选择“选择颜色”选项，则 AutoCAD 打开“选择颜色”对话框以供用户选择其他颜色。修改当前颜色之后，不论在哪个图层上绘图都采用这种颜色，但对各个图层的颜色设置没有影响。

2. “线型控制”下拉列表框

单击右侧的下三角按钮，弹出一个下拉列表，用户可从中选择一种线型使之成为当前线型。修改当前线型之后，不论在哪个图层上绘图都采用这种线型，但对各个图层的线型设置没有影响。

3. “线宽”下拉列表框

单击右侧的下三角按钮，弹出一个下拉列表，用户可从中选择一种线宽使之成为当

前线宽。修改当前线宽之后，不论在哪个图层上绘图都采用这种线宽，但对各个图层的线宽设置没有影响。

Note

4. "打印类型控制"下拉列表框

单击右侧的下三角按钮，弹出一个下拉列表，用户可从中选择一种打印样式使之成为当前打印样式。

4.5 设置颜色

AutoCAD 绘制的图形对象都具有一定的颜色，为使绘制的图形清晰明了，可把同一类的图形对象用相同的颜色进行绘制，而使不同类的对象具有不同的颜色，以示区分。为此，需要适当地对颜色进行设置。AutoCAD 允许用户为图层设置颜色，为新建的图形对象设置当前颜色，还可以改变已有图形对象的颜色。

1. 执行方式

命令行：COLOR（快捷命令：COL）。

菜单栏：选择菜单栏中的"格式"→"颜色"命令。

2. 操作步骤

```
命令:COLOR↙
```

单击相应的菜单项或在命令行输入 COLOR 命令后按 Enter 键，AutoCAD 打开"选择颜色"对话框。也可在图层操作中打开此对话框，具体方法见上节。

4.5.1 "索引颜色"选项卡

打开此选项卡，用户可以在系统所提供的 255 种颜色索引表中选择自己所需要的颜色，如图 4-15 所示。

1. "颜色索引"列表框

依次列出了 255 种索引色。可在此选择所需要的颜色。

2. "颜色"文本框

所选择的颜色的代号值将显示在"颜色"文本框中，也可以通过直接在该文本框中输入自己设定的代号值来选择颜色。

3. ByLayer 按钮和 ByBlock 按钮

单击这两个按钮，颜色分别按图层和图块设置。只有在设定了图层颜色和图块颜色后，这两个按钮才可以使用。

4.5.2 "真彩色"选项卡

打开此选项卡，用户可以选择自己需要的任意颜色，如图 4-19 所示。可以通过拖动调色板中的颜色指示光标和"亮度"滑块来选择颜色及其亮度。也可以通过"色调""饱和

度"和"亮度"微调框来选择需要的颜色。所选择颜色的红、绿、蓝值将显示在下面的"颜色"文本框中,也可以通过直接在该文本框中输入自己设定的红、绿、蓝值来选择颜色。

在此选项卡的右边,有一个"颜色模式"下拉列表框,默认的颜色模式为 HSL 模式,即如图 4-19 所示的模式。如果选择 RGB 模式,则如图 4-20 所示。在该模式下选择颜色的方式与在 HSL 模式下选择颜色的方式类似。

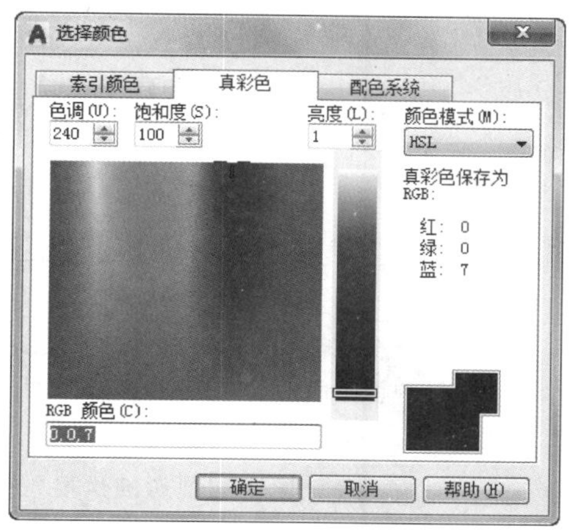

图 4-19 "真彩色"选项卡

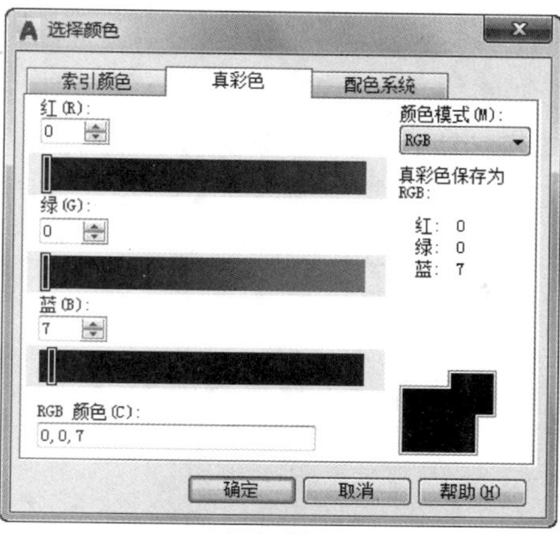

图 4-20 RGB 模式

4.5.3 "配色系统"选项卡

打开此选项卡,用户可以从标准配色系统(比如 Pantone)中选择预定义的颜色,如图 4-21 所示。可以在"配色系统"下拉列表框中选择需要的系统,然后通过拖动右边的滑块来选择具体的颜色,所选择的颜色编号显示在下面的"颜色"文本框中,也可以通过直接在该文本框中输入颜色编号来选择颜色。

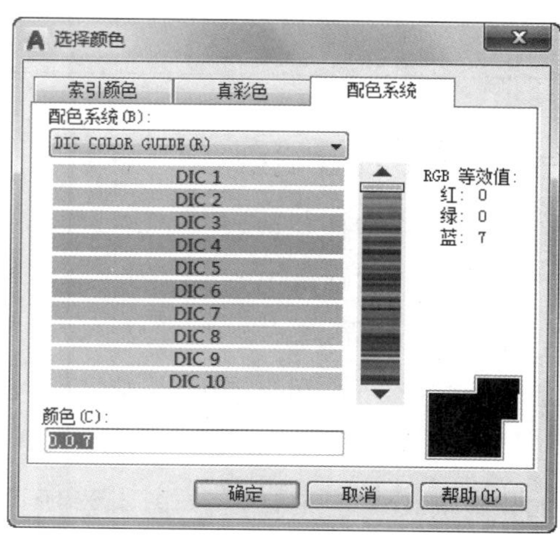

图 4-21 "配色系统"选项卡

Note

4.6 图层的线型

在国家标准 GB/T 4457.4—2002 中，对机械图样中使用的各种图线的名称、线型、线宽及其在图样中的应用作了规定，如表 4-7 所示，其中常用的图线有 4 种，即粗实线、细实线、虚线、细点划线。图线分为粗、细两种，粗线的宽度 b 应按图样的大小和图形的复杂程度在 0.5～2mm 中选择，细线的宽度约为 $b/3$。

说明：标准实线宽度 b 为 0.4～0.8mm。

表 4-7　图线的形式及应用

名　称		线　型	线　宽	适 用 范 围
实线	粗		b	建筑平面图、剖面图、构造详图的被剖切截面的轮廓线；建筑立面图、室内立面图外轮廓线；图框线
	中		$0.5b$	室内设计图中被剖切的次要构件的轮廓线；室内平面图、顶棚图、立面图、家具三视图中构配件的轮廓线等
	细		$\leqslant 0.25b$	尺寸线、图例线、索引符号、地面材料线及其他细部刻画用线
虚线	中		$0.5b$	主要用于构造详图中不可见的实物轮廓
	细		$\leqslant 0.25b$	其他不可见的次要实物轮廓线
点划线	细		$\leqslant 0.25b$	轴线、构配件的中心线、对称线等
折断线	细		$\leqslant 0.25b$	省画图样时的断开界限
波浪线	细		$\leqslant 0.25b$	构造层次的断开界限，有时也表示省略画出时的断开界限

4.6.1　在图层特性管理器中设置线型

按照上节讲述的方法，打开图层特性管理器。在图层列表的“线型项”下单击线型名，系统打开“选择线型”对话框。该对话框中各选项的含义如下。

1. “已加载的线型”列表框

显示在当前绘图中加载的线型，可供用户选用，其右侧显示出线型的外观。

2. “加载”按钮

单击此按钮，打开“加载或重载线型”对话框，如图 4-22 所示，用户可通过此对话框来加载线型并把它添加到线型列表中，但是加载的线型必须在线型库（LIN）文件中定义过。标准线型都保存在 acadiso.lin 文件中。

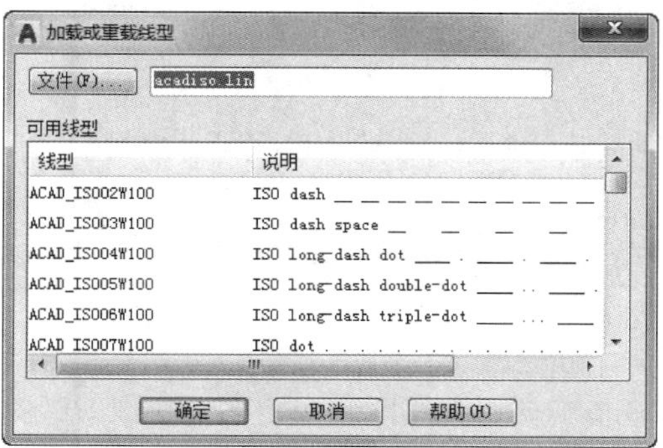

图 4-22　“加载或重载线型”对话框

4.6.2　直接设置线型

执行方式如下。

命令行：LINETYPE。

在命令行输入上述命令后，系统打开“线型管理器”对话框，如图 4-23 所示。该对话框的功能与前面介绍的相关知识相同，在此不再赘述。

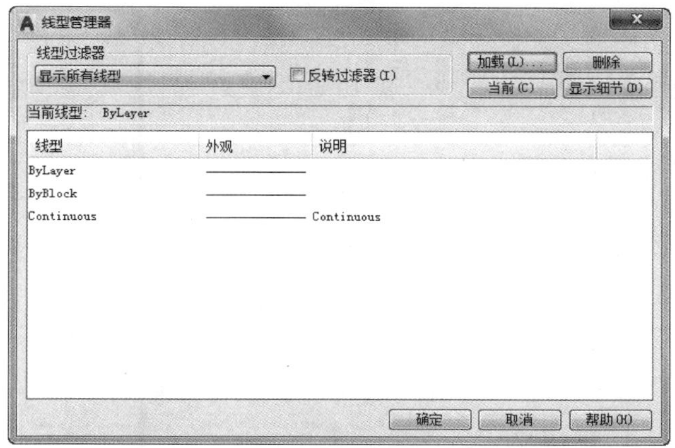

图 4-23　“线型管理器”对话框

4.7　查询工具

4.7.1　距离查询

1. 执行方式

命令行：MEASUREGEOM。

菜单栏：选择菜单栏中的“工具”→“查询”→“距离”命令。

工具栏：单击“标准”工具栏中的“查询”按钮。

Note

2. 操作步骤

```
命令:MEASUREGEOM
输入选项 [距离(D)/半径(R)/角度(A)/面积(AR)/体积(V)] <距离>: 距离
指定第一点: 指定点
指定第二点或 [多个点(M)]:(指定第二点或输入 m 表示多个点)
输入选项 [距离(D)/半径(R)/角度(A)/面积(AR)/体积(V)/退出(X)] <距离>: 退出
```

3. 选项说明

如果使用此选项，将基于现有直线段和当前橡皮线即时计算总距离。

4.7.2 面积查询

1. 执行方式

命令行：MEASUREGEOM。

菜单栏：选择菜单栏中的“工具”→“查询”→“面积”命令。

工具栏：单击“标准”工具栏中的“面积”按钮。

2. 操作步骤

```
命令:MEASUREGEOM
输入选项 [距离(D)/半径(R)/角度(A)/面积(AR)/体积(V)] <距离>: 面积
指定第一个角点或 [对象(O)/增加面积(A)/减少面积(S)/退出(X)] <对象>: (选择选项)
```

3. 选项说明

在工具选项板中，系统设置了一些常用图形的选项卡，以方便用户绘图。各选项的含义如表 4-8 所示。

表 4-8 “面积查询”命令各选项的含义

选　　项	含　　义
指定角点	计算由指定点所定义的面积和周长
增加面积	打开“加”模式，并在定义区域时即时保持总面积
减少面积	从总面积中减去指定的面积

4.8 对象约束

约束能够用于精确地控制草图中的对象。草图约束有两种类型：几何约束和尺寸约束。

几何约束建立起草图对象的几何特性（如要求某一直线具有固定长度）或两个或更多草图对象的关系类型（如要求两条直线垂直或平行，或是几个弧具有相同的半径）。在图形区用户可以使用“参数化”选项

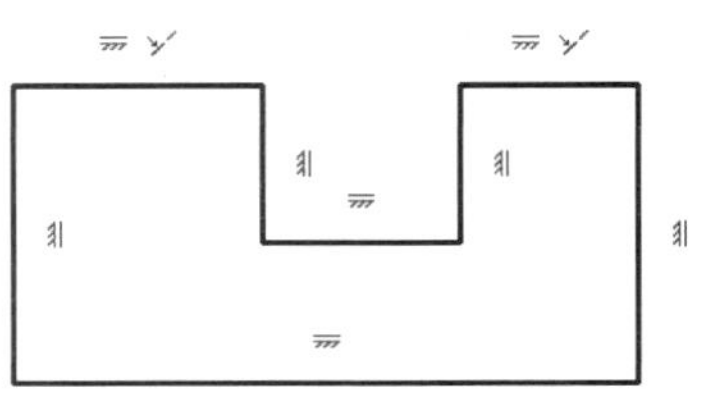

图 4-24 几何约束示意图

卡内的“全部显示”“全部隐藏”或“显示”选项来显示有关信息，并显示代表这些约束的直观标记(如图 4-24 所示的水平标记和共线标记)。

尺寸约束建立起草图对象的大小(如直线的长度、圆弧的半径等)或两个对象之间的关系(如两点之间的距离)。如图 4-25 所示为一带有尺寸约束的示例。

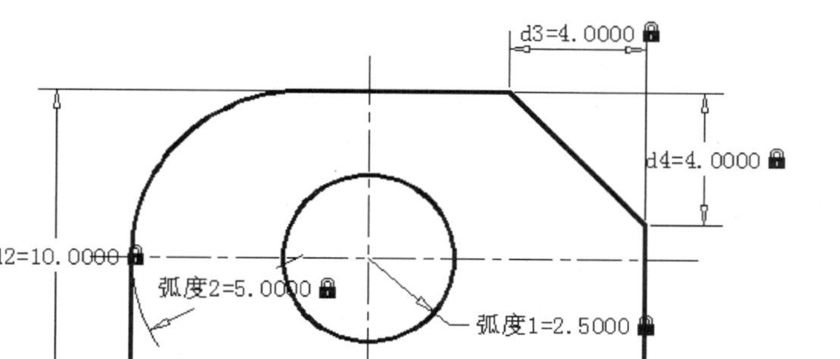

图 4-25　尺寸约束示意图

4.8.1　几何约束

使用几何约束，可以指定草图对象必须遵守的条件，或草图对象之间必须维持的关系。几何约束面板及工具栏(面板在“参数化”标签内的“几何”面板中)如图 4-26 所示，其主要几何约束选项的功能如表 4-9 所示。

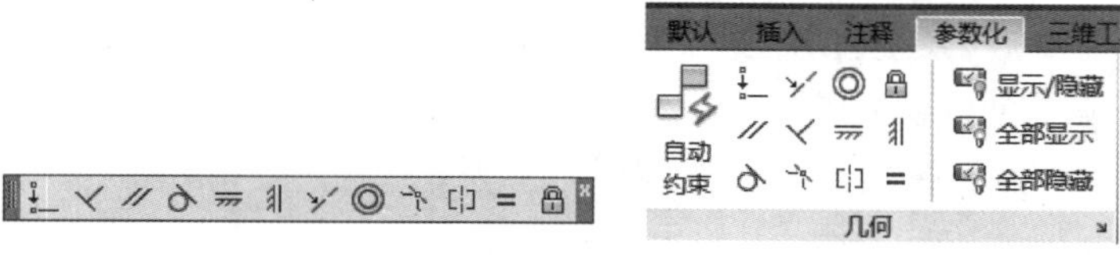

图 4-26　几何约束面板及工具栏

表 4-9　特殊位置点约束

约束模式	功　　能
重合	约束两个点使其重合，或者约束一个点使其位于曲线(或曲线的延长线)上。可以使对象上的约束点与某个对象重合，也可以使其与另一对象上的约束点重合
共线	使两条或多条直线段沿同一直线方向
同心	将两个圆弧、圆或椭圆约束到同一个中心点。结果与将重合约束应用于曲线的中心点所产生的结果相同
固定	将几何约束应用于一对对象时，选择对象的顺序以及选择每个对象的点可能会影响对象彼此间的放置方式
平行	使选定的直线位于彼此平行的位置。平行约束在两个对象之间应用
垂直	使选定的直线位于彼此垂直的位置。垂直约束在两个对象之间应用
水平	使直线或点对位于与当前坐标系的 X 轴平行的位置。默认选择类型为对象

续表

约束模式	功　　能
竖直	使直线或点对位于与当前坐标系的Y轴平行的位置
相切	将两条曲线约束为保持彼此相切或其延长线保持彼此相切。相切约束在两个对象之间应用
平滑	将样条曲线约束为连续，并与其他样条曲线、直线、圆弧或多段线保持G2连续性
对称	使选定对象受对称约束，相对于选定直线对称
相等	将选定圆弧和圆的尺寸重新调整为半径相同，或将选定直线的尺寸重新调整为长度相同

绘图中可指定二维对象或对象上的点之间的几何约束。之后编辑受约束的几何图形时，将保留约束。因此，通过使用几何约束，可以在图形中包括设计要求。

在用AutoCAD绘图时，打开"约束设置"对话框，如图4-27所示，可以控制约束栏上显示或隐藏的几何约束类型。

1. 执行方式

命令行：CONSTRAINTSETTINGS(快捷命令：CSETTINGS)。

菜单栏：选择菜单栏中的"参数"→"约束设置"命令。

工具栏：单击"参数化"工具栏中的"约束设置"按钮。

功能区：单击"参数化"选项卡"几何"面板中的"约束设置"按钮。

2. 操作步骤

```
命令：CONSTRAINTSETTINGS ↙
```

执行上述命令后，系统打开"约束设置"对话框，切换到"几何"选项卡，如图4-27所示。利用此选项卡可以控制约束栏上约束类型的显示。

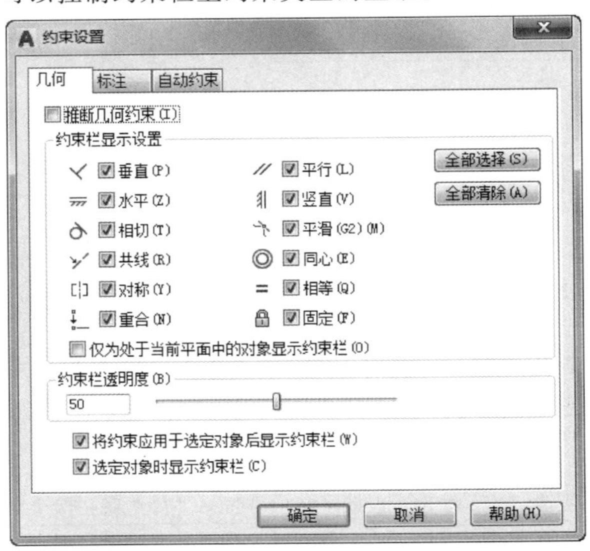

图4-27　"约束设置"对话框的"几何"选项卡

3. 选项说明

各选项的含义如表 4-10 所示。

表 4-10　“几何约束”命令各选项的含义

选　　项	含　　义
“约束栏显示设置”选项组	此选项组控制图形编辑器中是否为对象显示约束栏或约束点标记。例如，可以为水平约束和竖直约束隐藏约束栏的显示
“全部选择”按钮	选择几何约束类型
“全部清除”按钮	清除选定的几何约束类型
“仅为处于当前平面中的对象显示约束栏”复选框	仅为当前平面上受几何约束的对象显示约束栏
“约束栏透明度”选项组	设置图形中约束栏的透明度
“将约束应用于选定对象后显示约束栏”复选框	手动应用约束后或使用 AUTOCONSTRAIN 命令时显示相关约束栏
“选定对象时显示约束”	显示选定对象的约束栏(图 4-27)

4.8.2　尺寸约束

建立尺寸约束是限制图形几何对象的大小，方法与在草图上标注尺寸相似，同样要设置尺寸标注线，与此同时建立相应的表达式，不同的是可以在后续的编辑工作中实现尺寸的参数化驱动。标注约束面板及工具栏(面板在“参数化”选项卡内的“标注”面板中)如图 4-28 所示。

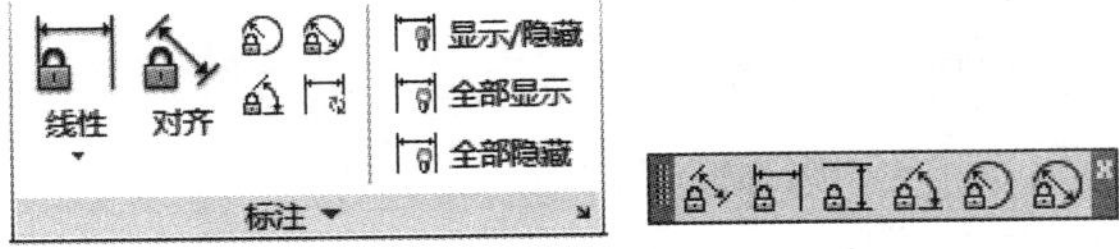

图 4-28　标注约束面板及工具栏

在生成尺寸约束时，用户可以选择草图曲线、边、基准平面或基准轴上的点，以生成水平、竖直、平行、垂直和角度尺寸。

生成尺寸约束时，系统会生成一个表达式，其名称和值显示在弹出的文本区域中，如图 4-29 所示，用户可以接着编辑该表达式的名和值。

生成尺寸约束时，只要选中了几何体，其尺寸及其延伸线和箭头就会全部显示出来。将尺寸拖动到位，然后单击。完成尺寸约束后，用户还可以随时更改尺寸约束。只需在图形区选中该值双击，然后可以使用生成过程所采用的同一方式，编辑其名称、值或位置。

在用 AutoCAD 绘图时，使用“约束设置”对话框内的“标注”选项卡(图 4-30)，可控制显示标注约束时的系统配置。标注约束控制设计的大小和比例。它们可以约束以下内容：

Note

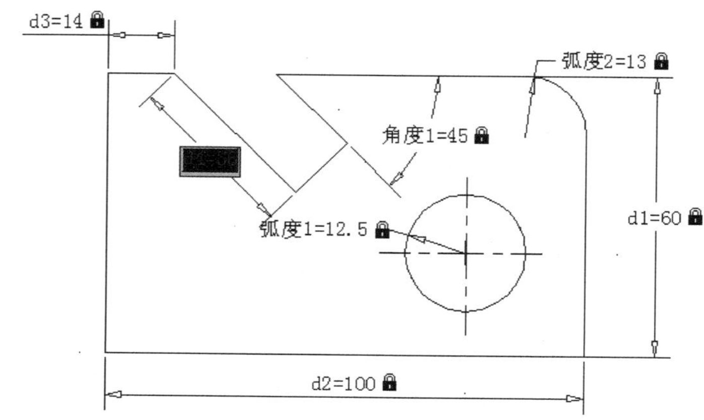

图 4-29　尺寸约束编辑示意图

(1) 对象之间或对象上的点之间的距离；

(2) 对象之间或对象上的点之间的角度。

1. 执行方式

命令行：CONSTRAINTSETTINGS(快捷命令：CSETTINGS)。

菜单栏：选择菜单栏中的"参数"→"约束设置"命令。

工具栏：单击"参数化"工具栏中的"约束设置"按钮。

功能区：单击"参数化"选项卡"几何"面板中的"约束设置"按钮。

2. 操作步骤

```
命令：CONSTRAINTSETTINGS↙
```

执行上述命令后，系统打开"约束设置"对话框，切换到"标注"选项卡，如图 4-30 所示。利用此选项卡可以控制约束栏上约束类型的显示。

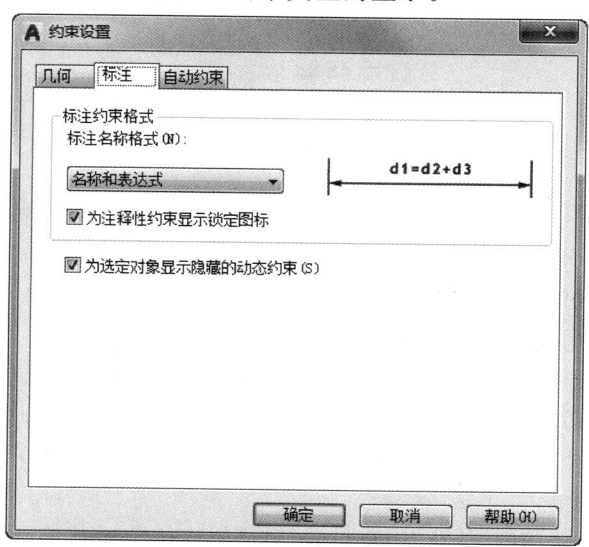

图 4-30　"约束设置"对话框"标注"选项卡

Note

3. 选项说明

各选项的含义如表 4-11 所示。

表 4-11　“尺寸约束”命令各选项的含义

选　　项	含　　义
“标注约束格式”选项组	由该选项组可以设置标注名称格式和锁定图标的显示
“标注名称格式”下拉列表框	为应用标注约束时显示的文字指定格式。将名称格式设置为显示：名称、值或名称和表达式。例如：宽度＝长度/2
“为注释性约束显示锁定图标”复选框	针对已应用注释性约束的对象显示锁定图标
“为选定对象显示隐藏的动态约束”复选框	显示选定时已设置为隐藏的动态约束

4.8.3　自动约束

在用 AutoCAD 绘图时，使用“约束设置”对话框中的“自动约束”选项卡，如图 4-31 所示，可将设定公差范围内的对象自动设置为相关约束。

1. 执行方式

命令行：CONSTRAINTSETTINGS（快捷命令：CSETTINGS）。

菜单栏：选择菜单栏中的“参数”→“约束设置”命令。

工具栏：单击“参数化”工具栏中的“约束设置”按钮。

功能区：单击“参数化”选项卡“几何”面板中的“约束设置”按钮。

2. 操作步骤

执行上述命令后，系统打开“约束设置”对话框，切换到“自动约束”选项卡，如图 4-31 所示。利用此选项卡可以控制自动约束相关参数。

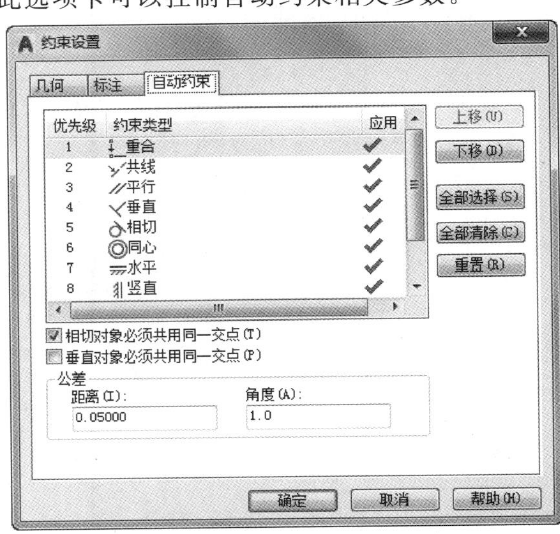

图 4-31　“约束设置”对话框“自动约束”选项卡

Note

3. 选项说明

各选项的含义如表 4-12 所示。

表 4-12 “自动约束”命令各选项的含义

选　　项	含　　义
“自动约束”列表框	显示自动约束的类型以及优先级。可以通过“上移”和“下移”按钮调整优先级的先后顺序。可以单击 ✔ 符号选择或去掉某约束类型作为自动约束类型
“相切对象必须共用同一交点”复选框	指定两条曲线必须共用一个点(在距离公差内指定)以便应用相切约束
“垂直对象必须共用同一交点”复选框	指定直线必须相交或者一条直线的端点必须与另一条直线或直线的端点重合(在距离公差内指定)
“公差”选项组	设置可接受的“距离”和“角度”公差值以确定是否可以应用约束

4-5

4.9 实例精讲——绘制张拉端锚具

练习目标

绘制如图 4-32 所示的张拉端锚具。

设计思路

首先设置线型，然后利用直线命令，并结合极轴追踪，绘制张拉端锚具。

操作步骤

(1) 选择“默认”选项卡“特性”面板中“线型”下拉列表框中的“其他”命令，如图 4-33 所示。打开“线型管理器”对话框，如图 4-34 所示。

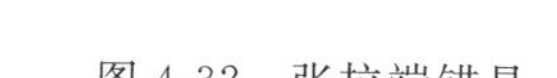

图 4-32 张拉端锚具

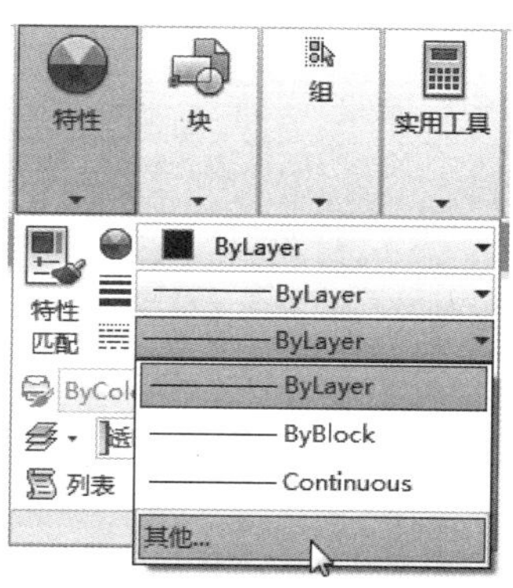

图 4-33 选择线型

(2) 单击“加载”按钮，打开“加载或重载线型”对话框，选择线型，如图 4-35 所示。单击“确定”按钮，回到“线型管理器”对话框，可以看到，线型管理器中已添加了线型，即

双点划线，单击“当前”按钮，将其设置为当前线型，如图 4-36 所示。

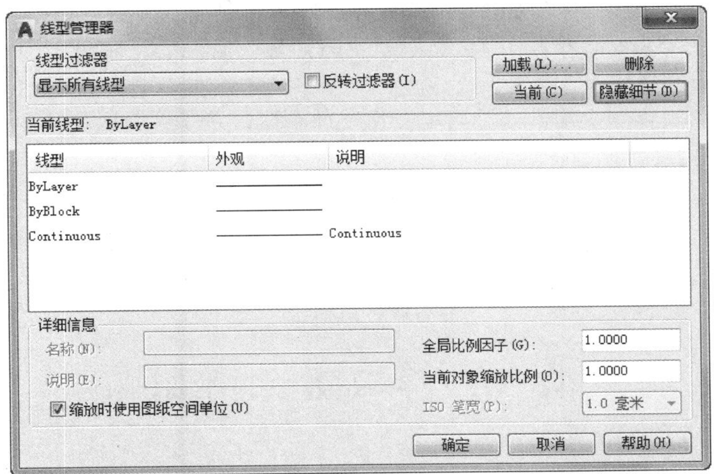

图 4-34　“线型管理器”对话框

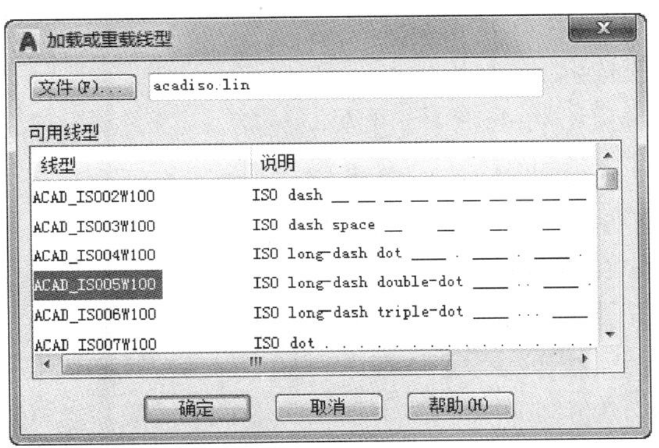

图 4-35　“加载或重载线型”对话框

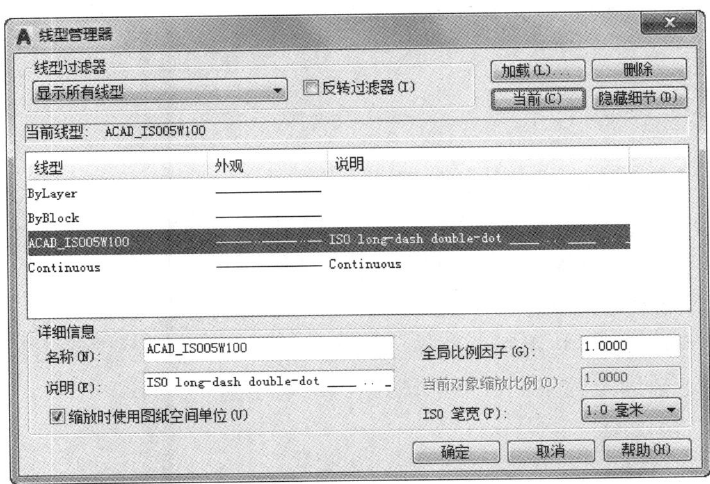

图 4-36　将双点划线设为当前线型

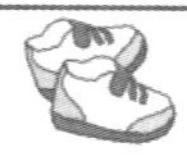

Note

(3) 将线宽设置为 0.35mm,单击“默认”选项卡“绘图”面板中的“直线”按钮,绘制一条长为 100 的水平直线,如图 4-37 所示。将线宽设置为 0.3,在双点划线的左端点处绘制一条长为 10 的垂直直线,上下长度大约相等,如图 4-38 所示。

图 4-37　绘制双点划线

图 4-38　绘制垂直直线

(4) 以垂直直线的端点为起始点,绘制 45°的直线与水平直线相交,呈三角形,结果如图 4-32 所示。

4.10　学习效果自测

1. 如果某图层的对象不能被编辑,但能在屏幕上可见,且能捕捉该对象的特殊点和标注尺寸,则该图层状态为(　　)。

A. 冻结　　B. 锁定　　C. 隐藏　　D. 块

2. 对某图层进行锁定后,则(　　)。

A. 图层中的对象不可编辑,但可添加对象

B. 图层中的对象不可编辑,也不可添加对象

C. 图层中的对象可编辑,也可添加对象

D. 图层中的对象可编辑,但不可添加对象

3. 不可以通过“图层过滤器特性”对话框过滤的特性是(　　)。

A. 图层名、颜色、线型、线宽和打印样式　　B. 打开还是关闭图层

C. 锁定图层还是解锁图层　　D. 图层是 ByLayer 还是 ByBlock

4. 当捕捉设定的间距与栅格所设定的间距不同时,(　　)。

A. 捕捉仍然只按栅格进行　　B. 捕捉时按照捕捉间距进行

C. 捕捉既按栅格,又按捕捉间距进行　　D. 无法设置

5. 对“极轴”追踪进行设置,把增量角设为 30°,把附加角设为 10°,采用极轴追踪时,不会显示极轴对齐的是(　　)。

A. 10　　B. 30　　C. 40　　D. 60

6. 打开和关闭动态输入的快捷键是(　　)。

A. F10　　B. F11　　C. F12　　D. F9

7. 关于自动约束,下面说法正确的是(　　)。

A. 相切对象必须共用同一交点　　B. 垂直对象必须共用同一交点

C. 平滑对象必须共用同一交点　　D. 以上说法均不对

8. 下列关于被固定约束的圆心的圆说法错误的是(　　)。

A. 可以移动圆　　B. 可以放大圆

C. 可以偏移圆　　D. 可以复制圆

9. 绘制如图 4-39 所示的图形，极轴追踪的极轴角该如何设置？（　　）

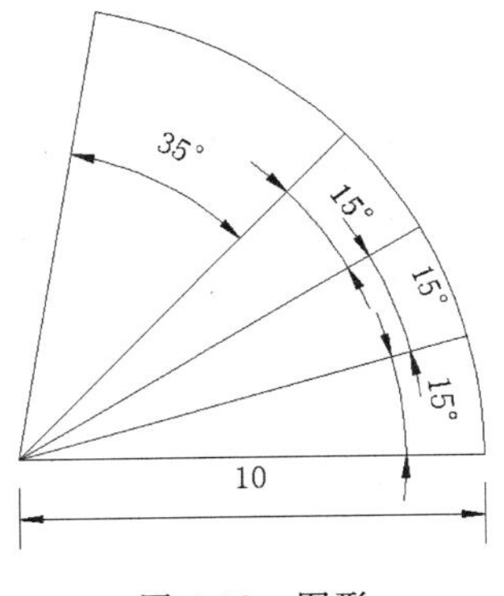

图 4-39　图形

A. 增量角 15°，附加角 80°　　　　B. 增量角 15°，附加角 35°

C. 增量角 30°，附加角 35°　　　　D. 增量角 15°，附加角 30°

4.11　上机实验

实例 1　如图 4-40 所示，过四边形上、下边延长线交点作四边形右边的平行线。

1. 目的要求

本例要绘制的图形比较简单，但是要准确找到四边形上、下边延长线必须启用“对象捕捉”功能，捕捉延长线交点。通过本例，读者可以体会到对象捕捉功能的方便与快捷。

2. 操作提示

(1) 在界面上方的工具栏区右击，从弹出的快捷菜单中选择“对象捕捉”命令，打开“对象捕捉”工具栏。

(2) 利用“对象捕捉”工具栏中的“捕捉到交点”工具捕捉四边形上、下边的延长线交点作为直线起点。

(3) 利用“对象捕捉”工具栏中的“捕捉到平行线”工具捕捉一点作为直线终点。

实例 2　利用对象追踪功能，在如图 4-41(a)所示的图形基础上绘制一条特殊位置直线，如图 4-41(b)所示。

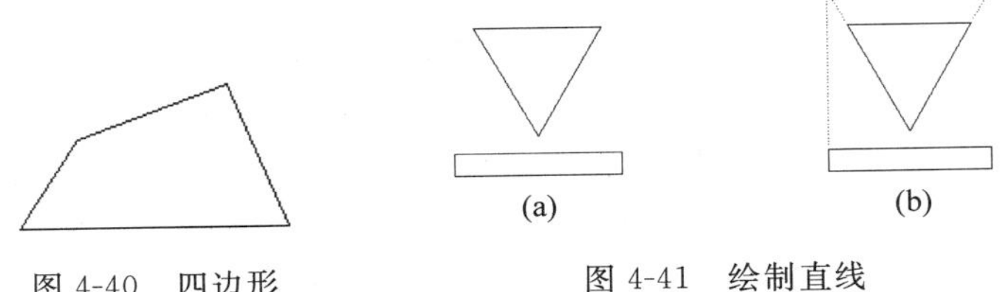

图 4-40　四边形　　　　图 4-41　绘制直线

1. 目的要求

本例要绘制的图形比较简单，但是要准确找到直线的两个端点必须启用“对象捕

捉"和"对象捕捉追踪"工具。通过本例，读者可以体会到对象捕捉和对象捕捉追踪功能的方便与快捷作用。

2. 操作提示

（1）启用对象捕捉追踪与对象捕捉功能。

（2）在三角形左边延长线上捕捉一点作为直线起点。

（3）结合对象捕捉追踪与对象捕捉功能在三角形右边延长线上捕捉一点作为直线终点。

第5章

编辑命令

二维图形的编辑操作配合绘图命令的使用可以进一步完成复杂图形对象的绘制工作，并可使用户合理安排和组织图形，保证绘图准确，减少重复，因此，对编辑命令的熟练掌握和使用有助于提高设计和绘图的效率。本章内容主要包括：选择对象，复制类命令，改变位置类命令，删除及恢复类命令，改变几何特性类命令和对象编辑等。

学习要点

- 选择对象
- 删除及恢复类命令
- 改变几何特性类命令
- 对象编辑

Note

5.1 选择对象

AutoCAD 2018 提供了两种编辑图形的途径：

(1) 先执行编辑命令，然后选择要编辑的对象；

(2) 先选择要编辑的对象，然后执行编辑命令。

这两种途径的执行效果是相同的，但选择对象是进行编辑的前提。AutoCAD 2018 提供了多种对象选择方法，如点取方法、用选择窗口选择对象、用选择线选择对象、用对话框选择对象等。AutoCAD 可以把选择的多个对象组成整体，如选择集和对象组，进行整体编辑与修改。

5.1.1 构造选择集

选择集可以仅由一个图形对象构成，也可以是一个复杂的对象组，如位于某一特定层上的具有某种特定颜色的一组对象。选择集的构造可以在调用编辑命令之前或之后进行。

AutoCAD 提供了以下几种方法来构造选择集。

(1) 先选择一个编辑命令，然后选择对象，按 Enter 键，结束操作。

(2) 使用 SELECT 命令。在命令提示行输入 SELECT，然后根据选择的选项，出现选择对象提示，按 Enter 键，结束操作。

(3) 用点取设备选择对象，然后调用编辑命令。

(4) 定义对象组。

无论使用哪种方法，AutoCAD 2018 都将提示用户选择对象，并且鼠标指针的形状由十字光标变为拾取框。

下面结合 SELECT 命令说明选择对象的方法。

SELECT 命令可以单独使用，也可以在执行其他编辑命令时被自动调用。此时屏幕提示：

```
选择对象:
```

等待用户以某种方式选择对象作为回答。AutoCAD 2018 提供了多种选择方式，可以输入"?"查看这些选择方式。选择选项后，出现如下提示：

```
需要点或窗口(W)/上一个(L)/窗交(C)/框(BOX)/全部(ALL)/栏选(F)/圈围(WP)/圈交(CP)/编组(G)/添加(A)/删除(R)/多个(M)/前一个(P)/放弃(U)/自动(AU)/单个(SI)/子对象(SU)/对象(O)
选择对象:
```

上面各选项的含义如下。

(1) 点

该选项表示直接通过点取的方式选择对象。用鼠标或键盘移动拾取框，使其框住要选取的对象，然后单击，就会选中该对象并以高亮度显示。

(2) 窗口(W)

用由两个对角顶点确定的矩形窗口选取位于其范围内部的所有图形，与边界相交的对象不会被选中(图 5-1)。在指定对角顶点时应该按照从左向右的顺序。

(3) 上一个(L)

在“选择对象:”提示下输入 L 后按 Enter 键,系统会自动选取最后绘出的一个对象。

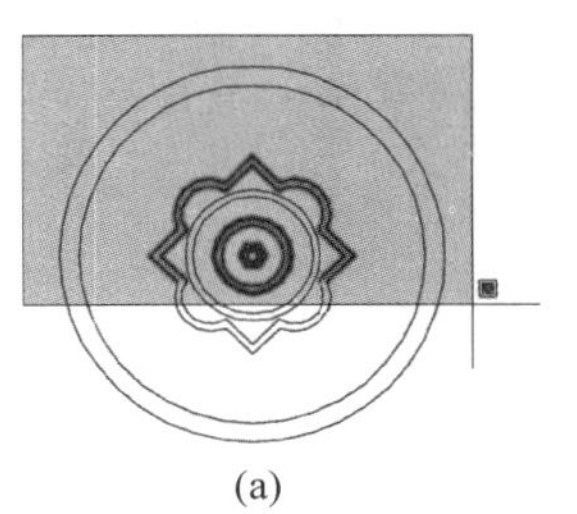

(a)

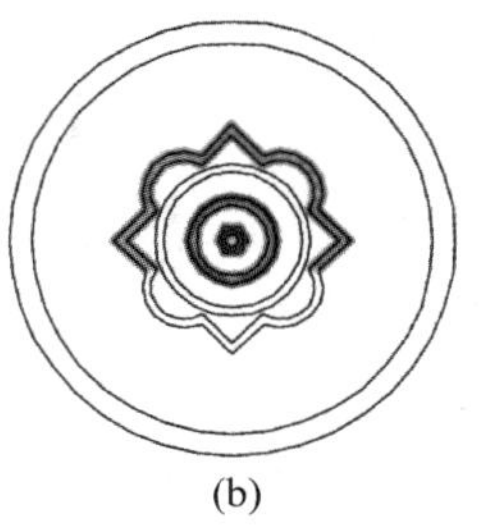

(b)

图 5-1 “窗口”对象选择方式

(a) 图中深色覆盖部分为选择窗口;(b) 选择后的图形

(4) 窗交(C)

该方式与上述“窗口”方式类似,区别在于:它不但选中矩形窗口内部的对象,也选中与矩形窗口边界相交的对象。选择的对象如图 5-2 所示。

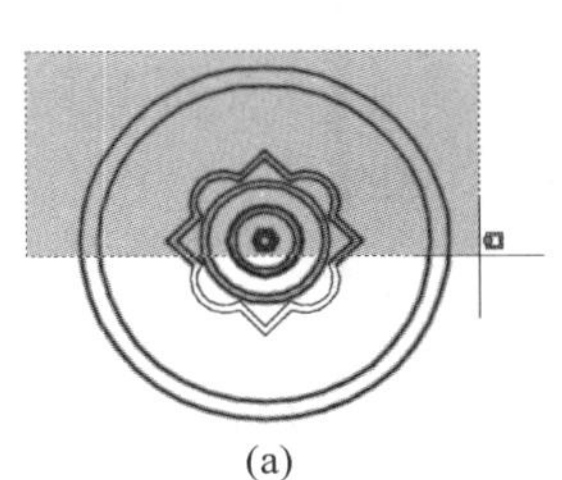

(a)

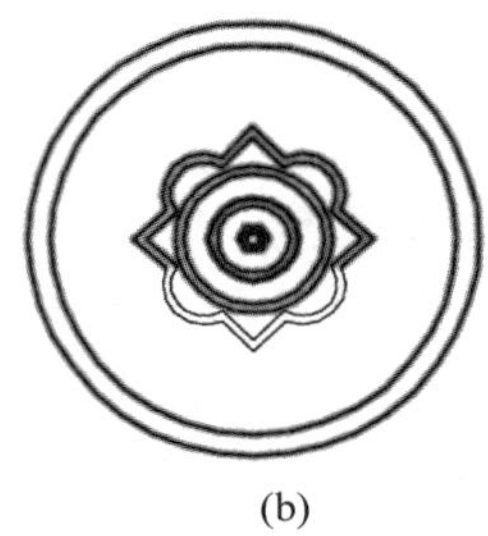

(b)

图 5-2 “窗交”对象选择方式

(a) 图中深色覆盖部分为选择窗口;(b)选择后的图形

(5) 框(BOX)

使用时,系统根据用户在屏幕上给出的两个对角点的位置而自动引用“窗口”或“窗交”方式。若从左向右指定对角点,则为“窗口”方式;反之,则为“窗交”方式。

(6) 全部(ALL)

选取图面上的所有对象。

(7) 栏选(F)

用户临时绘制一些直线,这些直线不必构成封闭图形,凡是与这些直线相交的对象均被选中。执行结果如图 5-3 所示。

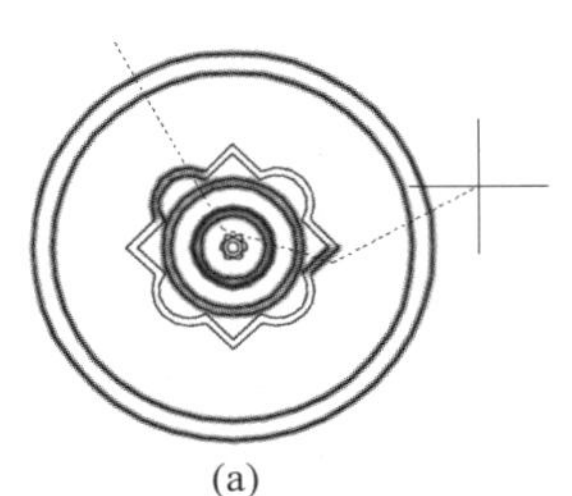

(a)

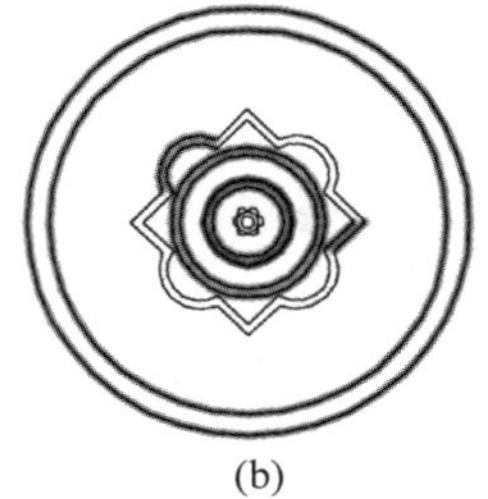

(b)

图 5-3 “栏选”对象选择方式

(a) 图中虚线为选择栏;(b) 选择后的图形

Note

(8) 圈围(WP)

使用一个不规则的多边形来选择对象。根据提示,用户顺次输入构成多边形的所有顶点的坐标,最后按 Enter 键,执行空回答结束操作,系统将自动连接第一个顶点到最后一个顶点的各个顶点,形成封闭的多边形。凡是被多边形围住的对象均被选中(不包括边界)。执行结果如图 5-4 所示。

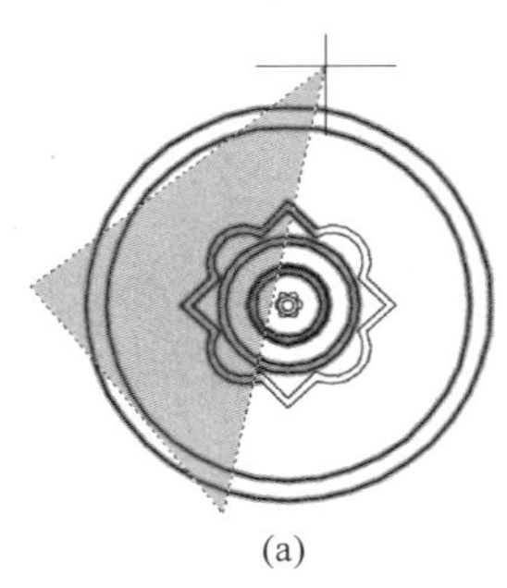
(a)

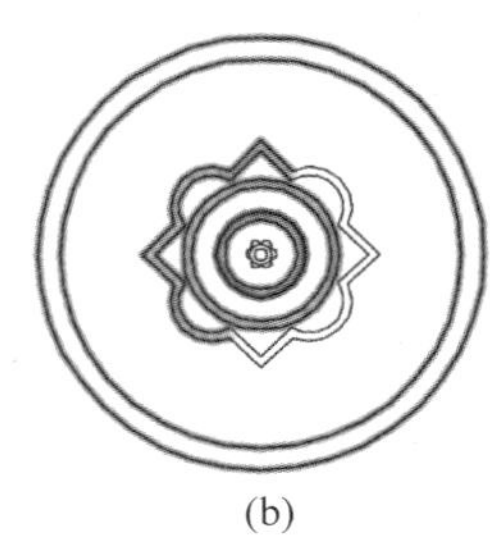
(b)

图 5-4 "圈围"对象选择方式

(a) 图中十字线所拉出深色多边形为选择窗口;(b) 选择后的图形

(9) 圈交(CP)

类似于"圈围"方式。在"选择对象:"提示后输入 CP,后续操作与"圈围"方式相同。区别在于:与多边形边界相交的对象也被选中。

(10) 编组(G)

使用预先定义的对象组作为选择集。事先将若干个对象组成对象组,用组名引用。

(11) 添加(A)

添加下一个对象到选择集。也可用于从移走模式(Remove)到选择模式的切换。

(12) 删除(R)

按住 Shift 键选择对象,可以从当前选择集中移走该对象。对象由高亮度显示状态变为正常显示状态。

(13) 多个(M)

指定多个点,不高亮度显示对象。这种方法可以加快在复杂图形上的选择对象过程。若两个对象交叉,两次指定交叉点,则可以选中这两个对象。

(14) 前一个(P)

用关键字 P 回应"选择对象:"的提示,则把上次编辑命令中的最后一次构造的选择集或最后一次使用 Select(DDSELECT)命令预置的选择集作为当前选择集。这种方法适用于对同一选择集进行多种编辑操作的情况。

(15) 放弃(U)

用于取消加入选择集的对象。

(16) 自动(AU)

选择结果视用户在屏幕上的选择操作而定。如果选中单个对象,则该对象为自动选择的结果;如果选择点落在对象内部或外部的空白处,系统会提示"指定对角点",此时,系统会采取一种窗口的选择方式。对象被选中后变为虚线形式,并以高亮度显示。

(17) 单个(SI)

选择指定的第一个对象或对象集，而不继续提示进行下一步的选择。

(18) 子对象(SU)

使用户可以逐个选择原始形状，这些形状是复合实体的一部分或三维实体上的顶点、边和面。可以选择这些子对象的其中之一，也可以创建多个子对象的选择集。选择集可以包含多种类型的子对象。

(19) 对象(O)

结束选择子对象的功能，使用户可以使用对象选择方法。

5.1.2　快速选择

有时用户需要选择具有某些共同属性的对象来构造选择集，如选择具有相同颜色、线型或线宽的对象，用户当然可以使用前面介绍的方法来选择这些对象，但如果要选择的对象数量较多且分布在较复杂的图形中，则会导致很大的工作量。AutoCAD 2018 提供了 QSELECT 命令来解决这个问题。调用 QSELECT 命令后，打开“快速选择”对话框，利用该对话框可以根据用户指定的过滤标准快速创建选择集。“快速选择”对话框如图 5-5 所示。

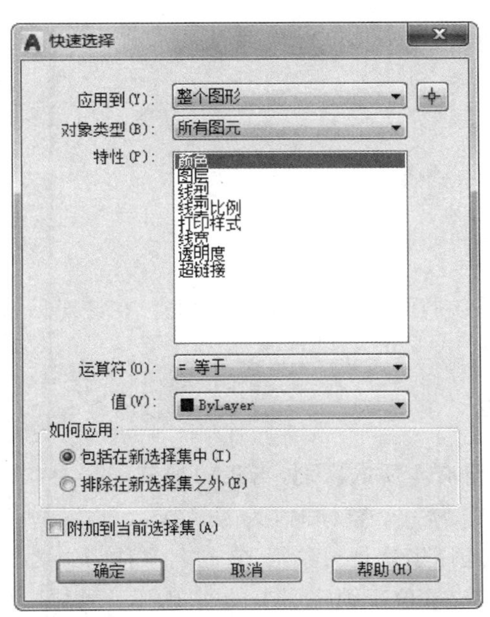

图 5-5　“快速选择”对话框

1. 执行方式

命令行：QSELECT。

菜单栏：选择菜单栏中的“工具”→“快速选择”命令。

快捷菜单：在绘图区右击，从弹出的快捷菜单中选择“快速选择”命令(图 5-6)，或在“特性”选项板中单击“快速选择”按钮 (图 5-7)。

图 5-6　右键快捷菜单

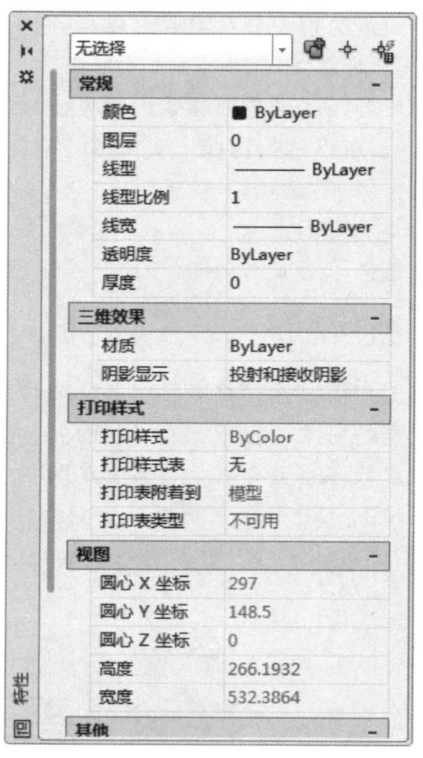

图 5-7　“特性”选项板中的快速选择

2. 操作步骤

执行上述命令后，系统打开“快速选择”对话框。在该对话框中，可以选择符合条件的对象或对象组。

5.1.3　构造对象组

对象组与选择集并没有本质的区别，当我们把若干个对象定义为选择集并想让它们在以后的操作中始终作为一个整体时，为了简捷，可以给这个选择集命名并保存起来。这个命名了的对象选择集就是对象组，它的名字称为组名。

如果对象组可以被选择(位于锁定层上的对象组不能被选择)，则可以通过它的组名引用该对象组，并且一旦组中任何一个对象被选中，那么组中的全部对象成员都被选中。

1. 执行方式

命令行：GROUP。

2. 操作步骤

执行上述命令后，系统打开“对象编组”对话框。利用该对话框可以查看或修改存在的对象组的属性，也可以创建新的对象组。

Note

5.2 删除及恢复类命令

这一类命令主要用于删除图形的某部分或对已被删除的部分进行恢复，包括删除、回退、重做、清除等命令。

5.2.1 删除命令

如果所绘制的图形不符合要求或错绘了图形，则可以使用删除命令 ERASE 把它删除。

1. 执行方式

命令行：ERASE(快捷命令：E)。

菜单栏：选择菜单栏中的“修改”→“删除”命令。

工具栏：单击“修改”工具栏中的“删除”按钮。

快捷菜单：选择要删除的对象，在绘图区右击，从弹出的快捷菜单中选择“删除”命令。

功能区：单击“默认”选项卡“修改”面板中的“删除”按钮。

2. 操作步骤

可以先选择对象，然后调用删除命令；也可以先调用删除命令，然后再选择对象。选择对象时，可以使用前面介绍的各种对象选择的方法。

当选择多个对象时，多个对象都被删除；若选择的对象属于某个对象组，则该对象组的所有对象都被删除。

5.2.2 恢复命令

若误删除了图形，则可以使用恢复命令 OOPS 恢复误删除的对象。

1. 执行方式

命令行：OOPS 或 U。

工具栏：单击“标准”工具栏中的“放弃”按钮。

快捷键：Ctrl+Z。

2. 操作步骤

在命令行窗口的提示行上输入 OOPS，然后按 Enter 键。

5.2.3 清除命令

此命令与删除命令的功能完全相同。

1. 执行方式

菜单栏：选择菜单栏中的“编辑”→“删除”命令。

快捷键：Del。

2. 操作步骤

用菜单或快捷键输入上述命令后，系统提示：

```
选择对象:(选择要清除的对象,按 Enter 键执行清除命令)
```

Note

5.3 复制类命令

本节详细介绍 AutoCAD 2018 的复制类命令。利用这些复制类命令，可以方便地编辑绘制图形。

5.3.1 复制命令

1. 执行方式

命令行：COPY(快捷命令：CO)。

菜单栏：选择菜单栏中的“修改”→“复制”命令。

工具栏：单击“修改”工具栏中的“复制”按钮。

快捷菜单：右击要复制的对象，从弹出的快捷菜单中选择“复制选择”命令。

功能区：单击“默认”选项卡“修改”面板中的“复制”按钮。

2. 操作步骤

```
命令: COPY↙
选择对象:(选择要复制的对象)
```

用前面介绍的对象选择方法选择一个或多个对象，按 Enter 键，结束选择操作。系统继续提示：

```
当前设置: 复制模式 = 多个
指定基点或 [位移(D)/模式(O)] <位移>:
```

3. 选项说明

各选项的含义如表 5-1 所示。

表 5-1 “复制”命令各选项的含义

选　　项	含　　义

指定基点	指定一个坐标点后，AutoCAD 2018 把该点作为复制对象的基点，并提示：
	`指定位移的第二点或 <用第一点作位移>:`
	指定第二个点后，系统将根据这两点确定的位移矢量把选择的对象复制到第二点处。如果此时直接按 Enter 键，即选择默认的“用第一点作位移”，则第一个点被当作相对于 X、Y、Z 的位移。例如，如果指定基点为(2,3)并在下一个提示下按 Enter 键，则该对象从它当前的位置开始，在 X 方向上移动 2 个单位，在 Y 方向上移动 3 个单位。复制完成后，系统会继续提示：
	`指定位移的第二点:`
	这时，可以不断指定新的第二点，从而实现多重复制

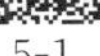

续表

选　　项	含　　义
位移(D)	直接输入位移值，表示以选择对象时的拾取点为基准，以拾取点坐标为移动方向，沿纵横比方向移动指定位移后所确定的点为基点。例如，选择对象时的拾取点坐标为(2,3)，输入位移为5，则表示以(2,3)点为基准，沿纵横比为3：2的方向移动5个单位所确定的点为基点
模式(O)	控制是否自动重复该命令。确定复制模式是单个还是多个

5.3.2　上机练习——桥边墩平面图绘制

练习目标

绘制如图5-8所示的桥边墩平面图。

设计思路

首先设置图层，利用直线和复制命令绘制桥边墩轮廓定位中心线，然后利用直线、多段线、矩形和复制命令绘制桥边墩平面轮廓线，最后利用删除命令将定位线删除。

操作步骤

1．设置图层

设置以下四个图层："尺寸""定位中心线""轮廓线"和"文字"。把这些图层设置成不同的颜色，使图纸上表示得更加清晰，将"定位中心线"设置为当前图层。

2．绘制桥边墩轮廓定位中心线

(1) 在状态栏中单击"正交模式"按钮，打开正交模式，单击"默认"选项卡"绘图"面板中的"直线"按钮，绘制一条长为9100的水平直线。

(2) 单击"默认"选项卡"绘图"面板中的"直线"按钮，绘制交于端点的垂直的、长为8000的直线，如图5-9所示。

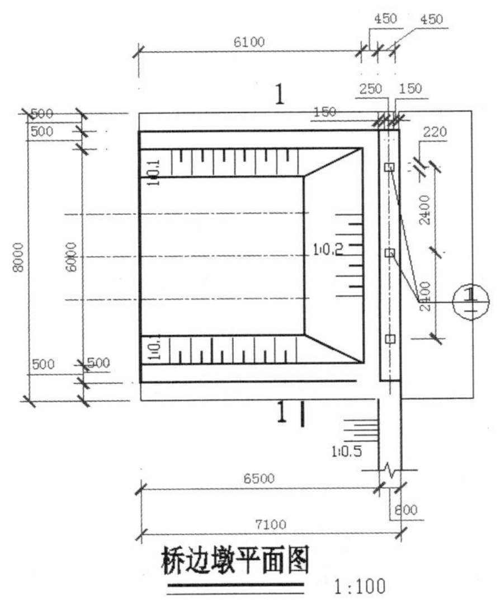

图5-8　桥边墩平面图

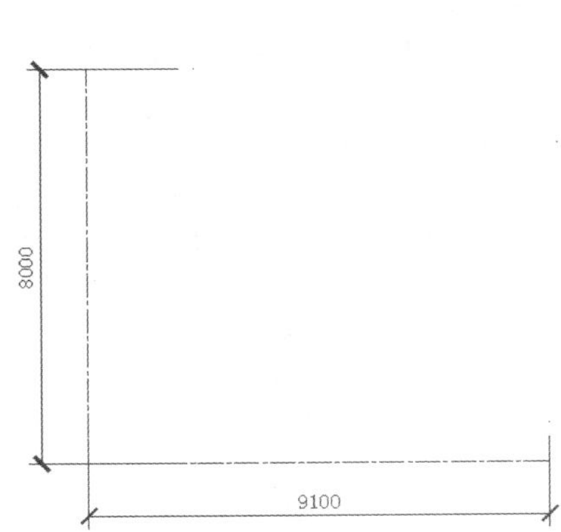

图5-9　桥边墩定位轴线绘制

(3) 单击“默认”选项卡“修改”面板中的“复制”按钮，复制刚刚绘制好的水平直线，分别向上复制的位移为500、1000、1800、4000、6200、7000、7500、8000。命令行提示与操作如下：

Note

```
命令: COPY
选择对象: 选择长度为 8000 的直线
选择对象:
当前设置: 复制模式 = 多个
指定基点或 [位移(D)/模式(O)] <位移>:选择直线中点
指定第二个点或 [阵列(A)] <使用第一个点作为位移>: 500
指定第二个点或 [阵列(A)/退出(E)/放弃(U)] <退出>: 1000
指定第二个点或 [阵列(A)/退出(E)/放弃(U)] <退出>: 1800
指定第二个点或 [阵列(A)/退出(E)/放弃(U)] <退出>: 4000
指定第二个点或 [阵列(A)/退出(E)/放弃(U)] <退出>: 6200
指定第二个点或 [阵列(A)/退出(E)/放弃(U)] <退出>: 7000
指定第二个点或 [阵列(A)/退出(E)/放弃(U)] <退出>: 7500
指定第二个点或 [阵列(A)/退出(E)/放弃(U)] <退出>: 8000
指定第二个点或 [阵列(A)/退出(E)/放弃(U)] <退出>:
```

(4) 单击“默认”选项卡“修改”面板中的“复制”按钮，复制刚刚绘制好的垂直直线，分别向右复制的位移为6100、6500、6550、7100、9100。命令行提示与操作如下：

```
命令: COPY
选择对象: 选择垂直直线
选择长度为 8000 的直线
当前设置: 复制模式 = 多个
指定基点或 [位移(D)/模式(O)] <位移>:选择直线中点
指定第二个点或 [阵列(A)] <使用第一个点作为位移>: 6100
指定第二个点或 [阵列(A)/退出(E)/放弃(U)] <退出>: 6500
指定第二个点或 [阵列(A)/退出(E)/放弃(U)] <退出>: 6550
指定第二个点或 [阵列(A)/退出(E)/放弃(U)] <退出>: 7100
指定第二个点或 [阵列(A)/退出(E)/放弃(U)] <退出>: 9100
```

结果如图5-10所示。

3. 绘制桥边墩平面轮廓线

(1) 把轮廓线图层设置为当前图层，单击“默认”选项卡“绘图”面板中的“多段线”按钮，绘制桥边墩轮廓线，并将宽度设置为30。

(2) 单击“默认”选项卡“绘图”面板中的“多段线”按钮，完成其他线的绘制。完成的图形如图5-11所示。

(3) 单击“默认”选项卡“修改”面板中的“复制”按钮，复制定位轴线去确定支座定位线。

(4) 单击“默认”选项卡“绘图”面板中的“矩形”按钮，绘制220×220的矩形作为支座。

(5) 单击“默认”选项卡“修改”面板中的“复制”按钮，复制支座矩形。完成的图形如图5-12所示。

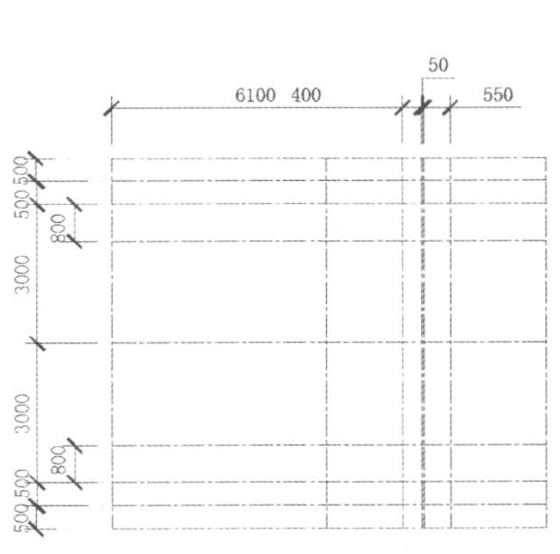

图 5-10 桥边墩平面图定位轴线复制

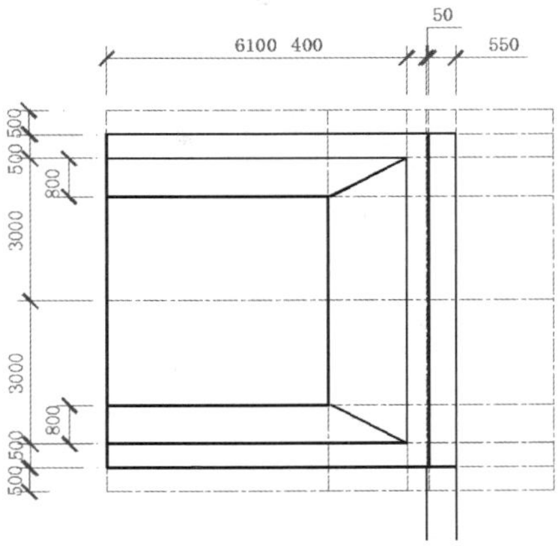

图 5-11 桥边墩平面轮廓线绘制(一)

(6) 单击“默认”选项卡“绘图”面板中的“直线”按钮,绘制坡度和水位线。

(7) 单击“默认”选项卡“绘图”面板中的“多段线”按钮,绘制剖切线,并绘制折断线,如图 5-13 所示。

(8) 单击“默认”选项卡“修改”面板中的“删除”按钮,删除多余定位线。

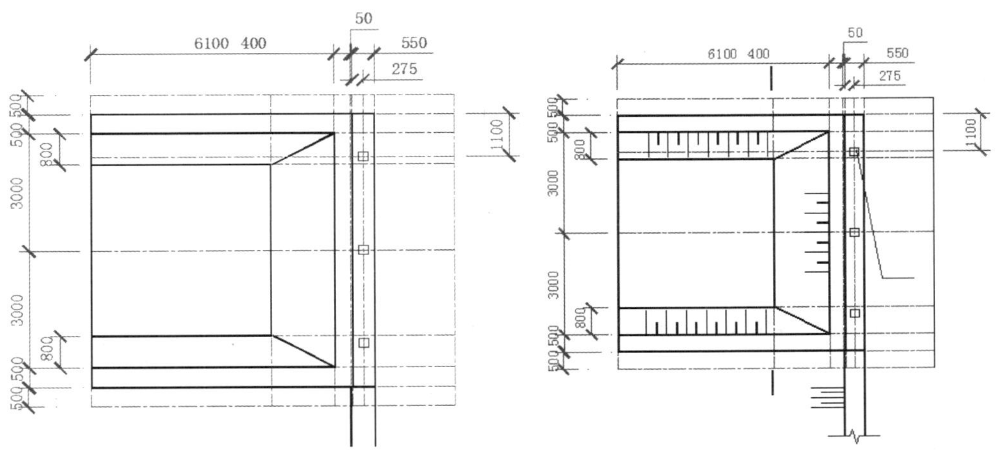

图 5-12 桥边墩平面轮廓线绘制(二)　　图 5-13 桥边墩平面轮廓线绘制(三)

5.3.3 镜像命令

镜像对象是指把选择的对象以一条镜像线为对称轴进行镜像。镜像操作完成后,可以保留原对象,也可以将其删除。

1. 执行方式

命令行:MIRROR(快捷命令:MI)。

菜单栏:选择菜单栏中的“修改”→“镜像”命令。

工具栏:单击“修改”工具栏中的“镜像”按钮。

Note

功能区：单击“默认”选项卡“修改”面板中的“镜像”按钮。

2. 操作步骤

```
命令:MIRROR↙
选择对象:(选择要镜像的对象)
选择对象:(可以按 Enter 键或空格键结束选择,也可以继续)
指定镜像线的第一点:(指定镜像线的第一个点)
指定镜像线的第二点:(指定镜像线的第二个点)
要删除源对象?[是(Y)/否(N)] <N>:(确定是否删除原对象)
```

由这两点确定一条镜像线，被选择的对象以该线为对称轴进行镜像。包含该线的镜像平面与用户坐标系统的 XY 平面垂直，即镜像操作工作在与用户坐标系统的 XY 平面平行的平面上。

5-2

5.3.4 上机练习——绘制单面焊接的钢筋接头

练习目标

绘制如图 5-14 所示的单面焊接的钢筋接头。

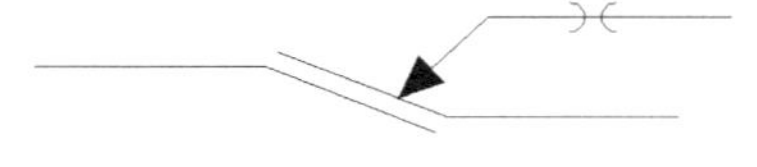

图 5-14 单面焊接的钢筋接头

设计思路

首先利用直线和复制命令绘制初步图形，然后利用直线和镜像命令绘制箭头，并结合图案填充命令将箭头填充，最后利用圆弧命令绘制两个半圆。

操作步骤

(1) 线宽保持默认，单击“默认”选项卡“绘图”面板中的“直线”按钮，绘制一条水平直线和一条倾斜的直线，如图 5-15 所示。

(2) 单击“默认”选项卡“修改”面板中的“复制”按钮，将倾斜直线复制到右上方，间距合适即可，再单击“默认”选项卡“绘图”面板中的“直线”按钮，绘制直线，如图 5-16 所示。

图 5-15 绘制直线

图 5-16 复制直线

(3) 单击“默认”选项卡“绘图”面板中的“直线”按钮，绘制箭头指示的直线，如图 5-17 所示。在斜直线的头部，绘制一条倾斜角度稍小的直线，如图 5-18 所示。

图 5-17 绘制箭头 1

图 5-18 绘制箭头 2

(4) 单击“默认”选项卡“修改”面板中的“镜像”按钮，选择刚刚绘制的短斜线后右击，然后分别单击箭头长斜线的两个端点，作为镜像轴，按 Enter 键完成镜像。命令行提示与操作如下：

```
命令: MIRROR
选择对象: 选择短斜线
选择对象:
指定镜像线的第一点: 指定镜像线的第二点: <正交 开>箭头长斜线的两个端点
要删除源对象吗?[是(Y)/否(N)] <N>:
```

结果如图 5-19 所示。

(5) 连接两个小倾斜线的端点，形成三角形。单击“默认”选项卡“绘图”面板中的“图案填充”按钮，默认填充图案为 SOLID，选择三角形的三个边进行填充，如图 5-20 所示。

图 5-19　镜像　　　　图 5-20　填充

(6) 在箭头尾部的水平直线处单击“默认”选项卡“绘图”面板中的“圆弧”按钮，绘制两个半圆，如图 5-14 所示，完成单面焊接的钢筋接头的绘制。

5.3.5　偏移命令

偏移对象是指保持选择的对象的形状，在不同的位置以不同的尺寸大小新建一个对象。

1. 执行方式

命令行：OFFSET(快捷命令：O)。

菜单栏：选择菜单栏中的“修改”→“偏移”命令。

工具栏：单击“修改”工具栏中的“偏移”按钮。

功能区：单击“默认”选项卡“修改”面板中的“偏移”按钮。

2. 操作步骤

```
命令: OFFSET↙
当前设置: 删除源 = 否 图层 = 源 OFFSETGAPTYPE = 0
指定偏移距离或 [通过(T)/删除(E)/图层(L)] <通过>:(指定距离值)
选择要偏移的对象,或 [退出(E)/放弃(U)] <退出>:(选择要偏移的对象. 按 Enter 键,会结束
操作)
指定要偏移的那一侧上的点,或 [退出(E)/多个(M)/放弃(U)] <退出>:(指定偏移方向)
选择要偏移的对象,或 [退出(E)/放弃(U)] <退出>:
```

Note

3. 选项说明

各选项的含义如表 5-2 所示。

表 5-2 “偏移”命令各选项的含义

选　　项	含　　义
指定偏移距离	输入一个距离值，或按 Enter 键，使用当前的距离值，系统把该距离值作为偏移距离，如图 5-21 所示
通过(T)	指定偏移对象的通过点。选择该选项后出现如下提示： 选择要偏移的对象或 <退出>:(选择要偏移的对象，按 Enter 键，结束操作) 指定通过点:(指定偏移对象的一个通过点) 操作完毕后，系统根据指定的通过点绘出偏移对象，如图 5-22 所示
删除(E)	偏移后，将源对象删除。选择该选项后出现如下提示： 要在偏移后删除源对象吗?[是(Y)/否(N)]<当前>:
图层(L)	确定将偏移对象创建在当前图层上还是源对象所在的图层上。选择该选项后出现如下提示： 输入偏移对象的图层选项 [当前(C)/源(S)] <当前>:

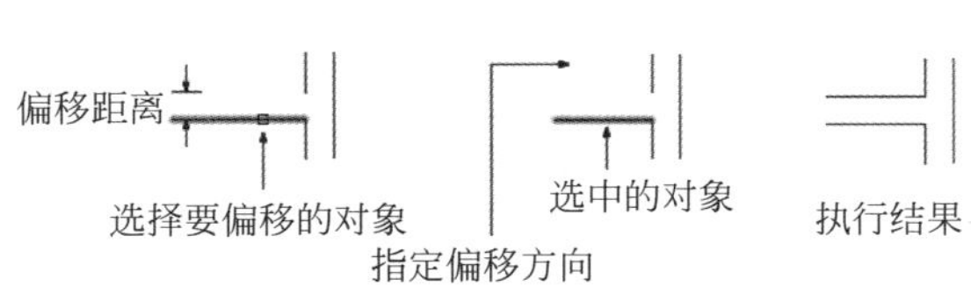

图 5-21　指定偏移对象的距离

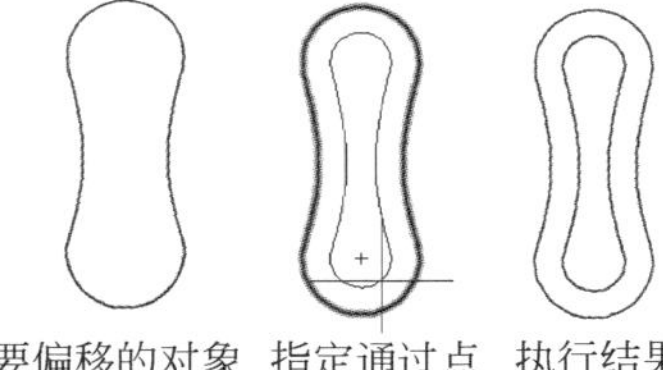

图 5-22　指定偏移对象的通过点

5-3

5.3.6　上机练习——绘制钢筋剖面

练习目标

绘制如图 5-23 所示的钢筋剖面。

设计思路

首先创建图层，并利用直线命令绘制剖面轮廓线，然后利用直线和删除命令绘制折断线，最后利用多段线、圆、偏移、复制和图案填充命令绘制钢筋。

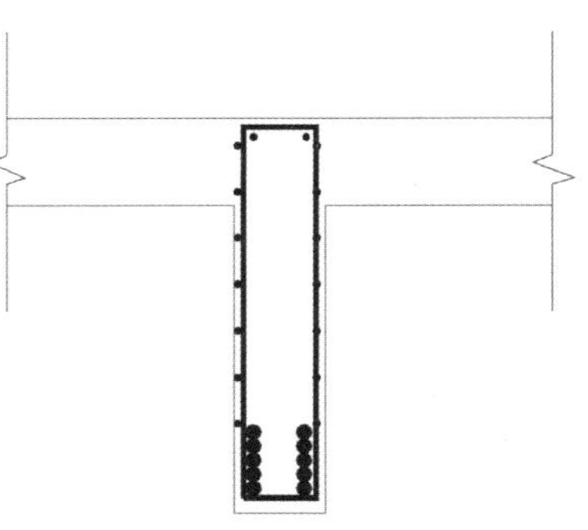

图 5-23　钢筋剖面

操作步骤

1. 设置图层

设置以下四个图层："标注尺寸线""钢筋""轮廓线"和"文字"，将"轮廓线"设置为当前图层。设置好的图层如图 5-24 所示。

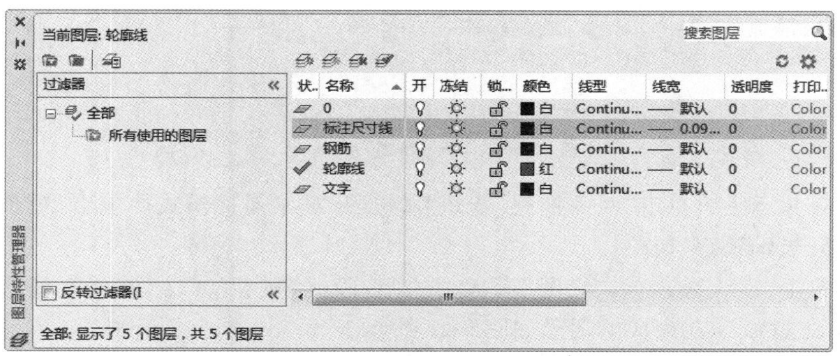

图 5-24　桥梁钢筋剖面图图层设置

2. 绘制轮廓线

在状态栏中单击"正交模式"按钮，打开正交模式，单击"默认"选项卡"绘图"面板中的"直线"按钮，在屏幕上任意指定一点，以坐标点(@－200,0)，(@0,700)，(@－500,0)，(@0,200)，(@1200,0)，(@0,－200)，(@－500,0)，(@0,－700)绘制直线。完成的图形如图 5-25 所示。

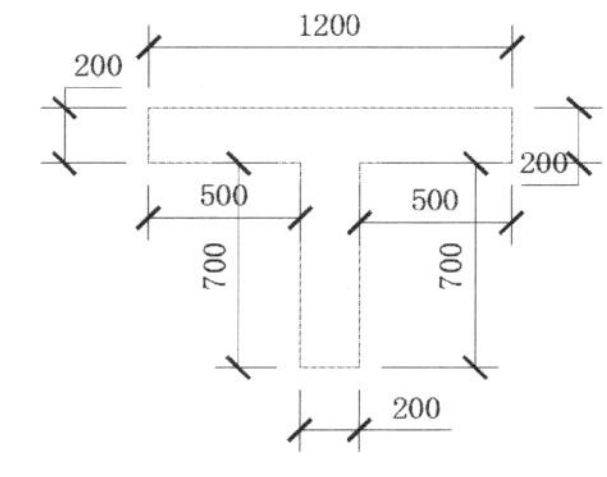

图 5-25　1-1 剖面轮廓线绘制

3. 绘制折断线

(1) 单击"默认"选项卡"绘图"面板中的"直线"按钮，绘制折断线。

(2) 单击"默认"选项卡"修改"面板中的"删除"按钮，删除多余的直线，如图 5-26 所示。

4. 绘制钢筋

(1) 把钢筋图层设置为当前图层，单击"默认"选项卡"修改"面板中的"偏移"按钮，绘制钢筋定位线。指定偏移距离为 35，要偏移的对象为 AB，向内进行偏移。指定偏移距离为 20，要偏移的对象为 AC、BD 和 EF，向内进行偏移。完成的图形如图 5-27 所示。命令行提示与操作如下：

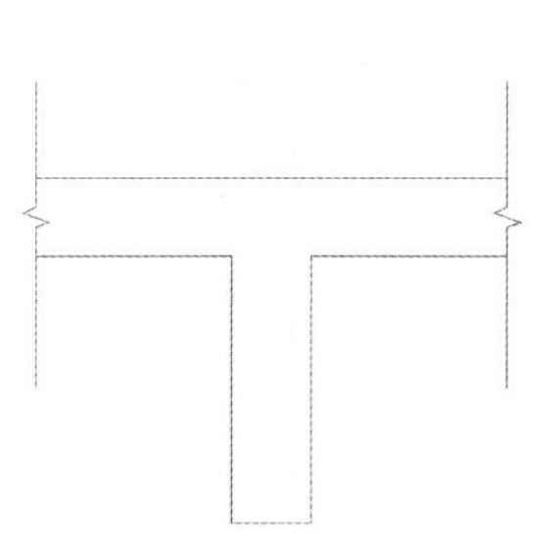

图 5-26　1-1 剖面折断线绘制

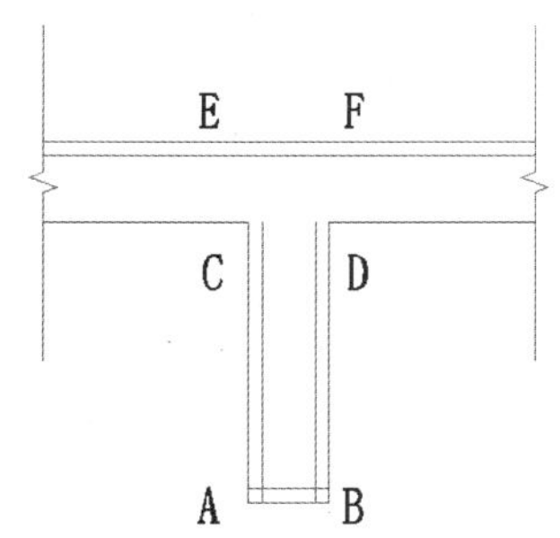

图 5-27　1-1 剖面钢筋定位线绘制

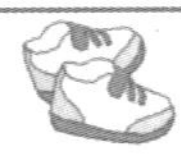

```
命令: OFFSET
当前设置: 删除源 = 否 图层 = 源 OFFSETGAPTYPE = 0
指定偏移距离或 [通过(T)/删除(E)/图层(L)] <通过>: 35
选择要偏移的对象,或 [退出(E)/放弃(U)] <退出>:AB
指定要偏移的那一侧上的点,或 [退出(E)/多个(M)/放弃(U)] <退出>:图形内部任意一点
选择要偏移的对象,或 [退出(E)/放弃(U)] <退出>:
命令: OFFSET
当前设置: 删除源 = 否 图层 = 源 OFFSETGAPTYPE = 0
指定偏移距离或 [通过(T)/删除(E)/图层(L)] <通过>: 20
选择要偏移的对象,或 [退出(E)/放弃(U)] <退出>:AC
指定要偏移的那一侧上的点,或 [退出(E)/多个(M)/放弃(U)] <退出>:图形内部任意一点
选择要偏移的对象,或 [退出(E)/放弃(U)] <退出>:
```

(2) 在状态栏中单击“对象捕捉”按钮，打开对象捕捉模式。单击“极轴追踪”按钮，打开极轴追踪。

(3) 单击“默认”选项卡“绘图”面板中的“多段线”按钮，绘制架立筋，并将多段线的宽度设置为 10。完成的图形如图 5-28 所示。

(4) 单击“默认”选项卡“修改”面板中的“删除”按钮，删除钢筋定位直线。完成的图形如图 5-29 所示。

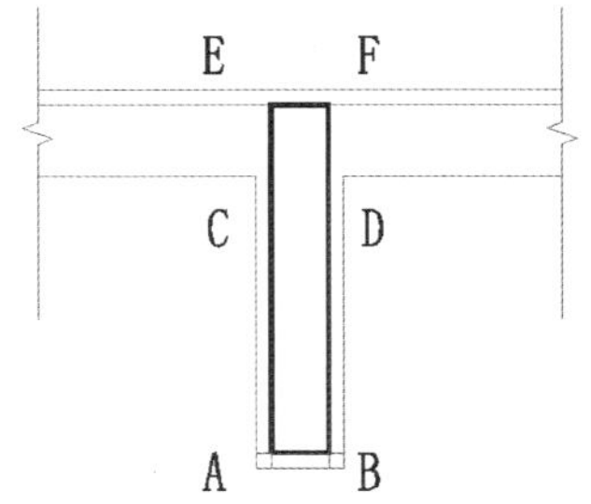

图 5-28　钢筋绘制流程图(一)

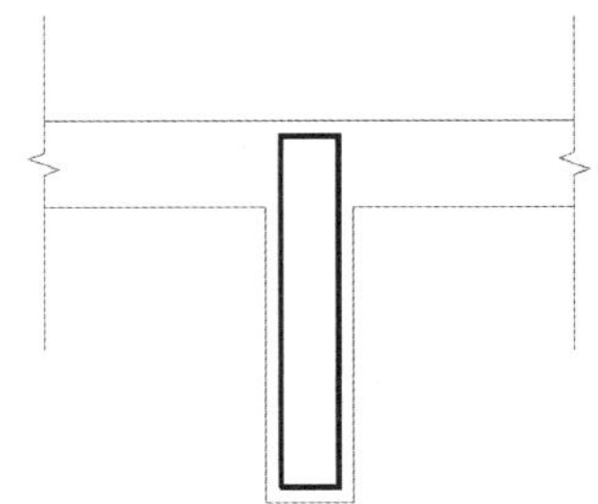

图 5-29　钢筋绘制流程图(二)

(5) 单击“默认”选项卡“绘图”面板中的“圆”按钮，绘制两个直径分别为 14 和 32 的圆，如图 5-30(a)所示。

(6) 单击“默认”选项卡“绘图”面板中的“图案填充”按钮，打开“填充图案创建”选项卡，选择 SOLID 图例进行填充。完成的图形如图 5-30(b)所示。

(7) 单击“默认”选项卡“修改”面板中的“复制”按钮，复制刚刚填充好的钢筋到相应的位置，完成的图形如图 5-31 所示。

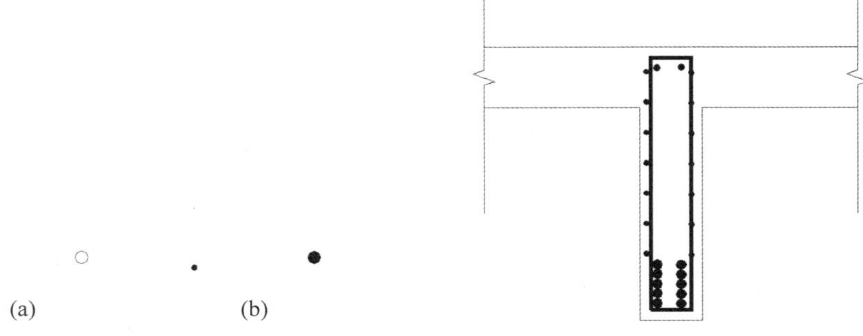

图 5-30　钢筋绘制流程图(三)

图 5-31　钢筋绘制流程图(四)

Note

5.3.7 阵列命令

阵列是指多重复制选择对象并把这些副本按矩形或环形排列。把副本按矩形排列称为建立矩形阵列，把副本按环形排列称为建立极阵列。建立极阵列时，应该控制复制对象的次数和对象是否被旋转；建立矩形阵列时，应该控制行和列的数量以及对象副本之间的距离。

用该命令可以建立矩形阵列、极阵列（环形）和旋转的矩形阵列。

1. 执行方式

命令行：ARRAY（快捷命令：AR）。

菜单栏：选择菜单栏中的“修改”→“阵列”命令。

工具栏：单击“修改”工具栏中的“矩形阵列”按钮、“路径阵列”按钮和“环形阵列”按钮。

功能区：单击“默认”选项卡“修改”面板中的“矩形阵列”按钮、“路径阵列”按钮和“环形阵列”按钮。

2. 操作步骤

```
命令:ARRAY↙
选择对象:(使用对象选择方法)
输入阵列类型[矩形(R)/路径(PA)/极轴(PO)]<矩形>:
```

3. 选项说明

各选项的含义如表 5-3 所示。

表 5-3 “阵列”命令各选项的含义

选　　项	含　　义
矩形(R)	将选定对象的副本分布到行数、列数和层数的任意组合。选择该选项后出现如下提示： 选择夹点以编辑阵列或［关联(AS)/基点(B)/计数(COU)/间距(S)/列数(COL)/行数(R)/层数(L)/退出(X)］<退出>:(通过夹点，调整阵列间距、列数、行数和层数；也可以分别选择各选项输入数值)
路径(PA)	沿路径或部分路径均匀分布选定对象的副本。选择该选项后出现如下提示： 选择路径曲线:(选择一条曲线作为阵列路径) 选择夹点以编辑阵列或［关联(AS)/方法(M)/基点(B)/切向(T)/项目(I)/行(R)/层(L)/对齐项目(A)/Z 方向(Z)/退出(X)］<退出>:(通过夹点，调整阵列行数和层数；也可以分别选择各选项输入数值)
极轴(PO)	在绕中心点或旋转轴的环形阵列中均匀分布对象副本。选择该选项后出现如下提示： 指定阵列的中心点或［基点(B)/旋转轴(A)］:(选择中心点、基点或旋转轴) 选择夹点以编辑阵列或［关联(AS)/基点(B)/项目(I)/项目间角度(A)/填充角度(F)/行(ROW)/层(L)/旋转项目(ROT)/退出(X)］<退出>:(通过夹点，调整角度，填充角度；也可以分别选择各选项输入数值)

Note

5.3.8 上机练习——绘制带丝扣的钢筋端部

练习目标

绘制如图 5-32 所示的带丝扣的钢筋端部。

设计思路

首先利用直线命令绘制水平线和斜线，然后利用矩形阵列命令将斜线进行阵列。

5-4

操作步骤

(1) 将线宽设置为 0.35mm，单击“默认”选项卡“绘图”面板中的“直线”按钮，绘制一条长度为 100 的水平直线，然后将线宽设置为 0.35 毫米，如图 5-33 所示。

图 5-32 带丝扣的钢筋端部

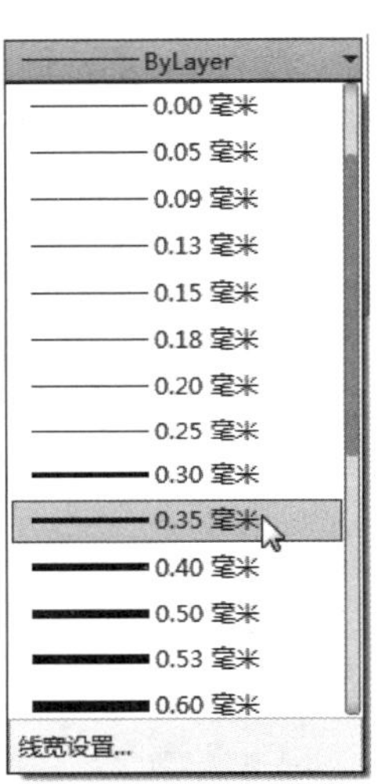

图 5-33 绘制直线及设置线宽

(2) 单击“默认”选项卡“绘图”面板中的“直线”按钮，将水平直线的左端点作为起始点，然后单击，在命令行中输入“@10,10”，绘制一条 45°的直线，并设置线宽为默认值，如图 5-34 所示。选择斜直线，可以发现直线上有三个基准点，单击直线的中点，然后移动鼠标，在水平直线的左端点处单击，这样就将斜直线移动到水平直线的左端点位置，如图 5-35 所示。

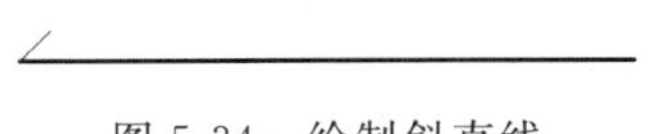

图 5-34 绘制斜直线

图 5-35 移动斜直线

(3) 选择斜直线，单击“默认”选项卡“修改”面板中的“矩形阵列”按钮，设置行数为 1，列数为 4，列间距为 2，完成斜向直线阵列操作。命令行提示与操作如下：

```
命令: _arrayrect
选择对象: 选择斜直线
选择对象:
类型 = 矩形 关联 = 否
选择夹点以编辑阵列或 [关联(AS)/基点(B)/计数(COU)/间距(S)/列数(COL)/行数(R)/层数(L)/退出(X)] <退出>: col
输入列数数或 [表达式(E)] <4>: 4
指定列数之间的距离或 [总计(T)/表达式(E)] <4>: 2
选择夹点以编辑阵列或 [关联(AS)/基点(B)/计数(COU)/间距(S)/列数(COL)/行数(R)/层数(L)/退出(X)] <退出>: r
输入行数数或 [表达式(E)] <3>: 1
指定行数之间的距离或 [总计(T)/表达式(E)] <4>:
指定行数之间的标高增量或 [表达式(E)] <0>:
选择夹点以编辑阵列或 [关联(AS)/基点(B)/计数(COU)/间距(S)/列数(COL)/行数(R)/层数(L)/退出(X)] <退出>:
```

最后得到的图形如图 5-32 所示。

5.4　改变位置类命令

这一类编辑命令的功能是按照指定要求改变当前图形或图形的某部分的位置，主要包括移动、旋转和缩放等命令。

5.4.1　移动命令

1. 执行方式

命令行：MOVE(快捷命令：M)。

菜单栏：选择菜单栏中的“修改”→“移动”命令。

工具栏：单击“修改”工具栏中的“移动”按钮。

快捷菜单：选择要复制的对象，在绘图区右击，从弹出的快捷菜单中选择“移动”命令。

功能区：单击“默认”选项卡“修改”面板中的“移动”按钮。

2. 操作步骤

```
命令:MOVE↙
选择对象:(指定移动对象)
选择对象:(可以按 Enter 键或空格键结束选择,也可以继续)
指定基点或[位移(D)] <位移>:
指定第二个点或 <使用第一个点作为位移>:
```

命令的选项功能与“复制”命令类似。

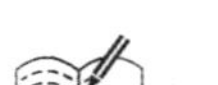

5.4.2　旋转命令

1. 执行方式

命令行：ROTATE(快捷命令：RO)。

菜单栏：选择菜单栏中的"修改"→"旋转"命令。

工具栏：单击"修改"工具栏中的"旋转"按钮。

快捷菜单：选择要旋转的对象，在绘图区右击，从弹出的快捷菜单中选择"旋转"命令。

功能区：单击"默认"选项卡"修改"面板中的"旋转"按钮。

2. 操作步骤

```
命令:ROTATE↙
UCS 当前的正角方向: ANGDIR = 逆时针 ANGBASE = 0
选择对象:(选择要旋转的对象)
选择对象:(可以按 Enter 键或空格键结束选择,也可以继续)
指定基点:(指定旋转的基点.在对象内部指定一个坐标点)
指定旋转角度,或 [复制(C)/参照(R)]<0>:(指定旋转角度或其他选项)
```

3. 选项说明

各选项的含义如表 5-4 所示。

表 5-4　"旋转"命令各选项的含义

选　项	含　义
复制(C)	选择该选项，在旋转对象的同时保留原对象，如图 5-36 所示
参照(R)	采用参照方式旋转对象时，系统提示： 指定参照角 <0>:(指定要参考的角度,默认值为 0) 指定新角度:(输入旋转后的角度值) 操作完毕后，对象被旋转至指定的角度位置

说明： 可以用拖动鼠标的方法旋转对象。选择对象并指定基点后，从基点到当前光标位置会出现一条连线，鼠标选择的对象会动态地随着该连线与水平方向的夹角的变化而旋转，如图 5-37 所示。按 Enter 键，确认旋转操作。

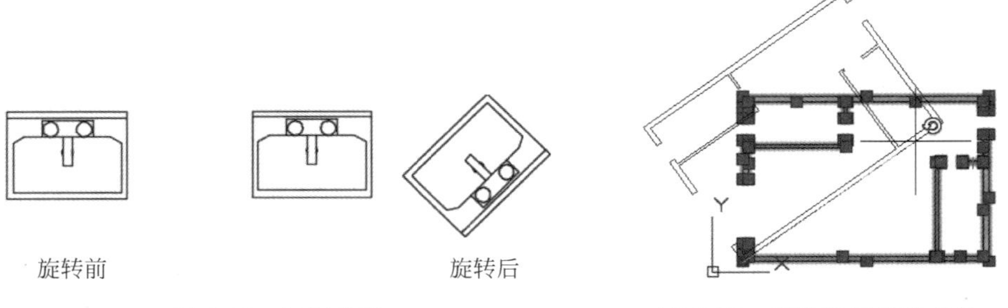

图 5-36　复制旋转

图 5-37　拖动鼠标旋转对象

Note

5-5

5.4.3　上机练习——绘制双层钢筋配置图

练习目标

绘制如图 5-38 所示的双层钢筋配置图。

设计思路

首先利用多段线命令绘制单层钢筋，然后利用旋转命令绘制双层钢筋配置。

操作步骤

（1）单击“默认”选项卡“绘图”面板中的“多段线”按钮，绘制单层钢筋，如图 5-39 所示。

（2）在状态栏中单击“对象捕捉”按钮，打开对象捕捉模式。单击“默认”选项卡“修改”面板中的“旋转”按钮，命令行提示与操作如下：

```
命令：_rotate
UCS 当前的正角方向：ANGDIR = 逆时针 ANGBASE = 0
选择对象：(选择刚绘制的多段线)
选择对象：↙
指定基点：(捕捉多段线的中点，如图 5 - 40 所示)
指定旋转角度，或 [复制(C)/参照(R)] <0>: c↙
旋转一组选定对象.
指定旋转角度，或 [复制(C)/参照(R)] <0>: 90↙
```

结果如图 5-38 所示。

图 5-38　双层钢筋配置图　　图 5-39　绘制单层钢筋　　图 5-40　捕捉中点

5.4.4　缩放命令

1. 执行方式

命令行：SCALE（快捷命令：SC）。

菜单栏：选择菜单栏中的“修改”→“缩放”命令。

工具栏：单击“修改”工具栏中的“缩放”按钮。

快捷菜单：选择要缩放的对象，在绘图区右击，从弹出的快捷菜单中选择“缩放”

命令。

功能区：单击“默认”选项卡“修改”面板中的“缩放”按钮 。

Note

2. 操作步骤

```
命令:SCALE↙
选择对象:(选择要缩放的对象)
选择对象:(可以按 Enter 键或空格键结束选择,也可以继续)
指定基点:(指定缩放操作的基点)
指定比例因子或 [复制(C)/参照(R)] <1.0000>:
```

3. 选项说明

各选项的含义如表 5-5 所示。

表 5-5 “缩放”命令各选项的含义

选　　项	含　　义
参照(R)	采用参考方向缩放对象时,系统提示: 指定参照长度 <1>:(指定参考长度值) 指定新的长度或 [点(P)] <1.0000>:(指定新长度值) 若新长度值大于参考长度值,则放大对象,否则缩小对象。操作完毕后,系统以指定的基点按指定的比例因子缩放对象。如果选择“点(P)”选项,则指定两点来定义新的长度
指定比例因子	选择对象并指定基点后,从基点到当前光标位置会出现一条线段,线段的长度即为比例大小。鼠标选择的对象会动态地随着该连线长度的变化而缩放,按 Enter 键,确认缩放操作
复制(C)	选择“复制(C)”选项时,可以复制缩放对象,即缩放对象时保留原对象,如图 5-41 所示

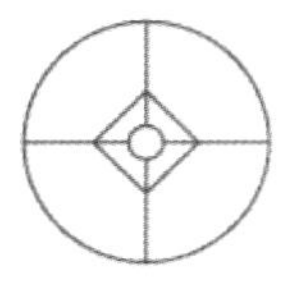

缩放前

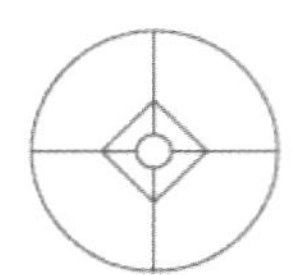

缩放后

图 5-41　复制缩放

5.5 改变几何特性类命令

这一类编辑命令在对指定对象进行编辑后,使编辑对象的几何特性发生改变,包括倒角、圆角、打断、修剪、延伸、拉长、拉伸等命令。

5.5.1 修剪命令

1. 执行方式

命令行：TRIM（快捷命令：TR）。

菜单栏：选择菜单栏中的“修改”→“修剪”命令。

工具栏：单击“修改”工具栏中的“修剪”按钮 -/-- 。

功能区：单击“默认”选项卡“修改”面板中的“修剪”按钮 -/-- 。

2. 操作步骤

```
命令:TRIM ↙
当前设置:投影 = UCS,边 = 无
选择剪切边...
选择对象或 <全部选择>:(指定修剪边界的图形)
选择对象:(可以按 Enter 键或空格键结束修剪边界的指定,也可以继续)
选择要修剪的对象,或按住 Shift 键选择要延伸的对象,或[栏选(F)/窗交(C)/投影(P)/边(E)/
删除(R)/放弃(U)]:
```

3. 选项说明

各选项的含义如表 5-6 所示。

表 5-6 “修剪”命令各选项的含义

<table>
<tr><th>选　项</th><th colspan="2">含　义</th></tr>
<tr><td>按 Shift 键</td><td colspan="2">在选择对象时，如果按住 Shift 键，系统就自动将“修剪”命令转换成“延伸”命令。“延伸”命令将在下节介绍</td></tr>
<tr><td rowspan="5">边(E)</td><td colspan="2">选择此选项时，可以选择对象的修剪方式：延伸和不延伸</td></tr>
<tr><td>延伸(E)</td><td>延伸边界进行修剪。在此方式下，如果剪切边没有与要修剪的对象相交，系统会延伸剪切边直至与要修剪的对象相交，然后再修剪，如图 5-42 所示</td></tr>
<tr><td>不延伸(N)</td><td>不延伸边界修剪对象。只修剪与剪切边相交的对象</td></tr>
<tr><td>栏选(F)</td><td>选择此选项时，系统以栏选的方式选择被修剪对象，如图 5-43 所示</td></tr>
<tr><td>窗交(C)</td><td>选择此选项时，系统以窗交的方式选择被修剪对象，如图 5-44 所示；
被选择的对象可以互为边界和被修剪对象，此时系统会在选择的对象中自动判断边界，如图 5-43 所示</td></tr>
</table>

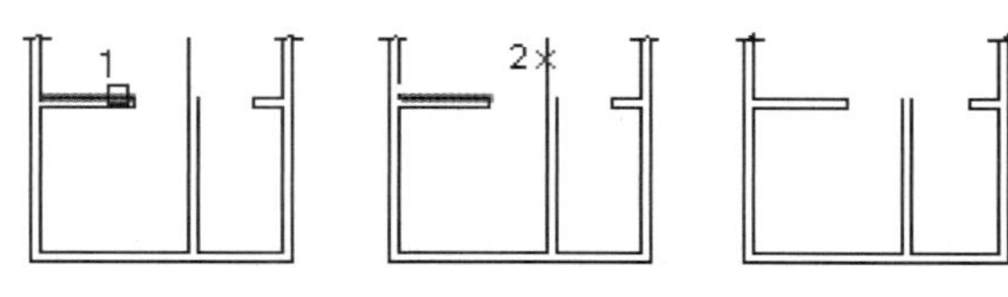

图 5-42 延伸方式修剪对象

Note

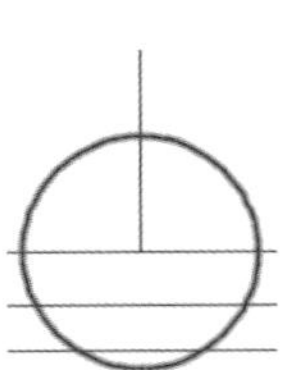
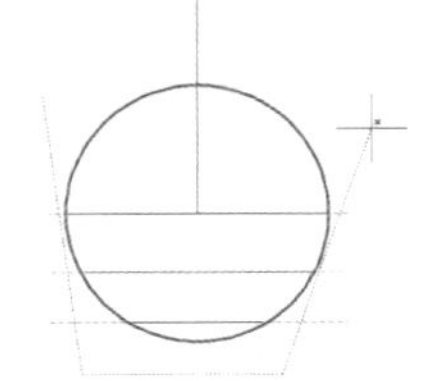
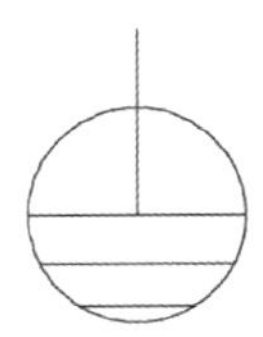
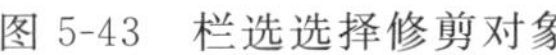

选定剪切边　使用栏选选定的要修剪的对象　结果

图 5-43　栏选选择修剪对象

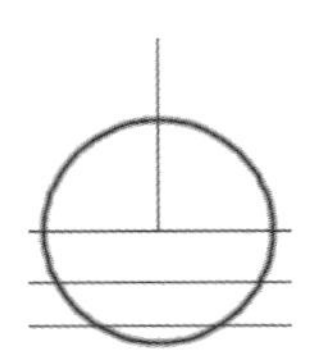
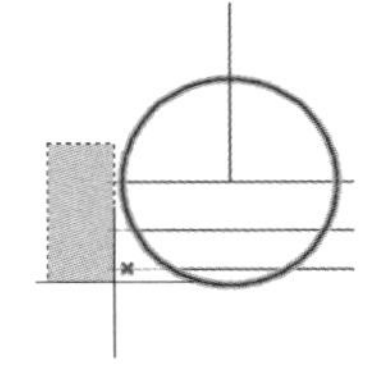
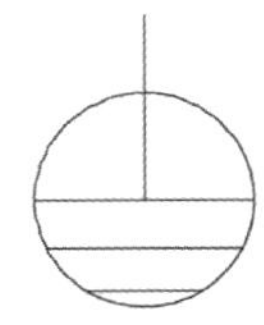

使用窗交选择选定的边　选定要修剪的对象　结果

图 5-44　窗交选择修剪对象

5-6

5.5.2　上机练习——桥面板钢筋图绘制

练习目标

绘制如图 5-45 所示的桥面板钢筋图。

设计思路

首先设置图层，并利用直线和复制命令绘制桥面板定位中心线，然后利用直线、复制和修剪命令绘制纵横梁平面布置，最后利用多段线和复制命令绘制钢筋。

操作步骤

1. 设置图层

设置以下六个图层："尺寸""定位中心线""轮廓线""钢筋""虚线"和"文字"，将"定位中心线"设置为当前图层。设置好的图层如图 5-46 所示。

2. 绘制桥面板定位中心线

(1) 在状态栏中单击"正交模式"按钮，打开正交模式。在状态栏中单击"对象捕捉"按钮，打开对象捕捉模式。单击"默认"选项卡"绘图"面板中的"直线"按钮，绘制一条长为 10580 的水平直线。

(2) 单击"默认"选项卡"绘图"面板中的"直线"按钮，绘制交于端点的垂直的长为 7000 的直线，如图 5-47 所示。

(3) 单击"默认"选项卡"修改"面板中的"复制"按钮，复制刚刚绘制好的水平直线，分别向上复制的位移分别为 1100、3500、5900、7000。

(4) 单击"默认"选项卡"修改"面板中的"复制"按钮，复制刚刚绘制好的垂直直线，分别向右复制的位移分别为 3575，7005，10405，10580。完成的图形如图 5-48 所示。

Note

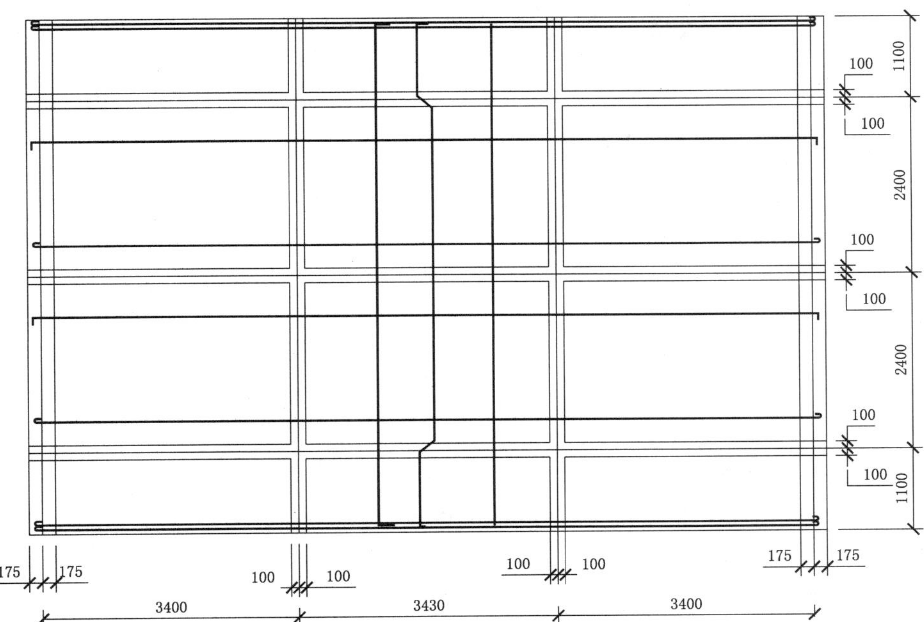

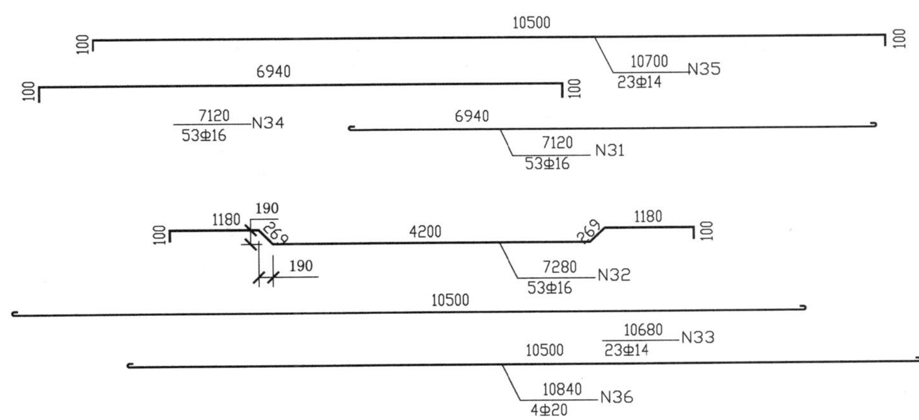

图 5-45　桥面板钢筋图

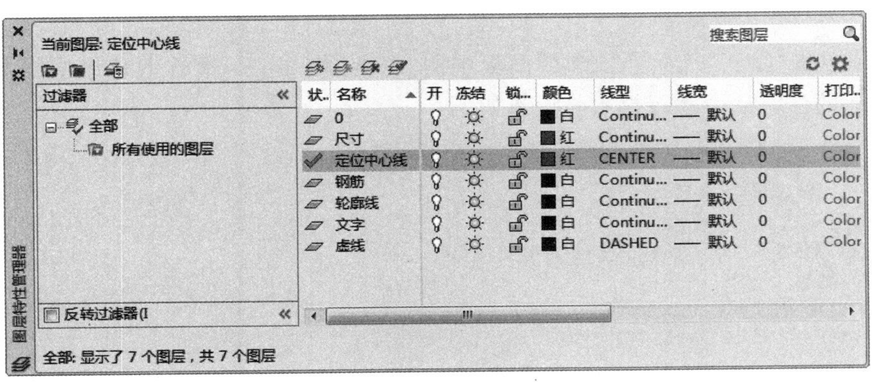

图 5-46　桥面板钢筋图图层设置

图 5-47　桥面板钢筋图定位轴线绘制

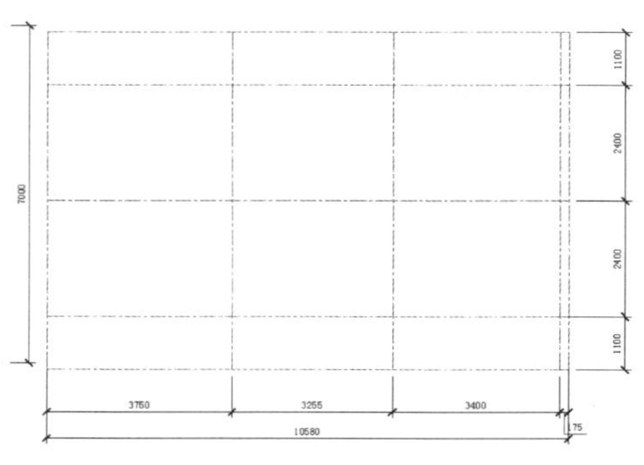

图 5-48　桥面板钢筋图定位轴线复制

3. 绘制纵横梁平面布置

(1) 单击“默认”选项卡“修改”面板中的“复制”按钮，复制纵横梁定位线。完成的图形如图 5-49 所示。

(2) 单击“默认”选项卡“绘图”面板中的“直线”按钮，绘制桥面板外部轮廓线。

(3) 把虚线图层设置为当前图层，单击“默认”选项卡“绘图”面板中的“直线”按钮，绘制一条直线。

(4) 单击“默认”选项卡“特性”面板中的“特性匹配”按钮，把纵横梁的线型变成虚线。完成的图形如图 5-50 所示。

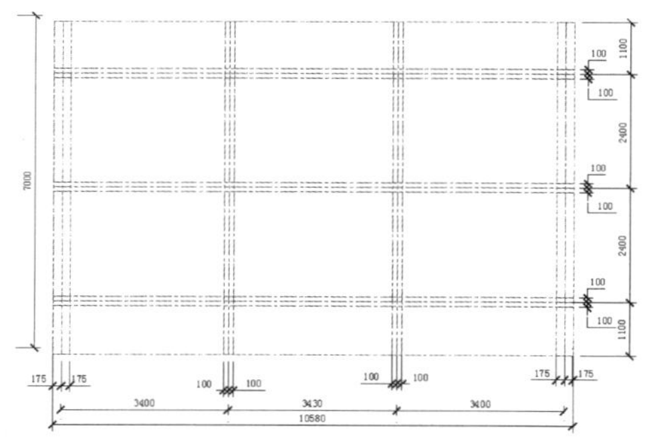

图 5-49　桥面板纵横梁定位线复制

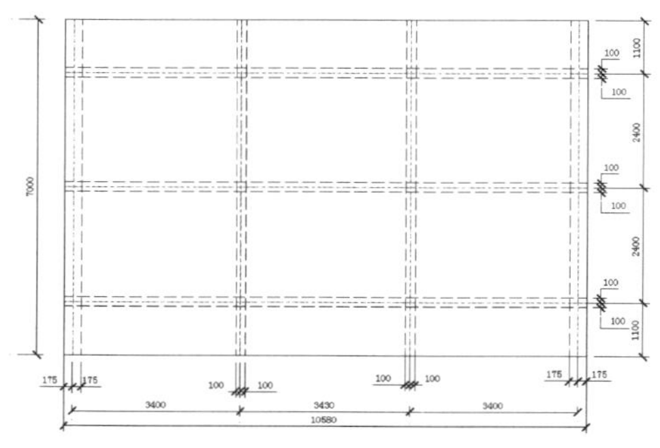

图 5-50　桥面板纵横梁绘制

(5) 单击“默认”选项卡“修改”面板中的“修剪”按钮，框选剪切纵横梁交接处，完成图形的修剪。命令行提示与操作如下：

```
命令: _trim
当前设置:投影 = UCS,边 = 无
选择剪切边...
选择对象或 <全部选择>:框选纵横梁交接处
选择对象:
选择要修剪的对象,或按住 Shift 键选择要延伸的对象,或
[栏选(F)/窗交(C)/投影(P)/边(E)/删除(R)/放弃(U)]:
```

结果如图 5-51 所示。

4. 绘制钢筋

(1) 在状态栏中，右击“极轴追踪”按钮 ，从弹出的快捷菜单中选择“正在追踪设置”命令，打开“草图设置”对话框，对极轴追踪进行设置，设置的参数如图 5-52 所示。

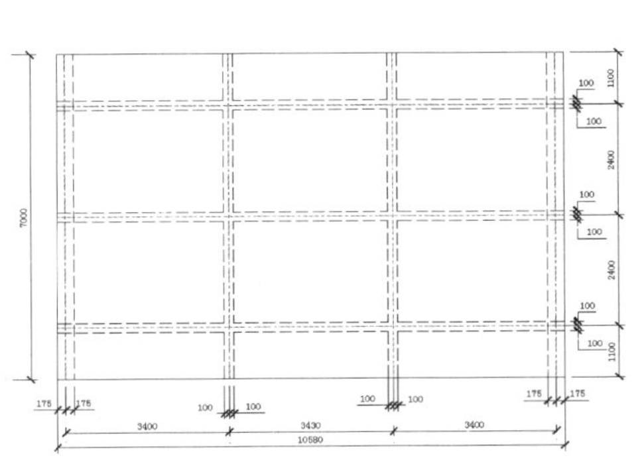

图 5-51　桥面板纵横梁修剪

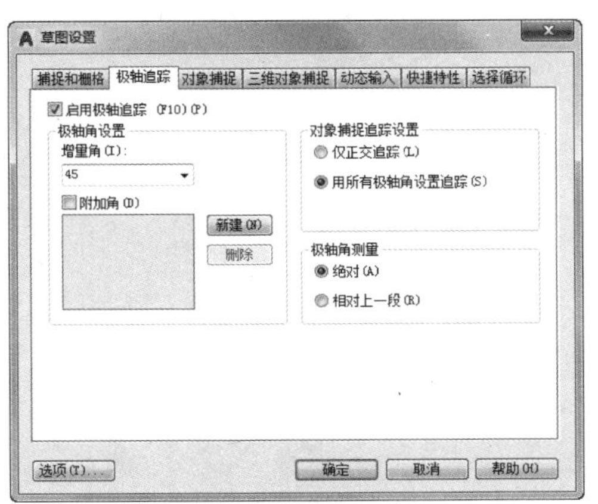

图 5-52　极轴追踪设置

(2) 把轮廓线图层设置为当前图层。单击“默认”选项卡“绘图”面板中的“多段线”按钮 ，绘制钢筋，具体的操作参见桥梁纵主梁钢筋图的绘制。

完成的图形如图 5-53 所示。

(3) 多次单击“默认”选项卡“修改”面板中的“复制”按钮 ，把绘制好的钢筋复制到相应的位置。完成的图形如图 5-54 所示。

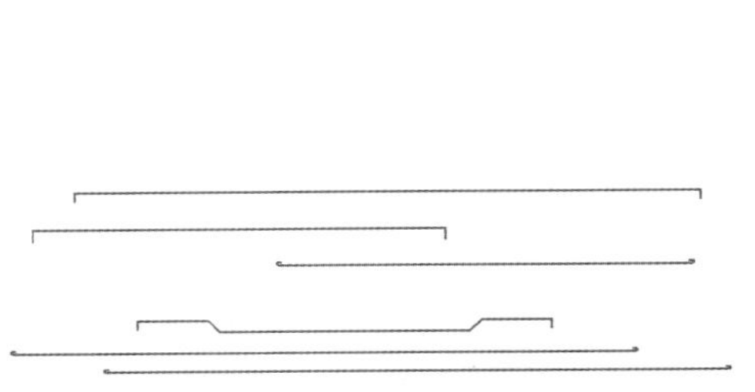

图 5-53　桥面板钢筋绘制

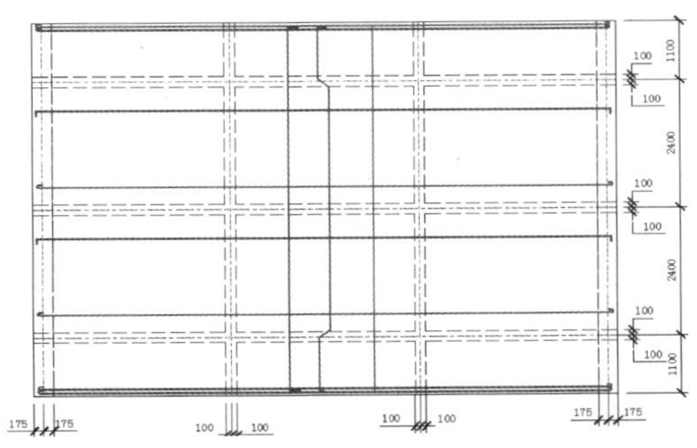

图 5-54　桥面板钢筋复制

5.5.3　延伸命令

延伸对象是指将要延伸的对象延伸至另一个对象的边界线，如图 5-55 所示。

1. 执行方式

命令行：EXTEND(快捷命令：EX)。

菜单栏：选择菜单栏中的“修改”→“延伸”命令。

工具栏：单击“修改”工具栏中的“延伸”按钮 。

功能区：单击“默认”选项卡“修改”面板中的“延伸”按钮 。

Note

选择边界

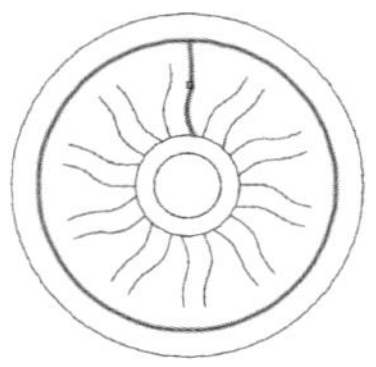
选择要延伸的对象

执行结果

图 5-55　延伸对象

2. 操作步骤

```
命令:EXTEND↙
当前设置:投影 = UCS,边 = 无
选择边界的边...
选择对象或 <全部选择>:(选择边界对象)
```

此时可以通过选择对象来定义边界。若直接按 Enter 键，则选择所有对象作为可能的边界对象。

系统规定可以用作边界对象的对象有：直线段，射线，双向无限长线，圆弧，圆，椭圆，二维和三维多段线，样条曲线，文本，浮动的视口，区域。如果选择二维多段线作为边界对象，系统会忽略其宽度而把对象延伸至多段线的中心线上。

选择边界对象后，命令行提示如下：

```
选择要延伸的对象,或按住 Shift 键选择要修剪的对象,或[栏选(F)/窗交(C)/投影(P)/边(E)/放弃(U)]:
```

3. 选项说明

各选项的含义如表 5-7 所示。

表 5-7　"延伸"命令各选项的含义

选　　项	含　　义
延伸对象	如果要延伸的对象是适配样条多段线，则延伸后会在多段线的控制框上增加新节点。如果要延伸的对象是锥形的多段线，系统会修正延伸端的宽度，使多段线从起始端平滑地延伸至新的终止端。如果延伸操作导致新终止端的宽度为负值，则取宽度值为 0(图 5-56)
修剪命令	选择对象时，如果按住 Shift 键，系统就自动将"延伸"命令转换成"修剪"命令

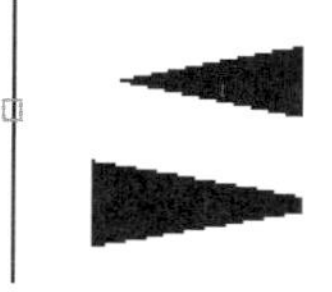
选择边界对象

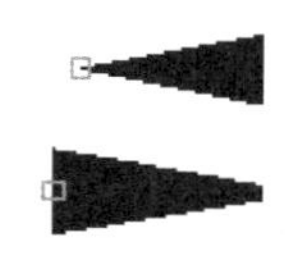
选择要延伸的多段线

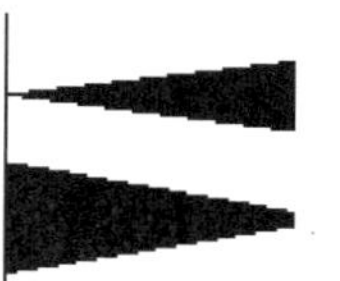
延伸后的结果

图 5-56　延伸对象

5.5.4 拉伸命令

拉伸对象是指拖拉选择的对象，使其形状发生改变，如图 5-57 所示。拉伸对象时，应指定拉伸的基点和移置点。利用一些辅助工具如捕捉、钳夹功能及相对坐标等可以提高拉伸的精度。

(a)

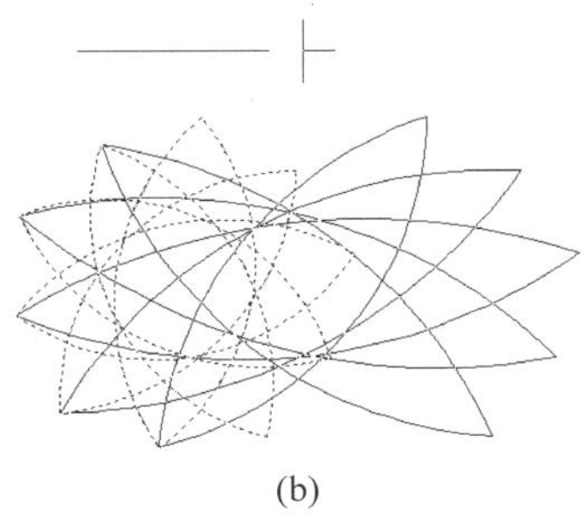

(b)

图 5-57 拉伸

(a) 拉伸前；(b) 拉伸后

1. 执行方式

命令行：STRETCH(快捷命令：S)。

菜单栏：选择菜单栏中的“修改”→“拉伸”命令。

工具栏：单击“修改”工具栏中的“拉伸”按钮。

功能区：单击“默认”选项卡“修改”面板中的“拉伸”按钮。

2. 操作步骤

```
命令:STRETCH↙
以交叉窗口或交叉多边形选择要拉伸的对象...
选择对象: C↙
指定第一个角点: 指定对角点: 找到 2 个(采用交叉窗口的方式选择要拉伸的对象)
指定基点或 [位移(D)] <位移>:(指定拉伸的基点)
指定第二个点或 <使用第一个点作为位移>:(指定拉伸的移至点)
```

此时，若指定第二个点，系统将根据这两点决定的矢量拉伸对象。若直接按 Enter 键，系统会把第一个点作为 X 轴和 Y 轴的分量值。

STRETCH 命令仅移动位于交叉选择内的顶点和端点，不更改那些位于交叉选择外的顶点和端点。部分包含在交叉选择窗口内的对象将被拉伸。

说明：执行 STRETCH 命令时，必须采用交叉窗口(C)或交叉多边形(CP)方式选择对象。用交叉窗口选择拉伸对象时，落在交叉窗口内的端点被拉伸，落在外部的端点保持不动。

5.5.5 拉长命令

1. 执行方式

命令行：LENGTHEN(快捷命令：LEN)。

菜单栏：选择菜单栏中的“修改”→“拉长”命令。

功能区：单击“默认”选项卡“修改”面板中的“拉长”按钮。

2. 操作步骤

Note

```
命令:LENGTHEN↙
选择要测量的对象或 [增量(DE)/百分比(P)/总计(T)/动态(DY)] <总计(T)>:(选定对象)
当前长度: 30.5001(给出选定对象的长度,如果选择圆弧则还将给出圆弧的包含角)
选择要测量的对象或 [增量(DE)/百分比(P)/总计(T)/动态(DY)] <总计(T)>: DE↙(选择拉长或缩短的方式.如选择"增量(DE)"方式)
输入长度增量或 [角度(A)] <0.0000>: 10↙(输入长度增量数值.如果选择圆弧段,则可输入 A 给定角度增量)
选择要修改的对象或 [放弃(U)]:(选定要修改的对象,进行拉长操作)
选择要修改的对象或 [放弃(U)]:(继续选择,按 Enter 键,结束命令)
```

3. 选项说明

各选项的含义如表 5-8 所示。

表 5-8 “拉长”命令各选项的含义

选　　项	含　　义
增量(DE)	用指定增加量的方法来改变对象的长度或角度
百分比(P)	用指定要修改对象的长度占总长度的百分比的方法来改变圆弧或直线段的长度
总计(T)	用指定新的总长度或总角度值的方法来改变对象的长度或角度
动态(DY)	在这种模式下,可以使用拖拉鼠标的方法来动态地改变对象的长度或角度

5-7

5.5.6 上机练习——箍筋绘制

练习目标

绘制如图 5-58 所示的箍筋。

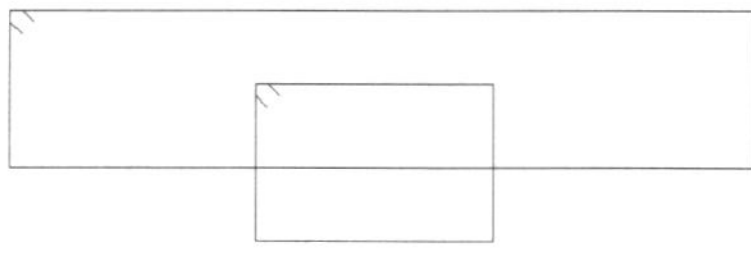

图 5-58 箍筋

设计思路

首先利用矩形、直线、复制和镜像命令绘制初步图形,然后利用拉长命令拉长矩形。

操作步骤

(1) 绘制矩形。单击“默认”选项卡“绘图”面板中的“矩形”按钮▭,绘制一个矩形,如图 5-59 所示。

(2) 右击状态栏上的“对象捕捉”按钮◻,在弹出的快捷菜单中选择“对象捕捉设置”命令(图 5-60),打开“草图设置”对话框(图 5-61)。选中“启用对象捕捉”复选框,单击“全部选择”按钮,选择所有的对象捕捉模式。再切换到“极轴追踪”选项卡(图 5-62),选中“启用极轴追踪”复选框,将下面的“增量角”设置成默认的 45。

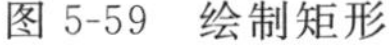

图 5-59　绘制矩形　　　　图 5-60　右键快捷菜单

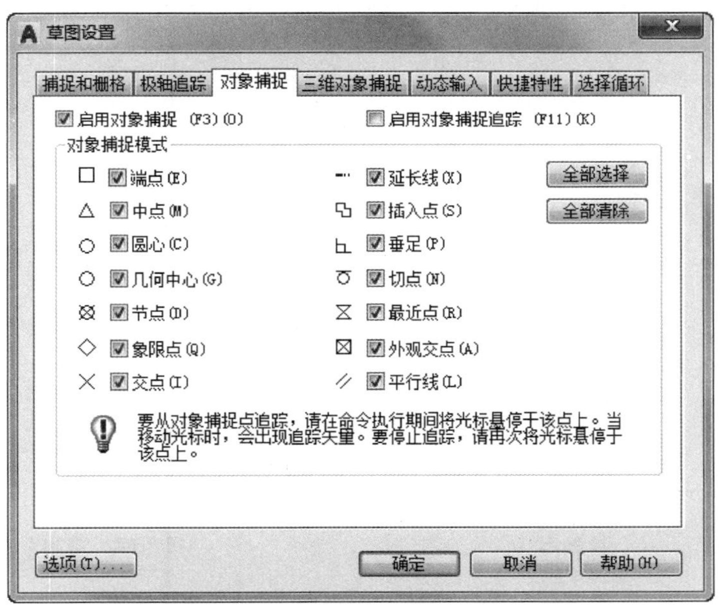

图 5-61　“草图设置”对话框

(3) 单击“默认”选项卡“绘图”面板中的“直线”按钮，捕捉矩形左边靠上角一点为线段起点(图 5-63)，利用极轴追踪功能，在 315°极轴追踪线上适当指定一点为线段终点(图 5-64)，完成线段绘制，结果如图 5-65 所示。

(4) 单击“默认”选项卡“修改”面板中的“镜像”按钮，选择刚绘制的线段为对象，捕捉矩形左上角为对称线起点，在 315°极轴追踪线上适当指定一点为对称线终点(图 5-66)，完成线段的镜像绘制(图 5-67)。

(5) 单击“默认”选项卡“修改”面板中的“复制”按钮，将刚绘制的图形向右下方适当位置进行复制，结果如图 5-68 所示。

Note

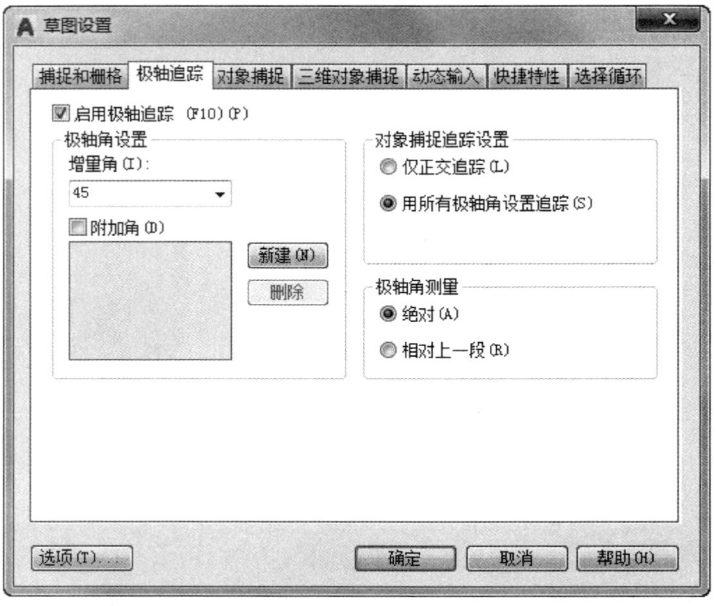

图 5-62　极轴追踪设置

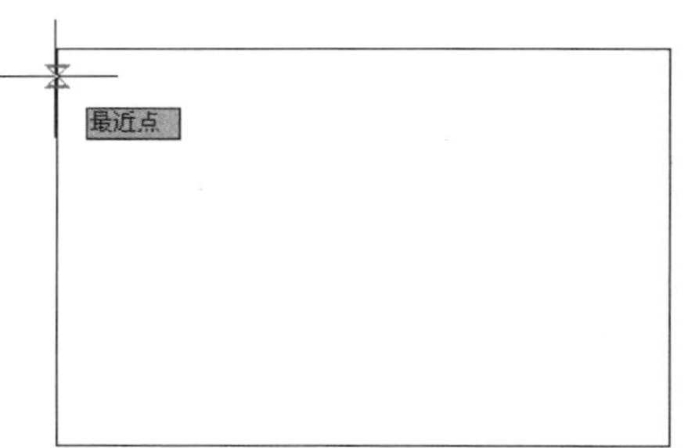

图 5-63　捕捉起点

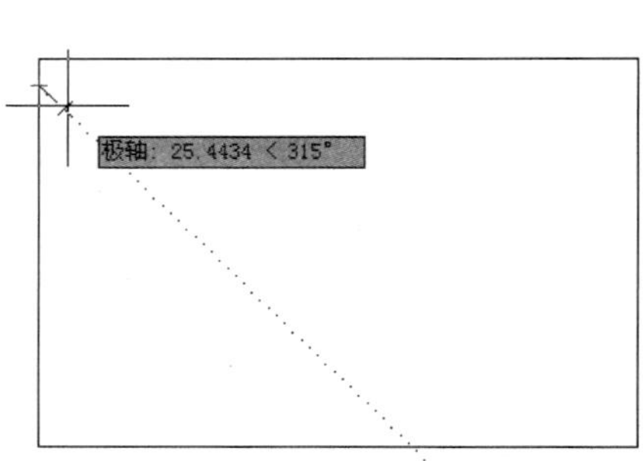

图 5-64　绘制圆

图 5-65　绘制线段

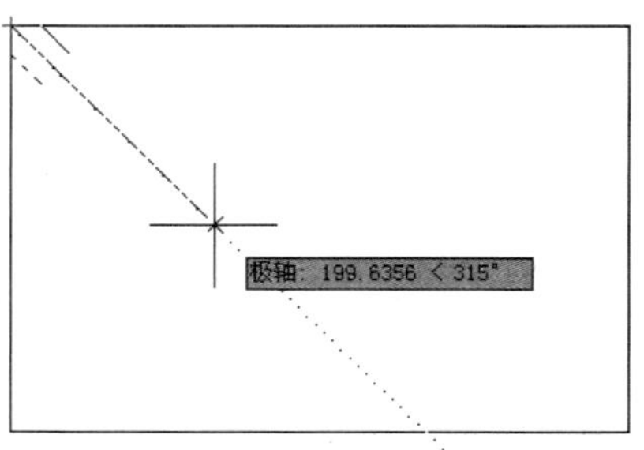

图 5-66　指定对称线

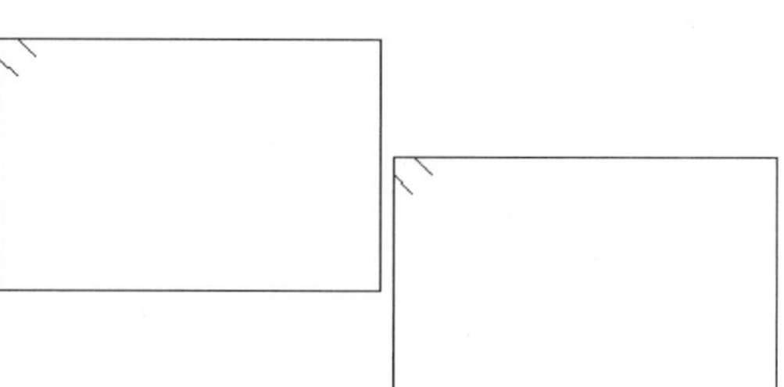

图 5-67　镜像绘制　　　　图 5-68　绘制直线

（6）单击“默认”选项卡“修改”面板中的“拉伸”按钮，命令行提示与操作如下：

```
命令：_stretch
以交叉窗口或交叉多边形选择要拉伸的对象...
选择对象：c↙
指定第一个角点：(在第一个矩形左上方适当位置指定一点)
指定对角点：(往右下方适当位置指定一点，注意不要包含第二个矩形任何图线，如图 5-69 所示)
选择对象：↙(完成对象选择，选中的对象高亮显示，如图 5-70 所示)
指定基点或 [位移(D)] <位移>：(适当指定一点)
指定第二个点或 <使用第一个点作为位移>：(水平向右在适当位置指定一点，如图 5-71 所示)
```

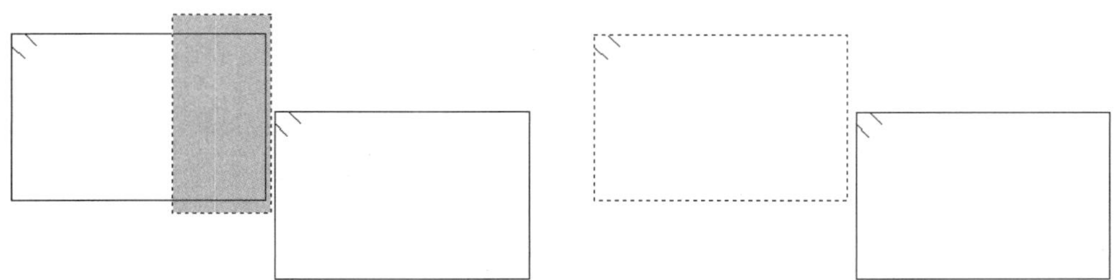

图 5-69　选择对象　　　　图 5-70　高亮显示被选中对象

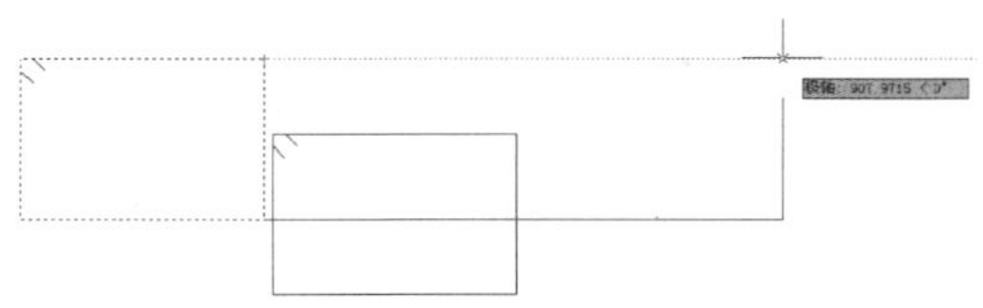

图 5-71　指定拉伸距离

结果如图 5-58 所示。

5.5.7 圆角命令

圆角是指用指定的半径决定的一段平滑的圆弧连接两个对象。系统规定可以圆角连接一对直线段、非圆弧的多段线段、样条曲线、双向无限长线、射线、圆、圆弧和椭圆，可以在任何时刻圆角连接非圆弧多段线的每个节点。

1. 执行方式

命令行：FILLET(快捷命令：F)。

菜单栏：选择菜单栏中的"修改"→"圆角"命令。

工具栏：单击"修改"工具栏中的"圆角"按钮 。

功能区：单击"默认"选项卡"修改"面板中的"圆角"按钮 。

2. 操作步骤

```
命令:FILLET↙
当前设置: 模式 = 修剪,半径 = 0.0000
选择第一个对象或 [放弃(U)/多段线(P)/半径(R)/修剪(T)/多个(M)]:(选择第一个对象或别的选项)
选择第二个对象,或按住 Shift 键选择对象以应用角点或 [半径(R)]:(选择第二个对象)
```

3. 选项说明

各选项的含义如表 5-9 所示。

表 5-9 "圆角"命令各选项的含义

选　　项	含　　义
多段线(P)	在一条二维多段线的两段直线段的节点处插入圆滑的弧。选择多段线后，系统会根据指定的圆弧的半径把多段线各顶点用圆滑的弧连接起来
修剪(T)	决定在圆角连接两条边时，是否修剪这两条边，如图 5-72 所示
多个(M)	可以同时对多个对象进行圆角编辑，而不必重新起用命令
半径(R)	按住 Shift 键并选择两条直线，可以快速创建零距离倒角或零半径圆角

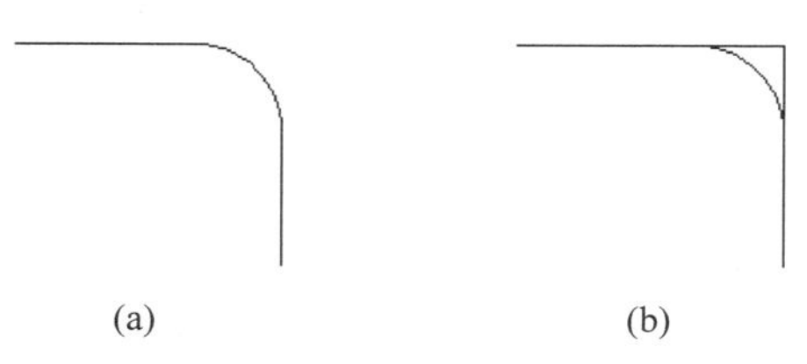

图 5-72 圆角连接

(a) 修剪方式；(b) 不修剪方式

5.5.8 倒角命令

倒角是指用斜线连接两个不平行的线型对象。可以用斜线连接直线段、双向无限长线、射线和多段线。

1. 执行方式

命令行：CHAMFER(快捷命令：CHA)。

菜单栏：选择菜单栏中的“修改”→“倒角”命令。

工具栏：单击“修改”工具栏中的“倒角”按钮。

功能区：单击“默认”选项卡“修改”面板中的“倒角”按钮。

2. 操作步骤

```
命令:CHAMFER↙
("不修剪"模式)当前倒角距离 1 = 0.0000,距离 2 = 0.0000
选择第一条直线或[放弃(U)/多段线(P)/距离(D)/角度(A)/修剪(T)/方式(E)/多个(M)]:(选择第一条直线或别的选项)
选择第二条直线,或按住 Shift 键选择直线以应用角点或[距离(D)/角度(A)/方法(M)]:(选择第二条直线)
```

3. 选项说明

各选项的含义如表 5-10 所示。

表 5-10　“倒角”命令各选项的含义

选　　项	含　　义
距离(D)	选择倒角的两个斜线距离。斜线距离是指从被连接的对象与斜线的交点到被连接的两对象的可能的交点之间的距离,如图 5-73 所示。这两个斜线距离可以相同也可以不相同,若二者均为 0,则系统不绘制连接的斜线,而是把两个对象延伸至相交,并修剪超出的部分
角度(A)	选择第一条直线的斜线距离和角度。采用这种方法斜线连接对象时,需要输入两个参数:斜线与一个对象的斜线距离和斜线与该对象的夹角,如图 5-74 所示
多段线(P)	对多段线的各个交叉点进行倒角编辑。为了得到最好的连接效果,一般设置斜线是相等的值。系统根据指定的斜线距离把多段线的每个交叉点都作斜线连接,连接的斜线成为多段线新添加的构成部分,如图 5-75 所示
修剪(T)	与圆角连接命令 FILLET 相同,该选项决定连接对象后,是否剪切原对象
方式(E)	决定采用“距离”方式还是“角度”方式来倒角
多个(M)	同时对多个对象进行倒角编辑

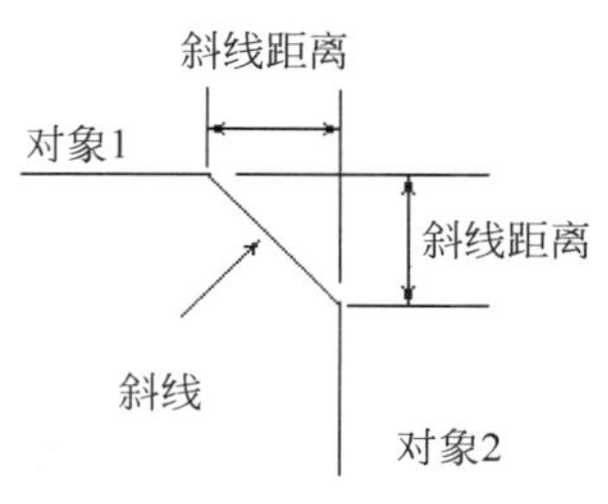

图 5-73　斜线距离

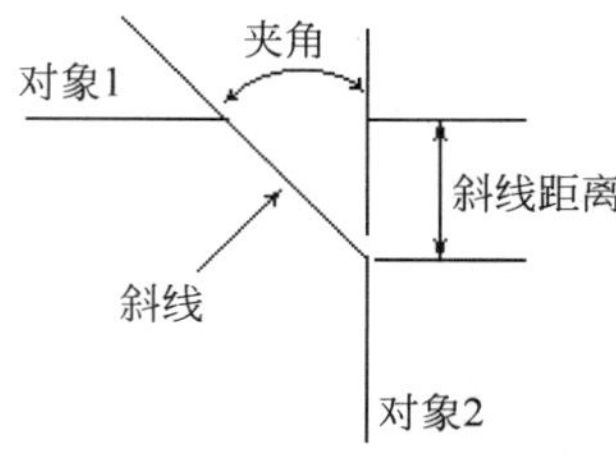

图 5-74　斜线距离与夹角

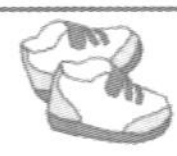

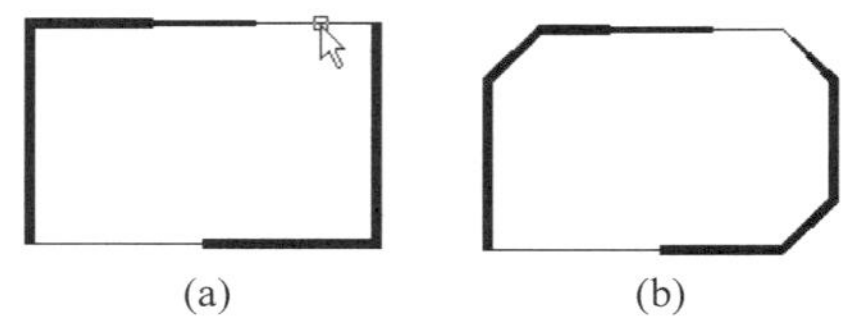

图 5-75 斜线连接多段线
(a) 选择多段线；(b) 倒角结果

Note

说明：有时用户在执行圆角和倒角命令时，发现命令不执行或执行后没什么变化，那是因为系统默认圆角半径和斜线距离均为0，如果不事先设定圆角半径或斜线距离，系统就以默认值执行命令，所以看起来好像没有执行命令。

5.5.9 打断命令

1. 执行方式

命令行：BREAK(快捷命令：BR)。

菜单栏：选择菜单栏中的“修改”→“打断”命令。

工具栏：单击“修改”工具栏中的“打断”按钮。

功能区：单击“默认”选项卡“修改”面板中的“打断”按钮。

2. 操作步骤

```
命令:BREAK↙
选择对象:(选择要打断的对象)
指定第二个打断点或 [第一点(F)]:(指定第二个断开点或输入 F)
```

3. 选项说明

如果选择“第一点(F)”选项，系统将丢弃前面的第一个选择点，重新提示用户指定两个打断点。

5.5.10 打断于点

打断于点是指在对象上指定一点，从而把对象在此点拆分成两部分。此命令与打断命令类似。

1. 执行方式

工具栏：单击“修改”工具栏中的“打断于点”按钮。

功能区：单击“默认”选项卡“修改”面板中的“打断于点”按钮。

2. 操作步骤

执行此命令后，命令行提示：

```
选择对象:(选择要打断的对象)
指定第二个打断点或 [第一点(F)]: _f(系统自动执行"第一点(F)"选项)
指定第一个打断点:(选择打断点)
指定第二个打断点: @(系统自动忽略此提示)
```

5.5.11 分解命令

1. 执行方式

命令行：EXPLODE（快捷命令：X）。

菜单栏：选择菜单栏中的"修改"→"分解"命令。

工具栏：单击"修改"工具栏中的"分解"按钮。

功能区：单击"默认"选项卡"修改"面板中的"分解"按钮。

2. 操作步骤

```
命令:EXPLODE↙
选择对象:(选择要分解的对象)
```

选择一个对象后，该对象会被分解。系统继续提示该行信息，允许分解多个对象。

5.5.12 合并命令

可以将直线、圆弧、椭圆弧和样条曲线等独立的对象合并为一个对象，如图5-76所示。

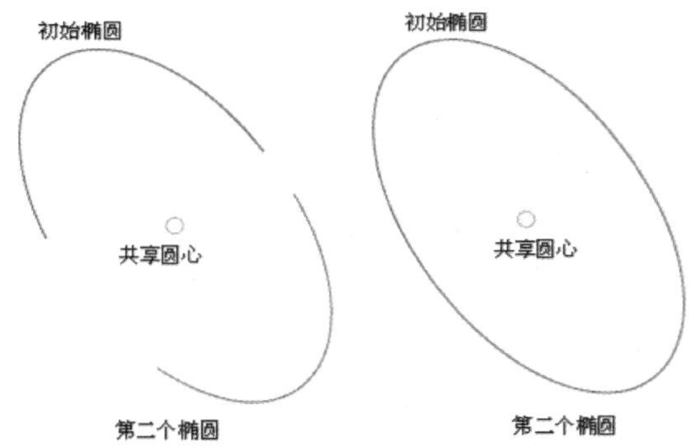

图5-76 合并对象

1. 执行方式

命令行：JOIN。

菜单栏：选择菜单栏中的"修改"→"合并"命令。

工具栏：单击"修改"工具栏中的"合并"按钮。

功能区：单击"默认"选项卡"修改"面板中的"合并"按钮。

2. 操作步骤

```
命令: JOIN↙
选择源对象或要一次合并的多个对象:(选择一个对象)
找到 1 个
选择要合并的对象:(选择另一个对象)
找到 1 个,总计 2 个
选择要合并的对象:↙
2 条直线已合并为 1 条直线↙
```

5.5.13 上机练习——花篮螺丝钢筋接头绘制

练习目标

绘制如图 5-77 所示的花篮螺丝钢筋接头。

设计思路

首先利用直线和矩形命令绘制初步图形，然后利用多段线命令绘制钢筋，最后利用打断命令将钢筋打断。

5-8

操作步骤

（1）单击"默认"选项卡"绘图"面板中的"矩形"按钮，绘制一个矩形，如图 5-78 所示。

（2）单击"默认"选项卡"绘图"面板中的"直线"按钮，在矩形内绘制两条竖向直线，如图 5-79 所示。

（3）单击"默认"选项卡"绘图"面板中的"多段线"按钮，绘制钢筋，如图 5-80 所示。

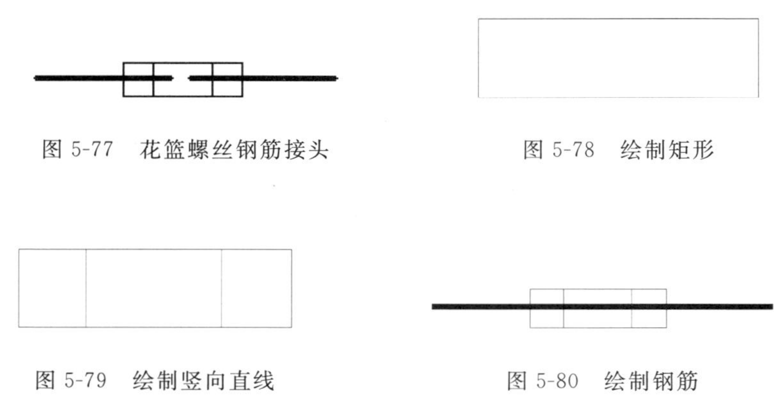

图 5-77 花篮螺丝钢筋接头

图 5-78 绘制矩形

图 5-79 绘制竖向直线

图 5-80 绘制钢筋

（4）单击"默认"选项卡"修改"面板中的"打断"按钮，将多段线打断，如图 5-77 所示。命令行提示与操作如下：

```
命令：_break 选择对象：
指定第二个打断点或[第一点(F)]：
```

5.6 对象编辑

在对图形进行编辑时，还可以对图形对象本身的某些特性进行编辑，从而方便地进行图形绘制。

5.6.1 钳夹功能

利用钳夹功能可以快速方便地编辑对象。AutoCAD 在图形对象上定义了一些特殊点，称为夹点，利用夹点可以灵活地控制对象，如图 5-81 所示。

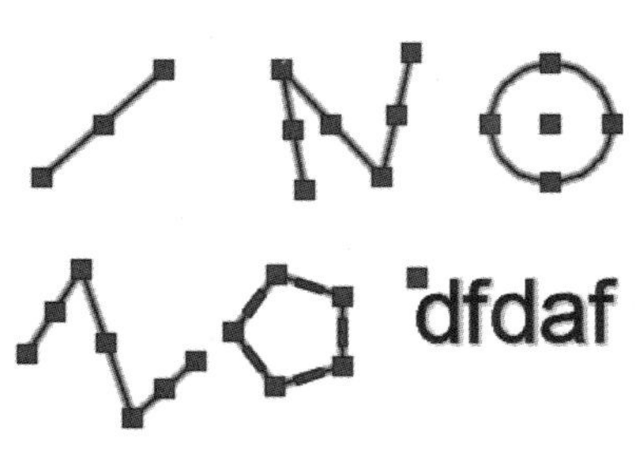

图 5-81　夹点

要使用钳夹功能编辑对象，必须先打开钳夹功能，打开方法是：选择菜单栏中的"工具"→"选项"→"选择集"命令。

在"选项"对话框的"选择集"选项卡中，选中"启用夹点"复选框。在该选项卡中，还可以设置代表夹点的小方格的尺寸和颜色。

也可以通过 GRIPS 系统变量来控制是否打开钳夹功能，1 代表打开，0 代表关闭。

打开了钳夹功能后，应该在编辑对象之前先选择对象。夹点表示了对象的控制位置。

使用夹点编辑对象，要选择一个夹点作为基点，称为基准夹点。然后，选择以下一种编辑操作：镜像、移动、旋转、拉伸和缩放。可以用空格键、Enter 键或键盘上的快捷键循环选择这些功能。

下面仅以其中的拉伸对象操作为例进行介绍，其他操作类似。

在图形上拾取一个夹点，该夹点改变颜色，此点为夹点编辑的基准夹点。这时系统提示：

```
** 拉伸 **
指定拉伸点或 [基点(B)/复制(C)/放弃(U)/退出(X)]:
```

在上述拉伸编辑提示下输入镜像命令或右击，在弹出的快捷菜单中选择"镜像"命令，系统就会转换为"镜像"操作，其他操作类似。

5.6.2 修改对象属性

1. 执行方式

命令行：DDMODIFY 或 PROPERTIES。

菜单栏：选择菜单栏中的"修改"→"特性或工具"→"选项板"→"特性"命令。

工具栏：单击"标准"工具栏中的"特性"按钮。

功能区：单击"视图"选项卡"选项板"面板中的"特性"按钮，或单击"默认"选项卡"特性"面板中的"对话框启动器"按钮。

2. 操作步骤

执行上述命令，AutoCAD 打开"特性"工具板，如图 5-82 所示。利用它可以方便地设置或修改对象的各种属性。

不同的对象属性种类和值不同，修改属性值，对象会改变为新的属性。

Note

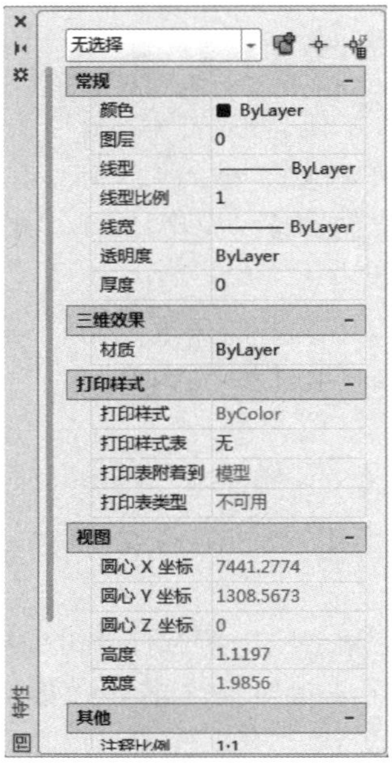

无选择	
常规	
颜色	■ ByLayer
图层	0
线型	——— ByLayer
线型比例	1
线宽	——— ByLayer
透明度	ByLayer
厚度	0
三维效果	
材质	ByLayer
打印样式	
打印样式	ByColor
打印样式表	无
打印表附着到	模型
打印表类型	不可用
视图	
圆心 X 坐标	7441.2774
圆心 Y 坐标	1308.5673
圆心 Z 坐标	0
高度	1.1197
宽度	1.9856
其他	
注释比例	1:1

图 5-82 “特性”工具板

5.6.3 特性匹配

利用特性匹配功能可以将目标对象的属性与源对象的属性进行匹配，使目标对象的属性与源对象属性相同。利用此功能可以方便快捷地修改对象属性，并保持不同对象的属性相同。

1. 执行方式

命令行：MATCHPROP。

菜单栏：选择菜单栏中的“修改”→“特性匹配”命令。

功能区：单击“默认”选项卡“特性”面板中的“特性匹配”按钮。

2. 操作步骤

```
命令: MATCHPROP↙
选择源对象:(选择源对象)
选择目标对象或[设置(S)]:(选择目标对象)
```

图 5-83(a)所示为两个属性不同的对象，以左边的圆为源对象，对右边的矩形进行特性匹配，结果如图 5-83(b)所示。

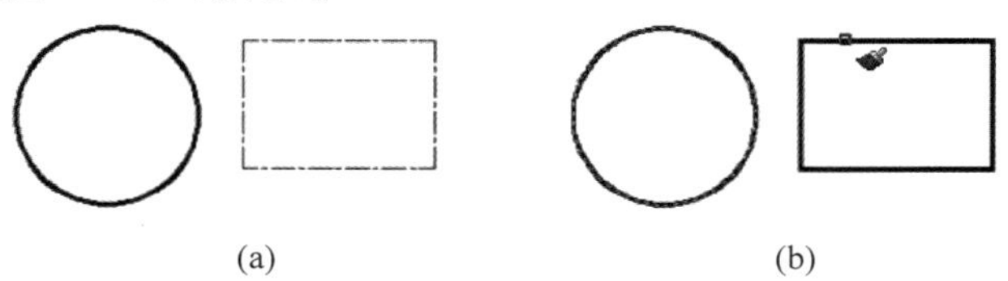

(a)　　(b)

图 5-83 特性匹配

(a) 原图；(b) 结果

5-9

5.7 实例精讲——桥墩结构图绘制

桥墩由基础、墩身和墩帽组成。本例将介绍桥墩结构图的绘制方法，借以巩固前面所学的编辑命令。

5.7.1 桥中墩墩身及底板钢筋图绘制

练习目标

绘制如图 5-84 所示的桥中墩墩身及底板钢筋图。

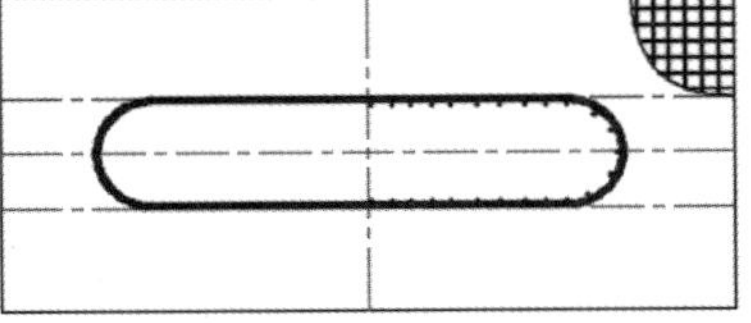

图 5-84 桥中墩墩身及底板钢筋图

设计思路

使用矩形、直线、圆命令绘制桥中墩墩身轮廓线；使用多段线命令绘制底板钢筋；进行修剪整理，完成桥中墩墩身及底板钢筋图的绘制。

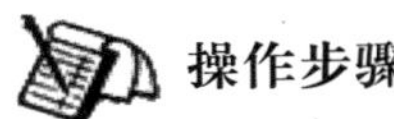

操作步骤

1. 前期准备以及绘图设置

（1）根据绘制图形确定绘图的比例，建议采用 1∶1 的比例绘制，1∶50 的比例出图。

（2）建立新文件。打开 AutoCAD 2018 应用程序，建立新文件，将新文件命名为“桥中墩墩身及底板钢筋图.dwg”并保存。

2. 绘制桥中墩墩身轮廓线

（1）单击“默认”选项卡“绘图”面板中的“矩形”按钮，绘制 9000×4000 的矩形。

（2）把定位中心线图层设置为当前图层，在状态栏中单击“正交模式”按钮，打开正交模式。在状态栏中单击“对象捕捉”按钮，打开对象捕捉模式。单击“默认”选项卡“绘图”面板中的“直线”按钮，取矩形的中点绘制两条对称中心线，如图 5-85 所示。

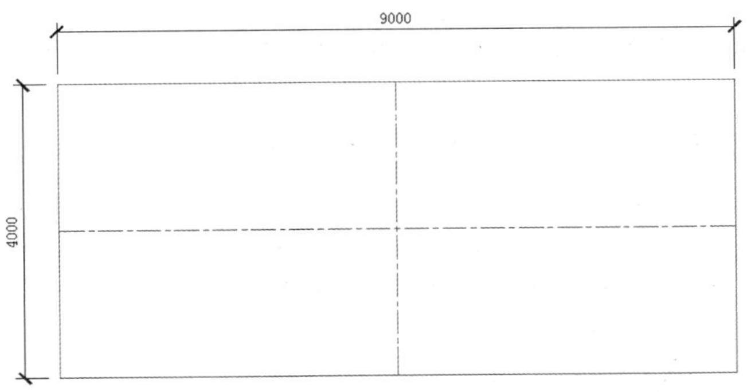

图 5-85 桥中墩墩身及底板钢筋图定位线绘制

Note

（3）单击“默认”选项卡“修改”面板中的“复制”按钮，复制刚刚绘制好的两条对称中心线。完成的图形和复制尺寸如图 5-86 所示。

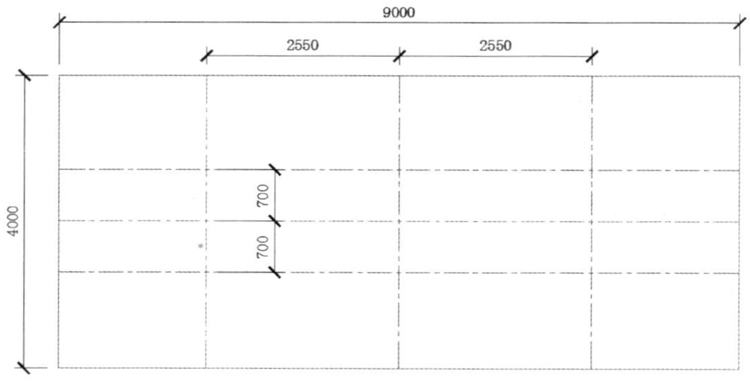

图 5-86　桥中墩墩身及底板钢筋图定位线复制

（4）单击“默认”选项卡“绘图”面板中的“多段线”按钮，绘制墩身轮廓线。完成的图形如图 5-87 所示。

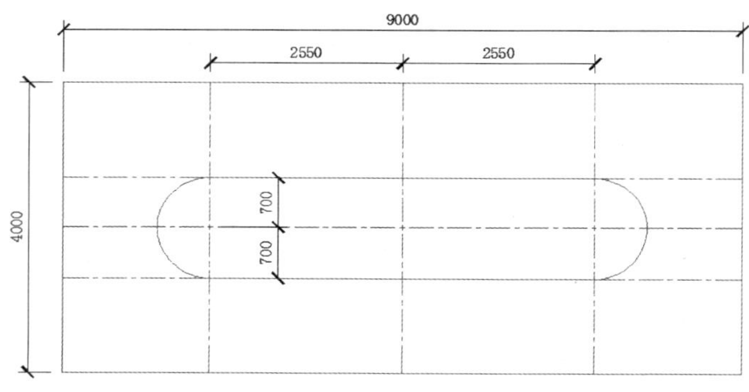

图 5-87　墩身轮廓线绘制

3. 绘制底板钢筋

（1）单击“默认”选项卡“修改”面板中的“偏移”按钮，向里面偏移刚刚绘制好的墩身轮廓线，指定偏移的距离为 50。

（2）单击“默认”选项卡“绘图”面板中的“多段线”按钮，加粗钢筋，设置起点和端点的宽度为 25。

（3）使用偏移命令绘制墩身钢筋，然后使用多段线编辑命令加粗偏移后的箍筋。完成的图形如图 5-88 所示。

（4）单击“默认”选项卡“绘图”面板中的“圆”按钮，绘制一个直径为 16 的圆。

（5）单击“默认”选项卡“绘图”面板中的“图案填充”按钮，打开“图案填充创建”选项卡，选择 SOLID 图例进行填充。

（6）单击“默认”选项卡“修改”面板中的“复制”按钮，复制刚刚填充好的钢筋到相应的位置，完成的图形如图 5-89 所示。

（7）单击“默认”选项卡“绘图”面板中的“样条曲线拟合”按钮，绘制底板配筋折线。

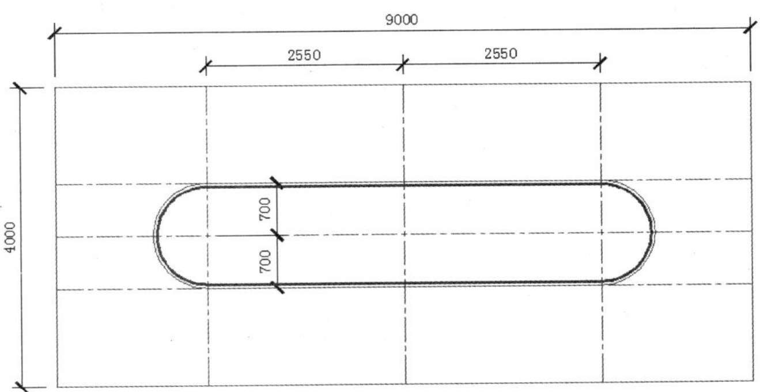

图 5-88　桥中墩墩身钢筋绘制

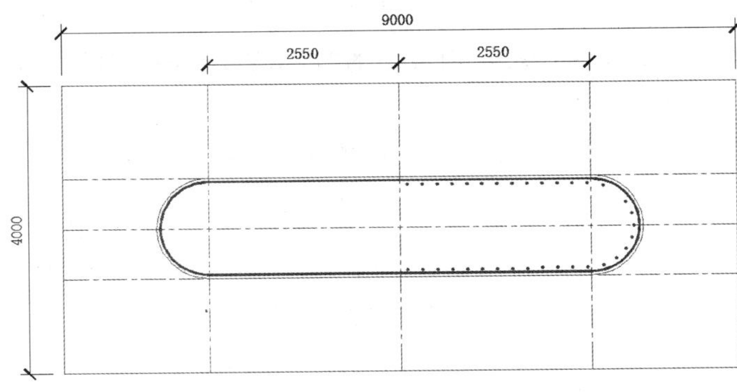

图 5-89　桥中墩墩身主筋绘制

(8) 单击“默认”选项卡“绘图”面板中的“多段线”按钮，绘制水平的钢筋线，长度为 1400，重复“多段线”命令，绘制垂直的钢筋线，长度为 1300。完成的图形如图 5-90 所示。

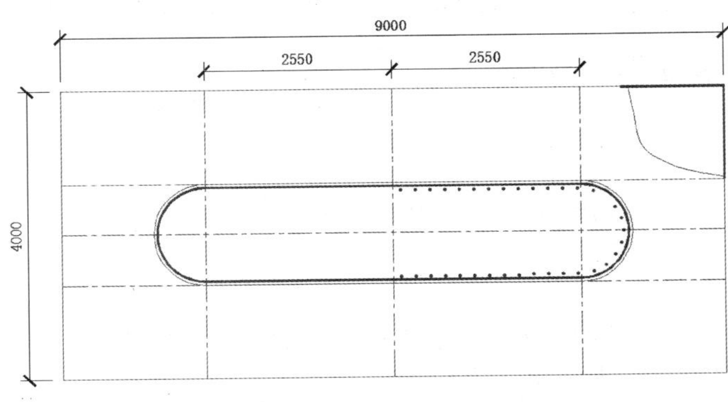

图 5-90　底板钢筋

(9) 单击“默认”选项卡“修改”面板中的“矩形阵列”按钮，选择横向底板钢筋为阵列对象，设置行数为 6，列数为 1，行间距为 200。

(10) 单击“默认”选项卡“修改”面板中的“矩形阵列”按钮，选择竖向底板钢筋

Note

为阵列对象，设置行数为 1，列数为 6，行间距为－200。完成的图形如图 5-91 所示。

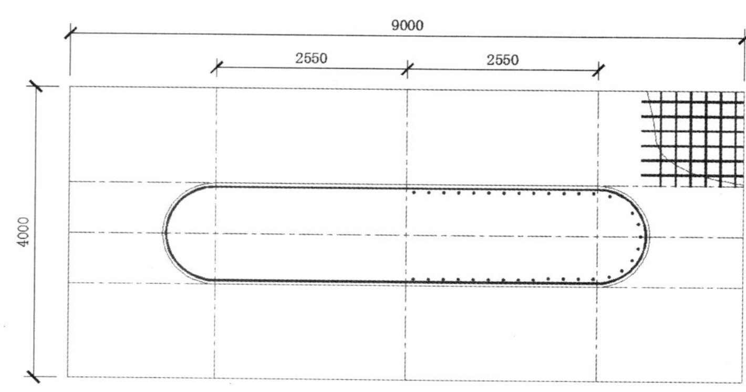

图 5-91　底板钢筋阵列

（11）单击“默认”选项卡“修改”面板中的“修剪”按钮，剪切多余的部分。完成的图形如图 5-92 所示。

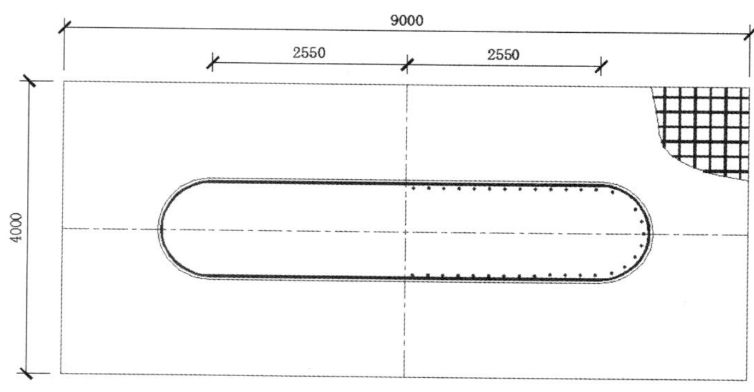

图 5-92　底板钢筋剪切

（12）单击“默认”选项卡“绘图”面板中的“多段线”按钮，绘制剖切线。

5-10

5.7.2　桥中墩立面图绘制

练习目标

绘制如图 5-93 所示的桥中墩立面图。

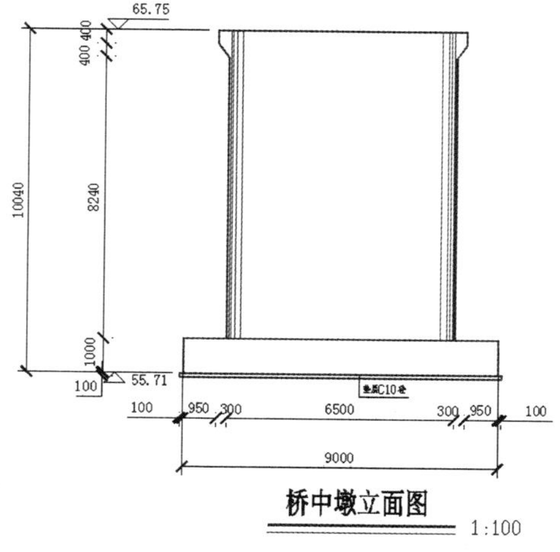

图 5-93　桥中墩立面图

设计思路

使用直线、多段线命令绘制桥中墩立面轮廓线；进行修剪整理，完成桥中墩立面图绘制。

操作步骤

1. 前期准备以及绘图设置

（1）根据绘制图形确定绘图的比例，建议采用 1∶1 的比例绘制，1∶100 的比例出图。

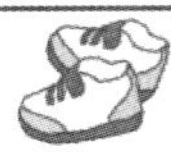

（2）建立新文件。打开 AutoCAD 2018 应用程序，建立新文件，将新文件命名为“桥中墩立面图.dwg”并保存。

（3）设置图层。设置以下三个图层：“尺寸”“轮廓线”和“文字”，将“轮廓线”设置为当前图层。设置好的图层如图 5-94 所示。

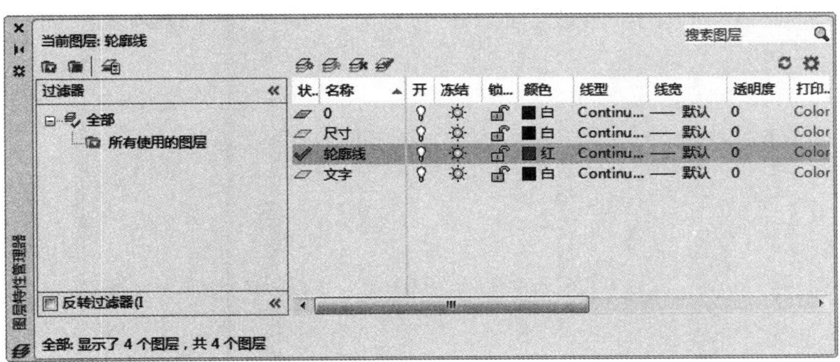

图 5-94　桥中墩立面图图层设置

2. 绘制桥中墩立面定位线

（1）单击“默认”选项卡“绘图”面板中的“矩形”按钮▭，绘制 9200×100 的矩形。

（2）把尺寸图层设置为当前图层，单击“默认”选项卡“注释”面板中的“线性”按钮⊢⊣，标注直线尺寸。完成的图形如图 5-95 所示。

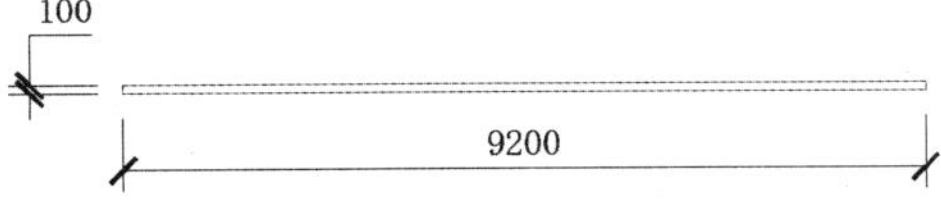

图 5-95　桥中墩立面图垫层绘制

（3）单击“默认”选项卡“绘图”面板中的“直线”按钮╱，绘制轮廓定位线。以 A 点为起点，绘制坐标为(@100,0)，(@0,1000)，(@1250,0)，(@0,8240)，(@−300,0)，(@0,400)，(@3550,0)，完成的图形如图 5-96 所示。

（4）单击“默认”选项卡“修改”面板中的“镜像”按钮⚠，复制刚刚绘制完的图形，完成的图形如图 5-97 所示。

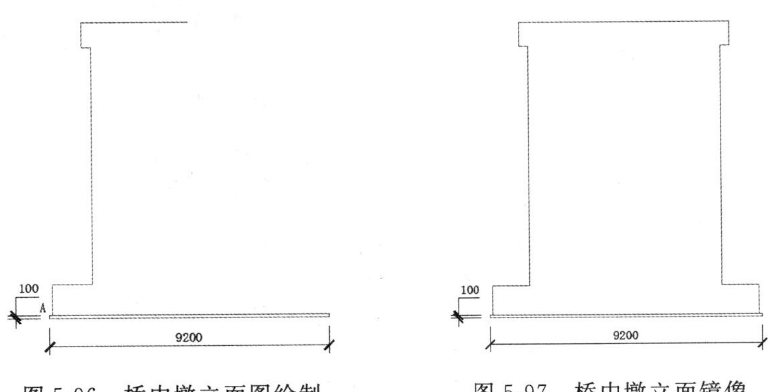

图 5-96　桥中墩立面图绘制　　图 5-97　桥中墩立面镜像

(5) 单击“默认”选项卡“绘图”面板中的“直线”按钮，绘制立面轮廓线，完成的图形如图 5-98 所示。

(6) 单击“默认”选项卡“绘图”面板中的“多段线”按钮，加粗桥中墩立面轮廓。设定多段线的宽度为 20。

(7) 单击“默认”选项卡“修改”面板中的“删除”按钮，删除多余的直线，完成的图形如图 5-99 所示。

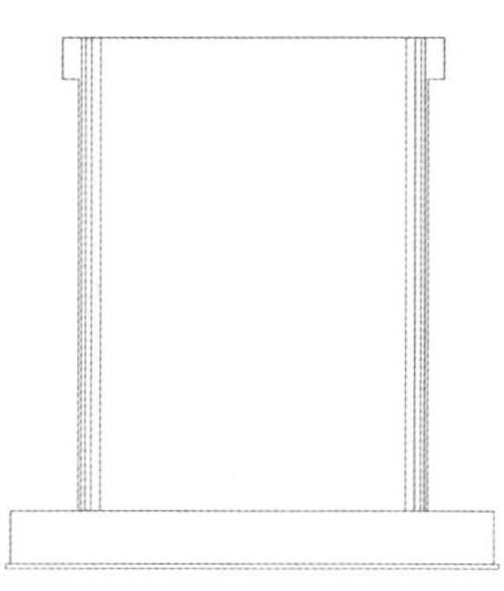

图 5-98　桥中墩立面图绘制

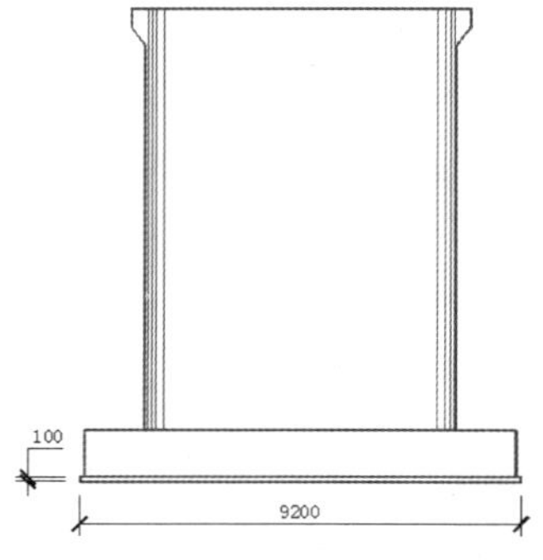

图 5-99　桥中墩立面图轮廓线

5-11

5.7.3　桥中墩剖面图绘制

练习目标

绘制如图 5-100 所示的桥中墩剖面图。

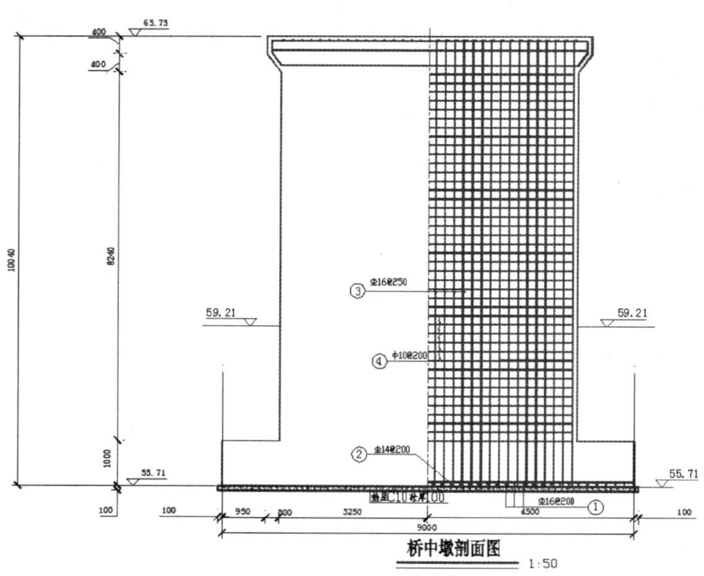

图 5-100　桥中墩剖面图

设计思路

调用桥中墩立面图，然后利用偏移、复制、阵列等命令绘制桥中墩剖面钢筋。

操作步骤

1. 前期准备以及绘图设置

(1) 根据绘制图形确定绘图的比例，建议采用 1∶1 的比例绘制，1∶50 的比例出图。

(2) 建立新文件。打开 AutoCAD 2018 应用程序，建立新文件，将新文件命名为“桥中墩剖面图.dwg”并保存。

(3) 设置图层。设置以下四个图层：“尺寸”“定位中心线”“轮廓线”和“文字”，将“轮廓线”设置为当前图层。

2. 调用桥中墩立面图

(1) 使用 Ctrl+C 命令复制桥中墩立面图，然后使用 Ctrl+V 命令将其粘贴到桥中墩剖面图中。

(2) 单击“默认”选项卡“修改”面板中的“缩放”按钮，将比例因子设置为 0.5，把文字缩放 0.5 倍。

(3) 单击“默认”选项卡“修改”面板中的“删除”按钮，删除多余的标注和直线。

(4) 把定位中心线图层设置为当前图层，单击“默认”选项卡“绘图”面板中的“直线”按钮，绘制一条桥中墩立面轴线。

(5) 单击“文字”工具栏中的“编辑文字”按钮，用鼠标单击图中的标高和文字进行修改。完成的图形如图 5-101 所示。

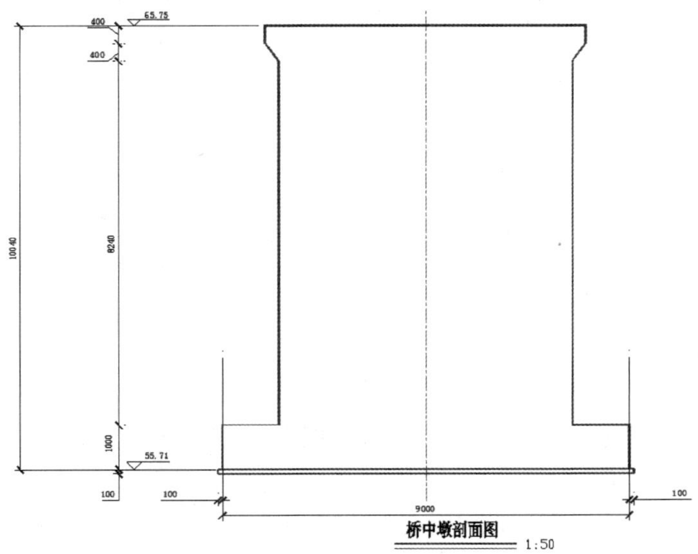

图 5-101　桥中墩剖面图调用和修改

Note

3. 绘制桥中墩剖面钢筋

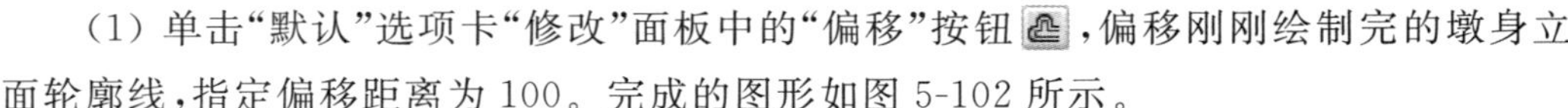

(1) 单击“默认”选项卡“修改”面板中的“偏移”按钮，偏移刚刚绘制完的墩身立面轮廓线，指定偏移距离为 100。完成的图形如图 5-102 所示。

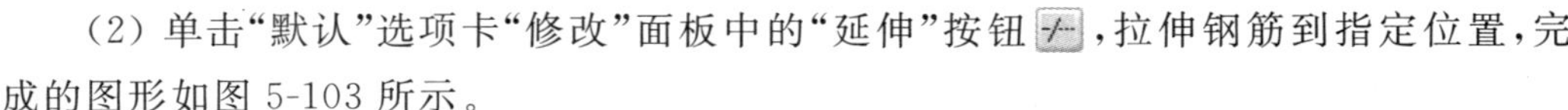

(2) 单击“默认”选项卡“修改”面板中的“延伸”按钮，拉伸钢筋到指定位置，完成的图形如图 5-103 所示。

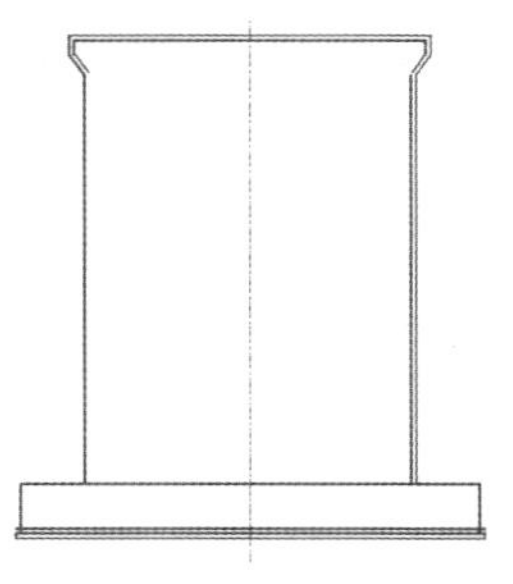

图 5-102　钢筋的偏移

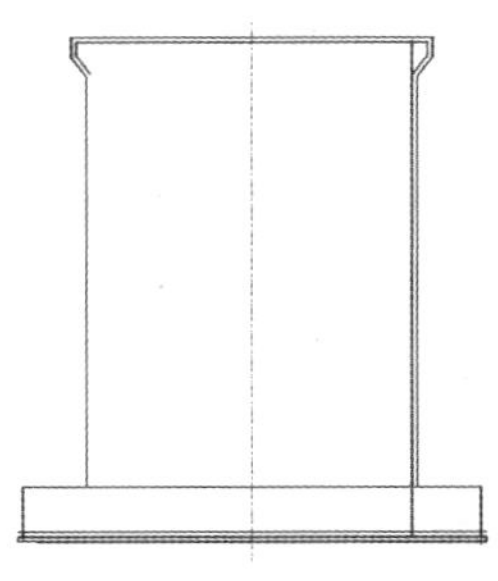

图 5-103　钢筋拉伸

(3) 单击“默认”选项卡“修改”面板中的“矩形阵列”按钮，选择垂直钢筋为阵列对象，设置行数为 1，列数为 16，列间距为－200，完成的图形如图 5-104 所示。

(4) 单击“默认”选项卡“修改”面板中的“复制”按钮，复制桥中墩上部钢筋。然后单击“默认”选项卡“修改”面板中的“矩形阵列”按钮，选择横向钢筋为阵列对象，设置行数为 43，列数为 1，行间距为－200，完成的图形如图 5-105 所示。

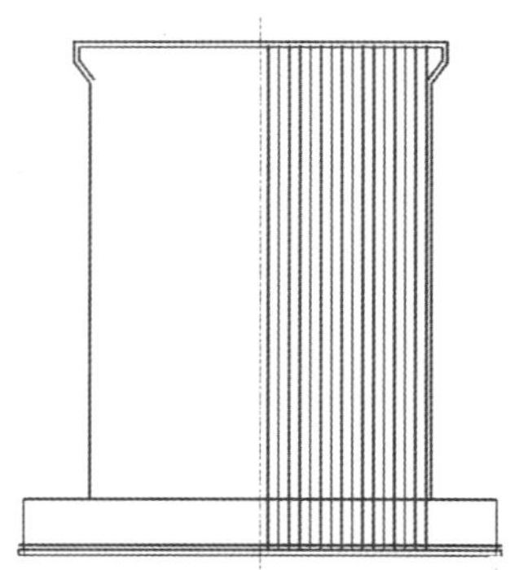

图 5-104　阵列垂直钢筋

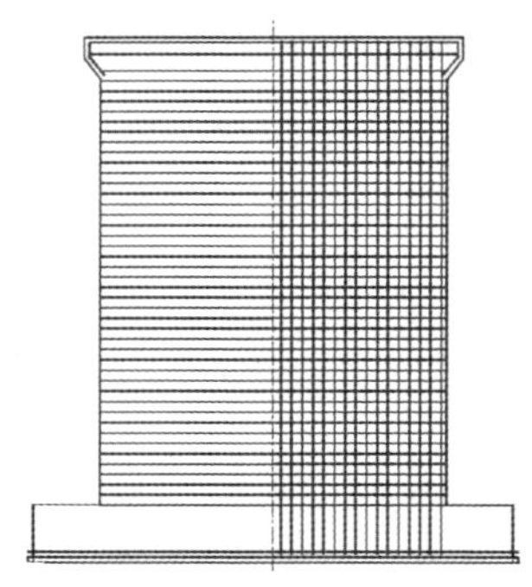

图 5-105　横向钢筋的复制

(5) 单击“默认”选项卡“绘图”面板中的“圆”按钮，绘制一个直径为 16 的圆。

(6) 单击“默认”选项卡“绘图”面板中的“图案填充”按钮，打开“图案填充创建”选项卡，选择 SOLID 图例类型进行填充。

(7) 单击“默认”选项卡“修改”面板中的“复制”按钮，把绘制好的钢筋复制到相应的位置。完成的图形如图 5-106 所示。

(8) 单击“默认”选项卡“修改”面板中的“修剪”按钮，剪切钢筋的多余部分。完成的图形如图 5-107 所示。

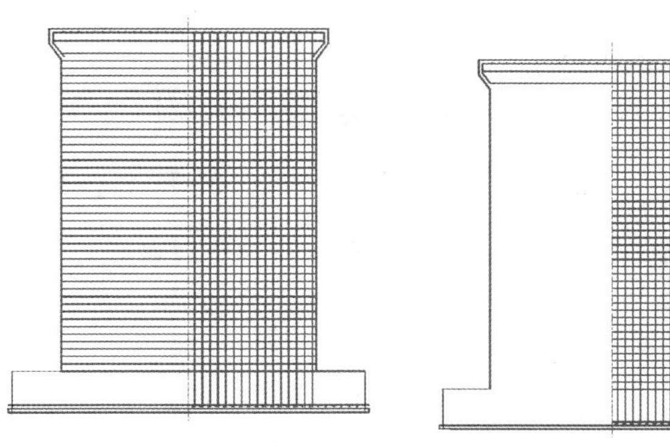

图 5-106 纵向钢筋的复制　　　　图 5-107 钢筋的剪切

(9) 单击“默认”选项卡“绘图”面板中的“图案填充”按钮，打开“图案填充创建”选项卡，选择“混凝土 3”图例类型进行填充，填充的比例为 15，如图 5-108 所示。

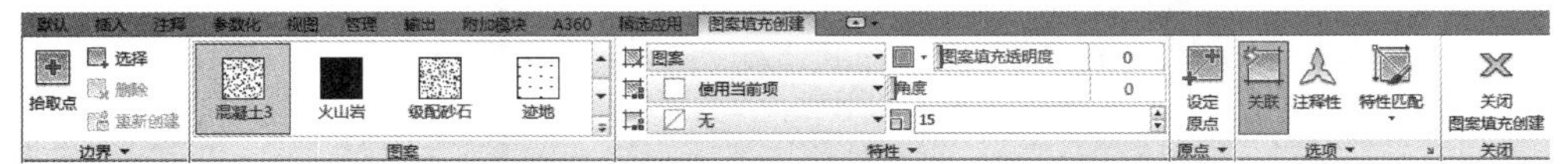

图 5-108 桥中墩剖面垫层填充设置

4. 标注文字

(1) 单击“默认”选项卡“注释”面板中的“多行文字”按钮 **A**，标注钢筋编号和型号。

(2) 单击“默认”选项卡“修改”面板中的“复制”按钮，把相同的内容复制到指定的位置。注意文字标注时需要把文字图层设置为当前图层。完成的图形如图 5-109 所示。

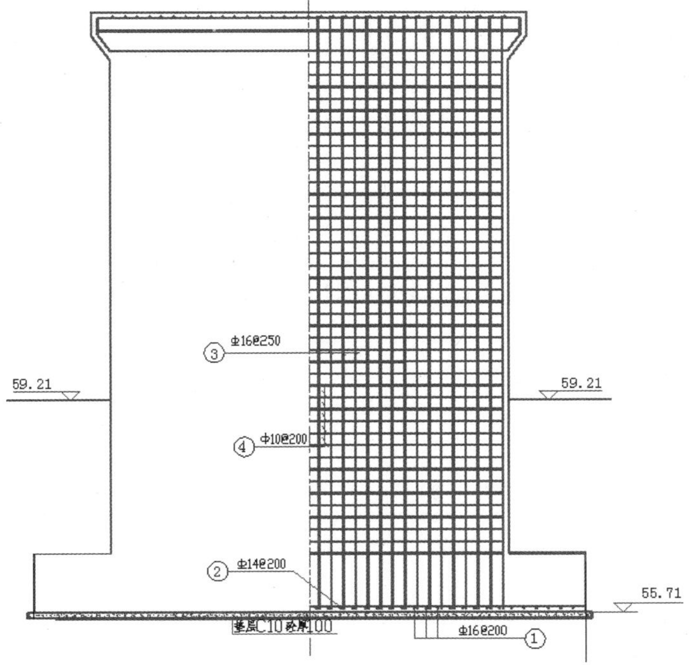

图 5-109 桥中墩剖面图文字标注

Note

5.8 学习效果自测

1. 有一根直线原来在0层，颜色为ByLayer，如果通过偏移，(　　)。

   A. 该直线一定会仍在0层上，颜色不变

   B. 该直线一定会在其他层上，颜色不变

   C. 该直线可能在其他层上，颜色与所在层一致

   D. 只是相当于复制

2. 分别绘制圆角为20的矩形和倒角为20的矩形，长均为100，宽均为80。则它们的面积相比，(　　)。

   A. 圆角矩形面积大

   B. 倒角矩形面积大

   C. 一样大

   D. 无法判断

3. 将圆心在(30,30)处的圆进行移动，移动中指定圆心的第二个点时，在动态输入框中输入(10,20)，其结果是(　　)。

   A. 圆心坐标为(10,20)

   B. 圆心坐标为(30,30)

   C. 圆心坐标为(40,50)

   D. 圆心坐标为(20,10)

4. 无法采用打断于点命令的对象是(　　)。

   A. 直线　　　　B. 开放的多段线

   C. 圆弧　　　　D. 圆

5. 对于一个多段线对象中的所有角点进行圆角，可以使用圆角命令中的什么命令选项？(　　)

   A. 多段线(P)　　　　B. 修剪(T)

   C. 多个(U)　　　　D. 半径(R)

6. 已有一个画好的圆，绘制一组同心圆可以用哪个命令来实现？(　　)

   A. STRETCH

   B. OFFSET

   C. EXTEND

   D. MOVE

7. 关于偏移，下面说法中错误的是(　　)。

   A. 偏移值为30

   B. 偏移值为－30

   C. 偏移圆弧时，既可以创建更大的圆弧，也可以创建更小的圆弧

   D. 可以偏移的对象类型有样条曲线

8. 如果对图 5-110 中的正方形沿两个点打断，打断之后的长度为(　　)。

   A. 150　　B. 100　　C. 150 或 50　　D. 随机

9. 关于分解命令(Explode)的描述正确的是(　　)。

   A. 对象分解后颜色、线型和线宽不会改变

   B. 图案分解后图案与边界的关联性仍然存在

   C. 多行文字分解后将变为单行文字

   D. 构造线分解后可得到两条射线

10. 绘制如图 5-111 所示的图形。

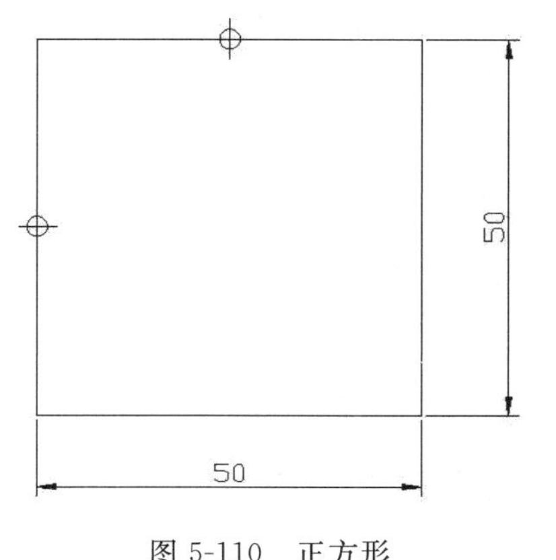

图 5-110　正方形

图 5-111　图形

5.9　上机实验

实例 1　绘制十字走向交叉口盲道。

1. 目的要求

本例主要用到了“直线”“圆”“多段线”“复制”和“删除”命令，绘制的图形如图 5-112 所示。要求读者掌握相关命令。

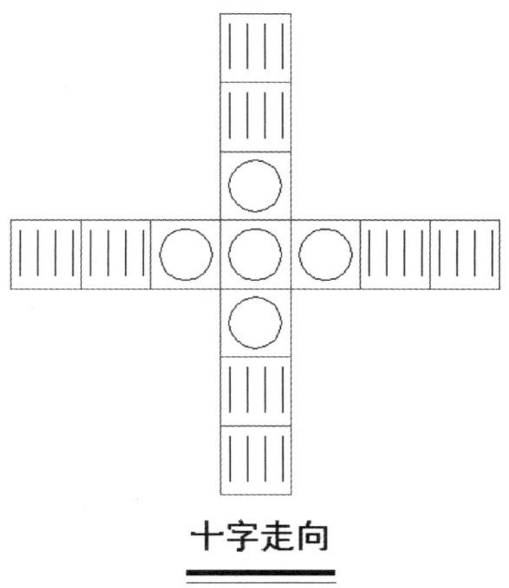

图 5-112　十字走向交叉口盲道

2. 操作提示

(1) 绘制盲道。

(2) 绘制交叉口提示圆形盲道。

(3) 复制盲道。

实例 2 绘制行进盲道。

1. 目的要求

本例主要用到了“复制”“修剪”“镜像”“偏移”等命令，绘制的图形如图 5-113 所示。要求读者掌握相关命令。

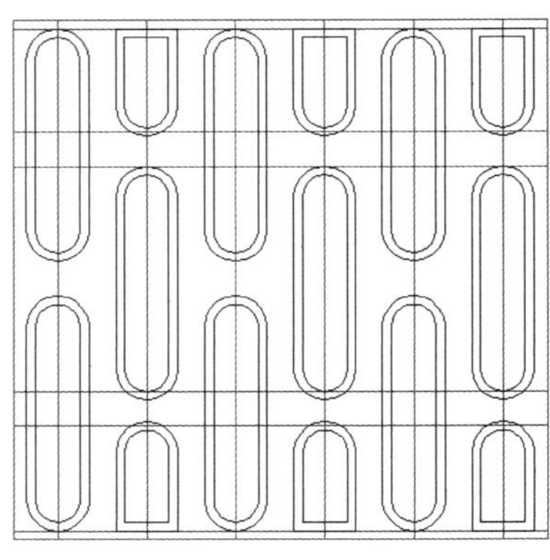

图 5-113 行进盲道

2. 操作提示

(1) 行进块材网格绘制。

(2) 行进盲道材料绘制。

(3) 采用复制和镜像命令完成全部图形。

第6章

文字与表格

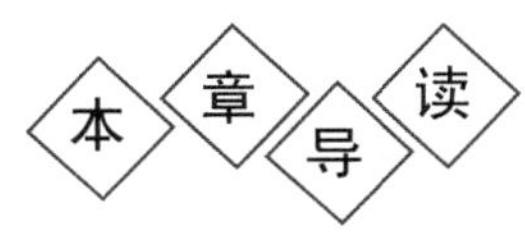

文字注释是图形中很重要的一部分内容，在进行各种设计时，通常不仅要绘出图形，还要在图形中标注一些文字，如技术要求、注释说明等，对图形对象加以解释。AutoCAD提供了多种写入文字的方法，本章将介绍文本的标注和编辑方法。图表在AutoCAD图形中也有大量的应用，如明细表、参数表和标题栏等，因此本章还介绍了与图表有关的内容。

学 习 要 点

- 文字样式
- 文本标注
- 表格

6.1 文字样式

Note

对于所有 AutoCAD 图形中的文字都有和其相对应的文字样式。当输入文字对象时，AutoCAD 使用当前设置的文字样式。文字样式是用来控制文字基本形状的一组设置。通过“文字样式”对话框，用户可方便直观地设置自己需要的文字样式，或对已有文字样式进行修改。

1. 执行方式

命令行：STYLE(快捷命令：ST)或 DDSTYLE。

菜单栏：选择菜单栏中的“格式”→“文字样式”命令。

工具栏：单击“文字”工具栏中的“文字样式”按钮。

功能区：单击“默认”选项卡“注释”面板中的“文字样式”按钮，或单击“注释”选项卡“文字”面板上的“文字样式”下拉菜单中的“管理文字样式”按钮，或单击“注释”选项卡“文字”面板中的“对话框启动器”按钮。

2. 操作步骤

执行上述命令后，AutoCAD 打开“文字样式”对话框，如图 6-1 所示。

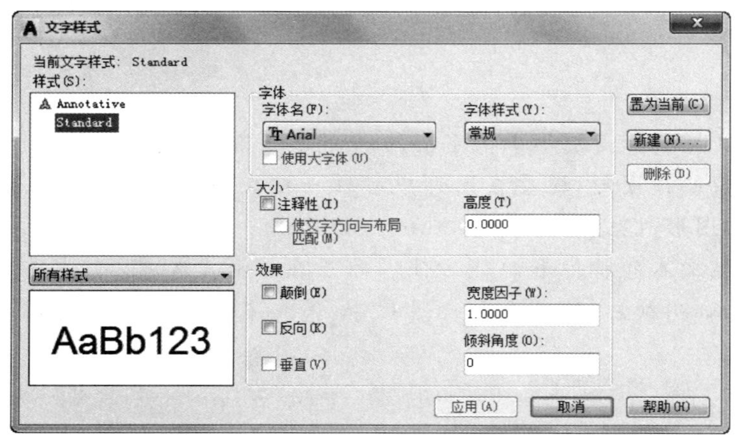

图 6-1 “文字样式”对话框

3. 选项说明

各选项的含义如表 6-1 所示。

表 6-1 “文字样式”命令各选项的含义

选　　项	含　　义
“样式”选项组	该选项组主要用于命名新样式或对已有样式名进行相关操作。单击“新建”按钮，AutoCAD 打开如图 6-2 所示的“新建文字样式”对话框。在此对话框中可以为新建的样式输入名字

Note

续表

选　　项	含　　义	
“字体”选项组	文字的字体用于确定字符的形状，在 AutoCAD 中，除了固有的 SHX 形状的字体文件外，还可以使用 TrueType 字体（如宋体、楷体、Italley 等）。一种字体可以设置不同的样式，从而被多种文字样式使用，例如，图 6-3 所示就是同一字体（宋体）的不同样式。 “字体”选项组用来确定文字样式使用的字体文件、字体风格及字高等。其中，如果在此文本框中输入一个数值，作为创建文字时的固定字高，那么在用 TEXT 命令输入文字时，AutoCAD 不再提示输入字高。如果在此文本框中设置字高为 0，AutoCAD 则会在每一次创建文字时都提示输入字高。所以，如果不想固定字高，就可以在样式中设置字高为 0	
“大小”选项组	“注释性”复选框	指定文字为注释性文字
	“使文字方向与布局匹配”复选框	指定图纸空间视口中的文字方向与布局方向匹配。如果没有选中“注释性”复选框，则该选项不可用
	“高度”文本框	设置文字高度。如果输入 0.0，则每次用该样式输入文字时，文字高度默认值为 0.2。输入大于 0.0 的高度值时，则为该样式设置固定的文字高度。在相同的高度设置下，TrueType 字体显示的高度要小于 SHX 字体显示的高度。如果选中“注释性”复选框，则将设置要在图纸空间中显示的文字的高度
“效果”选项组	“颠倒”复选框	选中此复选框，表示将文本文字倒置标注，如图 6-4(a)所示
	“反向”复选框	确定是否将文本文字反向标注。图 6-4(b)给出了这种标注的效果
	“垂直”复选框	确定文本文字是水平标注还是垂直标注。 选中此复选框时为垂直标注，否则为水平标注，如图 6-5 所示
	“宽度因子”文本框	设置宽度系数，确定文本字符的宽高比。当比例系数为 1 时，表示将按字体文件中定义的宽高比标注文字。当此系数小于 1 时，字会变窄；反之，字会变宽
	“倾斜角度”文本框	用于确定文字的倾斜角度。角度为 0 时不倾斜，大于 0 时向右倾斜，小于 0 时向左倾斜
“应用”按钮	确认对文字样式的设置。当建立新的样式或者对现有样式的某些特征进行修改后，都需单击此按钮，则 AutoCAD 确认所作的改动	

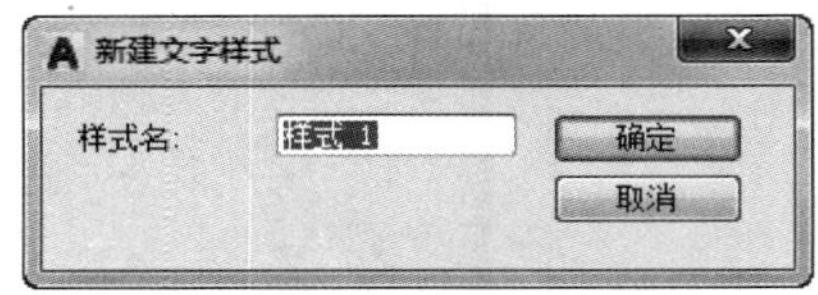

图 6-2　“新建文字样式”对话框

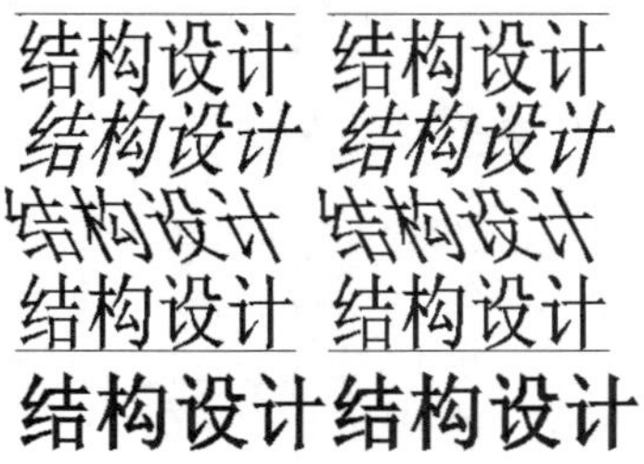

结构设计 结构设计
结构设计 结构设计
结构设计 结构设计
结构设计 结构设计
结构设计结构设计

图 6-3　同一字体的不同样式

图 6-4　文字倒置标注与反向标注

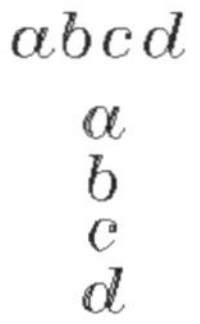

图 6-5　垂直标注文字

说明："垂直"复选框只有在 SHX 字体下才可用。

6.2 文本标注

在绘图过程中，文字传递了很多设计信息，它可能是一个很长、很复杂的说明，也可能是一条简短的文字信息。当需要标注的文本不太长时，用户可以利用 TEXT 命令创建单行文本。当需要标注很长、很复杂的文字信息时，用户可以用 MTEXT 命令创建多行文本。

6.2.1 单行文本标注

1. 执行方式

命令行：TEXT。

菜单栏：选择菜单栏中的"绘图"→"文字"→"单行文字"命令。

工具栏：单击"文字"工具栏中的"单行文字"按钮 AI。

功能区：单击"默认"选项卡"注释"面板中的"单行文字"按钮 AI，或单击"注释"选项卡"文字"面板中的"单行文字"按钮 AI。

2. 操作步骤

```
命令: TEXT↙
当前文字样式: "Standard" 文字高度: 2.5000 注释性: 否 对正: 左
指定文字的起点或 [对正(J)/样式(S)]:
```

3. 选项说明

各选项的含义如表 6-2 所示。

表 6-2 “单行文本标注”命令各选项的含义

选　　项	含　　义
指定文字的起点	在此提示下,直接在绘图屏幕上单击一点作为文本的起始点,AutoCAD 提示: 指定高度 <0.2000>:(确定字符的高度) 指定文字的旋转角度 <0>:(确定文本行的倾斜角度) 输入文字:(输入文本) 在此提示下,输入一行文本后按 Enter 键,AutoCAD 继续显示“输入文字:”提示,此时可继续输入文本,在全部输入完后,在此提示下直接按 Enter 键,则退出 TEXT 命令。可见,使用 TEXT 命令也可创建多行文本,只是这种多行文本的每一行是一个对象,不能同时对多行文本进行操作
对正(J)	在命令行提示下输入 J,用来确定文本的对齐方式,对齐方式决定文本的哪一部分与所选的插入点对齐。执行此选项后,命令行提示如下: 输入选项[左(L)/居中(C)/右(R)/对齐(A)/中间(M)/布满(F)/左上(TL)/中上(TC)/右上(TR)/左中(ML)/正中(MC)/右中(MR)/左下(BL)/中下(BC)/右下(BR)]: 在此提示下选择一个选项作为文本的对齐方式。当文本串水平排列时,AutoCAD 为标注文本串定义了如图 6-7 所示的文本行顶线、中线、基线和底线,各种对齐方式如图 6-8 所示,图中大写字母对应上述提示中的各命令。 在实际绘图时,有时需要标注一些特殊字符,例如直径符号、上划线或下划线、温度符号等,这些符号不能直接从键盘上输入,AutoCAD 提供了一些控制码,用来实现特殊字符的标注。控制码由两个百分号(%%)加一个字符构成,常用的控制码如表 6-3 所示
	用 TEXT 命令可以创建一个或若干个单行文本,也就是说,用此命令可以标注多行文本。在“输入文本:”提示下输入一行文本后按 Enter 键,AutoCAD 继续提示“输入文本:”,用户可输入第二行文本,依次类推,直到文本全部输完,再在此提示下直接按 Enter 键,结束文本输入命令。每一次按 Enter 键就结束一个单行文本的输入,每一个单行文本是一个对象,可以单独修改其文字样式、字高、旋转角度和对齐方式等。 用 TEXT 命令创建文本时,在命令行输入的文字同时显示在屏幕上,而且在创建过程中可以随时改变文本的位置,只要将光标移到新的位置单击,则当前行结束,随后输入的文本就会在新的位置出现。用这种方法可以把多个单行文本标注到屏幕的任何地方

说明:只有当前文字样式中设置的字符高度为 0 时,在使用 TEXT 命令时 AutoCAD 才出现要求用户确定字符高度的提示。

AutoCAD 允许将文本行倾斜排列,图 6-6 所示为倾斜角度分别是 0°、45°和−45°时的排列效果。在“指定文字的旋转角度<0>:”提示下,通过输入文本行的倾斜角度或在屏幕上拉出一条直线来指定倾斜角度。

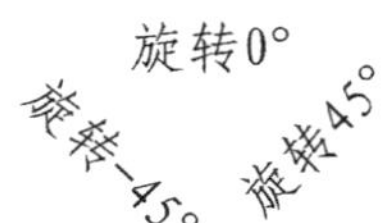

图 6-6　文本行倾斜排列的效果

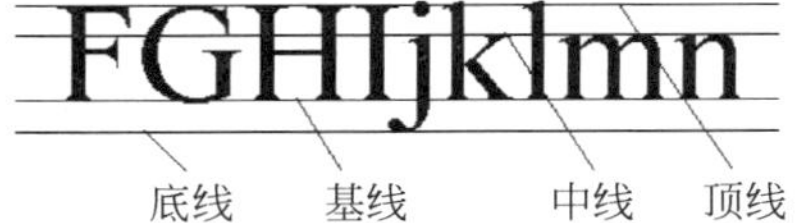

图 6-7　文本行的底线、基线、中线和顶线

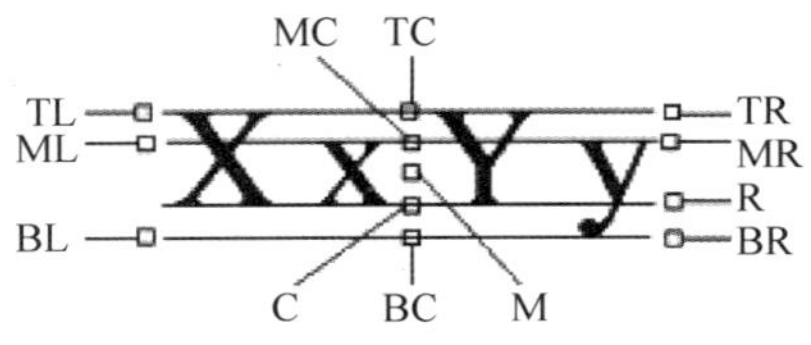

图 6-8　文本的对齐方式

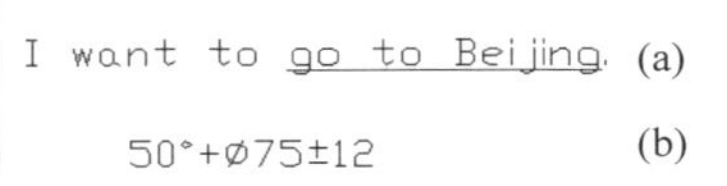

图 6-9　文本行

表 6-3　AutoCAD 常用控制码

符　　号	功　　能	符　　号	功　　能
%%O	上划线	\u+0278	电相位
%%U	下划线	\u+E101	流线
%%D	角度符号	\u+2261	标识
%%P	正负符号	\u+E102	界碑线
%%C	直径符号	\u+2260	不相等
%%%	百分号%	\u+2126	欧姆
\u+2248	几乎相等	\u+03A9	欧米加
\u+2220	角度	\u+214A	低界线
\u+E100	边界线	\u+2082	下标 2
\u+2104	中心线	\u+00B2	上标 2
\u+0394	差值		

注：表中的%%O 和%%U 分别是上划线和下划线的开关，第一次出现此符号时，开始画上划线和下划线；第二次出现此符号时，上划线和下划线终止。例如在“Text：”提示后输入“I want to %%U go to Beijing%%U.”，则得到如图 6-9(a)所示的文本行，输入“50%%D+%%C75%%P12”，则得到如图 6-9(b)所示的文本行。

6.2.2　多行文本标注

1. 执行方式

命令行：MTEXT(快捷命令：T 或 MT)。

菜单栏：选择菜单栏中的“绘图”→“文字”→“多行文字”命令。

工具栏：单击“绘图”工具栏中的“多行文字”按钮A，或单击“文字”工具栏中的“多行文字”按钮A。

功能区：单击“默认”选项卡“注释”面板中的“多行文字”按钮A，或单击“注释”选项卡“文字”面板中的“多行文字”按钮A。

2. 操作步骤

```
命令:MTEXT↙
当前文字样式:"Standard" 文字高度:1.9122 注释性: 否
指定第一角点:(指定矩形框的第一个角点)
指定对角点或 [高度(H)/对正(J)/行距(L)/旋转(R)/样式(S)/宽度(W)/栏(C)]:
```

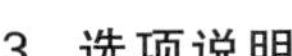

3. 选项说明

各选项的含义如表 6-4 所示。

表 6-4 “多行文本标注”命令各选项的含义

选　　项	含　　义
指定对角点	直接在屏幕上单击一点作为矩形框的第二个角点，AutoCAD 以这两个点为对角点形成一个矩形区域，其宽度作为将来要标注的多行文本的宽度，而且第一个点作为第一行文本顶线的起点。响应后 AutoCAD 打开“文字编辑器”选项卡和多行文字编辑器，可利用此编辑器输入多行文本并对其格式进行设置。关于对话框中各选项的含义与编辑器功能，稍后再详细介绍
对正(J)	确定所标注文本的对齐方式。选择此选项，AutoCAD 提示： 输入对正方式 [左上(TL)/中上(TC)/右上(TR)/左中(ML)/正中(MC)/右中(MR)/左下(BL)/中下(BC)/右下(BR)] <左上(TL)>: 这些对正方式与 TEXT 命令中的各对齐方式相同，在此不再重复。选择一种对正方式后按 Enter 键，AutoCAD 回到上一级提示
行距(L)	确定多行文本的行间距，这里所说的行间距是指相邻两文本行的基线之间的垂直距离。执行此选项，AutoCAD 提示： 输入行距类型 [至少(A)/精确(E)] <至少(A)>: 在此提示下，有两种确定行间距的方式：“至少”方式和“精确”方式。在“至少”方式下，AutoCAD 根据每行文本中最大的字符自动调整行间距。在“精确”方式下，AutoCAD 给多行文本赋予一个固定的行间距。可以直接输入一个确切的间距值，也可以采用输入“nx”的形式，其中 n 是一个具体数，表示行间距设置为单行文本高度的 n 倍，而单行文本高度是本行文本字符高度的 1.66 倍
旋转(R)	确定文本行的倾斜角度。执行此选项，AutoCAD 提示： 指定旋转角度 <0>:(输入倾斜角度) 输入角度值后按 Enter 键，AutoCAD 返回到“指定对角点或[高度(H)/对正(J)/行距(L)/旋转(R)/样式(S)/宽度(W)]：”提示
样式(S)	确定当前的文字样式
宽度(W)	指定多行文本的宽度。可在屏幕上选取一点，将其与前面确定的第一个角点组成的矩形框的宽度作为多行文本的宽度，也可以输入一个数值，精确设置多行文本的宽度

Note

续表

选　　项	含　　义
高度(H)	用于指定多行文本的高度。可在绘图区选择一点，与前面确定的第一个角点组成一个矩形框的高作为多行文本的高度；也可以输入一个数值，精确设置多行文本的高度
栏(C)	可以将多行文字对象的格式设置为多栏。可以指定栏和栏之间的宽度、高度及栏数，以及使用夹点编辑栏宽和栏高。其中提供了3个栏选项，即“不分栏”“静态栏”“动态栏”
“文字编辑器”选项卡	用来控制文本文字的显示特性。可以在输入文本文字前设置文本的特性，也可以改变已输入的文本文字特性。要改变已有文本文字显示特性，首先应选择要修改的文本。选择文本的方式有以下3种。 (1) 将光标定位到文本文字开始处，按住鼠标左键，拖到文本末尾。 (2) 双击某个文字，则该文字被选中。 (3) 三击鼠标，则选中全部内容。 下面介绍选项卡中部分选项的功能。 (1)“高度”下拉列表框：确定文本的字符高度，可在文本编辑框中直接输入新的字符高度，也可从下拉列表中选择已设定过的高度。 (2) **B** 和 *I* 按钮：设置黑体或斜体效果，只对 TrueType 字体有效。 (3)“删除线”按钮 A：用于在文字上添加水平删除线。 (4)“下划线” U 与“上划线” Ō 按钮：设置或取消上(下)划线。 (5)“堆叠”按钮 b/a：即层叠/非层叠文本按钮，用于层叠所选的文本，也就是创建分数形式。当文本中某处出现“/”“^”或“#”这3种层叠符号之一时可层叠文本，方法是选中需层叠的文字，然后单击此按钮，则符号左边的文字作为分子，右边的文字作为分母。 AutoCAD 提供了3种分数形式。 • 如果选中“abcd/efgh”后单击此按钮，则得到如图6-12(a)所示的分数形式。 • 如果选中“abcd ^ efgh”后单击此按钮，则得到如图6-12(b)所示的形式，此形式多用于标注极限偏差。 • 如果选中“abcd # efgh”后单击此按钮，则创建斜排的分数形式，如图6-12(c)所示。如果选中已经层叠的文本对象后单击此按钮，则恢复到非层叠形式。 (6)“倾斜角度”下拉列表框 0/：设置文字的倾斜角度，如图6-13所示。 (7)“符号”按钮 @：用于输入各种符号。单击该按钮，系统打开符号列表，如图6-14所示，可以从中选择符号输入到文本中。 (8)“插入字段”按钮：插入一些常用或预设字段。单击该按钮，系统打开“字段”对话框，如图6-15所示，用户可以从中选择字段插入到标注文本中。 (9)“追踪”按钮 a·b：增大或减小选定字符之间的空隙。 (10)“宽度因子”按钮：扩展或收缩选定字符。 (11)“上标”按钮 X^2：将选定文字转换为上标，即在输入线的上方设置稍小的文字。 (12)“下标”按钮 X_2：将选定文字转换为下标，即在键入线的下方设置稍小的文字。

Note

续表

选　　项	含　　义
“文字编辑器”选项卡	(13)“清除格式”下拉列表框：删除选定字符的字符格式，或删除选定段落的段落格式，或删除选定段落中的所有格式。 (14)“项目符号和编号”下拉列表框：添加段落文字前面的项目符号和编号。 • 关闭：如果选择此选项，将从应用了列表格式的选定文字中删除字母、数字和项目符号。不更改缩进状态。 • 以数字标记：应用将带有句点的数字用于列表中的项的列表格式。 • 以字母标记：应用将带有句点的字母用于列表中的项的列表格式。如果列表含有的项多于字母中含有的字母，可以使用双字母继续序列。 • 以项目符号标记：应用将项目符号用于列表中的项的列表格式。 • 启动：在列表格式中启动新的字母或数字序列。如果选定的项位于列表中间，则选定项下面未选中的项也将成为新列表的一部分。 • 连续：将选定的段落添加到上面最后一个列表然后继续序列。如果选择了列表项而非段落，选定项下面未选中的项将继续序列。 • 允许自动项目符号和编号：在输入时应用列表格式。以下字符可以用作字母和数字后的标点且不能用作项目符号：句点(.)、逗号(,)、右括号())、右尖括号(>)、右方括号(])和右花括号(})。 • 允许项目符号和列表：如果选择此选项，列表格式将应用到外观类似列表的多行文字对象中的所有纯文本。 (15)拼写检查：确定输入时拼写检查处于打开还是关闭状态。 (16)编辑词典：显示“词典”对话框，从中可添加或删除在拼写检查过程中使用的自定义词典。 (17)标尺：在编辑器顶部显示标尺。拖动标尺末尾的箭头可更改文字对象的宽度。列模式处于活动状态时，还显示高度和列夹点。 (18)段落：为段落和段落的第一行设置缩进。指定制表位和缩进，控制段落对齐方式、段落间距和段落行距，如图6-16所示。 (19)输入文字：选择此项，系统打开“选择文件”对话框，如图6-17所示。可选择任意ASCII或RTF格式的文件。输入的文字保留原始字符格式和样式特性，但可以在多行文字编辑器中编辑和格式化输入的文字。选择要输入的文本文件后，可以替换选定的文字或全部文字，或在文字边界内将插入的文字附加到选定的文字中。输入文字的文件必须小于32KB

高手支招：在创建多行文本时，只要指定文本行的起始点和宽度，AutoCAD就会打开“文字编辑器”选项卡和多行文字编辑器，如图6-10和图6-11所示。该编辑器与Microsoft Word编辑器界面相似，事实上该编辑器与Word编辑器在某些功能上趋于一致。这样既增强了多行文字的编辑功能，又能使用户更熟悉和方便地使用。

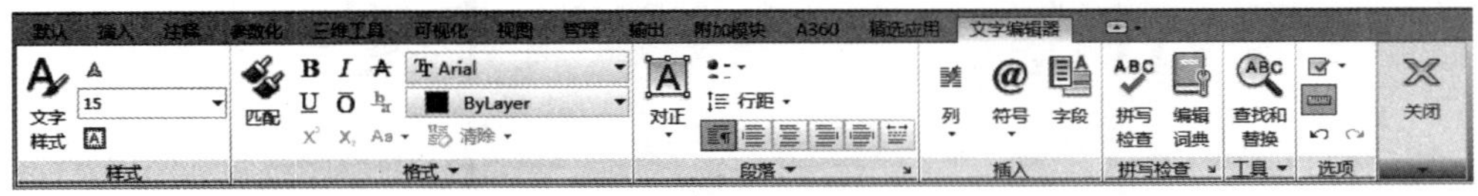

图6-10 “文字编辑器”选项卡

Note

图 6-11　多行文字编辑器

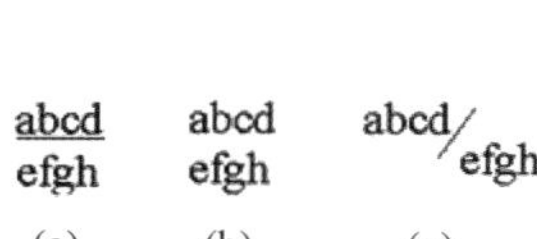

图 6-12　文本层叠

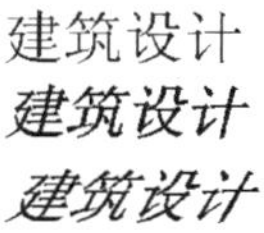

建筑设计

建筑设计

建筑设计

图 6-13　倾斜角度与斜体效果

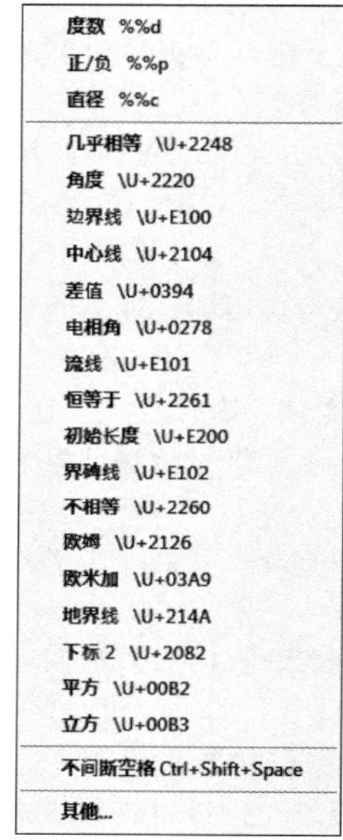

图 6-14　符号列表

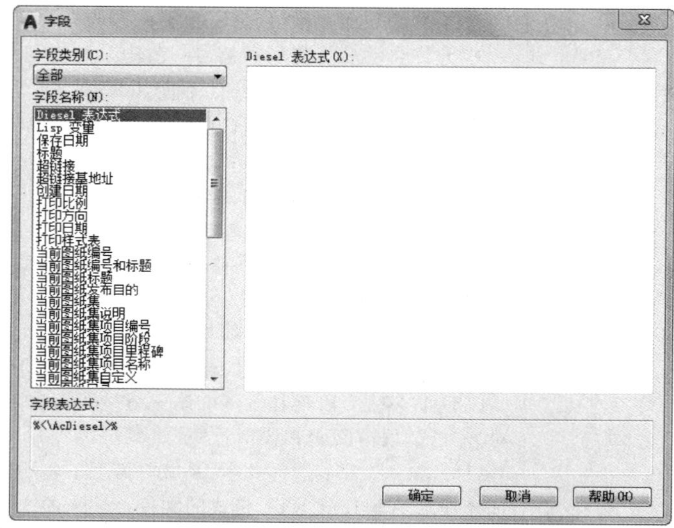

图 6-15　“字段”对话框

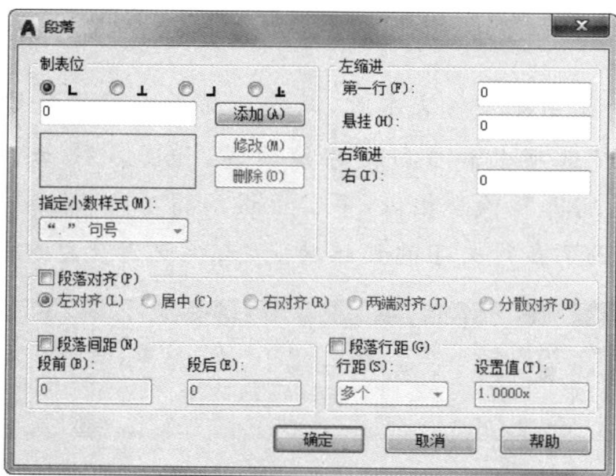

图 6-16　“段落”对话框

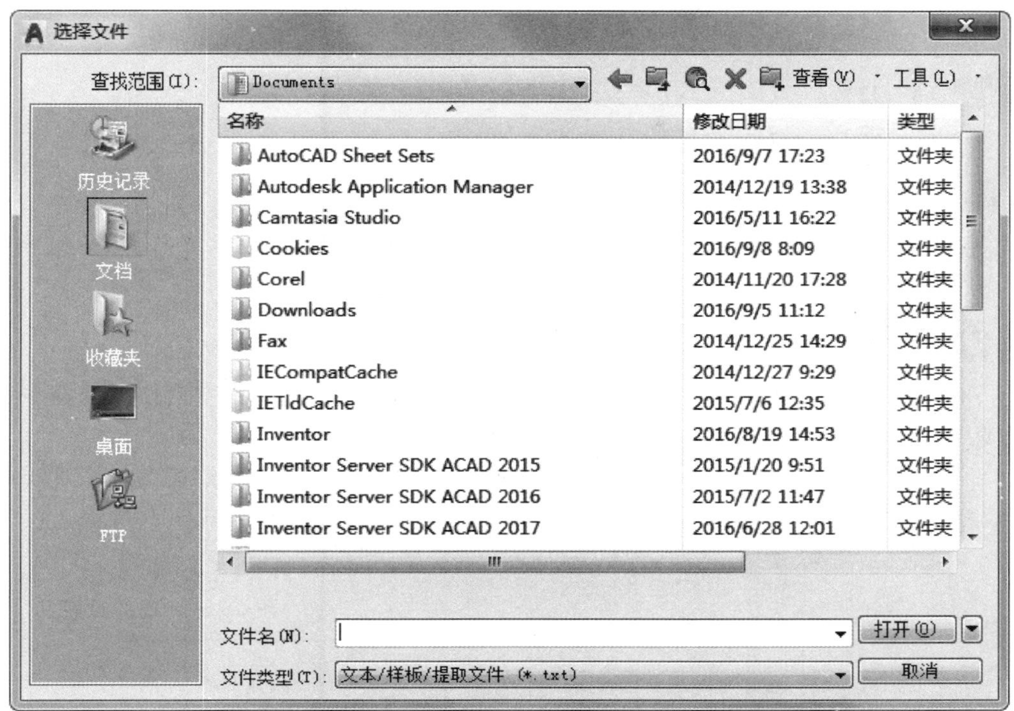

图 6-17　“选择文件”对话框

高手支招：多行文字是由任意数目的文字行或段落组成的，布满指定的宽度，还可以沿垂直方向无限延伸。多行文字中，无论行数是多少，单个编辑任务中创建的每个段落集将构成单个对象；用户可对其进行移动、旋转、删除、复制、镜像或缩放操作。

6.2.3　文本编辑

1. 执行方式

命令行：DDEDIT(快捷命令：ED)。

菜单栏：选择菜单栏中的“修改”→“对象”→“文字”→“编辑”命令。

工具栏：单击“文字”工具栏中的“编辑”按钮 A。

2. 操作步骤

```
命令: DDEDIT↙
选择注释对象或[放弃(U)]:
```

选择要修改的文本，同时光标变为拾取框。用拾取框单击对象，如果选取的文本是用 TEXT 命令创建的单行文本，选取后则深显该文本，可对其进行修改。如果选取的文本是用 MTEXT 命令创建的多行文本，选取后则打开多行文字编辑器(图 6-11)，可根据前面的介绍对各项设置或内容进行修改。

6.2.4 上机练习——绘制坡口平焊的钢筋接头

练习目标

绘制如图 6-18 所示的坡口平焊的钢筋接头。

Note

设计思路

利用二维绘图和编辑命令绘制坡口平焊的钢筋接头，然后设置文字样式，并利用多行文字命令标注文字。

6-1

操作步骤

(1) 单击“默认”选项卡“绘图”面板中的“直线”按钮，在图形空白位置选择一点为直线起点，水平向右绘制一条长 100 的直线。

(2) 单击“默认”选项卡“绘图”面板中的“直线”按钮，在上步绘制的水平直线中点上方选择一点为直线起点，竖直向下绘制一条长为 10 的竖线，如图 6-19 所示。

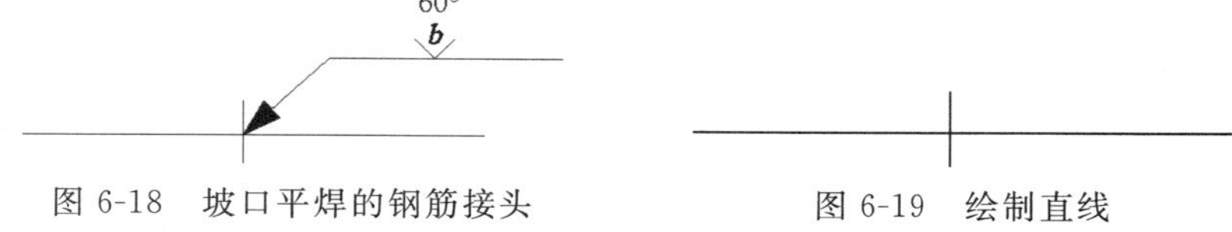

图 6-18　坡口平焊的钢筋接头　　图 6-19　绘制直线

(3) 单击“默认”选项卡“修改”面板中的“复制”按钮，选择上步绘制的箭头为复制对象将其复制到图中，箭头的定点对准十字的中心，如图 6-20 所示。

(4) 在绘图区域右击，从弹出的快捷菜单中选择“中点”命令，如图 6-21 所示，可以快速捕捉线段的中点。

(5) 单击“默认”选项卡“绘图”面板中的“直线”按钮，在箭头的尾部水平线上一点，绘制两条倾斜度为 45°的直线。绘制时可先在直线上选择一点，然后在命令行提示输入下一点时输入“@5,5”，绘制一条 45°的直线，再利用镜像命令将其复制到另一侧，绘制完后如图 6-22 所示。

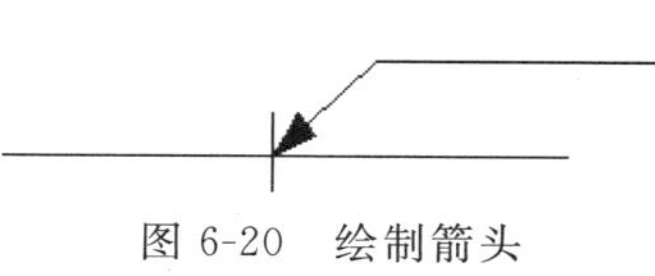

图 6-20　绘制箭头

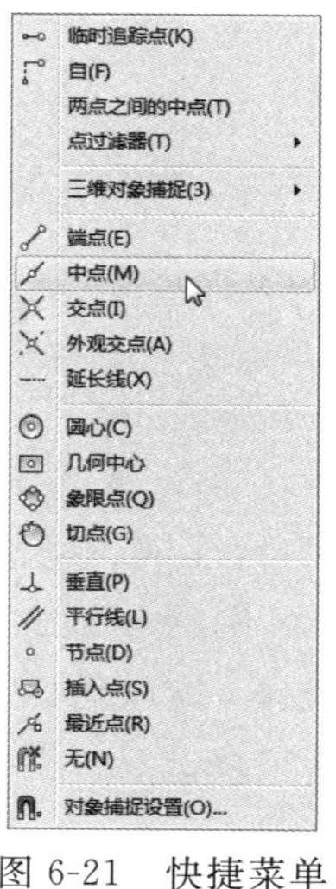

图 6-21　快捷菜单

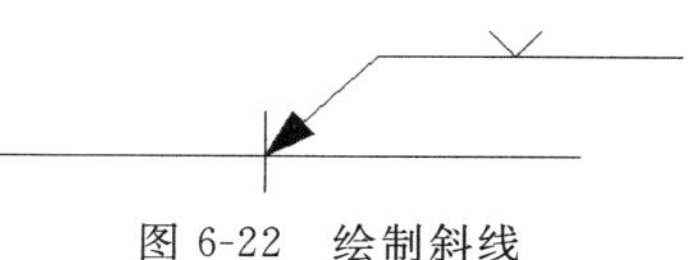

图 6-22　绘制斜线

Note

（6）单击“默认”选项卡“注释”面板中的“文字样式”按钮 ，打开“文字样式”对话框，如图 6-23 所示。

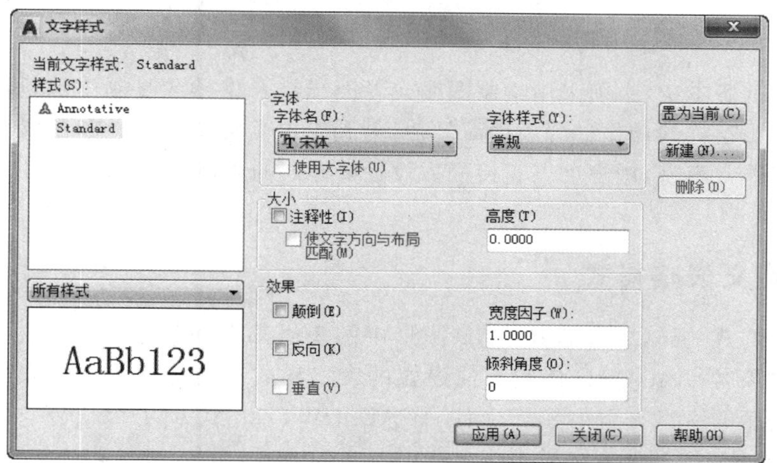

图 6-23 “文字样式”对话框

（7）单击“新建”按钮，在打开的“新建文字样式”对话框中将新建文字样式命名为“标注文字”，如图 6-24 所示。单击“确定”按钮，返回到“文字样式”对话框，在“字体名”下拉列表框中选择 Times New Roman 字体，字符高度设置为 5，单击“应用”按钮并关闭“文字样式”对话框。

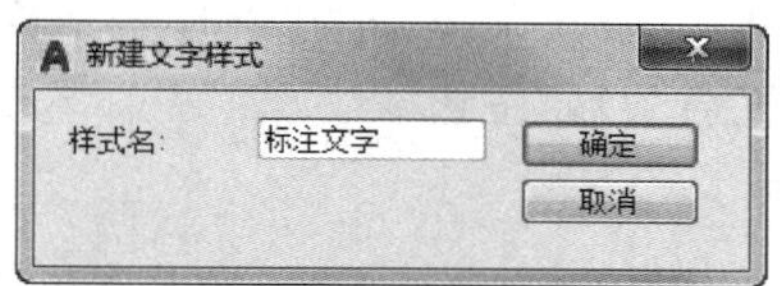

图 6-24 新建文字样式

（8）单击“默认”选项卡“注释”面板中的“多行文字”按钮 ，打开“文字编辑器”选项卡，在斜直线的上方输入“60°”和 b，并将 b 字符倾斜角度设置为 15，并移动到适当位置，完成绘制，如图 6-25 所示。

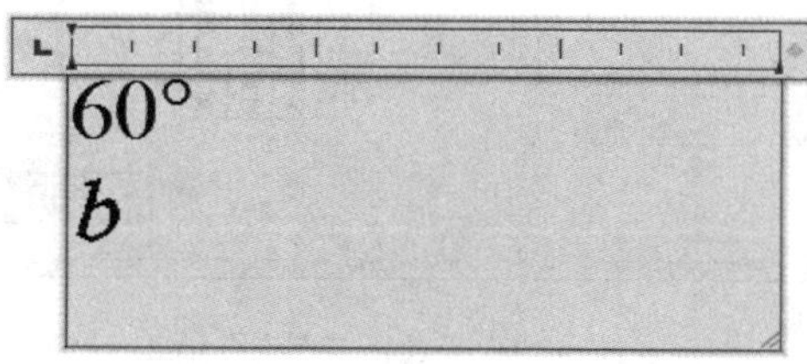

图 6-25 改变文字倾斜角度

Note

6.3 表　　格

在以前的版本中，必须采用绘制图线或者图线结合偏移或复制等编辑命令来完成表格的绘制。这样的操作过程烦琐而复杂，不利于提高绘图效率。利用“表格”绘图功能创建表格非常容易，用户可以直接插入设置好样式的表格，而不用绘制由单独的图线组成的表格。

6.3.1　定义表格样式

和文字样式一样，所有 AutoCAD 图形中的表格都有和其相对应的表格样式。当插入表格对象时，AutoCAD 使用当前设置的表格样式。表格样式是用来控制表格基本形状和间距的一组设置。模板文件 ACAD. DWT 和 ACADISO. DWT 中定义了名为 STANDARD 的默认表格样式。

1. 执行方式

命令行：TABLESTYLE。

菜单栏：选择菜单栏中的“格式”→“表格样式”命令。

工具栏：单击“样式”工具栏中的“表格样式”按钮。

功能区：单击“默认”选项卡“注释”面板中的“表格样式”按钮，或单击“注释”选项卡“表格”面板上的“表格样式”下拉菜单中的“管理表格样式”按钮，或单击“注释”选项卡“表格”面板中的“对话框启动器”按钮。

2. 操作步骤

执行上述命令，系统打开“表格样式”对话框，如图 6-26 所示。

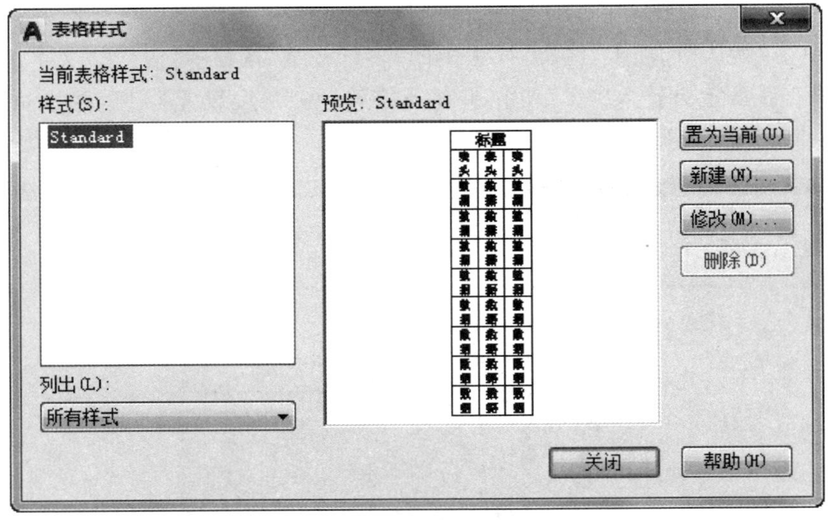

图 6-26　“表格样式”对话框

Note

3. 选项说明

各选项的含义如表 6-5 所示。

表 6-5 “定义表格样式”命令各选项的含义

选 项	含 义	
“新建”按钮	单击该按钮，系统打开“创建新的表格样式”对话框，如图 6-27 所示。输入新的表格样式名后，单击“继续”按钮，系统打开“新建表格样式：Standard 副本”对话框，如图 6-28 所示。用户可以从中定义新建表格样式	
	“起始表格”选项组	选择起始表格：可以在图形中选择一个要应用新表格样式设置的表格
	“常规”选项组	“表格方向”下拉列表框：包括“向下”或“向上”选项。选择“向上”选项，是指创建由下而上读取的表格，标题行和列标题行都在表格的底部。选择“向下”选项，是指创建由上而下读取的表格，标题行和列标题行都在表格的顶部
	“单元样式”选项组	“单元样式”下拉列表框：选择要应用到表格的单元样式，或通过单击“单元样式”下拉列表框右侧的按钮，来创建一个新单元样式
	“常规”选项卡	(1)“填充颜色”下拉列表框：指定填充颜色。选择“无”或选择一种背景色，或者单击“选择颜色”命令，在打开的“选择颜色”对话框中选择适当的颜色。 (2)“对齐”下拉列表框：为单元内容指定一种对齐方式。“中心”对齐指水平对齐；“中间”对齐指垂直对齐。 (3)“格式”按钮：设置表格中各行的数据类型和格式。单击…按钮，打开“表格单元格式”对话框，从中可以进一步定义格式选项。 (4)“类型”下拉列表框：将单元样式指定为“标签”格式或“数据”格式，在包含起始表格的表格样式中插入默认文字时使用。也用于在工具选项板上创建表格工具的情况。 (5)“页边距—水平”文本框：设置单元中的文字或块与左右单元边界之间的距离。 (6)“页边距—垂直”文本框：设置单元中的文字或块与上下单元边界之间的距离。 (7)“创建行/列时合并单元”复选框：把使用当前单元样式创建的所有新行或新列合并到一个单元中
	“文字”选项卡	(1)“文字样式”选项：指定文字样式。选择文字样式，或单击…按钮，在弹出的“文字样式”对话框中创建新的文字样式。 (2)“文字高度”文本框：指定文字高度。此选项仅在选定文字样式的文字高度为 0 时使用(默认文字样式 STANDARD 的文字高度为 0)。如果选定的文字样式指定了固定的文字高度，则此选项不可用。

续表

<table>
<tr><th>选　　项</th><th colspan="2">含　　义</th></tr>
<tr><td rowspan="2">“新建”按钮</td><td>“文字”选项卡</td><td>（3）“文字颜色”下拉列表框：指定文字颜色。选择一种颜色，或者单击“选择颜色”命令，在弹出的“选择颜色”对话框中选择适当的颜色。
（4）“文字角度”文本框：设置文字角度，默认的文字角度为0°。可以输入−359°～+359°之间的任何角度</td></tr>
<tr><td>“边框”选项卡</td><td>（1）“线宽”选项：设置要用于显示的边界的线宽。如果使用加粗的线宽，可能必须修改单元边距才能看到文字。
（2）“线型”选项：通过单击“边框”按钮，设置线型以应用于指定边框。将显示标准线型“随块”“随层”和“连续”，或者可以选择“其他”选项来加载自定义线型。
（3）“颜色”选项：指定颜色以应用于显示的边界。单击“选择颜色”命令，在弹出的“选择颜色”对话框中选择适当的颜色。
（4）“双线”选项：指定选定的边框为双线型。可以通过在“间距”文本框中输入值来更改行距。
（5）“边框显示”按钮：应用选定的边框选项。单击此按钮可以将选定的边框选项应用到所有的单元边框，如外部边框、内部边框、底部边框、左边框、顶部边框、右边框或无边框。对话框中的“单元样式预览”选项将更新及显示设置后的效果</td></tr>
<tr><td>“修改”按钮</td><td colspan="2">对当前表格样式进行修改，方式与新建表格样式相同</td></tr>
</table>

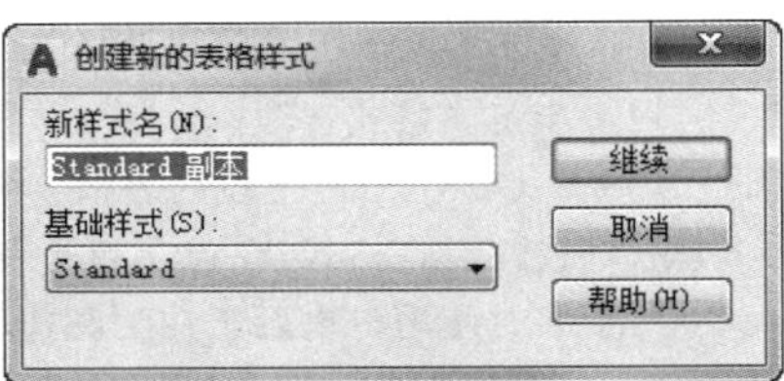

图 6-27　“创建新的表格样式”对话框

6.3.2　创建表格

在设置好表格样式后，用户可以利用 TABLE 命令创建表格。

1. 执行方式

命令行：TABLE。

菜单栏：选择菜单栏中的“绘图”→“表格”命令。

工具栏：单击“绘图”工具栏中的“表格”按钮。

功能区：单击“默认”选项卡“注释”面板中的“表格”按钮，或单击“注释”选项卡“表格”面板中的“表格”按钮。

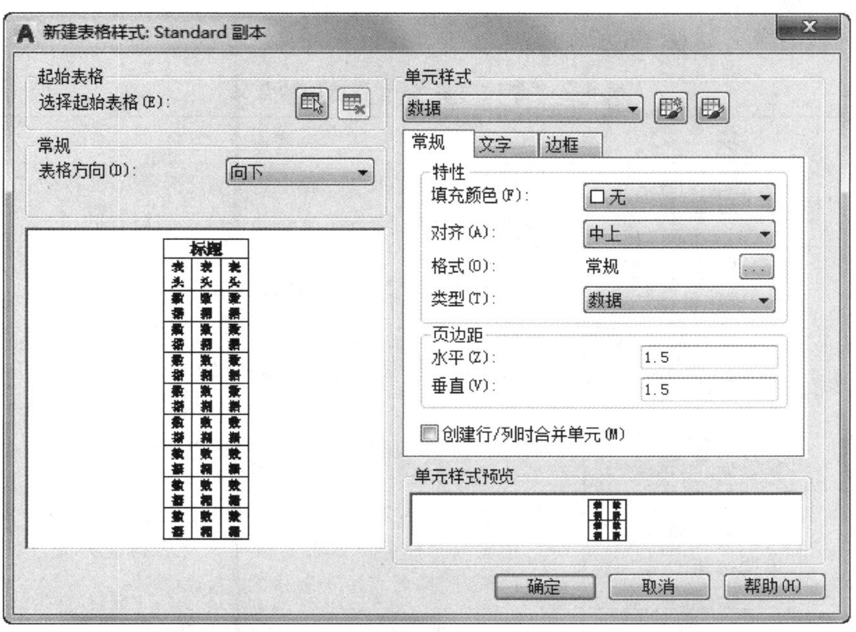

图 6-28 "新建表格样式：Standard 副本"对话框

2. 操作步骤

执行上述命令，系统打开"插入表格"对话框，如图 6-29 所示。

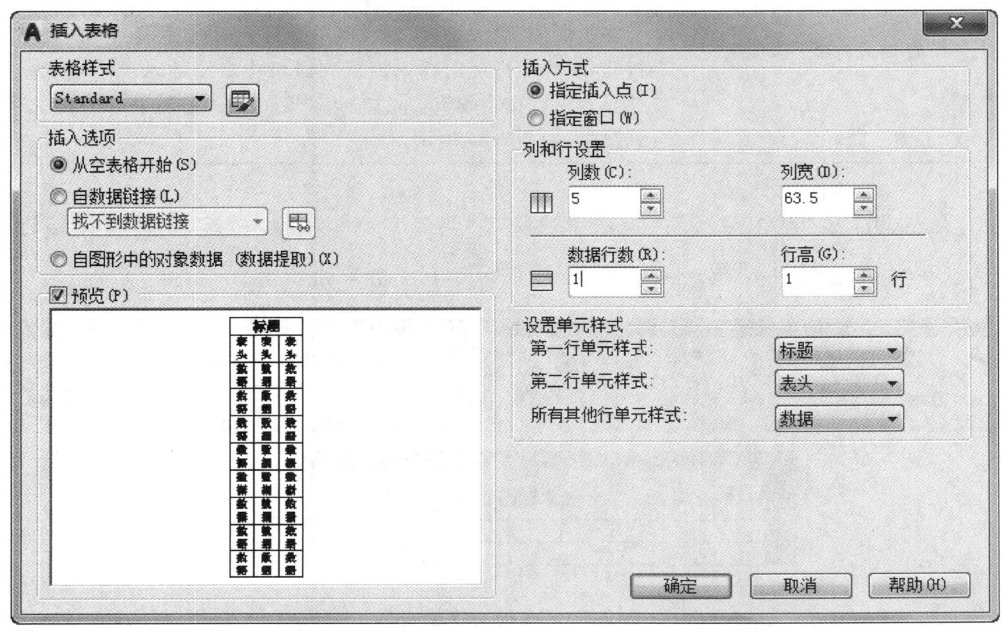

图 6-29 "插入表格"对话框

3. 选项说明

各选项的含义如表 6-6 所示。

表 6-6 “创建表格”命令各选项的含义

选　　项		含　　义
“表格样式”选项组		可以在“表格样式”下拉列表框中选择一种表格样式，也可以通过单击后面的按钮来新建或修改表格样式
“插入选项”选项组	“从空表格开始”单选按钮	创建可以手动填充数据的空表格
	“自数据链接”单选按钮	通过启动数据连接管理器来创建表格
	“自图形中的对象数据”单选按钮	通过启动“数据提取”向导来创建表格
“插入方式”选项组	“指定插入点”单选按钮	指定表格的左上角的位置。可以使用定点设备，也可以在命令行中输入坐标值。如果表格样式将表格的方向设置为由下而上读取，则插入点位于表格的左下角
	“指定窗口”单选按钮	指定表的大小和位置。可以使用定点设备，也可以在命令行中输入坐标值。选择此单选按钮时，行数、列数、列宽和行高取决于窗口的大小以及列和行设置
“列和行设置”选项组		指定列和数据行的数目以及列宽与行高
“设置单元样式”选项组		指定“第一行单元样式”“第二行单元样式”和“所有其他行单元样式”分别为标题、表头或者数据样式。 在上面的“插入表格”对话框中进行相应设置后，单击“确定”按钮，系统在指定的插入点或在窗口中自动插入一个空表格，并显示多行文字编辑器，用户可以逐行逐列地输入相应的文字或数据，如图 6-30 所示

说明：在“插入方式”选项组中选择了“指定窗口”单选按钮后，列与行设置的两个参数中只能指定一个，另外一个由指定窗口大小自动等分指定。

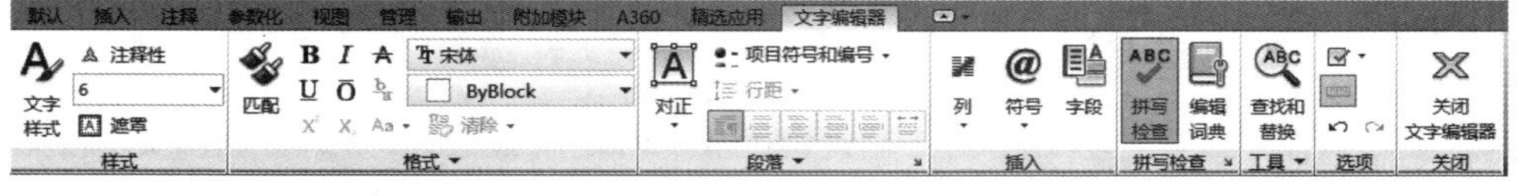

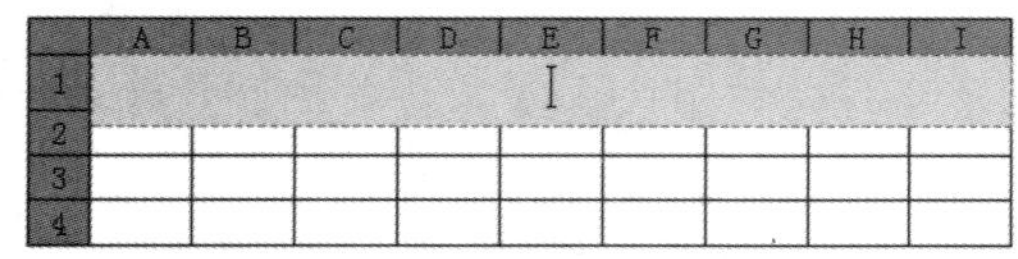

图 6-30　多行文字编辑器

说明：在插入表格后的表格中选择某一个单元格，单击后出现钳夹点，通过移

动钳夹点可以改变单元格的大小，如图 6-31 所示。

6.3.3 表格文字编辑

Note

1. 执行方式

命令行：TABLEDIT。

快捷菜单：选择表和一个或多个单元后右击，从弹出的快捷菜单中选择“编辑文字”命令(图 6-32)。

定点设备：在表单元内双击。

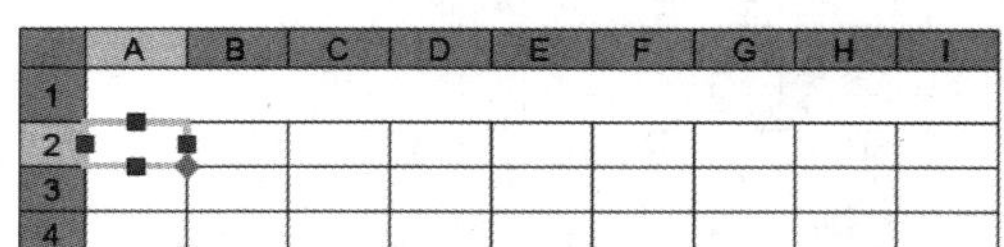

图 6-31 改变单元格大小

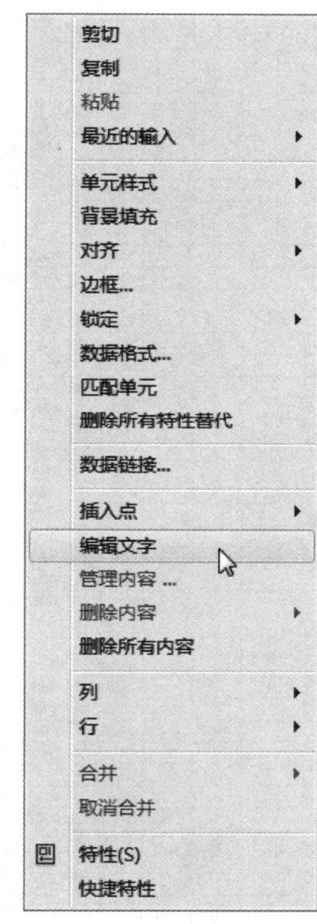

图 6-32 快捷菜单

2. 操作步骤

执行上述命令，系统打开“文字编辑器”选项卡，用户可以对指定表格的单元格中的文字进行编辑。

6-2

6.4 实例精讲——绘制柱截面参照表

练习目标

绘制如图 6-33 所示的柱截面参照表。

柱编号	层号	高度或Hj/Ho	混凝土强度等级	截面型式	bxh 或直径	b1xh1	t1	t2	①	②	③	④	⑤a+⑤b	⑥	⑦	中部	箍筋 端部	Ln	节点内	⑨1 b边短肢	⑨2 h边长肢	备注
					截面尺寸				竖筋					插筋		⑧⑨⑩⑪⑫号箍筋				复合箍内箍肢数		
Z1	Hj								2Φ16		1Φ16					上	中下	各	1Φ8			
	Ho		C25	B	300X450				2Φ16		1Φ16					Φ8@100	Φ8@100		Φ8@100			
	1	4000	C20	B	300X450				2Φ16		1Φ16					Φ8@200	Φ8@100	1200	Φ8@100			
	2	3400	C20	B	300X400				2Φ16		1Φ16					Φ8@200	Φ8@100	500	Φ8@100			
	3	3400	C20	B	300X350				2Φ16		1Φ16					Φ8@200	Φ8@100	500	Φ8@100			
Z2	Hj								2Φ16							上	中下	各	1Φ8			
	Ho		C25	A	300X300				2Φ16							Φ8@100	Φ8@100		Φ8@100			
	1	4000	C20	A	300X300				2Φ16							Φ8@200	Φ8@100	1200	Φ8@100			
	2-3	3400	C20	A	300X300				2Φ16							Φ8@200	Φ8@100	500	Φ8@100			
Z3	Hj								2Φ16		1Φ16					上	中下	各	1Φ8			
	Ho		C25	B	300X400				2Φ16		1Φ16					Φ8@100	Φ8@100		Φ8@100			
	1	4000	C20	B	300X400				2Φ16		1Φ16					Φ8@200	Φ8@100	1200	Φ8@100			
	2-3	3400	C20	B	300X400				2Φ16		1Φ16					Φ8@200	Φ8@100	500	Φ8@100			
Z4	Hj								2Φ16		1Φ16					上	中下	各	1Φ8			
	Ho		C25	B	300X550				2Φ16		1Φ16					Φ8@100	Φ8@100		Φ8@100			
	1	4000	C20	B	300X550				2Φ16		1Φ16					Φ8@200	Φ8@100	1200	Φ8@100			
	2	3400	C20	B	300X500				2Φ16		1Φ16					Φ8@200	Φ8@100	500	Φ8@100			
	3	3400	C20	B	300X450				2Φ16		1Φ16					Φ8@200	Φ8@100	500	Φ8@100			
Z5	Hj								2Φ16		1Φ16					上	中下	各	1Φ8			
	Ho		C25	B	300X400				2Φ16		1Φ16					Φ8@100	Φ8@100		Φ8@100			
	1	4000	C20	B	300X400				2Φ16		1Φ16					Φ8@200	Φ8@100	1200	Φ8@100			
	2	3400	C20	B	300X400				2Φ16		1Φ16					Φ8@200	Φ8@100	500	Φ8@100			
	3	3400	C20	D1	400X400				2Φ16	1Φ16	1Φ16					Φ8@200	Φ8@100	500	Φ8@100			
Z6	Hj								2Φ20		1Φ20					上	中下	各	1Φ8			
	Ho		C25	B	300X500				2Φ20		1Φ20					Φ8@100	Φ8@100		Φ8@100			
	1	4000	C20	B	300X500				2Φ20		1Φ20					Φ8@200	Φ8@100	1200	Φ8@100			
	2	3400	C20	B	300X500				2Φ16		1Φ16					Φ8@200	Φ8@100	500	Φ8@100			
	3	3400	C20	B	300X450				2Φ16		1Φ16					Φ8@200	Φ8@100	500	Φ8@100			
Z7	Hj								2Φ16		1Φ16					上	中下	各	1Φ8			
	Ho		C25	B	300X500				2Φ16		1Φ16					Φ8@100	Φ8@100		Φ8@100			
	1	4000	C20	B	300X500				2Φ16		1Φ16					Φ8@200	Φ8@100	1200	Φ8@100			
	2	3400	C20	B	300X500				2Φ16		1Φ16					Φ8@200	Φ8@100	500	Φ8@100			
	3	3400	C20	B	300X450				2Φ16		1Φ16					Φ8@200	Φ8@100	500	Φ8@100			
Z8	Hj								2Φ16		1Φ16					上	中下	各	1Φ8			
	Ho		C25	B	300X350				2Φ16		1Φ16					Φ8@100	Φ8@100		Φ8@100			
	1	4000	C20	B	300X350				2Φ16		1Φ16					Φ8@200	Φ8@100	1200	Φ8@100			
	2-3	3400	C20	B	300X350				2Φ16		1Φ16					Φ8@200	Φ8@100	500	Φ8@100			
Z9	Hj								2Φ16							上	中下	各	1Φ8			
	Ho		C25	A	300X300				2Φ16							Φ8@100	Φ8@100		Φ8@100			
	1	4000	C20	A	300X300				2Φ16							Φ8@200	Φ8@100	1200	Φ8@100			
Z10	Hj								2Φ18	1Φ18	3Φ18					上	中下	各	1Φ8			
	Ho		C25	I	360X1000				2Φ18	1Φ18	3Φ18					Φ8@100	Φ8@100		Φ8@100			
	1	5000	C20	I	360X1000				2Φ18	1Φ18	3Φ18					Φ8@100	Φ8@100	1000	Φ8@100	3	1	
Z11	Hj								2Φ16	1Φ16	1Φ16					上	中下	各	1Φ8			
	Ho		C25	D1	400X500				2Φ16	1Φ16	1Φ16					Φ8@100	Φ8@100		Φ8@100			
	1	4000	C20	D1	400X500				2Φ16	1Φ16	1Φ16					Φ8@200	Φ8@100	1200	Φ8@100			
	2	3400	C20	D1	400X500				2Φ16	1Φ16	1Φ16					Φ8@200	Φ8@100	500	Φ8@100			
	3	3400	C20	D1	400X450				2Φ16	1Φ16	1Φ16					Φ8@200	Φ8@100	500	Φ8@100			
Z12	Hj								2Φ16		1Φ16					上	中下	各	1Φ8			
	Ho		C25	B	300X550				2Φ16		1Φ16					Φ8@100	Φ8@100		Φ8@100			
	1	4000	C20	B	300X550				2Φ16		1Φ16					Φ8@200	Φ8@100	1200	Φ8@100			
	2	3400	C20	B	300X500				2Φ16		1Φ16					Φ8@200	Φ8@100	500	Φ8@100			
	3	3400	C20	B	300X450				2Φ18		1Φ16					Φ8@200	Φ8@100	500	Φ8@100			
	4	2400	C20	A	300X300				2Φ16							Φ8@200	Φ8@100	500	Φ8@100			
Z13	Hj								2Φ16		1Φ16					上	中下	各	1Φ8			
	Ho		C25	B	300X750				2Φ16		1Φ16					Φ8@100	Φ8@100		Φ8@100			
	1	4000	C20	B	300X750				2Φ16		1Φ16					Φ8@200	Φ8@100	1200	Φ8@100			
	2-3	3400	C20	B	300X750				2Φ16		1Φ16					Φ8@200	Φ8@100	600	Φ8@100			
Z14	Hj								2Φ16		2Φ16					上	中下	各	1Φ8			
	Ho		C25	C	300X600				2Φ16		2Φ16					Φ8@100	Φ8@100		Φ8@100			
	1	4000	C20	C	300X600				2Φ16		2Φ16					Φ8@200	Φ8@100	1100	Φ8@100			
	2	3400	C20	B	300X550				2Φ16		1Φ16					Φ8@200	Φ8@100	600	Φ8@100			
	3	3400	C20	B	300X500				2Φ16		1Φ16					Φ8@200	Φ8@100	500	Φ8@100			

说明 1⑤~⑭/Ⓑ轴柱截面参照 号节点大样。

建筑				暖通		
结构						
电气						
给排水						

图 6-33 柱截面参照表

设计思路

一般来说，对于柱截面参照表也应该在 AutoCAD 中绘制，并且加上图纸框，形成正规的图纸。

操作步骤

6.4.1 创建文件

1. 建立新文件

打开 AutoCAD 2018 应用程序，单击"快速访问"工具栏中的"新建"按钮，打开"选择样板"对话框，单击"打开"按钮右侧的下三角按钮，以"无样板打开一公制"（毫米）方式建立新文件；将新文件命名为"柱截面参照表.dwg"并保存。

2. 设置图形界限

选择菜单栏中的"格式"→"图形界限"命令，或在命令行输入 LIMITS 按 Enter 键执行，命令行提示与操作如下：

```
命令：LIMITS ↙
指定左下角点或 [开(ON)/关(OFF)] <0.0000,0.0000>: ↙
指定右上角点 <420.0000,297.0000>: 841,594 ↙(即使用 A1 图纸)
```

当然，根据需要读者可以自行定义图形的大小。

6.4.2 绘制表格

1. 插入表格

(1) 单击"默认"选项卡"注释"面板中的"表格"按钮，打开"插入表格"对话框，将列数设置为 23，列宽设置为 700，数据行数设置为 65，行高设置为 70，如图 6-34 所示。

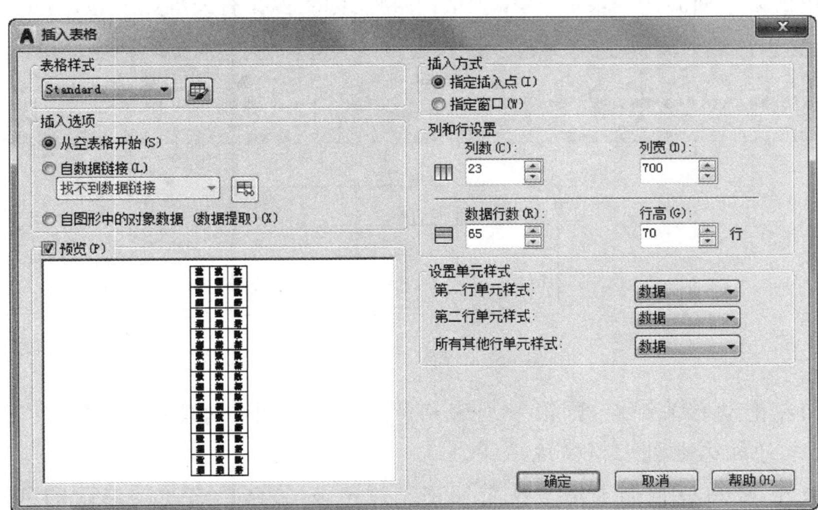

图 6-34 "插入表格"对话框

Note

（2）单击“确定”按钮，将表格插入到绘图区域，插入后的图形如图 6-35 所示。

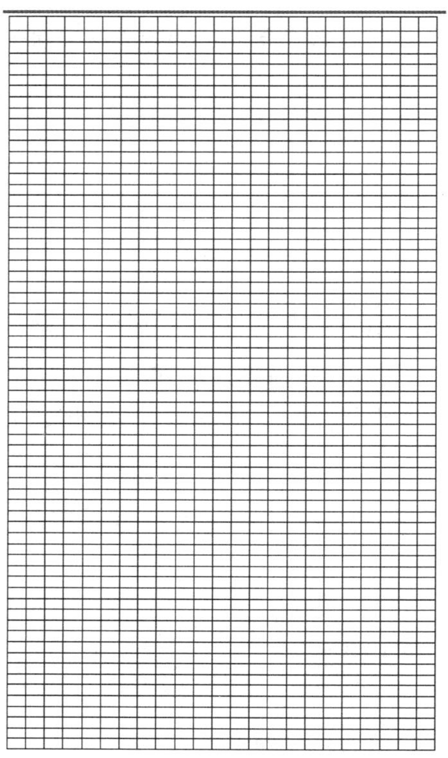

图 6-35　插入后的表格

2. 调整表格

从本节开始的样表可以看出，第一列和第五列等比较窄，第六列、第七列等比较宽，这是根据表格内容的多少来决定的。

（1）单击第一列的任一表格，选中表格，并将光标放置在右关键点上，如图 6-36 所示。

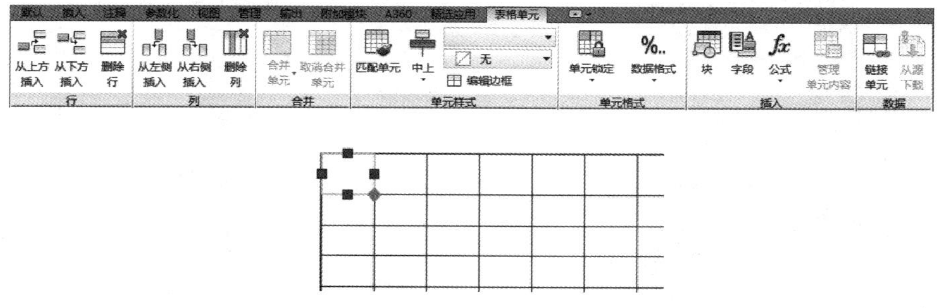

图 6-36　捕捉移动关键点

（2）向左拖动右关键点，则第一列表格的宽度就变小，同理，可以将第五列表格宽度变小，第六列和第七列表格宽度变大。

（3）另外，还可以根据表格特性对列宽进行调整，方法为右击要修改的列中的任一表格，从弹出的快捷菜单中选择“特性”命令，如图 6-37 所示。

(4) 在弹出的“特性”选项板中，将“单元宽度”选项中的数字输入为 500，如图 6-38，按 Enter 键，则第一列的列宽就变窄。同理，可以将第二列的列宽加大到 120，调整后的表格如图 6-39 所示。

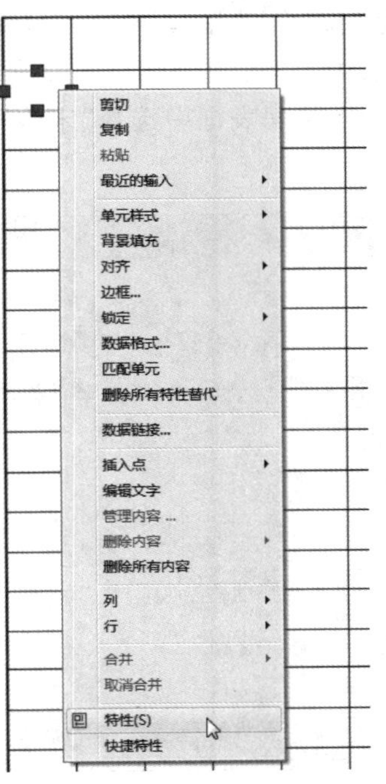

图 6-37　快捷菜单

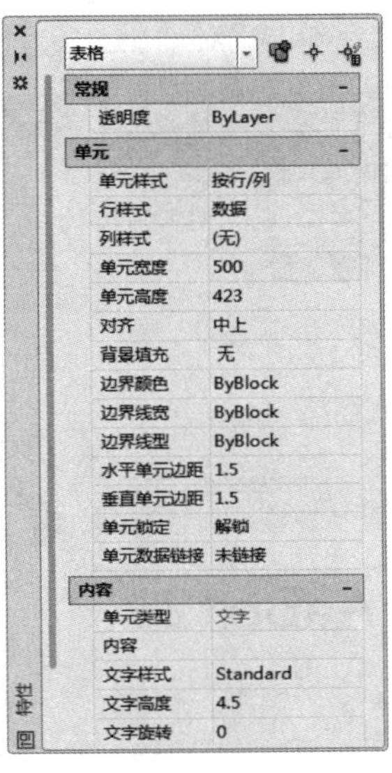

图 6-38　特性选项板

(5) 单击“默认”选项卡“修改”面板中的“分解”按钮，将表格分解，然后单击“默认”选项卡“绘图”面板中的“直线”按钮，在表格内绘制多条水平直线，结果如图 6-40 所示。

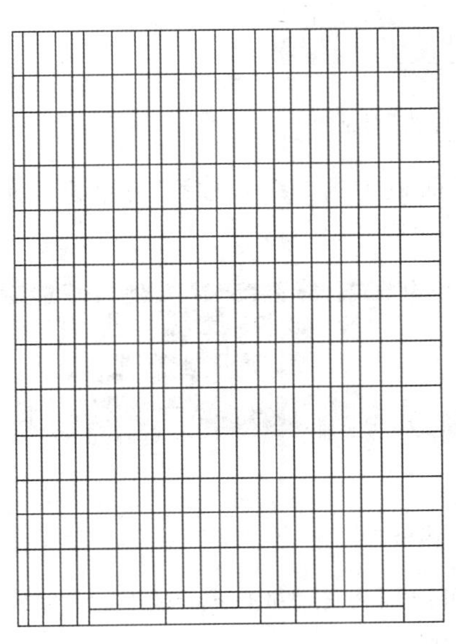

图 6-39　调整后的表格

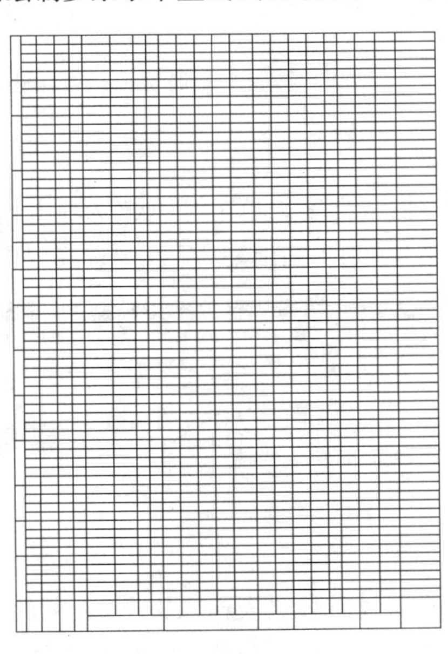

图 6-40　绘制直线

Note

6.4.3 文字标注

（1）新建文字样式。单击“默认”选项卡“注释”面板中的“文字样式”按钮，打开“文字样式”对话框，如图 6-41 所示。单击“新建”按钮，打开“新建文字样式”对话框，在对话框中输入新的文字样式的名称，也可以默认为“样式 1”，如图 6-42 所示。单击“确定”按钮，返回到“文字样式”对话框，在“字体名”下拉列表框中选择“宋体”，单击“应用”按钮，退出“文字样式”对话框。

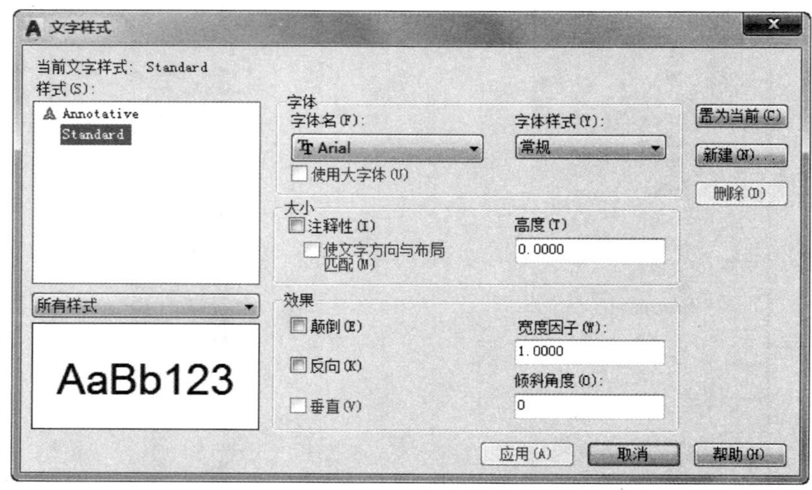

图 6-41 “文字样式”对话框

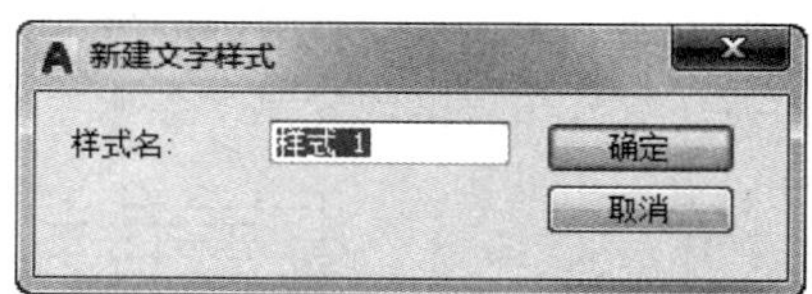

图 6-42 “新建文字样式”对话框

（2）输入文字。单击“默认”选项卡“注释”面板中的“多行文字”按钮 A，弹出“文字编辑器”选项卡，在该选项卡中选择“样式 1”，如图 6-43 所示。

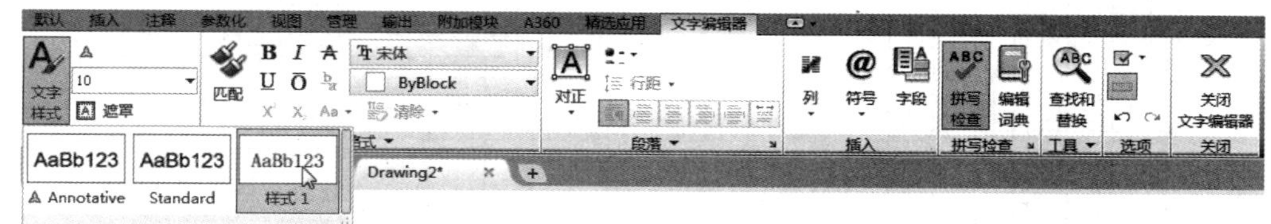

图 6-43 选择字体格式

根据柱截面参照表输入文字，文字的大小可以通过图 6-43 所示的“文字编辑器”选项卡中字体大小进行调整。最终结果如图 6-44 所示。

柱编号	层号	高度或Hj/Ho	混凝土强度等级	截面型式	bxh或直径	$b_1 x h_1$	t_1	t_2	①	②	③	④	⑤a+⑤b	⑥	⑦	中部	箍筋端部	Ln	节点内	⑨1 b边短肢	⑨2 h边长肢	备注
					截面尺寸				竖筋					插筋		⑧⑨⑩⑪⑫号箍筋				复合箍内箍肢数		
Z14	3	3400	C20	B	300X500				2]16		1]16					[8@200	[8@100	500	[8@100			
	2	3400	C20	B	300X550				2]16		1]16					[8@200	[8@100	600	[8@100			
	1	4000	C20	C	300X600				2]16		2]16					[8@200	[8@100	1100	[8@100			
	Ho		C25	C	300X600				2]16		2]16					[8@100	[8@100		[8@100			
	Hj								2]16		2]16					上	中下	各	1[8			
Z13	2-3	3400	C20	B	300X750				2]16		1]16					[8@200	[8@100	600	[8@100			
	1	4000	C20	B	300X750				2]16		1]16					[8@200	[8@100	1200	[8@100			
	Ho		C25	B	300X750				2]16		1]16					[8@100	[8@100		[8@100			
	Hj								2]16		1]16					上	中下	各	1[8			
Z12	4	2400	C20	A	300X300				2]16							[8@200	[8@100	500	[8@100			
	3	3400	C20	B	300X450				2]18		1]16					[8@200	[8@100	500	[8@100			
	2	3400	C20	B	300X500				2]16		1]16					[8@200	[8@100	500	[8@100			
	1	4000	C20	B	300X550				2]16		1]16					[8@200	[8@100	1200	[8@100			
	Ho		C25	B	300X550				2]16		1]16					[8@100	[8@100		[8@100			
	Hj								2]16		1]16					上	中下	各	1[8			
Z11	3	3400	C20	D1	400X450				2]16	1]16	1]16					[8@200	[8@100	500	[8@100			
	2	3400	C20	D1	400X500				2]16	1]16	1]16					[8@200	[8@100	500	[8@100			
	1	4000	C20	D1	400X500				2]16	1]16	1]16					[8@200	[8@100	1200	[8@100			
	Ho		C25	D1	400X500				2]16	1]16	1]16					[8@100	[8@100		[8@100			
	Hj								2]16	1]16	1]16					上	中下	各	1[8			
Z10	1	5000	C20	I	360X1000				2]18	1]18	3]18					[8@100	[8@100	1000	[8@100	3	1	
	Ho		C25	I	360X1000				2]18	1]18	3]18					[8@100	[8@100		[8@100			
	Hj								2]18	1]18	3]18					上	中下	各	1[8			
Z9	1	4000	C20	A	300X300				2]16							[8@200	[8@100	1200	[8@100			
	Ho		C25	A	300X300				2]16							[8@100	[8@100		[8@100			
	Hj								2]16							上	中下	各	1[8			
Z8	2-3	3400	C20	B	300X350				2]16		1]16					[8@200	[8@100	500	[8@100			
	1	4000	C20	B	300X350				2]16		1]16					[8@200	[8@100	1200	[8@100			
	Ho		C25	B	300X350				2]16		1]16					[8@100	[8@100		[8@100			
	Hj								2]16		1]16					上	中下	各	1[8			
Z7	3	3400	C20	B	300X450				2]16		1]16					[8@200	[8@100	500	[8@100			
	2	3400	C20	B	300X500				2]16		1]16					[8@200	[8@100	500	[8@100			
	1	4000	C20	B	300X500				2]16		1]16					[8@200	[8@100	1200	[8@100			
	Ho		C25	B	300X500				2]16		1]16					[8@100	[8@100		[8@100			
	Hj								2]16		1]16					上	中下	各	1[8			
Z6	3	3400	C20	B	300X450				2]16		1]16					[8@200	[8@100	500	[8@100			
	2	3400	C20	B	300X500				2]16		1]16					[8@200	[8@100	500	[8@100			
	1	4000	C20	B	300X500				2]20		1]20					[8@200	[8@100	1200	[8@100			
	Ho		C25	B	300X500				2]20		1]20					[8@100	[8@100		[8@100			
	Hj								2]20		1]20					上	中下	各	1[8			
Z5	3	3400	C20	D1	400X400				2]16	1]16	1]16					[8@200	[8@100	500	[8@100			
	2	3400	C20	B	300X400				2]16		1]16					[8@200	[8@100	500	[8@100			
	1	4000	C20	B	300X400				2]16		1]16					[8@200	[8@100	1200	[8@100			
	Ho		C25	B	300X400				2]16		1]16					[8@100	[8@100		[8@100			
	Hj								2]16		1]16					上	中下	各	1[8			
Z4	3	3400	C20	B	300X450				2]16		1]16					[8@200	[8@100	500	[8@100			
	2	3400	C20	B	300X500				2]16		1]16					[8@200	[8@100	500	[8@100			
	1	4000	C20	B	300X550				2]16		1]16					[8@200	[8@100	1200	[8@100			
	Ho		C25	B	300X550				2]16		1]16					[8@100	[8@100		[8@100			
	Hj								2]16		1]16					上	中下	各	1[8			
Z3	2-3	3400	C20	B	300X400				2]16		1]16					[8@200	[8@100	500	[8@100			
	1	4000	C20	B	300X400				2]16		1]16					[8@200	[8@100	1200	[8@100			
	Ho		C25	B	300X400				2]16		1]16					[8@100	[8@100		[8@100			
	Hj								2]16		1]16					上	中下	各	1[8			
Z2	2-3	3400	C20	A	300X300				2]16							[8@200	[8@100	500	[8@100			
	1	4000	C20	A	300X300				2]16							[8@200	[8@100	1200	[8@100			
	Ho		C25	A	300X300				2]16							[8@100	[8@100		[8@100			
	Hj								2]16							上	中下	各	1[8			
Z1	3	3400	C20	B	300X350				2]16		1]16					[8@200	[8@100	500	[8@100			
	2	3400	C20	B	300X400				2]16		1]16					[8@200	[8@100	500	[8@100			
	1	4000	C20	B	300X450				2]16		1]16					[8@200	[8@100	1200	[8@100			
	Ho		C25	B	300X450				2]16		1]16					[8@100	[8@100		[8@100			
	Hj								2]16		1]16					上	中下	各	1[8			

图 6-44　输入文字

（3）创建图签块。在创建块之前要先绘制图签，根据本表格图幅的大小，可采用

A1 图签，根据 GB/T 50001—2010《房屋建筑制图统一标准》中规定的参数大小进行绘制，绘制方法前面已经讲述，这里不再赘述，然后将其创建成块，绘制结果如图 6-45 所示。

Note

图 6-45　绘制好的图签

说明：使用"块定义"对话框创建的块其实并未保存到实际的文件夹中，如果此文件一直处于打开状态，则可以随时对块进行插入操作，但是，如果关闭 AutoCAD，等到下次运行的时候，此次创建的块就已经不存在了，因此，此方法创建的块只供临时使用，对于常用的块，可以采用"写入块"命令来创建永久模块。

(4) 插入图签。单击"默认"选项卡"块"面板中的"插入"按钮，命令行提示如下：

```
命令: _insert↙
```

执行上述命令后，打开"插入"对话框，如果"名称"选项中不是所需要的图块，可以单击"浏览"按钮选择已创建好的图块，如图 6-46 所示。

(5) 单击"确定"按钮，在绘图区域出现待插入的图块，如图 6-33 所示。

说明：插入的图块是一个整体，要对插入的图块的某部分进行操作，必须先执行修改菜单中的"分解"命令。

至此，柱截面目录绘制完成。

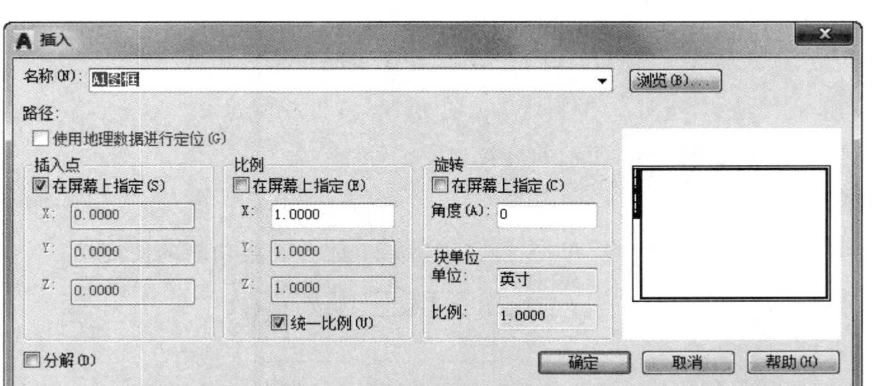

图 6-46 “插入”对话框

6.5 学习效果自测

1. 在设置文字样式的时候，设置了文字的高度，其效果是(　　)。
   A. 在输入单行文字时，可以改变文字高度
   B. 输入单行文字时，不可以改变文字高度
   C. 在输入多行文字时，不能改变文字高度
   D. 以上说法都正确
2. 使用多行文本编辑器时，其中%%C、%%D、%%P 分别表示(　　)。
   A. 直径、度数、下划线
   B. 直径、度数、正负
   C. 度数、正负、直径
   D. 下划线、直径、度数
3. 在正常输入汉字时却显示“?”，是什么原因？(　　)。
   A. 因为文字样式没有设定好　　B. 输入错误
   C. 堆叠字符　　D. 字高太高
4. 试用 DTEXT 命令输入如图 6-47 所示的文本。

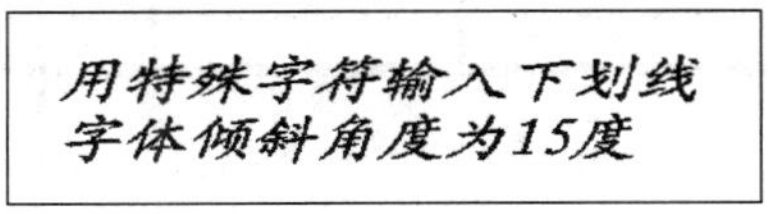

用特殊字符输入下划线
字体倾斜角度为15度

图 6-47 DTEXT 命令练习

5. 以下哪种不是表格的单元格式数据类型？(　　)
   A. 百分比　　B. 时间　　C. 货币　　D. 点
6. 在表格中不能插入(　　)。
   A. 块　　B. 字段　　C. 公式　　D. 点

6.6 上机实验

实例 1 绘制如图 6-48 所示的会签栏。

1. 目的要求

本例要求读者利用“表格”和“多行文字”命令，体会表格功能的便捷性。

专业	姓名	日期

图 6-48 会签栏

2. 操作提示

(1) 单击“默认”选项卡“注释”面板中的“表格”按钮，绘制表格。

(2) 单击“默认”选项卡“注释”面板中的“多行文字”按钮 A，标注文字。

实例 2 标注如图 6-49 所示的材料明细表。

1. 目的要求

本例要求读者利用“表格”和“多行文字”命令，体会表格和文字功能的便捷性。

2. 操作提示

(1) 设置文字标注的样式。

(2) 单击“默认”选项卡“注释”面板中的“表格”按钮，绘制表格。

(3) 单击“默认”选项卡“注释”面板中的“多行文字”按钮 A，标注文字。

材 料 明 细 表								
构件编号	零件编号	规格	长度/mm	数量		重量/kg		总计/kg
				单计	共计	单计	共计	

图 6-49 材料明细表

第7章

尺寸标注

尺寸标注是绘图设计过程中相当重要的一个环节。因为图形的主要作用是表达物体的形状,而物体各部分的真实大小和确切位置只能通过尺寸标注来描述,因此,如果没有正确的尺寸标注,绘制出的图纸对于加工制造就没什么意义。本章介绍 AutoCAD 的尺寸标注功能,内容主要包括:尺寸标注的规则与组成、尺寸样式、尺寸标注、引线标注、尺寸标注编辑等。

学习要点

- 尺寸样式
- 标注尺寸
- 引线标注

Note

7.1 尺寸样式

组成尺寸标注的尺寸界线、尺寸线、尺寸文本及箭头等都可以采用多种多样的形式，在实际标注一个几何对象的尺寸时，尺寸标注样式决定尺寸标注以什么形态出现。它主要决定尺寸标注的形式，包括尺寸线、尺寸界线、箭头和中心标记，以及尺寸文本的位置、特性等。在AutoCAD 2018中，用户可以利用“标注样式管理器”对话框方便地设置自己需要的尺寸标注样式。下面介绍定制尺寸标注样式的方法。

7.1.1 新建或修改尺寸样式

在进行尺寸标注之前，要建立尺寸标注的样式。如果用户不建立尺寸样式而直接进行标注，系统就会使用默认的、名称为Standard的样式。如果用户认为使用的标注样式有某些设置不合适，那么也可以进行修改。

1. 执行方式

命令行：DIMSTYLE(快捷命令：D)。

菜单栏：选择菜单栏中的“格式”→“标注样式”命令或“标注”→“标注样式”命令。

工具栏：单击“标注”工具栏中的“标注样式”按钮。

功能区：单击“默认”选项卡“注释”面板中的“标注样式”按钮，或单击“注释”选项卡“标注”面板上的“标注样式”下拉菜单中的“管理标注样式”按钮，或单击“注释”选项卡“标注”面板中的“对话框启动器”按钮。

2. 操作步骤

执行上述命令后，AutoCAD打开“标注样式管理器”对话框，如图7-1所示。利用此对话框用户可方便直观地设置和浏览尺寸标注样式，包括建立新的标注样式、修改已存在的样式、设置当前尺寸标注样式、标注样式重命名以及删除一个已存在的标注样式等。

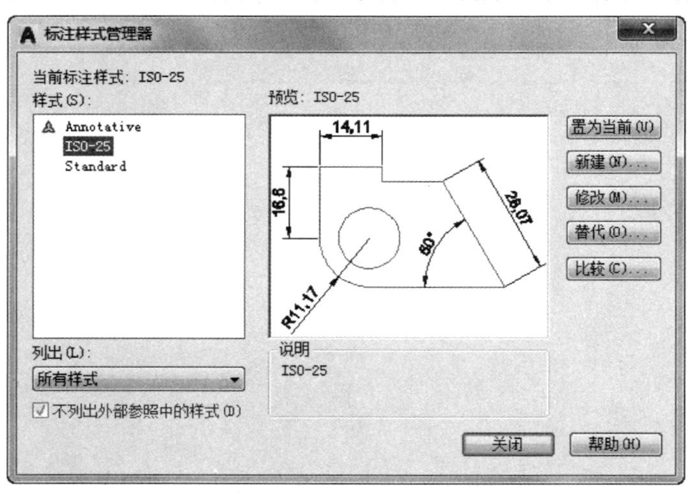

图7-1 “标注样式管理器”对话框

3. 选项说明

各选项的含义如表 7-1 所示。

表 7-1 “新建或修改尺寸样式”命令各选项的含义

<table>
<tr><th>选　　项</th><th colspan="2">含　　义</th></tr>
<tr><td>“置为当前”按钮</td><td colspan="2">单击此按钮，把在“样式”列表框中选中的标注样式设置为当前尺寸标注样式</td></tr>
<tr><td rowspan="5">“新建”按钮</td><td colspan="2">定义一个新的尺寸标注样式。单击此按钮，AutoCAD 打开“创建新标注样式”对话框，如图 7-2 所示，利用此对话框可创建一个新的尺寸标注样式。下面介绍其中各选项的功能</td></tr>
<tr><td>新样式名</td><td>给新的尺寸标注样式命名</td></tr>
<tr><td>基础样式</td><td>选取创建新样式所基于的标注样式。单击右侧的下三角按钮，显示当前已存在的标注样式列表，从中选择一个样式作为定义新样式的基础样式，新的样式是在这个样式的基础上修改一些特性得到的</td></tr>
<tr><td>用于</td><td>指定新样式应用的尺寸类型。单击右侧的下三角按钮，显示尺寸类型列表，如果新建样式应用于所有尺寸标注，则选择“所有标注”选项；如果新建样式只应用于特定的尺寸标注(例如只在标注直径时使用此样式)，则选取相应的尺寸类型</td></tr>
<tr><td>继续</td><td>设置好各选项以后，单击“继续”按钮，AutoCAD 打开“新建标注样式：副本 ISO-25”对话框，如图 7-3 所示，利用此对话框可对新样式的各项特性进行设置。该对话框中各部分的含义和功能将在后面介绍</td></tr>
<tr><td>“修改”按钮</td><td colspan="2">修改一个已存在的尺寸标注样式。单击此按钮，AutoCAD 打开“修改标注样式”对话框，该对话框中的各选项与“新建标注样式：副本 ISO-25”对话框中的各选项完全相同，用户可以在此对话框中对已有标注样式进行修改</td></tr>
<tr><td>“替代”按钮</td><td colspan="2">设置临时覆盖尺寸标注样式。单击此按钮，AutoCAD 打开“替代当前样式”对话框，该对话框中的各选项与“新建标注样式：副本 ISO-25”对话框中的各选项完全相同，用户可通过改变选项的设置来覆盖原来的设置，但这种修改只对指定的尺寸标注起作用，而不影响当前尺寸样式变量的设置</td></tr>
<tr><td>“比较”按钮</td><td colspan="2">比较两个尺寸标注样式在参数上的区别，或浏览一个尺寸标注样式的参数设置。单击此按钮，AutoCAD 打开“比较标注样式”对话框，如图 7-4 所示。用户可以把比较结果复制到剪贴板上，然后再粘贴到其他的 Windows 应用软件上</td></tr>
</table>

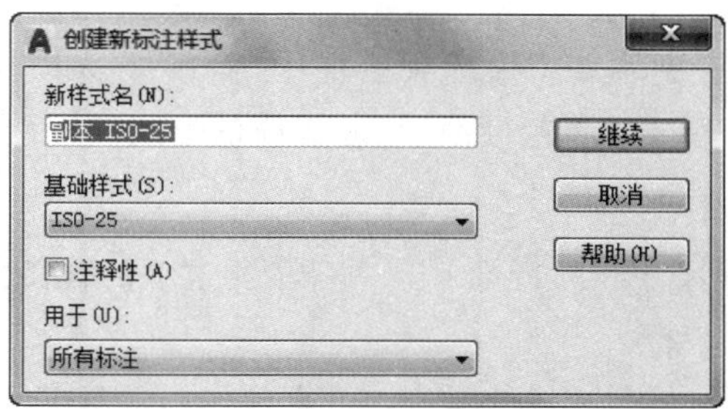

图 7-2 “创建新标注样式”对话框

Note

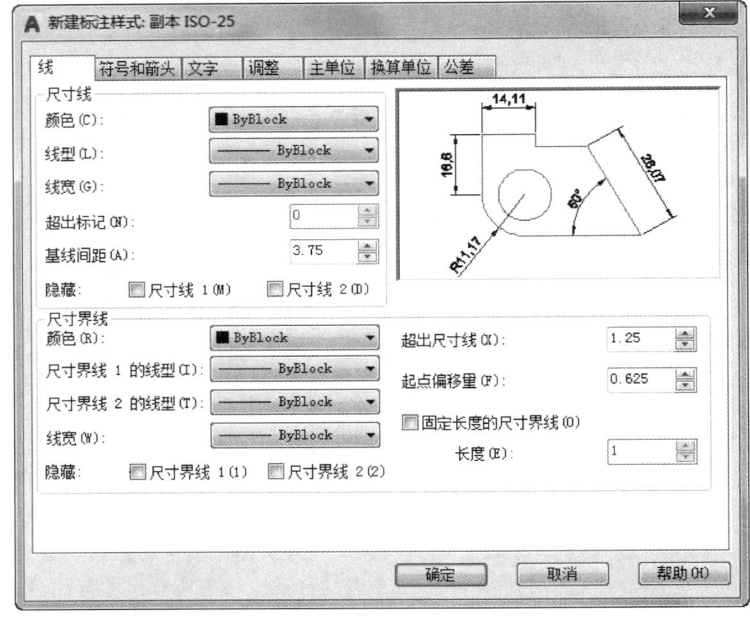

图 7-3 “新建标注样式：副本 ISO-25”对话框

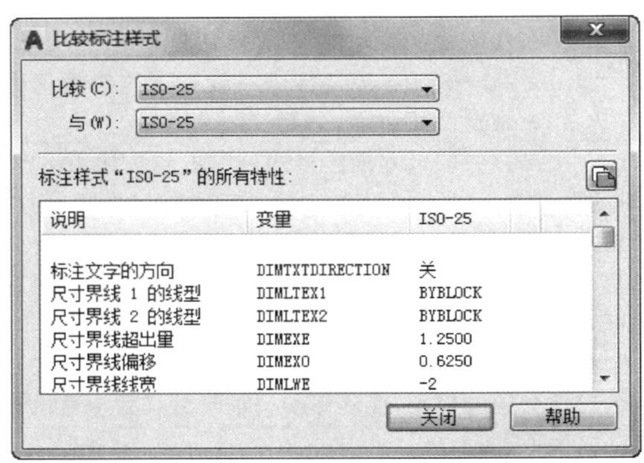

图 7-4 “比较标注样式”对话框

7.1.2 线

在“新建标注样式：副本 ISO-25”对话框中，第一个选项卡就是“线”选项卡，如图 7-3 所示。该选项卡用于设置尺寸线、尺寸界线的形式和特性。下面分别进行说明。

1. “尺寸线”选项组

该选项组用于设置尺寸线的特性。其中各主要选项的含义如下。

（1）“颜色”下拉列表框

该下拉列表框用于设置尺寸线的颜色。可直接输入颜色名字，也可从下拉列表框中选择，或者单击“选择颜色”命令，打开“选择颜色”对话框，用户可从中选择其他颜色。

(2)“线型”下拉列表框

该下拉列表框用于设定尺寸线的线型。

(3)“线宽”下拉列表框

该下拉列表框用于设置尺寸线的线宽,此下拉列表框中列出了各种线宽的名字和宽度。AutoCAD 把设置值保存在 DIMLWD 变量中。

(4)“超出标记”微调框

当尺寸箭头设置为短斜线、短波浪线等,或尺寸线上无箭头时,可利用此微调框设置尺寸线超出尺寸界线的距离。其相应的尺寸变量是 DIMDLE。

(5)“基线间距”微调框

以基线方式标注尺寸时,该微调框用于设置相邻两尺寸线之间的距离,其相应的尺寸变量是 DIMDLI。

(6)“隐藏”复选框组

该复选框组用于确定是否隐藏尺寸线及其相应的箭头。选中“尺寸线 1”复选框表示隐藏第一段尺寸线,选中“尺寸线 2”复选框表示隐藏第二段尺寸线。其相应的尺寸变量分别为 DIMSD1 和 DIMSD2。

2.“尺寸界线”选项组

该选项组用于确定尺寸界线的形式。其中各主要选项的含义如下。

(1)“颜色”下拉列表框

该下拉列表框用于设置尺寸界线的颜色。

(2)“线宽”下拉列表框

该下拉列表框用于设置尺寸界线的线宽,AutoCAD 把其值保存在 DIMLWE 变量中。

(3)“超出尺寸线”微调框

该微调框用于确定尺寸界线超出尺寸线的距离,其相应的尺寸变量是 DIMEXE。

(4)“起点偏移量”微调框

该微调框用于确定尺寸界线的实际起始点相对于指定的尺寸界线的起始点的偏移量,其相应的尺寸变量是 DIMEXO。

(5)“隐藏”复选框组

该复选框组用于确定是否隐藏尺寸界线。选中“尺寸界线 1”复选框表示隐藏第一段尺寸界线,选中“尺寸界线 2”复选框表示隐藏第二段尺寸界线。其相应的尺寸变量分别为 DIMSE1 和 DIMSE2。

(6)“固定长度的尺寸界线”复选框

选中该复选框,表示系统以固定长度的尺寸界线标注尺寸。可以在下面的“长度”微调框中输入长度值。

3. 尺寸样式显示框

在“新建标注样式”对话框的右上方有一个尺寸样式显示框,该显示框以样例的形式显示用户设置的尺寸样式。

7.1.3 符号和箭头

Note

在“新建标注样式：副本 ISO-25”对话框中，第二个选项卡是“符号和箭头”选项卡，如图 7-5 所示。该选项卡用于设置箭头、圆心标记、弧长符号和半径折弯标注等的形式和特性。下面分别进行说明。

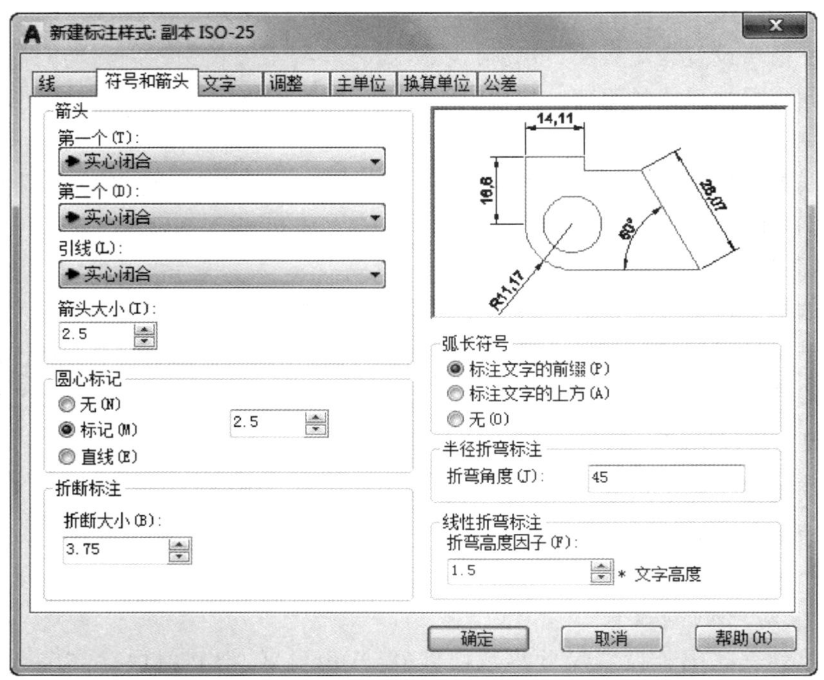

图 7-5 “新建标注样式：副本 ISO-25”对话框的“符号和箭头”选项卡

1. “箭头”选项组

该选项组用于设置尺寸箭头的形式。AutoCAD 提供了多种多样的箭头形状，列在“第一个”和“第二个”下拉列表框中。另外，系统还允许用户采用自定义的箭头形式。两个尺寸箭头可以采用相同的形式，也可以采用不同的形式。

(1) “第一个”下拉列表框

该下拉列表框用于设置第一个尺寸箭头的形式。此下拉列表框中列出各种箭头形式的名字及其形状，用户可从中选择自己需要的形式。一旦确定了第一个箭头的类型，第二个箭头则自动与其匹配，要想使第二个箭头选用不同的类型，可在“第二个”下拉列表框中进行设定。AutoCAD 把第一个箭头类型名存放在尺寸变量 DIMBLK1 中。

(2) “第二个”下拉列表框

该下拉列表框用于确定第二个尺寸箭头的形式，可与第一个箭头类型不同。AutoCAD 把第二个箭头的名字存放在尺寸变量 DIMBLK2 中。

(3) “引线”下拉列表框

该下拉列表框用于确定引线箭头的形式，与“第一个”下拉列表框的设置类似。

(4)"箭头大小"微调框

该微调框用于设置箭头的大小,其相应的尺寸变量是 DIMASZ。

2."圆心标记"选项组

该选项组用于设置半径标注、直径标注和中心标注中的中心标记和中心线的形式,其相应的尺寸变量是 DIMCEN。其中各项的含义如下。

(1)"无"单选按钮

选择此单选按钮,则既不产生中心标记,也不产生中心线。此时 DIMCEN 变量的值为 0。

(2)"标记"单选按钮

选择此单选按钮,则中心标记为一个记号。AutoCAD 将标记大小以一个正值存放在 DIMCEN 变量中。

(3)"直线"单选按钮

选择此单选按钮,则中心标记采用中心线的形式。AutoCAD 将中心线的大小以一个负值存放在 DIMCEN 变量中。

(4)微调框

它用于设置中心标记和中心线的大小和粗细。

3."折断标注"选项组

该选项组控制折断标注的间隙宽度。其中选项的含义如下:

折断大小:显示和设定用于折断标注的间隙大小。

4."弧长符号"选项组

该选项组用于控制弧长标注中圆弧符号的显示。有 3 个单选按钮。

(1)"标注文字的前缀"单选按钮

选择此单选按钮,则将弧长符号放在标注文字的前面,如图 7-6(a)所示。

(2)"标注文字的上方"单选按钮

选择此单选按钮,则将弧长符号放在标注文字的上方,如图 7-6(b)所示。

(3)"无"单选按钮

选择此单选按钮,则不显示弧长符号,如图 7-6(c)所示。

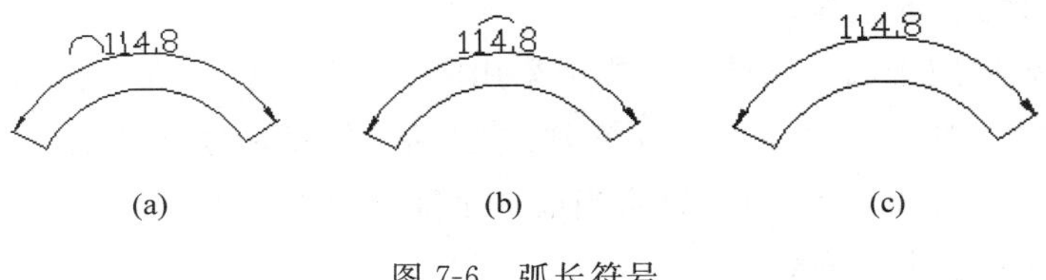

图 7-6 弧长符号

5."半径折弯标注"选项组

该选项组控制折弯(Z 字形)半径标注的显示。折变半径标注通常在圆或圆弧的圆心位于页面外部时创建。其中选项的含义如下:

Note

折弯角度：确定折弯半径标注中，尺寸线的横向线段的角度。

6. “线性折弯标注”选项组

该选项组控制线性标注折弯的显示。当标注不能精确表示实际尺寸时，通常将折弯线添加到线性标注中。通常，实际尺寸比所需值小。其中选项的含义如下：

折弯高度因子：通过形成折弯的角度的两个顶点之间的距离确定折弯高度。

7.1.4 文本

在“新建标注样式：副本 ISO-25”对话框中，第三个选项卡是“文字”选项卡，如图 7-7 所示。该选项卡用于设置尺寸文本的外观、位置和对齐方式等。

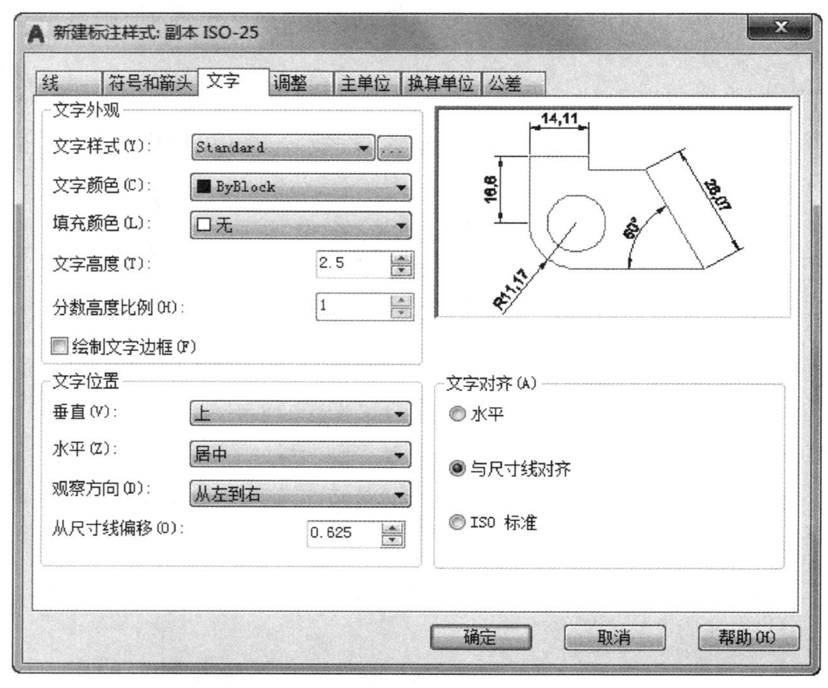

图 7-7 “新建标注样式：副本 ISO-25”对话框的“文字”选项卡

1. “文字外观”选项组

（1）“文字样式”下拉列表框

该下拉列表框用于选择当前尺寸文本采用的文字样式。可在下拉列表框中选择一个样式，也可单击右侧的，打开“文字样式”对话框，以创建新的文字样式或对已存在的文字样式进行修改。AutoCAD 将当前文字样式保存在 DIMTXSTY 系统变量中。

（2）“文字颜色”下拉列表框

该下拉列表框用于设置尺寸文本的颜色，其操作方法与设置尺寸线颜色的方法相同。其相应的尺寸变量是 DIMCLRT。

（3）“文字高度”微调框

该微调框用于设置尺寸文本的字高，其相应的尺寸变量是 DIMTXT。如果选用的

文字样式中已设置了具体的字高(不是 0),则此处的设置无效;如果文字样式中设置的字高为 0,那么以此处的设置为准。

(4)“分数高度比例”微调框

该微调框用于确定尺寸文本的比例系数,其相应的尺寸变量是 DIMTFAC。

(5)“绘制文字边框”复选框

选中此复选框,AutoCAD 将在尺寸文本的周围加上边框。

2.“文字位置”选项组

(1)“垂直”下拉列表框

该下拉列表框用于确定尺寸文本相对于尺寸线在垂直方向上的对齐方式,其相应的尺寸变量是 DIMTAD。在该下拉列表框中,用户可选择的对齐方式有以下 4 种:

① 置中:将尺寸文本放在尺寸线的中间,此时 DIMTAD=0。

② 上方:将尺寸文本放在尺寸线的上方,此时 DIMTAD=1。

③ 外部:将尺寸文本放在远离第一条尺寸界线起点的位置,即尺寸文本和所标注的对象分列于尺寸线的两侧,此时 DIMTAD=2。

④ JIS:使尺寸文本的放置符合 JIS(日本工业标准)规则,此时 DIMTAD=3。

上面几种尺寸文本布置方式如图 7-8 所示。

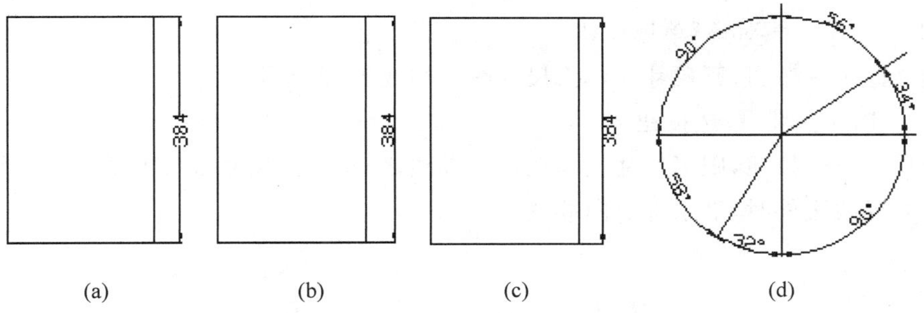

图 7-8 尺寸文本在垂直方向的放置

(a) 置中;(b) 上方;(c) 外部;(d) JIS

(2)“水平”下拉列表框

该下拉列表框用于确定尺寸文本相对于尺寸线和尺寸界线在水平方向上的对齐方式,其相应的尺寸变量是 DIMJUST。在此下拉列表框中,用户可选择的对齐方式有以下 5 种:置中、第一条尺寸界线、第二条尺寸界线、第一条尺寸界线上方、第二条尺寸界线上方,其效果如图 7-9(a)~(e)所示。

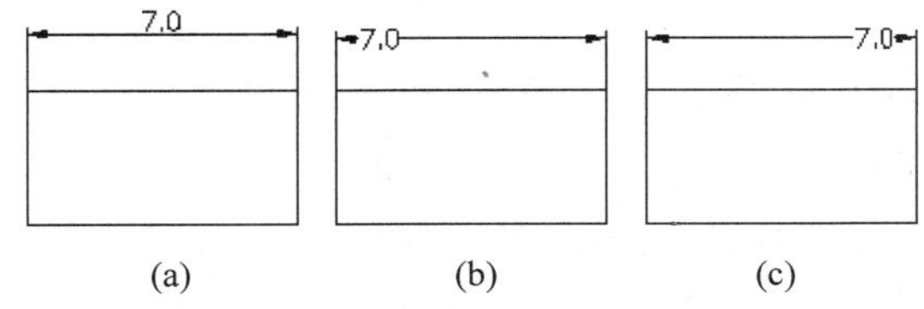

图 7-9 尺寸文本在水平方向上的放置

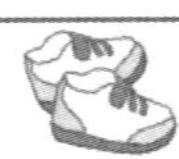

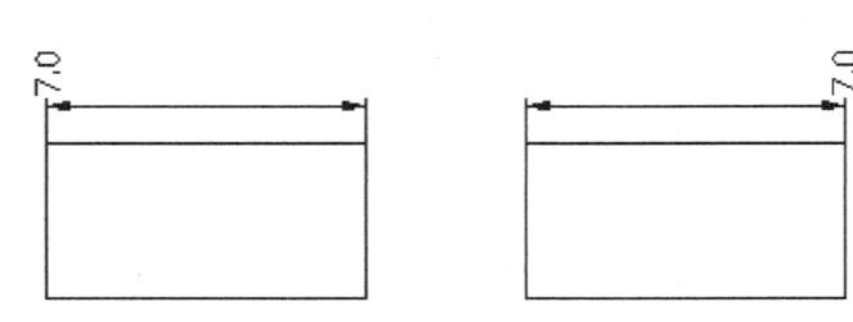

图 7-9 （续）

（3）“从尺寸线偏移”微调框

当尺寸文本放在断开的尺寸线中间时，此微调框用来设置尺寸文本与尺寸线之间的距离（尺寸文本间隙），这个值保存在尺寸变量 DIMGAP 中。

3. “文字对齐”选项组

该选项组用于控制尺寸文本排列的方向。当尺寸文本在尺寸界线之内时，与其对应的尺寸变量是 DIMTIH；当尺寸文本在尺寸界线之外时，与其对应的尺寸变量是 DIMTOH。

（1）“水平”单选按钮

选择此单选按钮，则尺寸文本沿水平方向放置。不论标注什么方向的尺寸，尺寸文本总保持水平。

（2）“与尺寸线对齐”单选按钮

选择此单选按钮，则尺寸文本沿尺寸线方向放置。

（3）“ISO 标准”单选按钮

选择此单选按钮，则当尺寸文本在尺寸界线之间时，沿尺寸线方向放置；当尺寸文本在尺寸界线之外时，沿水平方向放置。

7.2 标注尺寸

正确地进行尺寸标注是绘图设计过程中非常重要的一个环节，AutoCAD 2018 提供了方便快捷的尺寸标注方法，可通过执行命令实现，也可利用菜单或工具图标实现。本节重点介绍如何对各种类型的尺寸进行标注。

7.2.1 线性标注

1. 执行方式

命令行：DIMLINEAR（缩写名：DIMLIN；快捷命令：DLI）。

菜单栏：选择菜单栏中的“标注”→“线性”命令。

工具栏：单击“标注”工具栏中的“线性”按钮⊢⊣。

功能区：单击“默认”选项卡“注释”面板中的“线性”按钮⊢⊣，或单击“注释”选项卡“标注”面板中的“线性”按钮⊢⊣。

2. 操作步骤

```
命令: DIMLIN↙
指定第一个尺寸界线原点或<选择对象>:
```

3. 选项说明

在此提示下有两种选择方法,直接按 Enter 键选择要标注的对象或确定尺寸界线的起始点,各选项的含义如表 7-2 所示。

表 7-2 "线性标注"命令各选项的含义

<table>
<tr><th>选项</th><th colspan="2">含义</th></tr>
<tr><td rowspan="8">直接按 Enter 键</td><td colspan="2">执行此操作,则光标变为拾取框,并且在命令行提示:
选择标注对象:
用拾取框单击要标注尺寸的线段,命令行提示如下:
指定尺寸线位置或[多行文字(M)/文字(T)/角度(A)/水平(H)/垂直(V)/旋转(R)]:</td></tr>
<tr><td>指定尺寸线位置</td><td>确定尺寸线的位置。用户可通过移动鼠标来选择合适的尺寸线位置,然后按 Enter 键或单击,AutoCAD 将自动测量所标注线段的长度并标注出相应的尺寸</td></tr>
<tr><td>多行文字(M)</td><td>用多行文字编辑器确定尺寸文本</td></tr>
<tr><td>文字(T)</td><td>在命令行提示下输入或编辑尺寸文本。选择此选项后,AutoCAD 提示:
输入标注文字 <默认值>:
其中的默认值是 AutoCAD 自动测量得到的被标注线段的长度,直接按 Enter 键即可采用此长度值,也可输入其他数值代替默认值。当尺寸文本中包含默认值时,可使用尖括号"〈〉"表示默认值</td></tr>
<tr><td>角度(A)</td><td>确定尺寸文本的倾斜角度</td></tr>
<tr><td>水平(H)</td><td>水平标注尺寸,不论被标注线段沿什么方向,尺寸线均水平放置</td></tr>
<tr><td>垂直(V)</td><td>垂直标注尺寸,不论被标注线段沿什么方向,尺寸线总保持垂直</td></tr>
<tr><td>旋转(R)</td><td>旋转标注尺寸,输入尺寸线旋转的角度值</td></tr>
<tr><td>指定第一条尺寸界线的起始点</td><td colspan="2">指定第一条尺寸界线的起始点</td></tr>
</table>

7.2.2 对齐标注

1. 执行方式

命令行:DIMALIGNED(快捷命令:DAL)。

菜单栏:选择菜单栏中的"标注"→"对齐"命令。

工具栏：单击“标注”工具栏中的“对齐”按钮。

功能区：单击“默认”选项卡“注释”面板中的“对齐”按钮，或单击“注释”选项卡“标注”面板中的“已对齐”按钮。

Note

2. 操作步骤

```
命令：DIMALIGNED↙
指定第一个尺寸界线原点或 <选择对象>:
```

这种命令标注的尺寸线与所标注轮廓线平行，标注的尺寸是起始点到终点之间的距离尺寸。

7.2.3 基线标注

基线标注用于产生一系列基于同一条尺寸界线的尺寸标注，适用于长度尺寸标注、角度标注和坐标标注等。在使用基线标注方式之前，应该先标注出一个相关的尺寸。

1. 执行方式

命令行：DIMBASELINE（快捷命令：DBA）。

菜单栏：选择菜单栏中的“标注”→“基线”命令。

工具栏：单击“标注”工具栏中的“基线”按钮。

功能区：单击“注释”选项卡“标注”面板中的“基线”按钮。

2. 操作步骤

```
命令：DIMBASELINE↙
指定第二个尺寸界线原点或 [选择(S)/放弃(U)] <选择>:
```

3. 选项说明

各选项的含义如表 7-3 所示。

表 7-3 “基线标注”命令各选项的含义

选　　项	含　　义
指定第二个尺寸界线原点	直接确定另一个尺寸的第二个尺寸界线的起始点，AutoCAD 以上次标注的尺寸为基准，标注出相应尺寸
选择(S)	在上述提示下直接按 Enter 键，AutoCAD 提示： 选择基准标注：(选取作为基准的尺寸标注)

7.2.4 连续标注

连续标注又叫尺寸链标注，用于产生一系列连续的尺寸标注，后一个尺寸标注均把前一个尺寸标注的第二条尺寸界线作为它的第一条尺寸界线。它适用于长度尺寸标注、角度标注和坐标标注等。在使用连续标注方式之前，应该先标注出一个相关

的尺寸。

1. 执行方式

命令行：DIMCONTINUE(快捷命令：DCO)。

菜单栏：选择菜单栏中的“标注”→“连续”命令。

工具栏：单击“标注”工具栏中的“连续”按钮。

功能区：单击“注释”选项卡“标注”面板中的“连续”按钮。

2. 操作步骤

```
命令：DIMCONTINUE↙
指定第二个尺寸界线原点或 [选择(S)/放弃(U)] <选择>:
```

在此提示下的各选项与基线标注中的各选项完全相同，此处不再赘述。

7.2.5 半径标注

1. 执行方式

命令行：DIMRADIUS(快捷命令：DRA)。

菜单栏：选择菜单栏中的“标注”→“半径”命令。

工具栏：单击“标注”工具栏中的“半径”按钮。

功能区：单击“默认”选项卡“注释”面板中的“半径”按钮，或单击“注释”选项卡“标注”面板中的“半径”按钮。

2. 操作步骤

```
命令:DIMRADIUS↙
选择圆弧或圆:(选择要标注半径的圆或圆弧)
指定尺寸线位置或 [多行文字(M)/文字(T)/角度(A)]:(确定尺寸线的位置或选某一选项)
```

用户可以通过选择“多行文字(M)”项、“文字(T)”项或“角度(A)”项来输入、编辑尺寸文本或确定尺寸文本的倾斜角度，也可以通过直接指定尺寸线的位置来标注出指定圆或圆弧的半径。

其他标注类型还有直径标注、圆心标注和中心线标注、角度标注、快速标注等，这里不再赘述。

7.2.6 标注打断

1. 执行方式

命令行：DIMBREAK。

菜单栏：选择菜单栏中的“标注”→“标注打断”命令。

工具栏：单击“标注”工具栏中的“折断标注”按钮。

功能区：单击“默认”选项卡“注释”面板中的“折断”按钮。

2. 操作步骤

```
命令:DIMBREAK↙
选择要添加/删除折断的标注或 [多个(M)]:(选择标注,或输入 m 并按 Enter 键)
```

Note

选择标注后,将显示以下提示:

```
选择要折断标注的对象或 [自动(A)/手动(R)/删除(M)] <自动>:(选择与标注相交或与选定标注的延伸线相交的对象,输入选项,或按 Enter 键)
```

选择要折断标注的对象后,将显示以下提示:

```
选择要折断标注的对象:(选择通过标注的对象或按 Enter 键以结束命令)
```

选择“多个”则指定要向其中添加折断或要从中删除折断的多个标注。选择“自动”则将折断标注放置在与选定标注相交的对象的所有交点处。修改标注或相交对象时,会自动更新使用此选项创建的所有折断标注。在具有任何折断标注的标注上方绘制新对象后,在交点处不会沿标注对象自动应用任何新的折断标注。要添加新的折断标注,必须再次运行此命令。选择“删除”将从选定的标注中删除所有折断标注。如果修改标注或相交对象,则不会更新使用此选项创建的任何折断标注。使用此选项,一次仅可以放置一个手动折断标注。

7.3 引线标注

AutoCAD 提供了引线标注功能,利用该功能用户不仅可以标注特定的尺寸,如圆角、倒角等,还可以在图中添加多行旁注、说明。在引线标注中,指引线可以是折线,也可以是曲线;指引线端部可以有箭头,也可以没有箭头。

7.3.1 利用 LEADER 命令进行引线标注

利用 LEADER 命令可以创建灵活多样的引线标注形式,用户可根据自己的需要把指引线设置为折线或曲线;指引线可带箭头,也可不带箭头;注释文本可以是多行文本,也可以是形位公差,或是从图形其他部位复制的部分图形,还可以是一个图块。

1. 执行方式

命令行:LEADER。

2. 操作步骤

```
命令:LEADER↙
指定引线起点:(输入指引线的起始点)
指定下一点:(输入指引线的另一点)
```

AutoCAD 由上面两点画出指引线并继续提示：

```
指定下一点或 [注释(A)/格式(F)/放弃(U)] <注释>:
```

3. 选项说明

各选项含义的如表 7-4 所示。

表 7-4 “利用 LEADER 命令进行引线标注”命令各选项的含义

<table>
<tr><th>选　　项</th><th colspan="2">含　　义</th></tr>
<tr><td>指定下一点</td><td colspan="2">直接输入一点，AutoCAD 根据前面的点画出折线作为指引线</td></tr>
<tr><td rowspan="3">注释(A)</td><td colspan="2">输入注释文本，为默认项。在上面提示下直接按 Enter 键，AutoCAD 提示：
输入注释文字的第一行或 <选项>:</td></tr>
<tr><td>输入注释文本的第一行</td><td>在此提示下输入第一行文本后按 Enter 键，用户可继续输入第二行文本，如此反复执行，直到输入全部注释文本，然后在此提示下直接按 Enter 键，AutoCAD 会在指引线终端标注出所输入的多行文本，并结束 LEADER 命令</td></tr>
<tr><td>直接按 Enter 键</td><td>如果在上面的提示下直接按 Enter 键，则命令行提示如下：
输入注释选项[公差(T)/副本(C)/块(B)/无(N)/多行文字(M)] <多行文字>:
在此提示下输入一个注释选项或直接按 Enter 键，即选择“多行文字”选项</td></tr>
<tr><td rowspan="6">格式(F)</td><td colspan="2">确定指引线的形式。选择该项，命令行提示如下：
输入指引线格式选项 [样条曲线(S)/直线(ST)/箭头(A)/无(N)] <退出>:(选择指引线形式，或直接按 Enter 键回到上一级提示)</td></tr>
<tr><td>样条曲线(S)</td><td>设置指引线为样条曲线</td></tr>
<tr><td>直线(ST)</td><td>设置指引线为折线</td></tr>
<tr><td>箭头(A)</td><td>在指引线的端部位置画箭头</td></tr>
<tr><td>无(N)</td><td>在指引线的端部位置不画箭头</td></tr>
<tr><td>退出</td><td>此项为默认选项，选择该选项则退出“格式”选项</td></tr>
</table>

7.3.2 利用 QLEADER 命令进行引线标注

利用 QLEADER 命令可快速生成指引线及注释，而且可以通过命令行来优化对话框进行用户自定义，由此可以消除不必要的命令行提示，取得更高的工作效率。

1. 执行方式

命令行：QLEADER。

2. 操作步骤

```
命令: QLEADER↙
指定第一个引线点或 [设置(S)] <设置>:
```

Note

3. 选项说明

各选项的含义如表 7-5 所示。

表 7-5 “利用 QLEADER 命令进行引线标注”命令各选项的含义

<table>
<tr><th>选　　项</th><th colspan="2">含　　义</th></tr>
<tr><td rowspan="3">指定第一个引线点</td><td colspan="2">在上面的提示下确定一点作为指引线的第一点，命令行提示如下：

指定下一点：(输入指引线的第二点)
指定下一点：(输入指引线的第三点)

AutoCAD 提示用户输入的点的数目由“引线设置”对话框确定，如图 7-10 所示。输入完指引线的点后，命令行提示如下：

指定文字宽度 <0.0000>:(输入多行文本的宽度)
输入注释文字的第一行 <多行文字(M)>:</td></tr>
<tr><td>输入注释文字的第一行</td><td>在命令行输入第一行文本。系统继续提示：

输入注释文字的下一行：(输入另一行文本)</td></tr>
<tr><td>多行文字(M)</td><td>打开多行文字编辑器，输入、编辑多行文字。输入全部注释文本后，在此提示下直接按 Enter 键，AutoCAD 结束 QLEADER 命令并把多行文本标注在指引线的末端附近</td></tr>
<tr><td rowspan="4">设置(S)</td><td colspan="2">在上面提示下直接按 Enter 键或输入 S，AutoCAD 将打开如图 7-10 所示的“引线设置”对话框，允许对引线标注进行设置。该对话框包含“注释”“引线和箭头”“附着”3 个选项卡，下面分别进行介绍</td></tr>
<tr><td colspan="2">“注释”选项卡如图 7-10 所示。
此选项卡用于设置引线标注中注释文本的类型、多行文字的格式并确定注释文本是否多次使用</td></tr>
<tr><td colspan="2">“引线和箭头”选项卡如图 7-11 所示。
此选项卡用来设置引线标注中引线和箭头的形式。其中“点数”选项组用于设置执行 QLEADER 命令时，AutoCAD 提示用户输入的点的数目。例如，设置点数为 3，执行 QLEADER 命令时，当用户在提示下指定 3 个点后，AutoCAD 自动提示用户输入注释文本。注意，设置的点数要比用户希望的指引线的段数多 1，可利用微调框进行设置。如果选中“无限制”复选框，AutoCAD 会一直提示用户输入点直到连续按 Enter 键两次为止。“角度约束”选项组用来设置第一段和第二段指引线的角度约束</td></tr>
<tr><td colspan="2">“附着”选项卡如图 7-12 所示。
此选项卡用于设置注释文本和指引线的相对位置。如果最后一段指引线指向右边，则 AutoCAD 自动把注释文本放在右侧；如果最后一段指引线指向左边，则 AutoCAD 自动把注释文本放在左侧。利用该选项卡中左侧和右侧的单选按钮，分别设置位于左侧和右侧的注释文本与最后一段指引线的相对位置，二者可相同也可不同</td></tr>
</table>

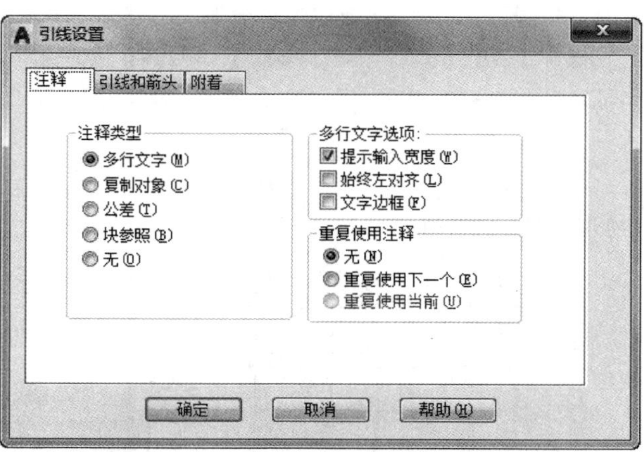

图 7-10　“引线设置”对话框

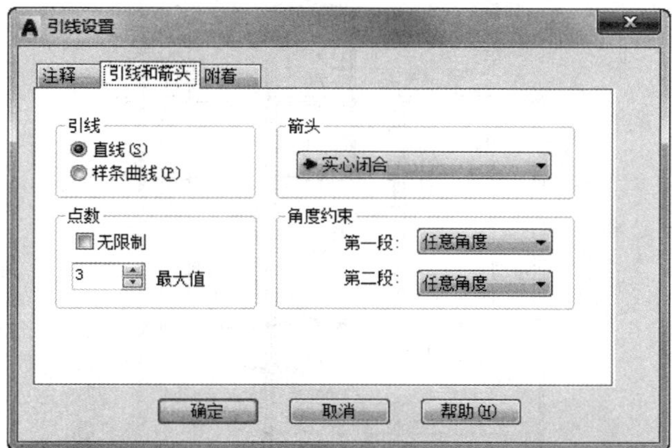

图 7-11　“引线和箭头”选项卡

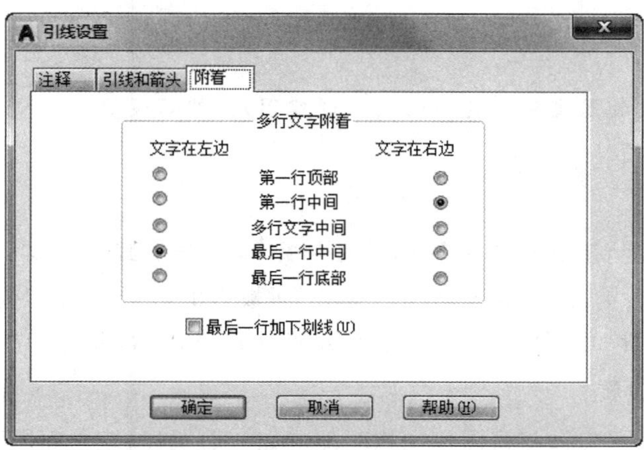

图 7-12　“附着”选项卡

7.4 实例精讲——给平面图标注尺寸

Note

7-1

练习目标

本例标注的平面图如图 7-13 所示。

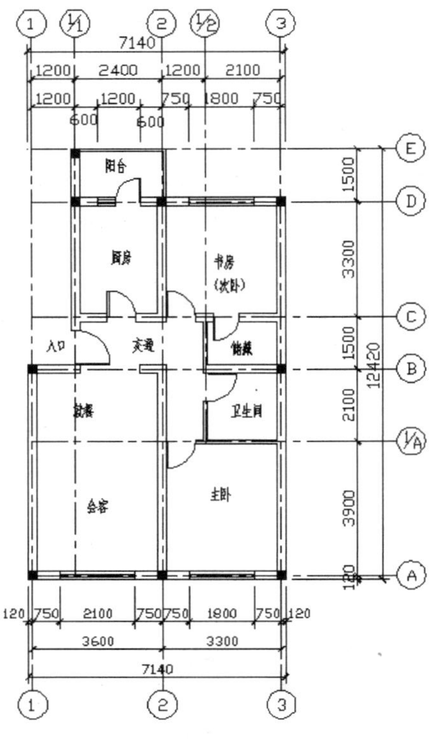

图 7-13　标注的平面图

设计思路

首先打开下载的源文件中的平面图并创建图层，然后设置标注样式，最后利用线性标注命令标注尺寸。

1. 创建图层

单击“快速访问”工具栏中的“打开”按钮，打开下载的源文件中的平面图，如图 7-14 所示。然后单击“默认”选项卡“图层”面板中的“图层特性”按钮，打开图层特性管理器，建立“尺寸”图层，尺寸图层参数如图 7-15 所示，并将其置为当前层。

2. 标注样式设置

标注样式的设置应该与绘图比例相匹配。如前面所述，该平面图以实际尺寸绘制，并以 1∶100 的比例输出。现在对标注样式进行如下设置。

（1）单击“默认”选项卡“注释”面板中的“标注样式”按钮，打开“标注样式管理器”

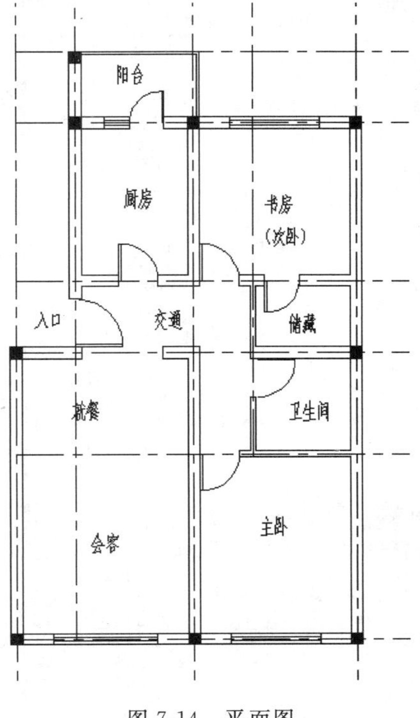

图 7-14　平面图

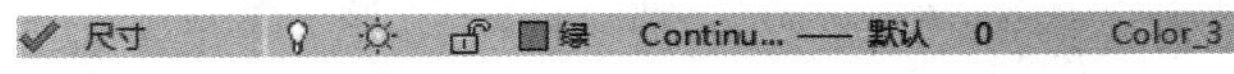

图 7-15　尺寸图层参数

对话框，单击“新建”按钮，一个标注样式，命名为“建筑”，如图 7-16 所示，单击“继续”按钮。

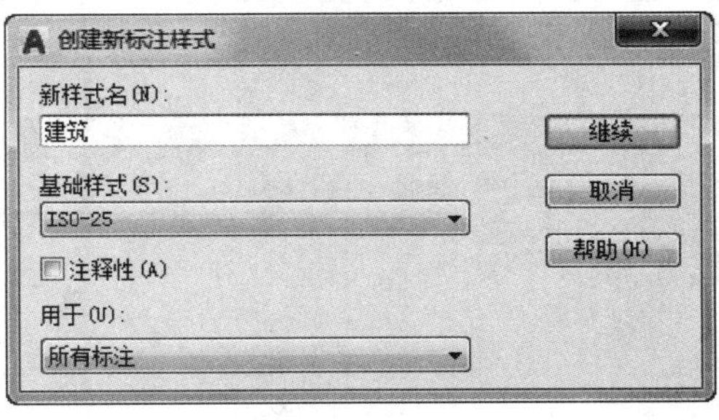

图 7-16　新建标注样式

(2) 将“建筑”样式中的参数按图 7-17～图 7-20 所示逐项进行设置。最后单击“确定”按钮，返回到“标注样式管理器”对话框，将“建筑”样式设为当前，如图 7-21 所示。

3. 尺寸标注

以图 7-22 所示的底部的尺寸标注为例。该部分尺寸分为 3 道，第一道为墙体宽度及门窗宽度，第二道为轴线间距，第三道为总尺寸。

Note

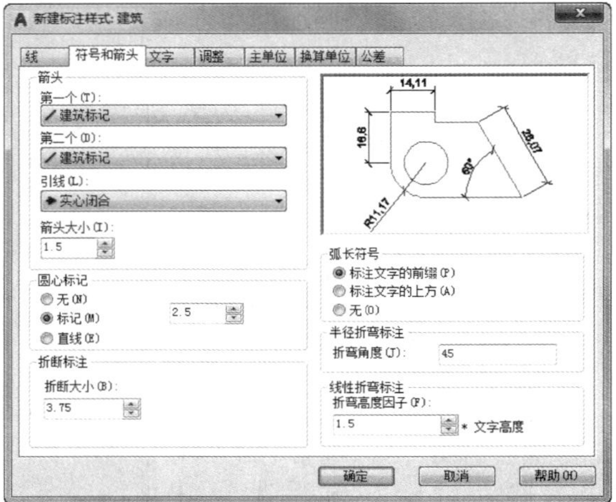

图 7-17　设置参数 1

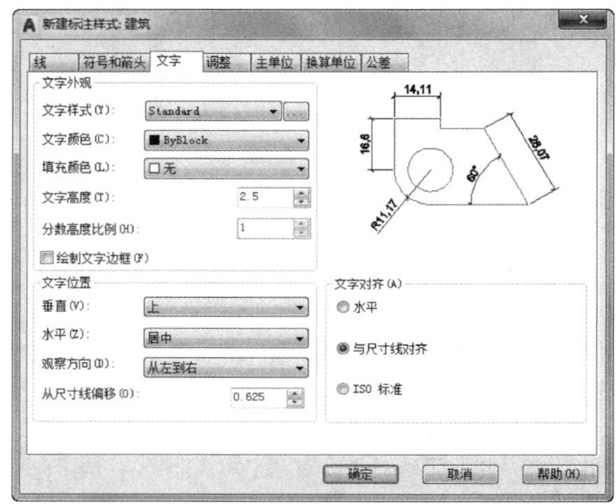

图 7-18　设置参数 2

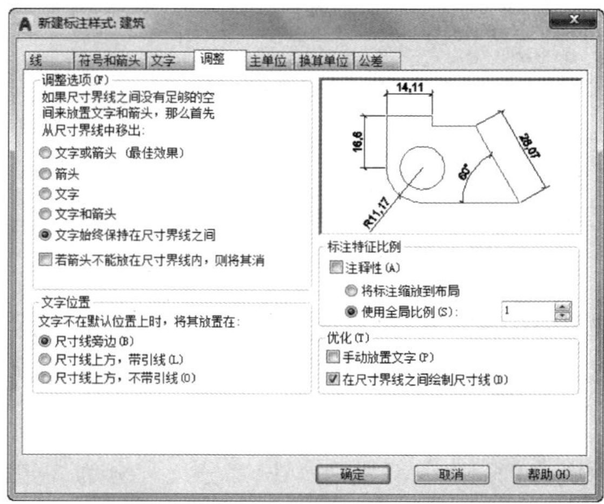

图 7-19　设置参数 3

Note

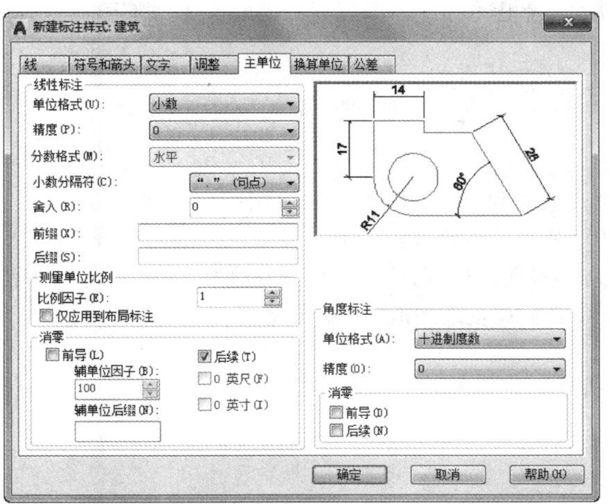

图 7-20　设置参数 4

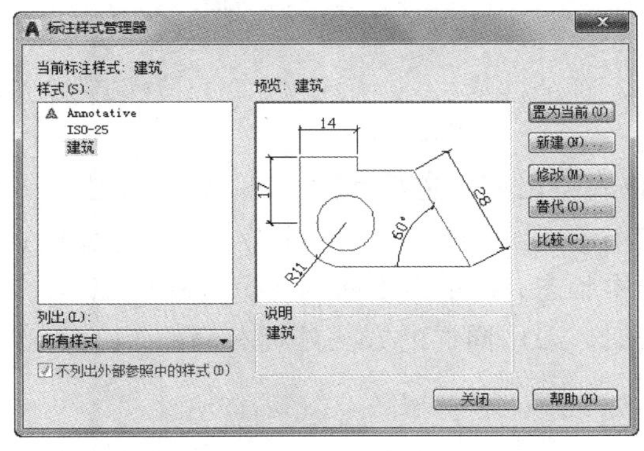

图 7-21　将"建筑"样式置为当前

(1) 第一道尺寸线的绘制。单击"默认"选项卡"注释"面板中的"线性"按钮，命令行提示与操作如下：

```
命令: _dimlinear
指定第一个尺寸界线原点或 <选择对象>:(结合"对象捕捉"命令单击图 7-22 中的 A 点)
指定第二条尺寸界线原点: (捕捉 B 点)
指定尺寸线位置或[多行文字(M)/文字(T)/角度(A)/水平(H)/垂直(V)/旋转(R)]: @0, -1200
(按 Enter 键)
```

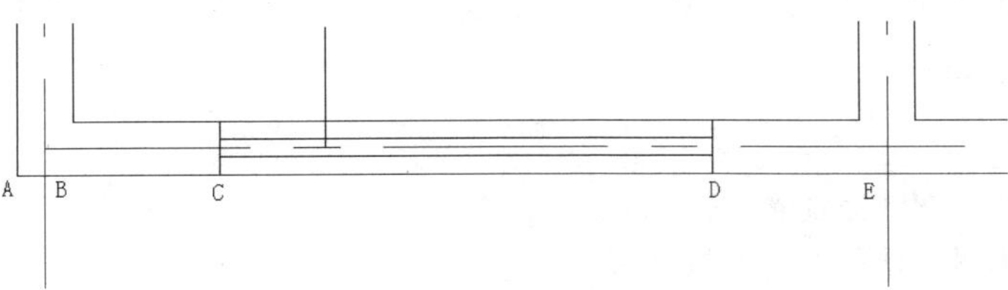

图 7-22　捕捉点示意

结果如图 7-23 所示。也可以在捕捉 A、B 两点后，通过直接向外拖动来确定尺寸线的放置位置。

重复上述命令，命令行提示与操作如下：

```
命令：_dimlinear
指定第一个尺寸界线原点或 <选择对象>：(单击图 7-22 中的 B 点)
指定第二条尺寸界线原点：(捕捉 C 点)
指定尺寸线位置或[多行文字(M)/文字(T)/角度(A)/水平(H)/垂直(V)/旋转(R)]：@0，-1200
(按 Enter 键.也可以直接捕捉上一道尺寸线位置)
```

结果如图 7-24 所示。

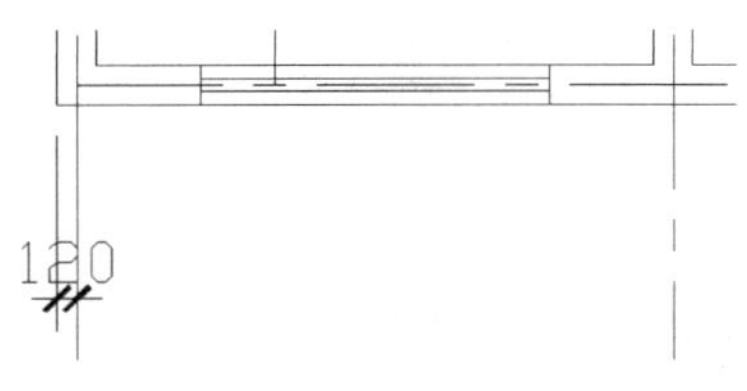

图 7-23　尺寸 1

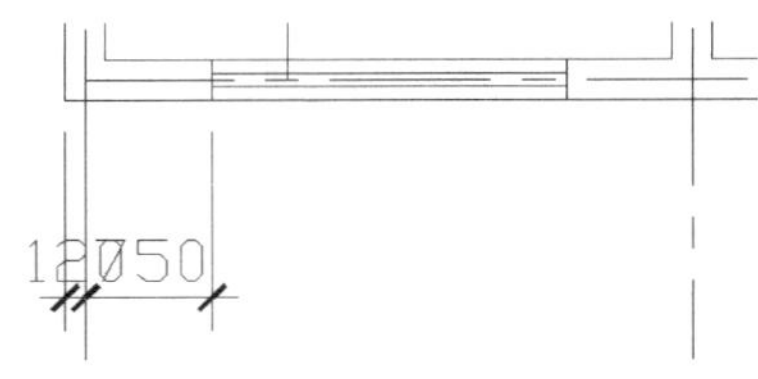

图 7-24　尺寸 2

采用同样的方法依次绘出第一道尺寸的全部，结果如图 7-25 所示。

此时发现，图 7-25 中的尺寸 120 与 750 字样出现重叠，现在将它移开。单击 120 字样，则该尺寸处于选中状态；再单击中间的蓝色方块标记，将 120 字样移至外侧适当位置后，单击"确定"按钮。采用同样的方法处理右侧的 120 字样，结果如图 7-26 所示。

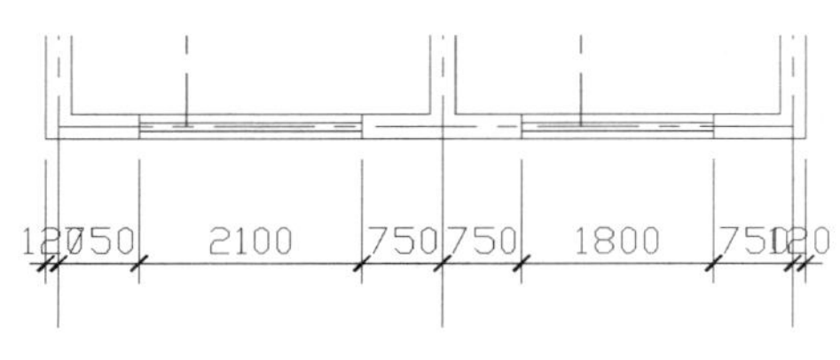

图 7-25　尺寸 3

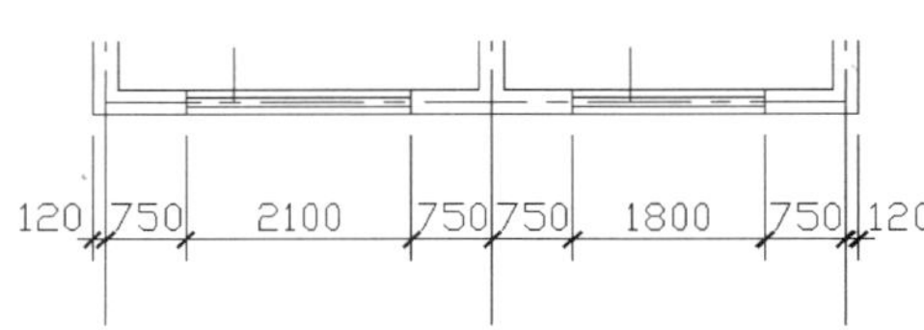

图 7-26　第一道尺寸

说明：对处理字样重叠的问题，也可以在标注样式中进行相关设置，这样计算机会自动处理，但处理效果有时不太理想。也可以通过单击"标注"工具栏中的"编辑标注文字"按钮来调整文字位置，读者可以试一试。

（2）第二道尺寸线的绘制。单击"默认"选项卡"注释"面板中的"线性"按钮，命令行提示与操作如下：

```
命令：_dimlinear
指定第一个尺寸界线原点或 <选择对象>：(捕捉如图 7-27 所示中的 A 点)
指定第二条尺寸界线原点：(捕捉 B 点)
指定尺寸线位置或[多行文字(M)/文字(T)/角度(A)/水平(H)/垂直(V)/旋转(R)]：@0，-800
(按 Enter 键)
```

结果如图 7-28 所示。

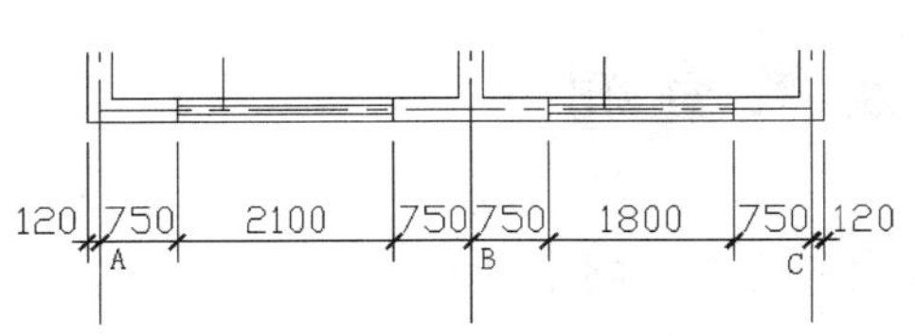

图 7-27　捕捉点示意

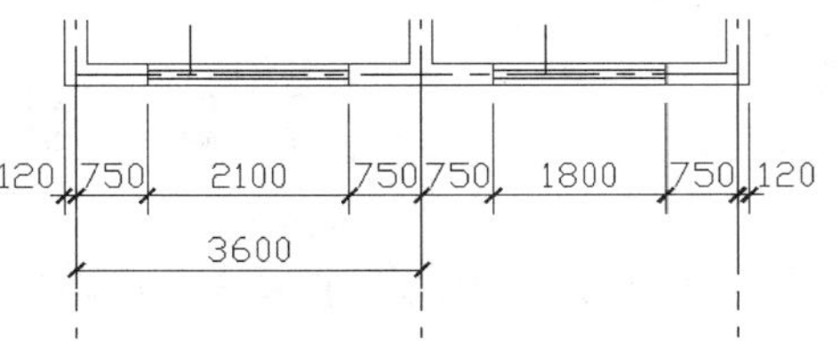

图 7-28　轴线尺寸 1

重复上述命令，分别捕捉 B、C 点，完成第二道尺寸的绘制，结果如图 7-29 所示。

(3) 第三道尺寸线的绘制。单击“默认”选项卡“注释”面板中的“线性”按钮 ⊢⊣，命令行提示与操作如下：

```
命令：_dimlinear
指定第一个尺寸界线原点或 <选择对象>:(捕捉左下角的外墙角点)
指定第二条尺寸界线原点：(捕捉右下角的外墙角点)
指定尺寸线位置或[多行文字(M)/文字(T)/角度(A)/水平(H)/垂直(V)/旋转(R)]: @0, - 2800
(按 Enter 键)
```

结果如图 7-30 所示。

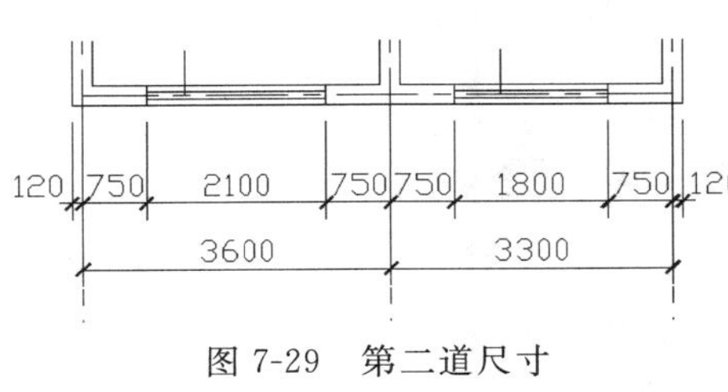

图 7-29　第二道尺寸

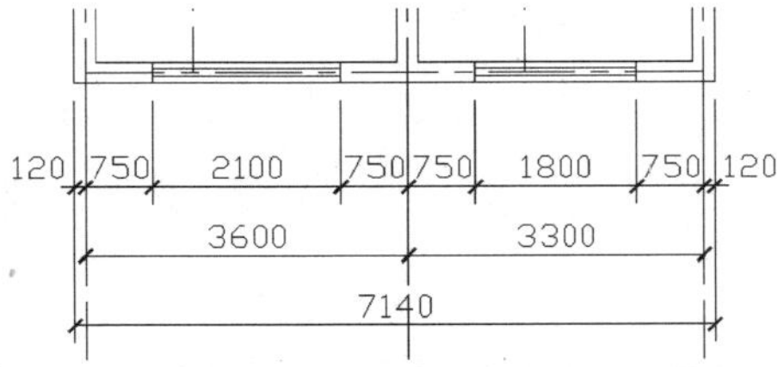

图 7-30　第三道尺寸

4. 轴号标注

根据规范要求，横向轴号一般用阿拉伯数字 1、2、3、… 标注，纵向轴号一般用字母 A、B、C、… 标注。

(1) 在轴线端绘制一个直径为 800 的圆，在图的中央标注一个数字 1，字高为 300，如图 7-31 所示。将该轴号图例复制到其他轴线端，并修改圈内的数字。

(2) 双击数字，打开“文字编辑器”选项卡，输入修改的数字，下方尺寸标注结果如图 7-32 所示。

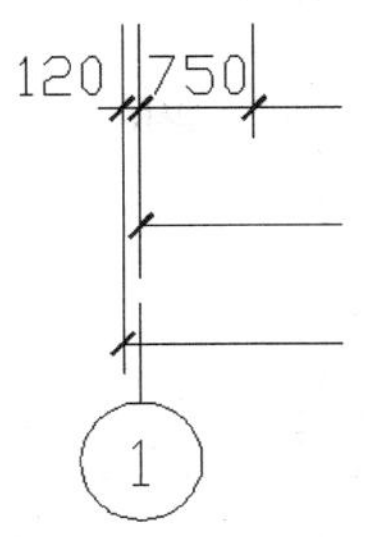

图 7-31　轴号 1

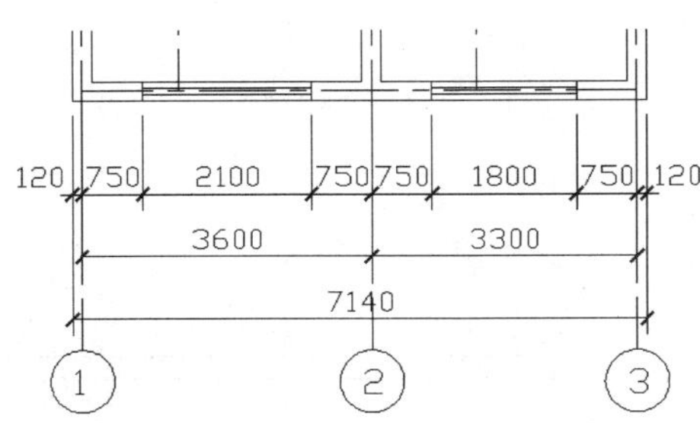

图 7-32　下方尺寸标注结果

（3）采用上述整套的尺寸标注方法，完成其他方向的尺寸标注，结果如图 7-13 所示。

7.5 学习效果自测

1. 尺寸公差中的上下偏差可以在线性标注的哪个选项中堆叠起来？（　　）。
   A. 多行文字　　B. 文字
   C. 角度　　D. 水平
2. 将尺寸标注对象如尺寸线、尺寸界线、箭头和文字作为单一的对象，必须将（　　）尺寸标注变量设置为 ON。
   A. DIMASZ　　B. DIMASO
   C. DIMON　　D. DIMEXO
3. 所有尺寸标注共用一条尺寸界线的是（　　）。
   A. 引线标注　　B. 连续标注
   C. 基线标注　　D. 公差标注
4. 创建标注样式时，下面不是文字对齐方式的是（　　）。
   A. 垂直　　B. 与尺寸线对齐
   C. ISO 标准　　D. 水平

7.6 上机实验

实例　绘制如图 7-33 所示的居室平面图尺寸和文字。

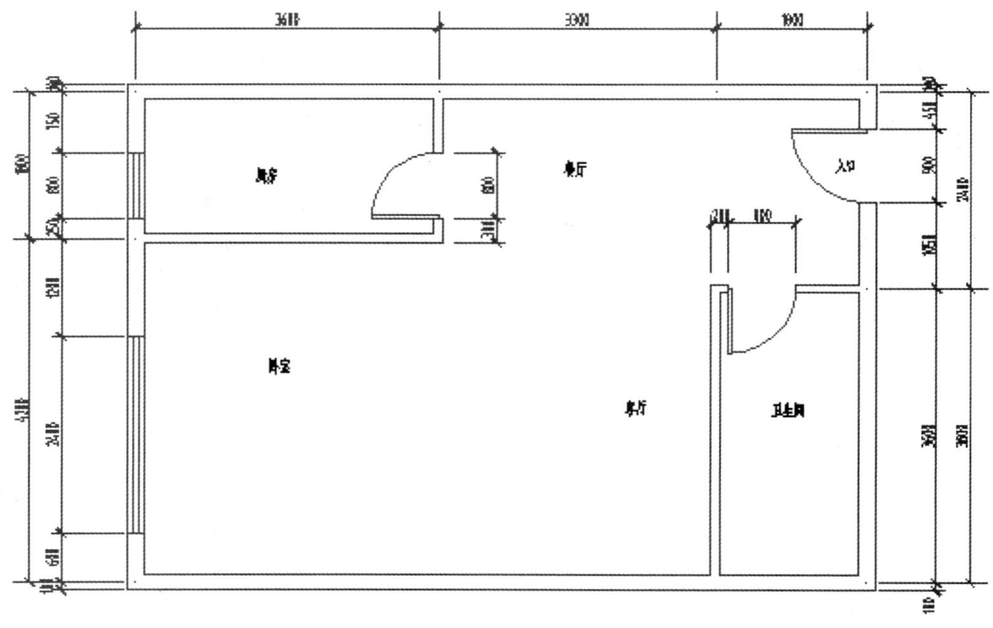

图 7-33　标注居室平面图尺寸和文字

1. 目的要求

本例有线性、连续、基准 3 种尺寸需要标注。通过本例，要求读者掌握各种标注尺寸的基本方法。

2. 操作提示

（1）打开下载的源文件中的“源文件/居室平面图”文件。

（2）设置尺寸样式和文字样式。

（3）标注尺寸。

（4）标注文字。

第8章

集成绘图工具

在绘图过程中，经常会遇到一些重复出现的图形(例如建筑设计中的桌椅、门窗等)，如果每次都重新绘制这些图形，不仅会造成大量的重复工作，而且存储这些图形及其信息也会占据相当大的磁盘空间。图块与设计中心提出了模块化绘图的方法，这样不仅避免了大量的重复工作，提高了绘图速度和工作效率，而且还可以大大节省磁盘空间。本章主要介绍图块和设计中心的功能，内容包括图块操作、图块属性、设计中心、工具选项板等知识。

学 习 要 点

- 图块的操作
- 图块的属性
- 设计中心
- 工具选项板

8.1　图块的操作

图块也叫块，它是由一组图形对象组成的集合，一组对象一旦被定义为图块，它们将成为一个整体，拾取图块中任意一个图形对象即可选中构成该图块的所有图形对象。AutoCAD 把一个图块作为一个对象进行编辑修改等操作，用户可根据绘图需要把图块插入图中任意指定的位置，而且在插入时还可以指定不同的缩放比例和旋转角度。如果需要对图块中的单个图形对象进行修改，那么还可以利用“分解”命令把图块分解成若干个对象。图块还可以被重新定义，一旦被重新定义，整个图中基于该块的对象都将随之改变。

8.1.1　定义图块

1. 执行方式

命令行：BLOCK（快捷命令：B）。

菜单栏：选择菜单栏中的“绘图”→“块”→“创建”命令。

工具栏：单击“绘图”工具栏中的“创建块”按钮 。

功能区：单击“默认”选项卡“块”面板中的“创建”按钮 ，或单击“插入”选项卡“块定义”面板中的“创建块”按钮 。

2. 操作步骤

执行上述命令，AutoCAD 打开如图 8-1 所示的“块定义”对话框，利用该对话框可定义图块并为之命名。

图 8-1　“块定义”对话框

3. 选项说明

各选项的含义如表 8-1 所示。

Note

表 8-1 “定义图块”命令各选项的含义

<table>
<tr><th>选　　项</th><th colspan="2">含　　义</th></tr>
<tr><td>“基点”选项组</td><td colspan="2">确定图块的基点,默认值是(0,0,0)。也可以在下面的 X(Y、Z)文本框中输入块的基点坐标值。单击“拾取点”按钮,AutoCAD 临时切换到绘图屏幕,用鼠标在图形中拾取一点后,返回“块定义”对话框,把所拾取的点作为图块的基点</td></tr>
<tr><td>“对象”选项组</td><td colspan="2">该选项组用于选择绘制图块的对象以及设置对象的相关属性。
如图 8-2 所示,把图 8-2(a)中的正五边形定义为图块中的一个对象,图 8-2(b)为选中“删除”单选按钮的结果,图 8-2(c)为选中“保留”单选按钮的结果</td></tr>
<tr><td>“设置”选项组</td><td colspan="2">指定在 AutoCAD 设计中心拖动图块时用于测量图块的单位,以及缩放、分解和超链接等设置</td></tr>
<tr><td rowspan="4">“方式”选项组</td><td>“注释性”复选框</td><td>指定块为注释性</td></tr>
<tr><td>“使块方向与布局匹配”复选框</td><td>指定在图纸空间视口中的块参照的方向与布局空间视口的方向匹配,如果未选择“注释性”复选框,则该选项不可用</td></tr>
<tr><td>“按统一比例缩放”复选框</td><td>指定是否阻止块参照按统一比例缩放</td></tr>
<tr><td>“允许分解”复选框</td><td>指定块参照是否可以被分解</td></tr>
<tr><td>“在块编辑器中打开”复选框</td><td colspan="2">选中此复选框,系统则打开块编辑器,可以定义动态块。后面将详细讲述</td></tr>
</table>

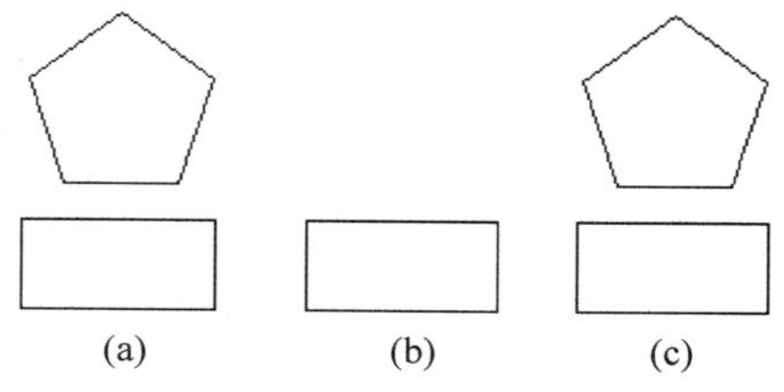

图 8-2　删除图形对象

8.1.2　图块的保存

用 BLOCK 命令定义的图块保存在其所属的图形当中,该图块只能插入该图中,而不能插入其他的图中,但是有些图块会在许多图中用到,这时可以用 WBLOCK 命令把图块以图形文件的形式(后缀为.dwg)写入磁盘,图形文件可以在任意图形中用 INSERT 命令插入。

1. 执行方式

命令行:WBLOCK(快捷命令:W)。

功能区：单击“插入”选项卡“块定义”面板中的“写块”按钮。

2. 操作步骤

执行上述命令，AutoCAD 打开“写块”对话框，如图 8-3 所示，利用此对话框可把图形对象保存为图形文件或把图块转换成图形文件。

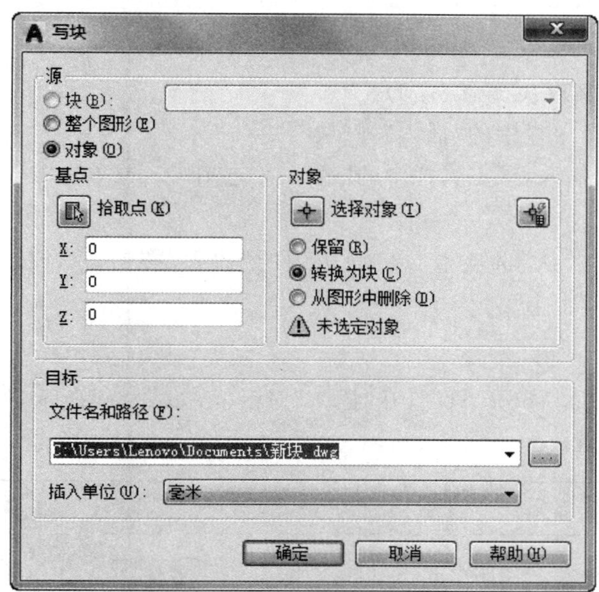

图 8-3　“写块”对话框

3. 选项说明

各选项的含义如表 8-2 所示。

表 8-2　“图块的保存”命令各选项的含义

选　　项	含　　义
“源”选项组	确定要保存为图形文件的图块或图形对象。如果选中“块”单选按钮，单击右侧的下三角按钮，在下拉列表框中选择一个图块，则将其保存为图形文件。如果选中“整个图形”单选按钮，则把当前的整个图形保存为图形文件。如果选中“对象”单选按钮，则把不属于图块的图形对象保存为图形文件。对象的选取通过“对象”选项组来完成
“基点”选项组	用于指定块的基点。其中“拾取点”指的是暂时关闭对话框以使用户能在当前图形中拾取插入基点
“对象”选项组	设置用于创建块的对象上的块创建的效果。其中“选择对象”指的是临时关闭该对话框以便可以选择一个或多个对象以保存至文件。如果选中“保留”单选按钮，则将选定对象另存为文件后。在当前图形中仍保留它们。如果选中“转换为块”单选按钮，则将选定对象另存为文件后，在当前图形中将它们转换为块。如果选中“从图形中删除”单选按钮，则将选定对象另存文件后，从当前图形中删除它们
“目标”选项组	用于指定图形文件的名字、保存路径和插入单位等

Note

8.1.3 图块的插入

在用 AutoCAD 绘图的过程中，用户可根据需要随时把已经定义好的图块或图形文件插入当前图形的任意位置，在插入的同时还可以改变图块的大小、旋转一定角度或把图块分解等。插入图块的方法有多种，本节逐一进行介绍。

1. 执行方式

命令行：INSERT(快捷命令：I)。

菜单栏：选择菜单栏中的“插入”→“块”命令。

工具栏：单击“插入点”工具栏中的“插入块”按钮，或单击“绘图”工具栏中的“插入块”按钮。

功能区：单击“默认”选项卡“块”面板中的“插入”按钮，或单击“插入”选项卡“块”面板中的“插入”按钮。

2. 操作步骤

执行上述命令后，AutoCAD 打开“插入”对话框，如图 8-4 所示，用户可以指定要插入的图块及插入位置。

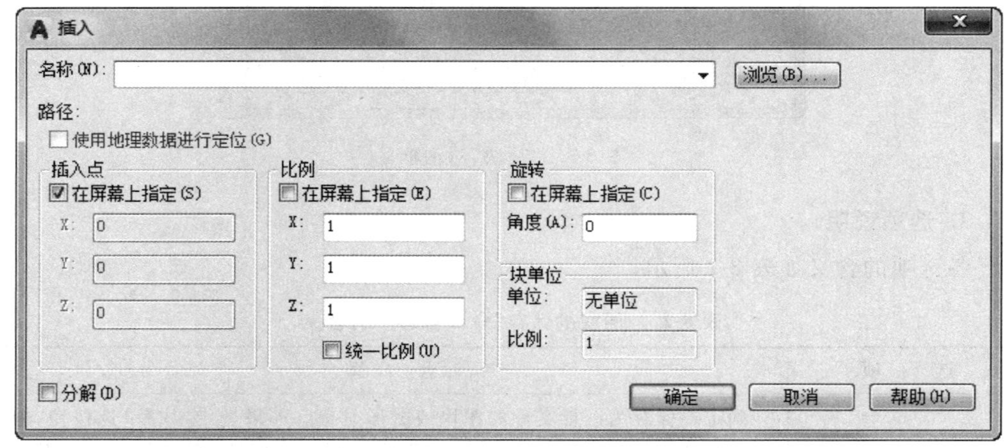

图 8-4 “插入”对话框

3. 选项说明

各选项的含义如表 8-3 所示。

表 8-3 “图块的插入”命令各选项的含义

选　　项	含　　义
“名称”文本框	指定插入图块的名称
“插入点”选项组	指定插入点，插入图块时该点与图块的基点重合。可以在屏幕上用鼠标指定该点，也可以通过在下面的文本框中输入该点坐标值来指定该点
“路径”选项组	指定块的路径

续表

选　　项	含　　义
“比例”选项组	确定插入图块时的缩放比例。图块被插入到当前图形中时，可以以任意比例进行放大或缩小，如图 8-5 所示。其中，图 8-5(a)是被插入的图块，图 8-5(b)是取比例系数为 1.5 时插入该图块的结果，图 8-5(c)是取比例系数为 0.5 时插入该图块的结果。X 轴方向和 Y 轴方向的比例系数也可以取不同值，如图 8-5(d)中，X 轴方向的比例系数为 1，Y 轴方向的比例系数为 1.5。另外，比例系数还可以是一个负数，当为负数时表示插入图块的镜像，其效果如图 8-6 所示
“旋转”选项组	指定插入图块时的旋转角度。图块被插入当前图形中时，可以绕其基点旋转一定的角度，角度可以是正数(表示沿逆时针方向旋转)，也可以是负数(表示沿顺时针方向旋转)。图 8-7(b)是图 8-7(a)所示的图块旋转 30°后插入的效果，图 8-7(c)是旋转－30°后插入的效果。 如果选中“在屏幕上指定”复选框，系统将切换到绘图屏幕，在屏幕上拾取一点，AutoCAD 自动测量插入点与该点的连线和 X 轴正方向之间的夹角，并把它作为块的旋转角。也可以在“角度”文本框中直接输入插入图块时的旋转角度
“分解”复选框	选中此复选框，则在插入块的同时将其分解，插入图形中的组成块的对象不再是一个整体，因此可对每个对象单独进行编辑操作

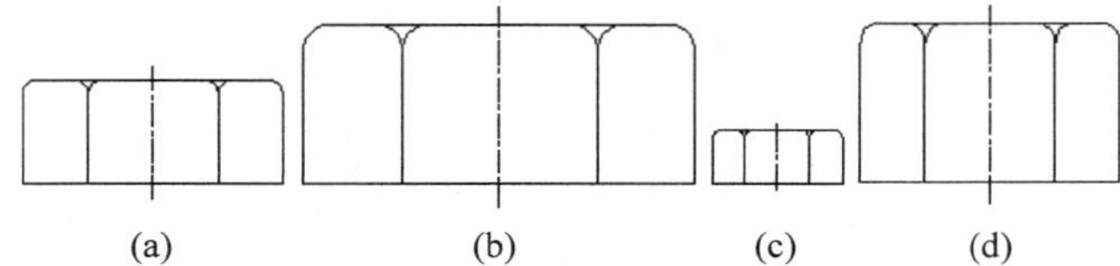

(a)　(b)　(c)　(d)

图 8-5　取不同比例系数插入图块的效果

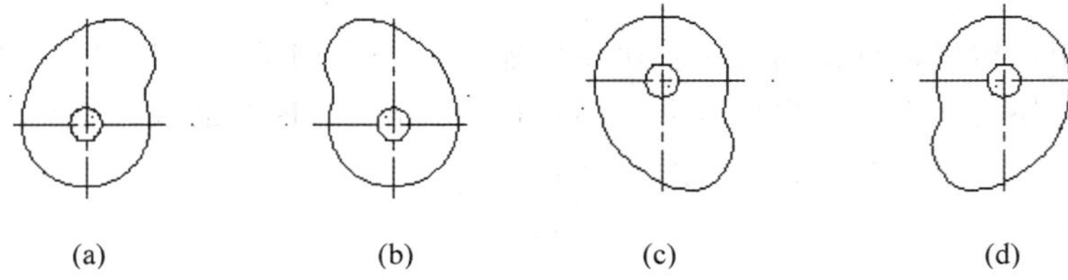

(a)　(b)　(c)　(d)

图 8-6　取比例系数为负值时插入图块的效果

(a) X 比例＝1，Y 比例＝1；(b) X 比例＝－1，Y 比例＝1；
(c) X 比例＝1，Y 比例＝－1；(d) X 比例＝－1，Y 比例＝－1

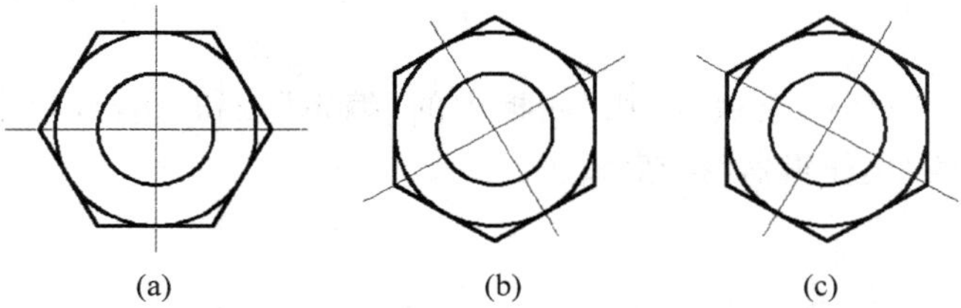

(a)　(b)　(c)

图 8-7　以不同旋转角度插入图块的效果

Note

8.1.4 动态块

动态块具有灵活性和智能性。用户在操作时可以轻松地更改图形中的动态块参照,可以通过自定义夹点或自定义特性来操作动态块参照中的几何图形,这使得用户可以根据需要调整块,而不用搜索另一个块以插入或重定义现有的块。

例如,在图形中插入一个门块参照,用户编辑图形时可能需要更改门的大小。如果该块是动态的,并且定义为可调整大小,那么只需拖动自定义夹点或在“特性”选项板中指定不同的大小就可以修改门的大小,如图 8-8 所示。用户可能还需要修改门的打开角度,如图 8-9 所示。该门块还可能会包含对齐夹点,使用对齐夹点可以轻松地将门块参照与图形中的其他几何图形对齐,如图 8-10 所示。

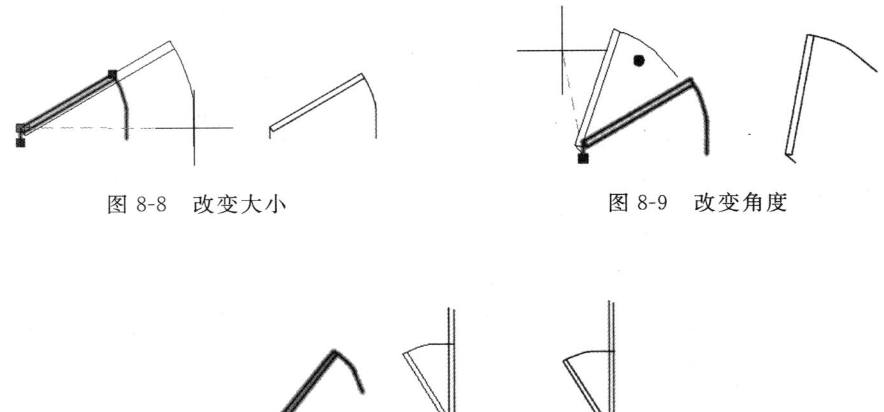

图 8-8　改变大小

图 8-9　改变角度

图 8-10　对齐

可以使用块编辑器创建动态块。块编辑器是一个专门的编写区域,用于添加能够使块成为动态块的元素。用户可以从头创建块,也可以向现有的块定义中添加动态行为,还可以像在绘图区域中一样创建几何图形。

1. 执行方式

命令行:BEDIT。

菜单栏:选择菜单栏中的“工具”→“块编辑器”命令。

工具栏:单击“标准”工具栏中的“块编辑器”按钮。

快捷菜单:选择一个块参照。在绘图区域中右击,在弹出的快捷菜单中选择“块编辑器”命令。

功能区:单击“默认”选项卡“块”面板中的“编辑”按钮,或单击“插入”选项卡“块定义”面板中的“块编辑器”按钮。

2. 操作步骤

```
命令: BEDIT↙
```

执行上述命令后，系统打开“编辑块定义”对话框，如图 8-11 所示，单击“确定”按钮后，系统打开“块编写”选项板和“块编辑器”选项卡，如图 8-12 所示。

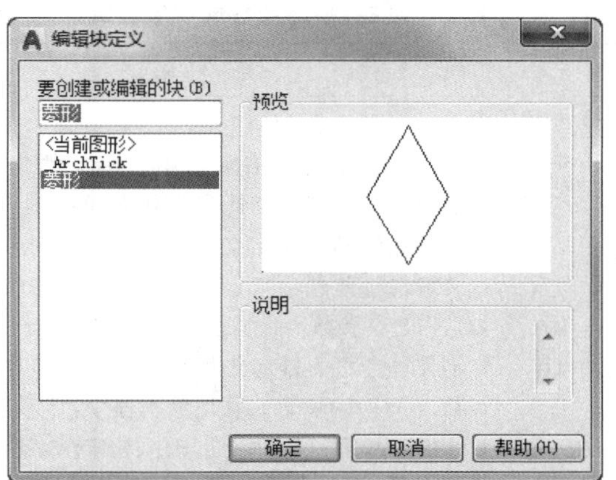

图 8-11　“编辑块定义”对话框

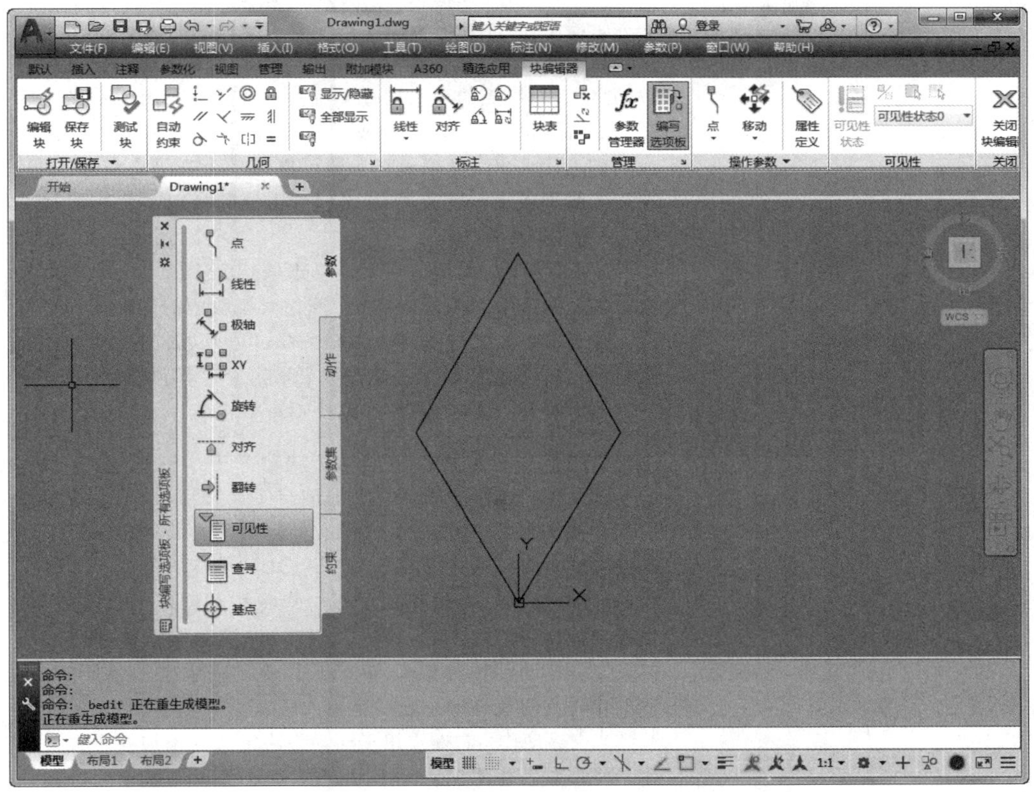

图 8-12　“块编写”选项板和“块编辑器”选项卡

3. 选项说明

Note

各选项的含义如表 8-4 所示。

表 8-4 “动态块”命令各选项的含义

<table>
<tr><th>选 项</th><th colspan="2">含 义</th></tr>
<tr><td rowspan="3">“块编写”选项板</td><td colspan="2">该选项板中有 4 个选项卡</td></tr>
<tr><td>“参数”选项卡</td><td>提供用于在块编辑器中向动态块定义中添加参数的工具。参数用于指定几何图形在块参照中的位置、距离和角度。将参数添加到动态块定义中时，该参数将定义块的一个或多个自定义特性。此选项卡也可以通过命令 BPARAMETER 来打开。
(1) 点参数：此操作用于向动态块定义中添加一个点参数，并定义块参照的自定义 X 和 Y 特性。点参数定义图形中的 X 方向和 Y 方向的位置。在块编辑器中，点参数类似于一个坐标标注。
(2) 可见性参数：此操作将用于动态块定义中添加一个可见性参数，并定义块参照的自定义可见性特性。可见性参数允许用户创建可见性状态并控制对象在块中的可见性。可见性参数总是应用于整个块，并且无须与任何动作相关联。在图形中，单击夹点可以显示块参照中的所有可见性状态的列表。在块编辑器中，可见性参数显示为带有关联夹点的文字。
(3) 查寻参数：此操作用于向动态块定义中添加一个查寻参数，并定义块参照的自定义查寻特性。查寻参数用于定义自定义查寻特性，用户可以指定或设置该特性，以便从定义的列表或表格中计算出某个值。该参数可以与单个查寻夹点相关联。在块参照中单击该夹点可以显示可用值的列表。在块编辑器中，查寻参数显示为文字。
(4) 基点参数：此操作用于向动态块定义中添加一个基点参数。基点参数用于定义动态块参照相对于块中的几何图形的基点。基点参数无法与任何动作相关联，但可以属于某个动作的选择集。在块编辑器中，基点参数显示为带有十字光标的圆。
其他参数与上面各项类似，在此不再赘述</td></tr>
<tr><td>“动作”选项卡</td><td>提供用于在块编辑器中向动态块定义中添加动作的工具。动作定义了在图形中操作块参照的自定义特性时，动态块参照中的几何图形将如何移动或变化。应将动作与参数相关联。此选项卡也可以通过 BACTIONTOOL 命令来打开。
(1) 移动动作：此操作用于在用户将移动动作与点参数、线性参数、极轴参数或 XY 参数关联时，将该动作添加到动态块定义中。移动动作类似于 MOVE 命令。在动态块参照中，移动动作将使对象移动指定的距离或角度。
(2) 查寻动作：此操作用于向动态块定义中添加一个查寻动作。将查寻动作添加到动态块定义中并将其与查寻参数相关联时，它将创建一个查寻表。可以使用查寻表指定动态块的自定义特性和值。
其他动作与上面各项类似，在此不再赘述</td></tr>
</table>

Note

续表

<table>
<tr><th>选　　项</th><th colspan="2">含　　义</th></tr>
<tr><td rowspan="2">“块编写”选项板</td><td>“参数集”选项卡</td><td>提供用于在块编辑器中向动态块定义中添加一个参数和至少一个动作的工具。将参数集添加到动态块中时，动作将自动与参数相关联。将参数集添加到动态块中后，双击黄色警示图标(或使用 BACTIONSET 命令)，然后按照命令行上的提示将动作与几何图形选择集相关联。此选项卡也可以通过 BPARAMETER 命令来打开。
(1) 点移动：此操作用于向动态块定义中添加一个点参数。系统会自动添加与该点参数相关联的移动动作。
(2) 线性移动：此操作用于向动态块定义中添加一个线性参数。系统会自动添加与该线性参数的端点相关联的移动动作。
(3) 可见性集：此操作用于向动态块定义中添加一个可见性参数并允许用户定义可见性状态。无须添加与可见性参数相关联的动作。
(4) 查寻集：此操作用于向动态块定义中添加一个查寻参数。系统会自动添加与该查寻参数相关联的查寻动作。
其他参数集与上面各项类似，在此不再赘述</td></tr>
<tr><td>“约束”选项卡</td><td>应用对象之间或对象上的点之间的几何关系或使其永久保持。将几何约束应用于一对对象时，选择对象的顺序以及选择每个对象的点可能会影响对象彼此间的放置方式。
(1) 重合：约束两个点使其重合，或者约束一个点使其位于曲线(或曲线的延长线)上。
(2) 垂直：使选定的直线位于彼此垂直的位置。
(3) 平行：使选定的直线彼此平行。
(4) 相切：将两条曲线约束为保持彼此相切或其延长线保持彼此相切。
(5) 水平：使直线或点对位于与当前坐标系的 X 轴平行的位置。
其他约束与上面各项类似，在此不再赘述</td></tr>
<tr><td rowspan="10">“块编辑器”选项卡</td><td colspan="2">该选项卡提供了在块编辑器中使用、创建动态块以及设置可见性状态的工具</td></tr>
<tr><td>编辑块</td><td>显示“编辑块定义”对话框</td></tr>
<tr><td>保存块</td><td>保存当前块定义</td></tr>
<tr><td>将块另存为</td><td>显示“将块另存为”对话框，可以在其中用一个新名称保存当前块定义的副本</td></tr>
<tr><td>测试块</td><td>运行 BTESTBLOCK 命令，可从块编辑器打开一个外部窗口以测试动态块</td></tr>
<tr><td>自动约束</td><td>运行 AUTOCONSTRAIN 命令，可根据对象相对于彼此的方向将几何约束应用于对象的选择集</td></tr>
<tr><td>显示/隐藏</td><td>运行 CONSTRAINTBAR 命令，可显示或隐藏对象上的可用几何约束</td></tr>
<tr><td>参数管理器 fx</td><td>参数管理器处于未激活状态时执行 PARAMETERS 命令；否则，将执行 PARAMETERSCLOSE 命令</td></tr>
<tr><td>编写选项板</td><td>编写选项板处于未激活状态时执行 BAUTHORPALETTE 命令；否则，将执行 BAUTHORPALETTECLOSE 命令</td></tr>
<tr><td>属性定义</td><td>显示“属性定义”对话框，从中可以定义模式、属性标记、提示、值、插入点和属性的文字选项。
其他选项与“块编写”选项板中的相关选项类似，在此不再赘述</td></tr>
</table>

Note

8.1.5 上机练习——绘制指北针图块

练习目标

本实例绘制一个指北针图块，如图 8-13 所示。

设计思路

应用二维绘图及编辑命令绘制指北针，利用写块命令将其定义为图块。

8-1

操作步骤

（1）单击“默认”选项卡“绘图”面板中的“圆”按钮，绘制一个直径为 24 的圆。

（2）单击“默认”选项卡“绘图”面板中的“直线”按钮，绘制圆的竖直直径。结果如图 8-14 所示。

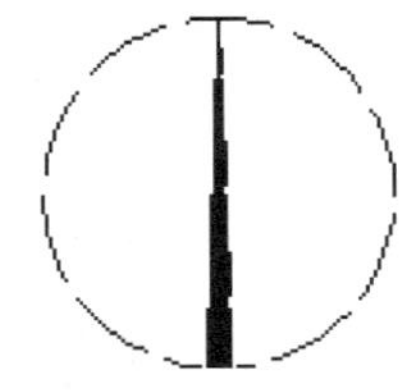

图 8-13 指北针图块

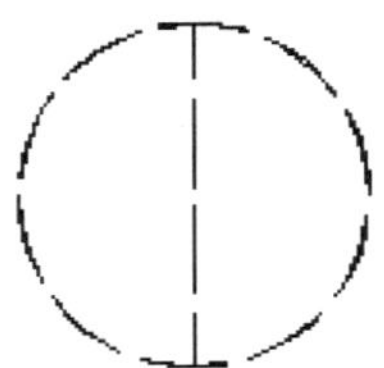

图 8-14 绘制竖直直径

（3）单击“默认”选项卡“修改”面板中的“偏移”按钮，使直径向左右两边各偏移 1.5mm。结果如图 8-15 所示。

（4）单击“默认”选项卡“修改”面板中的“修剪”按钮，选取圆作为修剪边界，修剪偏移后的直线。

（5）单击“默认”选项卡“绘图”面板中的“直线”按钮，绘制直线。结果如图 8-16 所示。

（6）单击“默认”选项卡“修改”面板中的“删除”按钮，删除多余直线。

（7）单击“默认”选项卡“绘图”面板中的“图案填充”按钮，打开“图案填充创建”选项卡，选择 SOLID 图案类型，并选择指针作为图案填充对象进行填充，结果如图 8-13 所示。

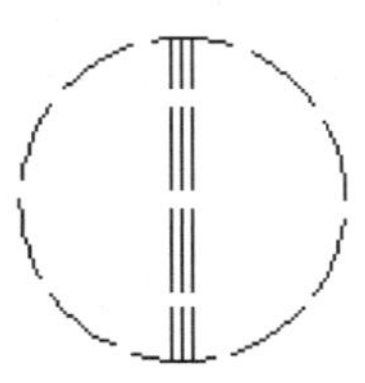

图 8-15 偏移直径

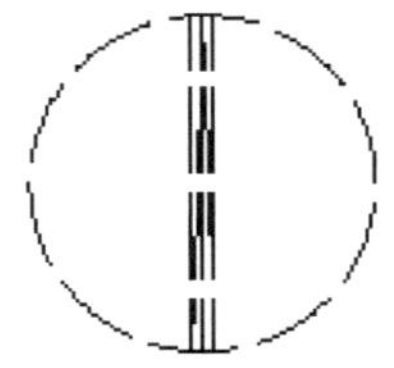

图 8-16 绘制直线

（8）执行 WBLOCK 命令，打开“写块”对话框，如图 8-17 所示。单击“拾取点”按钮，拾取指北针的顶点为基点，单击“选择对象”按钮，拾取下面的图形为对象，输入图块名称“指北针图块”并指定路径，单击“确定”按钮进行保存。

Note

图 8-17 “写块”对话框

8.2 图块的属性

图块除了包含图形对象以外，还可以包含非图形信息，例如把一个椅子的图形定义为图块后，还可把椅子的号码、材料、重量、价格以及说明等文本信息一并加入图块中。图块的这些非图形信息叫作图块的属性，它是图块的一个组成部分，与图形对象一起构成一个整体，在插入图块时，AutoCAD 会把图形对象连同图块属性一起插入图形中。

8.2.1 定义图块属性

1. 执行方式

命令行：ATTDEF(快捷命令：ATT)。

菜单栏：选择菜单栏中的“绘图”→“块”→“定义属性”命令。

功能区：单击“插入”选项卡“块定义”面板中的“定义属性”按钮，或单击“默认”选项卡“块”面板中的“定义属性”按钮。

2. 操作步骤

执行上述命令，系统打开“属性定义”对话框，如图 8-18 所示。

图 8-18 “属性定义”对话框

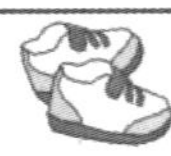

Note

3. 选项说明

各选项的含义如表 8-5 所示。

表 8-5 “定义图块属性”命令各选项的含义

<table>
<tr><th>选　　项</th><th colspan="2">含　　义</th></tr>
<tr><td rowspan="7">“模式”选项组</td><td colspan="2">用于确定属性的模式。其中包含以下复选框</td></tr>
<tr><td>“不可见”复选框</td><td>选中此复选框则属性为不可见显示方式，即插入图块并输入属性值后，属性值在图中并不显示出来</td></tr>
<tr><td>“固定”复选框</td><td>选中此复选框则属性值为常量，即属性值在定义属性时给定，在插入图块时，AutoCAD 不再提示输入属性值</td></tr>
<tr><td>“验证”复选框</td><td>选中此复选框，当插入图块时，AutoCAD 重新显示属性值并让用户验证该值是否正确</td></tr>
<tr><td>“预设”复选框</td><td>选中此复选框，当插入图块时，AutoCAD 自动把事先设置好的默认值赋予属性，而不再提示输入属性值</td></tr>
<tr><td>“锁定位置”复选框</td><td>选中此复选框，当插入图块时，AutoCAD 锁定块参照中属性的位置。解锁后，属性值可以相对于使用夹点编辑的块的其他部分进行移动，并且可以调整多行属性值的大小</td></tr>
<tr><td>“多行”复选框</td><td>指定属性值可以包含多行文字。选中此复选框后，用户可以指定属性值的边界宽度</td></tr>
<tr><td rowspan="4">“属性”选项组</td><td colspan="2">用于设置属性值。在每个文本框中 AutoCAD 允许用户输入不超过 256 个字符</td></tr>
<tr><td>“标记”文本框</td><td>输入属性标签。属性标签可由除空格和感叹号以外的所有字符组成，AutoCAD 自动把小写字母改为大写字母</td></tr>
<tr><td>“提示”文本框</td><td>输入属性提示。属性提示是插入图块时 AutoCAD 要求输入属性值的提示，如果不在此文本框内输入文本，则以属性标签作为提示。如果在“模式”选项组中选中“固定”复选框，即设置属性为常量，则不需设置属性提示</td></tr>
<tr><td>“默认”文本框</td><td>设置默认的属性值。可把使用次数较多的属性值作为默认值，也可不设默认值</td></tr>
<tr><td>“插入点”选项组</td><td colspan="2">确定属性文本的位置。可以在插入时由用户在图形中确定属性文本的位置，也可在 X、Y、Z 文本框中直接输入属性文本的位置坐标值</td></tr>
<tr><td>“文字设置”选项组</td><td colspan="2">设置属性文本的对正方式、文字样式、文字字高和旋转角度等</td></tr>
<tr><td>“在上一个属性定义下对齐”复选框</td><td colspan="2">选中此复选框表示把属性标签直接放在前一个属性的下面，而且该属性继承前一个属性的文字样式、字高和倾斜角度等特性</td></tr>
</table>

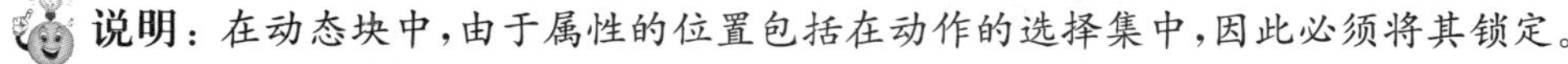

说明：在动态块中，由于属性的位置包括在动作的选择集中，因此必须将其锁定。

8.2.2 修改属性的定义

在定义图块之前，可以对属性的定义加以修改，不仅可以修改属性标签，还可以修改属性提示和属性默认值。

1. 执行方式

命令行：DDEDIT(快捷命令：ED)。

菜单栏：选择菜单栏中的“修改”→“对象”→“文字”→“编辑”命令。

2. 操作步骤

```
命令: DDEDIT↙
选择注释对象或[放弃(U)]:
```

在此提示下选择要修改的属性定义,打开"编辑属性定义"对话框,如图 8-19 所示。该对话框中显示要修改的属性的标记为"文字",提示为"数值",无默认值,可在各文本框中对各项进行修改。

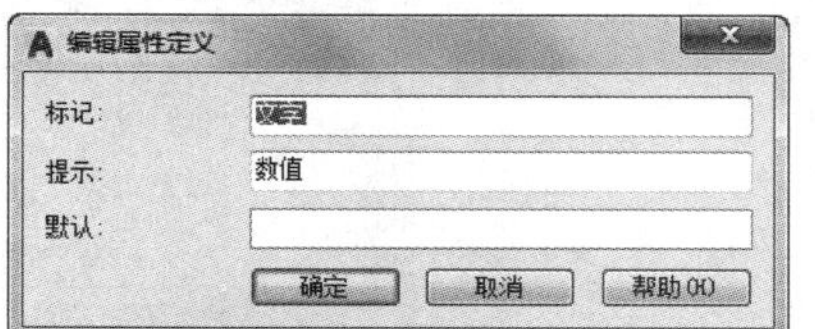

图 8-19 "编辑属性定义"对话框

8.2.3 图块属性编辑

当属性被定义到图块中,甚至图块被插入图形中之后,用户还可以对属性进行编辑。利用 ATTEDIT 命令可以通过对话框对指定图块的属性值进行修改;利用 ATTEDIT 命令不仅可以修改属性值,而且还可以对属性的位置、文本等其他设置进行编辑。

1. 执行方式

命令行:ATTEDIT(快捷命令:ATE)。

菜单栏:选择菜单栏中的"修改"→"对象"→"属性"→"单个"命令。

工具栏:单击"修改Ⅱ"工具栏中的"编辑属性"按钮。

功能区:单击"默认"选项卡"块"面板中的"编辑属性"按钮。

2. 操作步骤

```
命令: ATTEDIT↙
选择块参照:
```

执行该命令后,系统打开"增强属性编辑器"对话框,如图 8-20 所示。利用该对话框不仅可以编辑属性值,还可以编辑属性的文字选项和图层、线型、颜色等特性值。

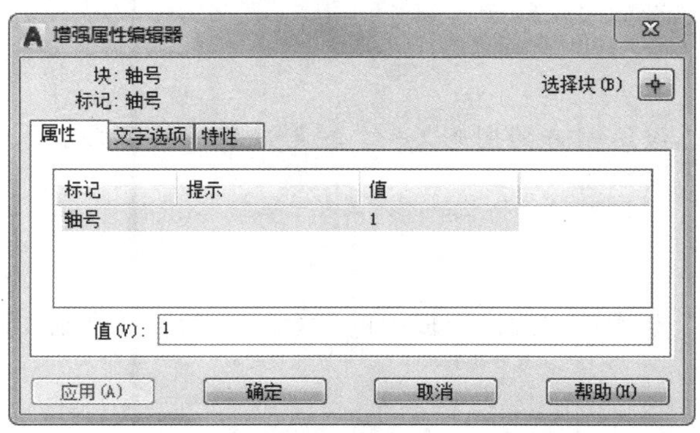

图 8-20 "增强属性编辑器"对话框

另外,用户还可以通过"块属性管理器"对话框来编辑属性,方法是:单击"默认"选项卡"块"面板中的"块属性管理器"按钮。执行此命令后,系统打开"块属性管理器"

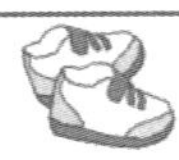

Note

对话框，如图 8-21 所示。单击“编辑”按钮 编辑(E)... ，系统打开“编辑属性”对话框，如图 8-22 所示。用户可以通过该对话框来编辑属性。

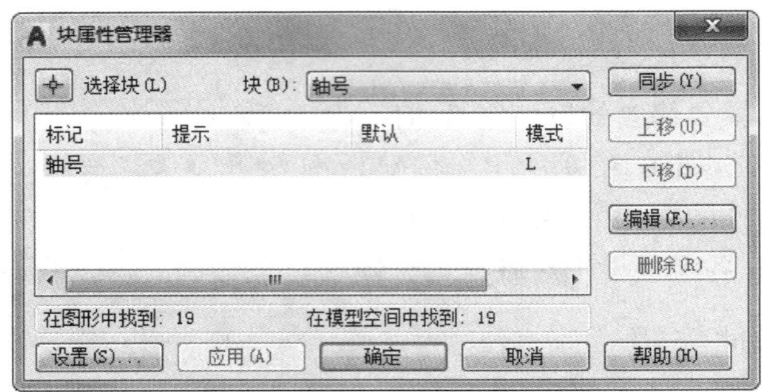

图 8-21 “块属性管理器”对话框

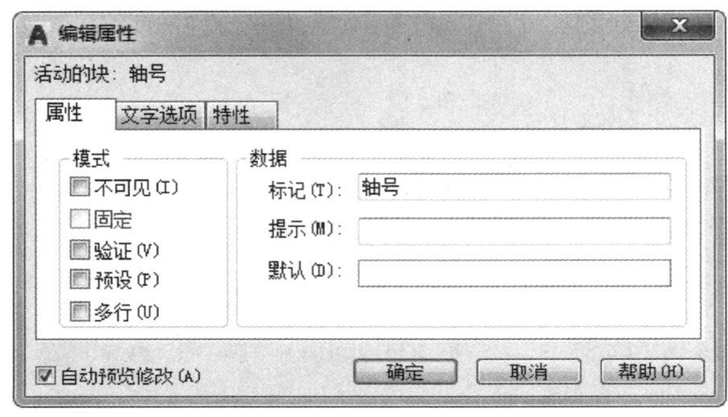

图 8-22 “编辑属性”对话框

8-2

8.2.4 上机练习——标注标高符号

练习目标

标注标高符号，如图 8-23 所示。

设计思路

利用源文件中已经绘制好的图形，并结合定义属性功能和插入等命令为图形添加标高。

操作步骤

(1) 单击“默认”选项卡“绘图”面板中的“直线”按钮 ，绘制如图 8-24 所示的标高符号图形。

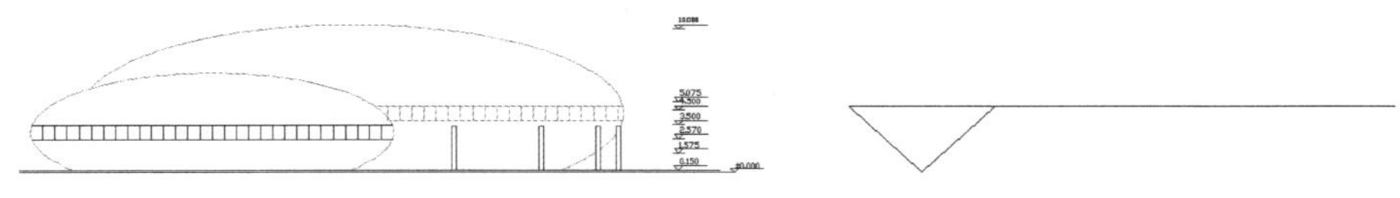

图 8-23 标注标高符号

图 8-24 绘制标高符号

（2）单击“插入”选项卡“块定义”面板中的“定义属性”按钮，打开“属性定义”对话框，进行如图 8-25 所示的设置，其中模式为“验证”，插入点为粗糙度符号水平线中点，单击“确定”按钮。

（3）在命令行中输入 WBLOCK 命令打开“写块”对话框，如图 8-26 所示。拾取图 8-24 下的尖点为基点，以此图形为对象，输入图块名称并指定路径，单击“确定”按钮。

Note

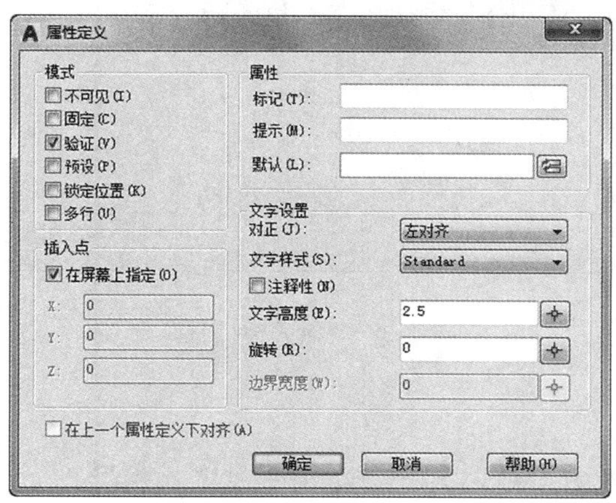

图 8-25 “属性定义”对话框

（4）单击“默认”选项卡“块”面板中的“插入”按钮，打开“插入”对话框，如图 8-27 所示。单击“浏览”按钮，找到刚才保存的图块，在屏幕上指定插入点和旋转角度，将该图块插入本图中，这时，命令行会提示输入属性，并要求验证属性值，此时输入标高数值 0.150，就完成了一个标高的标注。命令行提示与操作如下：

```
命令：INSERT↙
指定插入点或[基点(B)/比例(S)/旋转(R)]:(在对话框中指定相关参数)
```

（5）继续插入标高符号图块，并输入不同的属性值作为标高数值，直到完成所有标高符号标注。

图 8-26 “写块”对话框

Note

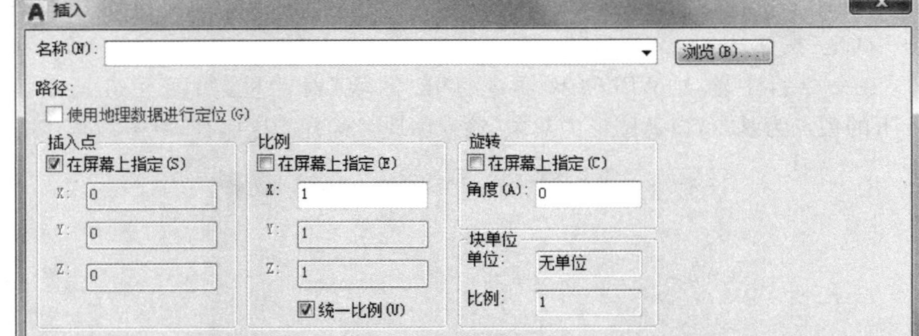

图 8-27 “插入”对话框

8.3 设计中心

使用 AutoCAD 设计中心，用户可以很容易地组织设计内容，并把它们拖动到自己的图形中，同时，用户还可以使用 AutoCAD 设计中心窗口的内容显示框，来观察用 AutoCAD 设计中心的资源管理器所浏览资源的细目，如图 8-28 所示。在图 8-28 中，左边方框为 AutoCAD 设计中心的资源管理器，右边方框为 AutoCAD 设计中心窗口的内容显示框。内容显示框的上面窗口为文件显示框，中间窗口为图形预览显示框，下面窗口为说明文本显示框。

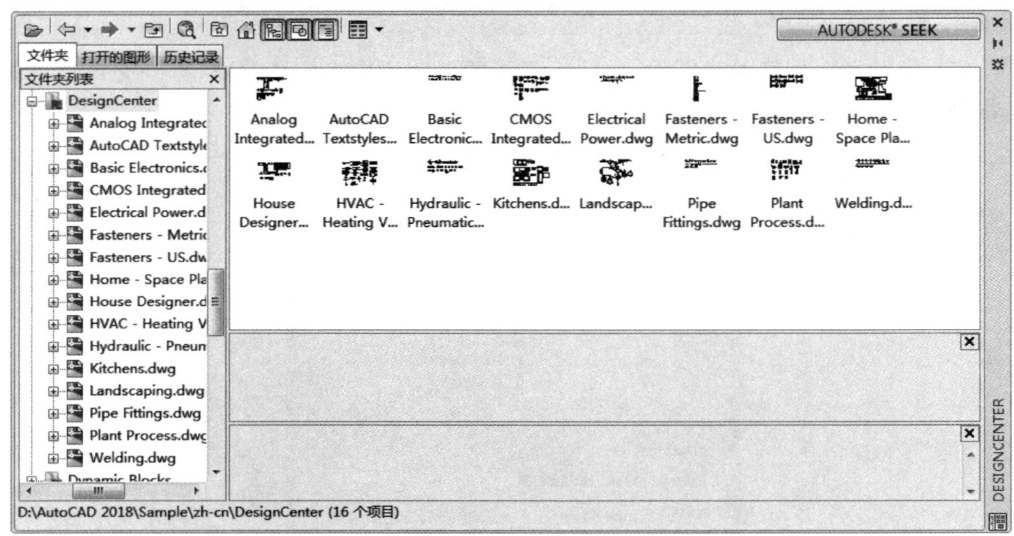

图 8-28 AutoCAD 设计中心的资源管理器和内容显示区

Note

8.3.1 启动设计中心

1. 执行方式

命令行：ADCENTER(快捷命令：ADC)。

菜单栏：选择菜单栏中的“工具”→“选项板”→“设计中心”命令。

工具栏：单击“标准”工具栏中的“设计中心”按钮 。

快捷键：Ctrl+2。

功能区：单击“视图”选项卡“选项板”面板中的“设计中心”按钮 。

2. 操作步骤

```
命令：ADCENTER↙
```

执行上述命令后，系统打开设计中心。第一次启动设计中心时，默认打开的选项卡为“文件夹”选项卡。内容显示区采用大图标显示方式显示图标，左边的资源管理器采用 tree view 显示方式显示系统文件的树形结构，用户浏览资源时，会在内容显示区显示所浏览资源的有关细目或内容。

可以通过拖动边框来改变 AutoCAD 设计中心资源管理器和内容显示区以及 AutoCAD 绘图区的大小，但内容显示区的最小尺寸应能显示两列大图标。

如果要改变 AutoCAD 设计中心的位置，可拖动设计中心工具栏的上部到相应位置，松开鼠标后，AutoCAD 设计中心便处于当前位置，到新位置后，仍可以用鼠标改变各窗口的大小。也可以通过设计中心边框左边下方的“自动隐藏”按钮来自动隐藏设计中心。

8.3.2 显示图形信息

在 AutoCAD 设计中心中，可以通过选项卡和工具栏两种方式来显示图形信息。下面分别作简要介绍。

1. 选项卡

AutoCAD 设计中心有以下 3 个选项卡。

(1) “文件夹”选项卡：显示设计中心的资源，如图 8-28 所示。该选项卡与 Windows 资源管理器类似。“文件夹”选项卡用于显示导航图标的层次结构，包括网络和计算机、Web 地址(URL)、计算机驱动器、文件夹、图形和相关的支持文件、外部参照、布局、填充样式和命名对象，以及图形中的块、图层、线型、文字样式、标注样式和打印样式等。

(2) “打开的图形”选项卡：显示在当前环境中打开的所有图形，其中包括已经最小化的图形，如图 8-29 所示。此时选择某个文件，就可以在右边的内容显示框中显示该图形的有关设置，如标注样式、布局块、图层外部参照等。

(3) “历史记录”选项卡：显示用户最近访问过的文件及其具体路径，如图 8-30 所示。双击列表中的某个图形文件，则可以在“文件夹”选项卡的树状视图中定位此图形文件并将其内容加载到内容区域中。

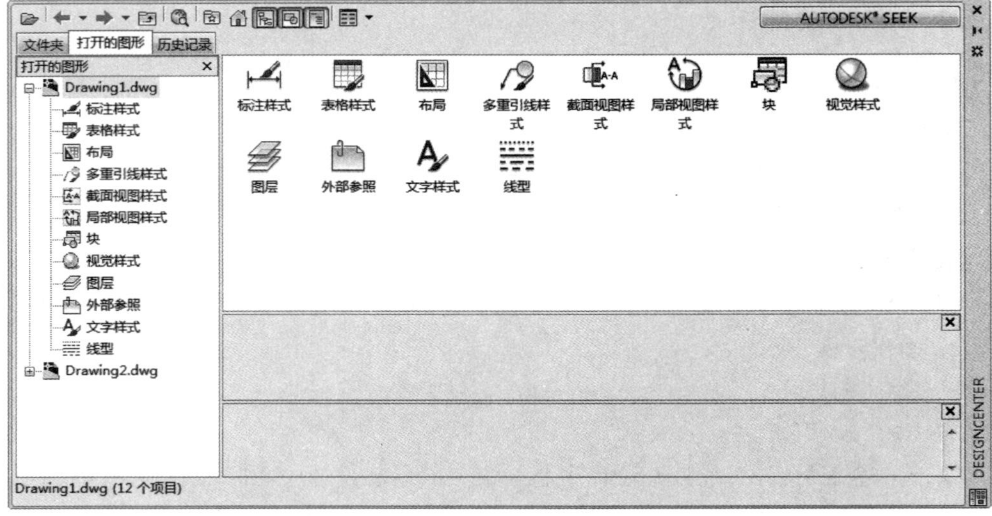

图 8-29 “打开的图形”选项卡

图 8-30 “历史记录”选项卡

2. 工具栏

设计中心窗口顶部是工具栏，其中包括“加载”“上一页”“下一页”“搜索”“收藏夹”“主页”“树状图切换”“预览”“说明”和“视图”等按钮。

(1) “加载”按钮：打开“加载”对话框，用户可以利用该对话框从 Windows 桌面、收藏夹或 Internet 中加载文件。

(2) “上一页”按钮：返回到历史记录列表中最近一次的位置。

(3) “下一页”按钮：返回到历史记录列表中下一次的位置。

(4) “搜索”按钮：查找对象。单击该按钮，打开“搜索”对话框，如图 8-31 所示。

(5) “收藏夹”按钮：在“文件夹列表”中显示“收藏夹/Autodsek”文件夹中的内

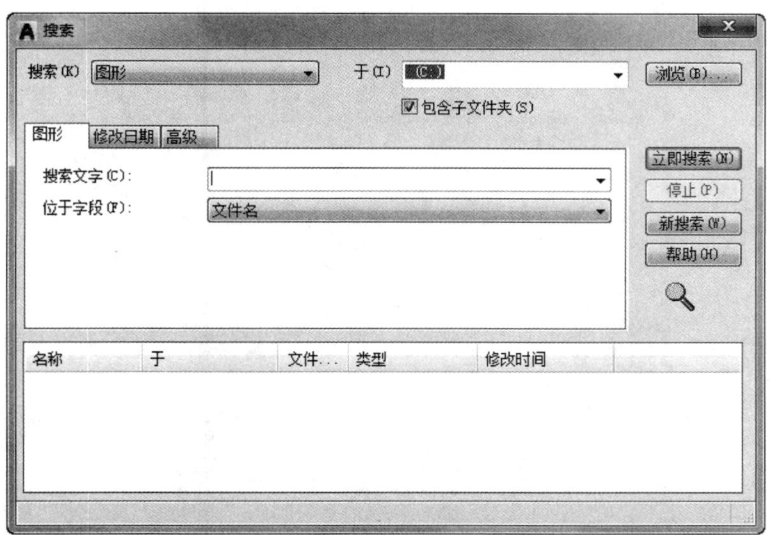

图 8-31　“搜索”对话框

容。用户可以通过收藏夹来标记存放在本地磁盘、网络驱动器或 Internet 网页上的内容。如图 8-32 所示。

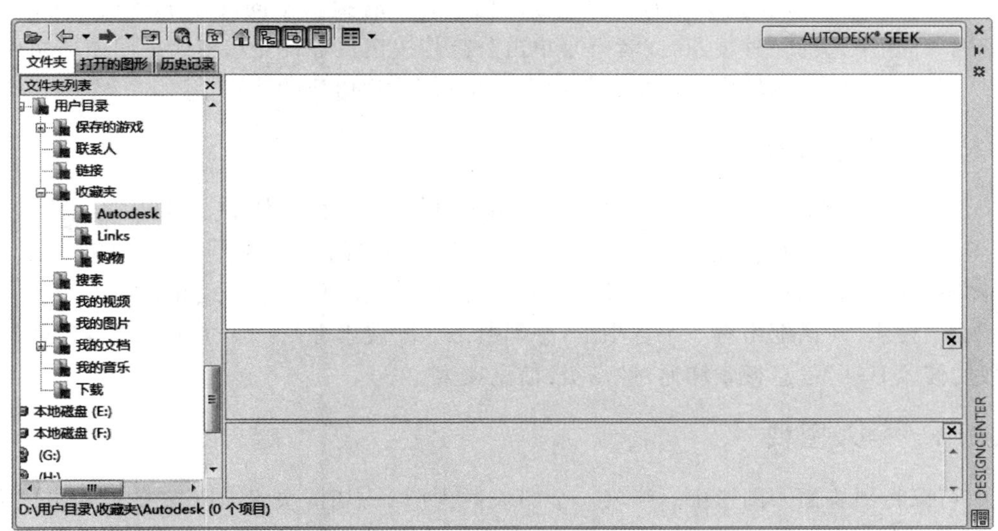

图 8-32　“收藏夹”按钮

(6)“主页”按钮：快速定位到设计中心文件夹中，该文件夹位于 AutoCAD 2018/Sample 下，如图 8-33 所示。

(7)“树状图切换”按钮：显示和隐藏树状视图。如果绘图区域需要更多的空间，则隐藏树状图即可。树状图隐藏后，可以使用内容区域浏览容器并加载内容。

(8)“预览”按钮：显示和隐藏内容区域窗格中选定项目的预览。如果选定项目没有保存的预览图像，“预览”区域将为空。

(9)“说明”按钮：显示和隐藏内容区域窗格中选定项目的文字说明。如果同时

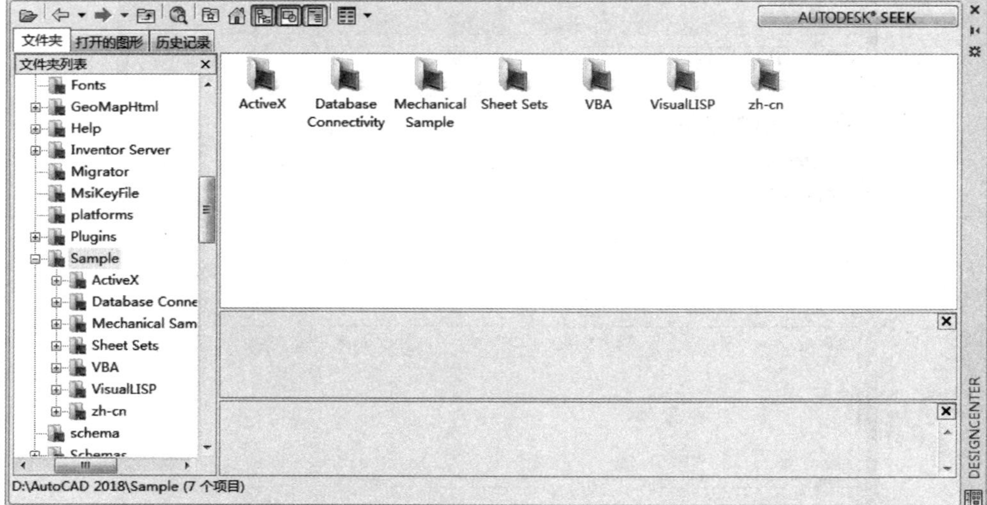

图 8-33 “主页”按钮

显示预览图像，文字说明将位于预览图像下面。如果选定项目没有保存的说明，“说明”区域将为空。

(10) “视图”按钮：为加载到内容区域中的内容提供不同的显示格式。可以从“视图”列表中选择一种视图，或者重复单击“视图”按钮在各种显示格式之间循环切换。默认视图根据内容区域中当前加载的内容类型的不同而有所不同。

8.3.3 查找内容

可以单击 AutoCAD 2018 设计中心工具栏中的“搜索”按钮，打开“搜索”对话框，从中寻找图形和其他的内容。在设计中心可以查找的内容有：图形、填充图案、填充图案文件、图层、块、图形和块、外部参照、文字样式、线型、标注样式和布局等。

在“搜索”对话框中有 3 个选项卡，分别给出 3 种搜索方式：通过“图形”信息搜索、通过“修改日期”信息搜索和通过“高级”信息搜索。

8.3.4 插入图块

可以将图块插入图形中。当将一个图块插入图形中时，块定义就被复制到图形数据库中。在一个图块被插入图形中后，如果原来的图块被修改，那么插入图形中的图块也随之改变。

当其他命令正在执行时，不能插入图块到图形中。例如，如果在插入块时提示行正在执行一个命令，那么鼠标指针会变成一个带斜线的圆，提示操作无效。另外，一次只能插入一个图块。

系统根据鼠标拉出的线段的长度与角度确定比例与旋转角度。插入图块的步骤如下。

(1) 从文件夹列表或查找结果列表选择要插入的图块，将其拖动到打开的图形中。

此时，选中的对象被插入当前打开的图形中。利用当前设置的捕捉方式，可以将对

象插入任何存在的图形中。

(2) 按下鼠标左键，指定一点作为插入点，移动鼠标，鼠标位置点与插入点之间的距离为缩放比例，单击确定比例。采用同样方法移动鼠标，鼠标指定位置与插入点之间的连线与水平线所成的角度为旋转角度，被选择的对象就根据鼠标指定的缩放比例和旋转角度插入图形当中。

8.3.5 图形复制

1. 在图形之间复制图块

用户可以利用 AutoCAD 设计中心浏览和装载需要复制的图块，然后将图块复制到剪贴板上，利用剪贴板将图块粘贴到图形中。具体方法如下。

(1) 在控制板选择需要的图块，右击打开右键快捷菜单，从中选择“复制”命令。

(2) 将图块复制到剪贴板上，然后通过“粘贴”命令将图块粘贴到当前图形上。

2. 在图形之间复制图层

用户可以利用 AutoCAD 设计中心从任何一个图形中复制图层到其他图形中。例如，如果已经绘制了一个包括设计所需的所有图层的图形，在绘制另外的新图形时，可以新建一个图形，并通过 AutoCAD 设计中心将已有的图层复制到新的图形中，这样不仅可以节省时间，而且可以保证图形间的一致性。

(1) 拖动图层到已打开的图形中：确认要复制图层的目标图形文件已被打开，并且是当前的图形文件。在控制板或查找结果列表框中选择要复制的一个或多个图层。拖动图层到打开的图形文件中，松开鼠标，则被选择的图层被复制到打开的图形中。

(2) 复制或粘贴图层到打开的图形：确认要复制的图层的图形文件已被打开，并且是当前的图形文件。在控制板或查找结果列表框中选择要复制的一个或多个图层，右击打开右键快捷菜单，从中选择“复制到粘贴板”命令。如果要粘贴图层，应确认粘贴的目标图形文件已被打开，并为当前文件。右击打开右键快捷菜单，从中选择“粘贴”命令。

8.4 工具选项板

工具选项板可以提供组织、共享和放置块及填充图案等的有效方法。工具选项板还可以包含由第三方开发人员提供的自定义工具。

8.4.1 打开工具选项板

1. 执行方式

命令行：TOOLPALETTES(快捷命令：TP)。

菜单栏：选择菜单栏中的“工具”→“选项板”→“工具选项板”命令。

工具栏：单击“标准”工具栏中的“工具选项板窗口”按钮▦。

快捷键：Ctrl＋3。

功能区：单击“视图”选项卡“选项板”面板中的“工具选项板”按钮。

2. 操作步骤

Note

```
命令：TOOLPALETTES↙
```

执行上述命令后，系统自动打开工具选项板窗口，如图 8-34 所示。

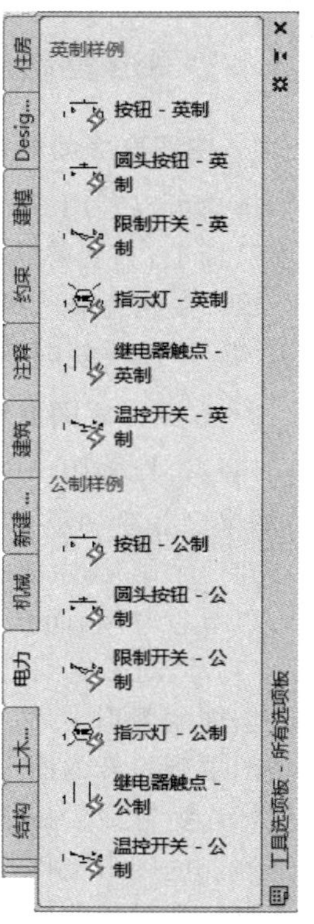

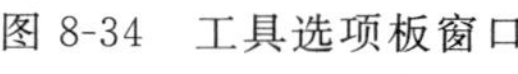
图 8-34 工具选项板窗口

3. 选项说明

在工具选项板中，系统设置了一些常用图形的选项卡，这些选项卡可以方便用户绘图。

8.4.2 工具选项板的显示控制

1. 移动和缩放工具选项板窗口

用户可以用鼠标按住工具选项板窗口的深色边框，移动鼠标即可移动工具选项板窗口。将鼠标指向工具选项板的窗口边缘，会出现一个双向伸缩箭头，拖动它即可缩放工具选项板窗口。

2. 自动隐藏

在工具选项板窗口的深色边框下面有一个“自动隐藏”按钮，单击该按钮可自动隐藏工具选项板窗口，再次单击则自动打开工具选项板窗口。

8.4.3 新建工具选项板

用户可以建立新工具选项板，这样有利于个性化绘图，也能够满足用户特殊作图的需要。

1. 执行方式

命令行：CUSTOMIZE。

菜单栏：选择菜单栏中的“工具”→“自定义”→“工具选项板”命令。

快捷菜单：在任意工具栏上右击，从弹出的快捷菜单中选择“自定义选项板”命令。

工具选项板：选择“工具选项板”中的“特性”下拉菜单处的“自定义选项板”或“新建选项板”命令。

2. 操作步骤

```
命令：CUSTOMIZE↙
```

执行上述命令后，系统打开“自定义”对话框，如图 8-35 所示。在“选项板”列表框中右击，打开快捷菜单，如图 8-36 所示，从中选择“新建选项板”命令，打开“新建选项板”对话框。在该对话框中，可以为新建的工具选项板命名。单击“确定”按钮后，工具选项板中就增加了一个新的选项卡，如图 8-37 所示。

Note

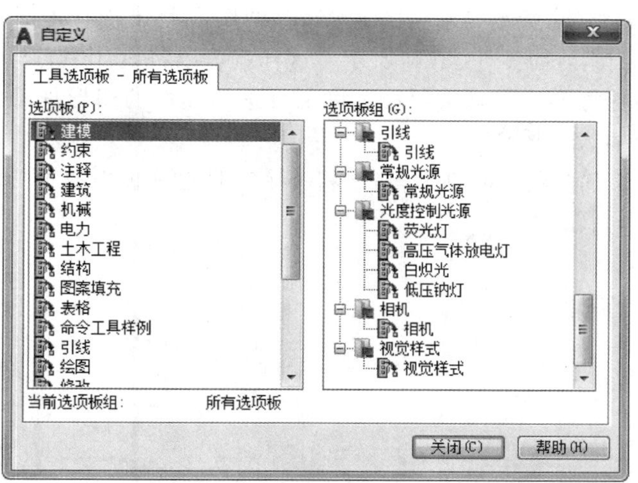

图 8-35 “自定义”对话框

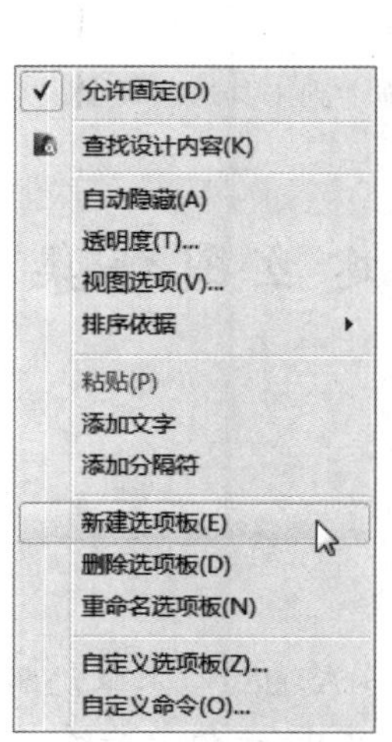

图 8-36 快捷菜单

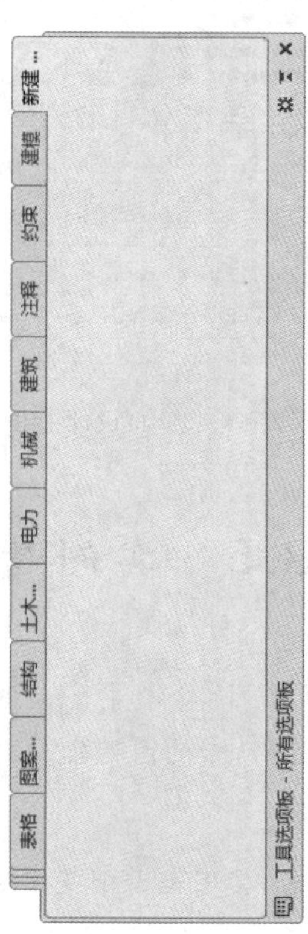

图 8-37 新增选项卡

8.4.4 向工具选项板添加内容

(1) 将图形、块和图案填充从设计中心拖动到工具选项板上。

例如，在 Designcenter 文件夹上右击，从弹出的快捷菜单中选择“创建块的工具选

Note

项板”命令，如图 8-38(a)所示，设计中心中储存的图元就出现在工具选项板中新建的 Designcenter 选项卡上，如图 8-38(b)所示。这样就可以将设计中心与工具选项板结合起来，建立一个快捷方便的工具选项板。将工具选项板中的图形拖动到另一个图形中时，图形将作为块插入。

(2) 使用“剪切”“复制”和“粘贴”命令将一个工具选项板中的工具移动或复制到另一个工具选项板中。

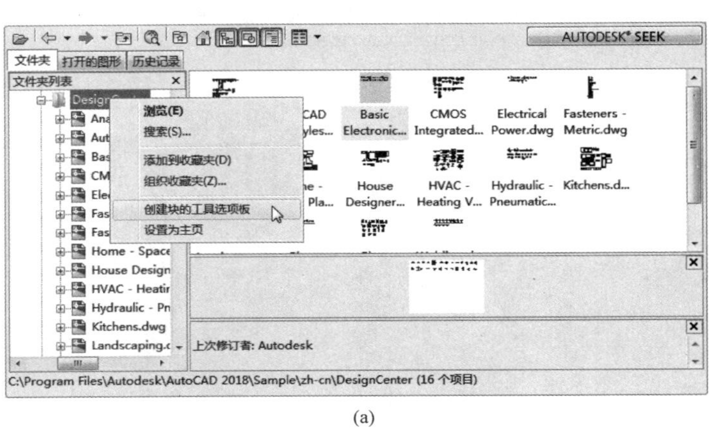

(a)

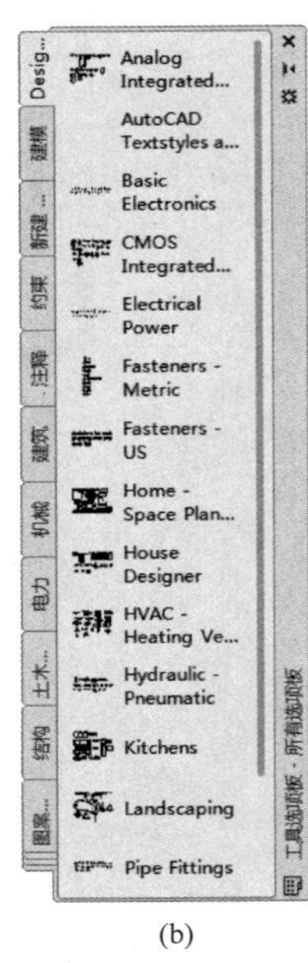

(b)

图 8-38 将设计中心中储存的图元拖动到工具选项板上

8-3

8.5 实例精讲——建立图框集

练习目标

绘制如图 8-39 所示的图框集。

设计思路

绘制环境图时，其图框大小是固定的，分为 A0～A4 几种，本章讲解图框的画法，以便将其作为常用图块存入 AutoCAD 的设计中心图纸库，方便以后绘图调用。

8.5.1 建立文件

操作步骤

首先打开 AutoCAD，单击“快速访问”工具栏中的“新建”按钮，以无样板打开一公制方式建立新文件。单击“快速访问”工具栏中的“保存”按钮，将文件保存为

Note

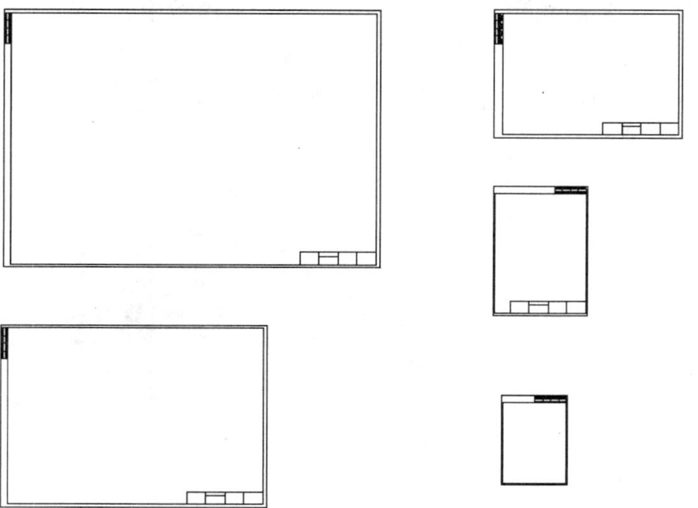

图 8-39　图框集

“图框集”，如图 8-40 所示。

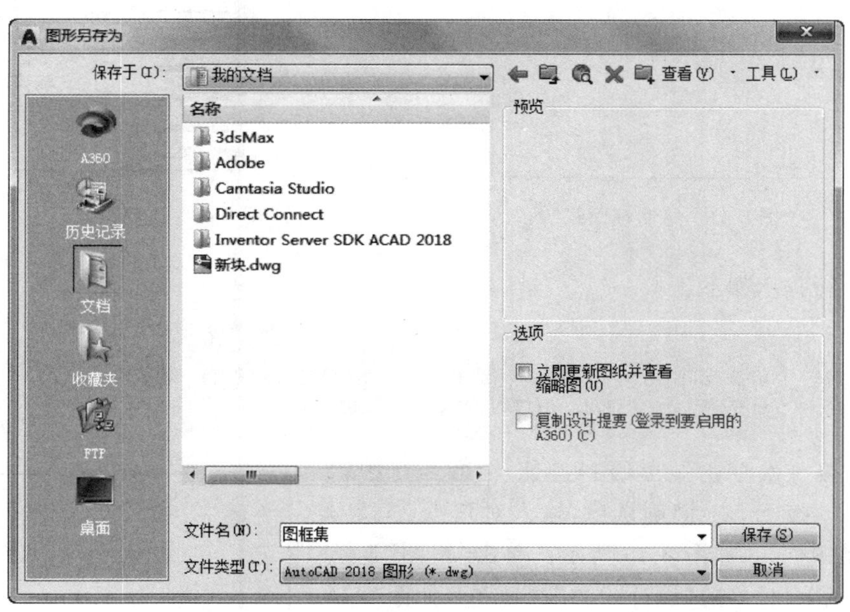

图 8-40　保存图框集

8.5.2　绘制图框

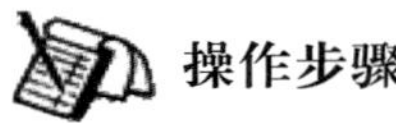

操作步骤

1. A0 图框创建

(1) 第 1 章介绍了图框的具体形式，以及图框线所用的线宽情况。绘图时，首先绘

制幅面线，线宽保持默认值，单击“默认”选项卡“绘图”面板中的“矩形”按钮，在命令行中输入第一点坐标：0,0，确认后在命令行中输入对角点：1189,841，创建幅面矩形，如图 8-41 所示。在“默认”选项卡“特性”面板的“线宽”下拉列表框中，选择线宽为 0.4mm，如图 8-42 所示。

Note

图 8-41　绘制幅面线

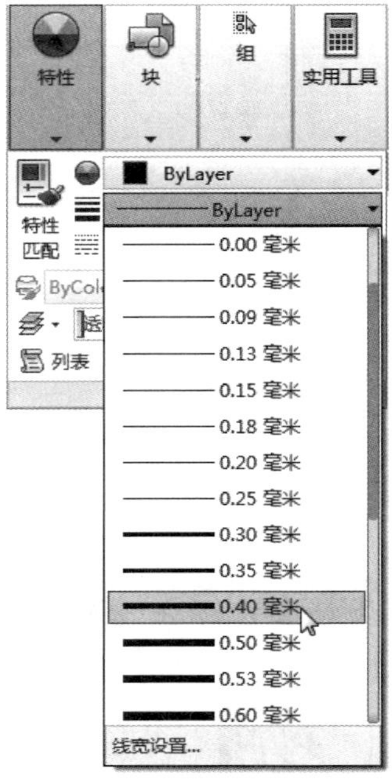

图 8-42　选择线宽

命令行提示如下：

```
命令：_rectang
指定第一个角点或[倒角(C)/标高(E)/圆角(F)/厚度(T)/宽度(W)]：0,0↙
指定另一个角点或[面积(A)/尺寸(D)/旋转(R)]：1189,841↙
```

（2）再一次单击矩形绘制工具，在命令行中输入：35,10，按 Enter 键确认后，输入对角点：1179,831，绘制图框线，如图 8-43 所示。单击“视图”选项卡“选项板”面板中的“设计中心”按钮，如图 8-44 所示，打开设计中心，选择源文件中创建的常用表格文件，将其调入到空白区域中，如图 8-45 所示。

图 8-43　绘制图框线

（3）将常用表格拖入绘图区域内，单击“默认”选项卡“修改”面板中的“分解”按钮，选择图形为分解对象，然后删除材料明细表。单击“默认”选项卡“修改”面板中的“旋转”按钮，单击会签栏的角点，在命令行中输入 90，将其顺时针旋转 90°，如图 8-46 所示。

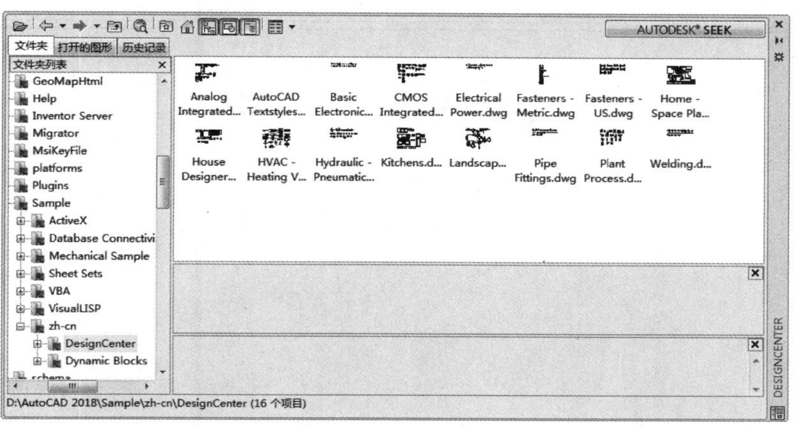

图 8-44　打开常用表格模块库

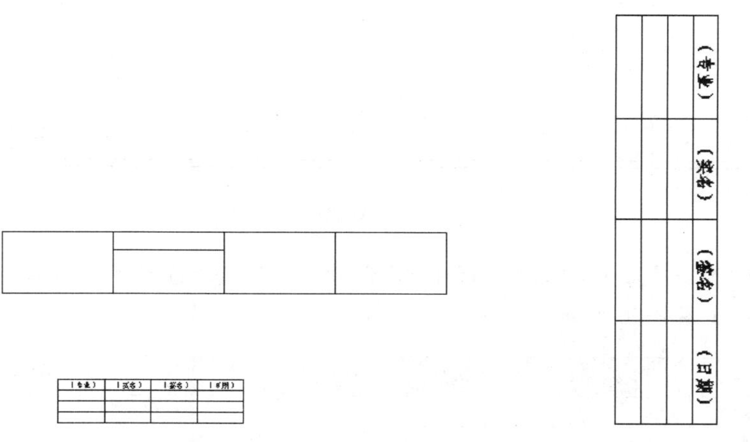

图 8-45　插入标题栏和会签栏　　　图 8-46　旋转会签栏

(4) 单击“默认”选项卡“修改”面板中的“移动”按钮，选择会签栏的右上角点为移动点，将其移动到图框线的左上角，如图 8-47 所示。同理，将标题栏移动至图框线的右下角，如图 8-48 所示。这就完成了 A0 图框的绘制，最终效果如图 8-49 所示。

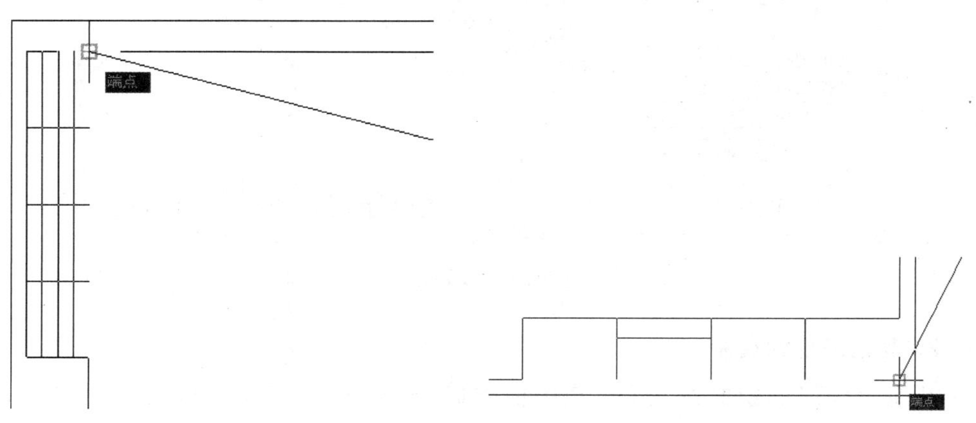

图 8-47　插入会签栏　　　图 8-48　插入标题栏

图 8-49　A0 图框

（5）单击“默认”选项卡“块”面板中的“创建”按钮，选择 A0 图框，将其保存为 A0 图框模块，如图 8-50 所示。

图 8-50　保存模块

2．其他图框的绘制

其他图框线的绘制过程和 A0 图框类似，不再详述，绘制完成的图框如图 8-39 所示。

8.6 学习效果自测

1. 使用块的优点有(　　)。

A. 一个块中可以定义多个属性　　B. 多个块可以共用一个属性

C. 块必须定义属性　　D. A 和 B

2. 如果插入的块所使用的图形单位与为图形指定的单位不同,则(　　)。

A. 对象以一定比例缩放以维持视觉外观

B. 英制的放大 25.4 倍

C. 公制的缩小到原来的 1/25.4

D. 块将自动按照两种单位相比的等价比例因子进行缩放

3. 对于用 BLOCK 命令定义的内部图块,以下哪种说法是正确的?(　　)

A. 只能在定义它的图形文件内自由调用

B. 只能在另一个图形文件内自由调用

C. 既能在定义它的图形文件内自由调用,又能在另一个图形文件内自由调用

D. 两者都不能用

4. 利用 AutoCAD 设计中心不可能完成的操作是(　　)。

A. 根据特定的条件快速查找图形文件

B. 打开所选的图形文件

C. 将某一图形中的块通过鼠标拖放添加到当前图形中

D. 删除图形文件中未使用的命名对象,例如块定义、标注样式、图层、线型和文字样式等

5. 在 AutoCAD 的“设计中心”窗口的哪一个选项卡中,可以查看当前图形中的图形信息?(　　)

A. 文件夹　　B. 打开的图形

C. 历史记录　　D. 联机设计中心

6. 下列操作不能在设计中心完成的有(　　)。

A. 两个 dwg 文件的合并　　B. 创建文件夹的快捷方式

C. 创建 Web 站点的快捷方式　　D. 浏览不同的图形文件

7. 在设计中心中打开图形,错误的方法是(　　)。

A. 在设计中心内容区中的图形图标上右击,从弹出的快捷菜单中选择“在应用程序窗口中打开”命令

B. 按住 Ctrl 键,同时将图形图标从设计中心内容区拖至绘图区域

C. 将图形图标从设计中心内容区拖动到应用程序窗口绘图区域以外的任何位置

D. 将图形图标从设计中心内容区拖动到绘图区域中

8. 无法通过设计中心更改的是(　　)。

A. 大小　　B. 名称　　C. 位置　　D. 外观

8.7 上机实验

实例 1 利用设计中心绘制居室布局图。

1. 目的要求

设计中心最大的优点是简洁、方便、集中，读者可以在某个专门的设计中心组织自己需要的素材，快速简便地绘制图形。本例的目的是通过绘制如图 7-51 所示的居室平面图，使读者灵活掌握利用设计中心进行快速绘图的方法。

2. 操作提示

打开设计中心，从中选择适当的图块，插入到居室平面图中。

实例 2 标注如图 8-52 所示的轴号。

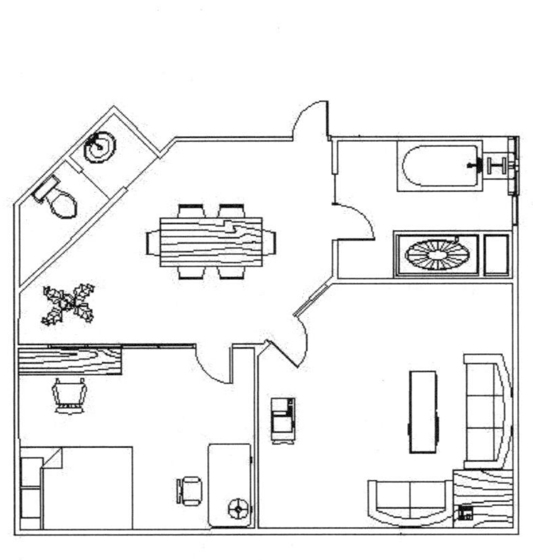

图 8-51 居室布置平面图

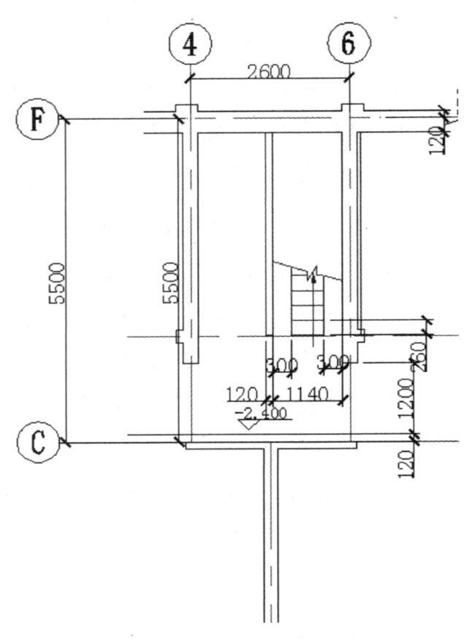

图 8-52 标注轴号

1. 目的要求

在实际绘图过程中，经常会遇到重复性的图形单元。解决这类问题最简单、快捷的方法是将重复性的图形单元制作成图块，然后将图块插入图形。本例的目的是通过轴号的标注，使读者掌握图块相关的操作。

2. 操作提示

(1) 利用“圆”命令绘制轴号图形。

(2) 定义轴号的属性，将轴号值设置为其中需要验证的标记。

(3) 将绘制的轴号及其属性定义成图块。

(4) 保存图块。

(5) 在楼梯图形中插入轴号图块，每次插入时输入不同的轴号值作为属性值。

本篇导读：

本篇主要讲解利用AutoCAD 2018进行某城市别墅区独院别墅土建工程图设计的操作步骤、方法技巧等，包括平面图、立面图、剖面图、建筑结构平面图、基础平面布置图和建筑结构详图设计等知识。

本篇内容通过具体的建筑设计实例加深读者对AutoCAD功能的理解和掌握，使其熟悉土建工程图设计的方法。

内容要点：

- ◆ 平面图的绘制
- ◆ 立面图的绘制
- ◆ 剖面图的绘制
- ◆ 建筑结构平面图绘制
- ◆ 基础平面布置图绘制
- ◆ 建筑结构详图绘制

第2篇　别墅土建施工案例篇

第9章

别墅平面图

本章将以别墅建筑平面图设计为例，详细介绍别墅设计平面图的绘制过程。在介绍过程中，将逐步引导读者完成平面图的绘制，并说明关于别墅平面设计的相关知识和技巧。本章主要介绍别墅平面图绘制的知识要点，装饰图块的绘制，尺寸、文字标注等内容。

学 习 要 点

- 建筑平面图概述
- 本案例的设计思路
- 别墅地下室平面图
- 首层平面图

9.1 建筑平面图概述

建筑平面图就是假想使用一水平的剖切面沿门窗洞的位置将房屋剖切后，对剖切面以下部分所作的水平剖面图。建筑平面图简称平面图，主要反映房屋的平面形状、大小和房间的布置，墙柱的位置、厚度和材料，门窗类型和位置等。建筑平面图是建筑施工图中最为基本的图样之一，其示例如图 9-1 所示。

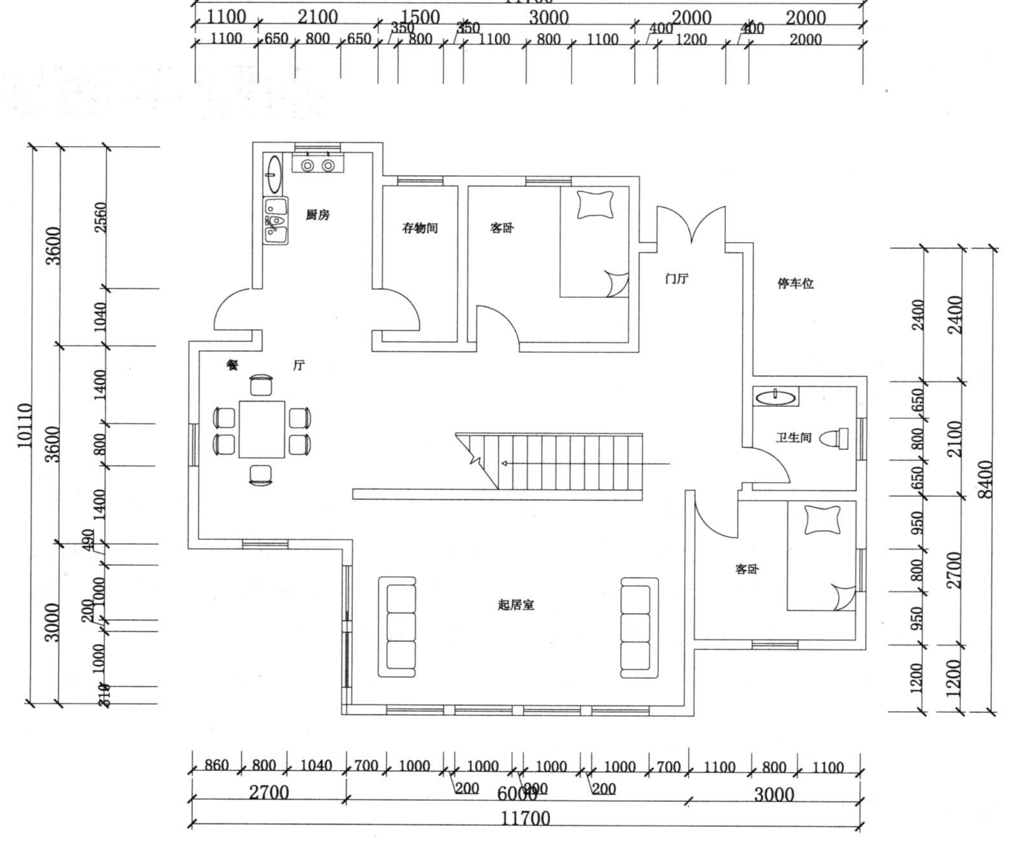

别墅一层建筑平面图1:100

图 9-1　平面图示例

9.1.1 建筑平面图的内容

1. 建筑平面图的图示要点

（1）每个平面图对应一个建筑物楼层，并注有相应的图名。

（2）可以表示多层的一张平面图称为标准层平面图。标准层平面图代表的各层的

房间数量、大小和布置都必须一样。

(3) 建筑物左右对称时,可以将两层平面图绘制在同一张图纸上,左右分别绘制各层的一半,同时中间要注上对称符号。

(4) 如果建筑平面较大,可以分段绘制。

Note

2. 建筑平面图的图示内容

(1) 标示出墙、柱、门、窗的位置和编号,房间名称或编号,轴线编号等。

(2) 注出室内外的有关尺寸及室内楼、地面的标高。建筑物的底层标高为±0.000。

(3) 标示出电梯、楼梯的位置以及楼梯的上下方向和主要尺寸。

(4) 标示出阳台、雨篷、踏步、斜坡、雨水管道、排水沟等的具体位置以及大小尺寸。

(5) 绘出卫生器具、水池、工作台以及其他重要的设备位置。

(6) 绘出剖面图的剖切符号以及编号。根据绘图习惯,一般只在底层绘制平面图。

(7) 标出有关部位上节点详图的索引符号。

(8) 绘制出指北针。根据绘图习惯,一般只在底层平面图上绘出指北针。

9.1.2　建筑平面图的类型

1. 根据剖切位置不同分类

根据剖切位置不同,建筑平面图可分为地下层平面图、底层平面图、X 层平面图、标准层平面图、屋顶平面图、夹层平面图等。

2. 按不同的设计阶段分类

按不同的设计阶段,建筑平面图分为方案平面图、初设平面图和施工平面图。不同阶段图纸表达深度不一样。

9.1.3　建筑平面图绘制的一般步骤

建筑平面图的绘制一般分为以下 10 步。

(1) 绘图环境设置。

(2) 轴线绘制。

(3) 墙线绘制。

(4) 柱绘制。

(5) 门窗绘制。

(6) 阳台绘制。

(7) 楼梯、台阶绘制。

(8) 室内布置。

(9) 室外周边景观(底层平面图绘制)。

(10) 尺寸、文字标注。

根据工程的复杂程度,上面的绘图顺序有可能小范围调整,但总体顺序基本不变。

9.2 本实例的设计思路

Note

本实例介绍的是某城市别墅区独院别墅，砖混结构，建筑朝向偏南，主要空间阳光充足，地形方正，共三层，室内楼梯贯穿。配合建筑设计单位的房型设计，我们根据朝向、风向等自然因素以及考虑到居住者的生活便利等因素做出了初步设计图，如图 9-2 所示。

地下层布置了活动室、放映室、工人房、卫生间、设备间、配电室、集水坑和采光井。整个地下层的基本设计思路是把不适宜放在地上的或次要的建筑单元都放置在地下层。比如，活动室可能是举办家庭舞会或打乒乓球、台球等体育娱乐活动的空间，易产

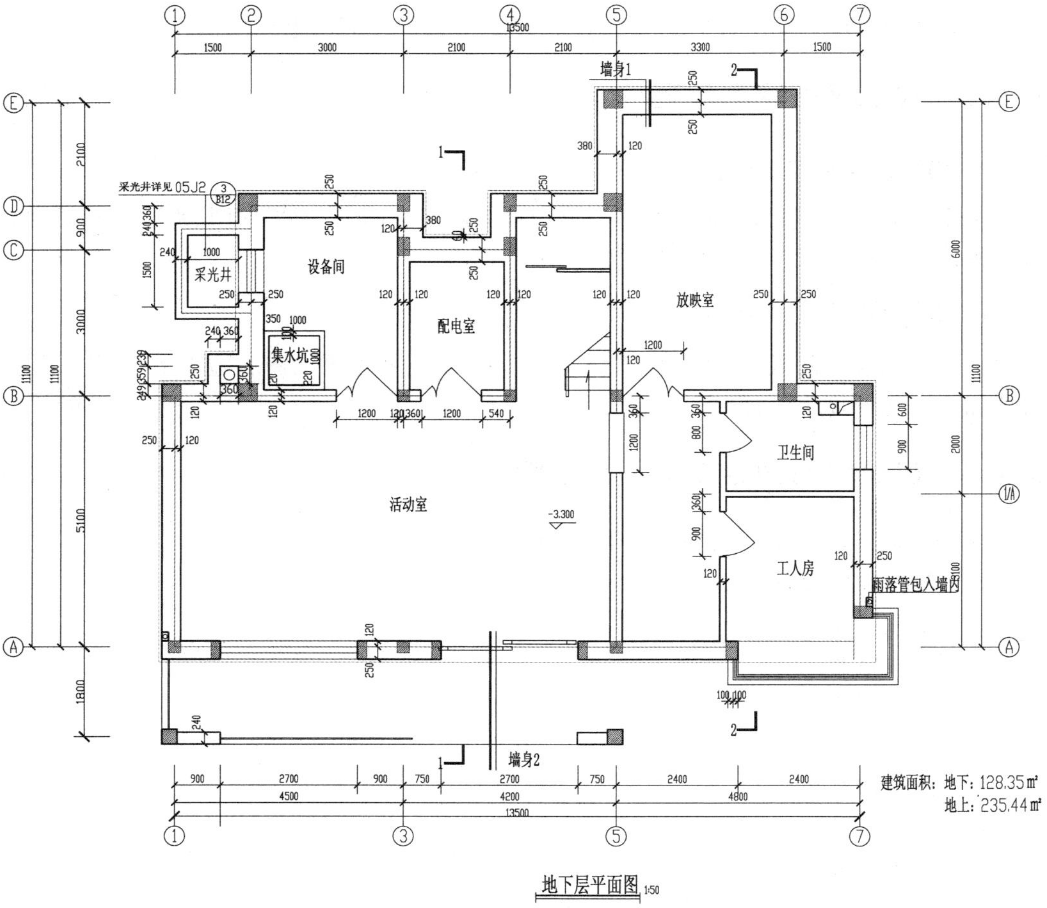

建筑面积：地下：128.35㎡
地上：235.44㎡

地下层平面图 1:50

图 9-2　某别墅地下层、首层、二层平面图

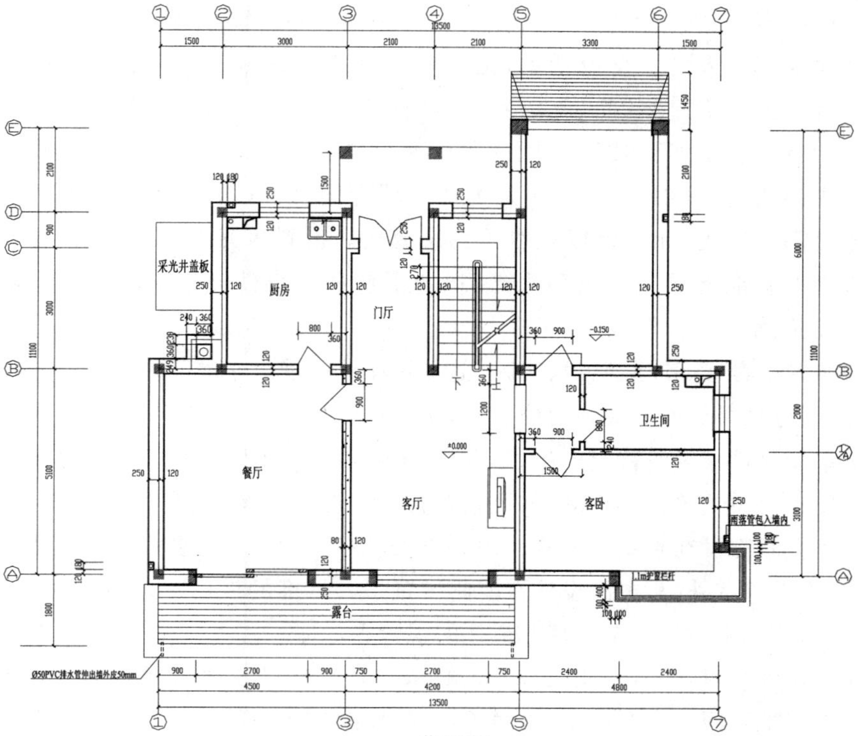

首层平面图 1/50

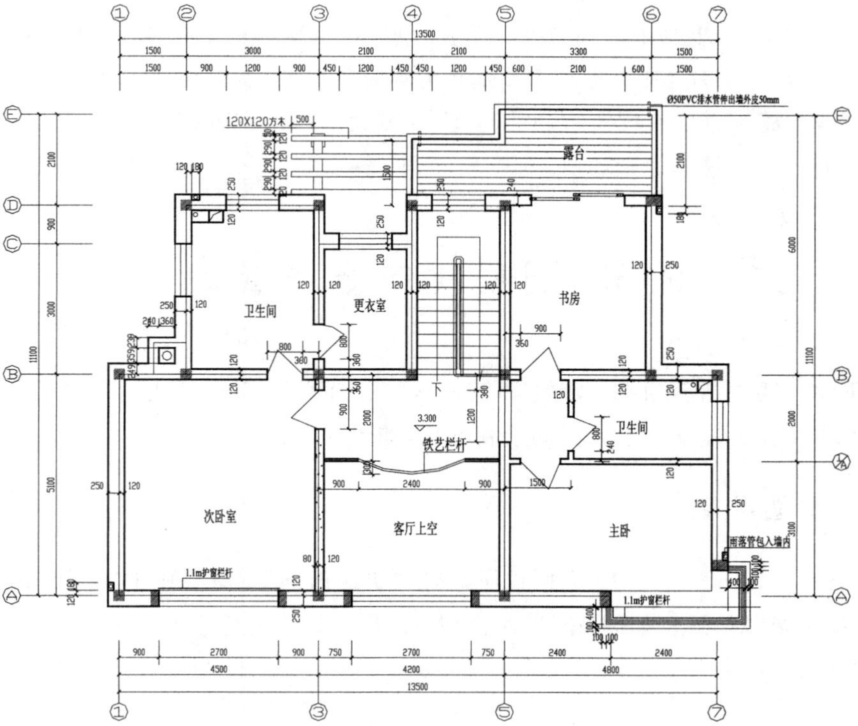

二层平面图

图 9-2 （续）

生比较大的噪声，放映室也易产生比较大的声音，这些声音容易干扰别墅内其他楼层或相邻建筑其他人的休息或活动，把这些单元放置在地下层，就极大地减少了对别人的干扰。工人房、设备间、配电室，这些建筑单元相对比较次要和琐碎，设置在其他楼层则有碍整个建筑楼层布置的美感和整体性，所以就集中在地下层，这就是设计思路中的所谓"藏拙"。采光井是为地下层专门设计的特殊单元，地下层最大的问题在于见不到阳光，无法保持自然的空气流通。设置采光井，让阳光透进地下层，可以极大地改善地下层的通风和采光，把地下层和大自然连接起来，减少地下层的隔绝感和压抑感。

首层布置了客厅、餐厅、厨房、客卧、卫生间、门厅、露台等建筑单元。由于首层是最方便的楼层，也是对外展示最多的楼层，因此基本设计思路是把起居、会客活动经常用到的建筑单元尽量布置在首层。比如，客厅、客卧、餐厅、车库这些单元都是主人会客或进出经常使用的建筑单元，当然应该设置在首层。首层的客厅、客卧、餐厅等对采光有一定要求的空间都设在别墅的南侧，采光、通风良好。餐厅是连接室内外的另一个重要空间，通常不设置室外门，本次设计在南侧设置了大尺度的玻璃室外门，连接室外露台及室内空间，使业主在就餐期间享受最佳的视野和环境。

二层的位置相对独立，是业主和家人的私人活动空间，这里布置主卧、次卧以及相应配套的独立卫生间以及更衣室、书房等，主卧和次卧之间通过过道相连。这里一个画龙点睛的精彩设计是将首层客厅的上方做成共享结构，这样就把整个别墅的首层和二层有机连接起来，楼上楼下沟通方便，使整个别墅内部变成一个整体的"独立王国"。坐在客厅中，上面是一片空旷，没有了那种单元楼的压抑感，有的是纵览整个别墅空间的满足感和成就感。二层占据了有利的高度，北侧大面积的室外观景平台是业主与家人及朋友之间小聚的最佳静谧场所。

9-1

9.3 别墅地下室平面图

地下室主要包括活动室、放映室、工人房、卫生间、设备间、配电室、集水坑和采光井。下面主要介绍地下室平面图的绘制方法，如图 9-3 所示。

9.3.1 绘图准备

(1) 打开 AutoCAD 2018 应用程序，单击"快速访问"工具栏中的"新建"按钮，打开"选择样板"对话框，如图 9-4 所示。以 acadiso.dwt 为样板文件建立新文件，并保存到适当的位置。

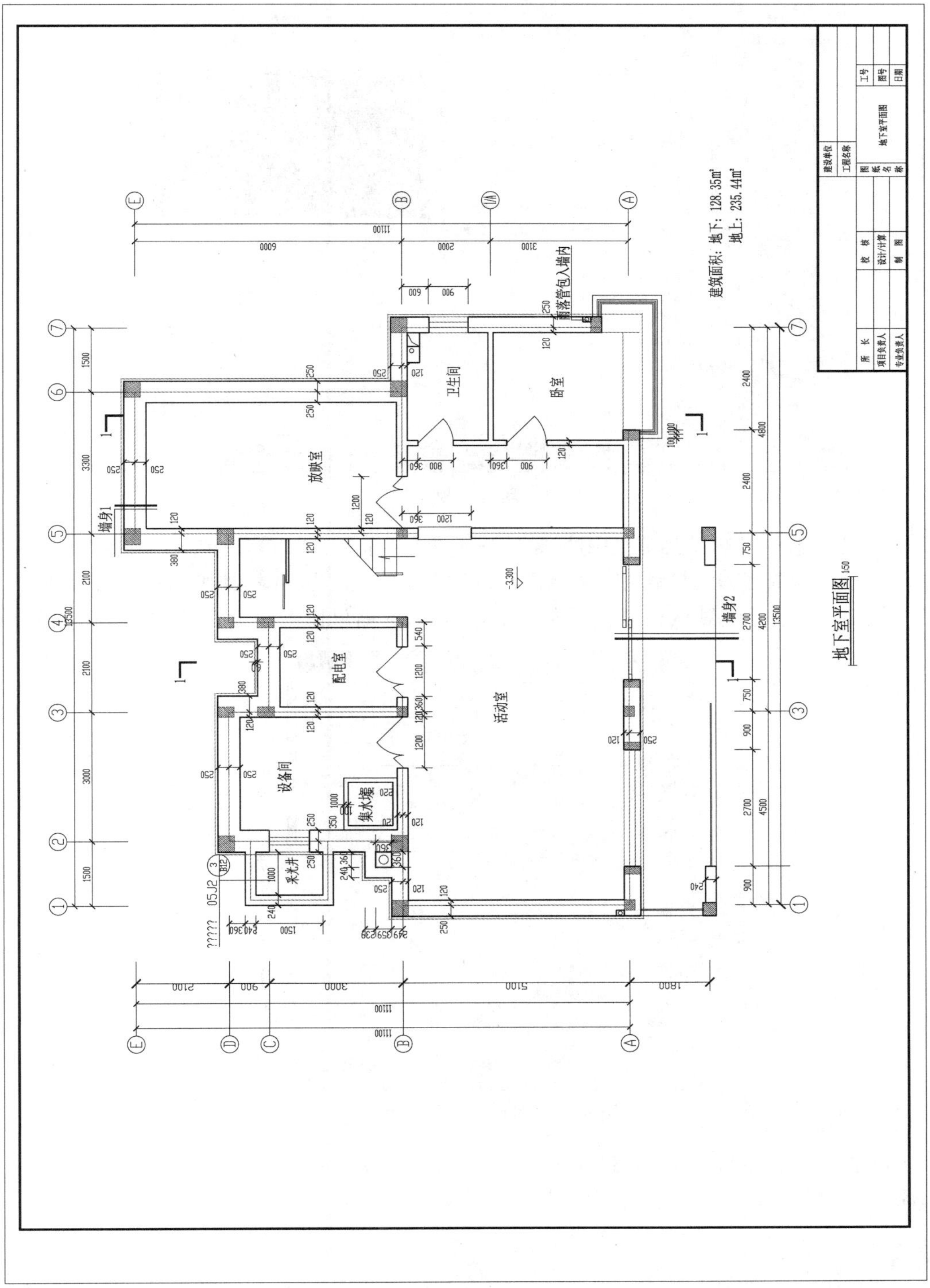

Note

建筑面积：地下：128.35㎡
地上：235.44㎡

雨落管包入墙内

放映室 卫生间 卧室 配电室 活动室 设备间 集水坑 采光井

墙身1 墙身2

地下室平面图 1:50

图 9-3 别墅地下室平面图

Note

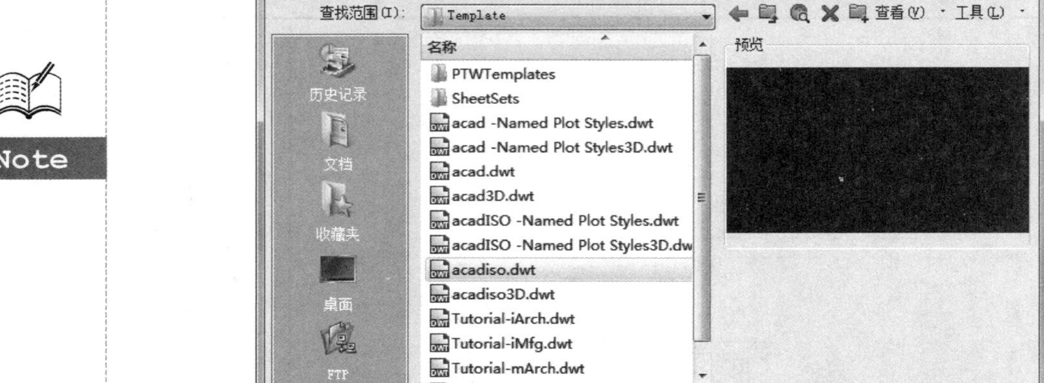

图 9-4　新建样板文件

(2) 设置单位。选择菜单栏中的“格式”→“单位”命令，打开“图形单位”对话框，如图 9-5 所示。设置长度“类型”为“小数”，“精度”为 0；设置角度“类型”为“十进制度数”，“精度”为 0；系统默认逆时针方向为正，插入时的缩放比例设置为“无单位”。

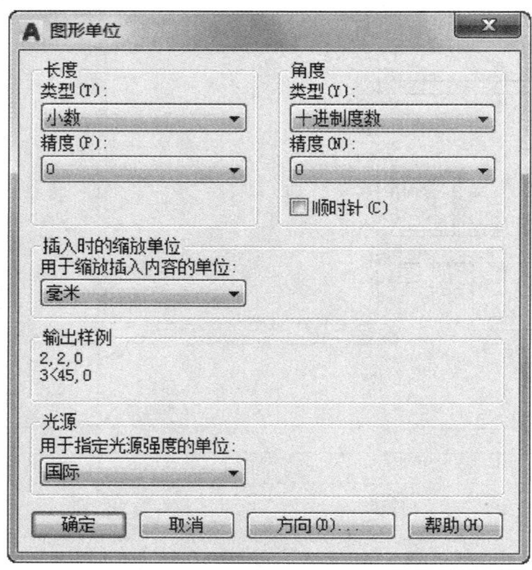

图 9-5　“图形单位”对话框

(3) 在命令行中输入 LIMITS 命令设置图幅：420000mm×297000mm。命令行提示与操作如下：

```
命令:LIMITS ↙
重新设置模型空间界限:
指定左下角点或 [开(ON)/关(OFF)]<0.0000,0.0000>:↙
指定右上角点 <12.0000,9.0000>:420000,297000 ↙
```

(4) 新建图层。

① 单击“默认”选项卡“图层”面板中的“图层特性”按钮 ，打开图层特性管理器，如图 9-6 所示。

注意：在绘图过程中，往往有不同的绘图内容，如轴线、墙线、装饰布置图块、地板、标注、文字等，如果将这些内容均放置在一起，绘图之后若要删除或编辑某一类型的图形，将带来选取的困难。AutoCAD 提供了图层功能，为编辑带来了极大的方便。

在绘图初期可以建立不同的图层，将不同类型的图形绘制在不同的图层当中，在编辑时可以利用图层的显示和隐藏功能、锁定功能来操作图层中的图形，利于编辑运用。

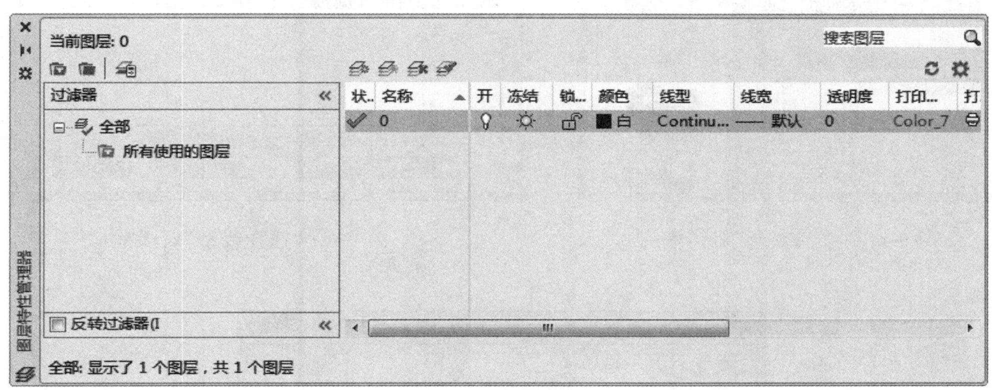

图 9-6　图层特性管理器

② 单击图层特性管理器中的“新建图层”按钮 ，如图 9-7 所示。

③ 新建图层的图层名称默认为“图层 1”，将其修改为“轴线”。图层名称后面的选项主要包括：“开/关图层”“在所有视口中冻结/解冻图层”“锁定/解锁图层”“图层默认颜色”“图层默认线型”“图层默认线宽”“打印样式”等。其中，编辑图形时最常用的是“开/关图层”“锁定/解锁图层”“图层默认颜色”“线型的设置”等。

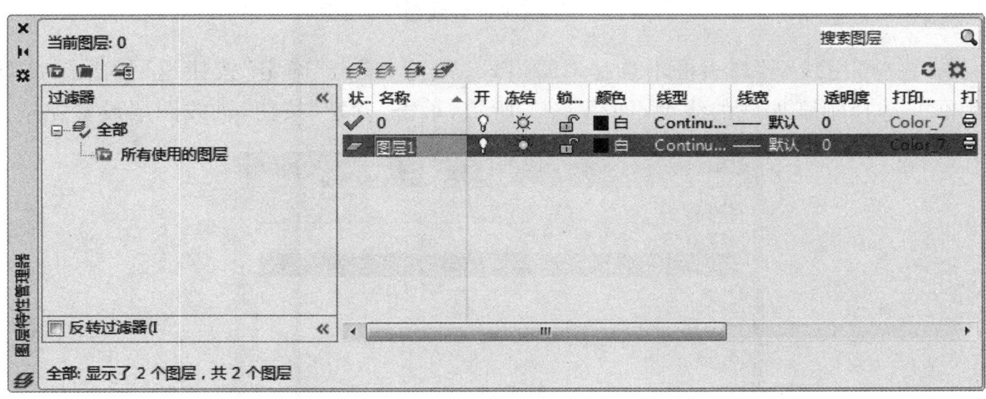

图 9-7　新建图层

④ 单击新建的“轴线”图层“颜色”栏中的色块，打开“选择颜色”对话框，如图 9-8 所示，选择红色为轴线图层的默认颜色。单击“确定”按钮，返回图层特性管理器。

Note

⑤ 单击“线型”栏中的选项，打开“选择线型”对话框，如图 9-9 所示。轴线在绘图中一般应用点划线进行绘制，因此应将“轴线”图层的默认线型设为中心线。单击“加载”按钮，打开“加载或重载线型”对话框，如图 9-10 所示。

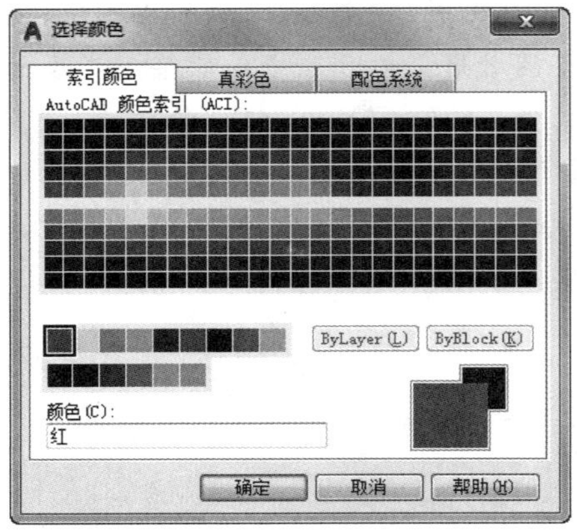

图 9-8 “选择颜色”对话框

图 9-9 “选择线型”对话框

图 9-10 “加载或重载线型”对话框

⑥ 在“可用线型”列表框中选择 CENTER 线型，单击“确定”按钮返回“选择线型”对话框。选择刚刚加载的线型，如图 9-11 所示，单击“确定”按钮，轴线图层设置完毕。

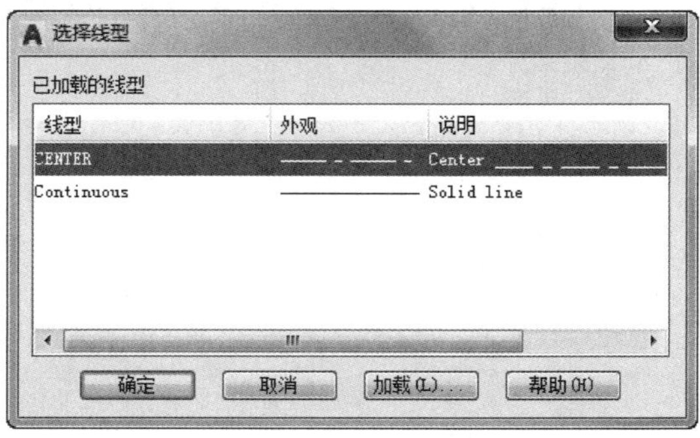

图 9-11 加载线型

☎ **注意**：修改系统变量 DRAGMODE，推荐修改为 AUTO。系统变量为 ON 时，在选定要拖动的对象后，仅当在命令行中输入 DRAG 后才在拖动时显示对象的轮廓；系统变量为 OFF 时，在拖动时不显示对象的轮廓；系统变量为 AUTO 时，在拖动时总是显示对象的轮廓。

⑦ 采用相同的方法，按照以下说明新建其他几个图层。

“墙线”图层：颜色为白色，线型为实线，线宽为 0.3 mm。

“门窗”图层：颜色为蓝色，线型为实线，线宽为默认。

“轴线”图层：颜色为红色，线型为 CENTER，线宽为默认。

“文字”图层：颜色为白色，线型为实线，线宽为默认。

“尺寸”图层：颜色为 94，线型为实线，线宽为默认。

“家具”图层：颜色为洋红，线型为实线，线宽为默认。

“装饰”图层：颜色为洋红，线型为实线，线宽为默认。

“绿植”图层：颜色为 92，线型为实线，线宽为默认。

“柱子”图层：颜色为白色，线型为实线，线宽为默认。

“楼梯”图层：颜色为白色，线型为实线，线宽为默认。

在绘制的平面图中，包括轴线、门窗、装饰、文字和尺寸标注几项内容，分别按照上面所介绍的方式设置图层。其中的颜色可以依照读者的绘图习惯自行设置，并没有具体的要求。设置完成后的图层特性管理器如图 9-12 所示。

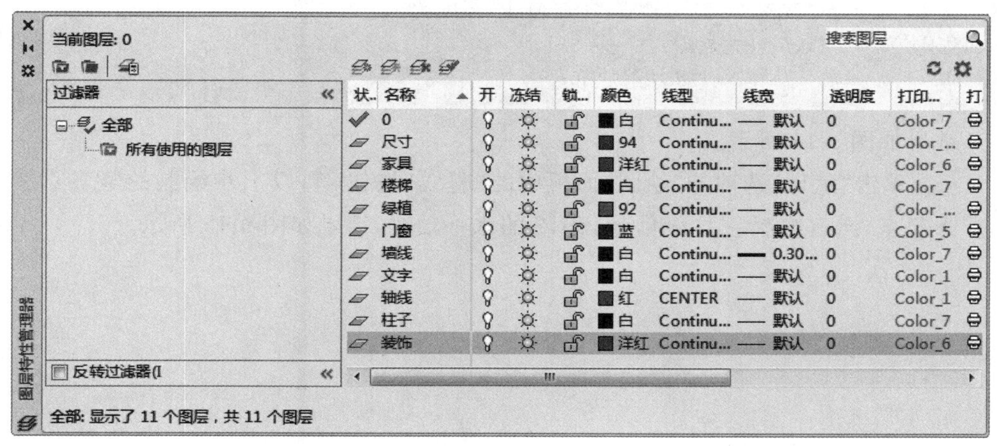

图 9-12　设置图层

☎ **注意**：有时在绘制过程中需要删除不要的图层，为此我们可以将无用的图层先关闭，再将图层全选、粘贴至一新文件中，这样那些无用的图层就不会粘过来。如果曾经在这个不要的图层中定义过块，又在另一图层中插入了这个块，那么这个不要的图层是不能用这种方法删除的。

9.3.2　绘制轴线

(1) 打开“默认”选项卡“图层”面板中的“图层特性”下拉列表框，选择“轴线”图层为当前层，如图 9-13 所示。

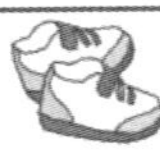

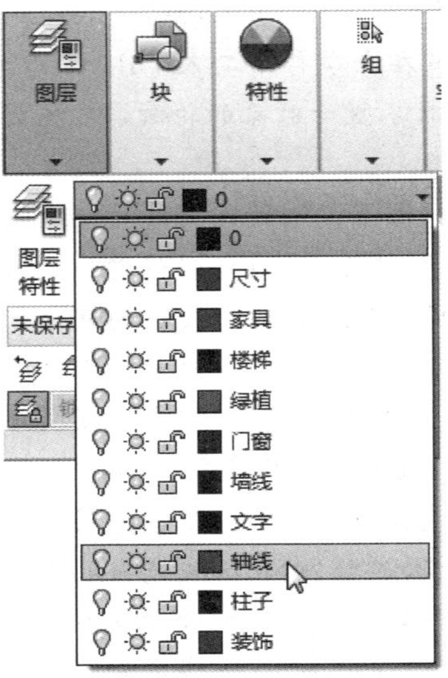

图 9-13　设置当前图层

（2）单击“默认”选项卡“绘图”面板中的“直线”按钮，在空白区域任选一点为起点，绘制一条长度为 16687 的竖直轴线。命令行提示与操作如下：

```
命令：LINE↙
指定第一个点：↙(任选起点)
指定下一点或 [放弃(U)]：@0,16687↙
```

结果如图 9-14 所示。

（3）单击“默认”选项卡“绘图”面板中的“直线”按钮，以上步绘制的竖直直线下端点为起点，向右绘制一条长度为 15512 的水平轴线，结果如图 9-15 所示。

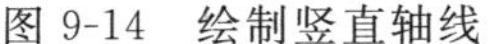

图 9-14　绘制竖直轴线　　　　图 9-15　绘制水平轴线

注意： 使用“直线”命令时，若为正交轴网，可单击“正交”按钮，根据正交方向提示，直接输入下一点的距离，而不需要输入“@”符号。若为斜线，则可单击“极轴”按钮，设置斜线角度，此时，图形即进入了自动捕捉所需角度的状态，其可大大提高制图时直线输入距离的速度。注意，两者不能同时使用。

（4）此时，轴线的线型虽然为中心线，但是由于比例太小，显示出来的还是实线的形式。选择刚刚绘制的轴线并右击，在弹出的如图 9-16 所示的快捷菜单中选择“特性”

命令，打开“特性”对话框，如图 9-17 所示。将“线型比例”设置为 100，轴线显示如图 9-18 所示。

说明：

通过全局修改或单个修改每个对象的线型比例因子，可以以不同的比例使用同一个线型。默认情况下，全局线型和单个线型比例均设置为 8.0。比例越小，每个绘图单位中生成的重复图案就越多。例如，设置为 0.5 时，每一个图形单位在线型定义中显示重复两次的同一图案。不能显示完整线型图案的短线段显示为连续线。对于太短，甚至不能显示一个虚线小段的线段，可以使用更小的线型比例。

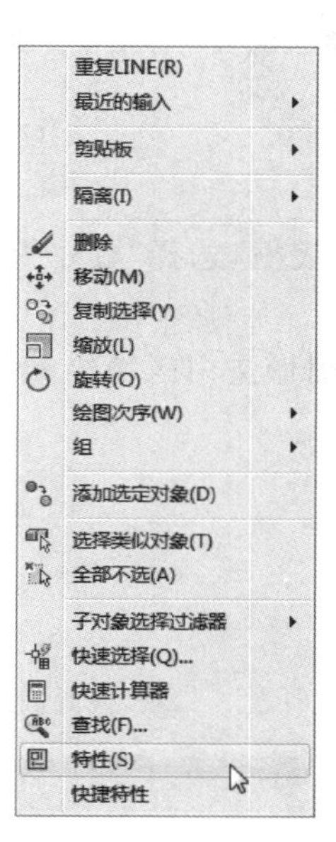

图 9-16　快捷菜单

图 9-17　“特性”对话框

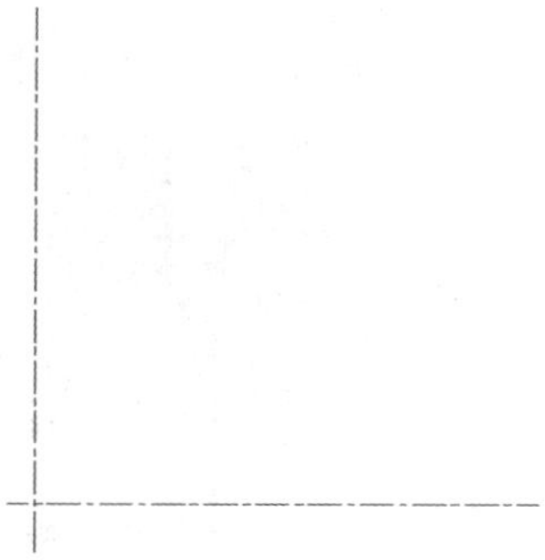

图 9-18　修改轴线比例

(5) 单击“默认”选项卡“修改”面板中的“偏移”按钮，设置“偏移距离”为 910，按 Enter 键确认后选择竖直直线为偏移对象，在直线右侧单击，将直线向右偏移 910 的距离。命令行提示与操作如下：

```
命令:_offset↙
当前设置:删除源 = 否 图层 = 源 OFFSETGAPTYPE = 0
指定偏移距离或[通过(T)/删除(E)/图层(L)]<通过>:910↙
选择要偏移的对象或[退出(E)/放弃(U)]<退出>:↙(选择竖直直线)
指定要偏移的那一侧上的点或[退出(E)/多个(M)/放弃(U)]<退出>:↙(在水平直线右侧单击)
选择要偏移的对象或[退出(E)/放弃(U)]<退出>:↙
```

结果如图 9-19 所示。

(6) 选择上步偏移的直线为偏移对象，将直线向右进行偏移，偏移距离分别为 625、2255、810、660、1440、1440、636、2303、1085、1500，如图 9-20 所示。

(7) 单击“默认”选项卡“修改”面板中的“偏移”按钮，选择底部水平直线为偏移

Note

对象向上进行偏移，偏移距离分别为 1700、1980、3250、3000、900、2100，结果如图 9-21 所示。

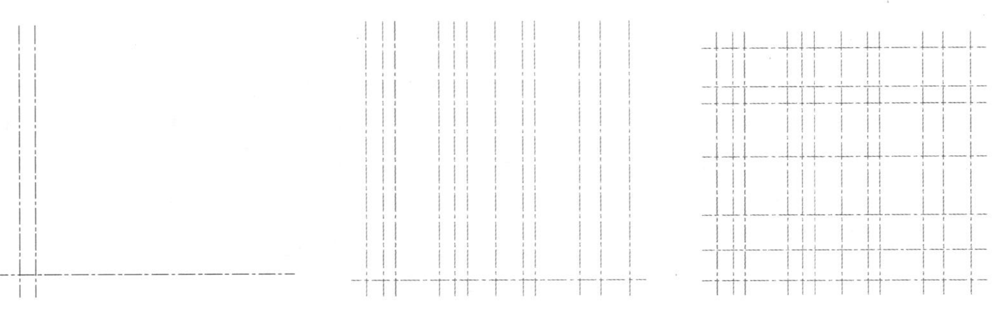

图 9-19　偏移竖直直线　　图 9-20　偏移竖直直线　　图 9-21　偏移水平直线

9.3.3　绘制及布置墙体柱子

（1）打开“默认”选项卡“图层”面板中的“图层特性”下拉列表框，选择“柱子”图层为当前层，如图 9-22 所示。

（2）单击“默认”选项卡“绘图”面板中的“矩形”按钮，在图形空白区域绘制一个 370×370 的矩形，如图 9-23 所示。

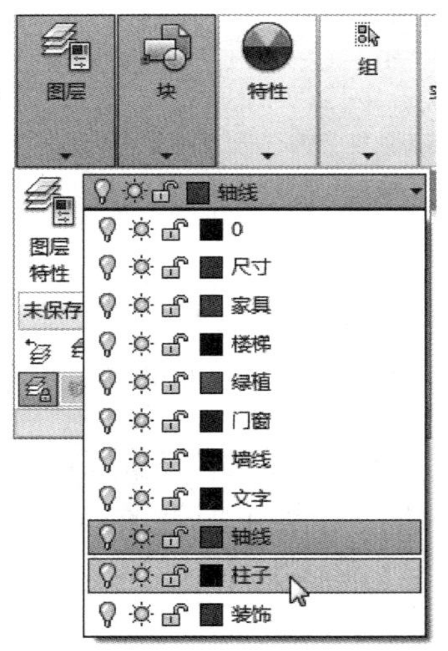

图 9-22　设置当前图层

图 9-23　绘制矩形

（3）单击“默认”选项卡“绘图”面板中的“图案填充”按钮，打开“图案填充创建”选项卡，如图 9-24 所示，选择 ANGLE 图案类型，并设置相关参数，选择矩形进行填充，效果如图 9-25 所示。

（4）分别利用上述方法绘制 240×240、240×370、370×240、300×300、180×370 的柱子。

（5）单击“默认”选项卡“修改”面板中的“复制”按钮，选择绘制的 370×370 的矩形为复制对象将其放置到图形轴线上，如图 9-26 所示。

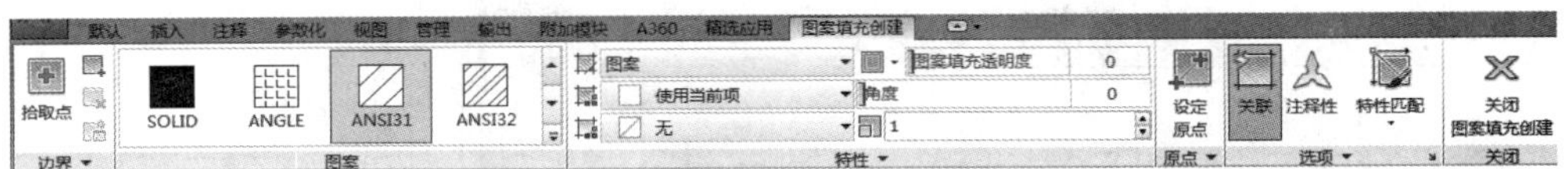

图 9-24 “图案填充创建”选项卡

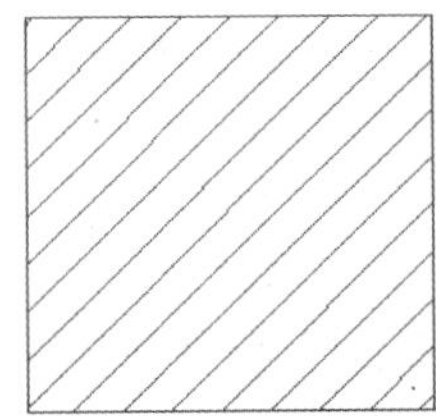

图 9-25 填充图形

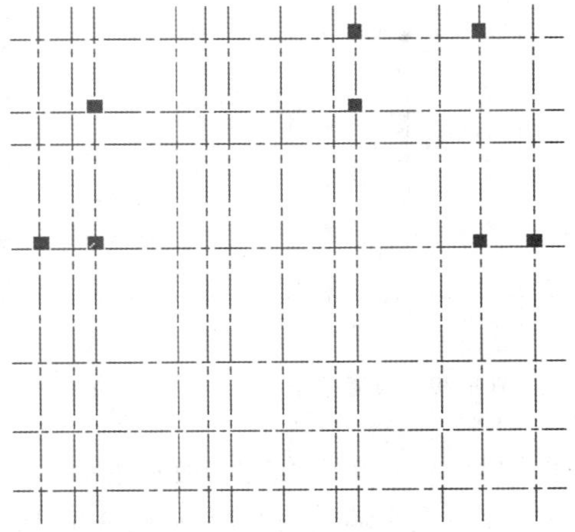

图 9-26 复制柱子(一)

(6) 单击“默认”选项卡“修改”面板中的“复制”按钮，选择绘制的 240×370 的矩形为复制对象将其放置到图形轴线上，如图 9-27 所示。

(7) 单击“默认”选项卡“修改”面板中的“复制”按钮，选择绘制的 240×240 的矩形为复制对象将其放置到图形轴线上，如图 9-28 所示。

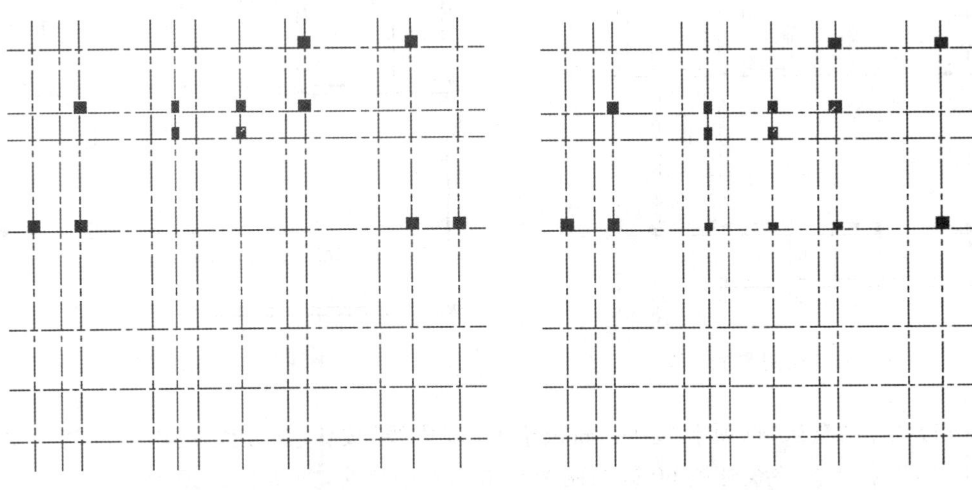

图 9-27 复制柱子(二)　　图 9-28 复制柱子(三)

利用上述方法完成剩余柱子图形的布置，如图 9-29 所示。

(8) 单击“默认”选项卡“绘图”面板中的“多段线”按钮，指定起点宽度为 25、端点宽度为 25，绘制柱子之间的连接线，如图 9-30 所示。

Note

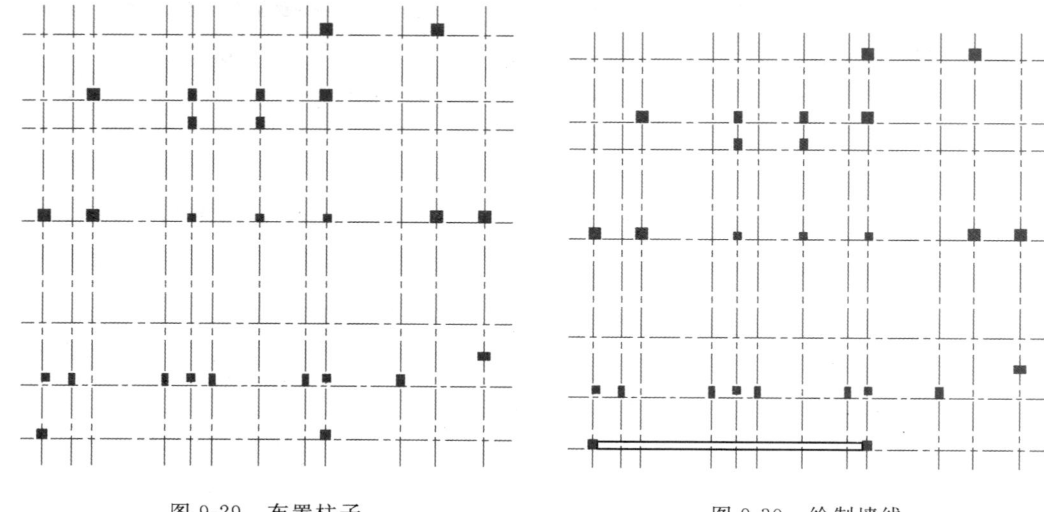
图 9-29　布置柱子　　图 9-30　绘制墙线

(9) 单击“默认”选项卡“绘图”面板中的“多段线”按钮 ，指定起点宽度为 25，端点宽度为 25，完成剩余墙线的绘制，如图 9-31 所示。

(10) 单击“轴线”图层前面的“开/关”按钮 ，使其处于关闭状态，关闭轴线图层，结果如图 9-32 所示。

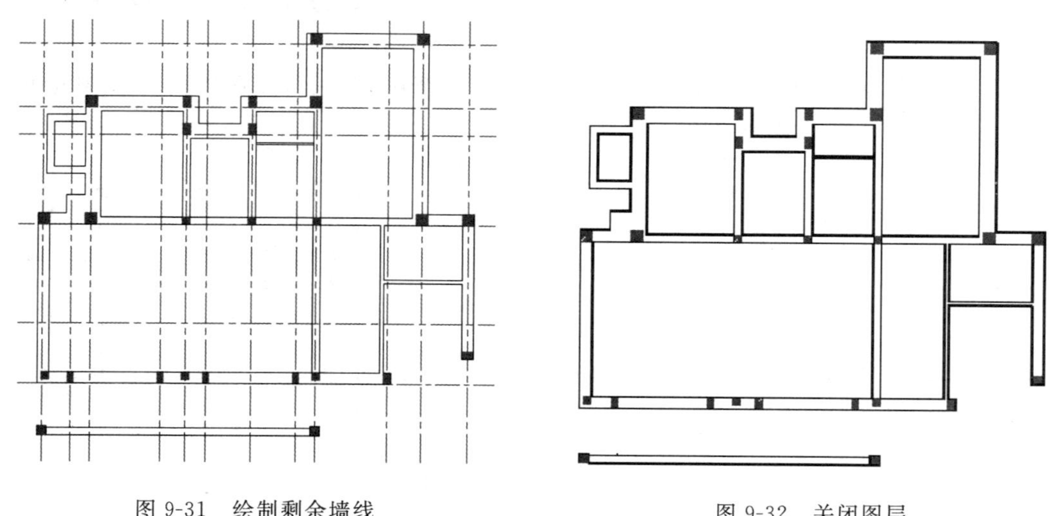
图 9-31　绘制剩余墙线　　图 9-32　关闭图层

(11) 单击“默认”选项卡“绘图”面板中的“多段线”按钮 ，指定起点宽度为 5、端点宽度为 5，在距离墙线外侧 60 处绘制图形中的外围墙线，如图 9-33 所示。

(12) 打开“默认”选项卡“图层”面板中的“图层特性”下拉列表框，选择“门窗”图层为当前层，如图 9-34 所示。

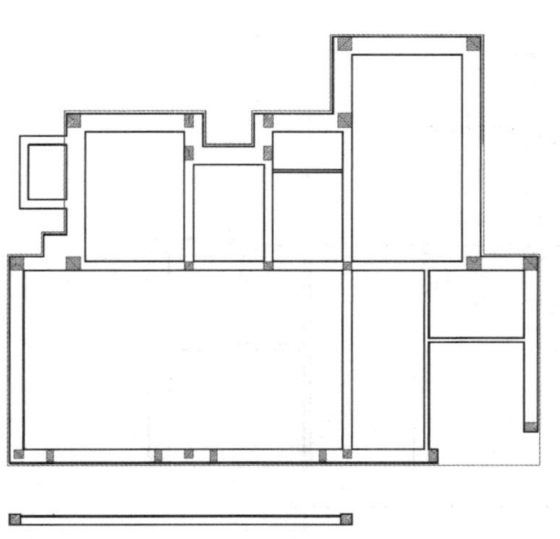

图 9-33　绘制墙体外围线

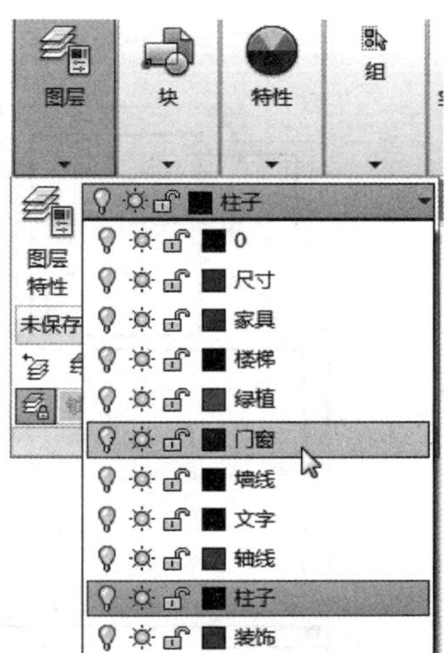

图 9-34　设置当前图层

(13) 单击"默认"选项卡"绘图"面板中的"直线"按钮 ，在图形适当位置绘制一条竖直直线，如图 9-35 所示。

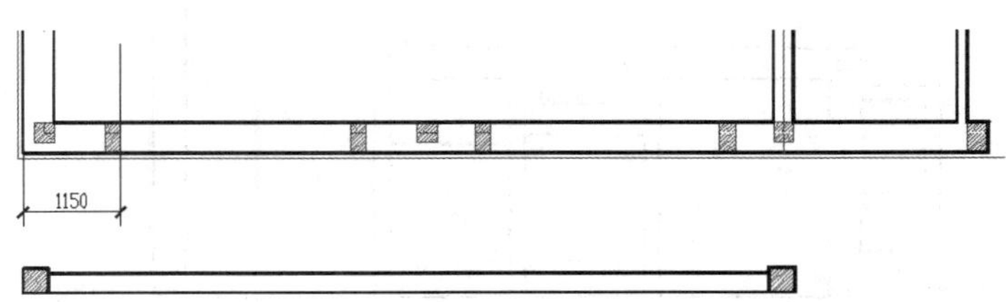

图 9-35　绘制竖直直线

(14) 单击"默认"选项卡"修改"面板中的"偏移"按钮 ，选择上步绘制的竖直直线为偏移对象向右进行偏移，偏移距离为 2700，如图 9-36 所示。

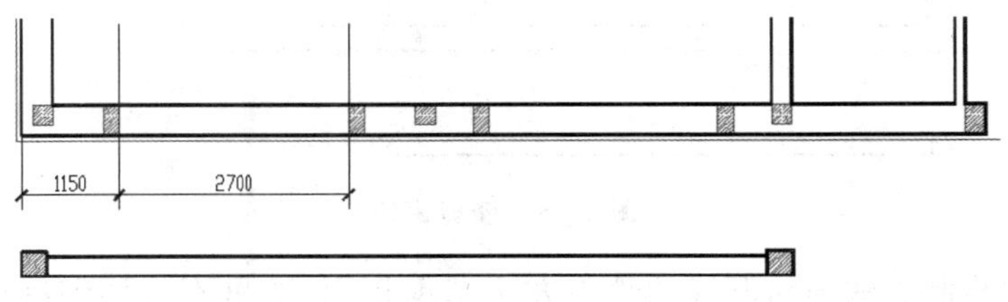

图 9-36　偏移线段

(15) 利用上述方法完成剩余窗户辅助线的绘制，如图 9-37 所示。

(16) 单击"默认"选项卡"修改"面板中的"修剪"按钮 ，选择上步绘制的窗户辅助线间的墙体为修剪对象对其进行修剪，如图 9-38 所示。

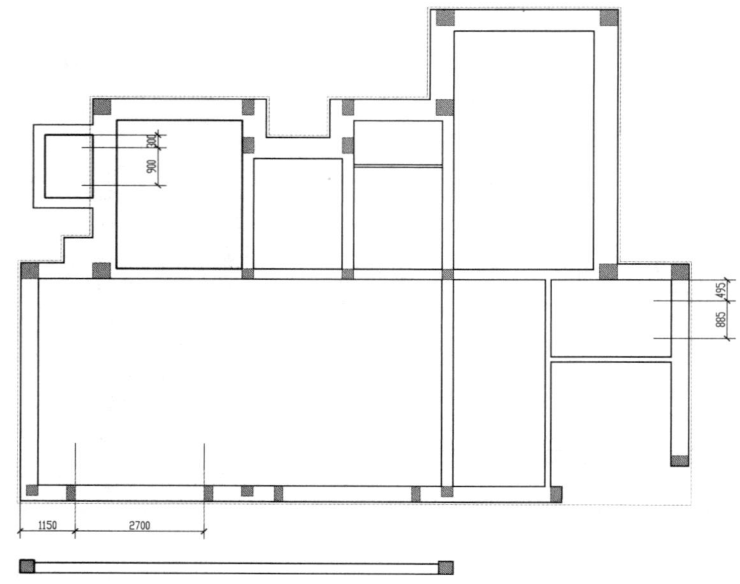

图 9-37　绘制窗户辅助线

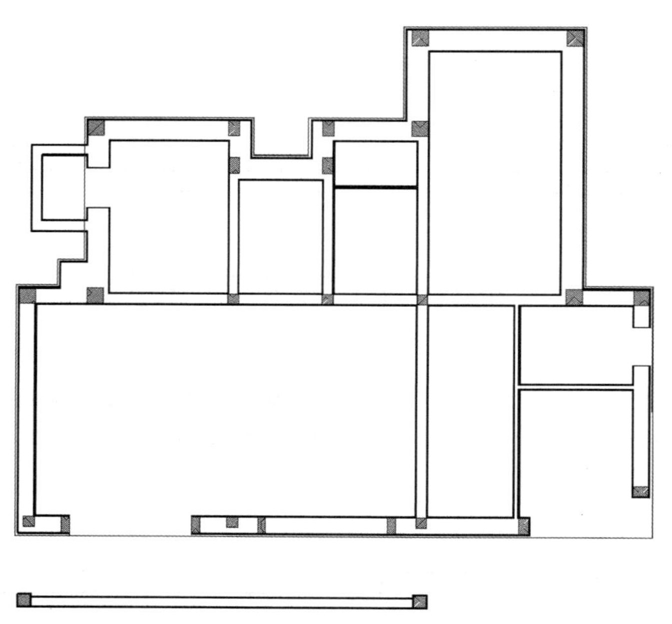

图 9-38　修剪窗线

门洞线的绘制方法与窗洞线的绘制方法基本相同，这里不再详细阐述。绘制结果如图 9-39 所示。

（17）单击“默认”选项卡“修改”面板中的“修剪”按钮 ，选择门窗洞口线间墙体为修剪对象，对其进行修剪，如图 9-40 所示。

注意：如果不事先设置线型，则除了基本的 contiuous 线型外，其他的线型不会显示在“线型”选项后面的下拉列表框中。

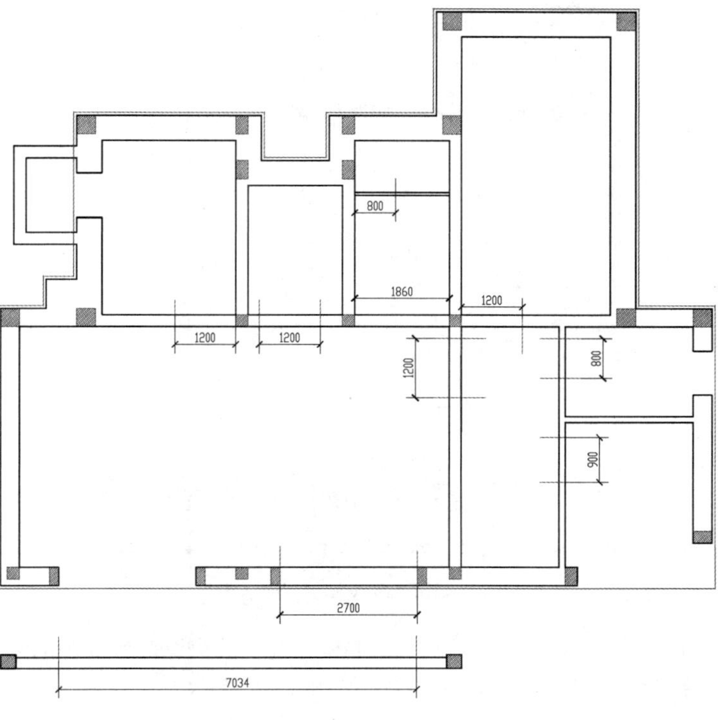

图 9-39　绘制门洞线

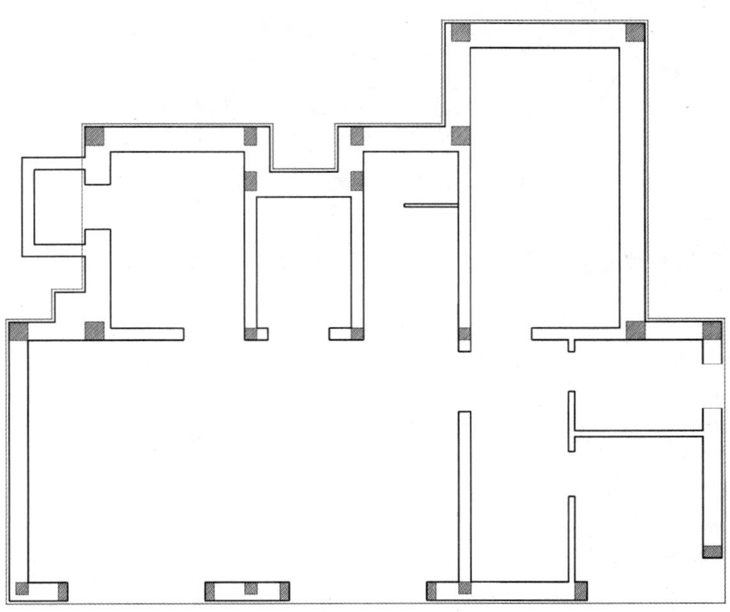

图 9-40　修剪门洞线

(18) 选择菜单栏中的“格式”→“多线样式”命令，打开“多线样式”对话框，如图 9-41 所示。

(19) 在“多线样式”对话框中，单击右侧的“新建”按钮，打开“创建新的多线样式”

Note

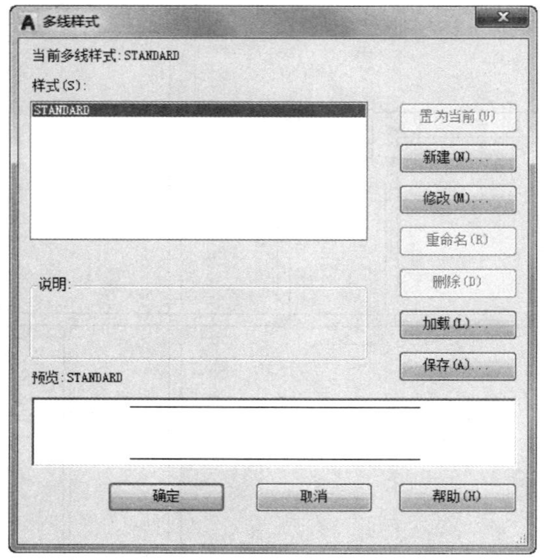

图 9-41 “多线样式”对话框

对话框，如图 9-42 所示。在“新样式名”文本框中输入“窗”作为多线的名称。单击“继续”按钮，打开“新建多线样式：窗”对话框，如图 9-43 所示。

图 9-42 “创建新的多线样式”对话框

图 9-43 “新建多线样式：窗”对话框

(20) 窗户所在墙体宽度为370,将偏移分别修改为185和-185,61.6和-61.6,单击"确定"按钮,返回"多线样式"对话框。单击"置为当前"按钮,将创建的多线样式设为当前多线样式,单击"确定"按钮,回到绘图状态。

(21) 选择菜单栏中的"绘图"→"多线"命令,绘制窗线,命令行提示与操作如下:

```
命令: MLINE↙
当前设置: 对正 = 上,比例 = 20.00,样式 = 窗
指定起点或 [对正(J)/比例(S)/样式(ST)]:j↙
输入对正类型 [上(T)/无(Z)/下(B)] <上>:z↙
当前设置: 对正 = 无,比例 = 20.00,样式 = 窗
指定起点或 [对正(J)/比例(S)/样式(ST)]:s↙
输入多线比例 <20.00>:1↙
当前设置: 对正 = 无,比例 = 8.00,样式 = 窗
指定起点或 [对正(J)/比例(S)/样式(ST)]:↙
指定下一点:↙
指定下一点或 [放弃(U)]:↙
```

结果如图9-44所示。

(22) 选择菜单栏中的"格式"→"多线样式"命令,打开"多线样式"对话框,在该对话框中,单击右侧的"新建"按钮,打开"创建新的多线样式"对话框,如图9-42所示。在"新样式名"文本框中输入"500窗",作为多线的名称。单击"继续"按钮,打开编辑多线的对话框。

(23) 窗户所在墙体宽度为500,将偏移分别修改为250和-250,810.3和-810.3,单击"确定"按钮,返回"多线样式"对话框。单击"置为当前"按钮,将创建的多线样式设为当前多线样式,单击"确定"按钮,回到绘图状态。

(24) 选择菜单栏中的"绘图"→"多线"命令,在修剪的窗洞内绘制多线,完成窗线的绘制,如图9-45所示。

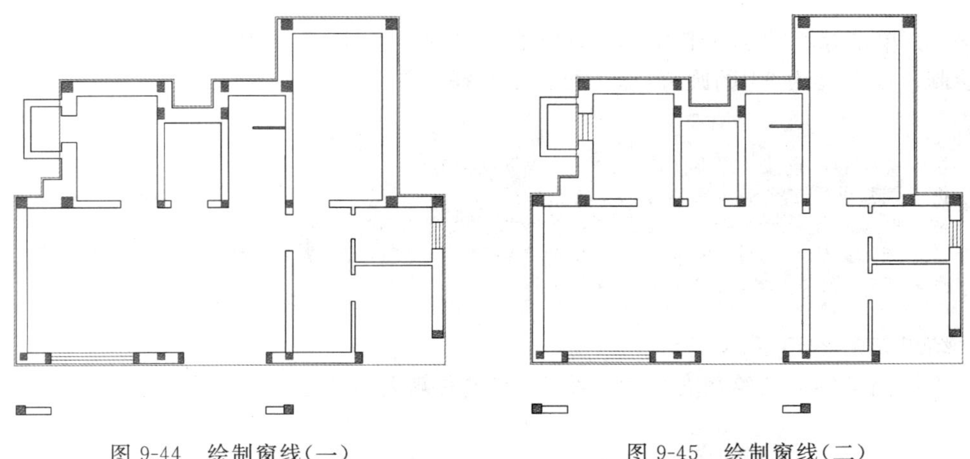

图9-44 绘制窗线(一)　　图9-45 绘制窗线(二)

(25) 单击"默认"选项卡"绘图"面板中的"多段线"按钮,指定起点宽度为0、端点宽度为0,在墙线外围绘制连续多段线,如图9-46所示。

(26) 单击"默认"选项卡"修改"面板中的"偏移"按钮,选择上步绘制的多段线

Note

为偏移对象向内进行偏移，偏移距离分别为 100、33、34、33，结果如图 9-47 所示。

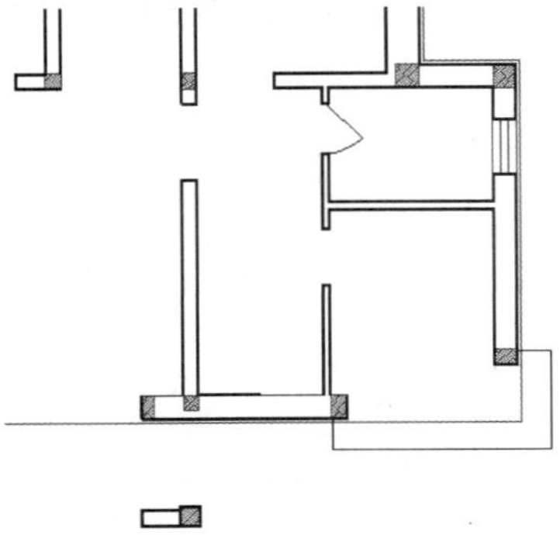

图 9-46 绘制多段线

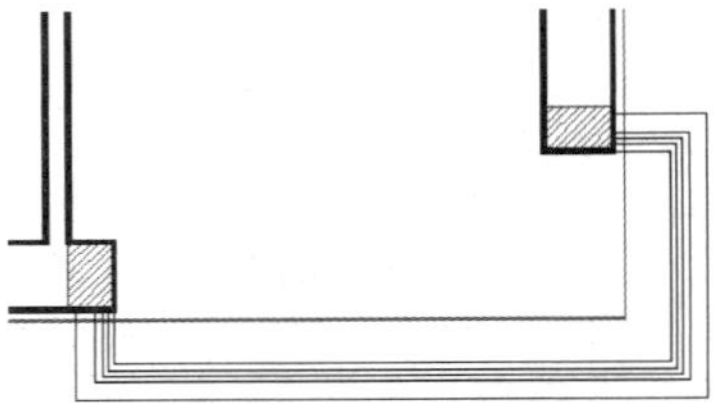

图 9-47 偏移多段线

9.3.4 绘制门

（1）单击“默认”选项卡“绘图”面板中的“直线”按钮，在图形空白区域绘制一条长为 318 的竖直直线，如图 9-48 所示。

（2）单击“默认”选项卡“修改”面板中的“旋转”按钮，选择上步绘制的竖直直线为旋转对象，以竖直直线下端点为旋转基点将其旋转－45°，如图 9-49 所示。

图 9-48 绘制竖直直线

图 9-49 旋转竖直直线

（3）单击“默认”选项卡“绘图”面板中的“圆弧”按钮，利用“起点、端点、角度”命令绘制一段角度为 90°的圆弧，命令行提示与操作如下：

```
命令: _arc↙
指定圆弧的起点或 [圆心(C)]:(选择斜线下端点)↙
指定圆弧的第二个点或 [圆心(C)/端点(E)]: _e↙
指定圆弧的端点:(选择左上方门洞竖线与墙轴线交点)↙
指定圆弧的中心点(按住 Ctrl 键以切换方向)或 [角度(A)/方向(D)/半径(R)]: _a↙
指定夹角(按住 Ctrl 键以切换方向): －90↙
```

结果如图 9-50 所示。

采用同样的方法绘制右侧大门图形，完成右侧大门的绘制，如图 9-51 所示。

图 9-50 绘制圆弧

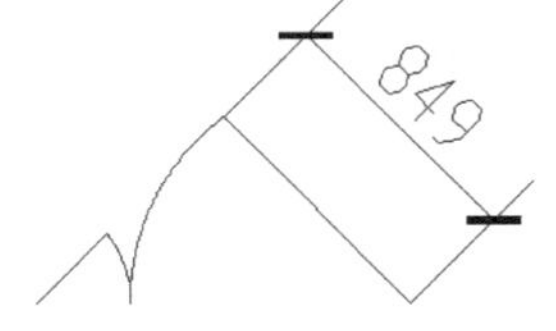

图 9-51 绘制门

(4) 在命令行中输入 WBLOCK 命令，打开“写块”对话框，如图 9-52 所示，以 M1 为对象，以左下角的竖直线的中点为基点，定义“单扇门”图块。

对开门的绘制方法与单扇门的绘制方法基本相同，这里不再详细阐述。绘制结果如图 9-53 所示。

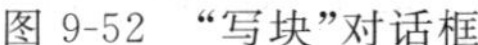
图 9-52 “写块”对话框

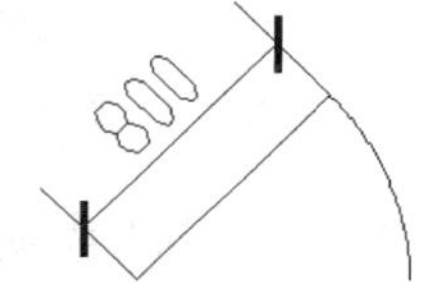

图 9-53 绘制对开门

(5) 在命令行中输入 WBLOCK 命令，打开“写块”对话框，如图 9-52 所示，以绘制的双扇门为对象，以左下角的竖直线的中点为基点，定义“双扇门”图块。

(6) 单击“默认”选项卡“块”面板中的“插入”按钮，打开“插入”对话框，如图 9-54 所示。

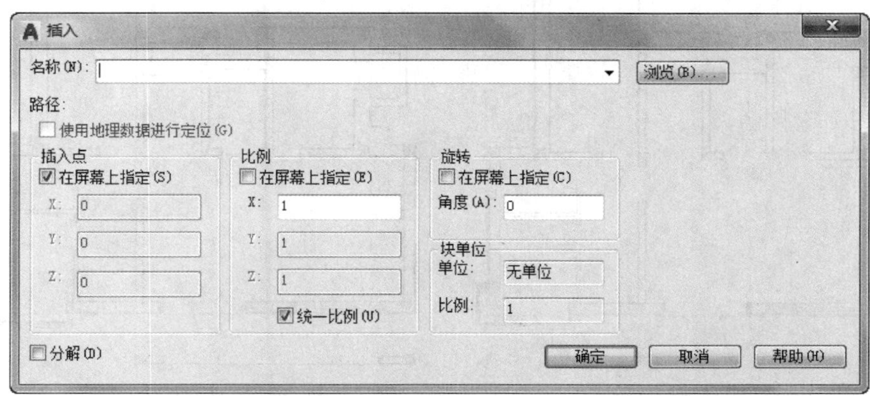

图 9-54 “插入”对话框

(7) 单击“浏览”按钮，打开“选择图形文件”对话框，选择下载的“源文件/图块/单扇门”图块，设置旋转角度为 270°。单击“打开”按钮，回到“插入”对话框。单击“确定”按钮，完成图块插入，结果如图 9-55 所示。

Note

(8) 单击“默认”选项卡“块”面板中的“插入”按钮，打开“插入”对话框，如图 9-54 所示。单击“浏览”按钮，打开“选择图形文件”对话框，选择下载的“源文件/图块/单扇门”图块，单击“打开”按钮，回到“插入”对话框，设置旋转角度为 270°，设置比例为8.1。单击“确定”按钮，完成图块插入，如图 9-56 所示。

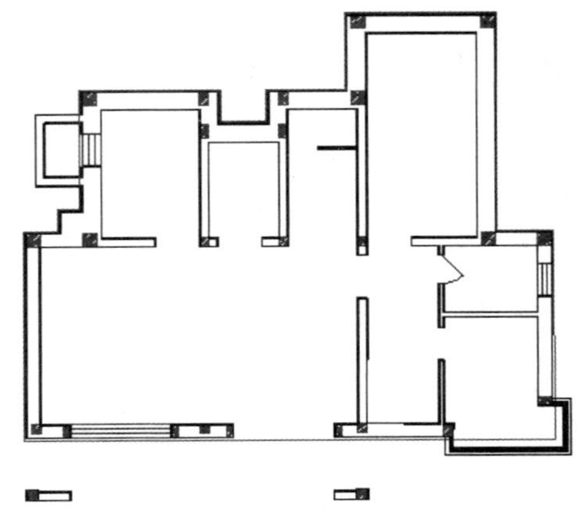

图 9-55 插入门(一)

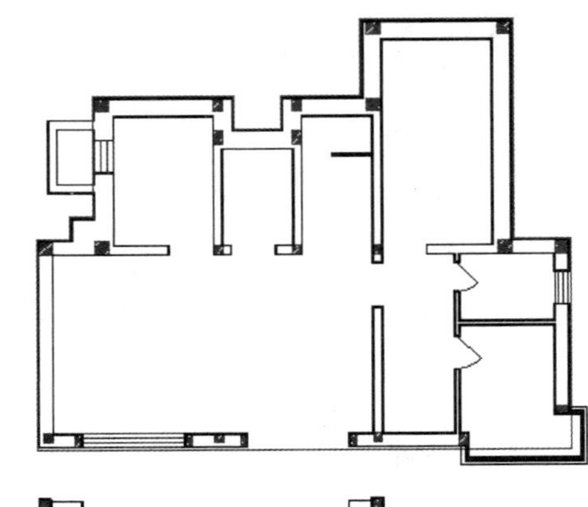

图 9-56 插入门(二)

(9) 单击“默认”选项卡“块”面板中的“插入”按钮，打开“插入”对话框，如图 9-54 所示。单击“浏览”按钮，打开“选择图形文件”对话框，选择下载的“源文件/图块/对开门”图块。单击“打开”按钮，回到“插入”对话框。单击“确定”按钮，完成图块插入，如图 9-57 所示。

(10) 单击“默认”选项卡“绘图”面板中的“直线”按钮，在图形底部绘制一条水平直线，如图 9-58 所示。

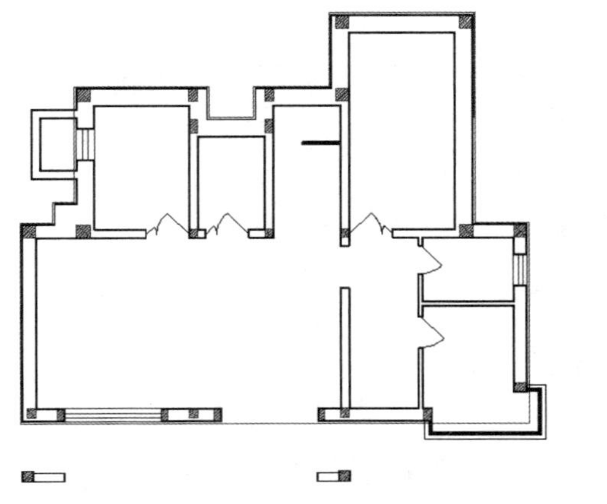

图 9-57 插入对开门

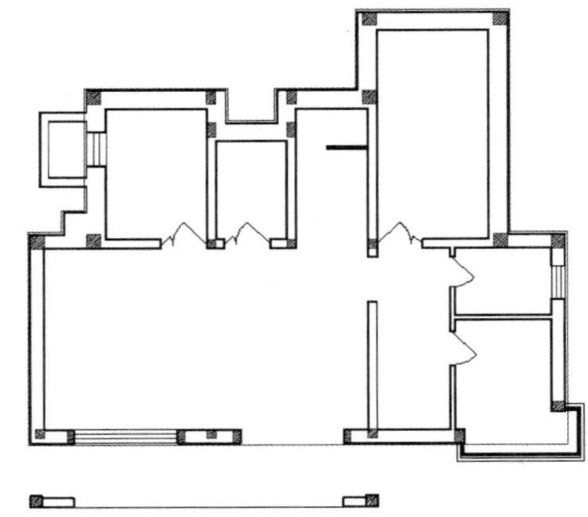

图 9-58 绘制直线

(11) 单击“默认”选项卡“绘图”面板中的“矩形”按钮，在上步绘制的直线上方绘制一个 3780×25 的矩形，如图 9-59 所示。

(12) 单击“默认”选项卡“绘图”面板中的“直线”按钮和“矩形”按钮，绘制剩余部分的门图形，结果如图 9-60 所示。

Note

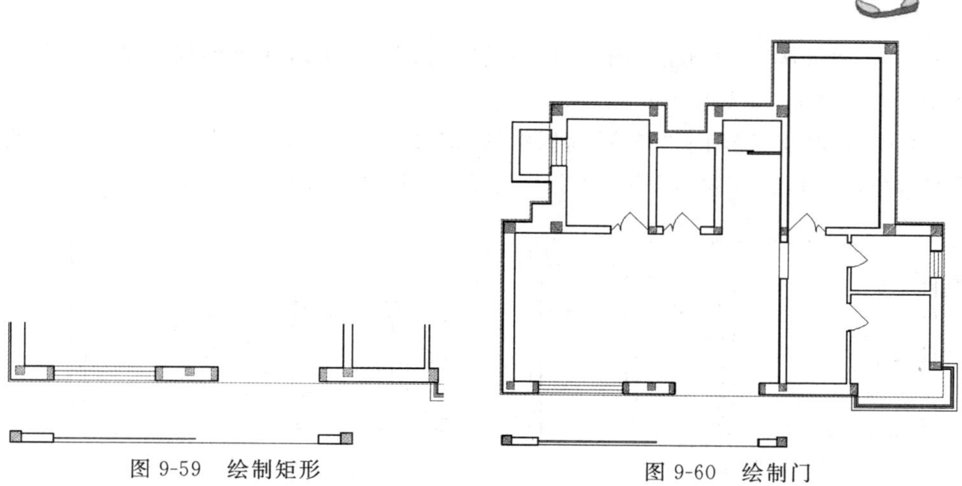

图 9-59　绘制矩形　　　　图 9-60　绘制门

☎ **注意**：绘制圆弧时，应注意指定合适的端点或圆心，指定端点的时针方向即为绘制圆弧的方向。例如要绘制图示的下半圆弧，则起始端点应在左侧，终端点应在右侧，此时端点的时针方向为逆时针，即得到相应的逆时针圆弧。

☎ **注意**：插入时应注意指定插入点和选择旋转比例。

9.3.5　绘制楼梯

1. 绘制楼梯时的参数

(1) 楼梯形式(单跑、双跑、直行、弧形等)。

(2) 楼梯各部位长、宽、高 3 个方向的尺寸，包括楼梯总宽、楼梯总长、楼梯宽度、踏步宽度、踏步高度、平台宽度等。

(3) 楼梯的安装位置。

2. 楼梯的绘制方法

(1) 将楼梯层设为当前图层，如图 9-61 所示。

(2) 单击“默认”选项卡“绘图”面板中的“直线”按钮 ，在楼梯间内绘制一条长为 900 的水平直线，如图 9-62 所示。

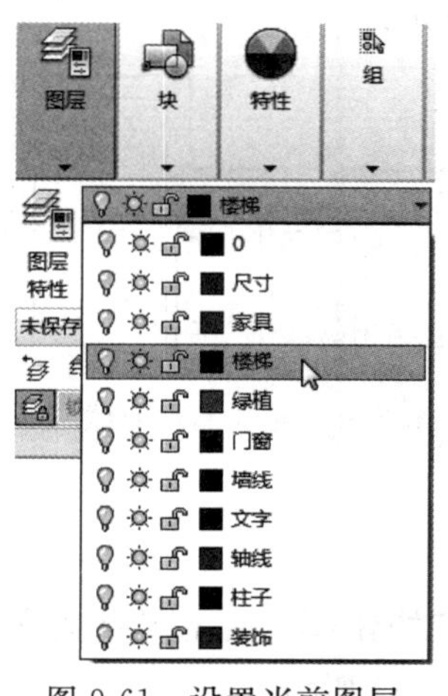

图 9-61　设置当前图层

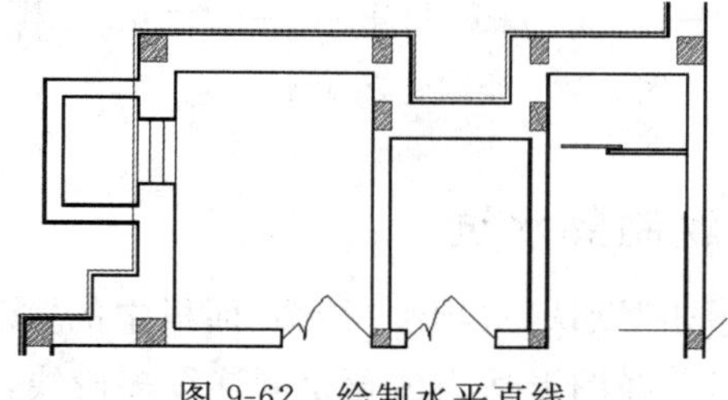

图 9-62　绘制水平直线

(3) 单击“默认”选项卡“绘图”面板中的“矩形”按钮，在楼梯间水平线左侧绘制一个 50×132 的矩形，如图 9-63 所示。

(4) 单击“默认”选项卡“修改”面板中的“偏移”按钮，选择上步绘制的水平直线为偏移对象向上进行偏移，偏移距离分别为 270、270、270、270，如图 9-64 所示。

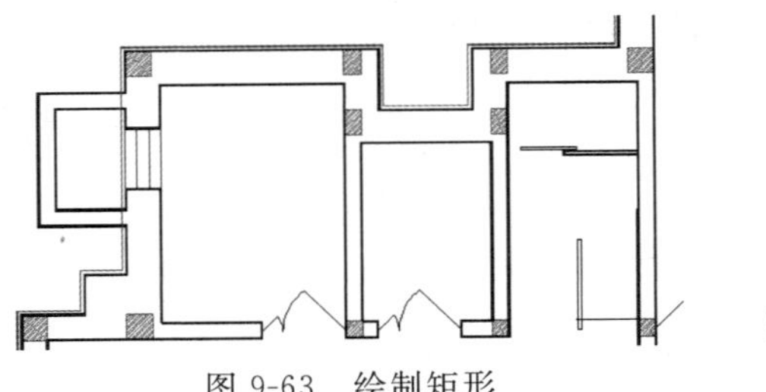

图 9-63　绘制矩形

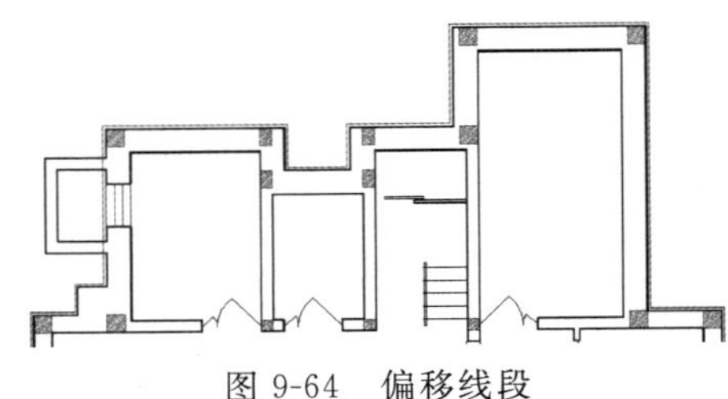

图 9-64　偏移线段

(5) 单击“默认”选项卡“绘图”面板中的“直线”按钮，在上步偏移线段内绘制一条斜向直线，如图 9-65 所示。

(6) 单击“默认”选项卡“修改”面板中的“修剪”按钮，选择上步绘制的斜线上方的线段进行修剪，如图 9-66 所示。

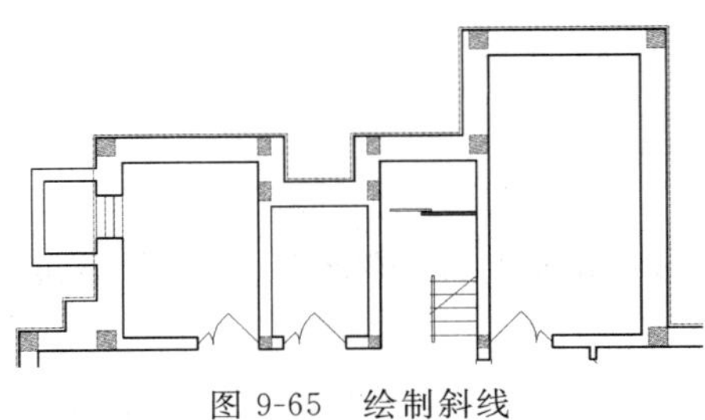

图 9-65　绘制斜线

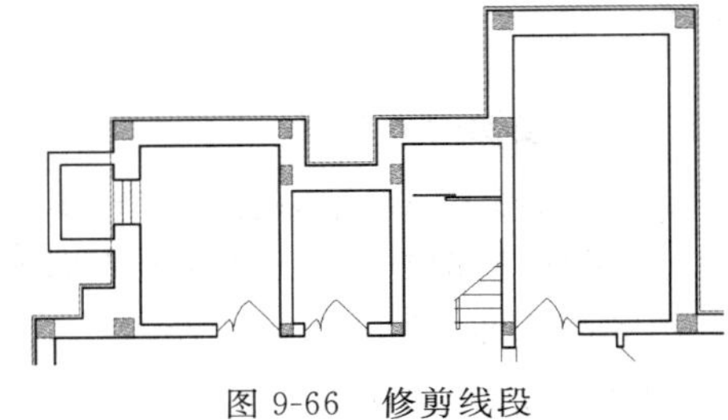

图 9-66　修剪线段

(7) 单击“默认”选项卡“绘图”面板中的“直线”按钮，在所绘图形中间位置绘制一条竖直直线，如图 9-67 所示。

(8) 单击“默认”选项卡“绘图”面板中的“直线”按钮，以上步绘制的竖直直线上端点为直线起点向下绘制一条斜向直线，如图 9-68 所示。

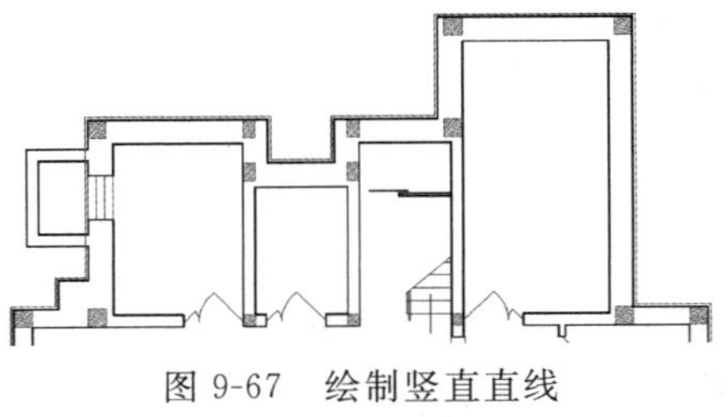

图 9-67　绘制竖直直线

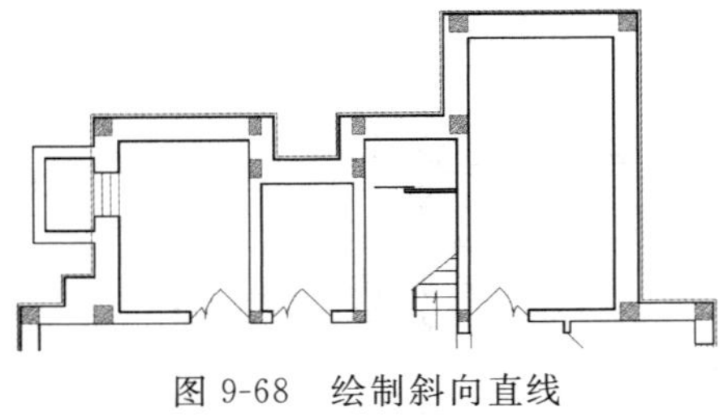

图 9-68　绘制斜向直线

9.3.6　绘制集水坑

(1) 单击“默认”选项卡“绘图”面板中的“多段线”按钮，指定起点宽度为 15、端点宽度为 15，在图形适当位置绘制连续多段线，如图 9-69 所示。

(2) 单击“默认”选项卡“修改”面板中的“偏移”按钮，选择上步绘制的连续多段线为偏移对象向内进行偏移，偏移距离为 100，如图 9-70 所示。

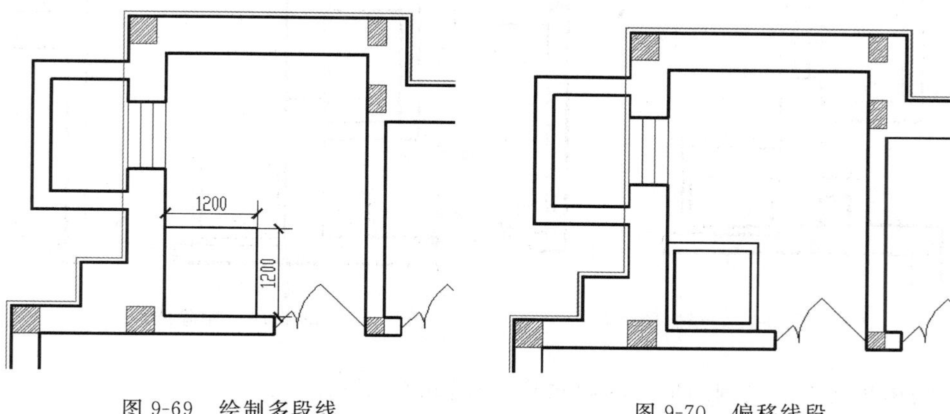

图 9-69　绘制多段线　　　　图 9-70　偏移线段

9.3.7　绘制内墙烟囱

(1) 单击“绘图”工具栏中的“多段线”按钮，指定起点宽度为 15、端点宽度为 15，在上步图形左侧位置，绘制 360×360 的正方形，如图 9-71 所示。

(2) 单击“默认”选项卡“绘图”面板中的“直线”按钮，过上步绘制的正方形四边中点绘制十字交叉线，如图 9-72 所示。

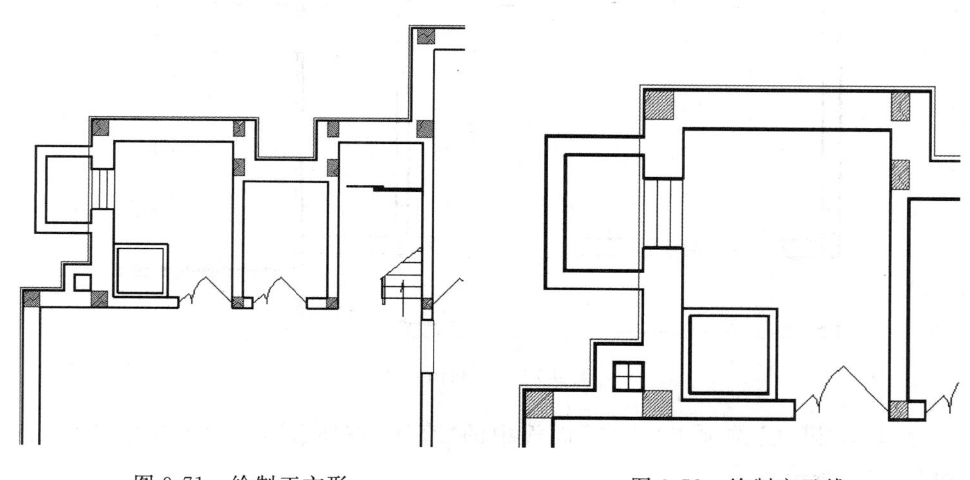

图 9-71　绘制正方形　　　　图 9-72　绘制交叉线

(3) 单击“默认”选项卡“绘图”面板中的“圆”按钮，选择上步绘制的十字交叉线中点为圆心绘制一个适当半径的圆，如图 9-73 所示。

(4) 单击“默认”选项卡“修改”面板中的“删除”按钮，选择上步绘制的十字交叉线为删除对象将其删除，如图 9-74 所示。

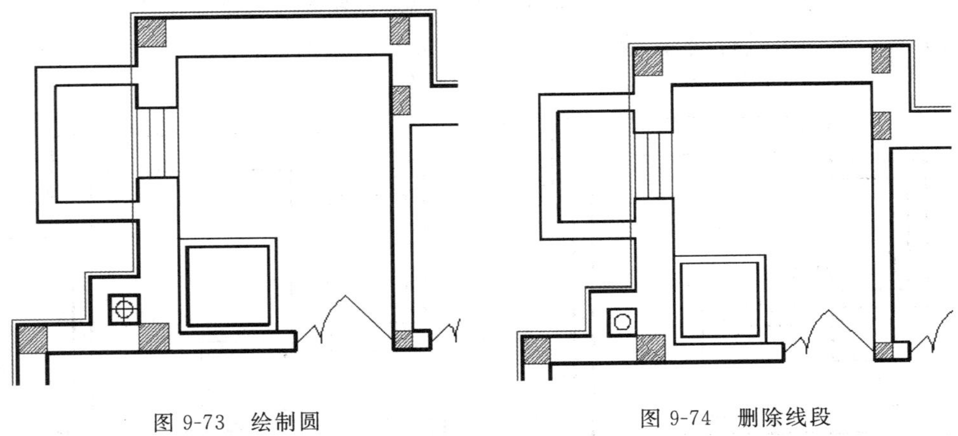

图 9-73　绘制圆　　　　图 9-74　删除线段

利用相同方法绘制图形中的雨水管,如图 9-75 所示。

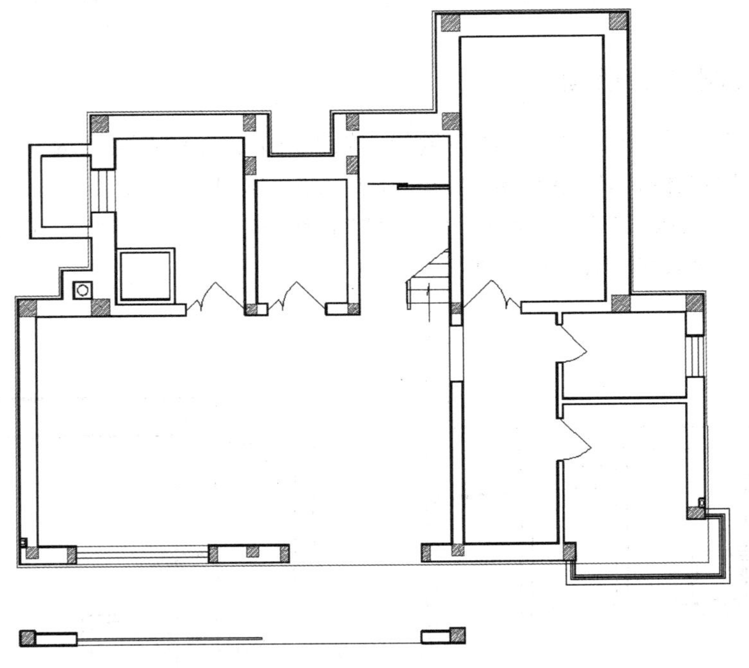

图 9-75　绘制雨水管

(5) 单击"默认"选项卡"绘图"面板中的"直线"按钮 ,绘制图形中的剩余连接线,如图 9-76 所示。

(6) 单击"默认"选项卡"绘图"面板中的"多段线"按钮 ,指定起点宽度为 25、端点宽度为 25,在图形适当位置绘制连续多段线,如图 9-77 所示。

(7) 单击"默认"选项卡"绘图"面板中的"多段线"按钮 ,指定起点宽度为 25、端点宽度为 25,以上步绘制的多段线底部水平边中点为直线起点向上绘制一条竖直直线,如图 9-78 所示。

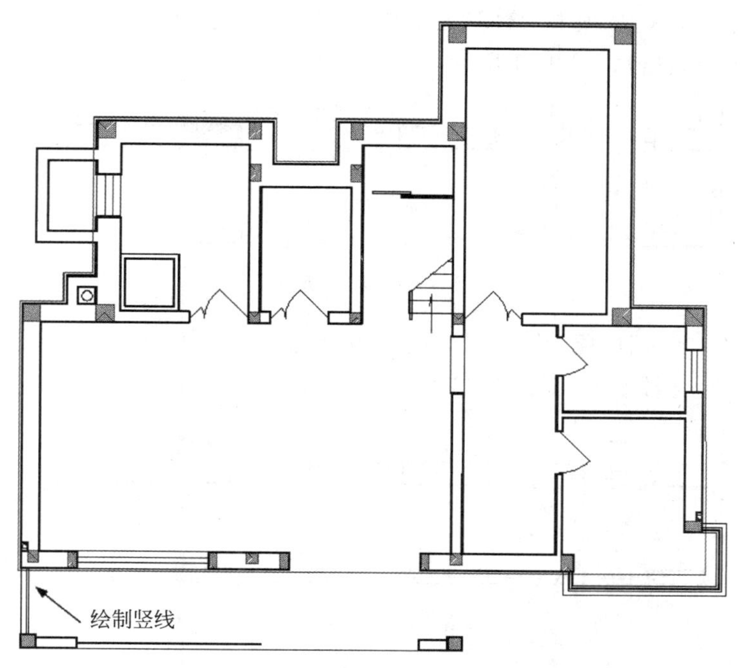

图 9-76 绘制连接线

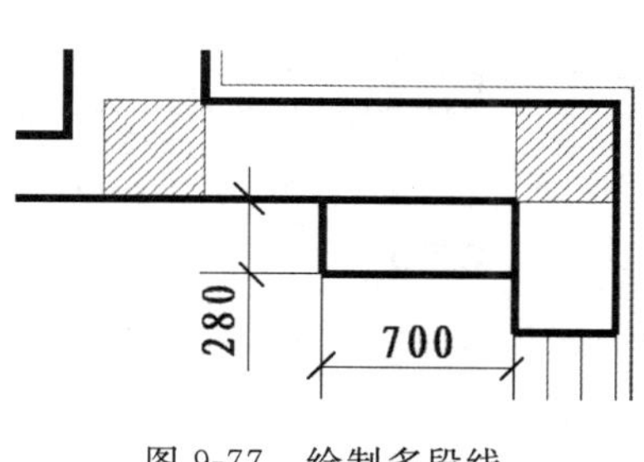

图 9-77 绘制多段线

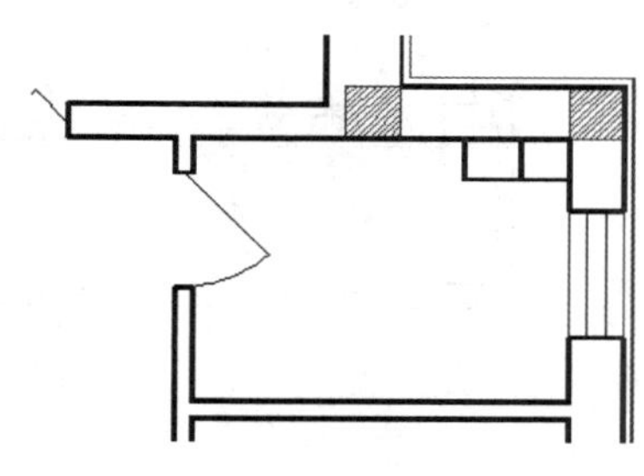

图 9-78 绘制竖直直线

(8) 单击“默认”选项卡“绘图”面板中的“圆”按钮，在上步绘制的图形内适当位置选一点为圆心，绘制一个半径为 50 的圆，如图 9-79 所示。

(9) 单击“默认”选项卡“绘图”面板中的“直线”按钮，在上步绘制的图形内绘制连续直线，如图 9-80 所示。

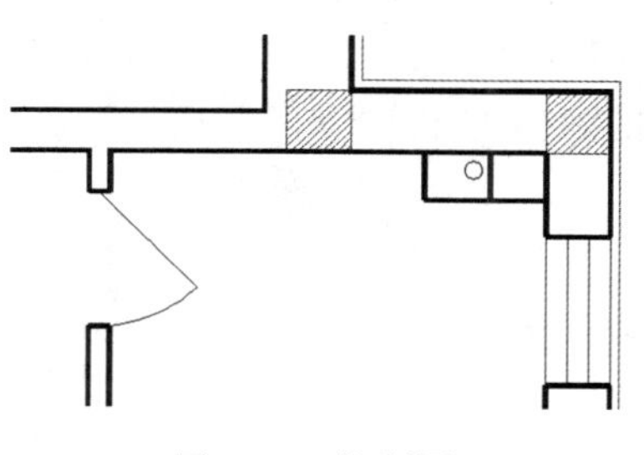

图 9-79 绘制圆

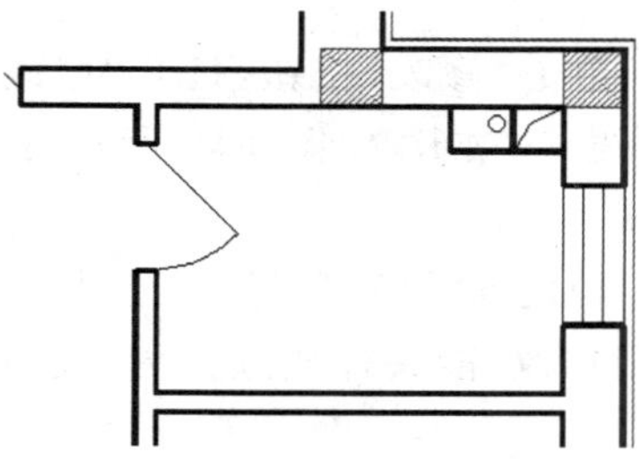

图 9-80 绘制连续直线

(10) 单击“默认”选项卡“绘图”面板中的“多段线”按钮，在图形适当位置绘制一个178×74的矩形，如图9-81所示。

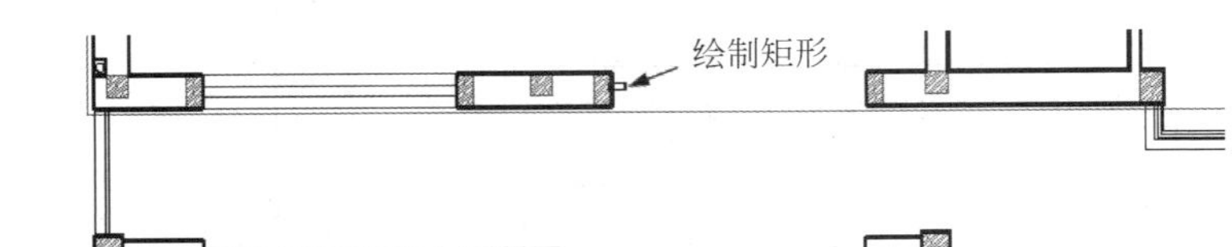

图9-81　绘制矩形

(11) 单击“默认”选项卡“修改”面板中的“复制”按钮，选择上步绘制的矩形为复制对象对其进行连续复制，如图9-82所示。

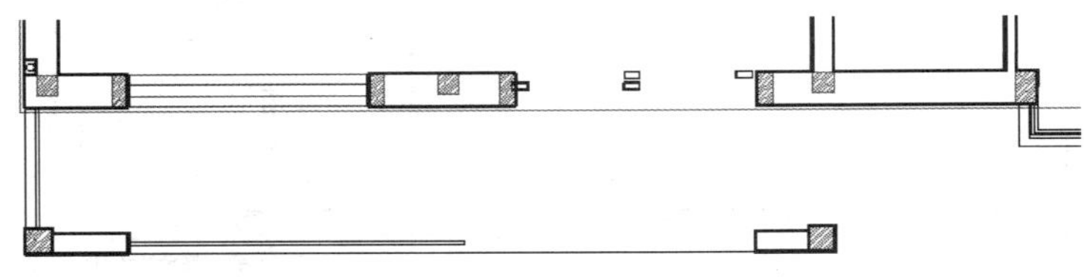

图9-82　复制矩形

(12) 单击“默认”选项卡“绘图”面板中的“直线”按钮，绘制上步复制矩形之间的连接线，如图9-83所示。

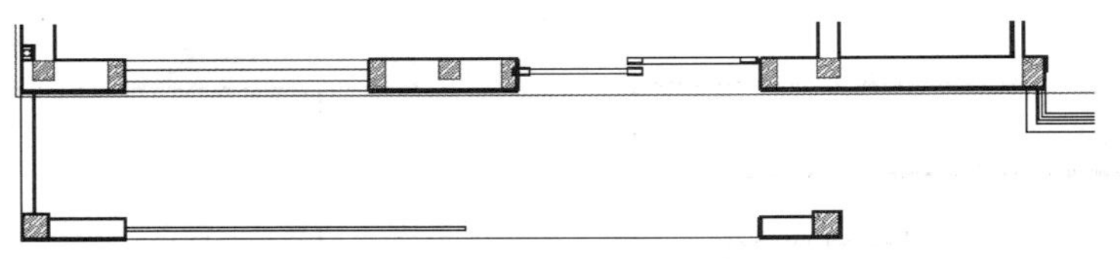

图9-83　绘制矩形间连接线

9.3.8　尺寸标注

(1) 打开“默认”选项卡“图层”面板中的“图层特性”下拉列表框，选择“尺寸”图层为当前层，如图9-84所示。

(2) 单击“默认”选项卡“注释”面板中的“标注样式”按钮，打开“标注样式管理器”对话框，如图9-85所示。

(3) 单击“修改”按钮，打开“修改标注样式”对话框。切换到“线”选项卡，如图9-86所示，按照图中的参数修改标注样式。

(4) 切换到“符号和箭头”选项卡，按照图9-87所示的设置进行修改，箭头样式选择为“建筑标记”，箭头大小修改为400。

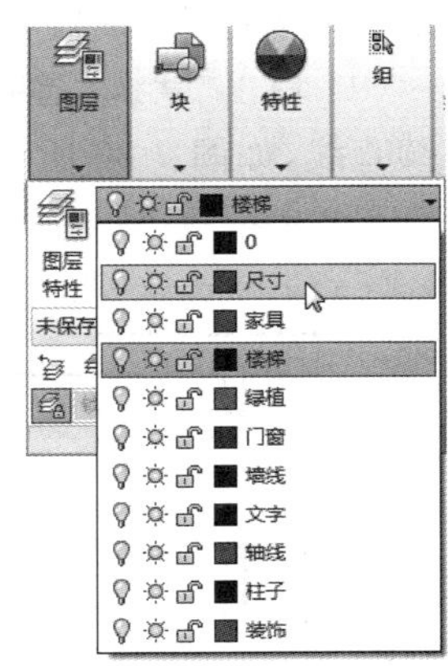

图9-84　设置当前图层

Note

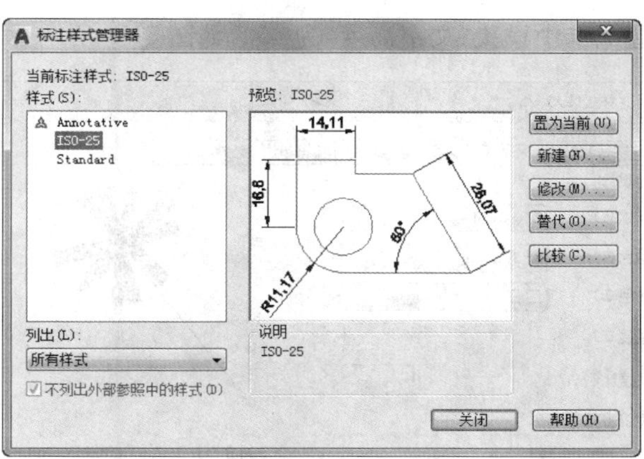

图 9-85　“标注样式管理器”对话框

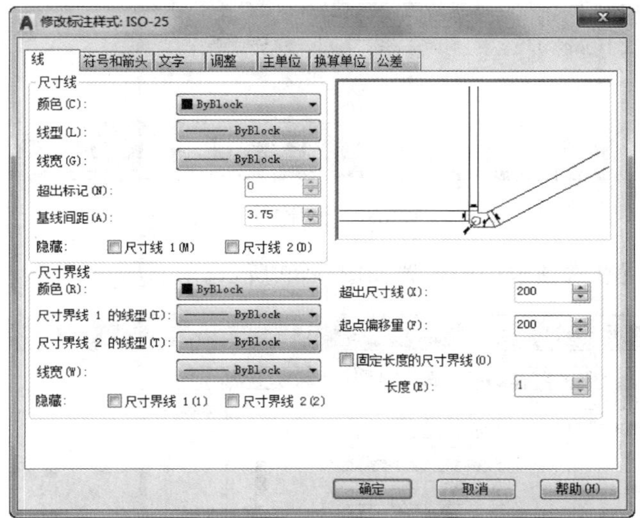

图 9-86　“线”选项卡

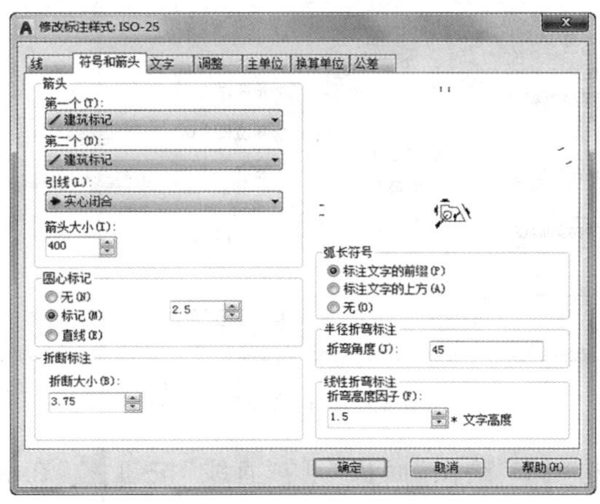

图 9-87　“符号和箭头”选项卡

Note

(5) 在“文字”选项卡中设置“文字高度”为 450，如图 9-88 所示。

图 9-88 “文字”选项卡

(6) 在“主单位”选项卡中的设置如图 9-89 所示。

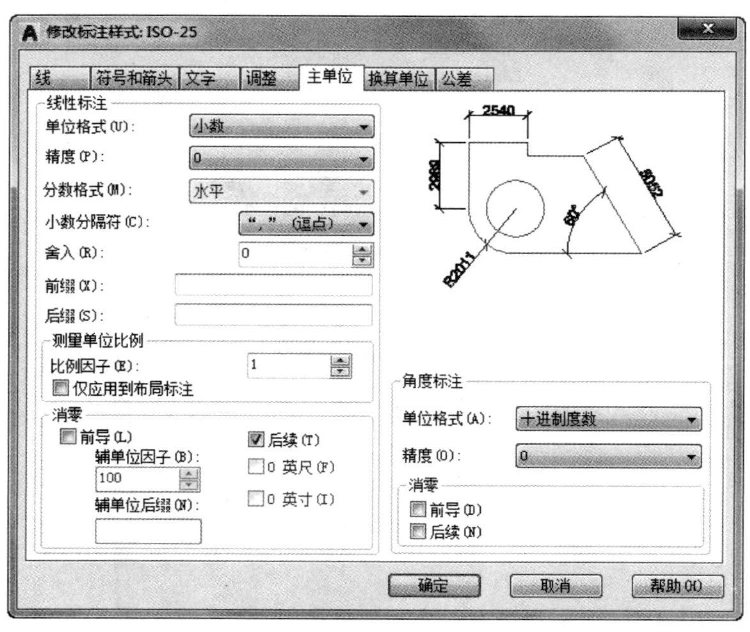

图 9-89 “主单位”选项卡

(7) 单击“默认”选项卡“绘图”面板中的“直线”按钮 ，在墙内绘制标注辅助线，如图 9-90 所示。

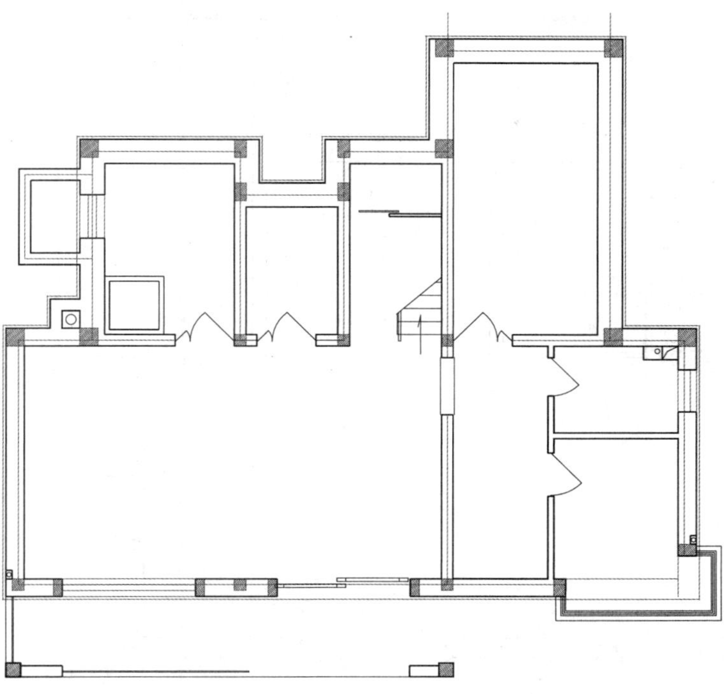

图 9-90　绘制直线

(8) 将“尺寸标注”图层设为当前层,单击“默认”选项卡“注释”面板中的“线性”按钮,标注图形细部尺寸。命令行提示与操作如下:

```
命令: DIMLINEAR↙
指定第一个尺寸界线原点或 <选择对象>:↙(指定一点)
指定第二条尺寸界线原点或:↙(指定第二点)
指定尺寸线位置或[多行文字(M)/文字(T)/角度(A)/水平(H)/垂直(V)/旋转(R)]:↙(指定合适的位置)
```

逐个进行标注,结果如图 9-91 所示。

(9) 单击“默认”选项卡“注释”面板中的“线性”按钮和“连续”按钮,标注图形第一道尺寸,如图 9-92 所示。

(10) 单击“默认”选项卡“注释”面板中的“线性”按钮和“连续”按钮,标注图形第二道尺寸,如图 9-93 所示。

(11) 单击“默认”选项卡“注释”面板中的“线性”按钮和“连续”按钮,标注图形总尺寸,如图 9-94 所示。

(12) 单击“默认”选项卡“修改”面板中的“分解”按钮,选取标注的第二道尺寸为分解对象,按 Enter 键进行分解。

(13) 单击“默认”选项卡“绘图”面板中的“直线”按钮,分别在横竖四条总尺寸线上方绘制四条直线,如图 9-95 所示。

(14) 单击“默认”选项卡“修改”面板中的“延伸”按钮,选取分解后的标注线段进行延伸,延伸至上步绘制的直线,如图 9-96 所示。

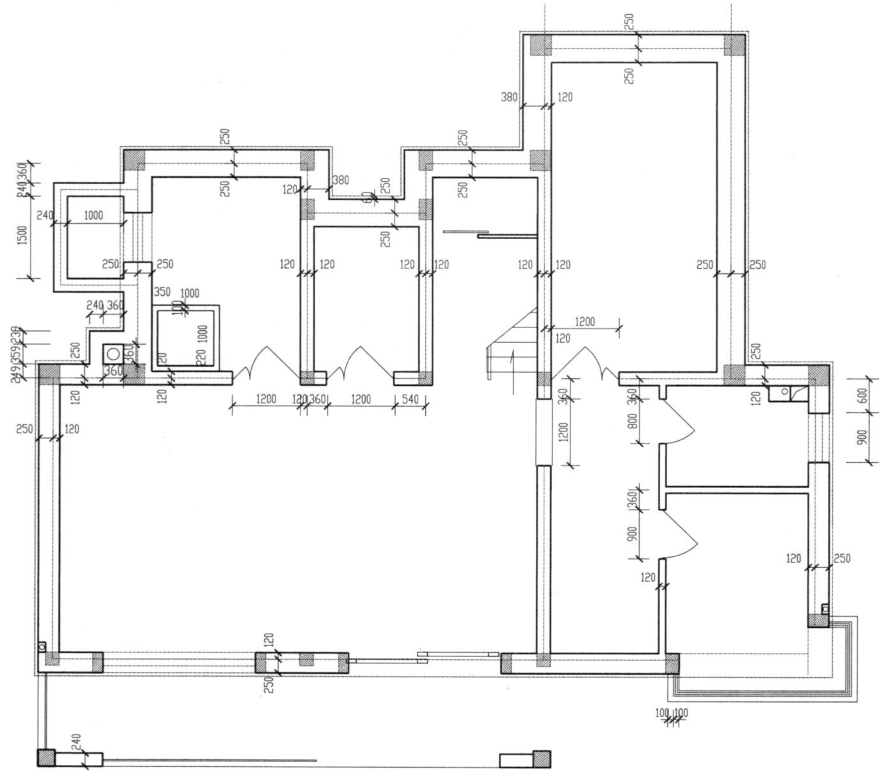

图 9-91　标注细部尺寸

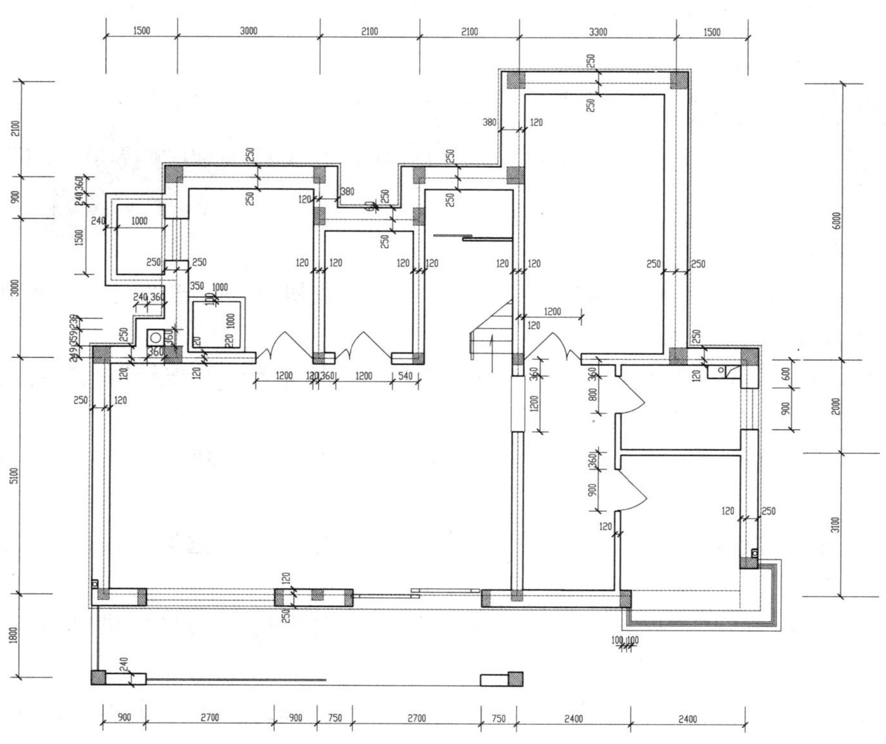

图 9-92　标注图形第一道尺寸

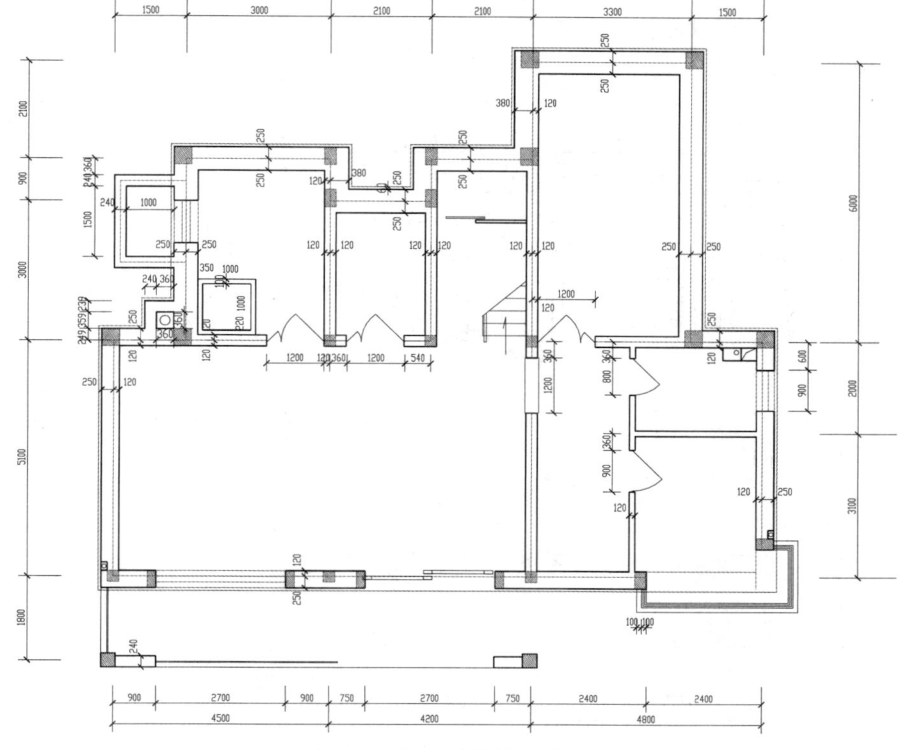

图 9-93　标注图形第二道尺寸

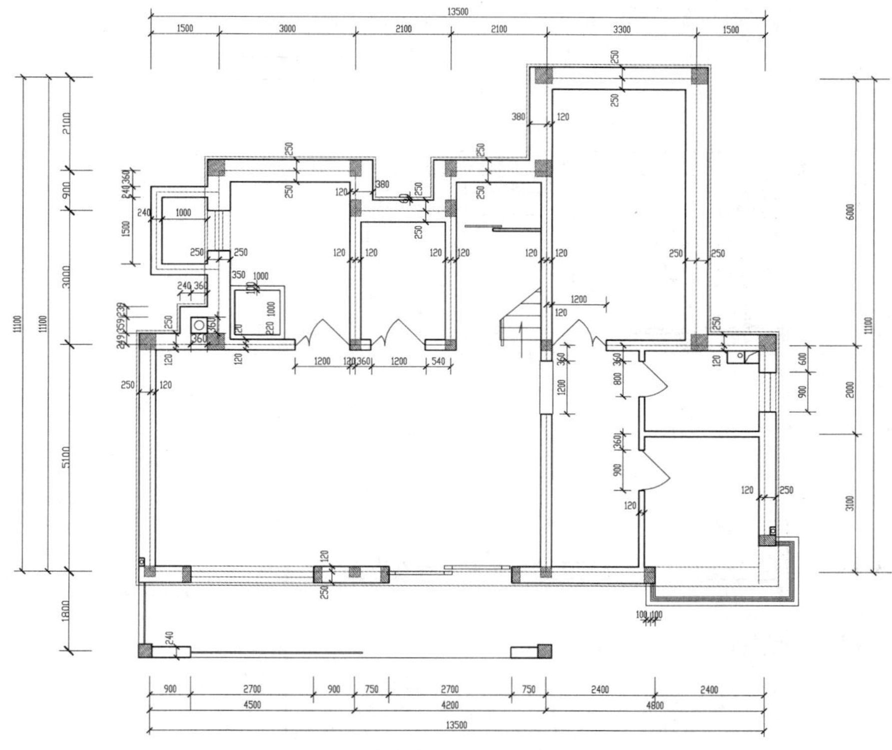

图 9-94　标注总尺寸

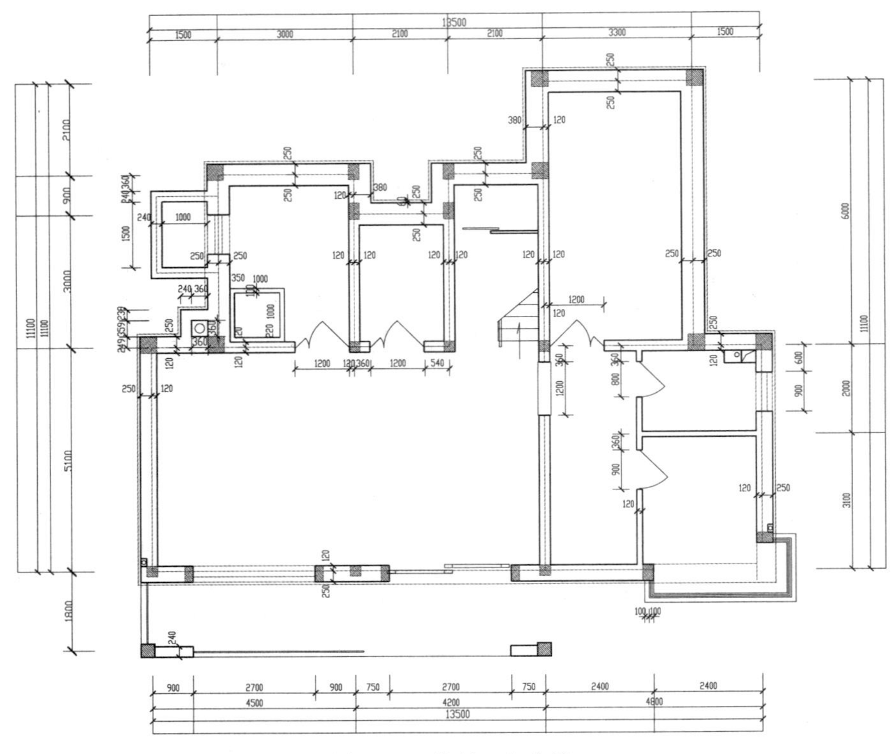

图 9-95 绘制四条直线

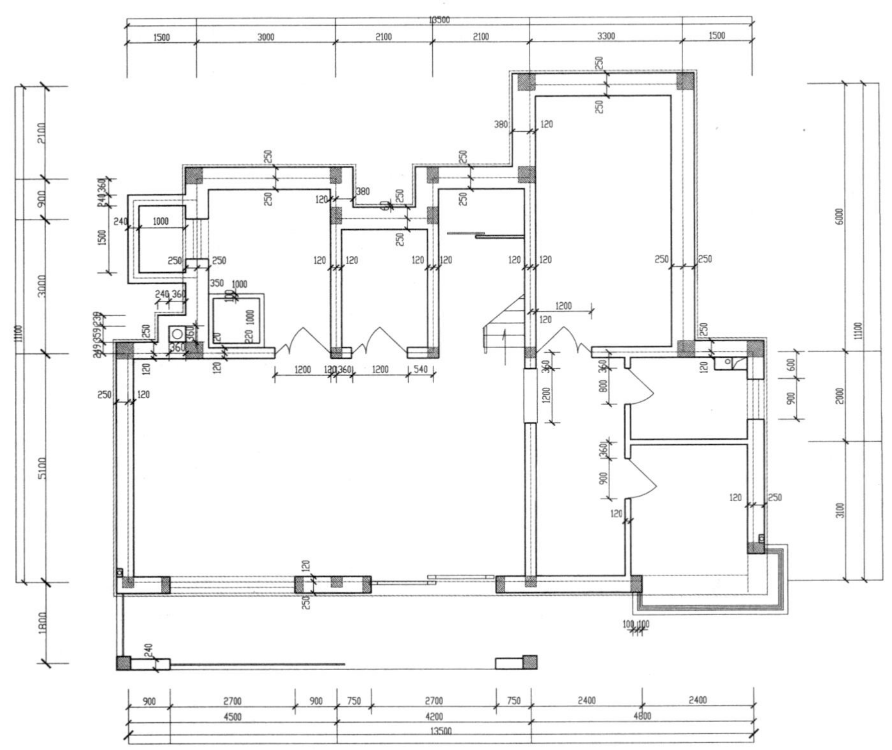

图 9-96 延伸直线

Note

(14) 单击“默认”选项卡“修改”面板中的“删除”按钮，选择绘制的直线为删除对象对其进行删除，如图 9-97 所示。

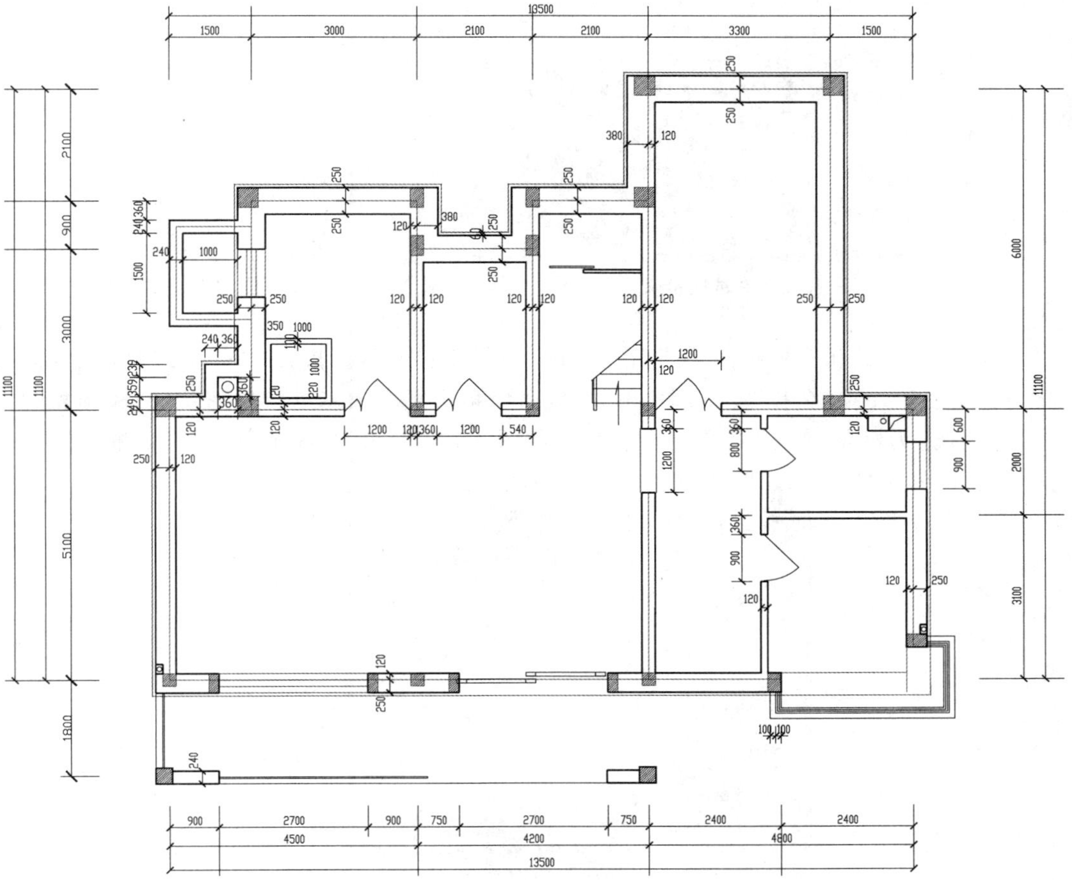

图 9-97 删除直线

9.3.9 添加轴号

(1) 单击“默认”选项卡“绘图”面板中的“圆”按钮，在适当位置绘制一个半径为 500 的圆，如图 9-98 所示。

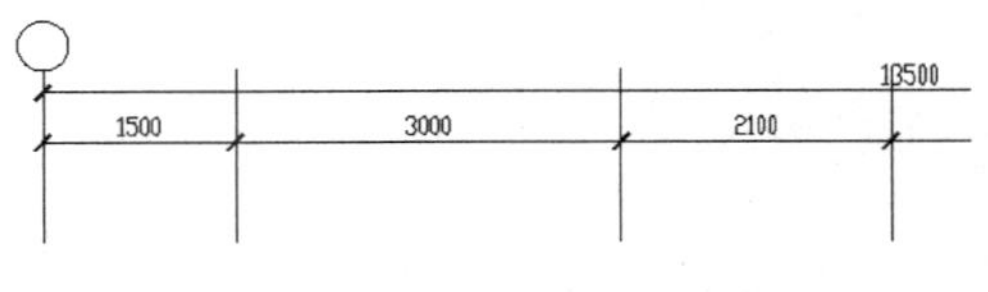

图 9-98 绘制圆

(2) 单击“默认”选项卡“块”面板中的“定义属性”按钮，打开“属性定义”对话框，如图 9-99 所示，单击“确定”按钮，在圆心位置输入一个块的属性值。设置完成后的效果如图 9-100 所示。

Note

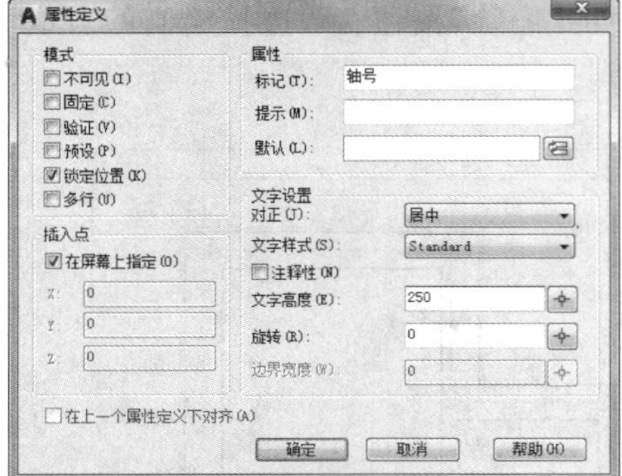

图 9-99　块属性定义

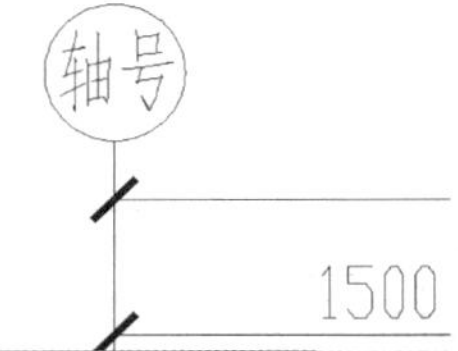

图 9-100　在圆心位置输入属性值

（3）单击“默认”选项卡“块”面板中的“创建”按钮，打开“块定义”对话框，如图 9-101 所示。在“名称”文本框中输入“轴号”，指定圆心为基点，选择整个圆和刚才的“轴号”标记为对象，单击“确定”按钮，打开如图 9-102 所示的“编辑属性”对话框。输入轴号为 1，单击“确定”按钮，得到的轴号效果图如图 9-103 所示。

图 9-101　“块定义”对话框

图 9-102　“编辑属性”对话框

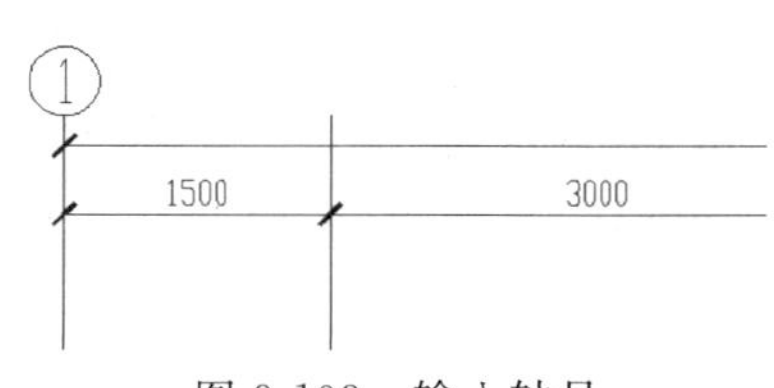

图 9-103　输入轴号

（4）单击“默认”选项卡“块”面板中的“插入”按钮，打开“插入”对话框，将轴号图块插入到轴线上，并修改图块属性，结果如图 9-104 所示。

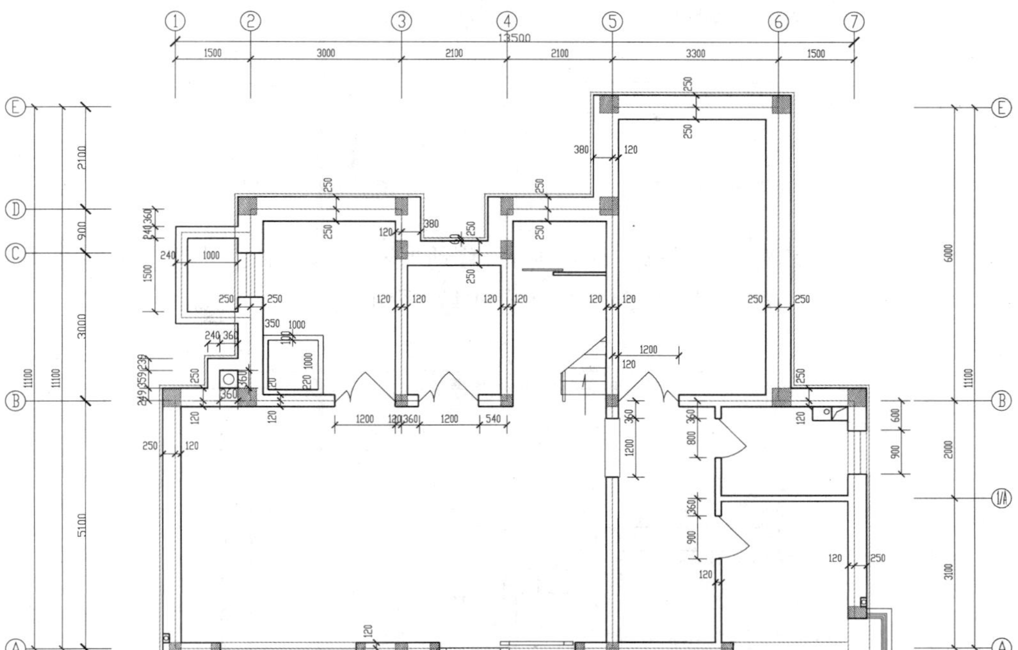

图 9-104　标注轴号

9.3.10　绘制标高

（1）单击“默认”选项卡“绘图”面板中的“直线”按钮，在图形空白区域绘制一条长度为 500 的水平直线，如图 9-105 所示。

（2）单击“默认”选项卡“绘图”面板中的“直线”按钮，以上步绘制的水平直线左端点为起点绘制一条斜向直线，如图 9-106 所示。

图 9-105　绘制水平直线　　图 9-106　绘制斜向直线

（3）单击“默认”选项卡“修改”面板中的“镜像”按钮，选择上步绘制的斜向直线

为镜像对象对其进行竖直镜像，如图 9-107 所示。

(4) 单击“默认”选项卡“注释”面板中的“多行文字”按钮 A，在上步所绘图形上方添加文字，如图 9-108 所示。

Note

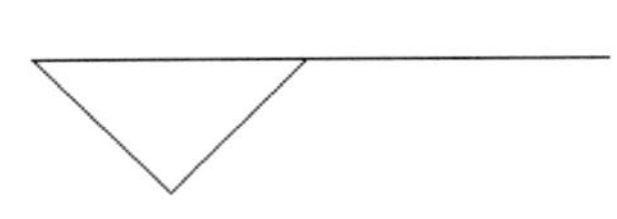

图 9-107　镜像直线

图 9-108　添加文字

(5) 单击“默认”选项卡“修改”面板中的“移动”按钮，选择上步绘制的标高图形为移动对象，将其放置到图形适当位置，如图 9-109 所示。

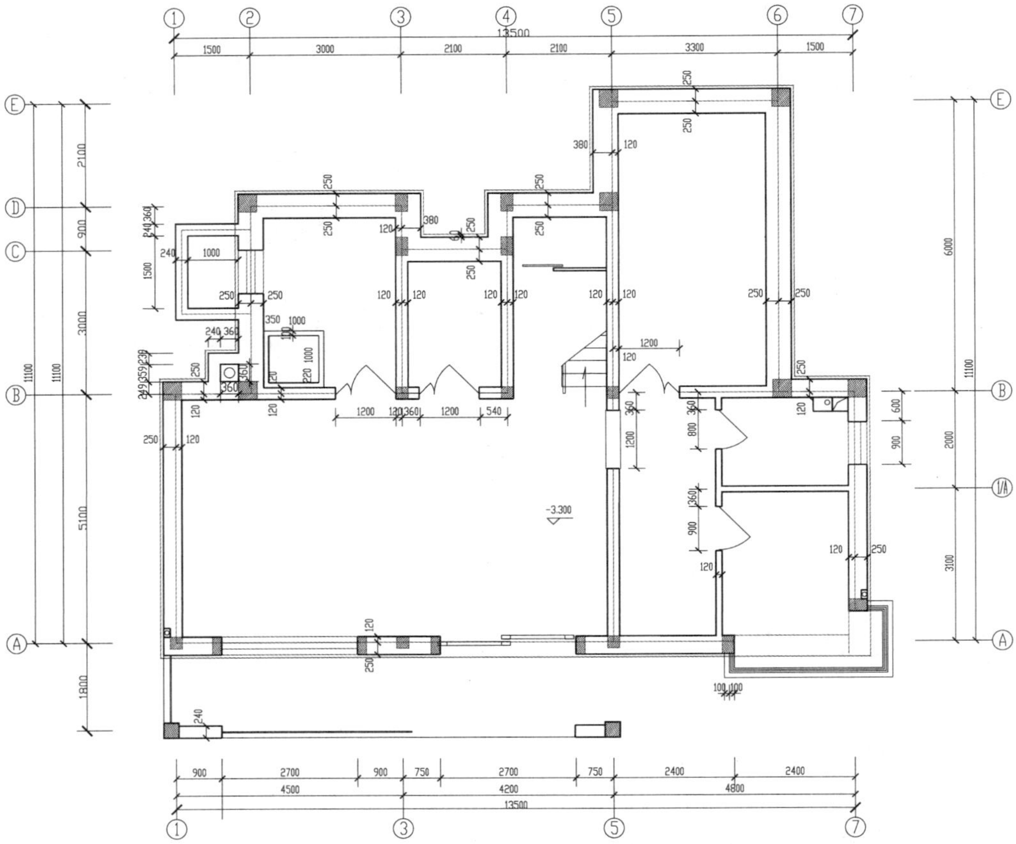

图 9-109　添加标高

9.3.11　文字标注

(1) 打开“默认”选项卡“图层”面板中的“图层特性”下拉列表框，选择“文字”图层为当前图层，如图 9-110 所示。

(2) 单击“默认”选项卡“注释”面板中的“文字样式”按钮，打开“文字样式”对话

Note

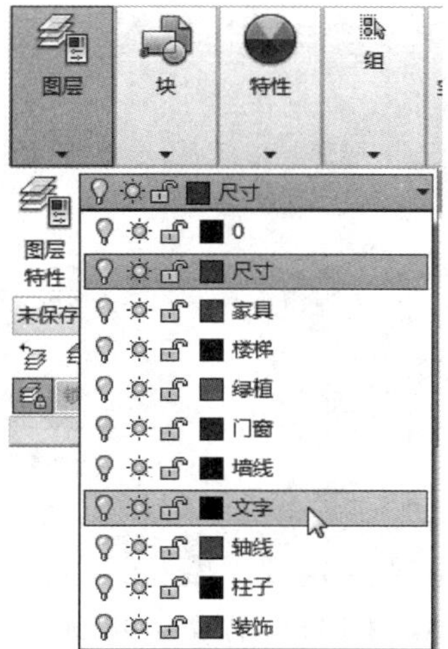

图 9-110　设置当前图层

框，如图 9-111 所示。

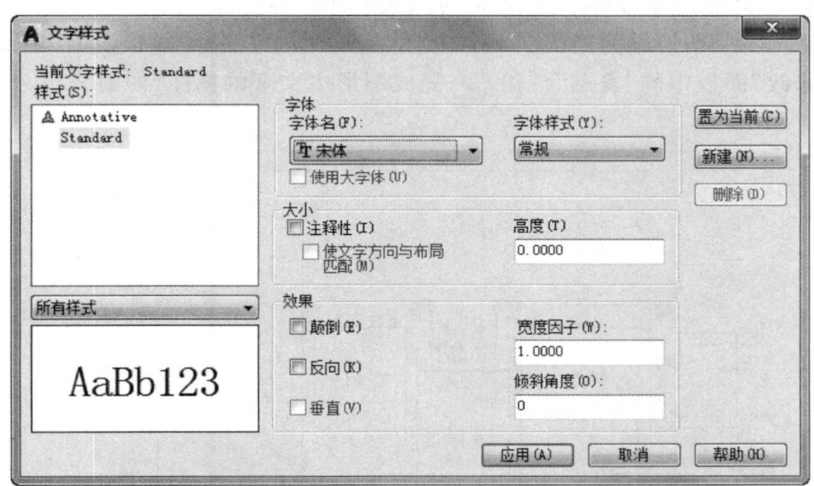

图 9-111　“文字样式”对话框

(3) 单击“新建”按钮，打开“新建文字样式”对话框，将文字样式命名为“说明”，如图 9-112 所示。

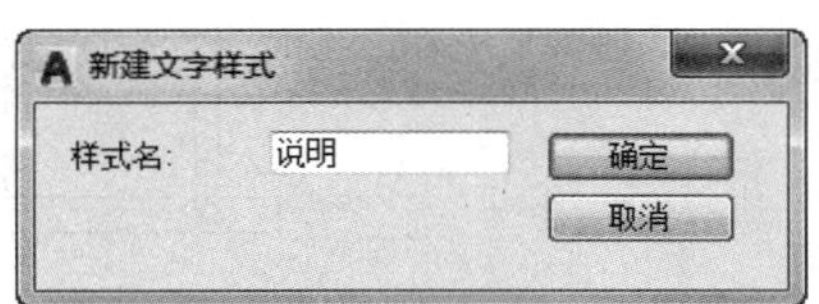

图 9-112　“新建文字样式”对话框

(4) 单击“确定”按钮，返回“文字样式”对话框。在“文字样式”对话框中取消选中“使用大字体”复选框，然后在“字体名”下拉列表框中选择“宋体”，“高度”设置为 150，如图 9-113 所示。

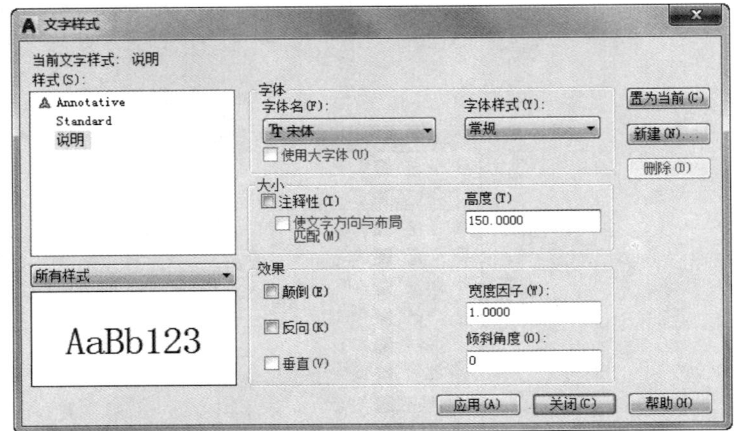

图 9-113　修改文字样式

在 CAD 中输入汉字时可以选择不同的字体，在“字体名”下拉列表框中，有些字体前面有“@”标记，如“@仿宋_GB2312”，这说明该字体是为横向输入汉字用的，即输入的汉字逆时针旋转 90°。如果要输入正向的汉字，则不能选择前面带“@”标记的字体。

(5) 将“文字”图层设为当前层。单击“默认”选项卡“注释”面板中的“多行文字”按钮 A 和“修改”面板中的“复制”按钮，完成图形中文字的标注，如图 9-114 所示。

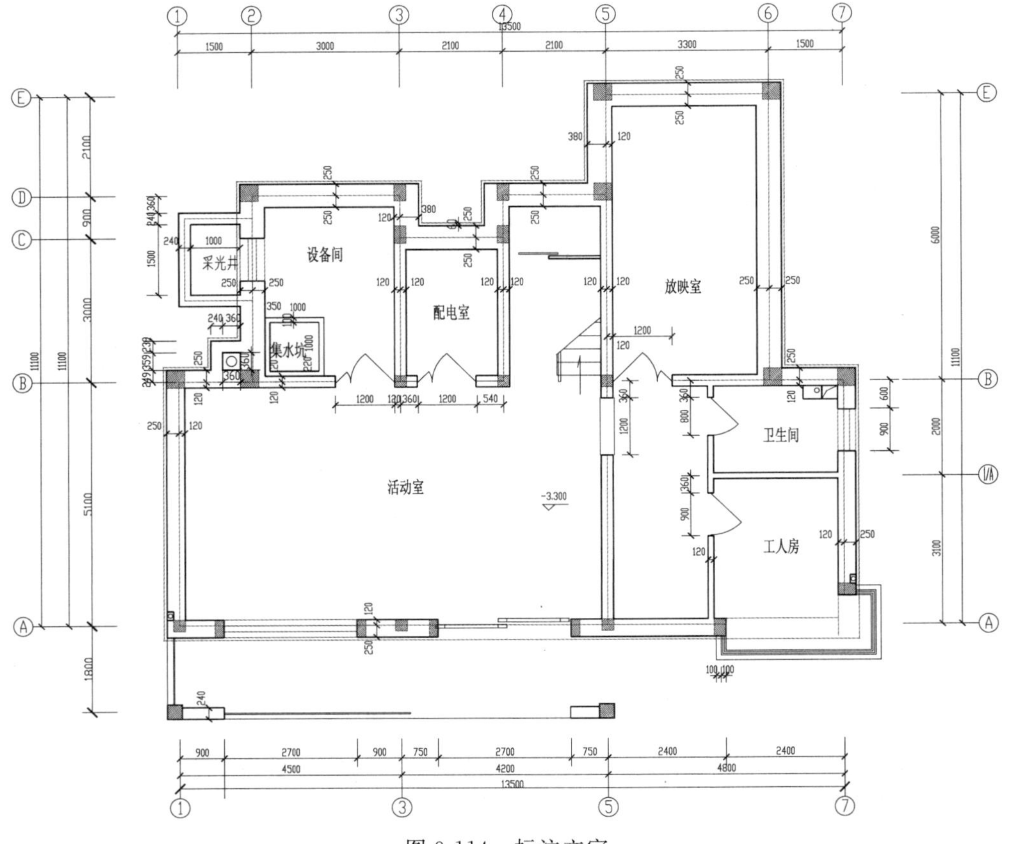

图 9-114　标注文字

9.3.12 绘制剖切号

(1) 单击“默认”选项卡“绘图”面板中的“多段线”按钮，指定起点宽度为 50、端点宽度为 50，在图形适当位置绘制连续多段线，如图 9-115 所示。

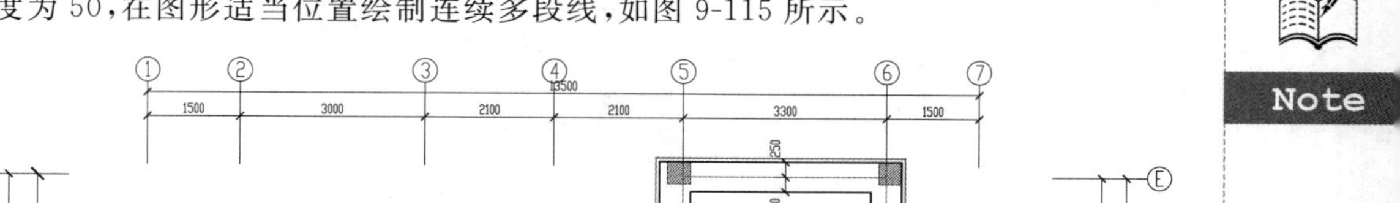

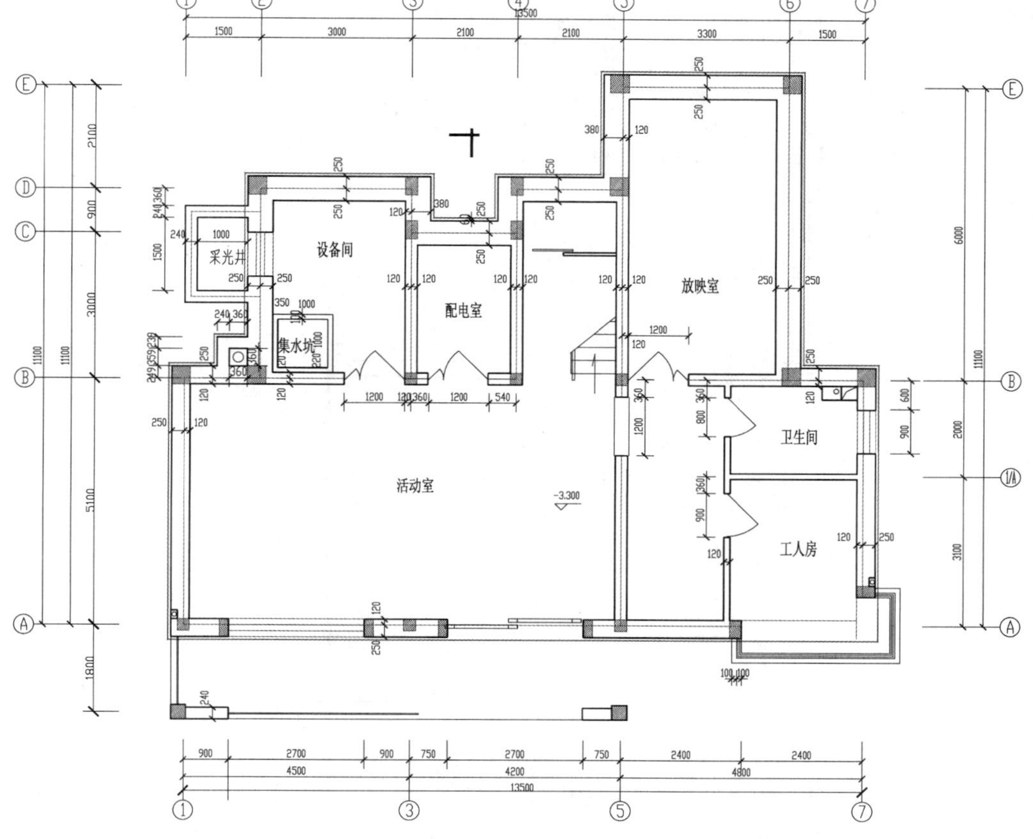

图 9-115 绘制多段线

(2) 单击“默认”选项卡“注释”面板中的“多行文字”按钮 A，在上步图形左侧添加文字说明，如图 9-116 所示。

(3) 单击“默认”选项卡“修改”面板中的“镜像”按钮，选择上步图形为镜像对象，对其进行水平镜像，如图 9-117 所示。

利用上述方法完成剩余剖切符号的绘制，如图 9-118 所示。

利用上述方法完成地下室平面图的绘制，最终结果如图 9-119 所示。

(4) 单击“默认”选项卡“注释”面板中的“多行文字”按钮 A，为图形添加注释说明，如图 9-120 所示。

9.3.13 插入图框

(1) 单击“默认”选项卡“块”面板中的“插入”按钮，打开“插入”对话框，如图 9-121 所示。单击“浏览”按钮，打开“选择图形文件”对话框，选择下载的“源文件/图

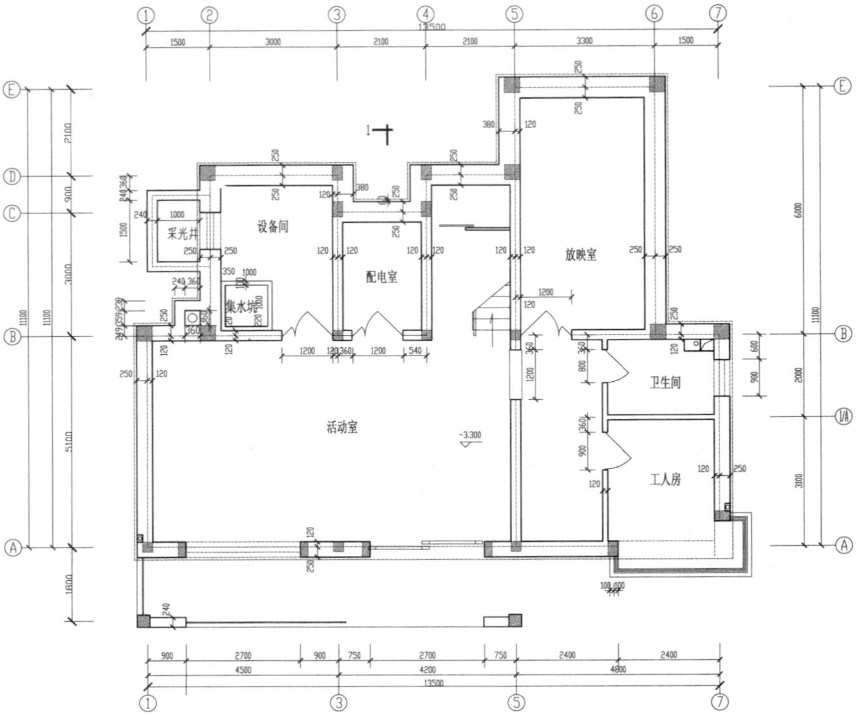

Note

图 9-116　添加文字说明

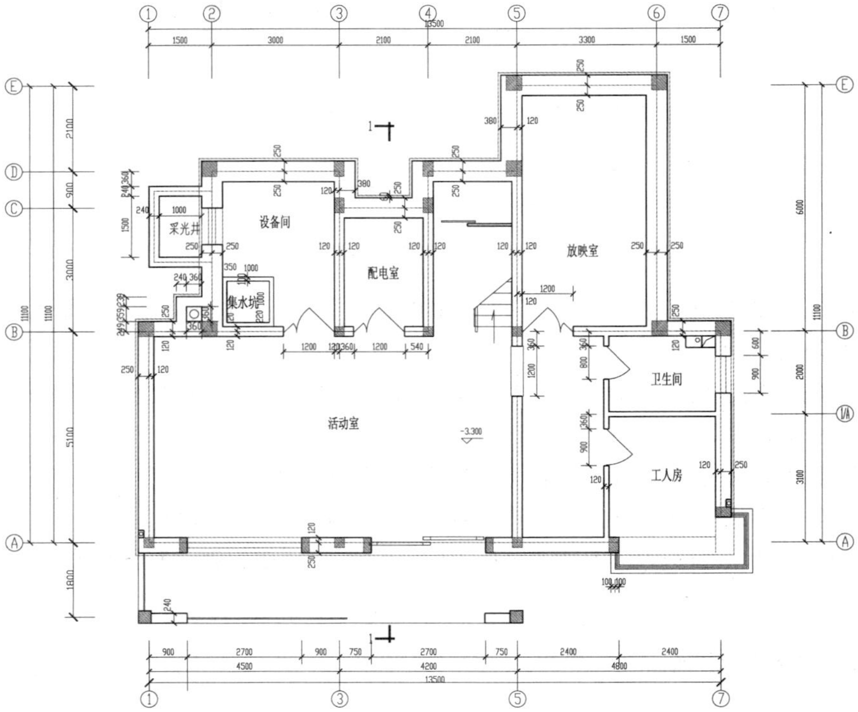

图 9-117　水平镜像图形

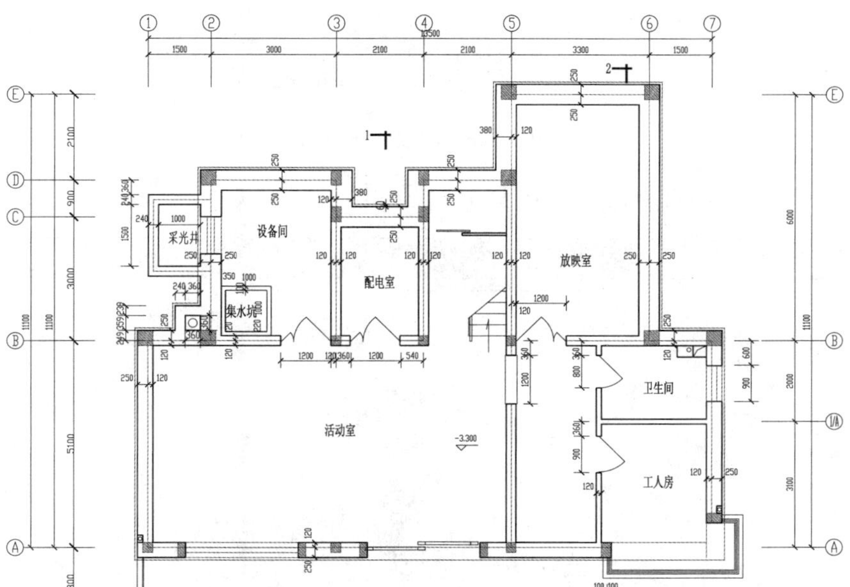

图 9-118 绘制剖切符号

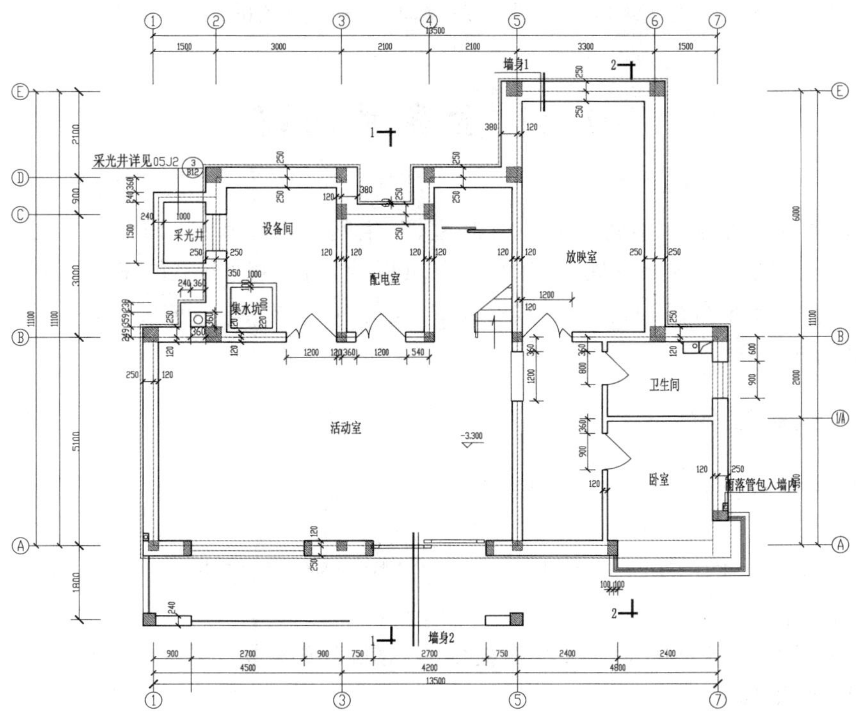

图 9-119 地下室平面图

建筑面积：地下：128.35　m²
地上：235.44　m²

图 9-120　添加注释说明

Note

块/A2 图框"图块，将其放置到图形适当位置。

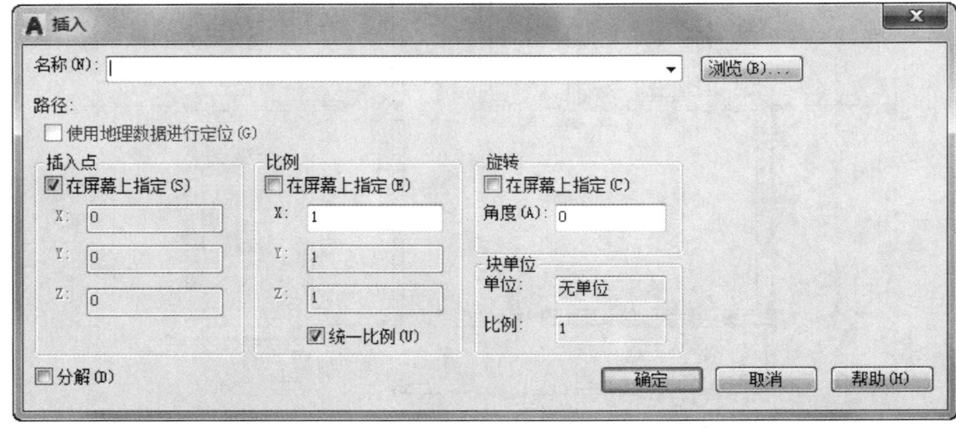

图 9-121　"插入"对话框

(2) 单击"默认"选项卡"绘图"面板中的"直线"按钮 和"注释"面板中的"多行文字"按钮 ，为图形添加总图名称，最终完成地下室平面图的绘制，如图 9-3 所示。

9-2

9.4　首层平面图

首层主要包括客厅、餐厅、厨房、客卧室、卫生间、门厅、车库、露台。首层平面图是在地下层平面图的基础上发展而来的，所以可以通过修改地下室的平面图获得一层建筑平面图。一层的布局与地下室只有细微差别，可对某些不同之处用文字标明，如图 9-122 所示。

9.4.1　准备工作

(1) 单击"快速访问"工具栏中的"打开"按钮 ，打开下载的"源文件/地下层平面图"。

(2) 单击"快速访问"工具栏中的"另存为"按钮 ，将打开的"地下层平面图"另存为"首层平面图"。

(3) 单击"默认"选项卡"修改"面板中的"删除"按钮 ，删除一些图形，保留部分柱子图形，结果如图 9-123 所示。

(4) 单击"默认"选项卡"绘图"面板中的"矩形"按钮 ，在图形空白区域绘制一个 240×240 的正方形，如图 9-124 所示。

Note

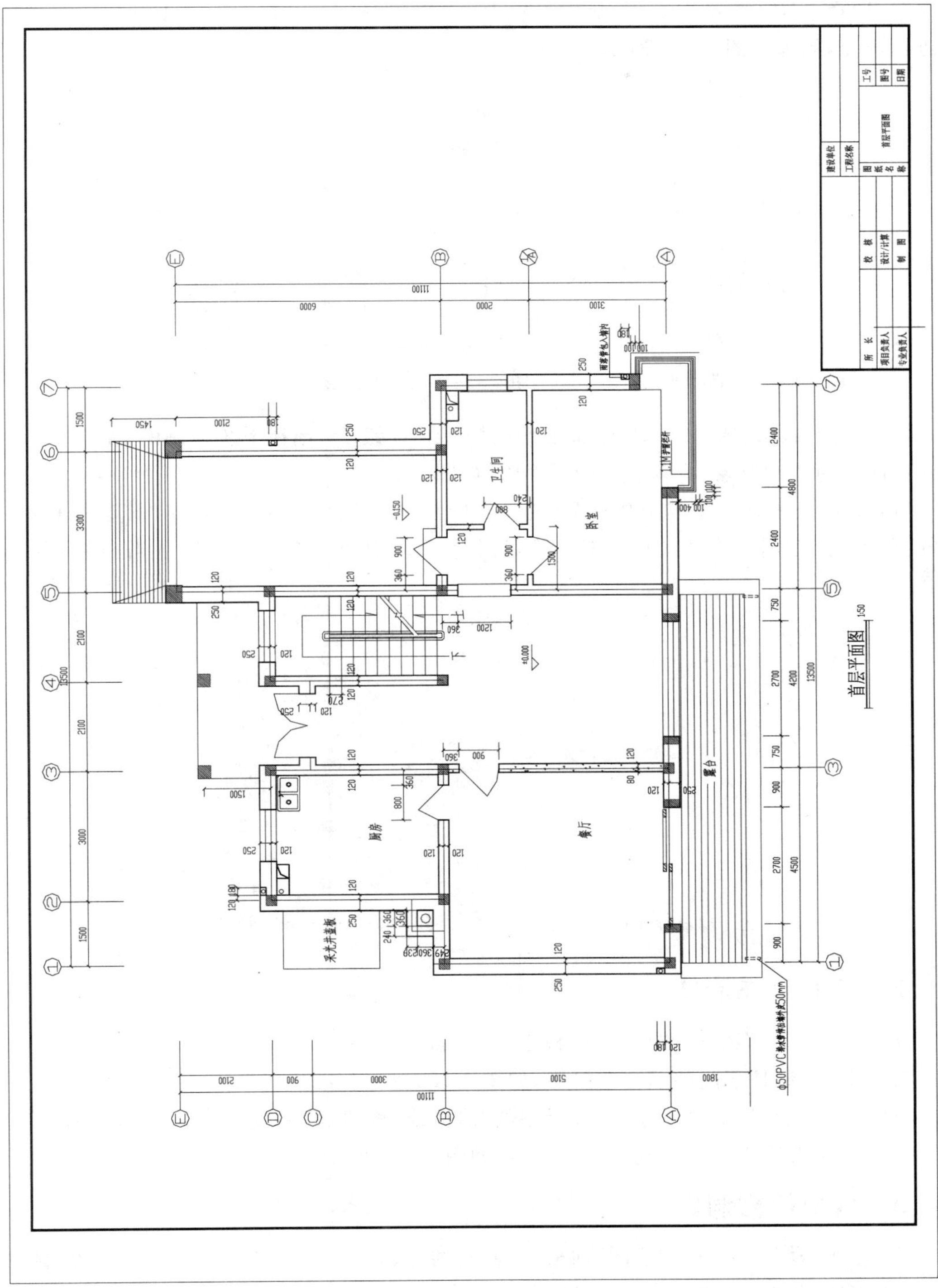

图 9-122 首层平面图

Note

（5）单击“默认”选项卡“绘图”面板中的“图案填充”按钮，打开“图案填充创建”选项卡，选择 ANSI31 图案类型，比例设置为 10，单击“拾取点”按钮选择相应区域内一点进行填充，效果如图 9-125 所示。

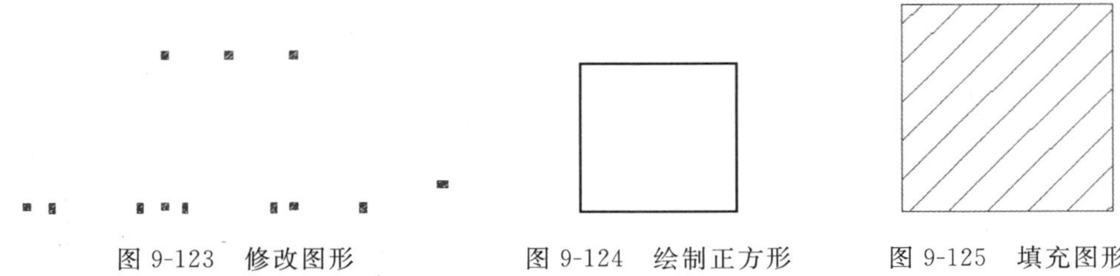

图 9-123　修改图形　　图 9-124　绘制正方形　　图 9-125　填充图形

（6）单击“默认”选项卡“修改”面板中的“移动”按钮，选择上步绘制的 240×240 的柱子图形为移动对象，将其放置到图形中，如图 9-126 所示。

（7）利用上述方法完成 400×370 的柱子的绘制。单击“默认”选项卡“修改”面板中的“移动”按钮，选择 400×370 的矩形为移动对象，将其放置到适当位置，如图 9-127 所示。

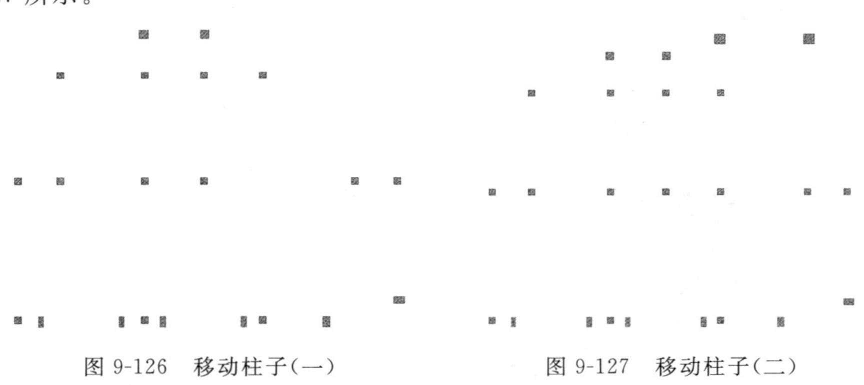

图 9-126　移动柱子(一)　　图 9-127　移动柱子(二)

9.4.2　绘制补充墙体

（1）单击“默认”选项卡“绘图”面板中的“多段线”按钮，指定起点宽度为 25、端点宽度为 25，绘制柱子间的墙体连接线，如图 9-128 所示。

（2）单击“默认”选项卡“绘图”面板中的“多段线”按钮，指定起点宽度为 0、端点宽度为 0，在图形适当位置绘制连续多段线，如图 9-129 所示。

9.4.3　修剪门窗洞口

（1）单击“默认”选项卡“绘图”面板中的“直线”按钮，在上步绘制的墙体上绘制一条适当长度的竖直直线，如图 9-130 所示。

（2）单击“默认”选项卡“修改”面板中的“偏移”按钮，选择上步绘制的竖直直线为偏移对象，向右进行偏移，偏移距离为 1200，如图 9-131 所示。

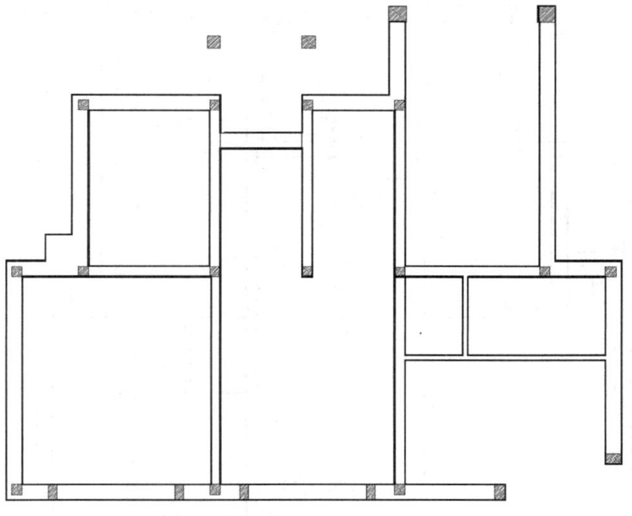

图 9-128　绘制墙线

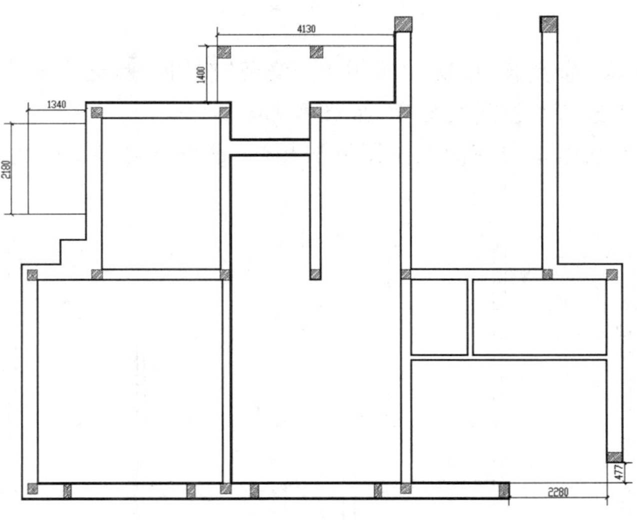

图 9-129　绘制多段线

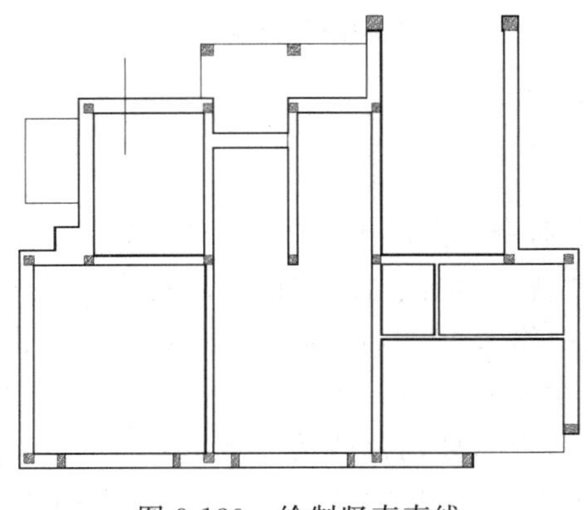

图 9-130　绘制竖直直线

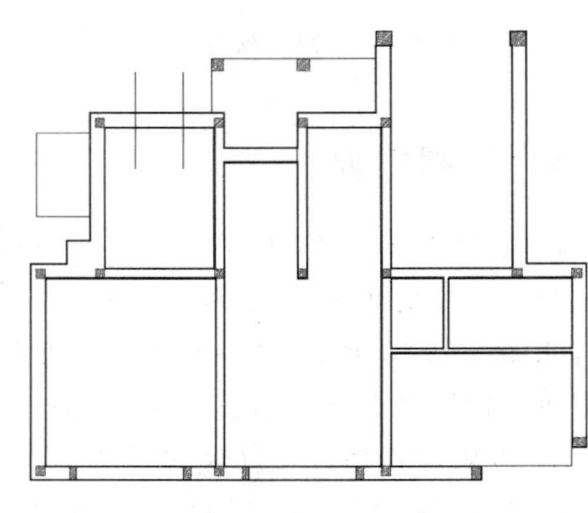

图 9-131　偏移线段

Note

利用上述方法完成图形中剩余窗线的绘制，结果如图 9-132 所示。

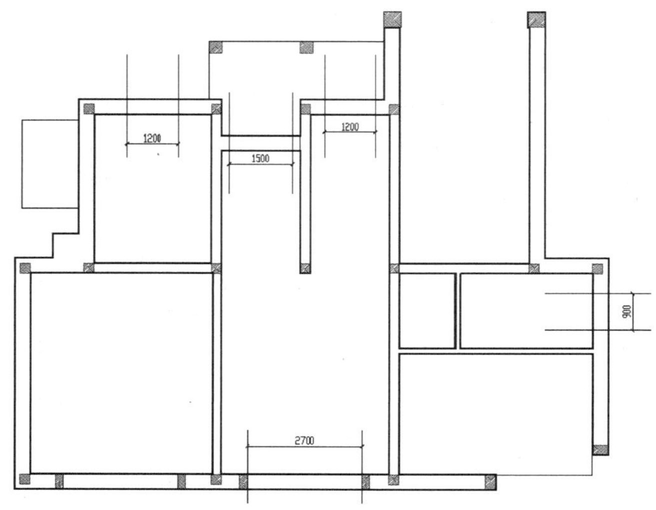

图 9-132　绘制剩余窗线

(3) 单击“默认”选项卡“修改”面板中的“修剪”按钮 -/-- ，选择上步偏移线段间墙体为修剪对象对上步偏移线段进行修剪，如图 9-133 所示。

门洞的绘制方法基本与窗洞的绘制方法相同，这里不再详细阐述，完成绘制后的结果如图 9-134 所示。

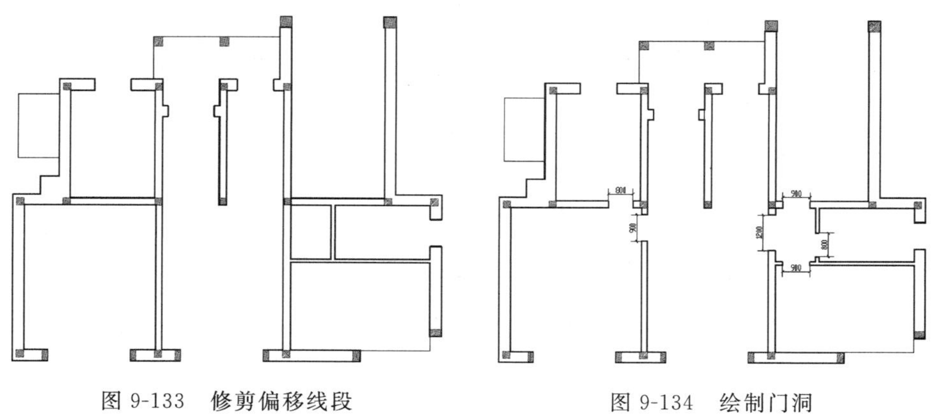

图 9-133　修剪偏移线段　　　　图 9-134　绘制门洞

9.4.4　绘制门窗

(1) 选择菜单栏中的“格式”→“多线样式”命令，打开“多线样式”对话框。

(2) 在“多线样式”对话框中，单击右侧的“新建”按钮，打开“创建新的多线样式”对话框，如图 9-42 所示。在“新样式名”文本框中输入“窗”，作为多线的名称。单击“继续”按钮，打开“新建多线样式：窗”对话框，如图 9-43 所示。

(3) 设置窗户所在墙体宽度为 370，将偏移距离分别修改为 185 和 −185，68.6 和 −68.6，单击“确定”按钮，返回“多线样式”对话框。单击“置为当前”按钮，将创建的多

线样式设为当前多线样式，单击“确定”按钮，回到绘图状态。

(4) 选择菜单栏中的“绘图”→“多线”命令，绘制上步修剪窗洞的窗线，如图 9-135 所示。

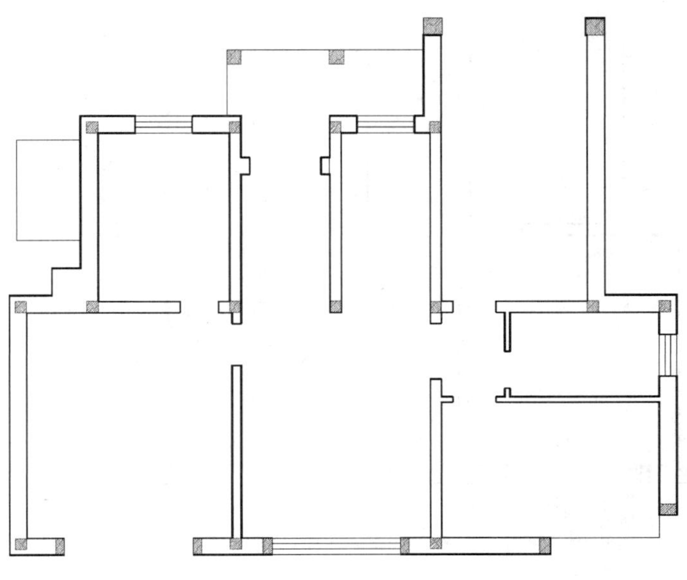

图 9-135 绘制窗线

(5) 单击“默认”选项卡“绘图”面板中的“多段线”按钮，指定起点宽度为 10、端点宽度为 10，在窗拐角处绘制连续多段线，如图 9-136 所示。

(6) 单击“默认”选项卡“绘图”面板中的“多段线”按钮，指定起点宽度为 0、端点宽度为 0，在上步图形下端继续绘制连续多段线，如图 9-137 所示。

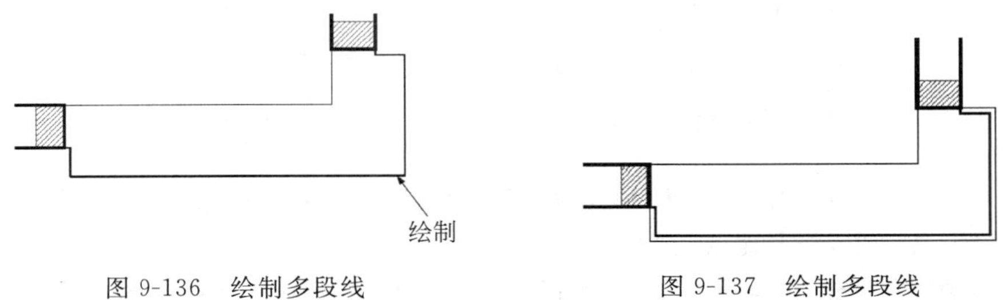

图 9-136 绘制多段线　　图 9-137 绘制多段线

(7) 单击“默认”选项卡“修改”面板中的“偏移”按钮，选择上步绘制的多段线为偏移对象，向外进行偏移，偏移距离分别为 34、33、100，如图 9-138 所示。

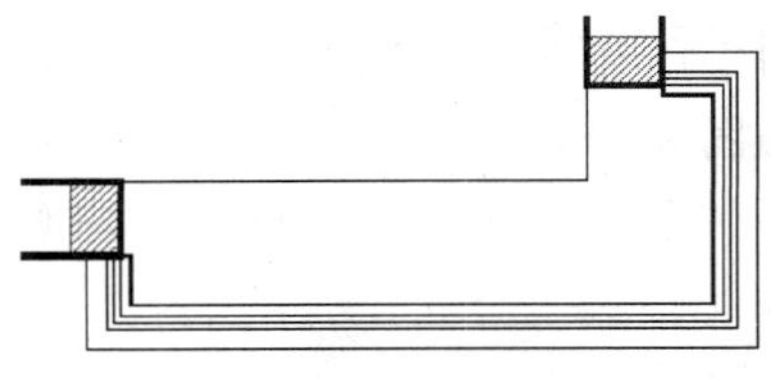

图 9-138 偏移多段线

Note

利用 10.3.4 节的方法完成单扇门的添加，结果如图 9-139 所示。

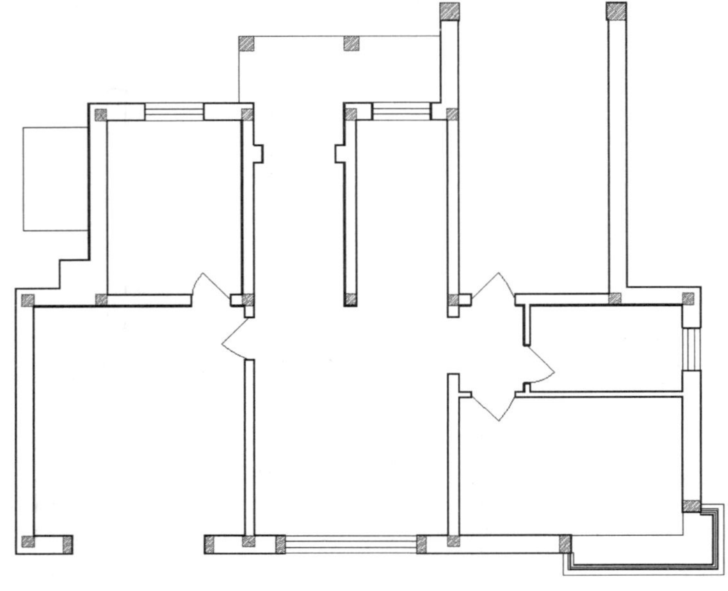

图 9-139　添加单扇门

(8) 单击“默认”选项卡“绘图”面板中的“直线”按钮 和“圆弧”按钮 ，绘制一个单扇门，如图 9-140 所示。

(9) 单击“默认”选项卡“修改”面板中的“镜像”按钮 ，选择上步绘制的单扇门图形为镜像对象对其进行竖直镜像，完成双扇门的绘制，如图 9-141 所示。

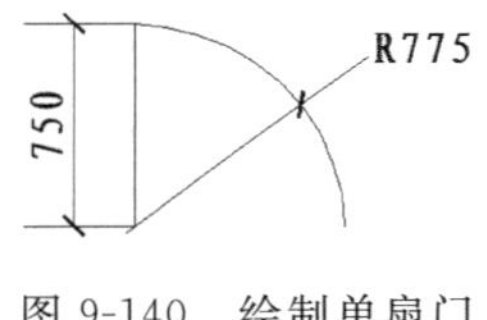

图 9-140　绘制单扇门

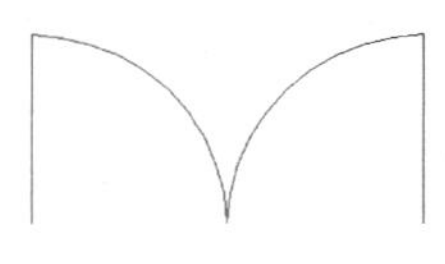

图 9-141　镜像图形

(10) 在命令行中输入 WBLOCK 命令，打开“写块”对话框，选择上步绘制的双扇门图形为定义对象，将其定义为块。

(11) 单击“默认”选项卡“修改”面板中的“移动”按钮 ，选择上步绘制的双扇门图形为移动对象，将其放置到双扇门门洞处，如图 9-142 所示。

(12) 单击“默认”选项卡“绘图”面板中的“多段线”按钮 ，指定起点宽度为 9、端点宽度为 9，在图形适当位置处绘制一个 178×74 的矩形，如图 9-143 所示。

(13) 单击“默认”选项卡“修改”面板中的“复制”按钮 ，选择上步绘制的矩形为复制对象，对其进行复制，如图 9-144 所示。

(14) 单击“默认”选项卡“绘图”面板中的“直线”按钮 ，在上步图形内绘制连接线，如图 9-145 所示。

(15) 单击“默认”选项卡“绘图”面板中的“图案填充”按钮 ，打开“图案填充创建”选项卡，选择 ANSI31 图案类型，比例设置为 10，单击“拾取点”按钮，选择相应区域

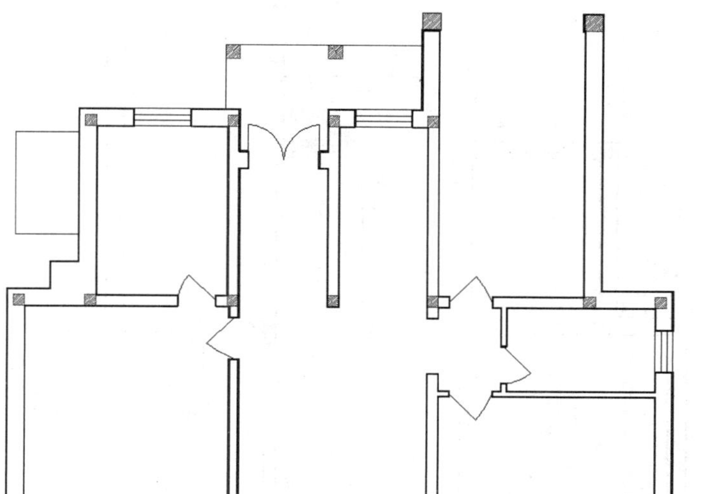

图 9-142 移动双扇门

内一点进行填充，效果如图 9-146 所示。

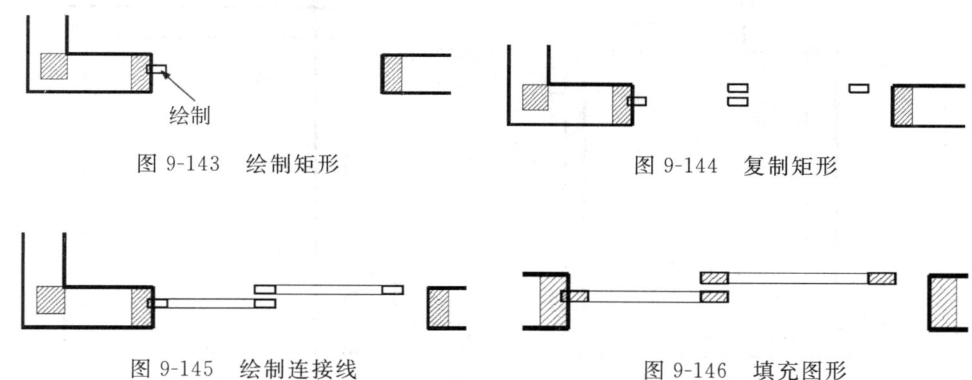

图 9-143 绘制矩形

图 9-144 复制矩形

图 9-145 绘制连接线

图 9-146 填充图形

(16) 单击“默认”选项卡“绘图”面板中的“多段线”按钮，指定起点宽度为 22、端点宽度为 22，在图形适当位置绘制一个 360×360 的正方形，如图 9-147 所示。

(17) 单击“默认”选项卡“绘图”面板中的“直线”按钮，选择上步绘制的正方形四边中点为直线起点绘制十字交叉线，如图 9-148 所示。

(18) 单击“默认”选项卡“绘图”面板中的“圆”按钮，以上步绘制的十字交叉线中点为圆心，绘制一个半径为 105 的圆，如图 9-149 所示。

(19) 单击“默认”选项卡“修改”面板中的“删除”按钮，选择上步绘制的十字交叉线为删除对象对其进行删除，如图 9-150 所示。

(20) 单击“默认”选项卡“绘图”面板中的“多段线”按钮，指定起点宽度为 22、端点宽度为 22，在图形适当位置绘制连续多段线，如图 9-151 所示。

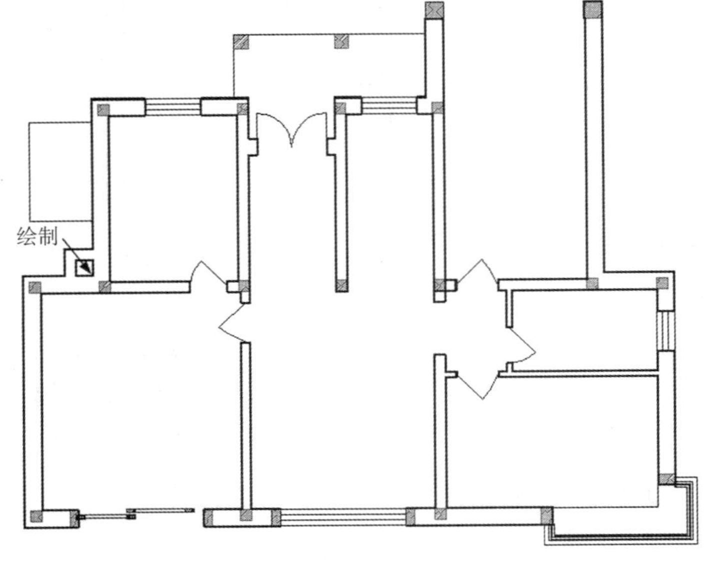

图 9-147　绘制正方形

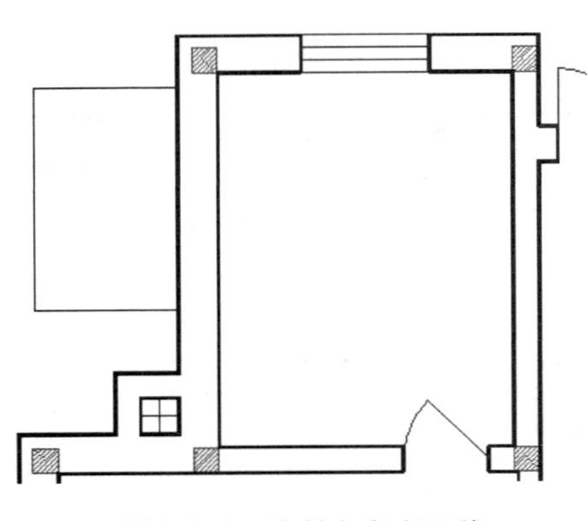

图 9-148　绘制十字交叉线

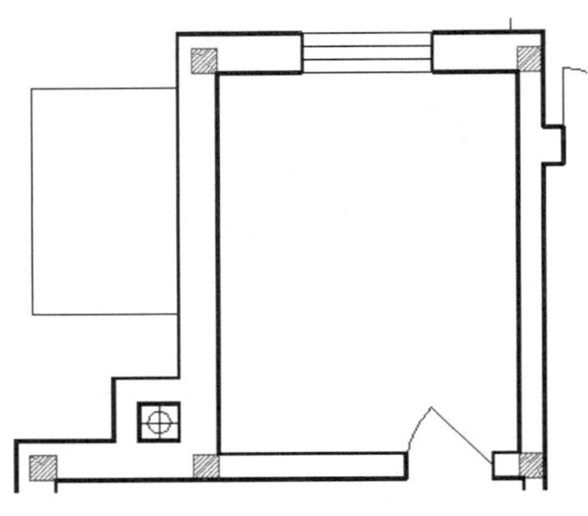

图 9-149　绘制圆

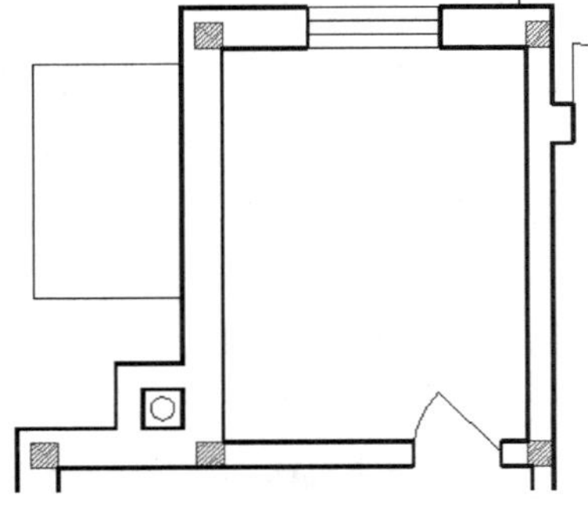

图 9-150　删除十字交叉线

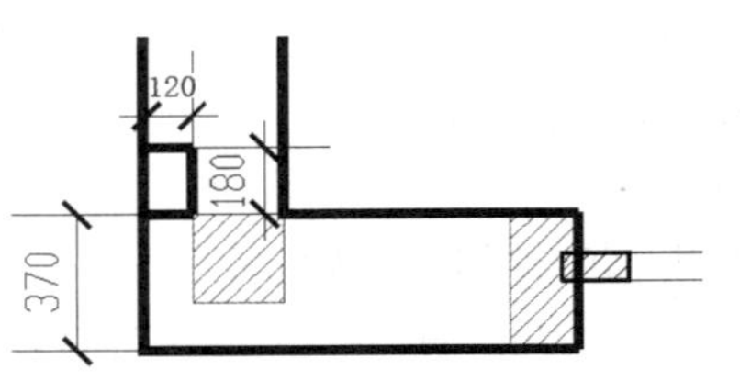

图 9-151　绘制多段线

(21) 单击“默认”选项卡“绘图”面板中的“圆”按钮，在上步图形内绘制一个直径为 105 的圆，如图 9-152 所示。

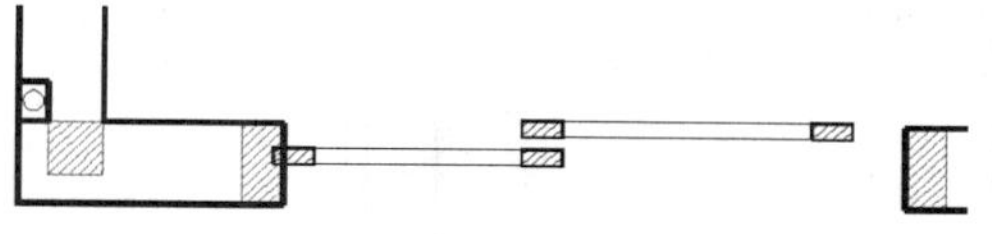

图 9-152 绘制圆

利用上述方法完成相同图形的绘制，结果如图 9-153 所示。

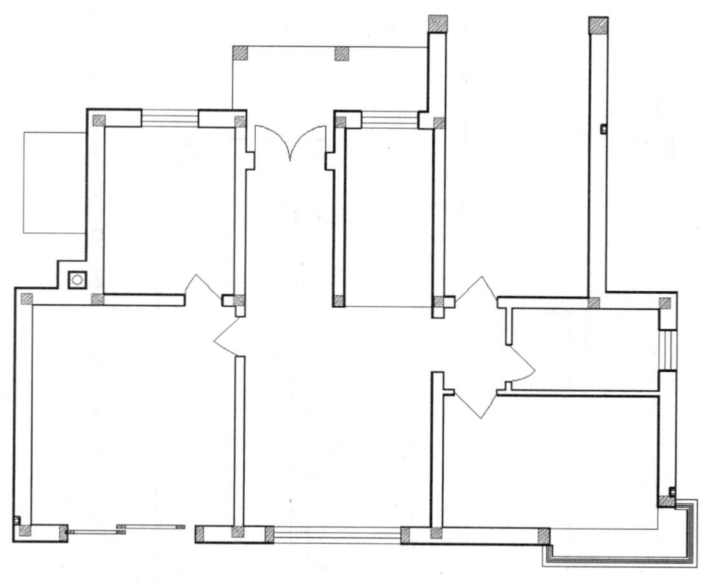

图 9-153 绘制相同图形

9.4.5 绘制楼梯

(1) 单击“默认”选项卡“绘图”面板中的“矩形”按钮，在楼梯间位置绘制一个 210×2750 的矩形，如图 9-154 所示。

(2) 单击“默认”选项卡“修改”面板中的“倒角”按钮，选择上步绘制矩形的四边为倒角对象，设置倒角距离为 45，完成倒角操作，如图 9-155 所示。

(3) 单击“默认”选项卡“修改”面板中的“偏移”按钮，选择上步倒角后的矩形为偏移对象向内进行偏移，偏移距离为 50，如图 9-156 所示。

(4) 单击“默认”选项卡“绘图”面板中的“直线”按钮，在楼梯间适当位置绘制一条水平直线，如图 9-157 所示。

(5) 单击“默认”选项卡“修改”面板中的“偏移”按钮，选择上步绘制的水平直线为偏移对象向下进行偏移，偏移距离为 270，共偏移 9 次，如图 9-158 所示。

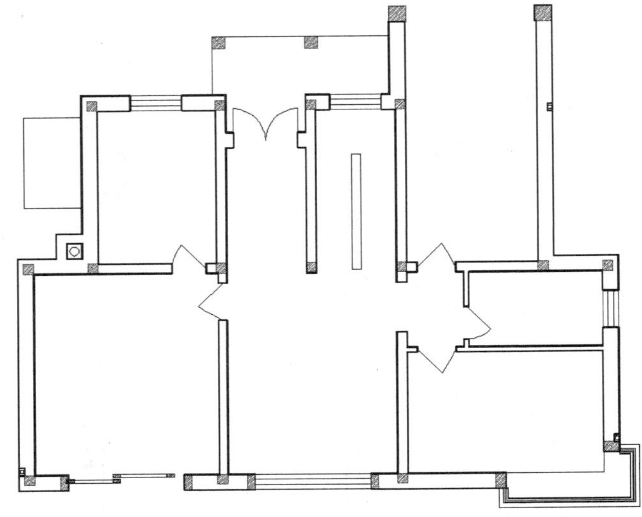

图 9-154　绘制矩形

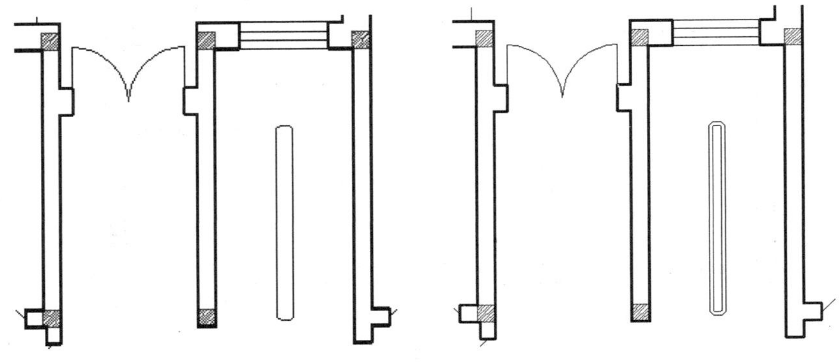

图 9-155　倒角操作　　　　图 9-156　偏移矩形

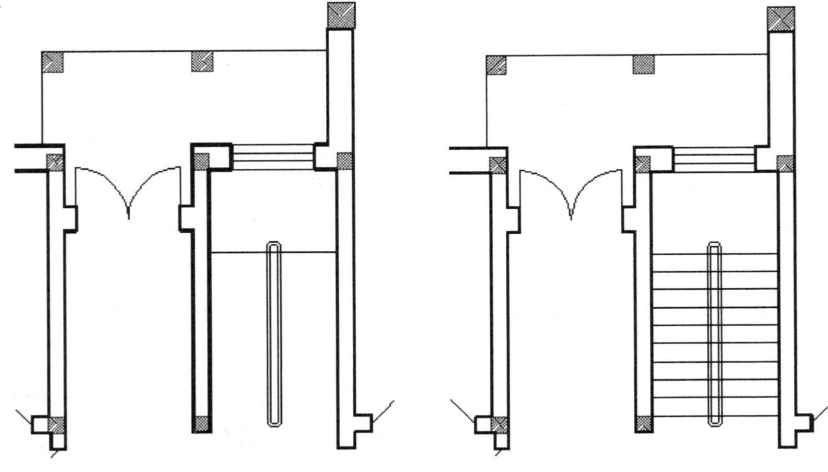

图 9-157　绘制水平直线　　　　图 9-158　偏移直线

(6) 单击“默认”选项卡“绘图”面板中的“直线”按钮 ，在上步绘制的梯段线上绘制一条竖直直线，如图 9-159 所示。

(7) 单击“默认”选项卡“修改”面板中的“偏移”按钮 ，选择上步绘制的竖直直线为偏移对象向右进行偏移，偏移距离为 60，如图 9-160 所示。

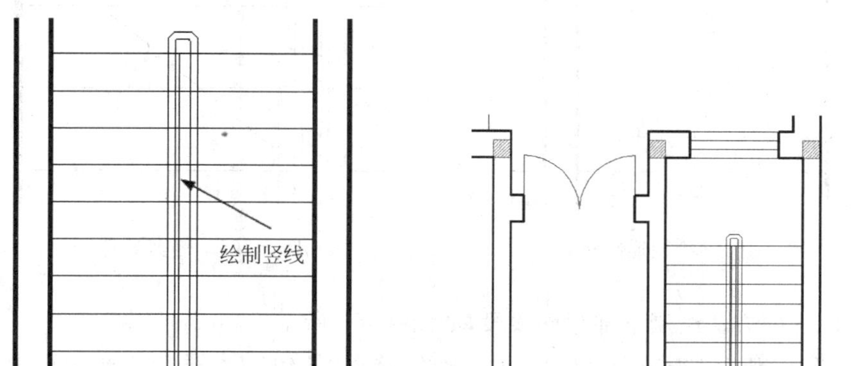

图 9-159　绘制竖直直线　　图 9-160　偏移直线

(8) 单击“默认”选项卡“修改”面板中的“修剪”按钮 ，选择上步偏移线段间的墙体为修剪对象进行修剪处理，如图 9-161 所示。

(9) 单击“默认”选项卡“绘图”面板中的“多段线”按钮 ，指定起点宽度为 0、端点宽度为 0，绘制楼梯方向指引箭头，如图 9-162 所示。

(10) 单击“默认”选项卡“绘图”面板中的“多段线”按钮 ，指定起点宽度为 5、端点宽度为 5，在上步图形中绘制一条斜向直线，如图 9-163 所示。

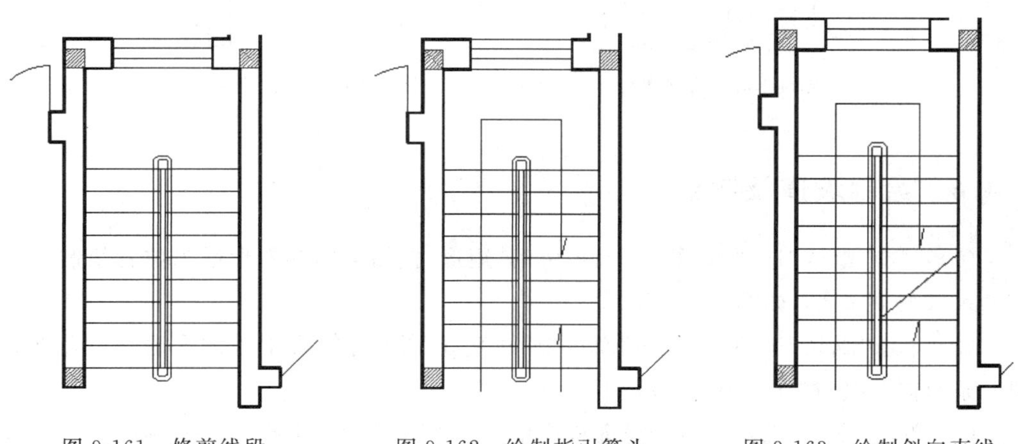

图 9-161　修剪线段　　图 9-162　绘制指引箭头　　图 9-163　绘制斜向直线

(11) 单击“默认”选项卡“绘图”面板中的“多段线”按钮 ，指定起点宽度为 5、端点宽度为 5，在上步绘制的斜向直线上绘制连续折线，如图 9-164 所示。

(12) 单击“默认”选项卡“修改”面板中的“修剪”按钮 ，对上步绘制的多段线进

Note

行修剪处理，如图 9-165 所示。

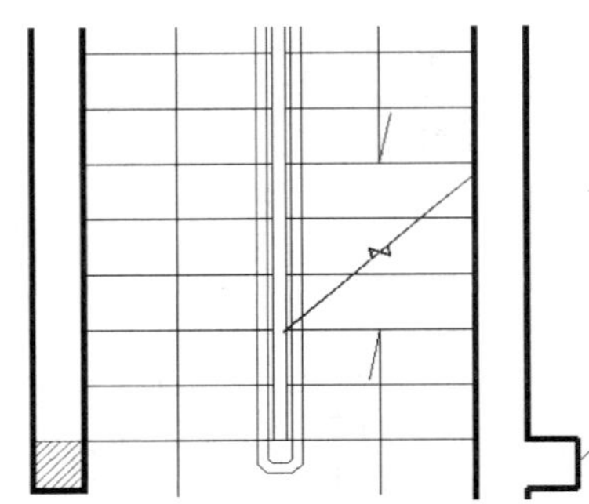

图 9-164　绘制连续折线

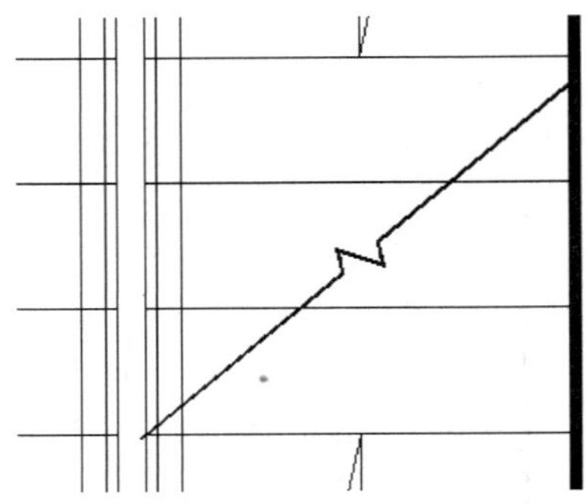

图 9-165　修剪处理

采用同样的方法绘制下部相同线段，如图 9-166 所示。

(13) 单击“默认”选项卡“修改”面板中的“修剪”按钮 ，选择上步图形中绘制的多余线段为修剪对象，对其进行修剪，如图 9-167 所示。

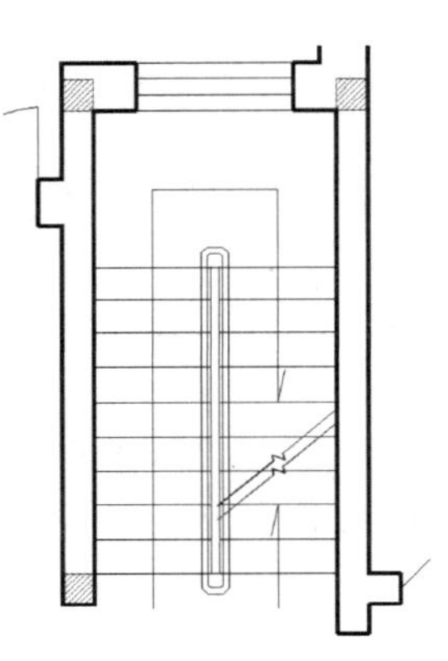

图 9-166　绘制线段

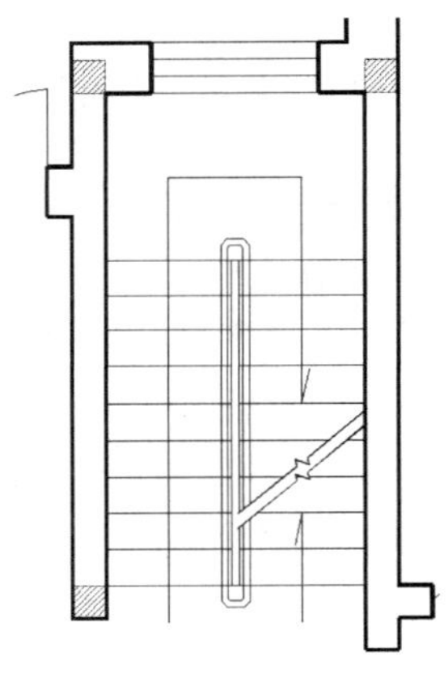

图 9-167　修剪处理

9.4.6　绘制坡道及露台

(1) 单击“默认”选项卡“绘图”面板中的“矩形”按钮 ，在图形适当位置绘制一个 3797×1200 的矩形，如图 9-168 所示。

(2) 单击“默认”选项卡“绘图”面板中的“直线”按钮 ，在上步图形适当位置处绘制一条斜向直线，如图 9-169 所示。

(3) 单击“默认”选项卡“修改”面板中的“镜像”按钮 ，选择上步绘制的斜向直线为镜像对象，对其进行竖直镜像，结果如图 9-170 所示。

(4) 单击“默认”选项卡“绘图”面板中的“图案填充”按钮 ，打开“图案填充创建”选项卡，选择 LINE 图案类型，比例设置为 30，单击“拾取点”按钮，选择相应区域内一点进行填充，效果如图 9-171 所示。

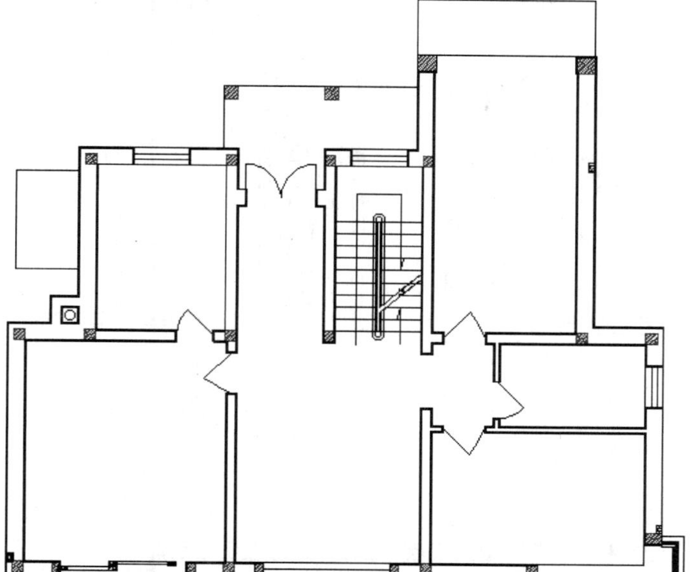

图 9-168　绘制矩形

图 9-169　绘制斜向直线

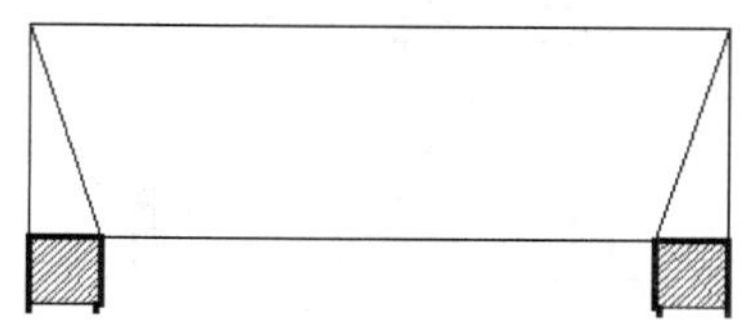

图 9-170　镜像线段

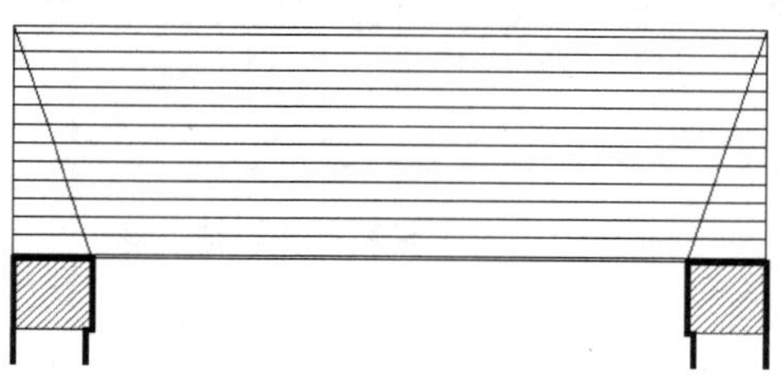

图 9-171　填充图形

（5）单击“默认”选项卡“绘图”面板中的“直线”按钮，绘制墙体内部标注辅助线，如图 9-172 所示。

（6）单击“默认”选项卡“绘图”面板中的“多段线”按钮，绘制露台外围辅助线，如图 9-173 所示。

（7）单击“默认”选项卡“绘图”面板中的“图案填充”按钮，打开“图案填充创建”选项卡，选择 LINE 图案类型，设置比例为 50，单击“拾取点”按钮，选择相应区域内一点进行填充，效果如图 9-174 所示。

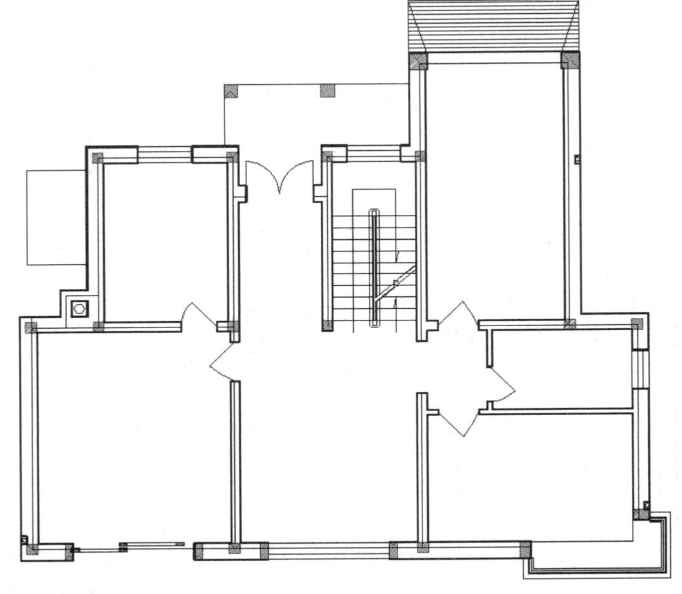

图 9-172 绘制墙体辅助线

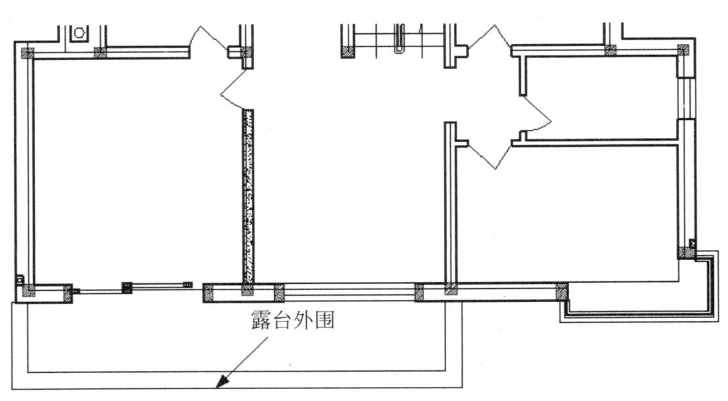

图 9-173 绘制露台外围辅助线

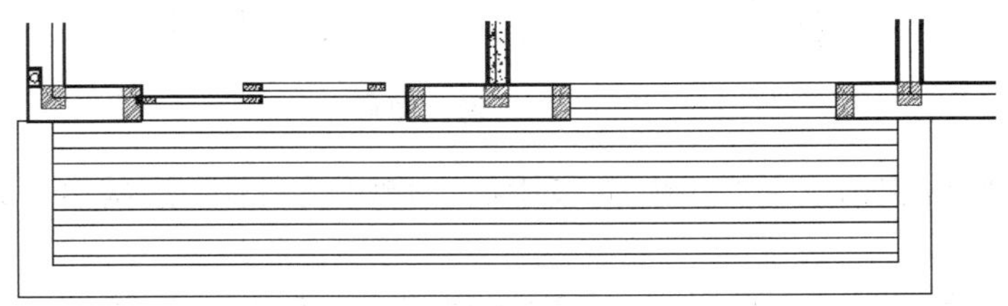

图 9-174 填充图形

结合所学知识完成首层平面图的绘制，如图 9-175 所示。

9.4.7 添加标注

（1）打开“默认”选项卡“图层”面板中的“图层特性”下拉列表框，选择“尺寸”图层

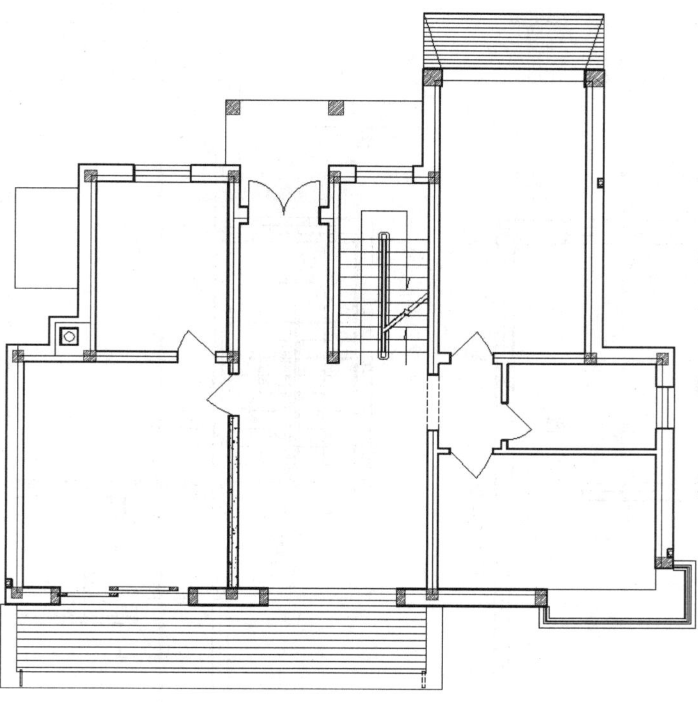

图 9-175 绘制首层平面图

为当前图层,如图 9-176 所示。

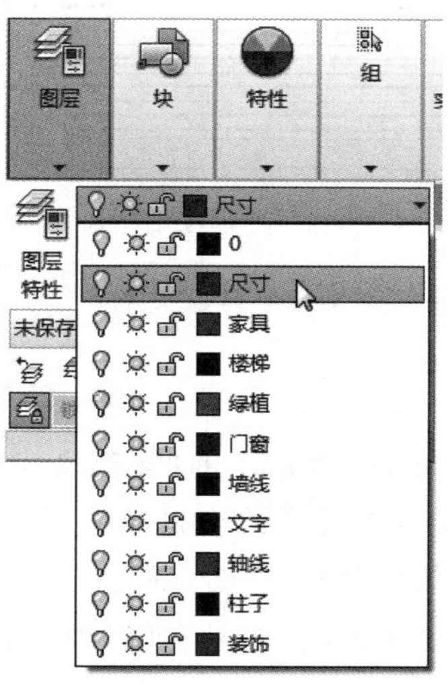

图 9-176 设置当前图层

(2) 单击"默认"选项卡"注释"面板中的"线性"按钮 ,标注图形细部尺寸,如图 9-177 所示。

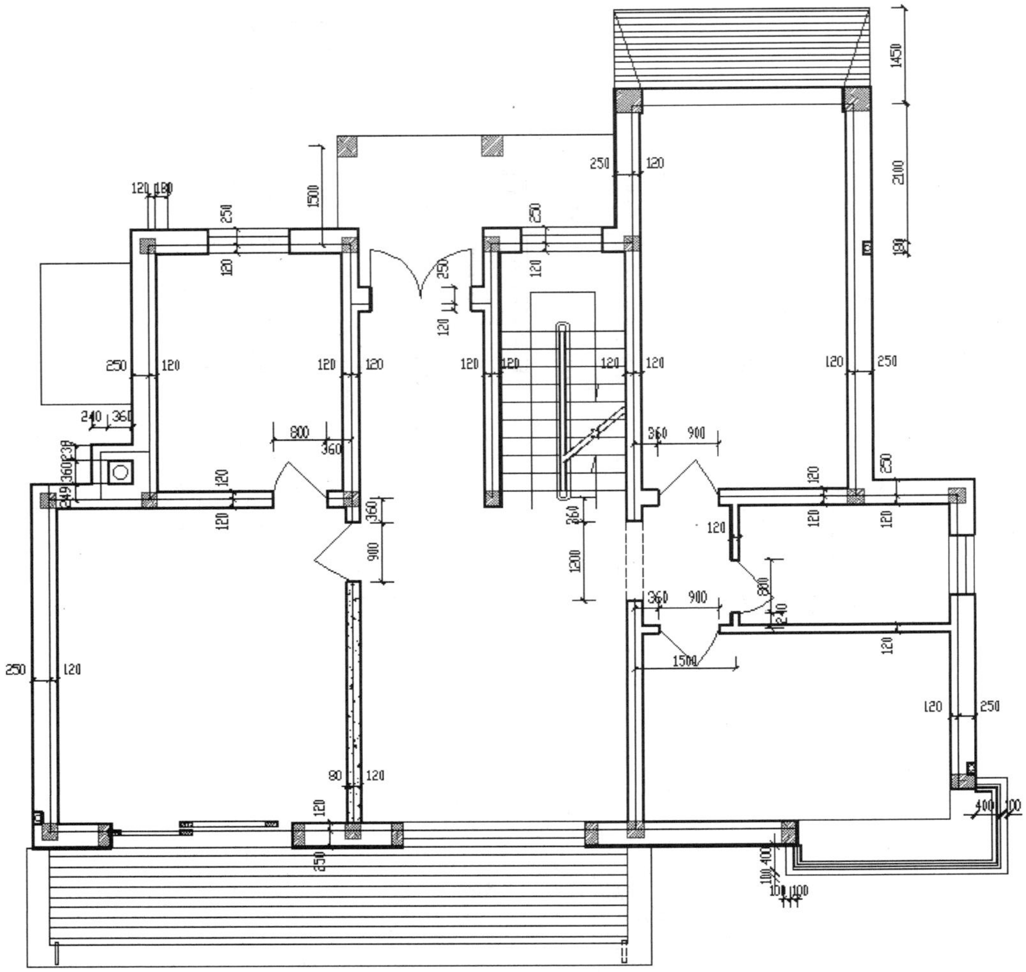

图 9-177　标注细部尺寸

打开关闭的标注的外围尺寸，如图 9-178 所示。

9.4.8　文字标注

（1）单击“默认”选项卡“注释”面板中的“多行文字”按钮 A，为图形添加文字说明。利用上述方法完成剩余首层平面图的绘制，如图 9-179 所示。

（2）单击“默认”选项卡“注释”面板中的“多行文字”按钮 A 和“绘图”面板中的“直线”按钮 ，为图形添加剩余文字说明，如图 9-180 所示。

9.4.9　插入图框

单击“默认”选项卡“块”面板中的“插入”按钮 ，打开“插入”对话框，如图 9-181 所示。单击“浏览”按钮，打开“选择图形文件”对话框，选择下载的“源文件/图块/A2 图框”图块，将其放置到图形适当位置，最终完成地下室平面图的绘制。单击“默认”选项卡“绘

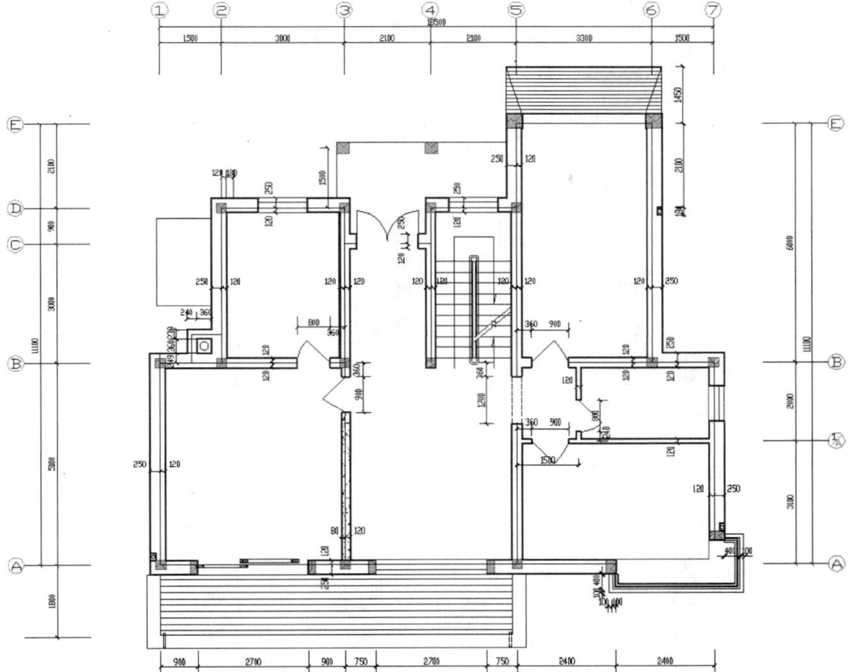

图 9-178　标注尺寸

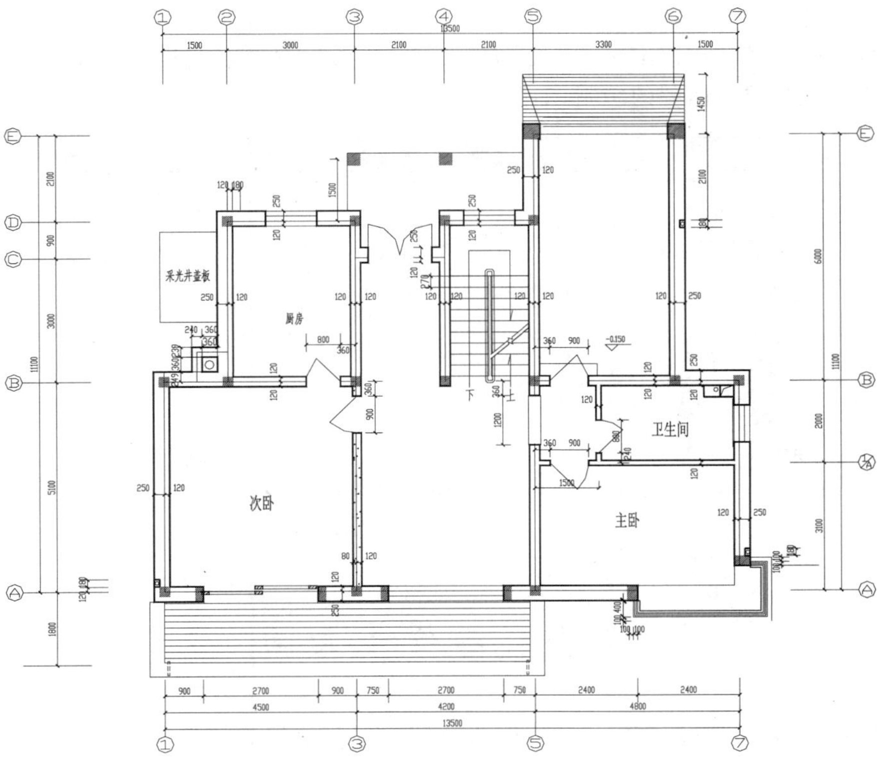

图 9-179　添加文字说明

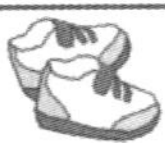

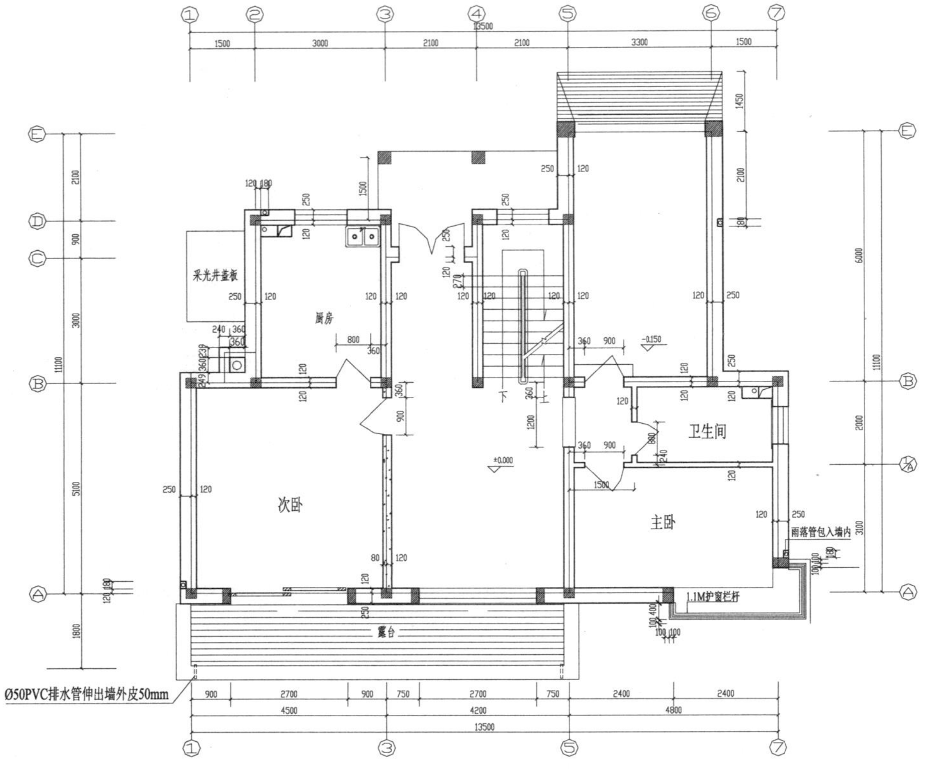

图 9-180　添加剩余文字说明

图”面板中的“直线”按钮 和“注释”面板中的“多行文字”按钮 A ，为图形添加总图名称，最终完成首层平面图的绘制，如图 9-123 所示。

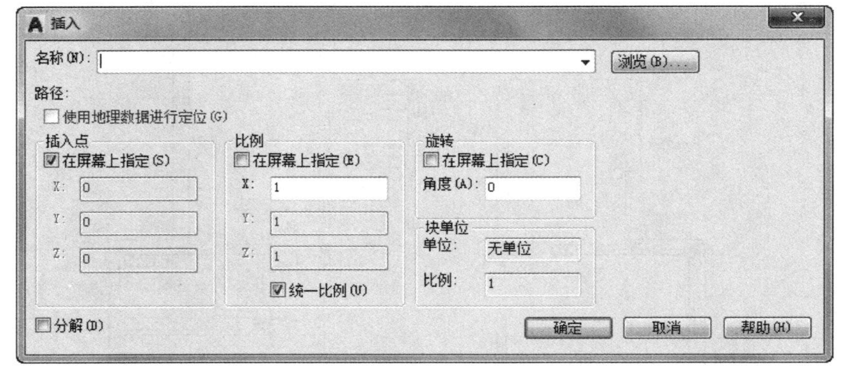

图 9-181　“插入”对话框

9.5　二层平面图

二层主要包括主卧、次卧、卫生间、更衣室、书房、过道、露台，利用上述方法完成二层平面图的绘制，结果如图 9-182 所示。

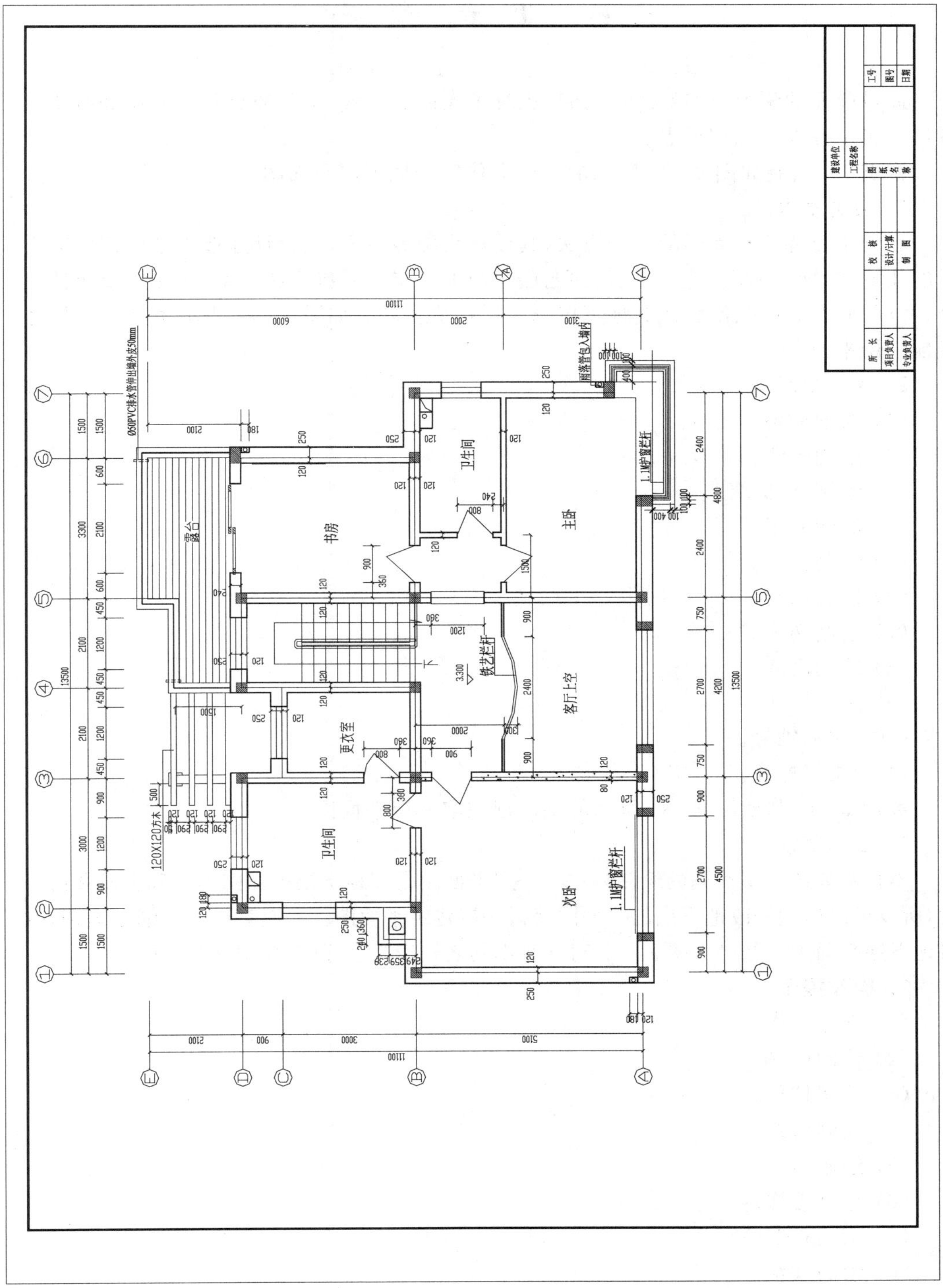

图 9-182　二层平面图

Note

9.6 上机实验

通过前面的学习,读者对本章知识也有了大体的了解,本节通过几个操作练习使读者进一步掌握本章知识要点。

实例 1 绘制如图 9-183 所示的某砖混住宅楼地下层平面图。

1. 目的要求

本例主要练习平面图的绘制方法,其设计为砖混住宅,是设计建造于某城市住宅小区的住宅楼,地上六层、地下一层,共七层。地下一层主要包括储藏室,一层主要包括主卧、客厅、厨房、餐厅、次卧。其他五层与一层构造相同。如图 9-183 所示为某砖混住宅楼地下层平面图。

2. 操作提示

(1) 绘图准备。
(2) 绘制轴线。
(3) 绘制外部墙线。
(4) 绘制柱子。
(5) 绘制窗户。
(6) 绘制门。
(7) 绘制楼梯。
(8) 绘制内墙。
(9) 尺寸标注。
(10) 添加轴号。
(11) 文字标注。

实例 2 绘制如图 9-184 所示的某砖混住宅一层平面图。

1. 目的要求

本例主要练习平面图的绘制方法。一层平面图是在地下层平面图的基础上发展而来的,所以可以通过修改地下层的平面图获得一层建筑平面图。一层布局只有细微差别,故将地下层平面用一张平面图表示。对某些不同之处用文字标明,如图 9-184 所示。

2. 操作提示

(1) 准备工作。
(2) 绘制墙体。
(3) 绘制柱子。
(4) 绘制窗线。
(5) 绘制门。
(6) 绘制楼梯。
(7) 家具布置。
(8) 绘制散水。
(9) 添加标注。
(10) 文字标注。

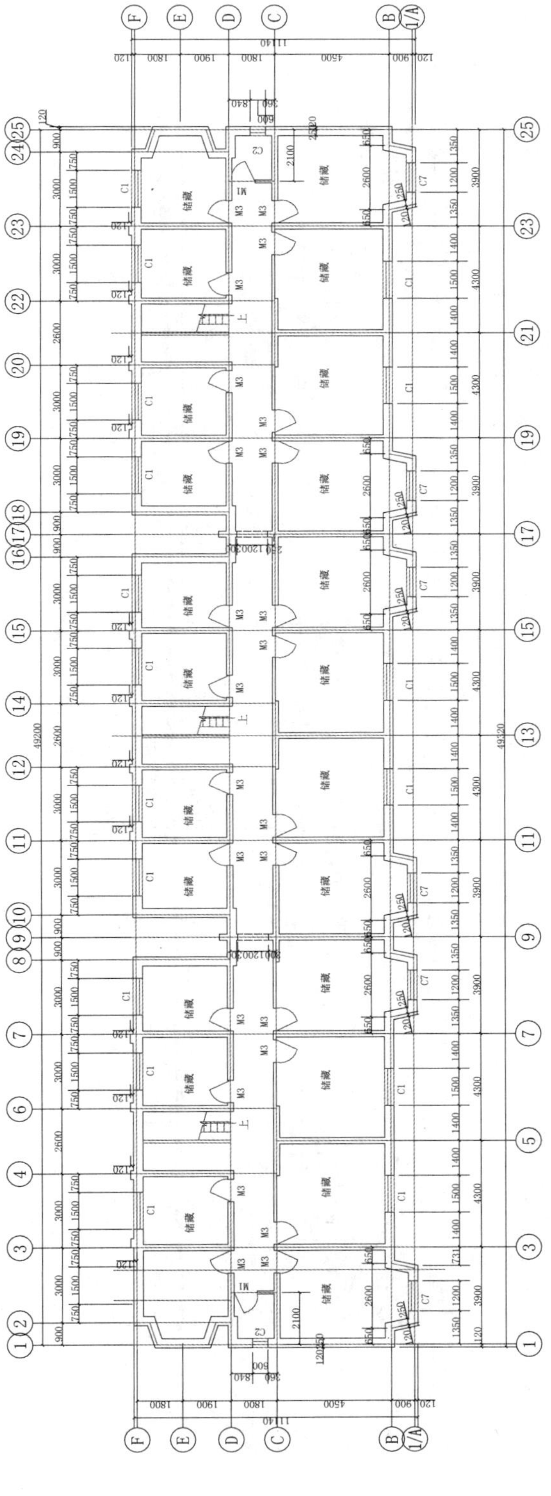

Note

地下层平面图　1:100

图 9-183　某砖混住宅楼地下层平面图

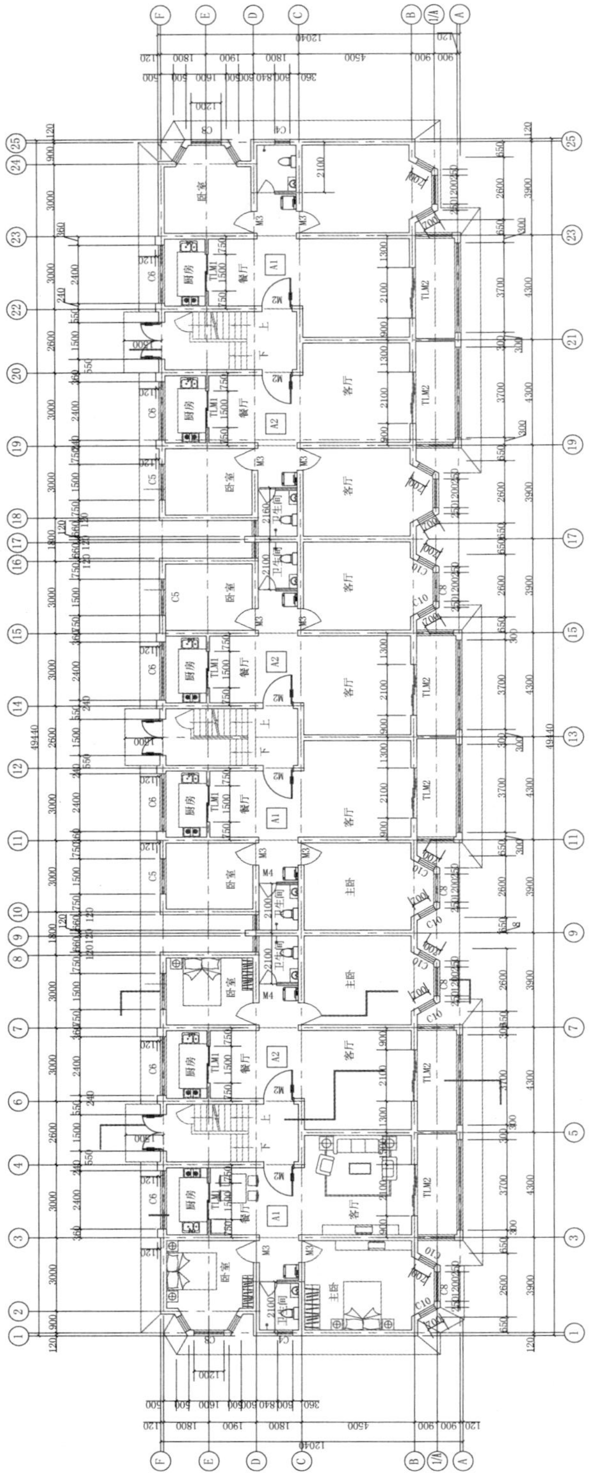

Note

图 9-184 某砖混住宅一层平面图

第10章 别墅立面图

本章导读

立面图是用直接正投影法将建筑各个墙面进行投影所得到的正投影图。本章以别墅立面图为例，详细介绍这些建筑立面图的CAD绘制方法与相关技巧。

学习要点

- 建筑立面图绘制概述
- A-E立面图的绘制
- E-A立面图的绘制

10.1 建筑立面图绘制概述

Note

建筑立面图是用来研究建筑立面的造型和装修的图样。立面图主要是反映建筑物的外貌和立面装修的做法,这是因为建筑物给人的美感主要来自其立面的造型和装修。

10.1.1 建筑立面图的概念及图示内容

立面图是用直接正投影法将建筑各个墙面进行投影所得到的正投影图。一般情况下,立面图上的图示内容包括墙体外轮廓及内部凹凸轮廓、门窗(幕墙)、入口台阶及坡道、雨篷、窗台、窗楣、壁柱、檐口、栏杆、外露楼梯、各种小的细部等可以简化或用比例来代替。例如门窗的立面、踢脚线等。从理论上讲,立面图上所有建筑配件的正投影图均要反映在立面图上。实际上,绘制一些比例较有代表性的位置时,可以绘制展开立面图。圆形或多边形平面的建筑物可通过分段展开来绘制立面图窗扇、门扇等细节,而同类门窗则用其轮廓表示即可。

此外,当立面转折、曲折较复杂,门窗不是引用有关门窗图集时,则其细部构造需要通过绘制大样图来表示,这就弥补了在施工图中立面图上的不足。为了图示明确,在图名上均应注明"展开"二字,在转角处应准确标明轴线号。

10.1.2 建筑立面图的命名方式

建筑立面图命名的目的在于能够使读者一目了然地识别其立面的位置。因此,各种命名方式都是围绕"明确位置"这一主题来实施的。至于采取哪种方式,则视具体情况而定。

1. 以相对主入口的位置特征来命名

如果以相对主入口的位置特征来命名,则建筑立面图称为正立面图、背立面图和侧立面图。这种方式一般适用于建筑平面方正、简单,入口位置明确的情况。

2. 以相对地理方位的特征来命名

如果以相对地理方位的特征来命名,则建筑立面图常称为南立面图、北立面图、东立面图和西立面图。这种方式一般适用于建筑平面图规整、简单,而且朝向相对正南、正北偏转不大的情况。

3. 以轴线编号来命名

以轴线编号来命名是指用立面图的起止定位轴线来命名,例如①-⑥立面图、E-A立面图等。这种命名方式准确,便于查对,特别适用于平面较复杂的情况。

根据GB/T 50104—2010《建筑制图标准》,有定位轴线的建筑物,宜根据两端定位

轴线号来编注立面图名称。无定位轴线的建筑物可按平面图各面的朝向来确定名称。

10.1.3 建筑立面图绘制的一般步骤

Note

从总体上来说，立面图是通过在平面图的基础上引出定位辅助线确定立面图样的水平位置及大小，然后根据高度方向的设计尺寸来确定立面图样的竖向位置及尺寸，从而绘制出一系列的图样。立面图绘制的一般步骤如下。

(1) 绘图环境设置。

(2) 确定定位辅助线，包括墙、柱定位轴线，楼层水平定位辅助线及其他立面图样的辅助线。

(3) 立面图样的绘制，包括墙体外轮廓及内部凹凸轮廓、门窗(幕墙)、入口台阶及坡道、雨篷、窗台、窗楣、壁柱、檐口、栏杆、外露楼梯、各种踢脚线等。

(4) 配景，包括植物、车辆、人物等。

(5) 尺寸、文字标注。

(6) 线型、线宽设置。

10-1

10.2 A-E 立面图的绘制

本例主要讲述 A-E 立面图的绘制方法，所绘图形如图 10-1 所示。

从 A-E 立面图可以很明显地看出，由于地势地形的客观情况，本别墅的地下室实际上是一种半地下的结构，别墅南面的地下室完全露出地面，只是在北面的部分是深入到地下的。这主要是因地制宜的结果。总体来说，这种结构既利用了地形，使整个别墅建筑与自然地形融为一体，达到建筑与自然和谐共生的效果，同时也使地下室部分具有良好的采光性。

10.2.1 绘制基础图形

(1) 单击“默认”选项卡“绘图”面板中的“多段线”按钮，指定起点宽度为 30、端点宽度为 30，在图形空白区域绘制一条长度为 15496 的水平多段线，如图 10-2 所示。

(2) 单击“默认”选项卡“绘图”面板中的“多段线”按钮，指定起点宽度为 25、端点宽度为 25，在上步绘制的水平多段线上选择一点为直线起点，向上绘制一条长度为 9450 的竖直多段线，如图 10-3 所示。

(3) 单击“默认”选项卡“修改”面板中的“偏移”按钮，选择上步绘制的多段线为偏移对象连续向右进行偏移，偏移距离分别为 5600、6000，如图 10-4 所示。

(4) 单击“默认”选项卡“绘图”面板中的“直线”按钮，在上步图形上选择一点为直线起点向右绘制一条水平直线，如图 10-5 所示。

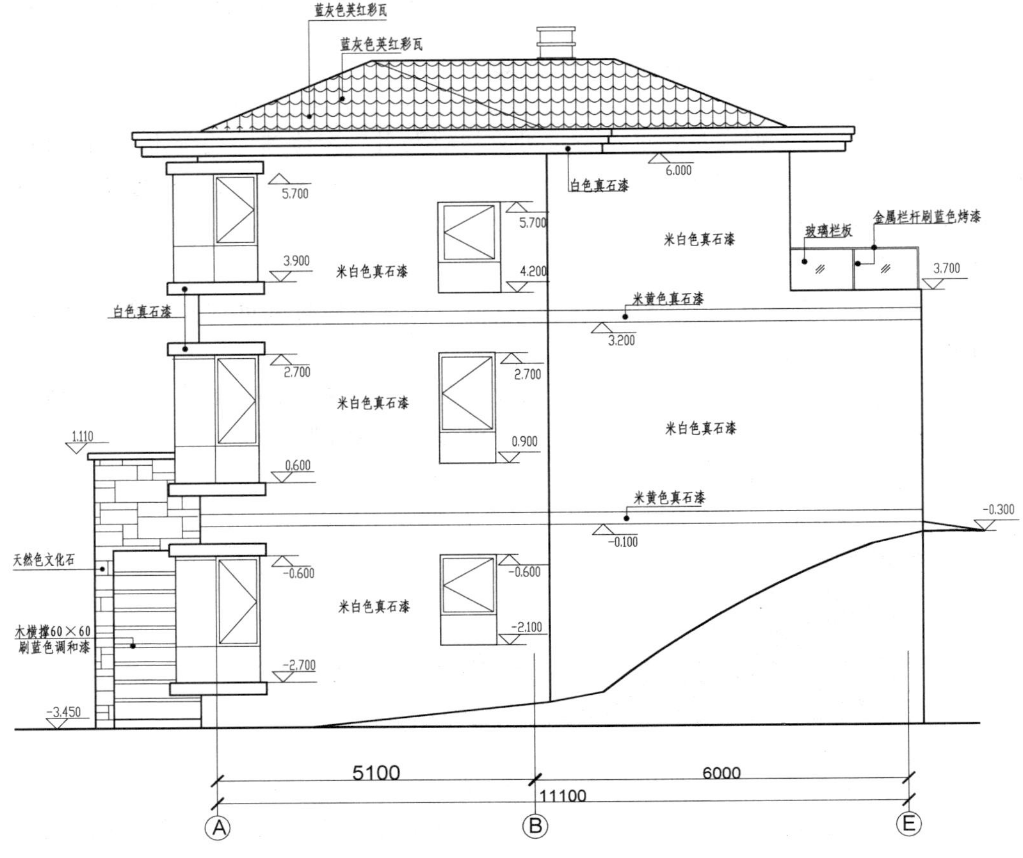

图 10-1　A-E 立面图

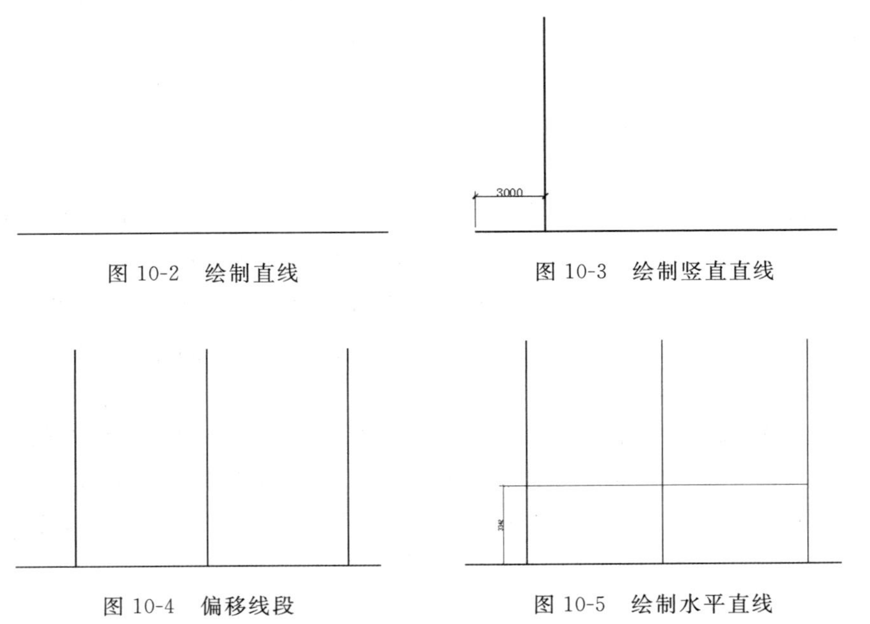

图 10-2　绘制直线

图 10-3　绘制竖直直线

图 10-4　偏移线段

图 10-5　绘制水平直线

Note

(5) 单击“默认”选项卡“修改”面板中的“偏移”按钮，选择上步绘制的水平直线为偏移对象向上进行偏移，偏移距离为 200，如图 10-6 所示。

(6) 单击“默认”选项卡“绘图”面板中的“多段线”按钮，指定起点宽度为 25、端点宽度为 25，在上步图形适当位置处绘制一个 1550×200 的矩形，如图 10-7 所示。

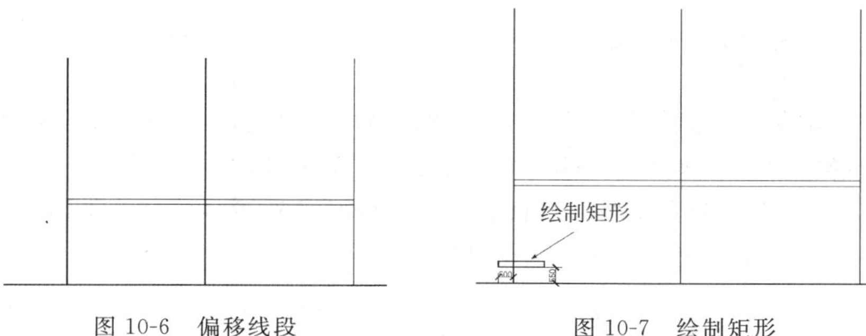

图 10-6　偏移线段　　　图 10-7　绘制矩形

(7) 单击“默认”选项卡“修改”面板中的“复制”按钮，选择上步绘制的矩形为复制对象向上进行复制，复制间距为 2300，如图 10-8 所示。

(8) 单击“默认”选项卡“绘图”面板中的“多段线”按钮，指定起点宽度为 15、端点宽度为 15，在上步图形适当位置绘制一条竖直直线连接前两步绘制及复制的图形，如图 10-9 所示。

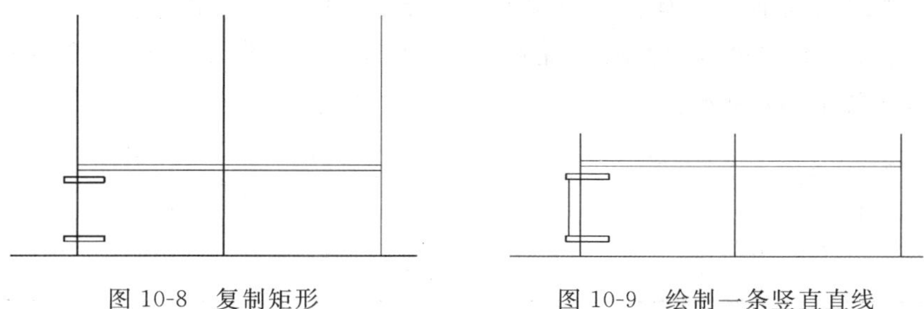

图 10-8　复制矩形　　　图 10-9　绘制一条竖直直线

(9) 单击“默认”选项卡“修改”面板中的“偏移”按钮，选择上步绘制的竖直直线为偏移对象向右进行偏移，偏移距离为 1350，如图 10-10 所示。

(10) 单击“默认”选项卡“修改”面板中的“修剪”按钮，选择上步偏移线段之间的线段为修剪线段对其进行修剪，如图 10-11 所示。

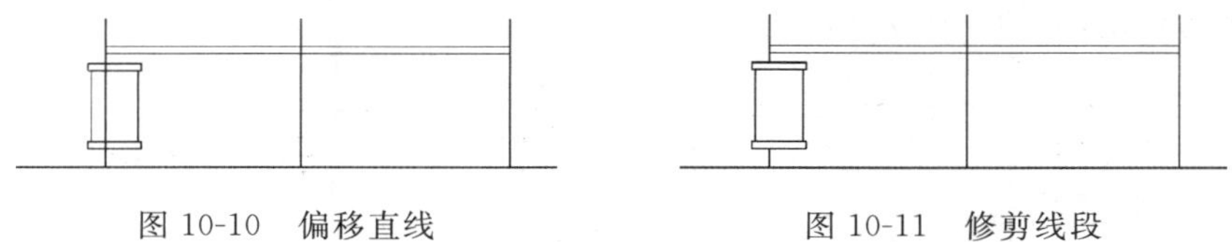

图 10-10　偏移直线　　　图 10-11　修剪线段

(11) 单击“默认”选项卡“绘图”面板中的“直线”按钮，在上步图形内绘制一条水平直线和一条竖直直线，如图 10-12 所示。

(12) 单击“默认”选项卡“修改”面板中的“偏移”按钮，选择上步绘制的竖直直

Note

线为偏移对象向右进行偏移，偏移距离分别为 47、600，如图 10-13 所示。

图 10-12　绘制直线

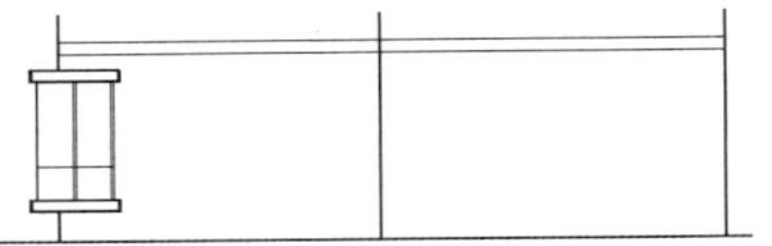

图 10-13　偏移线段

（13）单击“默认”选项卡“修改”面板中的“偏移”按钮，选择上步绘制的水平直线为偏移对象向上进行偏移，偏移距离分别为 50、1386，如图 10-14 所示。

（14）单击“默认”选项卡“修改”面板中的“修剪”按钮，选择上步偏移的线段为修剪对象对其进行修剪处理，如图 10-15 所示。

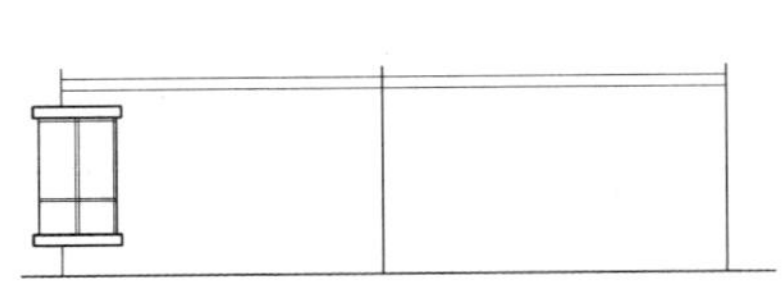

图 10-14　偏移线段

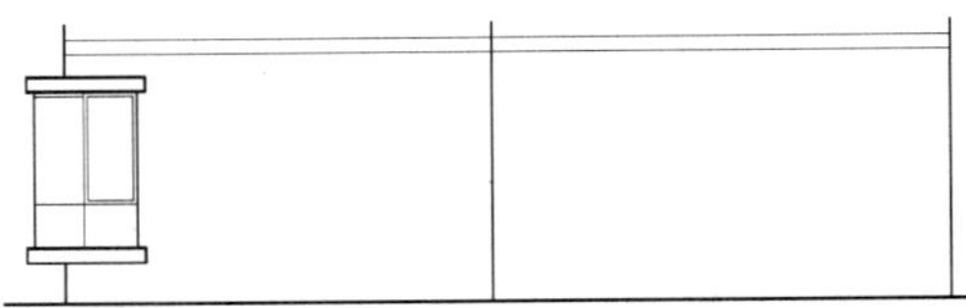

图 10-15　修剪线段

（15）单击“默认”选项卡“绘图”面板中的“多段线”按钮，指定起点宽度为 15、端点宽度为 15，在上步图形右侧位置绘制连续多段线，如图 10-16 所示。

（16）单击“默认”选项卡“绘图”面板中的“直线”按钮，在上步图形内绘制一条水平直线，如图 10-17 所示。

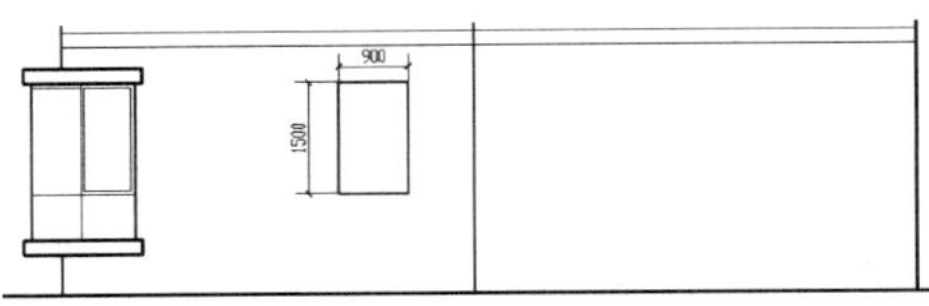

图 10-16　绘制连续多段线

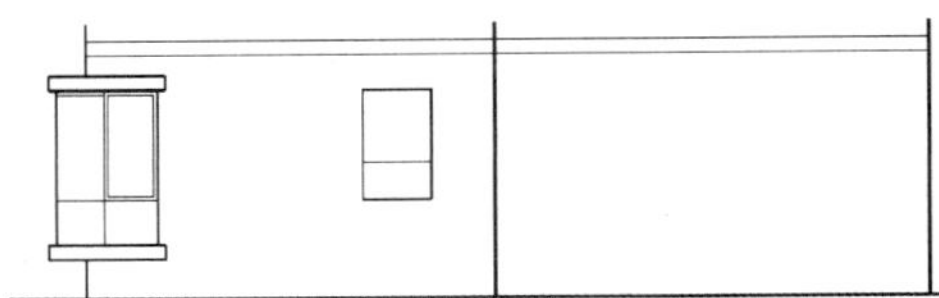

图 10-17　绘制水平直线

（17）单击“默认”选项卡“绘图”面板中的“矩形”按钮，在上步图形内绘制一个 800×886 的矩形，如图 10-18 所示。

（18）单击“默认”选项卡“绘图”面板中的“直线”按钮，在上步绘制的图形内绘制两条斜向直线，如图 10-19 所示。

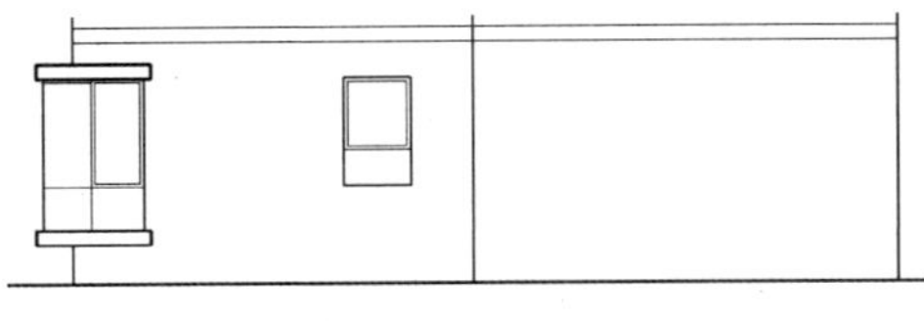

图 10-18　绘制矩形

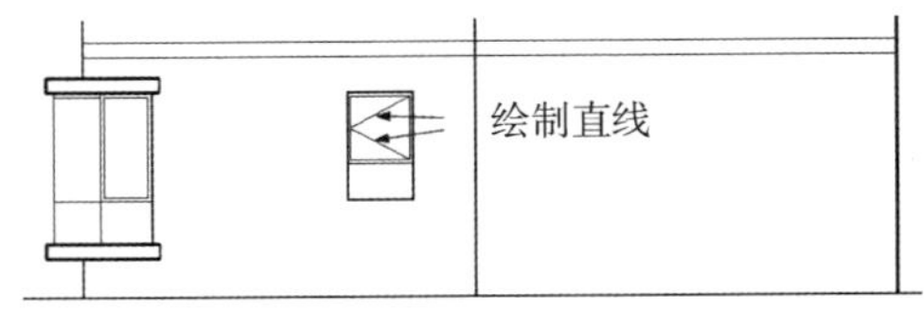

图 10-19　绘制直线

（19）单击“默认”选项卡“绘图”面板中的“多段线”按钮，指定起点宽度为 25、端

点宽度为 25，在上步图形内绘制连续多段线，如图 10-20 所示。

（20）单击“默认”选项卡“修改”面板中的“修剪”按钮，选择上步所绘制多段线内的线段为修剪对象，对其进行修剪处理，如图 10-21 所示。

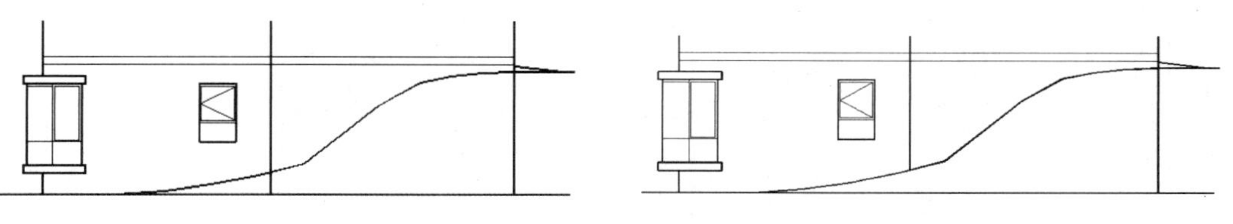

图 10-20　绘制多段线　　　　图 10-21　修剪处理

（21）单击“默认”选项卡“绘图”面板中的“图案填充”按钮，打开“图案填充创建”选项卡，选择 AR-SAND 图案类型，并设置相关参数，如图 10-22 所示。单击“拾取点”按钮，选择上步修剪区域为填充区域对其进行填充，最终结果如图 10-23 所示。

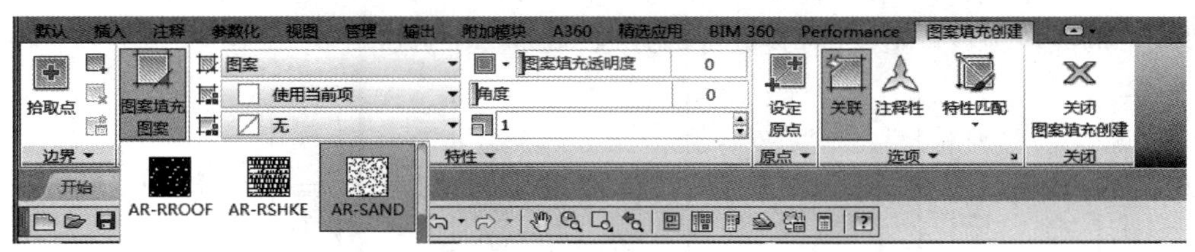

图 10-22　“图案填充创建”选项卡

（22）单击“默认”选项卡“修改”面板中的“偏移”按钮，选择如图 10-23 所示的水平直线为偏移线段向上进行偏移，偏移距离分别为 3100、200，如图 10-24 所示。

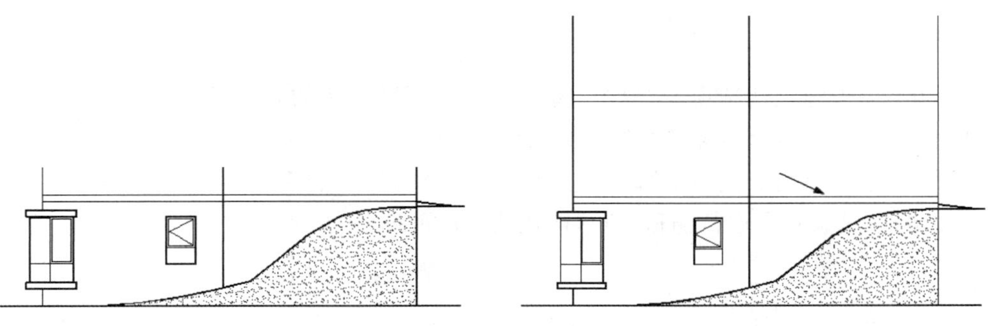

图 10-23　填充图案　　　　图 10-24　偏移线段

（23）单击“默认”选项卡“修改”面板中的“复制”按钮，选择地下室立面图中的窗户图形为复制对象向上进行复制，复制间距为 3300，将其放置到首层立面位置处，并利用上述绘制小窗户的方法绘制相同图形，如图 10-25 所示。

（24）利用地下室窗户图形的绘制方法绘制二层平面图中的窗户图形，如图 10-26 所示。

Note

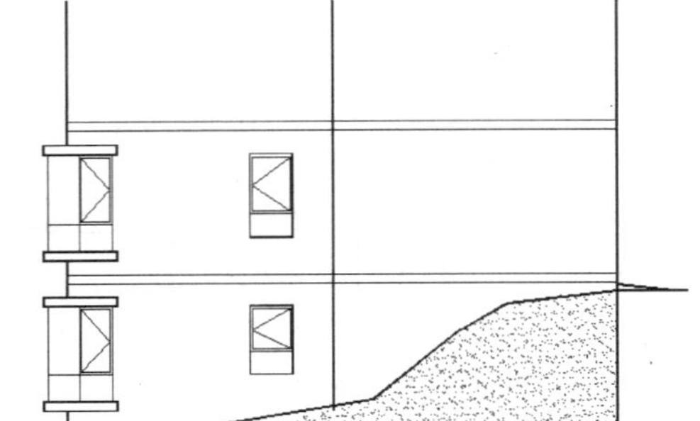

图 10-25　绘制窗户(一)

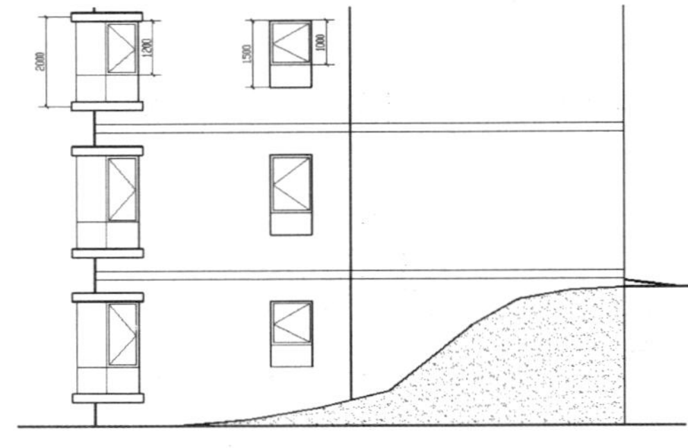

图 10-26　绘制窗户(二)

(25) 单击“默认”选项卡“绘图”面板中的“多段线”按钮，指定起点宽度为 25、端点宽度为 25，在图形适当位置绘制连续直线，如图 10-27 所示。

(26) 单击“默认”选项卡“修改”面板中的“修剪”按钮，选择上步所绘制连续多段线外的线段为修剪对象，对其进行修剪，如图 10-28 所示。

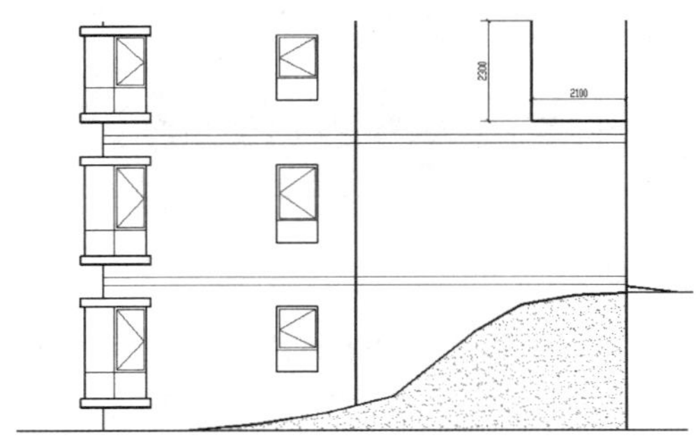

图 10-27　绘制连续直线

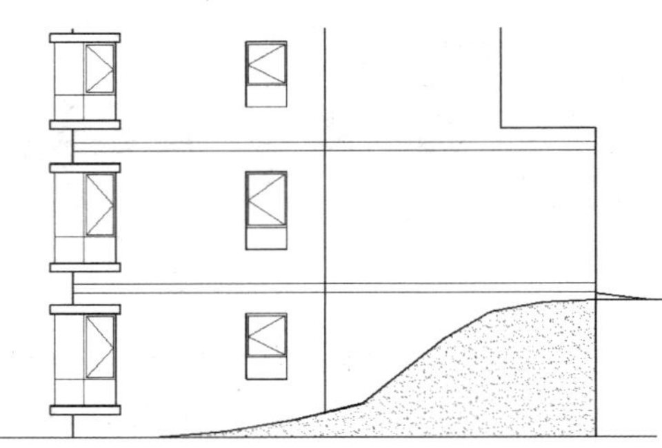

图 10-28　修剪对象

(27) 单击“默认”选项卡“绘图”面板中的“多段线”按钮，指定起点宽度为 0、端点宽度为 0，在图形适当位置绘制连续直线，如图 10-29 所示。

(28) 单击“默认”选项卡“修改”面板中的“偏移”按钮，选择上步绘制的连续多段线为偏移对象向内进行偏移，偏移距离为 25，如图 10-30 所示。

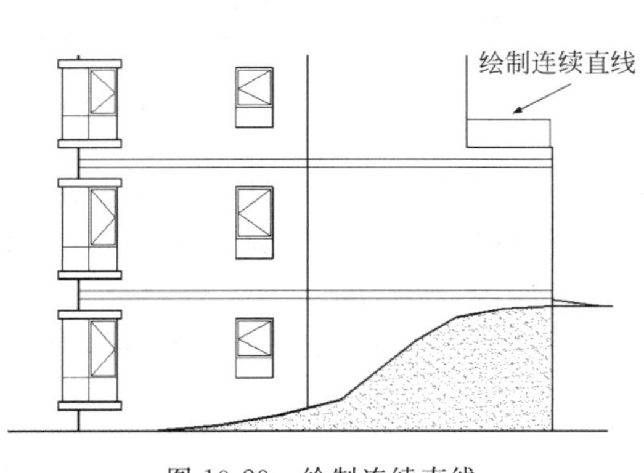

图 10-29　绘制连续直线

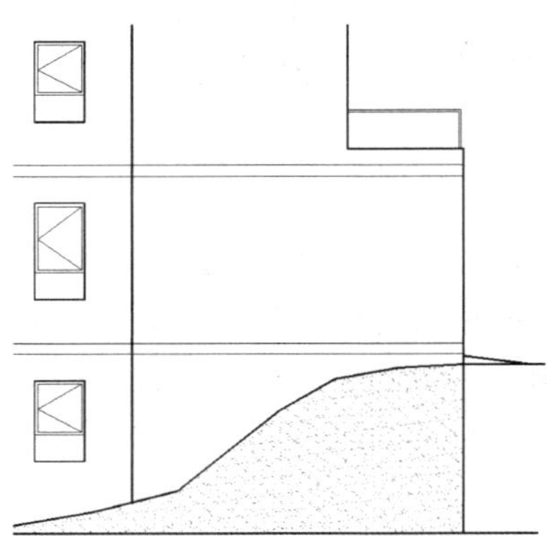

图 10-30　偏移多段线

（29）单击“默认”选项卡“绘图”面板中的“直线”按钮，在上步偏移线段内绘制一条竖直直线，如图 10-31 所示。

（30）单击“默认”选项卡“修改”面板中的“偏移”按钮，选择上步绘制的竖直直线为偏移对象分别向两侧进行偏移，偏移距离为 12.5，如图 10-32 所示。

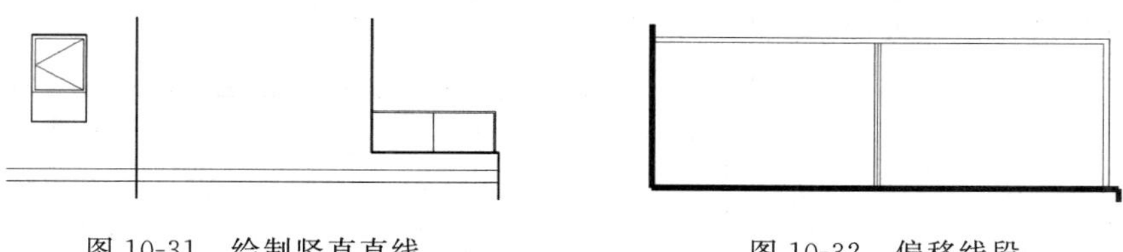

图 10-31 绘制竖直直线　　图 10-32 偏移线段

（31）单击“默认”选项卡“修改”面板中的“删除”按钮，选择中间线段为删除对象对其进行删除，如图 10-33 所示。

（32）单击“默认”选项卡“绘图”面板中的“多段线”按钮，指定起点宽度为 25、端点宽度为 25，在上步图形上方绘制长度为 11599 的水平多段线，如图 10-34 所示。

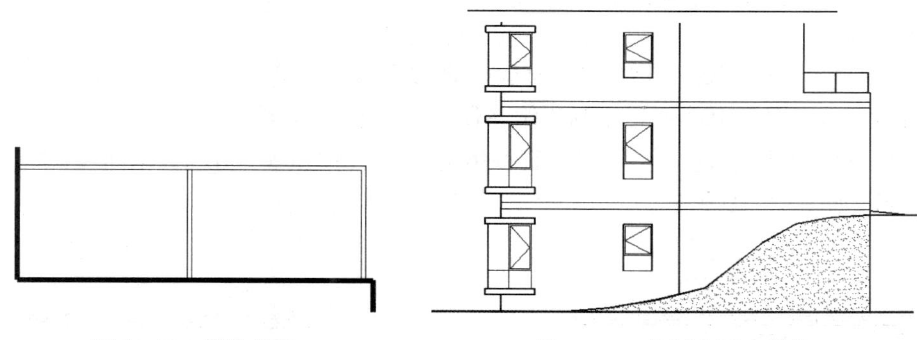

图 10-33 删除线段　　图 10-34 绘制水平多段线

（33）单击“默认”选项卡“修改”面板中的“偏移”按钮，选择上步绘制的水平多段线为偏移对象向下进行偏移，偏移距离分别为 120、120、160，如图 10-35 所示。

（34）单击“默认”选项卡“绘图”面板中的“多段线”按钮，指定起点宽度为 25、端点宽度为 25，绘制上步偏移线段左侧的连接线，如图 10-36 所示。

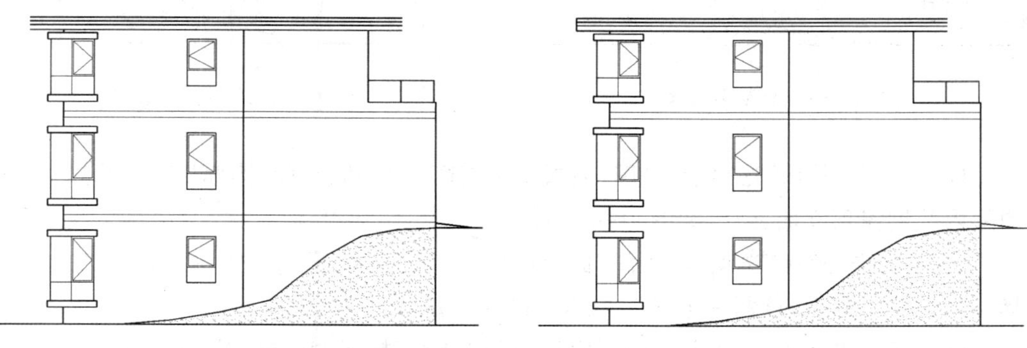

图 10-35 偏移线段　　图 10-36 绘制连接线

Note

(35) 单击"默认"选项卡"修改"面板中的"偏移"按钮 ，选择上步绘制的竖直直线为偏移对象向右进行偏移，偏移距离分别为 50、100、7399、100、50、3750、100、50，如图 10-37 所示。

(36) 单击"默认"选项卡"修改"面板中的"修剪"按钮 ，选择上步偏移线段为修剪对象对其进行修剪处理，如图 10-38 所示。

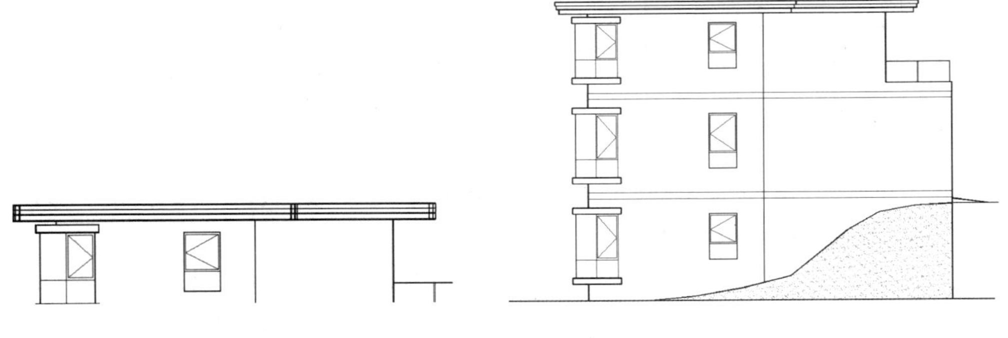

图 10-37　偏移竖直直线　　　图 10-38　修剪图形

(37) 单击"默认"选项卡"绘图"面板中的"多段线"按钮 ，指定起点宽度为 25、端点宽度为 25，在图形上部位置绘制连续多段线，如图 10-39 所示。

(38) 单击"默认"选项卡"绘图"面板中的"直线"按钮 ，在上步图形内绘制一条斜向直线，如图 10-40 所示。

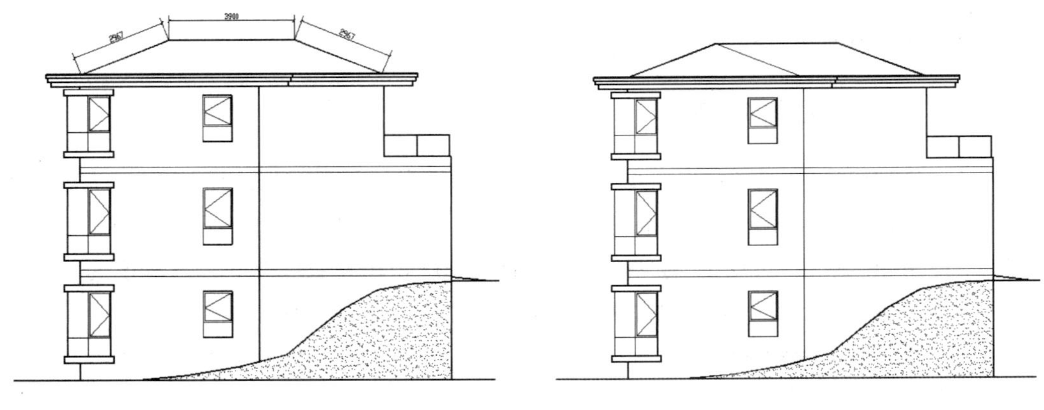

图 10-39　绘制多段线　　　图 10-40　绘制斜向直线

(39) 单击"默认"选项卡"绘图"面板中的"直线"按钮 和"圆弧"按钮 ，在上步图形内绘制屋顶立面瓦片，如图 10-41 所示。

(40) 单击"默认"选项卡"绘图"面板中的"矩形"按钮 ，在屋顶上方适当位置选择一点为矩形起点，绘制一个 619×526 的矩形，如图 10-42 所示。

(41) 单击"默认"选项卡"修改"面板中的"分解"按钮 ，选择上步绘制矩形为分解对象，按 Enter 键进行分解。

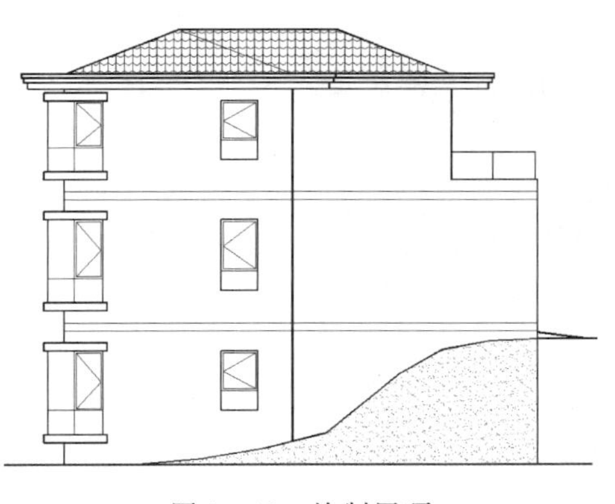

图 10-41　绘制屋顶　　　　图 10-42　绘制矩形

(42) 单击“默认”选项卡“修改”面板中的“偏移”按钮，选择上步绘制矩形左侧边线为偏移对象向右进行偏移，偏移距离分别为 50、519、50，如图 10-43 所示。

(43) 单击“默认”选项卡“修改”面板中的“偏移”按钮，选择分解矩形水平边为偏移对象向下进行偏移，偏移距离分别为 60、195、50、195，如图 10-44 所示。

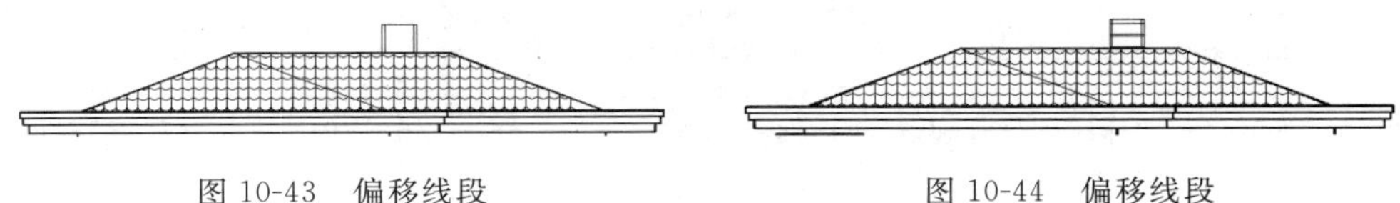

图 10-43　偏移线段　　　　图 10-44　偏移线段

(44) 单击“默认”选项卡“修改”面板中的“修剪”按钮，选择上步偏移线段为修剪对象，对其进行修剪处理，如图 10-45 所示。

利用上述方法完成 A-E 轴立面图的绘制，如图 10-46 所示。

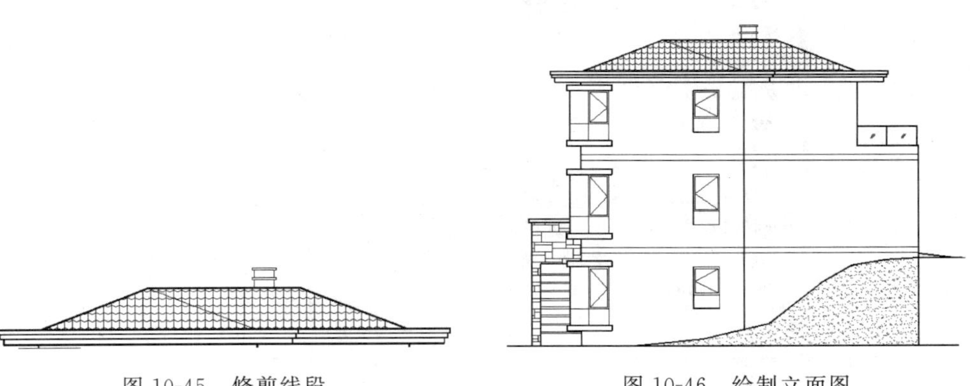

图 10-45　修剪线段　　　　图 10-46　绘制立面图

10.2.2　标注文字及标高

(1) 单击“默认”选项卡“图层”面板中的“图层特性”按钮，打开图层特性管理器，新建“尺寸”图层，并将其设置为当前图层，如图 10-47 所示。

图 10-47　设置当前图层

Note

(2) 设置标注样式。

① 单击“默认”选项卡“注释”面板中的“标注样式”按钮，打开“标注样式管理器”对话框，如图 10-48 所示。

② 单击“新建”按钮，打开“创建新标注样式”对话框，如图 10-49 所示。在“新样式名”文本框中输入“立面”，单击“继续”按钮，打开“新建标注样式：立面”对话框，切换到“线”选项卡，如图 10-50 所示，按照图中的参数修改标注样式。

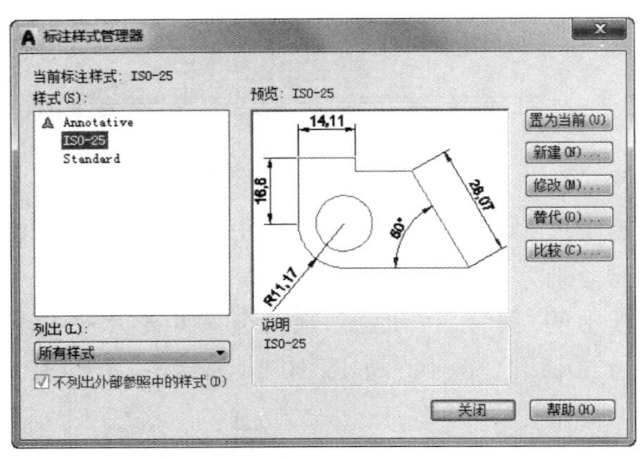

图 10-48 “标注样式管理器”对话框

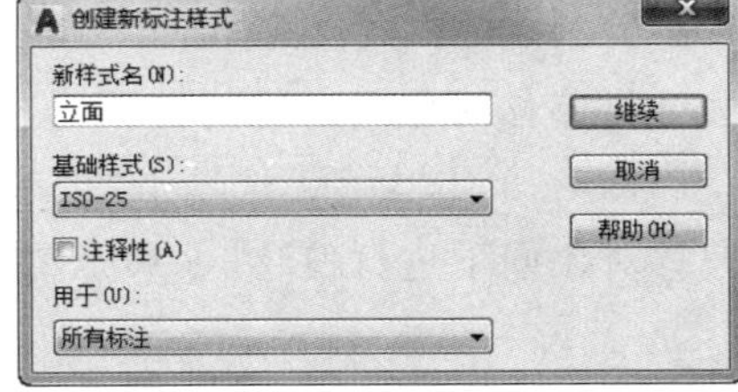

图 10-49 “创建新标注样式”对话框

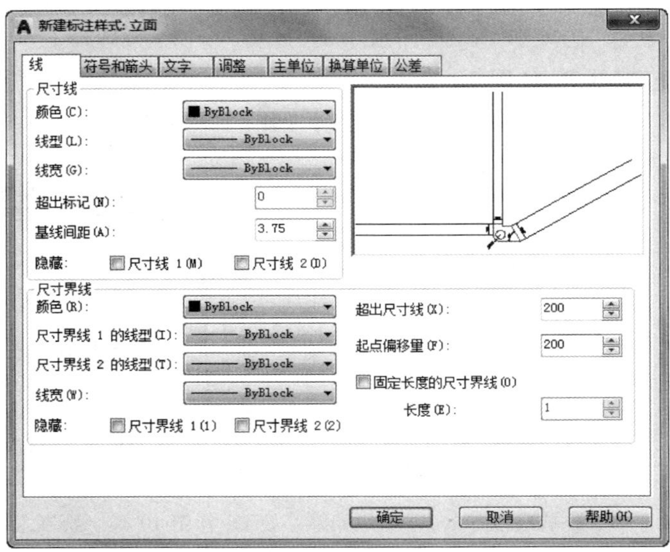

图 10-50 “线”选项卡

③ 切换到“符号和箭头”选项卡，按照图 10-51 所示的设置进行修改，箭头样式选择为“建筑标记”，箭头大小修改为 200。

④ 在“文字”选项卡中设置“文字高度”为 250，如图 10-52 所示。

⑤ 在“主单位”选项卡中的设置如图 10-53 所示。

图 10-51 “符号和箭头”选项卡

图 10-52 “文字”选项卡

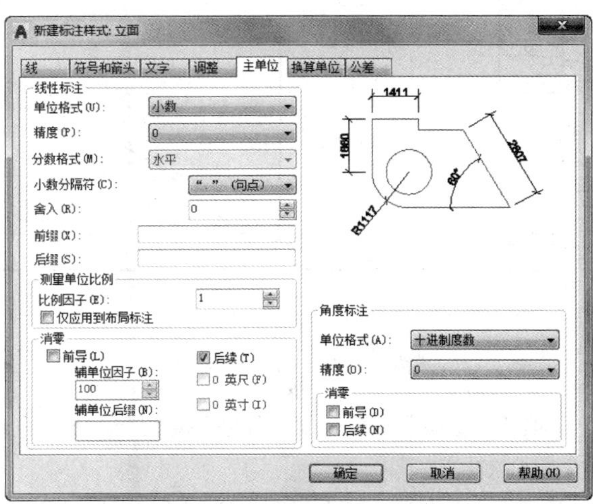

图 10-53 “主单位”选项卡

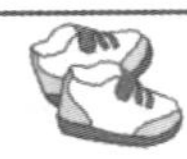

Note

(3) 单击“默认”选项卡“注释”面板中的“线性”按钮 和“连续”按钮 ，为图形添加第一道尺寸标注，如图 10-54 所示。

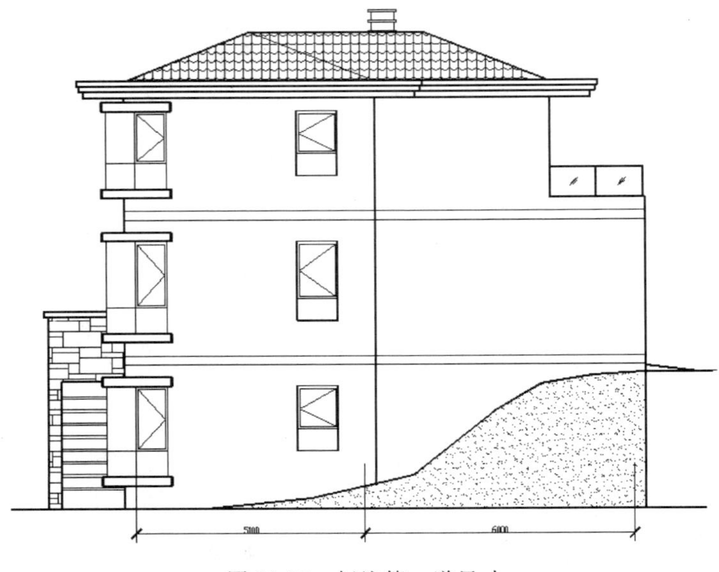

图 10-54　标注第一道尺寸

(4) 单击“默认”选项卡“注释”面板中的“线性”按钮 和“连续”按钮 ，为图形添加总尺寸标注，如图 10-55 所示。

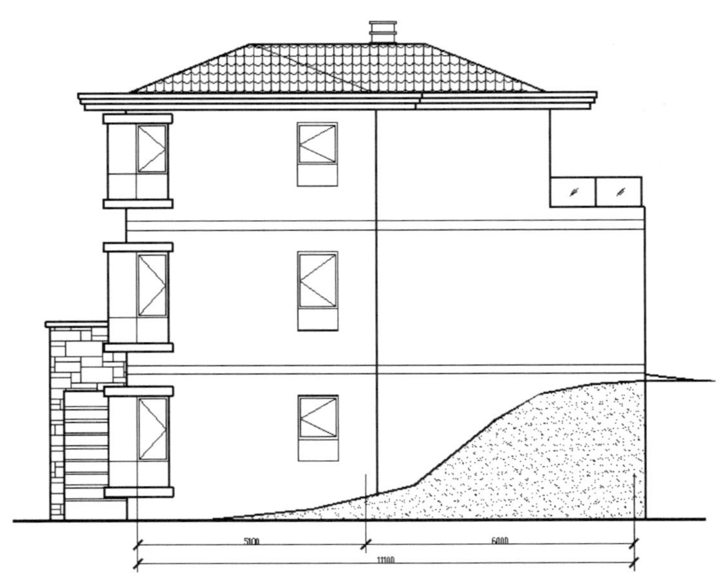

图 10-55　标注总尺寸

(5) 单击“默认”选项卡“修改”面板中的“分解”按钮 ，选择上步所添加尺寸为分解对象，按 Enter 键进行分解。

(6) 单击“默认”选项卡“绘图”面板中的“直线”按钮 ，在标注线底部绘制一条水

平直线，如图 10-56 所示。

（7）单击“默认”选项卡“修改”面板中的“延伸”按钮 ，将竖直直线延伸至上步绘制的水平直线，如图 10-57 所示。

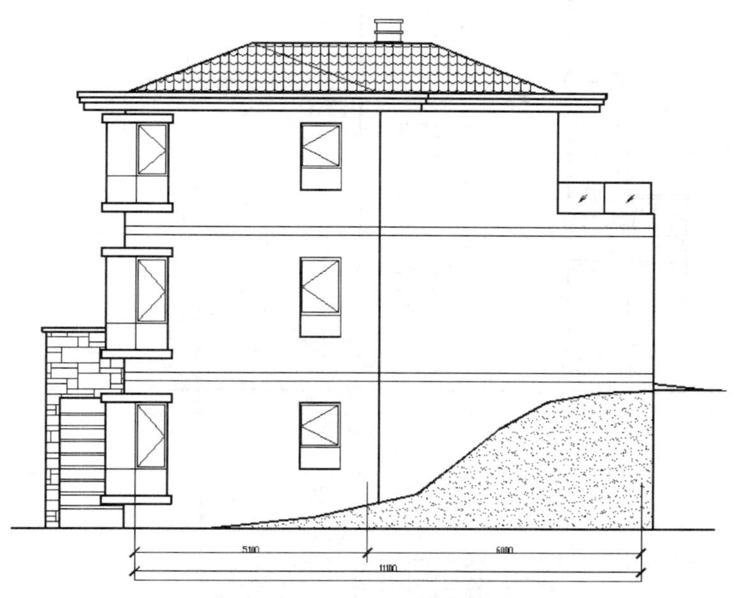

图 10-56　绘制水平直线

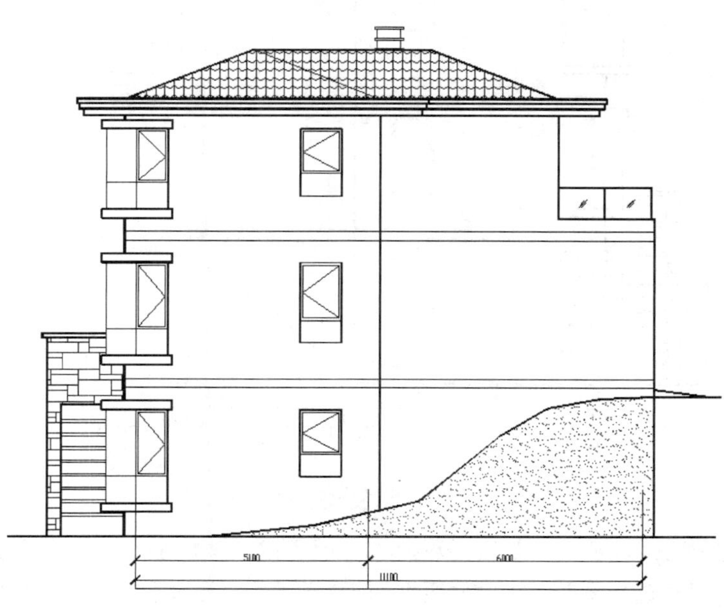

图 10-57　延伸直线

（8）单击“默认”选项卡“修改”面板中的“删除”按钮 ，选择上步绘制的水平直线为删除对象将其删除，如图 10-58 所示。

利用前面章节讲述的方法，完成轴号的添加，如图 10-59 所示。

Note

图 10-58　删除直线

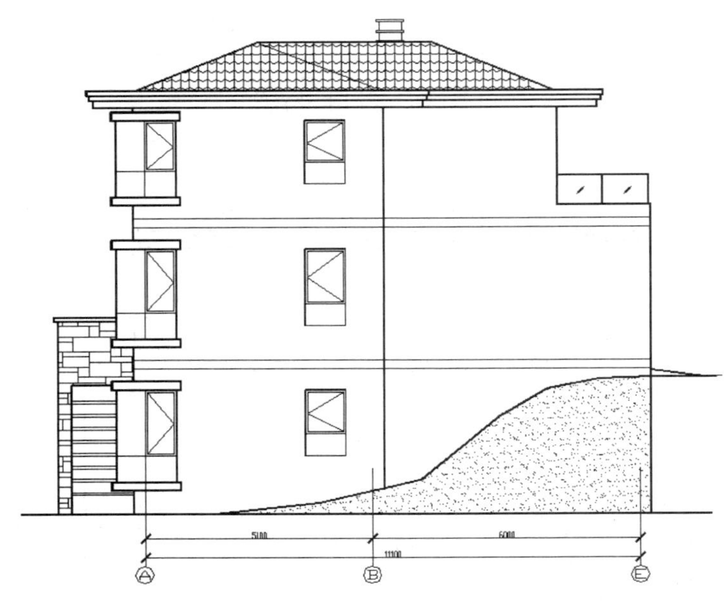

图 10-59　添加轴号

(9) 单击“默认”选项卡“块”面板中的“插入”按钮 ，打开“插入”对话框。单击“浏览”按钮，打开“选择图形文件”对话框，选择下载的“源文件/图块/标高”图块，单击“打开”按钮，回到“插入”对话框。单击“确定”按钮，完成图块插入，如图 10-60 所示。

利用上述方法完成剩余标高的添加，如图 10-61 所示。

(10) 在命令行中输入 QLEADER 命令，为图形添加文字说明，最终结果如图 10-1 所示。

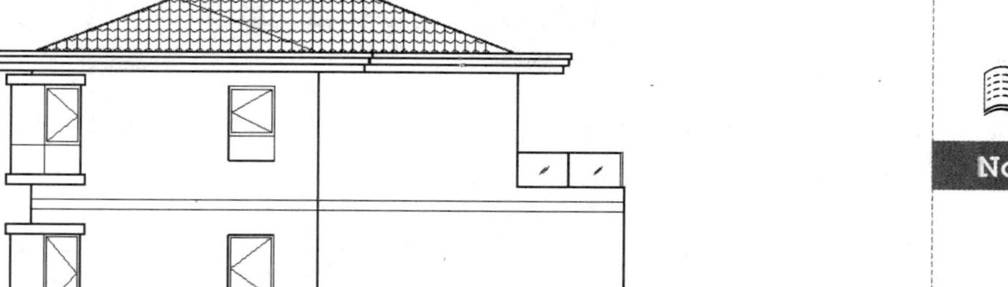

图 10-60 插入标高

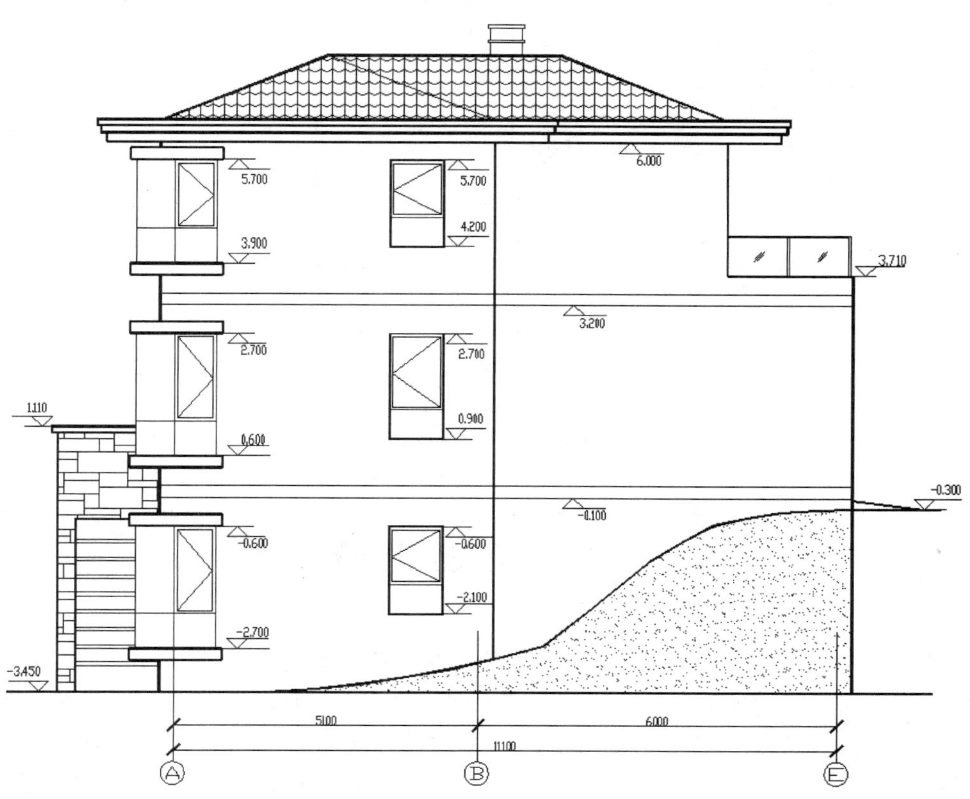

图 10-61 添加标高

10.3 E-A 立面图的绘制

E-A 立面图的绘制方法基本与 A-E 立面图的绘制方法相同,这里不再详细阐述。所绘图形如图 10-62 所示。

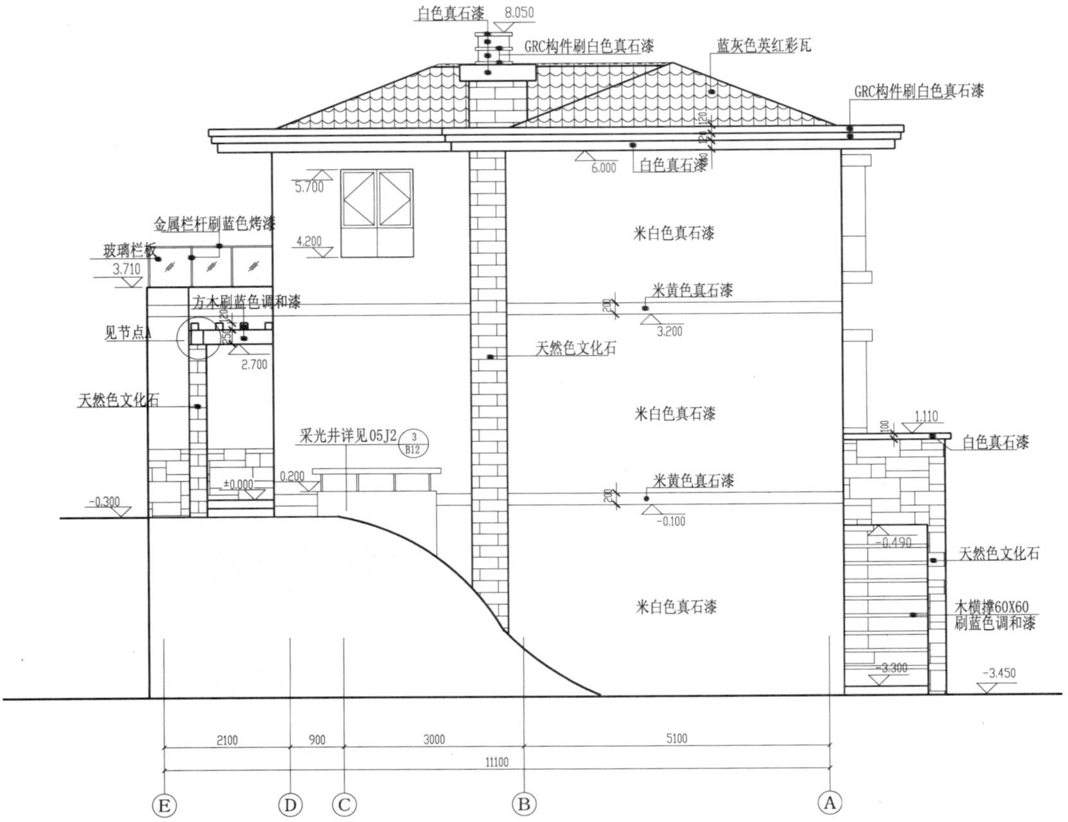

图 10-62　E-A 立面图的绘制

10-2

10.4 1-7 立面图的绘制

别墅 1-7 立面图主要表达了该立面上的门窗布置和构造、屋顶的构造,以及地下室南面砖石立墙的结构细节。其中地下室南面砖石立墙的设计既要对其上面的露台起到支撑作用,同时又要进行镂空,增加地下室的透光。这里木立撑和木横撑的设计目的就是既增强支撑的牢固性,又不影响总体透光。本节主要讲述 1-7 立面图的绘制方法,所绘图形如图 10-63 所示。

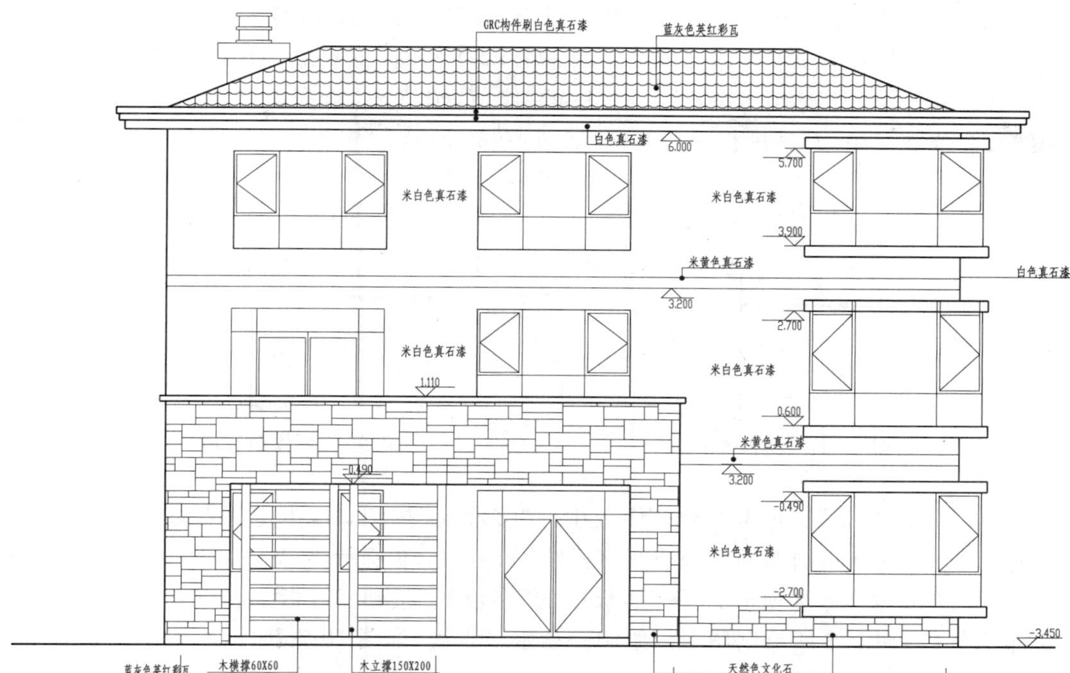

图 10-63　1-7 立面图

10.4.1　绘制基础图形

(1) 单击“默认”选项卡“绘图”面板中的“多段线”按钮，指定起点宽度为 30、端点宽度为 30，在图形空白区域绘制一条长度为 18421 的水平多段线，如图 10-64 所示。

图 10-64　绘制水平直线

(2) 单击“默认”选项卡“绘图”面板中的“多段线”按钮，指定起点宽度为 25、端点宽度为 25，在上步绘制的水平直线上，选一点为多段线起点向上绘制一条长度为 9450 的竖直多段线，如图 10-65 所示。

(3) 单击“默认”选项卡“修改”面板中的“偏移”按钮，选择上步绘制的竖直直线为偏移对象向右进行偏移，偏移距离分别为 9073、4926，如图 10-66 所示。

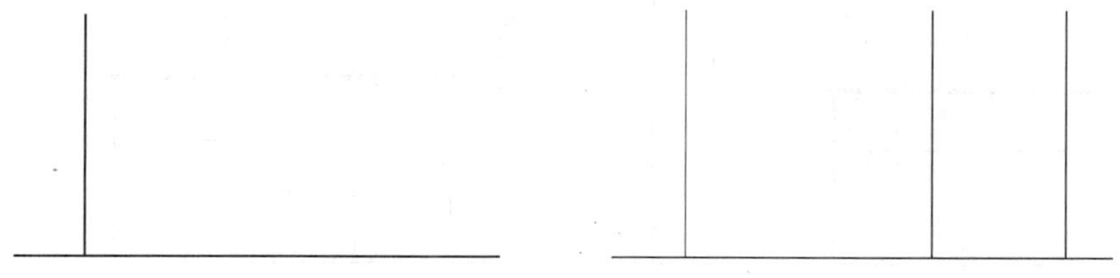

图 10-65　绘制竖直直线　　图 10-66　偏移竖直直线

(4) 单击“默认”选项卡“绘图”面板中的“多段线”按钮，指定起点宽度为25、端点宽度为25，在上步图形内适当位置绘制一个9278×100的矩形，如图10-67所示。

(5) 单击“默认”选项卡“修改”面板中的“修剪”按钮，选择上步绘制矩形内的多余线段为修剪对象，对其进行修剪处理，如图10-68所示。

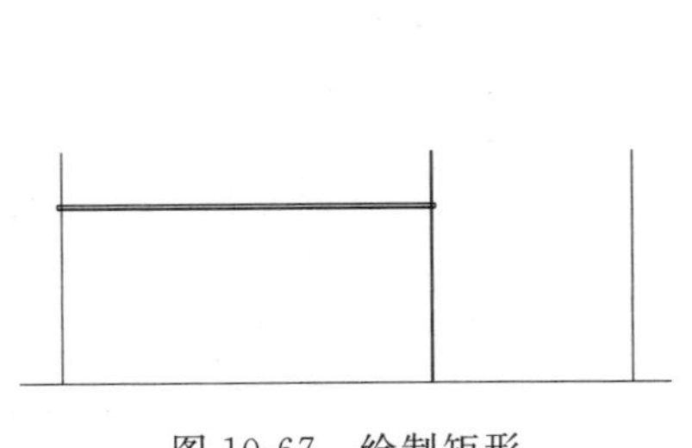

图10-67 绘制矩形

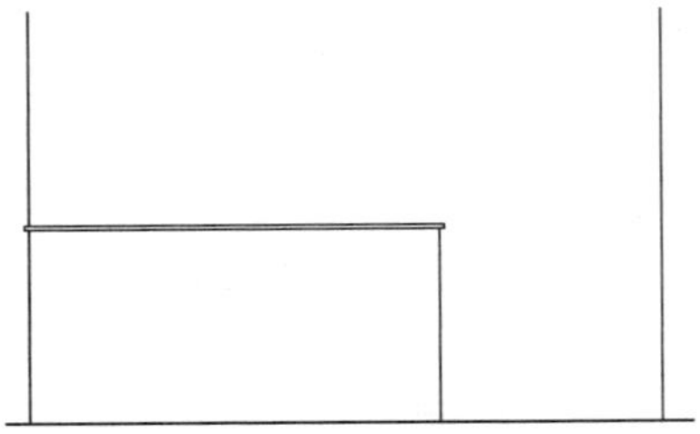

图10-68 修剪线段

(6) 单击“默认”选项卡“绘图”面板中的“多段线”按钮，指定起点宽度为25、端点宽度为25，在上步图形内绘制连续多段线，如图10-69所示。

(7) 单击“默认”选项卡“绘图”面板中的“多段线”按钮，指定起点宽度为25、端点宽度为25，在上步所绘制图形内绘制一条水平直线，如图10-70所示。

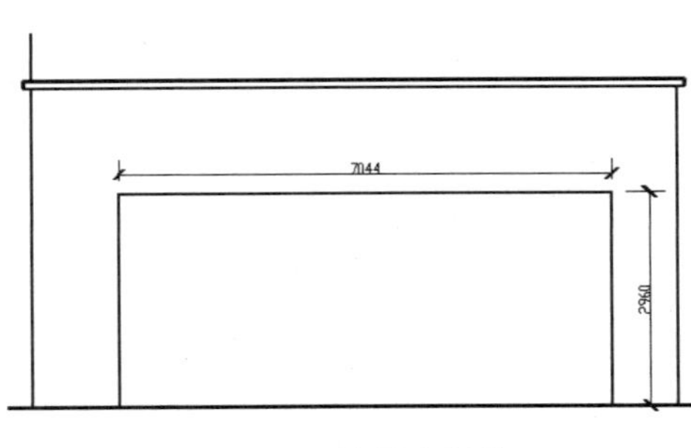

图10-69 绘制多段线

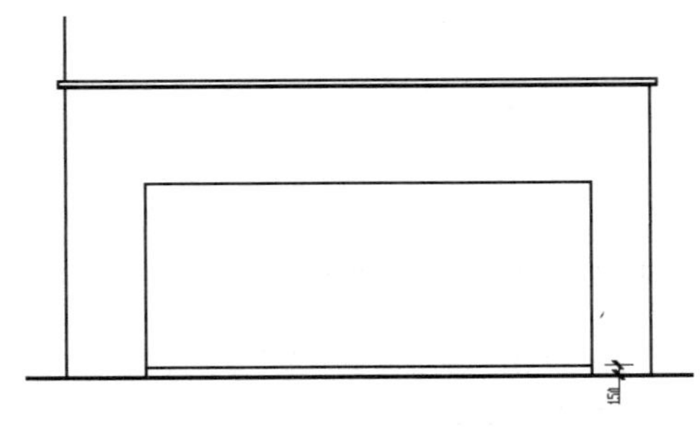

图10-70 绘制水平直线

(8) 单击“默认”选项卡“绘图”面板中的“直线”按钮，在上步图形内绘制一条竖直直线，如图10-71所示。

(9) 单击“默认”选项卡“修改”面板中的“偏移”按钮，选择上步绘制的竖直直线为偏移对象向右进行偏移，偏移距离分别为150、1375、175、200、150、1400、150，如图10-72所示。

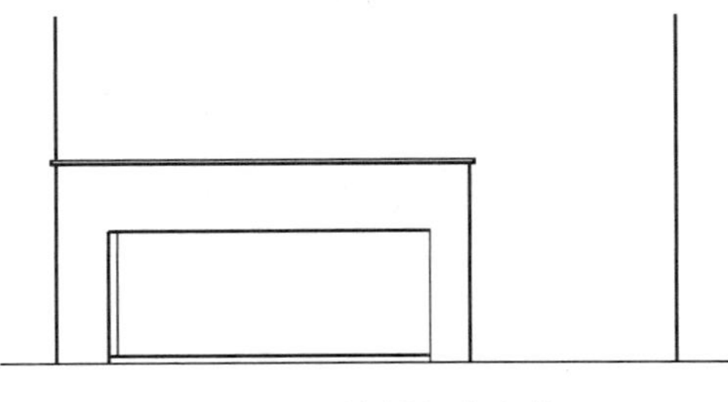

图10-71 绘制竖直直线

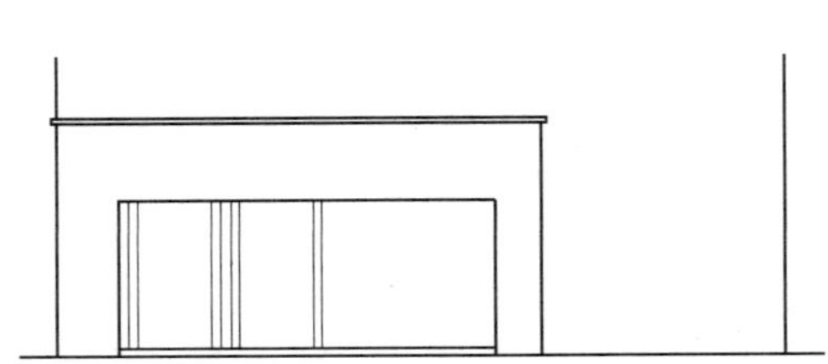

图10-72 偏移竖直直线

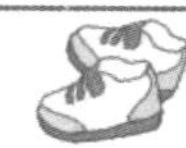

(10) 单击“默认”选项卡“绘图”面板中的“多段线”按钮和“直线”按钮，绘制图形内线段，如图 10-73 所示。

(11) 单击“默认”选项卡“绘图”面板中的“矩形”按钮和“修改”面板中的“复制”按钮，完成立面墙中的文化石图形的绘制，如图 10-74 所示。

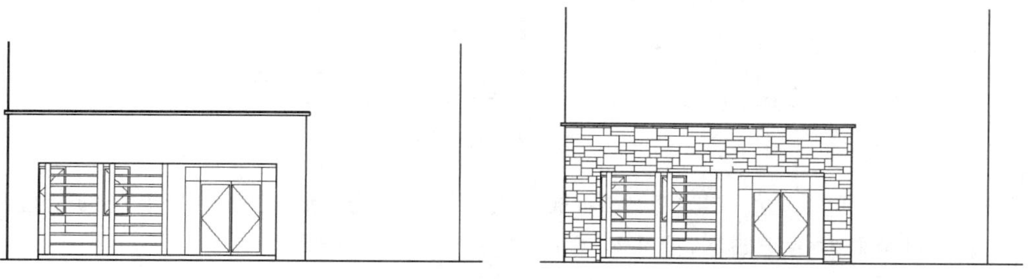

图 10-73　绘制线段　　　　图 10-74　绘制文化石

(12) 单击“默认”选项卡“绘图”面板中的“多段线”按钮，在上步图形的适当位置绘制一个 3246×200 的矩形，如图 10-75 所示。

(13) 单击“默认”选项卡“修改”面板中的“复制”按钮，选择上步所绘制矩形为复制对象对其进行复制，复制间距为 2300，如图 10-76 所示。

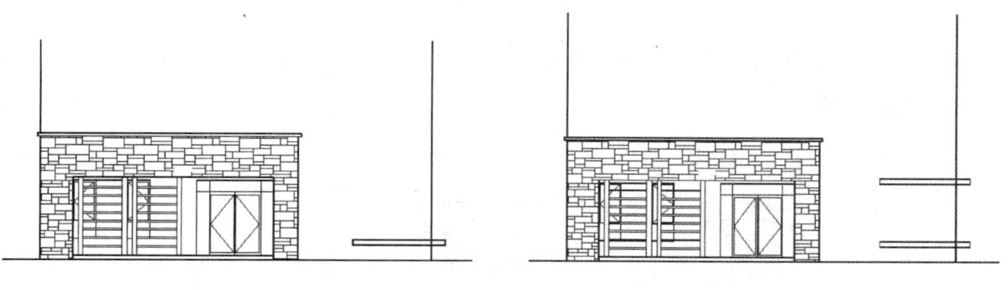

图 10-75　绘制矩形　　　　图 10-76　复制矩形

(14) 单击“默认”选项卡“修改”面板中的“修剪”按钮，选择上步所绘制矩形内的多余线段为修剪对象，对其进行修剪处理，如图 10-77 所示。

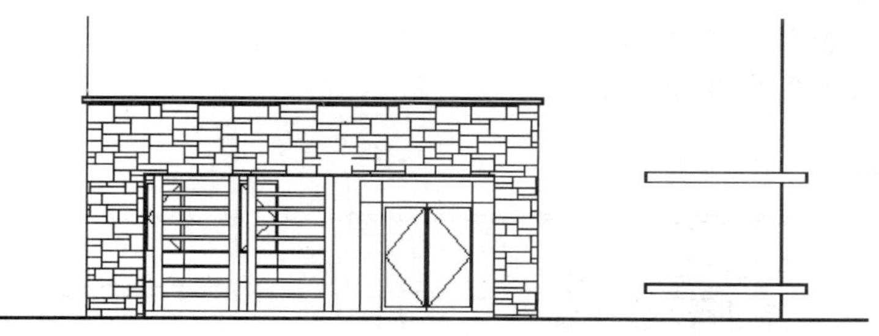

图 10-77　修剪对象

(15) 单击“默认”选项卡“绘图”面板中的“多段线”按钮，指定起点宽度为 15、端

Note

点宽度宽为 15，在上步复制矩形间绘制一条竖直直线，如图 10-78 所示。

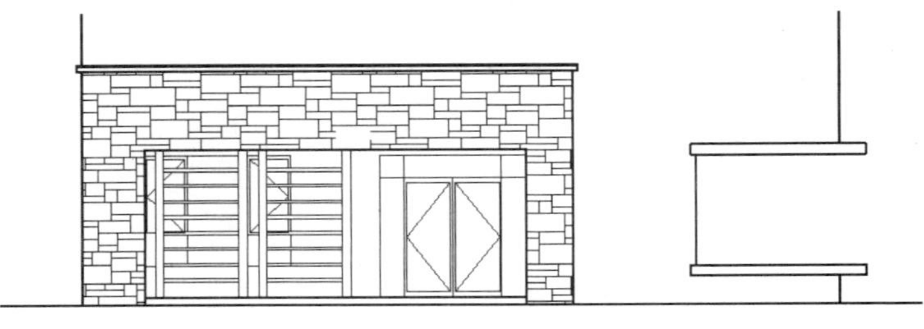

图 10-78　绘制竖直直线

(16) 单击“默认”选项卡“修改”面板中的“偏移”按钮，选择上步绘制的竖直直线为偏移对象向右进行偏移，偏移距离为 3046，如图 10-79 所示。

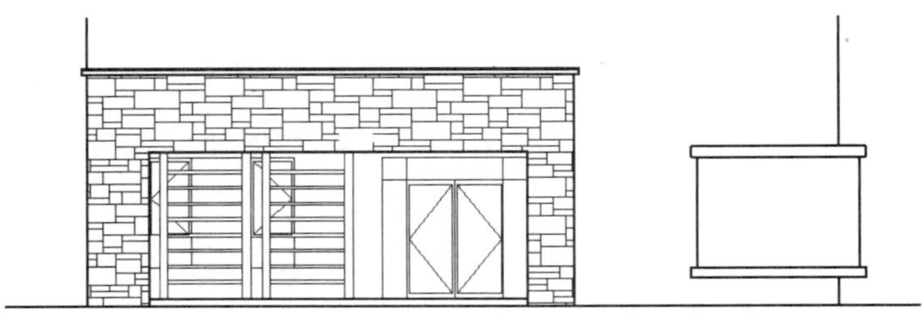

图 10-79　偏移线段

(17) 单击“默认”选项卡“绘图”面板中的“直线”按钮，在上步偏移线段内绘制一条水平直线，如图 10-80 所示。

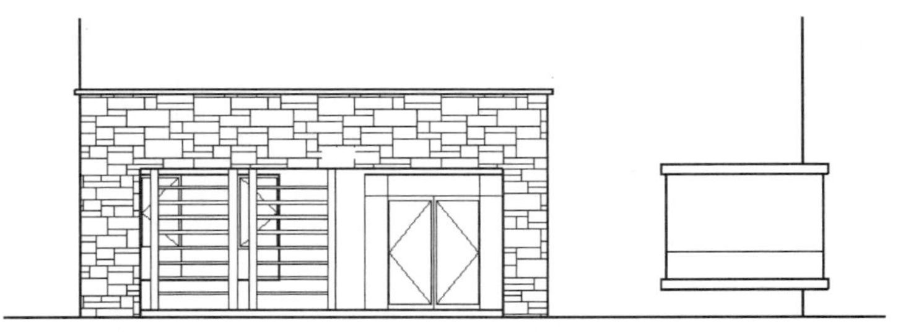

图 10-80　绘制水平直线

(18) 单击“默认”选项卡“绘图”面板中的“直线”按钮，在前步偏移线段内绘制一条竖直直线，如图 10-81 所示。

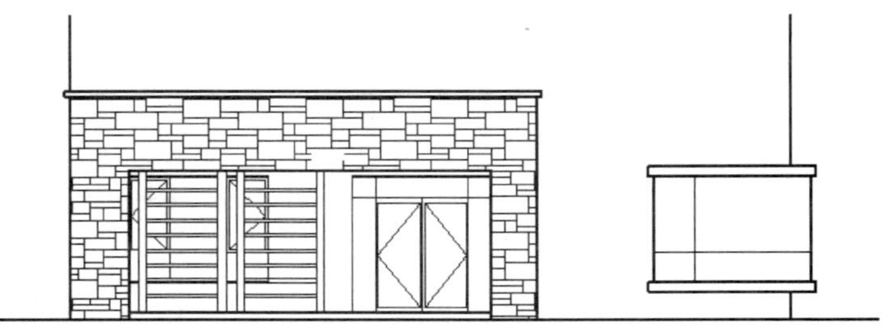

图 10-81　绘制竖直直线

(19) 单击“默认”选项卡“修改”面板中的“偏移”按钮 ，选择上步绘制的竖直直线为偏移对象向右进行偏移，偏移距离为 1446，如图 10-82 所示。

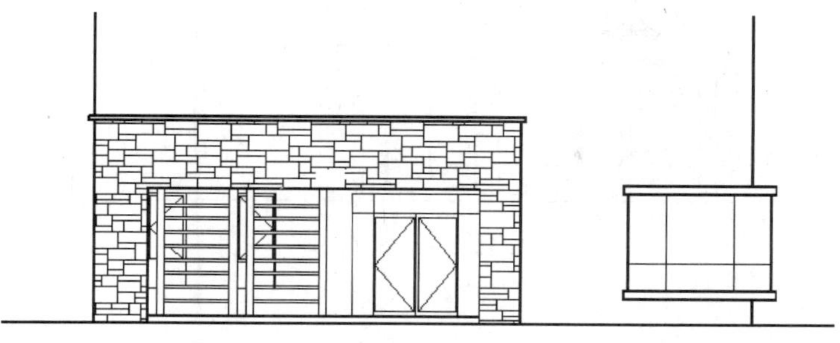

图 10-82 偏移线段

(20) 单击“默认”选项卡“修改”面板中的“偏移”按钮 ，选择上步绘制的左侧的竖直直线为偏移对象向左进行偏移，偏移距离分别为 53、700，如图 10-83 所示。

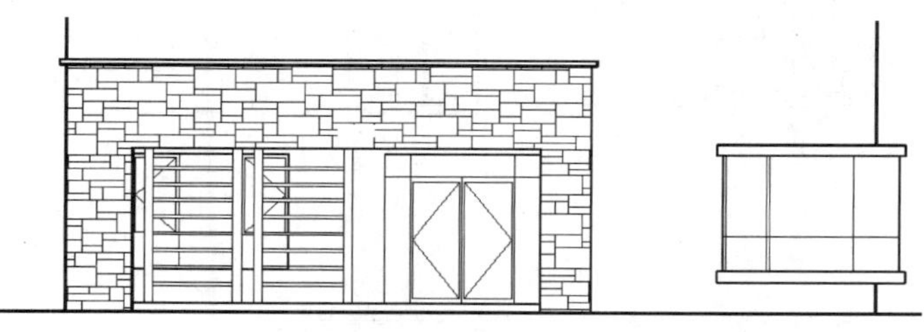

图 10-83 偏移线段

(21) 单击“默认”选项卡“修改”面板中的“偏移”按钮 ，选择上步绘制的水平直线为偏移对象向上进行偏移，偏移距离分别为 50、1386，如图 10-84 所示。

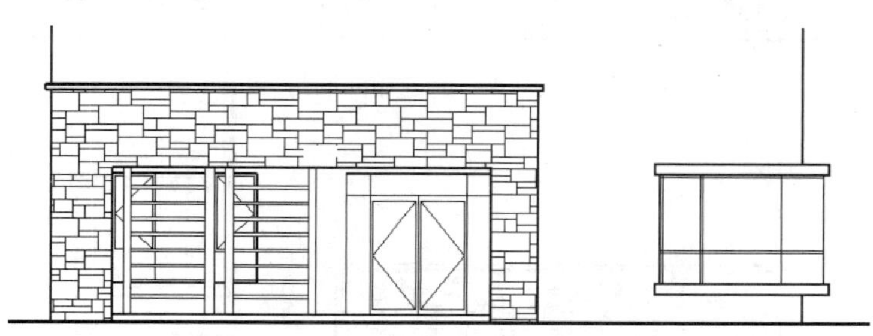

图 10-84 偏移线段

(22) 单击“默认”选项卡“修改”面板中的“修剪”按钮 ，选择上步偏移的线段为修剪对象对其进行修剪处理，如图 10-85 所示。

(23) 单击“默认”选项卡“绘图”面板中的“直线”按钮 ，在上步修剪后的图形内绘制斜向直线，如图 10-86 所示。

利用上述方法完成剩余相同图形的绘制，如图 10-87 所示。

(24) 单击“默认”选项卡“修改”面板中的“复制”按钮 ，选择上步绘制的立面窗户图形为复制对象向上进行复制，复制间距为 3300，如图 10-88 所示。

Note

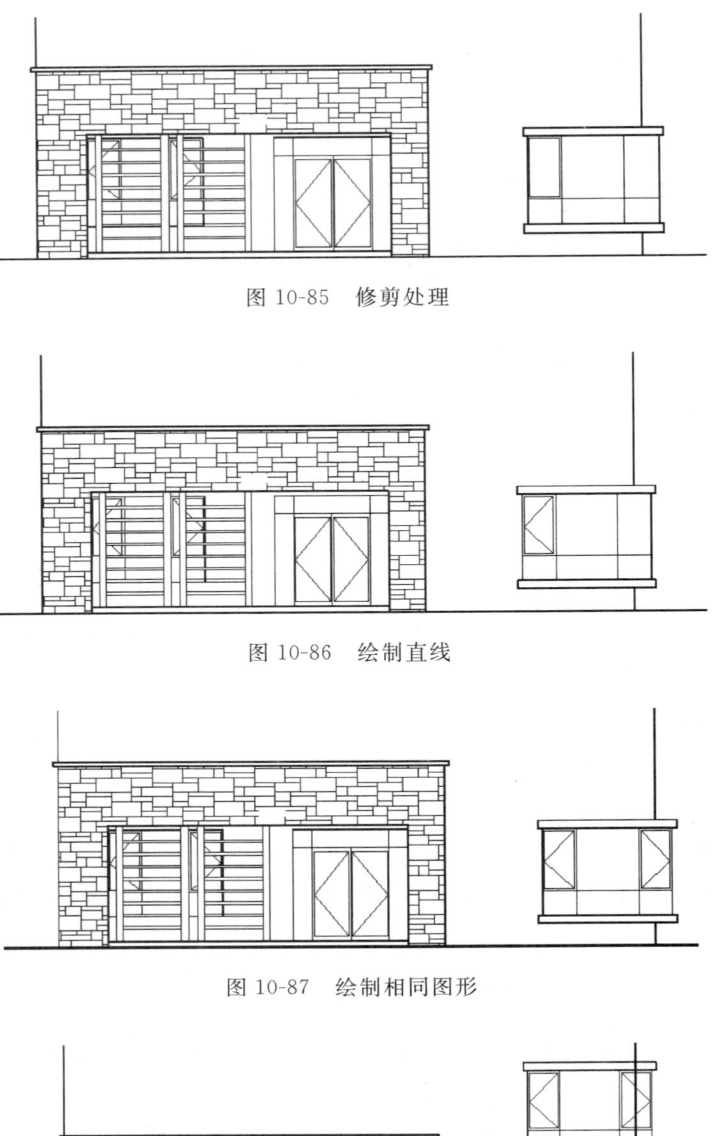

图 10-85　修剪处理

图 10-86　绘制直线

图 10-87　绘制相同图形

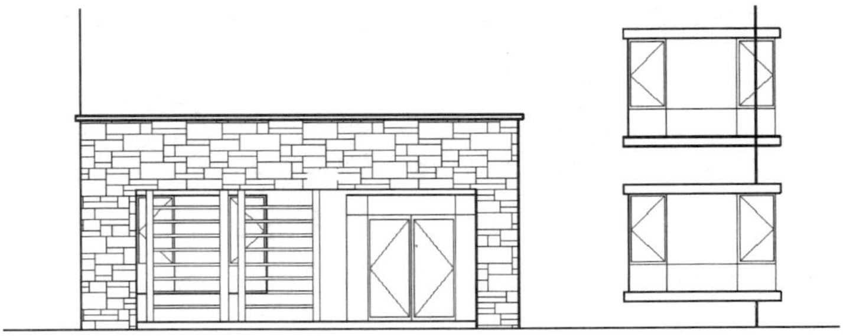

图 10-88　复制图形

(25) 单击“默认”选项卡“修改”面板中的“修剪”按钮 -/-- ，以上步复制图形内的多余线段为修剪对象，对其进行修剪处理，如图 10-89 所示。

利用 2500 高立面窗户的绘制方法完成 2300 高窗户的绘制，如图 10-90 所示。

利用上述方法完成剩余窗户图形的绘制，如图 10-91 所示。

图 10-89　修剪处理

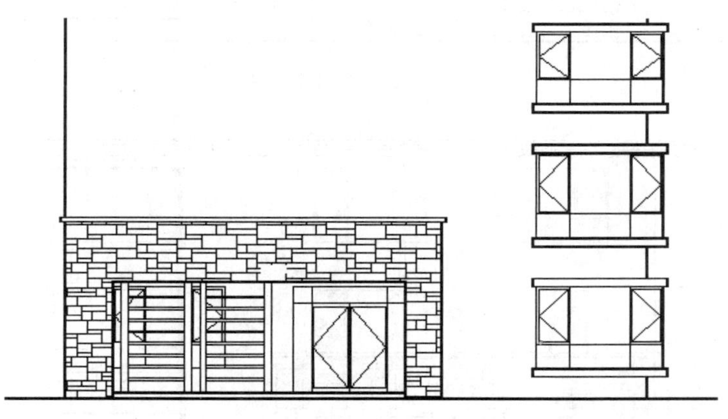

图 10-90　绘制窗户

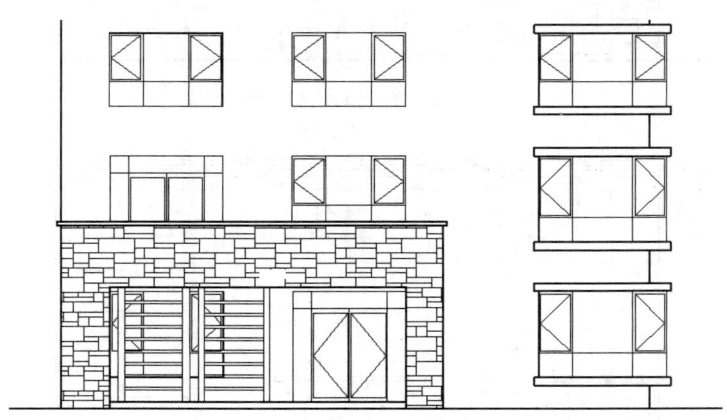

图 10-91　绘制剩余窗户

(26) 单击“默认”选项卡“绘图”面板中的“多段线”按钮，指定起点宽度为 25、端点宽度为 25，在图形适当位置绘制一条水平多段线，如图 10-92 所示。

(27) 单击“默认”选项卡“修改”面板中的“偏移”按钮，选择上步绘制的水平多段线为偏移对象向上进行偏移，偏移距离分别为 160、120、120，如图 10-93 所示。

(28) 单击“默认”选项卡“绘图”面板中的“多段线”按钮，绘制上步偏移线段之间左侧的连接线，如图 10-94 所示。

Note

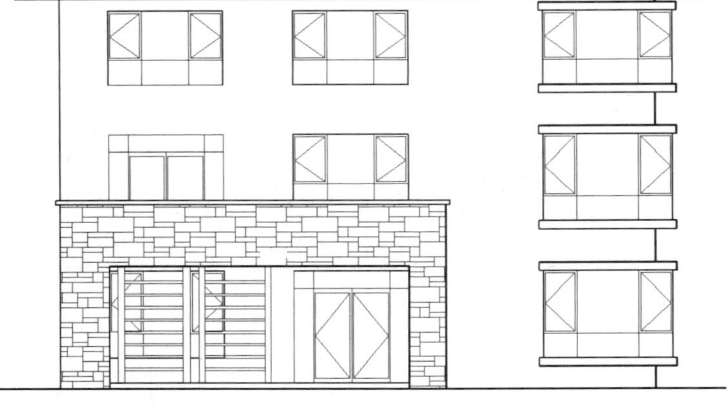
图 10-92　绘制多段线

图 10-93　偏移多段线

图 10-94　绘制连接线

（29）单击“默认”选项卡“修改”面板中的“偏移”按钮，选择上步绘制的竖直多段线为偏移对象向右进行偏移，偏移距离分别为 51、100、15799、100、50，如图 10-95 所示。

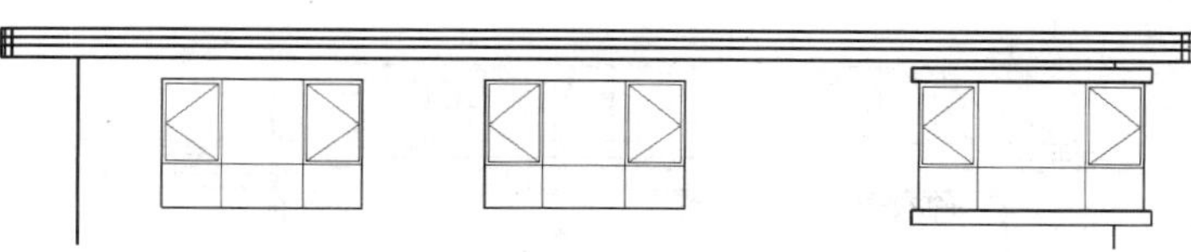

图 10-95　偏移竖直直线

(30) 单击"默认"选项卡"修改"面板中的"修剪"按钮 -/-- ，以上步偏移线段为修剪对象，对其进行修剪处理，如图 10-96 所示。

图 10-96　修剪线段

利用所学知识，结合所学命令完成 1-7 立面图的绘制，如图 10-97 所示。

图 10-97　绘制立面图

10.4.2　标注文字及标高

利用前面讲述的方法为图形添加标注及轴号，如图 10-98 所示。

(1) 单击"默认"选项卡"块"面板中的"插入"按钮 ，打开"插入"对话框。单击

Note

图 10-98　添加标注与轴号

“浏览”按钮，打开“选择图形文件”对话框，选择下载的“源文件/图块/标高”图块，单击“打开”按钮，回到“插入”对话框。单击“确定”按钮，完成图块插入，如图 10-99 所示。

图 10-99　插入标高

利用上述方法完成剩余标高的绘制，如图 10-100 所示。

图 10-100 添加标高

（2）在命令行中输入 QLEADER 命令，为图形添加文字说明，最终结果如图 10-63 所示。

10.5 7-1 立面图的绘制

7-1 立面图的绘制方法基本与 1-7 立面图的绘制方法相同，这里不再详细阐述。所绘图形如图 10-101 所示。

图 10-101 7-1 立面图

Note

10.6 上机实验

通过前面的学习，读者对本章知识也有了大体的了解，本节通过几个操作练习使读者进一步掌握本章知识要点。

实例 1 绘制如图 10-102 所示的某砖混住宅楼南立面图。

图 10-102 某砖混住宅楼南立面图

1. 目的要求

本例主要学习南立面图的画法，通过本实例帮助读者在前面学习的基础上，进一步熟练掌握立面图的绘制方法。本例绘制的立面图如图 10-102 所示。

2. 操作提示

(1) 设置绘图环境。

(2) 绘制定位辅助线。

(3) 绘制地下层立面图。

(4) 绘制屋檐。

(5) 绘制标高。

(6) 添加文字说明。

实例 2 绘制如图 10-103 所示的某砖混住宅楼 A-F 轴立面图。

1. 目的要求

本例主要学习 A-F 轴立面图的画法，以帮助读者在前面学习的基础上，进一步熟练掌握立面图的绘制方法。本例绘制的 A-F 轴立面图如图 10-103 所示。

2. 操作提示

(1) 设置绘图环境。

(2) 绘制定位辅助线。

(3) 绘制地下层立面图。

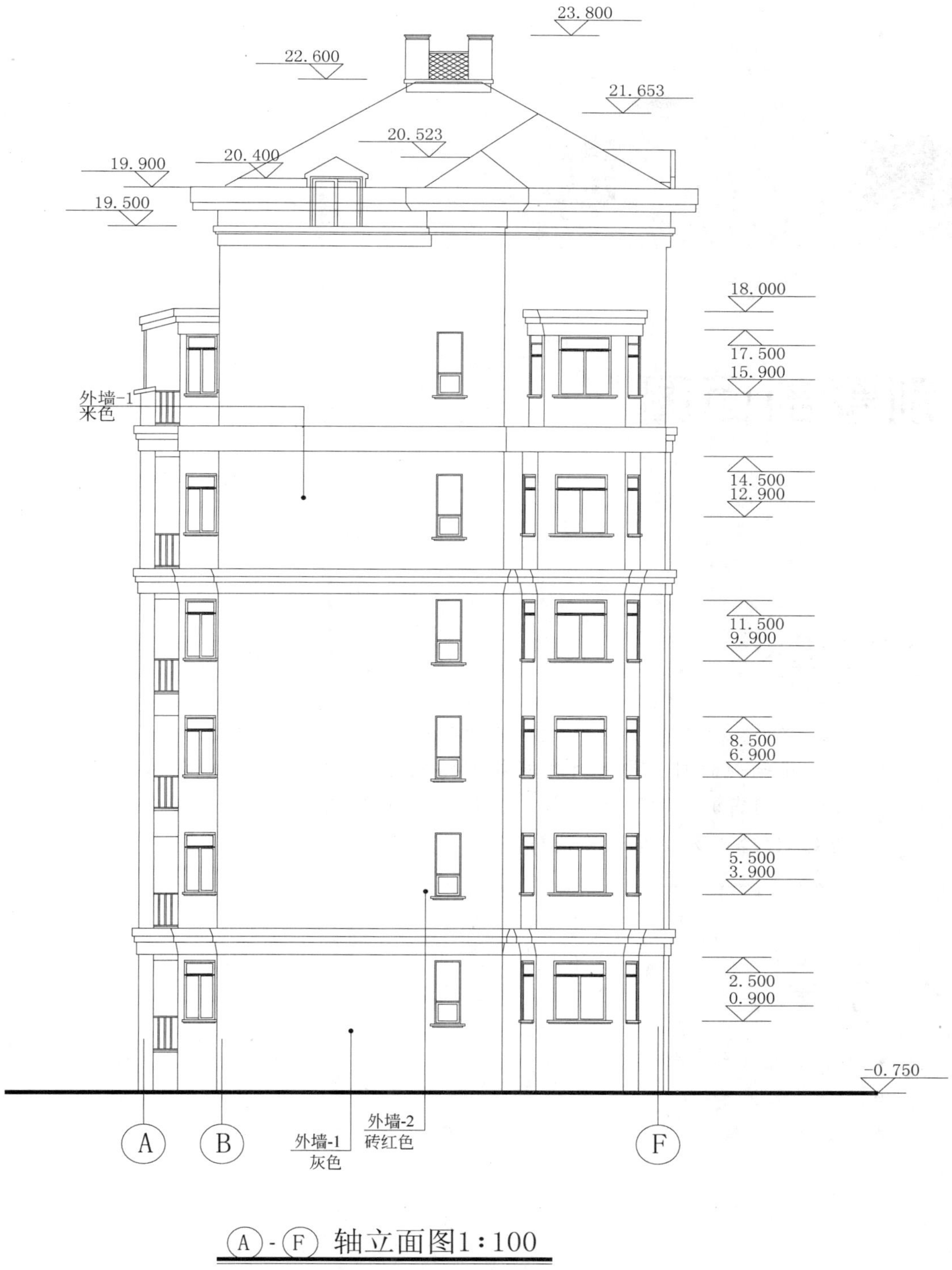

Note

23.800
22.600
21.653
20.523
20.400
19.900
19.500
18.000
17.500
15.900
14.500
12.900
11.500
9.900
8.500
6.900
5.500
3.900
2.500
0.900
-0.750
外墙-1
米色
外墙-1
灰色
外墙-2
砖红色
A
B
F

Ⓐ-Ⓕ 轴立面图1:100

图 10-103 某砖混住宅楼 A-F 轴立面图

(4) 绘制屋檐。

(5) 标注文字和标高。

第11章

别墅剖面图

建筑剖面图主要反映建筑物的结构形式、垂直空间利用、各层构造做法和门窗洞口高度等。本章以别墅剖面图为例，详细介绍建筑剖面图的 CAD 绘制方法与相关技巧。

学习要点

- 建筑剖面图绘制概述
- 1-1 剖面图绘制
- 2-2 剖面图绘制

Note

11.1 建筑剖面图绘制概述

建筑剖面图是与平面图和立面图相互配合表达建筑物的重要图样，它主要反映建筑物的结构形式、垂直空间利用、各层构造做法和门窗洞口高度等。

11.1.1 建筑剖面图的概念及图示内容

剖面图是指用一剖切面将建筑物的某一位置剖开，移去一侧后，剩下的一侧沿剖视方向的正投影图。根据工程的需要，绘制一个剖面图可以选择一个剖切面、两个平行的剖切面或两个相交的剖切面，如图 11-1 所示。对于两个相交剖切面的情况，应在图中注明“展开”二字。剖面图与断面图的区别在于：剖面图除了表示剖切到的部位外，还应表示出在投射方向看到的构配件轮廓（即所谓的“看线”）；断面图只需要表示剖切到的部位。

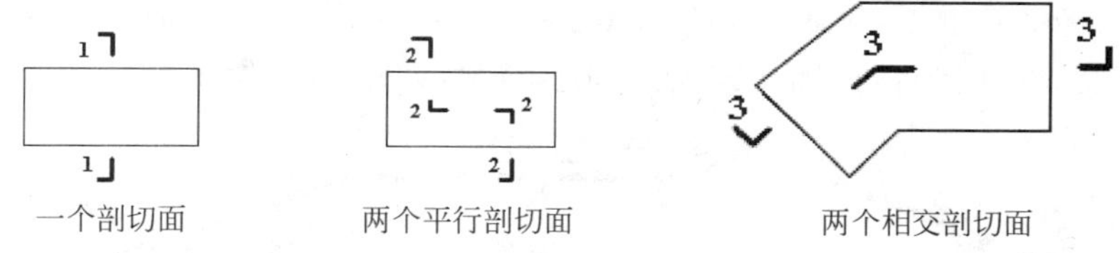

图 11-1 剖切面形式

对于不同的设计深度，图示内容也有所不同。

方案阶段重点在于表达剖切部位的空间关系、建筑层数、高度、室内外高度差等。剖面图中应注明室内外地坪标高、楼层标高、建筑总高度（室外地面至檐口）、剖面标号、比例或比例尺等。如果有建筑高度控制，还需标明最高点的标高。

初步设计阶段需要在方案图基础上增加主要内外承重墙、柱的定位轴线和编号，更加详细、清晰、准确地表达出建筑结构、构件（剖切到的或看到的墙、柱、门窗、楼板、地坪、楼梯、台阶、坡道、雨篷、阳台等）本身及其相互关系。

施工阶段在优化、调整和丰富初设图的基础上，图示内容最为详细。一方面是剖切到的和看到的构配件图样准确、详尽、到位，另一方面是标注详细。除了标注室内外地坪、楼层、屋面突出物、各构配件的标高外，还需要标注竖向尺寸和水平尺寸。竖向尺寸包括外部 3 道尺寸（与立面图类似）和内部地坑、隔断、吊顶、门窗等部位的尺寸；水平尺寸包括两端和内部剖切到的墙、柱定位轴线间的尺寸及轴线编号。

11.1.2 剖切位置及投射方向的选择

根据相关规定，剖面图的剖切部位应根据图纸的用途或设计深度，选择空间复杂、能反映建筑全貌和构造特征以及有代表性的部位。

投射方向一般宜向左、向上，当然也要根据工程具体情况而定。剖切符号在底层平面图中，短线指向为投射方向。剖面图编号标注在投射方向那侧，剖切线若有转折，应

在转角的外侧加注与该符号相同的编号。

11.1.3 建筑剖面图绘制的一般步骤

Note

建筑剖面图应在平面图、立面图的基础上进行绘制，一般步骤如下。

（1）设置绘图环境，确定剖切位置和投射方向。

（2）绘制定位辅助线，包括墙、柱定位轴线，楼层水平定位辅助线及其他辅助线。

（3）绘制剖面图样及看线，包括剖切到的和看到的墙柱、地坪、楼层、屋面、门窗（幕墙）、楼梯、台阶及坡道、雨篷、窗台、窗楣、檐口、阳台、栏杆、各种踢脚线等。

（4）绘制配景，包括植物、车辆、人物等，进行尺寸、文字标注。

11-1

11.2 1-1 剖面图绘制

本节以别墅剖面图为例，通过绘制墙体、门窗等剖面图形，建立地下室建筑剖面图及首层、二层剖面轮廓图，完成整个剖面图绘制。整个剖面图把该别墅墙体构造、门洞以及窗口高度、垂直空间利用情况表达得非常清楚，如图 11-2 所示。

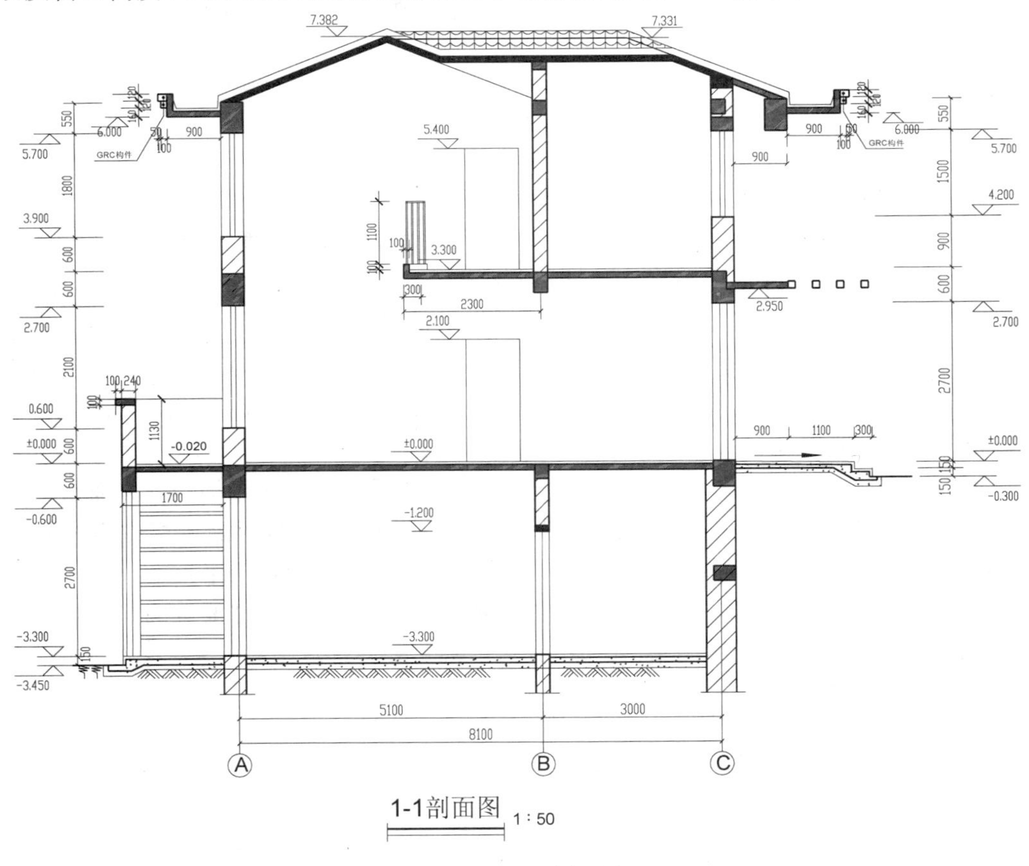

图 11-2 1-1 剖面图

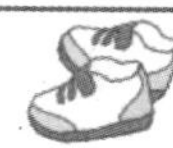

Note

12.2.1 设置绘图环境

(1) 在命令行中输入 LIMITS 命令设置图幅,尺寸为 42000×29700。

(2) 单击"默认"选项卡"图层"面板中的"图层特性"按钮,打开图层特性管理器,创建"剖面"图层,并将其设置为当前图层,如图 11-3 所示。

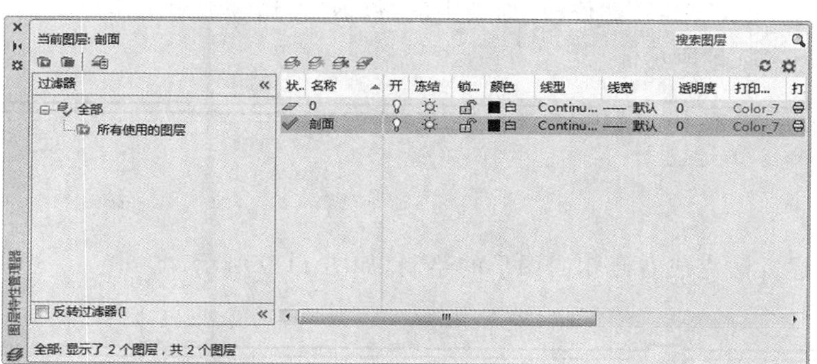

图 11-3 新建图层

12.2.2 绘制楼板

(1) 单击"默认"选项卡"绘图"面板中的"多段线"按钮,指定起点宽度为 25、端点宽度为 25,在图形空白区域绘制连续多段线,如图 11-4 所示。

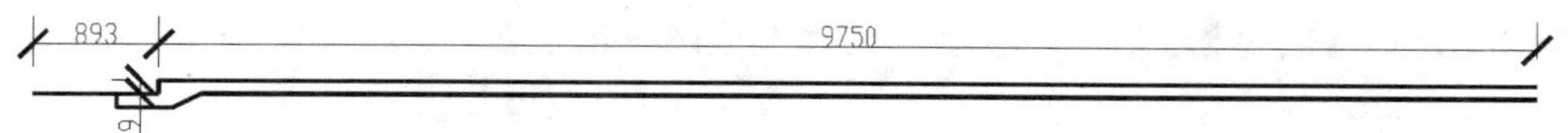

图 11-4 绘制连续多段线

(2) 单击"默认"选项卡"绘图"面板中的"多段线"按钮,指定起点宽度为 0、端点宽度为 0,在上步多段线下方绘制连续多段线,如图 11-5 所示。

图 11-5 绘制连续多段线

(3) 单击"默认"选项卡"绘图"面板中的"多段线"按钮,在上步图形适当位置处绘制连续多段线,如图 11-6 所示。

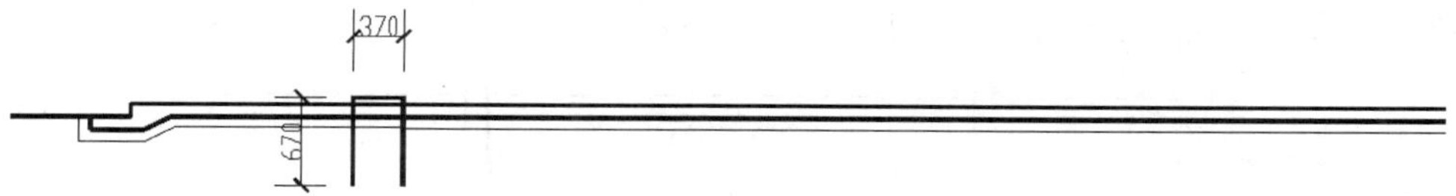

图 11-6 绘制连续多段线

(4) 单击"默认"选项卡"绘图"面板中的"直线"按钮,在上步图形底部绘制一条水平直线,如图 11-7 所示。

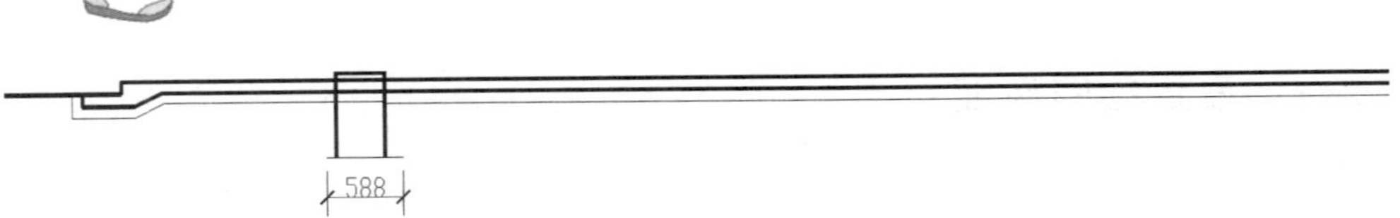

图 11-7　绘制水平直线

Note

(5) 单击“默认”选项卡“修改”面板中的“修剪”按钮，对上步图形内的多余线段进行修剪，如图 11-8 所示。

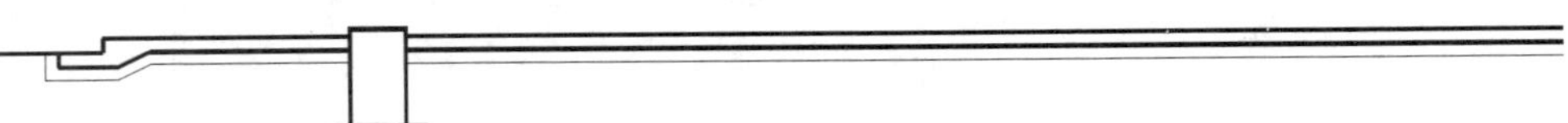

图 11-8　修剪线段

利用上述方法完成右侧相同图形的绘制，如图 11-9 所示。

图 11-9　绘制相同图形

(6) 单击“默认”选项卡“绘图”面板中的“图案填充”按钮，打开“图案填充创建”选项卡，选择 ANSI31 图案类型，并设置相关参数，如图 11-10 所示。单击“拾取点”按钮，选择相应区域内一点进行填充，效果如图 11-11 所示。

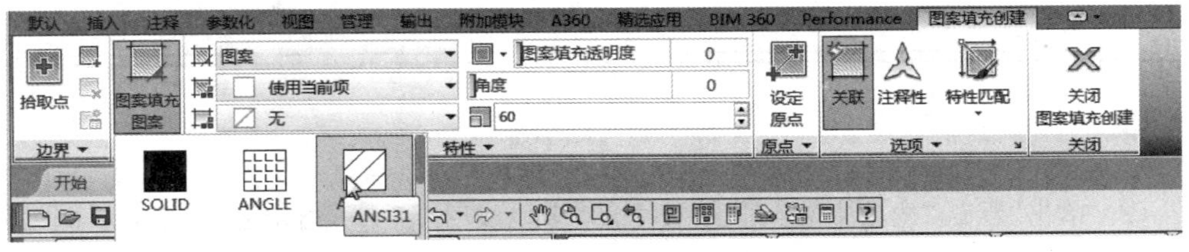

图 11-10　“图案填充创建”选项卡

图 11-11　填充图形

(7) 单击“默认”选项卡“绘图”面板中的“直线”按钮和“修改”面板中的“复制”按钮，在图形底部绘制图案，如图 11-12 所示。

图 11-12　绘制图案

(8) 单击“默认”选项卡“绘图”面板中的“多段线”按钮，指定起点宽度为 25、端点宽度为 25，在图形上方位置绘制一个 1491×240 的矩形，如图 11-13 所示。

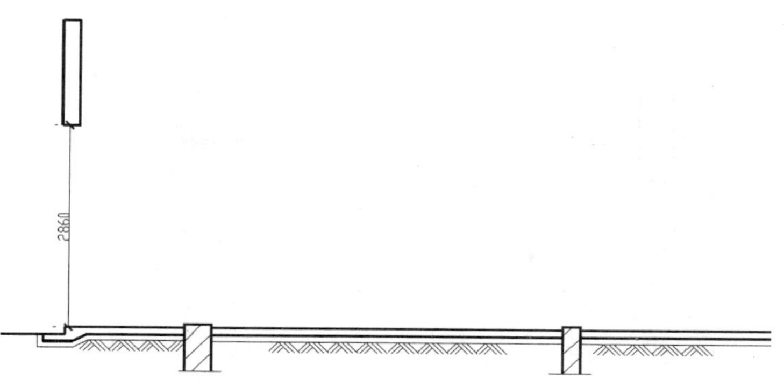

图 11-13　绘制矩形(一)

(9) 单击“默认”选项卡“绘图”面板中的“多段线”按钮，指定起点宽度为 25、端点宽度为 25，在上步绘制的矩形上方绘制一个 343×100 的矩形，如图 11-14 所示。

图 11-14　绘制矩形(二)

(10) 单击“默认”选项卡“绘图”面板中的“多段线”按钮，在前步图形右侧绘制一个 370×1200 的矩形，如图 11-15 所示。

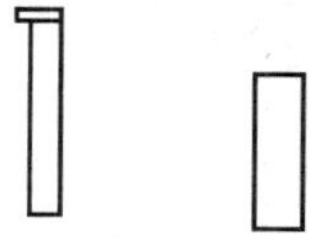

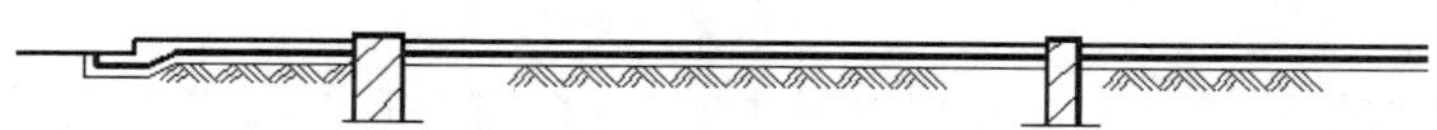

图 11-15　绘制矩形(三)

利用上述方法完成右侧剩余矩形的绘制，如图 11-16 所示。

(11) 单击“默认”选项卡“绘图”面板中的“多段线”按钮，指定起点宽度为 23、端点宽度为 23，绘制上步矩形之间的连接线，如图 11-17 所示。

Note

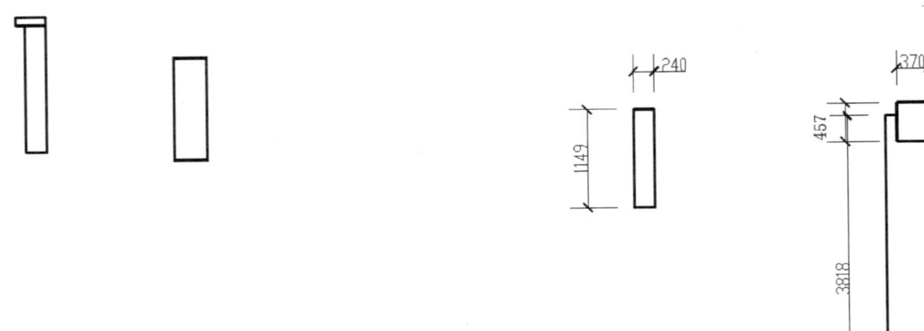

图 11-16　绘制剩余矩形

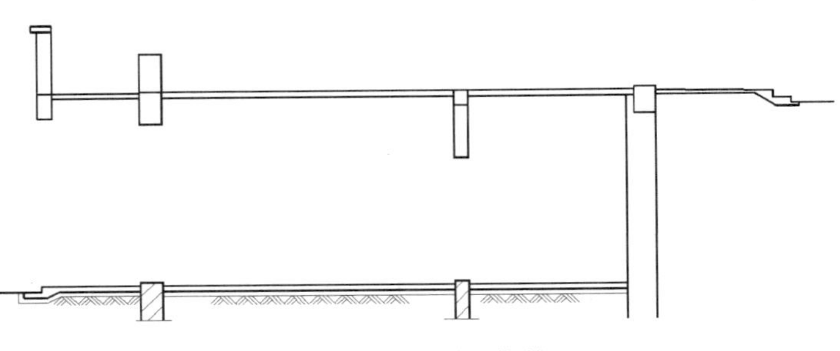

图 11-17　绘制连接线

(12) 单击“默认”选项卡“绘图”面板中的“直线”按钮，在上步图形底部绘制一条水平直线，如图 11-18 所示。

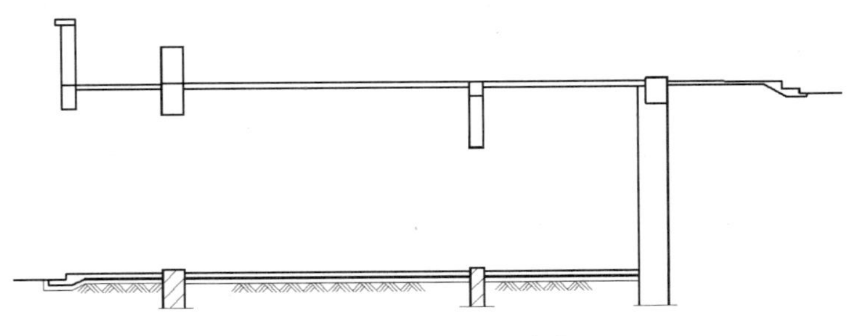

图 11-18　绘制水平直线

(13) 单击“默认”选项卡“绘图”面板中的“直线”按钮，在剖面窗左侧窗洞处绘制一条竖直直线，如图 11-19 所示。

(14) 单击“默认”选项卡“修改”面板中的“偏移”按钮，选择上步绘制的竖直直线为偏移对象向右进行偏移，偏移距离分别为 70、100、130，如图 11-20 所示。

(15) 单击“默认”选项卡“绘图”面板中的“直线”按钮，在上步图形适当位置绘制一条竖直直线，如图 11-21 所示。

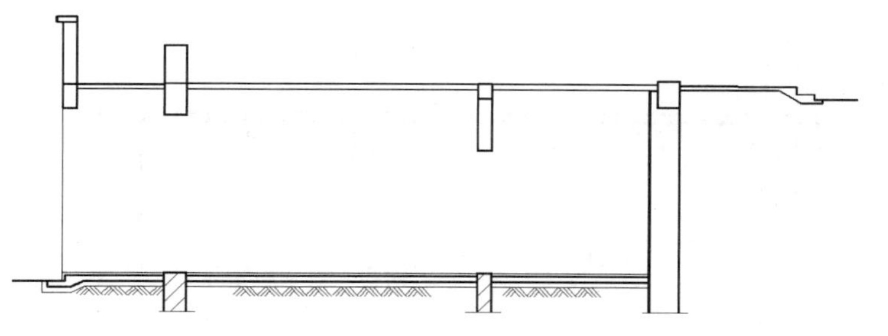

图 11-19　绘制竖直直线

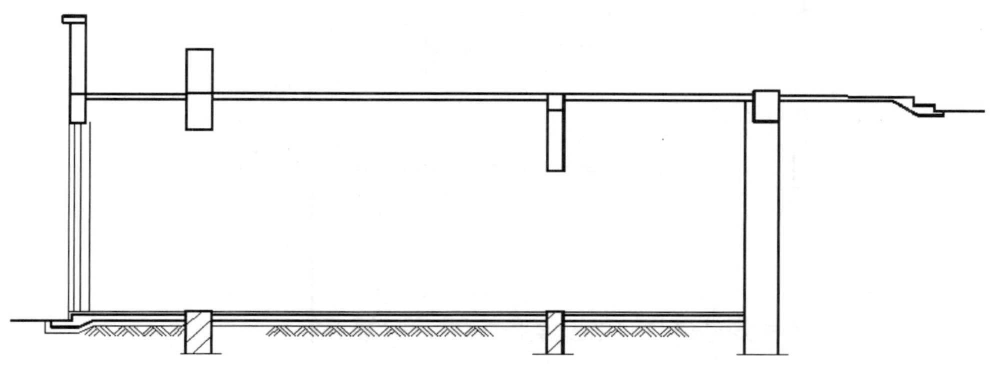

图 11-20　偏移直线

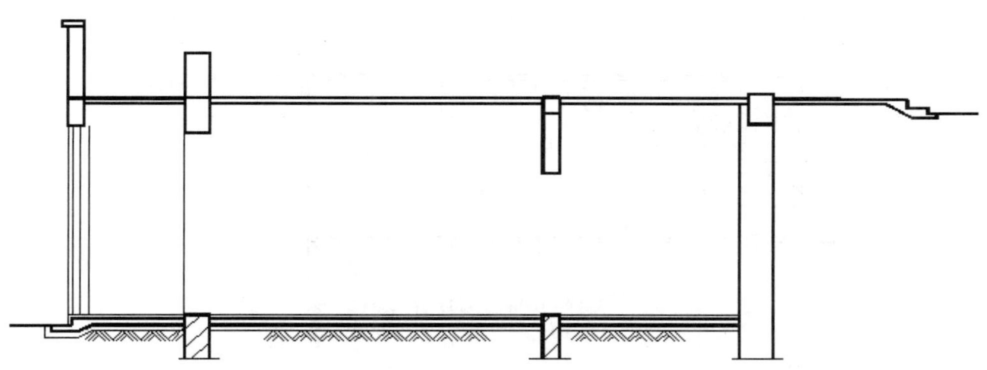

图 11-21　绘制竖直直线

(16) 单击“默认”选项卡“修改”面板中的“偏移”按钮 ，选择上步绘制的竖直直线为偏移对象向右进行偏移，偏移距离分别为 123、123、124，如图 11-22 所示。

(17) 单击“默认”选项卡“绘图”面板中的“直线”按钮 ，在上步图形适当位置绘制一条水平直线，如图 11-23 所示。

(18) 单击“默认”选项卡“修改”面板中的“偏移”按钮 ，选择上步绘制的水平直线为偏移对象向下进行偏移，偏移距离分别为 354、60、240、60、240、60、240、60、240、60、240、60、240、60、240、60，如图 11-24 所示。

(19) 单击“默认”选项卡“修改”面板中的“修剪”按钮 ，选择上步所偏移线段为修剪对象，对其进行修剪处理，如图 11-25 所示。

Note

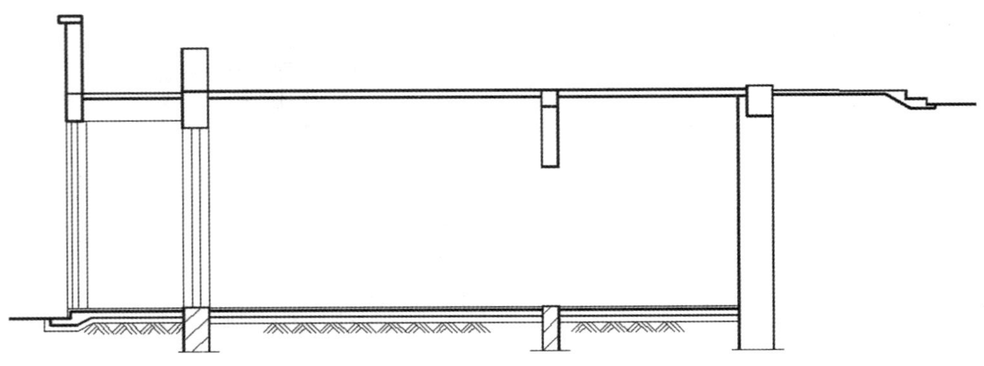

图 11-22　偏移直线

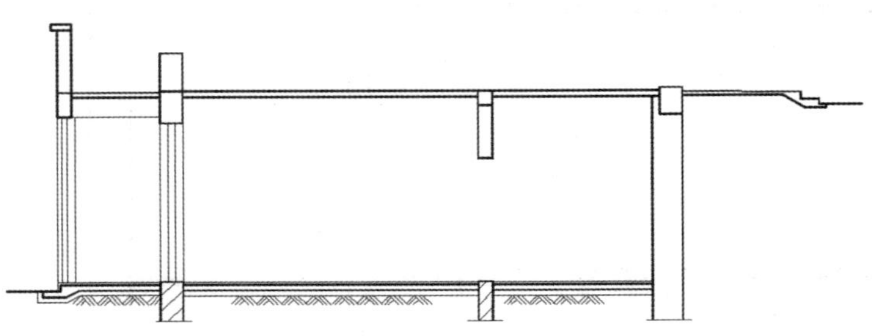

图 11-23　绘制水平直线

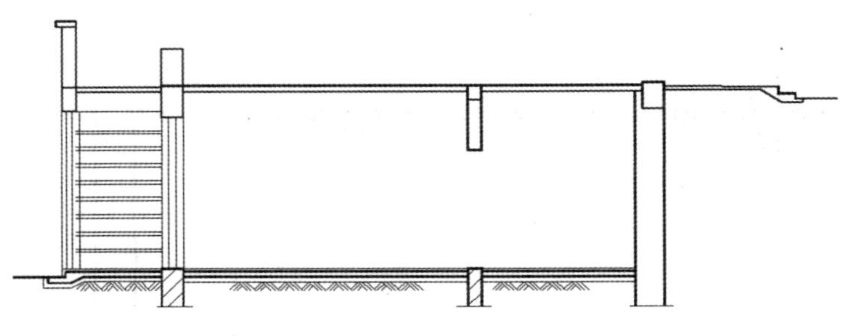

图 11-24　偏移直线

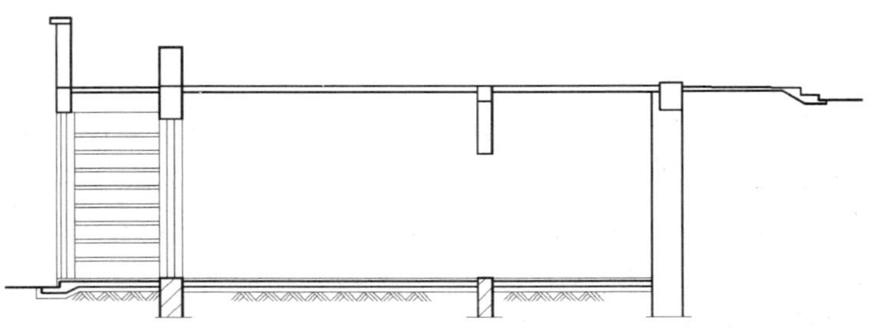

图 11-25　修剪直线

利用上述方法完成右侧剩余图形的绘制，如图 11-26 所示。

(20) 单击“默认”选项卡“绘图”面板中的“图案填充”按钮，打开“图案填充创建”选项卡，选择 ANSI31 图案类型，并设置相关参数，如图 11-27 所示。单击“拾取点”

Note

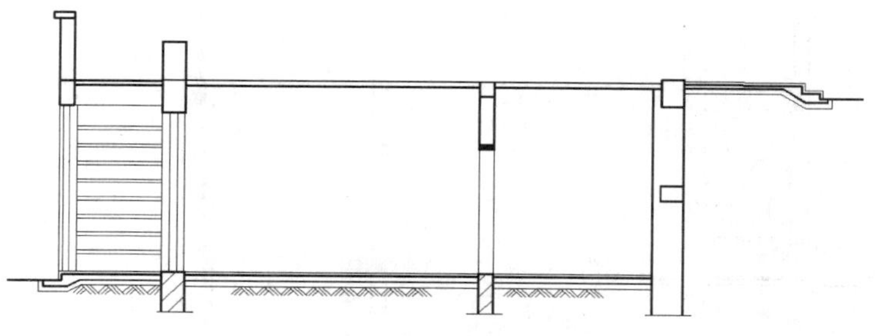

图 11-26 绘制剩余图形

按钮，选择相应区域内一点进行填充，最终结果如图 11-28 所示。

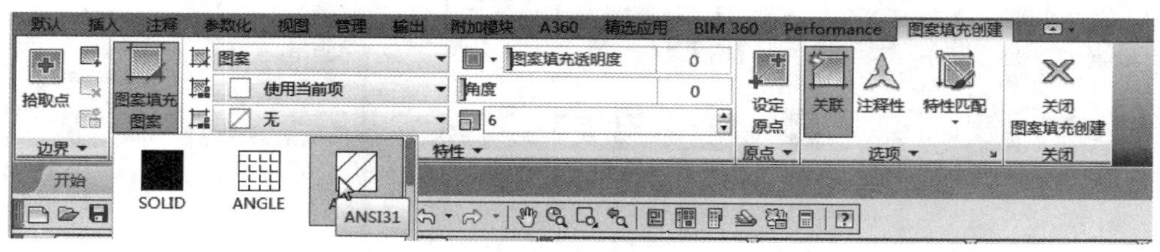

图 11-27 “图案填充创建”选项卡

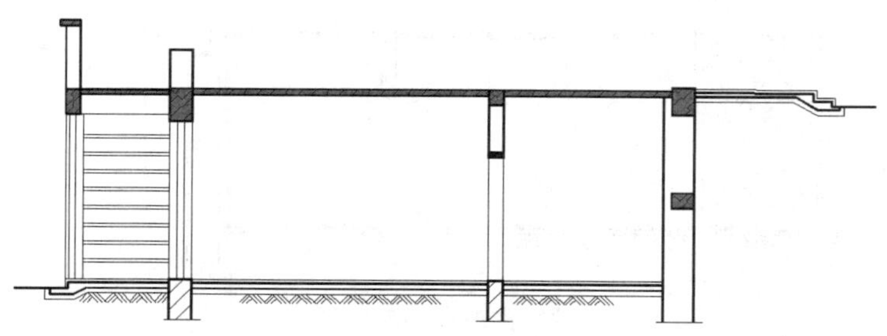

图 11-28 填充图形

（21）单击“默认”选项卡“绘图”面板中的“图案填充”按钮，打开“图案填充创建”选项卡，选择 ANSI31 图案类型，并设置相关参数，如图 11-29 所示。单击“拾取点”按钮，选择相应区域内一点进行填充，效果如图 11-30 所示。

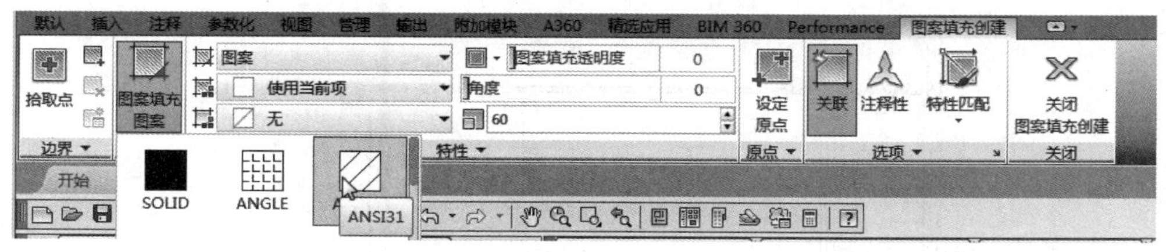

图 11-29 “图案填充创建”选项卡

（22）单击“默认”选项卡“绘图”面板中的“图案填充”按钮，打开“图案填充创建”选项卡，选择 AR-CONC 图案类型，并设置相关参数，如图 11-31 所示。单击“拾取点”按钮，选择相应区域内一点进行填充，最终结果如图 11-32 所示。

Note

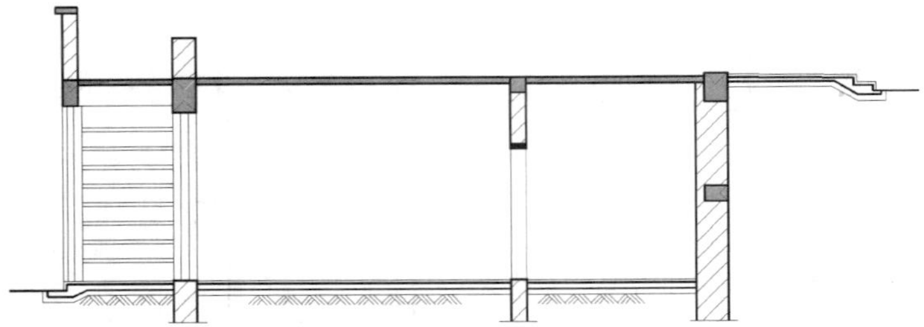

图 11-30　填充图形

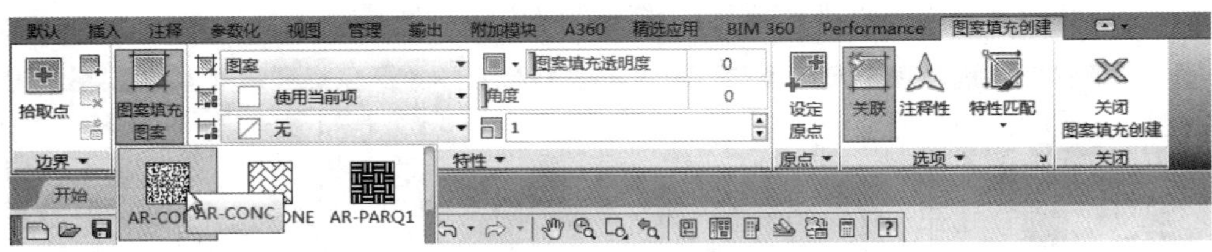

图 11-31　“图案填充创建”选项卡

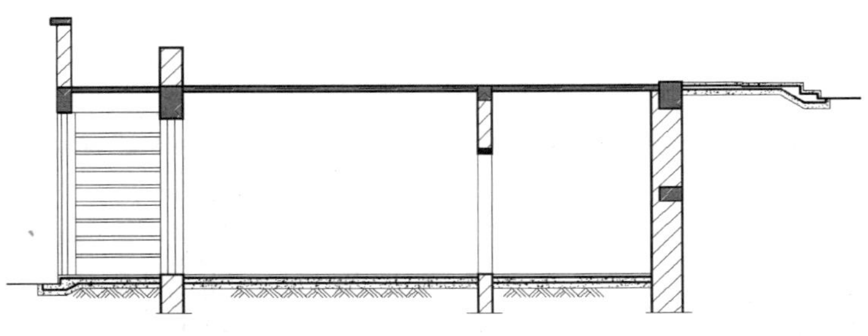

图 11-32　填充图形

利用绘制楼板线的方法完成首层楼板的绘制，如图 11-33 所示。

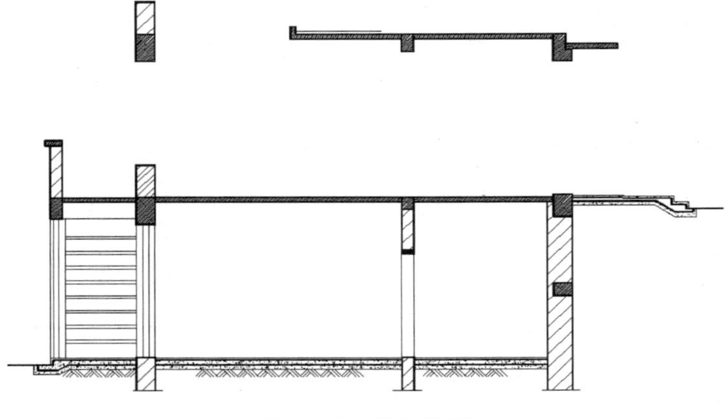

图 11-33　绘制楼板

（23）单击“默认”选项卡“绘图”面板中的“多段线”按钮，指定起点宽度为 25、端点宽度为 25，在图形适当位置绘制 119×116 的矩形，如图 11-34 所示。

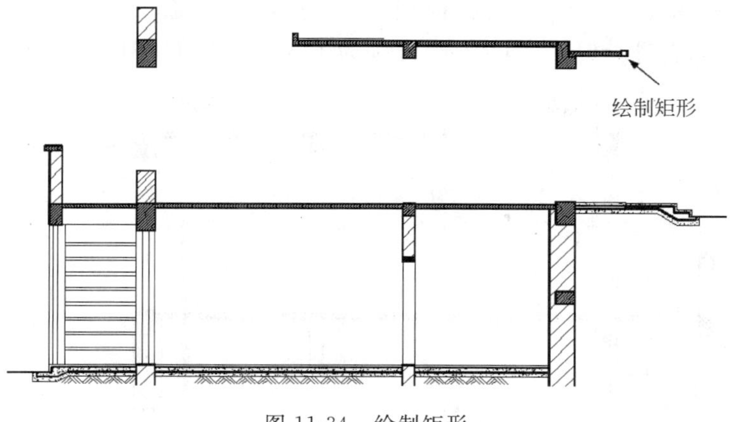

图 11-34 绘制矩形

(24) 单击“默认”选项卡“修改”面板中的“复制”按钮，选择上步绘制的矩形为复制对象向右进行复制，复制间距为 410，如图 11-35 所示。

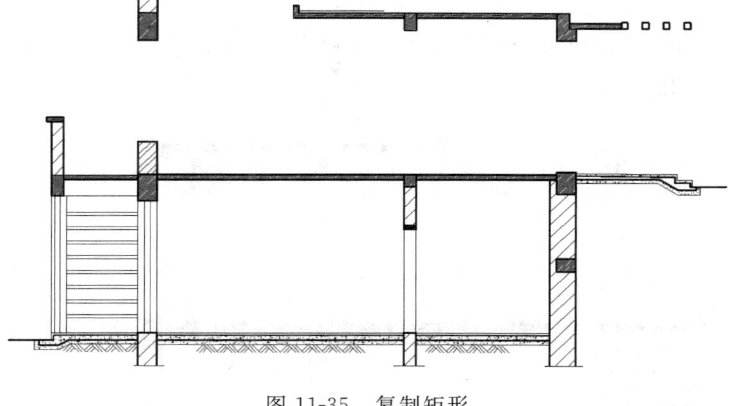

图 11-35 复制矩形

(25) 单击“默认”选项卡“绘图”面板中的“直线”按钮，在二层立面窗洞处绘制一条竖直直线，如图 11-36 所示。

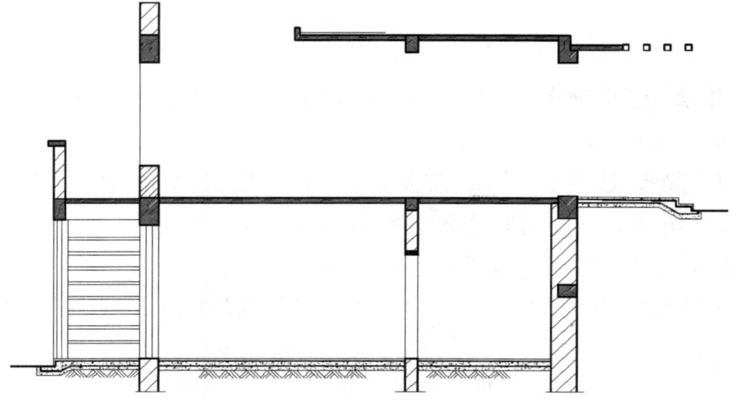

图 11-36 绘制竖直直线

Note

(26) 单击"默认"选项卡"修改"面板中的"偏移"按钮，选择上步绘制的竖直直线为偏移对象向右进行偏移，偏移距离分别为145、80、145，如图11-37所示。

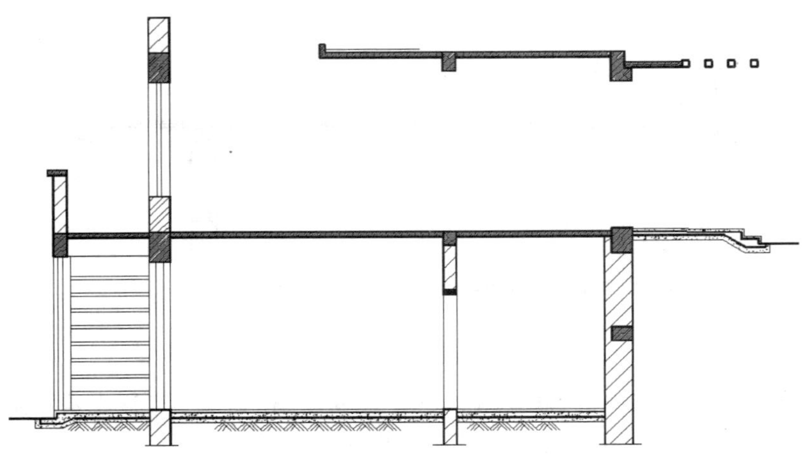

图 11-37　偏移直线

(27) 单击"默认"选项卡"绘图"面板中的"直线"按钮，在图形适当位置绘制水平直线，如图11-38所示。

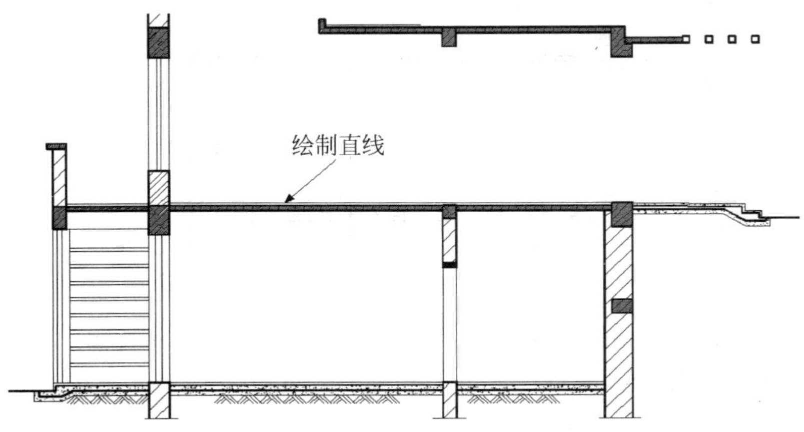

图 11-38　绘制水平直线

(28) 单击"默认"选项卡"绘图"面板中的"矩形"按钮，在二层立面的适当位置绘制一个2100×900的矩形，如图11-39所示。

(29) 单击"默认"选项卡"绘图"面板中的"直线"按钮和"修改"面板中的"偏移"按钮，完成右侧剩余的立面窗户图形的绘制，如图11-40所示。

利用上述方法完成剩余立面图形的绘制，如图11-41所示。

(30) 单击"默认"选项卡"绘图"面板中的"多段线"按钮，绘制指引箭头命令行提示与操作如下：

Note

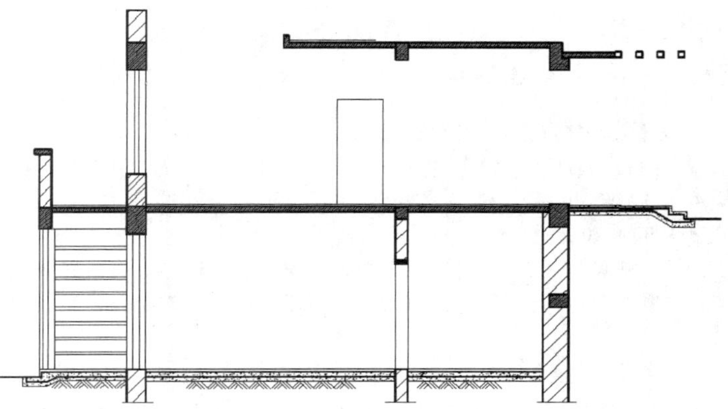

图 11-39　绘制矩形

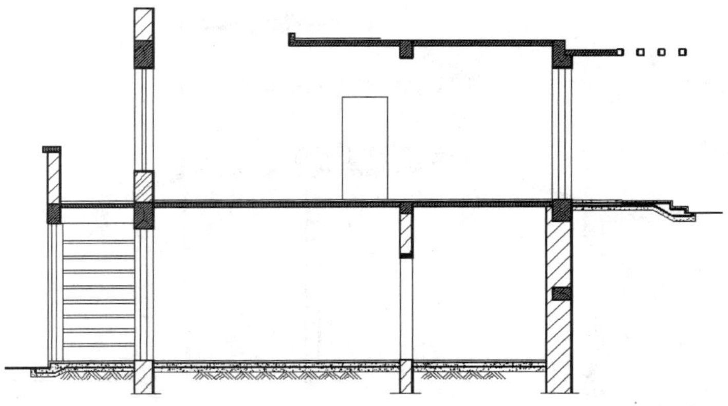

图 11-40　绘制窗户

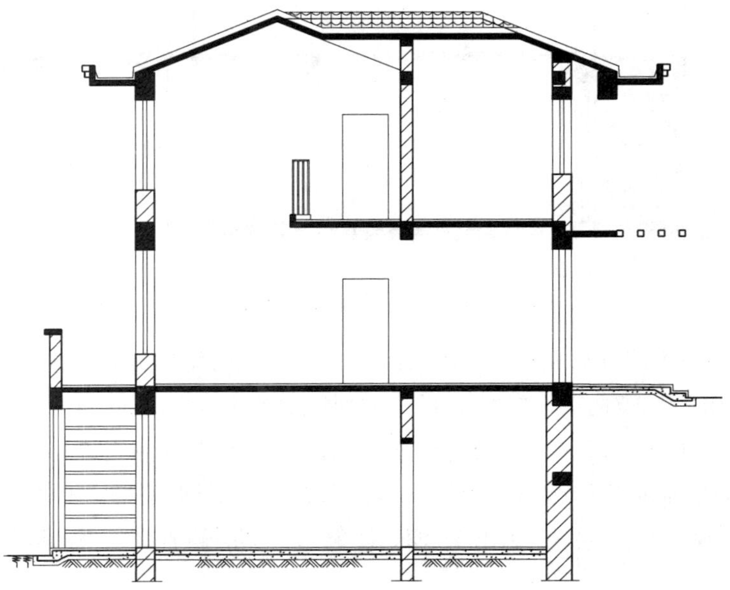

图 11-41　绘制立面图

Note

```
命令:PLINE↙
指定起点:↙
当前线宽为 0
指定下一个点或 [圆弧(A)/半宽(H)/长度(L)/放弃(U)/宽度(W)]:↙
指定下一点或 [圆弧(A)/闭合(C)/半宽(H)/长度(L)/放弃(U)/宽度(W)]: w↙
指定起点宽度 <0>: 80↙
指定端点宽度 <80>: 0↙
指定下一点或 [圆弧(A)/闭合(C)/半宽(H)/长度(L)/放弃(U)/宽度(W)]:↙
指定下一点或 [圆弧(A)/闭合(C)/半宽(H)/长度(L)/放弃(U)/宽度(W)]: *取消*
```

结果如图 11-42 所示。

(31) 单击“默认”选项卡“修改”面板中的“移动”按钮，选择上步绘制的箭头图形为移动对象，将其放置在图形适当位置，如图 11-43 所示。

图 11-42　绘制指引箭头

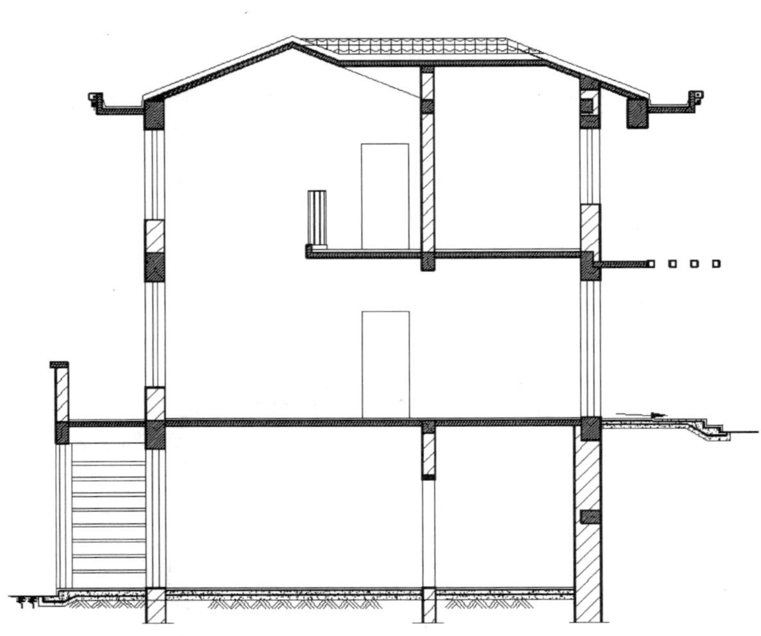

图 11-43　移动指引箭头

利用前面讲述的方法完成 1-1 剖面图尺寸及轴号的添加，如图 11-44 所示。

(32) 单击“默认”选项卡“块”面板中的“插入”按钮，打开“插入”对话框。单击“浏览”按钮，打开“选择图形文件”对话框，选择下载的“源文件/图块/标高”图块，单击“打开”按钮，回到“插入”对话框。单击“确定”按钮，完成图块插入，如图 11-45 所示。

(33) 在命令行中输入 QLEADER 命令，为图形添加文字说明，结果如图 11-2 所示。

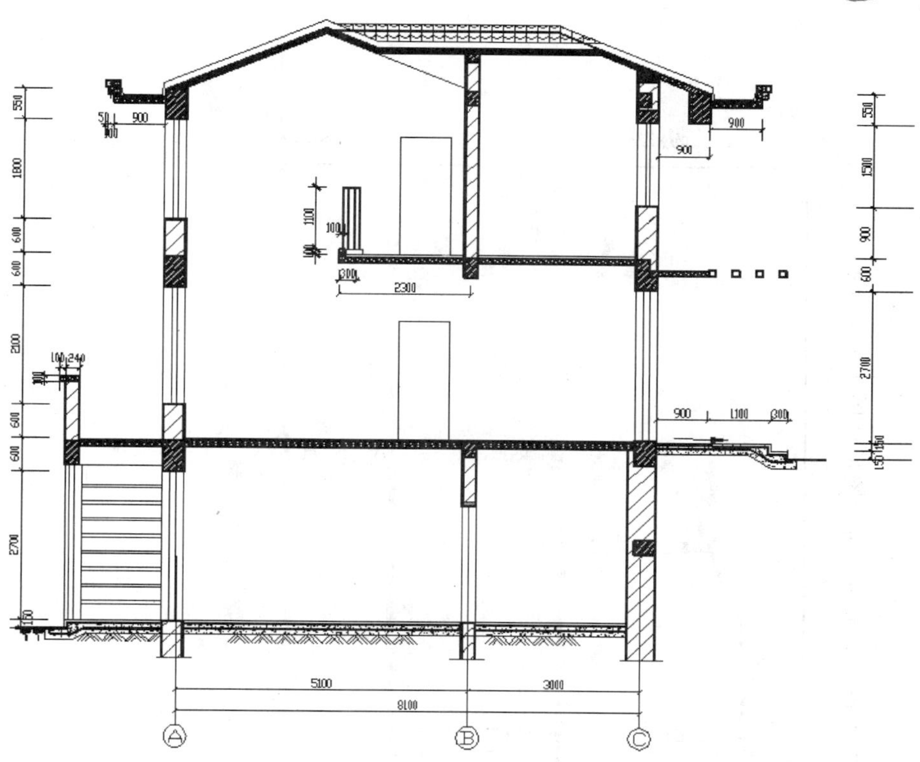

图 11-44 添加轴号及标注

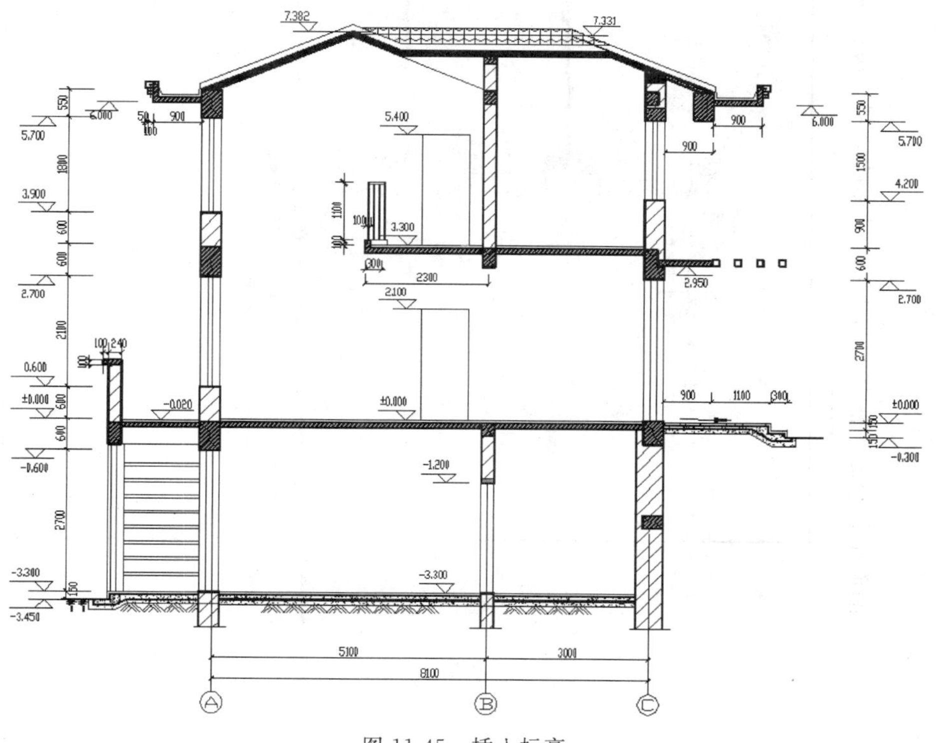

图 11-45 插入标高

Note

11.3　2-2 剖面图绘制

2-2 剖面图的绘制方法基本与 1-1 剖面图的绘制方法相同，这里不再详细阐述。所绘图形如图 11-46 所示。

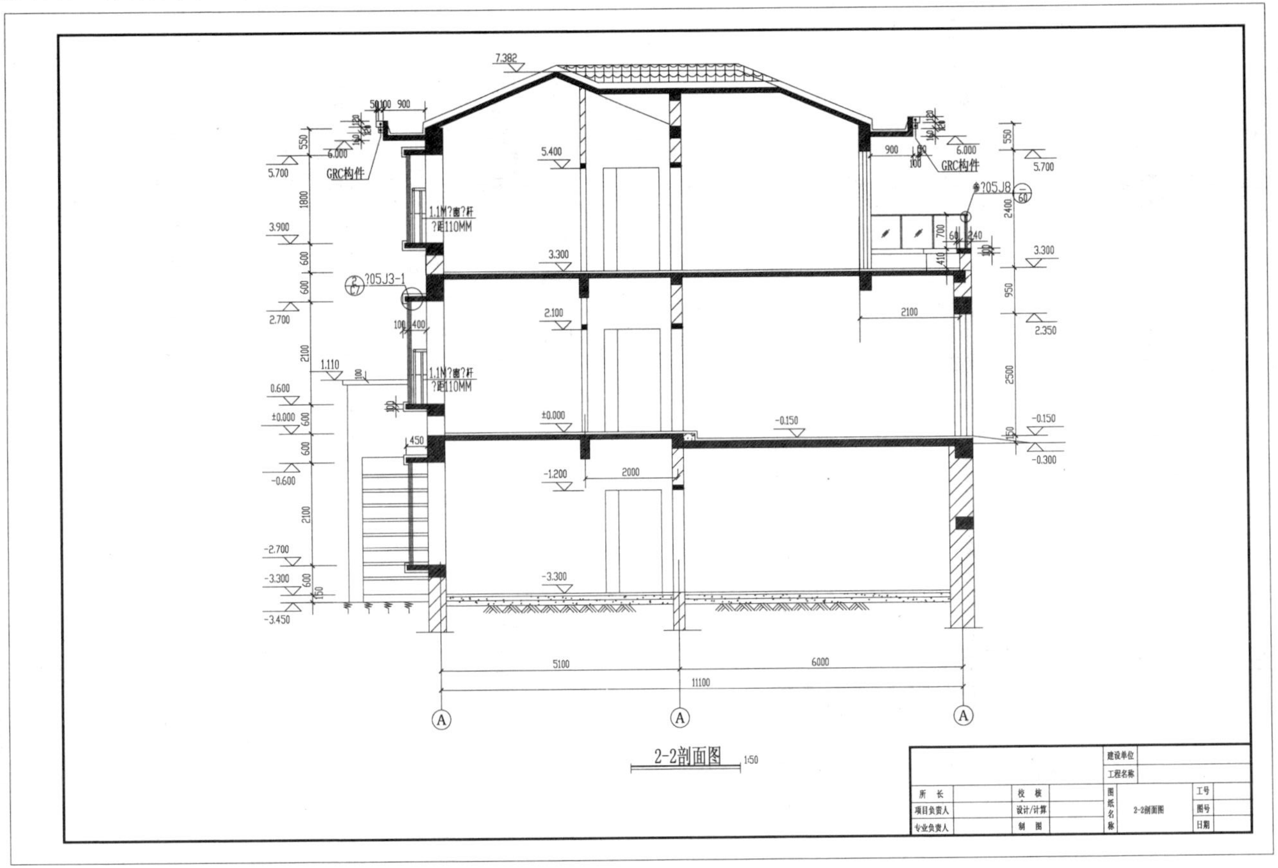

图 11-46　2-2 剖面图

Note

11.4 上机实验

通过前面的学习，读者对本章知识也有了大体的了解，本节通过几个操作练习使读者进一步掌握本章知识要点。

实例 1　绘制如图 11-47 所示的某砖混住宅 1-1 剖面图。

图 11-47　某砖混住宅 1-1 剖面图

1. 目的要求

本例主要学习砖混住宅 1-1 剖面图的绘制方法，要求掌握绘制思路和绘制过程。通过绘制墙体、门窗等剖面图形，建立标准层建筑剖面图及屋面剖面轮廓图，完成整个剖面图绘制。如图 11-47 所示为某砖混住宅 1-1 剖面图。

2. 操作提示

(1) 设置绘图环境。

(2) 整理图形。

(3) 绘制辅助线。

(4) 绘制墙线。

(5) 绘制楼板。

(6) 绘制门窗。

(7) 绘制剩余图形。

(8) 添加文字说明和标注。

实例 2　绘制如图 11-48 所示的某砖混住宅 2-2 剖面图。

1. 目的要求

本例学习砖混住宅 2-2 剖面图的绘制方法，同样要求掌握绘制思路和绘制过程。通过绘制墙体、门窗等剖面图形，建立标准层建筑剖面图及屋面剖面轮廓图，完成整个剖面图绘制。如图 11-48 所示为某砖混住宅 2-2 剖面图。

2. 操作提示

(1) 设置绘图环境。

Note

（2）整理图形。

（3）绘制辅助线。

（4）绘制墙线。

（5）绘制楼板。

（6）绘制门窗。

（7）绘制剩余图形。

（8）添加文字说明和标注。

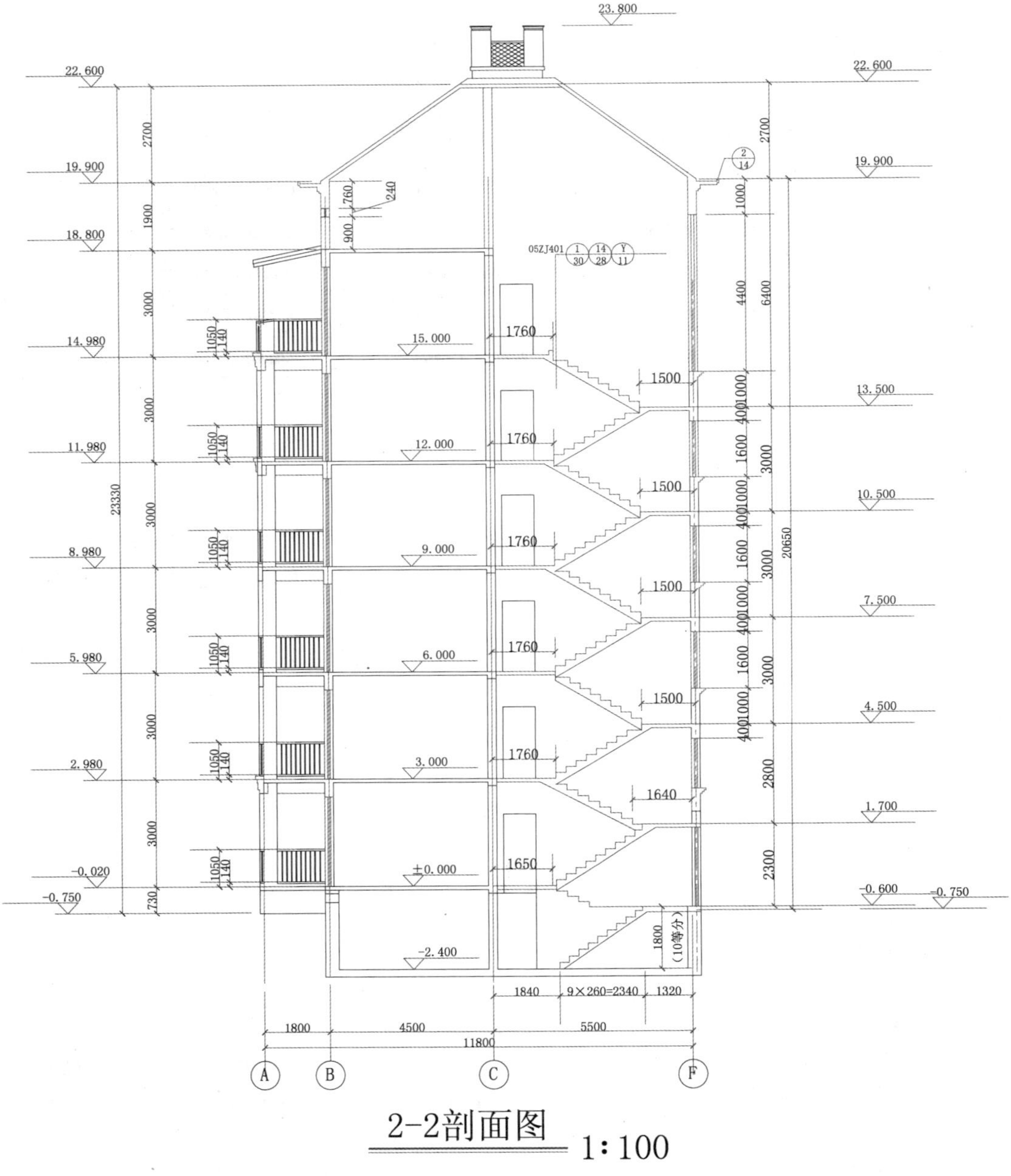

2-2剖面图 1:100

图 11-48　某砖混住宅楼 2-2 剖面图

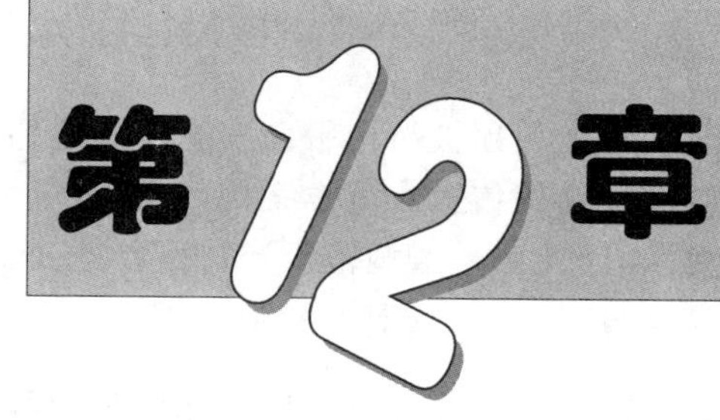

第12章 别墅建筑结构平面图

本章导读

本章将以别墅结构平面图为例，详细介绍建筑结构平面图的绘制过程。在介绍过程中，将逐步引领读者完成地下室顶板结构平面图、首层结构平面图、屋顶结构平面图和基础平面图的绘制，并讲解关于住宅建筑结构平面图设计的相关知识和技巧。本章内容主要包括住宅建筑结构平面图绘制，尺寸文字标注等。

学习要点

- ◆ 地下室顶板结构平面图
- ◆ 首层结构平面布置图
- ◆ 屋顶结构平面布置图

12.1 地下室顶板结构平面图

Note

地下室顶板结构平面图主要表达地下室顶板浇筑厚度、配筋布置和过梁、圈梁结构等具体结构信息。就本案例而言，由于该别墅属于普通低层建筑，对结构没有什么特殊要求，因此按一般规范设计就可以达到要求。本节主要学习地下室顶板结构平面图的绘制过程，所绘图形如图 12-1 所示。

12-1

12.1.1 绘制地下室顶板结构平面图

(1) 单击“默认”选项卡“绘图”面板中的“多段线”按钮，指定起点宽度为 45、端点宽度为 45，在图形空白位置绘制一个 480×480 的矩形，如图 12-2 所示。

(2) 单击“默认”选项卡“绘图”面板中的“图案填充”按钮，打开“图案填充创建”选项卡，选择 SOLID 图案类型，填充矩形，如图 12-3 所示。

图 12-2 绘制矩形

图 12-3 填充矩形

(3) 利用上述方法完成图形中 360×740 的柱的绘制，如图 12-4 所示。

(4) 利用上述方法完成图形中 480×480 的柱的绘制，如图 12-5 所示。

图 12-4 360×740 的柱

图 12-5 480×480 的柱

(5) 利用上述方法完成图形中 740×740 的柱的绘制，如图 12-6 所示。

(6) 利用上述方法完成图形中 740×480 的柱的绘制，如图 12-7 所示。

(7) 利用上述方法完成图形中 600×600 的柱的绘制，如图 12-8 所示。

图 12-6 740×740 的柱

图 12-7 740×480 的柱

图 12-8 600×600 的柱

Note

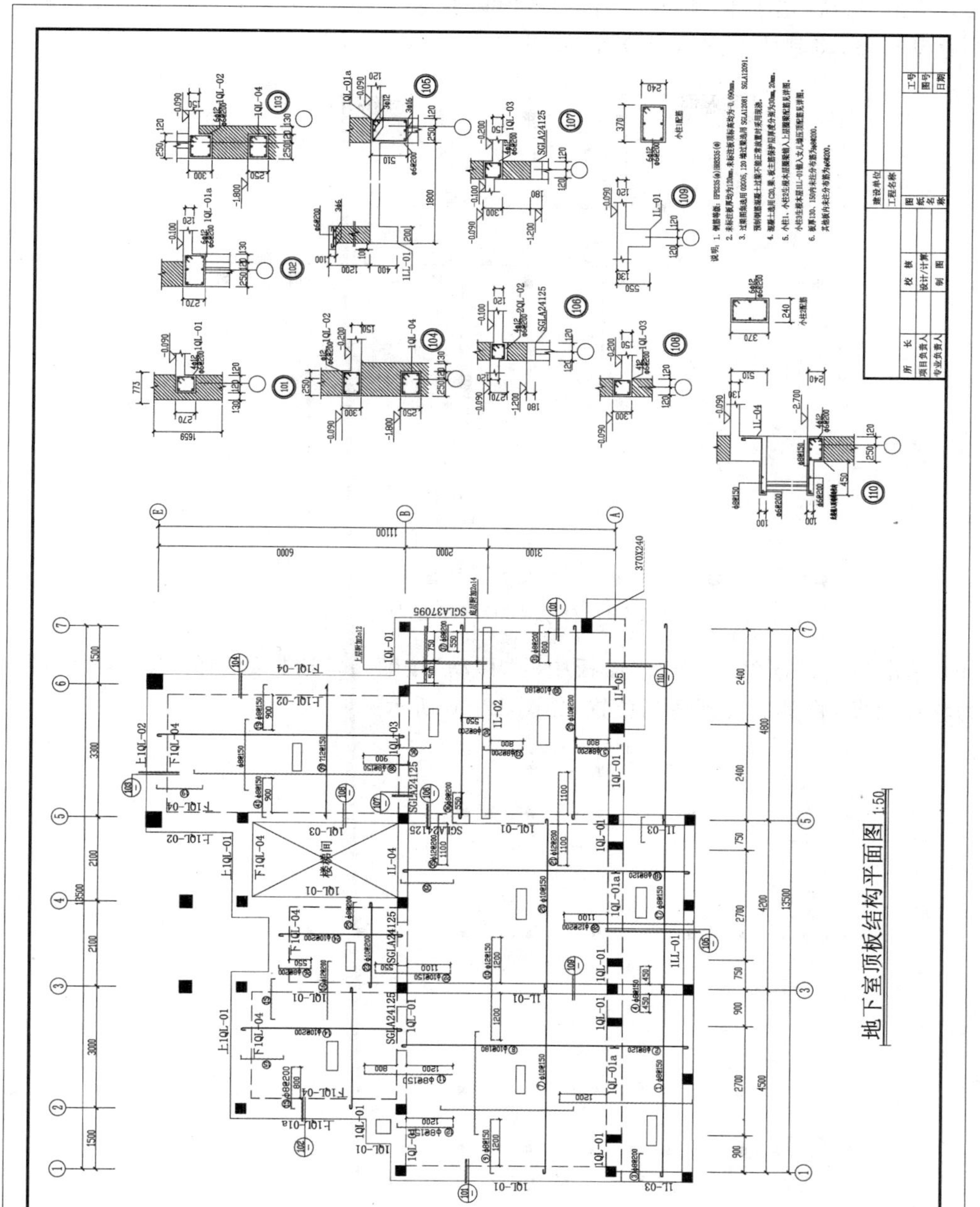

地下室顶板结构平面图 1:50

图 12-1 地下室顶板结构平面图

Note

(8) 单击“默认”选项卡“修改”面板中的“移动”按钮 ，选择绘制的 480×480 的矩形为移动对象，将其放置到适当位置，如图 12-9 所示。

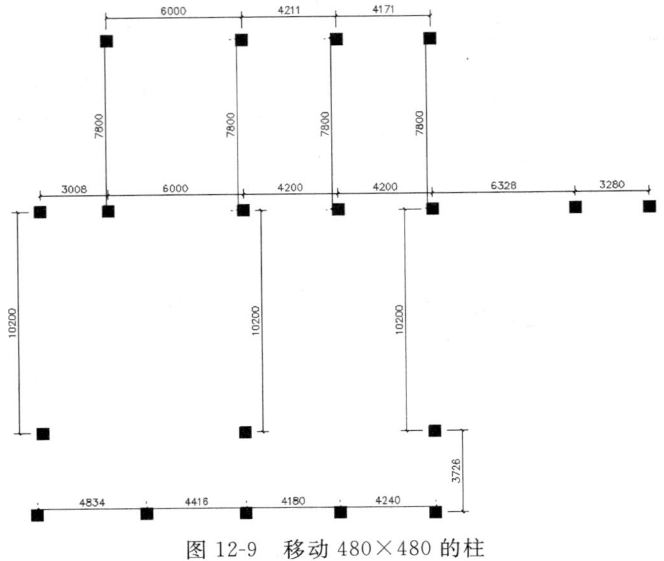

图 12-9　移动 480×480 的柱

(9) 单击“默认”选项卡“修改”面板中的“移动”按钮 ，选择绘制的 600×600 的矩形为移动对象，将其放置到适当位置，如图 12-10 所示。

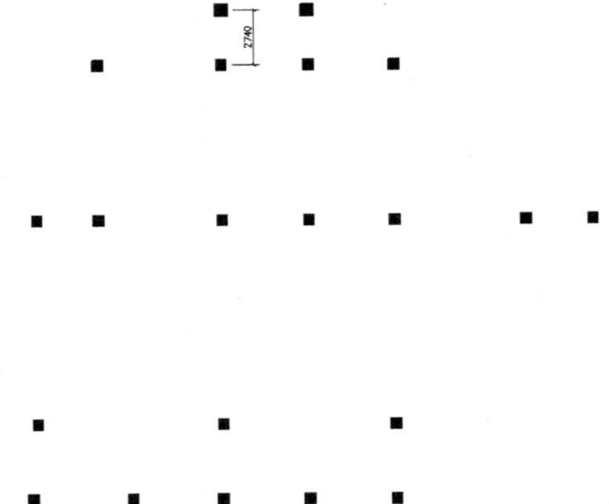

图 12-10　移动 600×600 的柱

(10) 单击“默认”选项卡“修改”面板中的“移动”按钮 ，选择绘制的 740×740 的矩形为移动对象，将其放置到适当位置，如图 12-11 所示。

(11) 利用上述方法完成图形中剩余构造柱的添加，如图 12-12 所示。

(12) 单击“默认”选项卡“绘图”面板中的“矩形”按钮 ，在图形空白区域任选一点为矩形起点，绘制一个 1444×545 的矩形，如图 12-13 所示。

(13) 单击“默认”选项卡“绘图”面板中的“矩形”按钮 ，完成剩余 1408×449、1393×429、1481×493、1481×592、1452×468、1465×530、1393×434、1384×446 矩形的绘制。

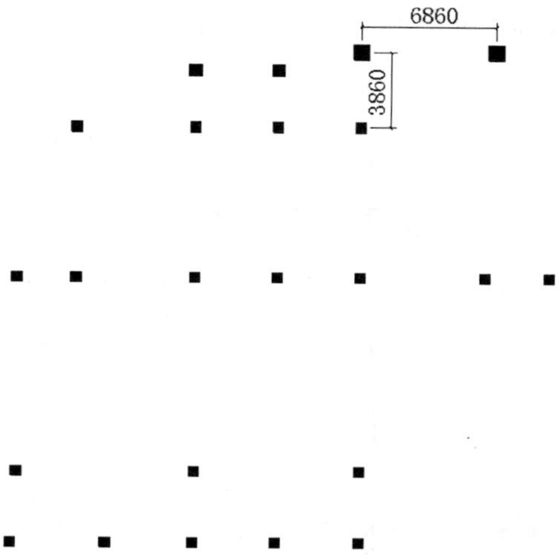

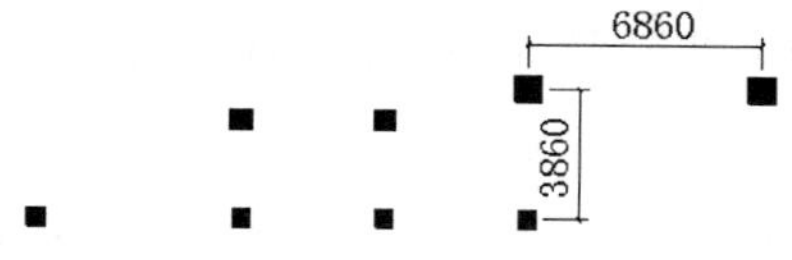

图 12-11 移动 740×740 的柱

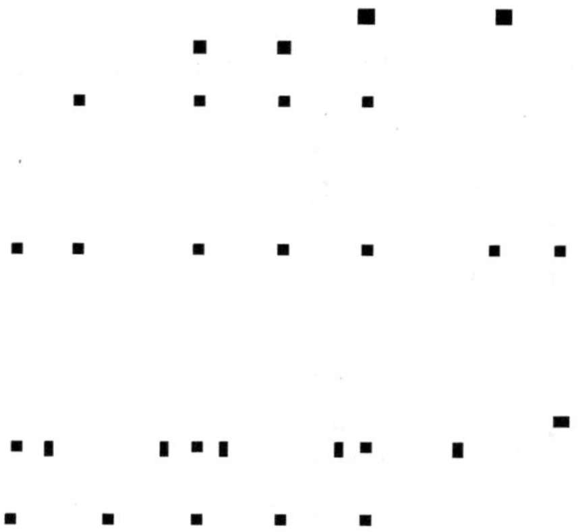

图 12-12 添加构造柱

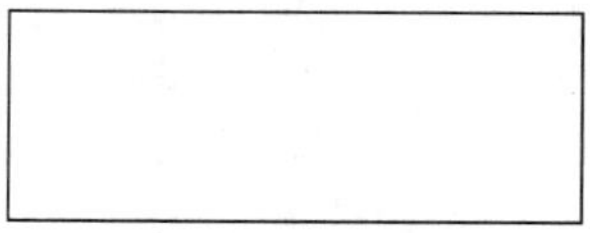

图 12-13 1444×545 的矩形

(14) 单击“默认”选项卡“修改”面板中的“移动”按钮，选择上步所绘制矩形为移动对象，将其放置到适当位置，如图 12-14 所示。

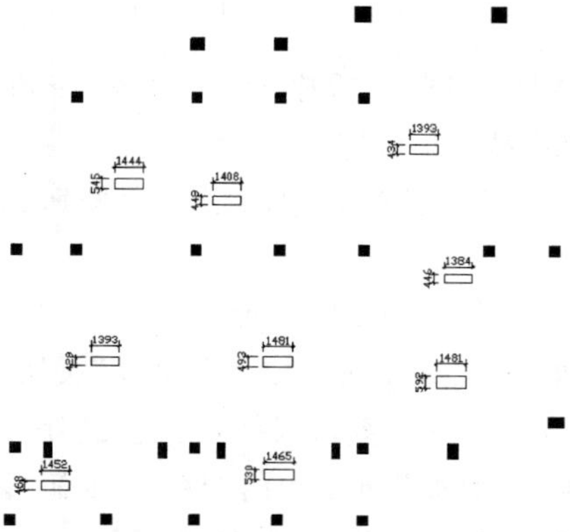

图 12-14 绘制并移动矩形

Note

（15）单击“默认”选项卡“绘图”面板中的“直线”按钮，在上步图形适当位置处绘制梁，如图 12-15 所示。

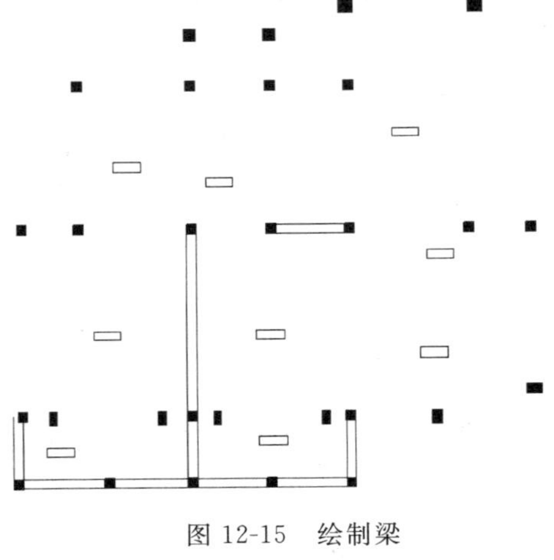

图 12-15　绘制梁

（16）单击“默认”选项卡“绘图”面板中的“矩形”按钮，在图形适当位置绘制一个 9600×400 的矩形，如图 12-16 所示。

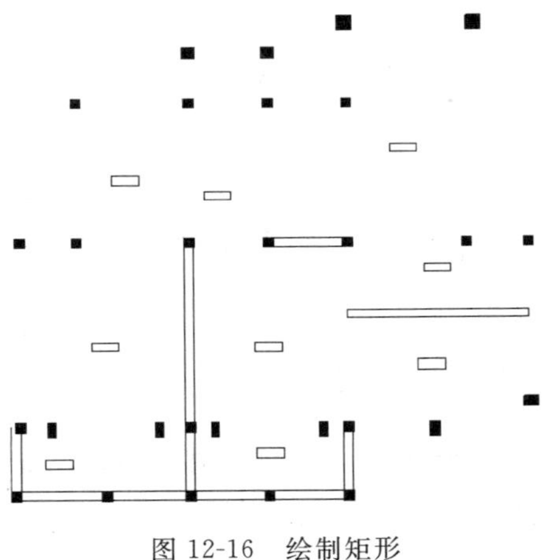

图 12-16　绘制矩形

（17）单击“默认”选项卡“绘图”面板中的“多段线”按钮，指定起点宽度为 5、端点宽度为 5，绘制柱间的墙虚线，如图 12-17 所示。

（18）单击“默认”选项卡“绘图”面板中的“直线”按钮，在楼梯间位置绘制十字交叉线，如图 12-18 所示。

（19）新建“支座钢筋”图层，如图 12-19 所示。

（20）单击“默认”选项卡“绘图”面板中的“多段线”按钮，指定起点宽度为 45、端点宽度为 45，在图形适当位置绘制连续多段线，完成支座配筋的绘制，如图 12-20 所示。

（21）单击“默认”选项卡“修改”面板中的“移动”按钮，选择上步绘制的连续多段线为移动对象，将其放置到适当位置，如图 12-21 所示。

Note

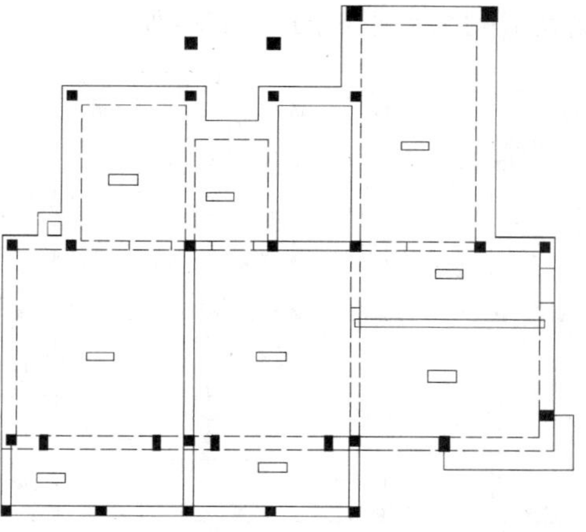

图 12-17　绘制多段线

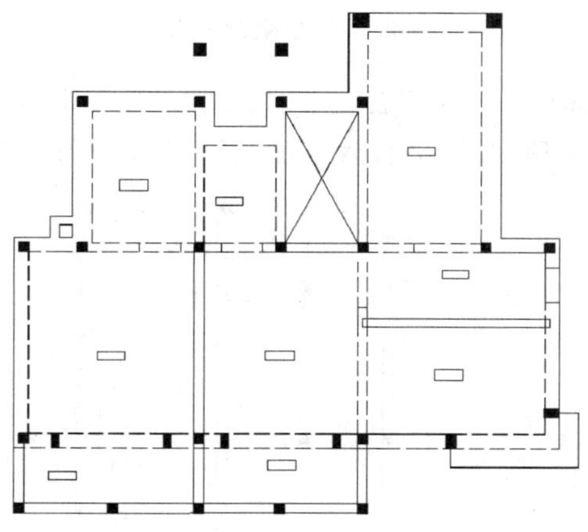

图 12-18　绘制十字交叉线

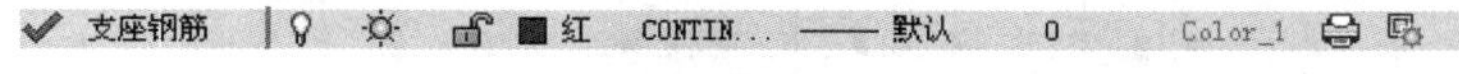

图 12-19　“支座钢筋”图层

图 12-20　绘制连续多段线

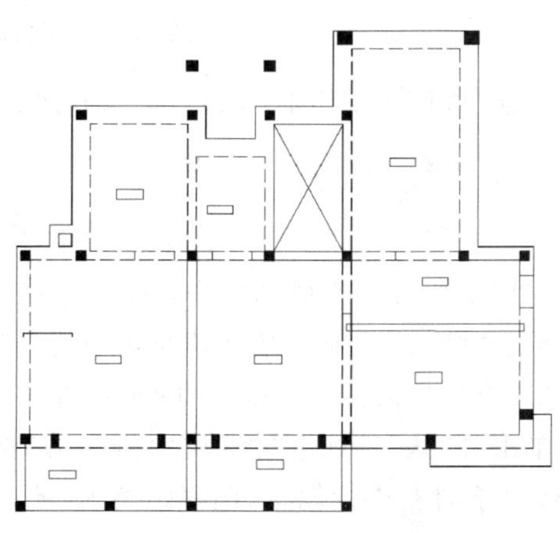

图 12-21　移动多段线

（22）利用上述方法完成剩余支座配筋的绘制，如图 12-22 所示。

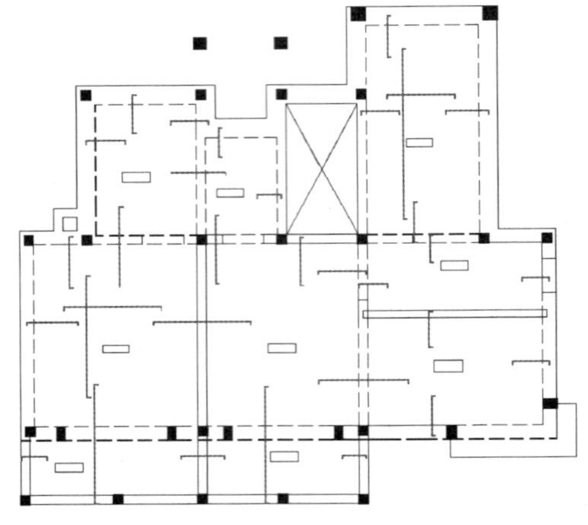

图 12-22 绘制剩余支座配筋

（23）单击“默认”选项卡“绘图”面板中的“多段线”按钮，指定起点宽度为 45、端点宽度为 45，绘制连续多段线，完成板底钢筋的绘制，如图 12-23 所示。

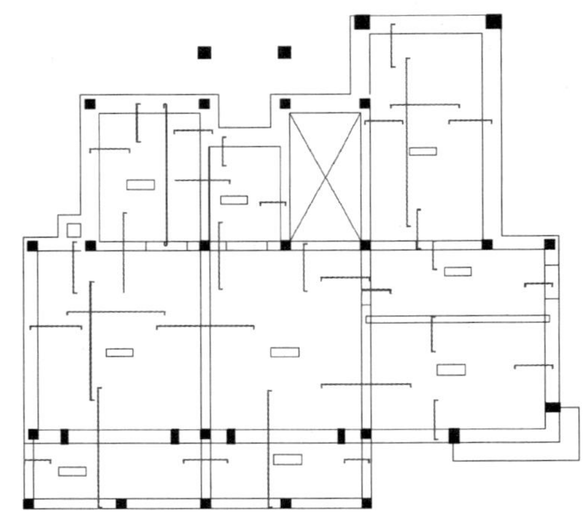

图 12-23 绘制板底钢筋

（24）新建“板底钢筋”图层，如图 12-24 所示。

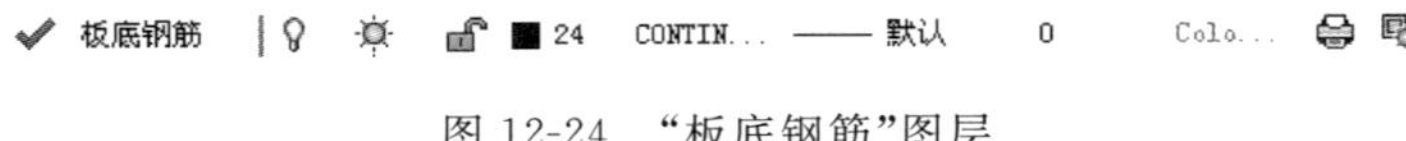

图 12-24 “板底钢筋”图层

（25）利用上述方法完成图形中剩余的板底钢筋的绘制，如图 12-25 所示。

（26）单击“默认”选项卡“绘图”面板中的“多段线”按钮，指定起点宽度为 45、端点宽度为 45，绘制一条长度为 3965 的竖直直线，如图 12-26 所示。

（27）单击“默认”选项卡“修改”面板中的“偏移”按钮，选择上步绘制的竖直多段线为偏移对象向右进行偏移，偏移距离为 98，如图 12-27 所示。

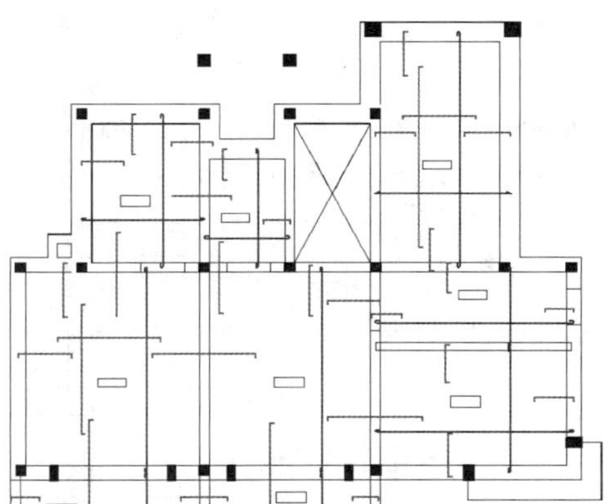

图 12-25 绘制板底钢筋

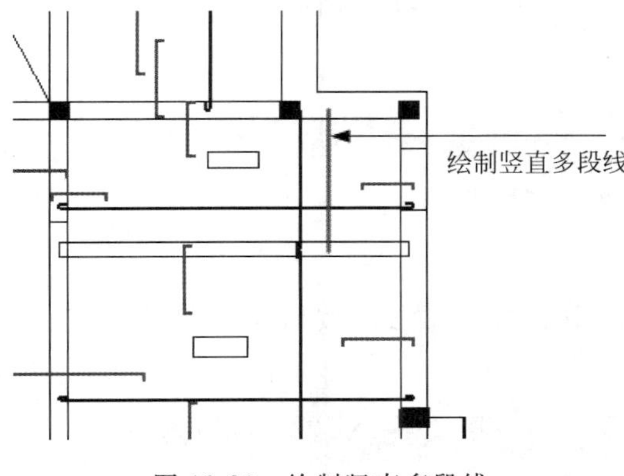

图 12-26 绘制竖直多段线

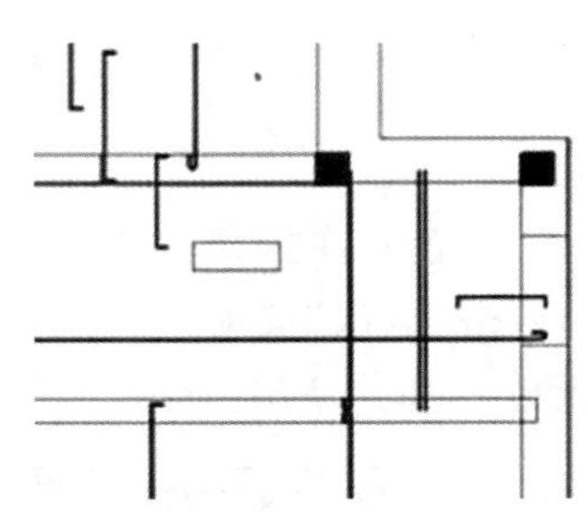

图 12-27 偏移多段线

(28) 单击“默认”选项卡“绘图”面板中的“多段线”按钮 ，在上步绘制的多段线上选择一点为起点，绘制一条长度为 2923 的水平多段线，如图 12-28 所示。

(29) 单击“默认”选项卡“修改”面板中的“偏移”按钮 ，选择上步绘制的水平多段线为偏移对象向下进行偏移，偏移距离为 98，完成支座配筋的绘制，如图 12-29 所示。

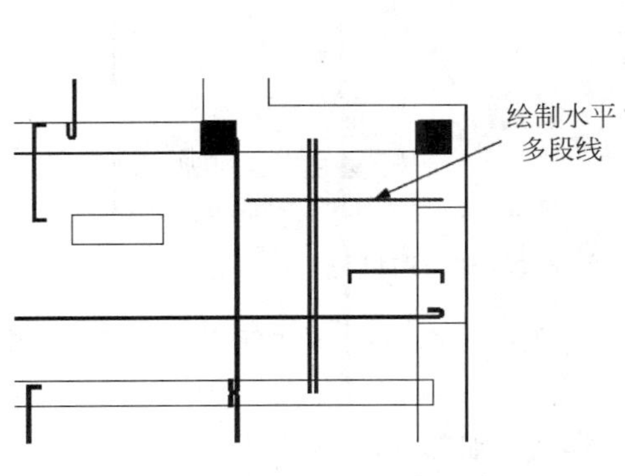

图 12-28 绘制水平多段线

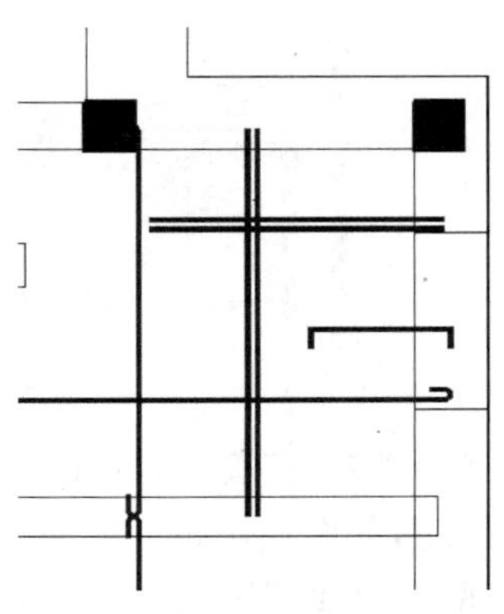

图 12-29 偏移多段线

Note

（30）利用上述方法完成剩余支座配筋及板底钢筋的绘制，如图 12-30 所示。

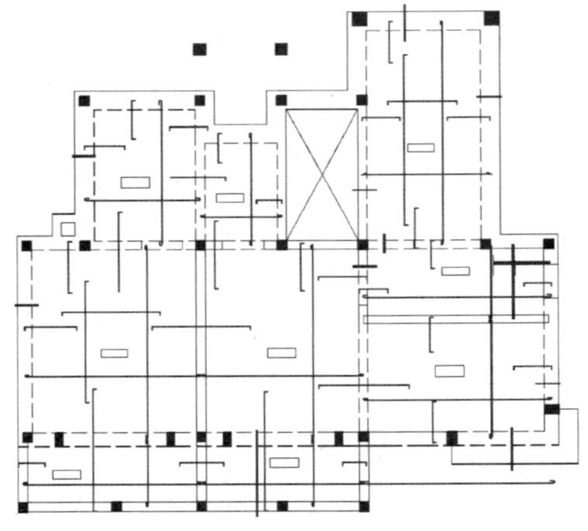

图 12-30　绘制支座配筋及板底钢筋

（31）新建“尺寸”图层，如图 12-31 所示。

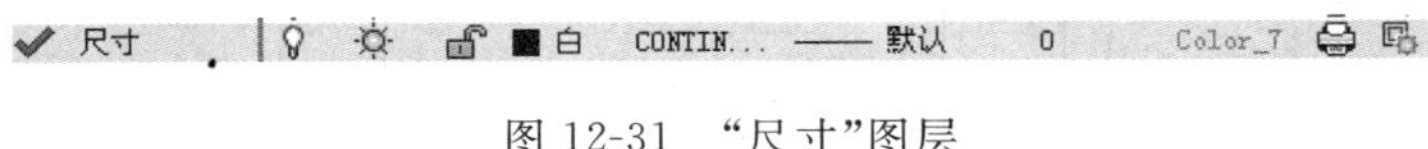

图 12-31　“尺寸”图层

（32）设置标注样式。

① 单击“默认”选项卡“注释”面板中的“标注样式”按钮，打开“标注样式管理器”对话框，如图 12-32 所示。

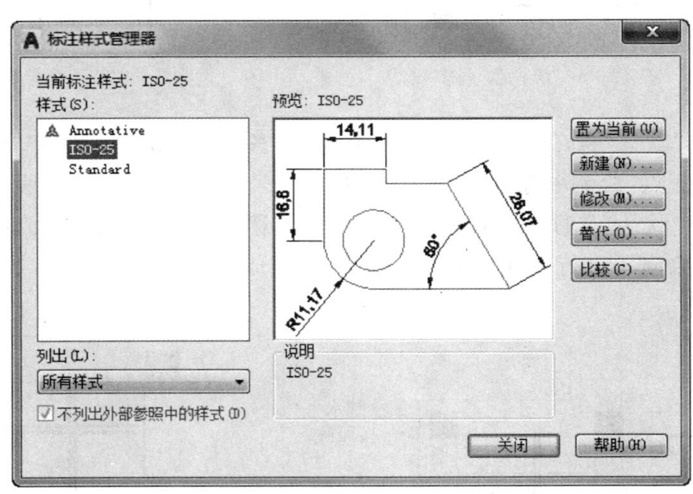

图 12-32　“标注样式管理器”对话框

② 单击“新建”按钮，打开“创建新标注样式”对话框。在“新样式名”文本框内输入“细部标注”，如图 12-33 所示。

③ 单击“继续”按钮，打开“新建标注样式：细部标注”对话框。

④ 切换到“线”选项卡，对话框显示如图 12-34 所示，按照图中的参数修改标注样式。

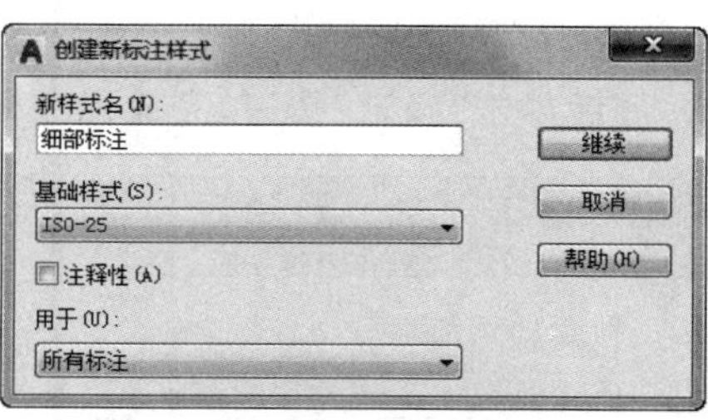

图 12-33　“创建新标注样式”对话框

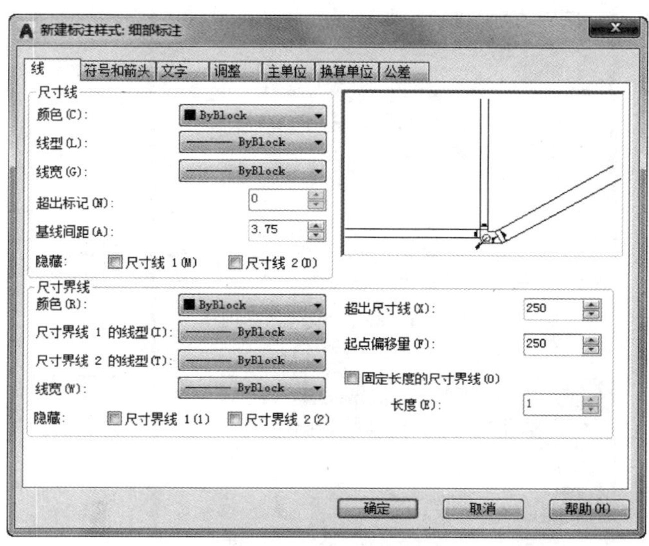

图 12-34　“线”选项卡

⑤ 切换到“符号和箭头”选项卡，按照图 12-35 所示的设置进行修改，箭头样式选择为“建筑标记”，箭头大小修改为 100。

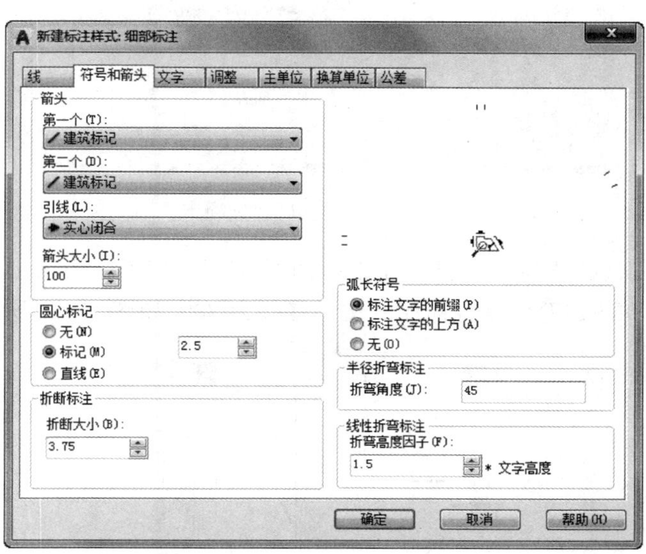

图 12-35　“符号和箭头”选项卡

⑥ 在“文字”选项卡中设置“文字高度”为 300，如图 12-36 所示。在“主单位”选项卡的设置如图 12-37 所示。最后单击“确定”按钮，完成标注样式的设置。

图 12-36 “文字”选项卡

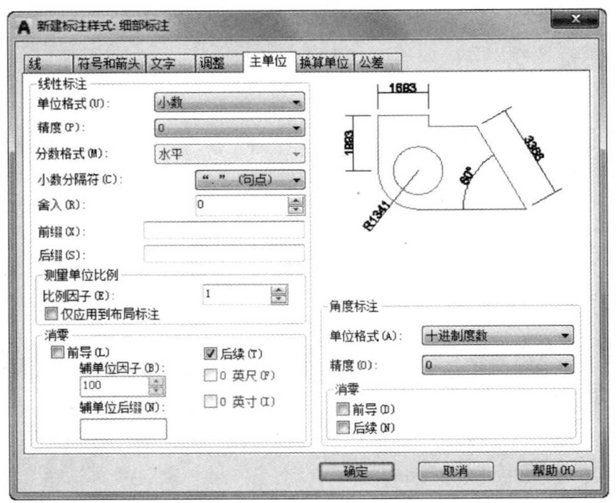

图 12-37 “主单位”选项卡

（33）单击“默认”选项卡“注释”面板中的“线性”按钮，为图形添加细部支座钢筋标注，并利用 DDESIT 命令将标注的文字修改为 800，如图 12-38 所示。

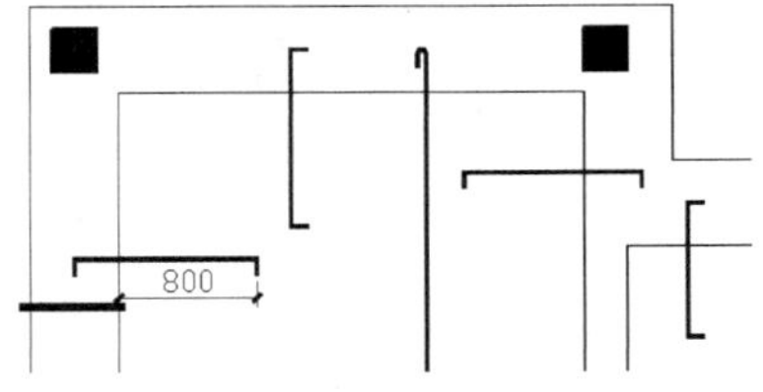

图 12-38 添加标注

（34）利用上述方法完成剩余细部尺寸的添加，如图 12-39 所示。

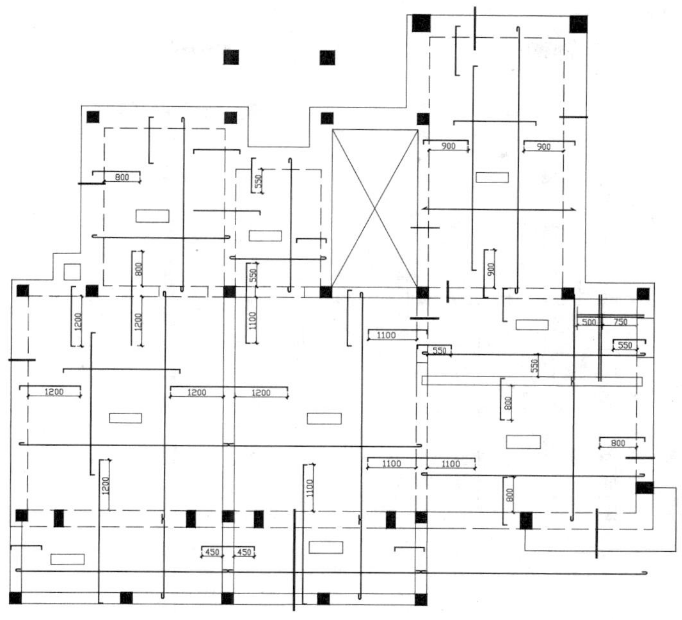

图 12-39　添加细部尺寸

（35）将标注样式中的比例因子修改为 0.25，单击“默认”选项卡“注释”面板中的“线性”按钮 和“连续”按钮 ，为图形添加第一道尺寸，如图 12-40 所示。

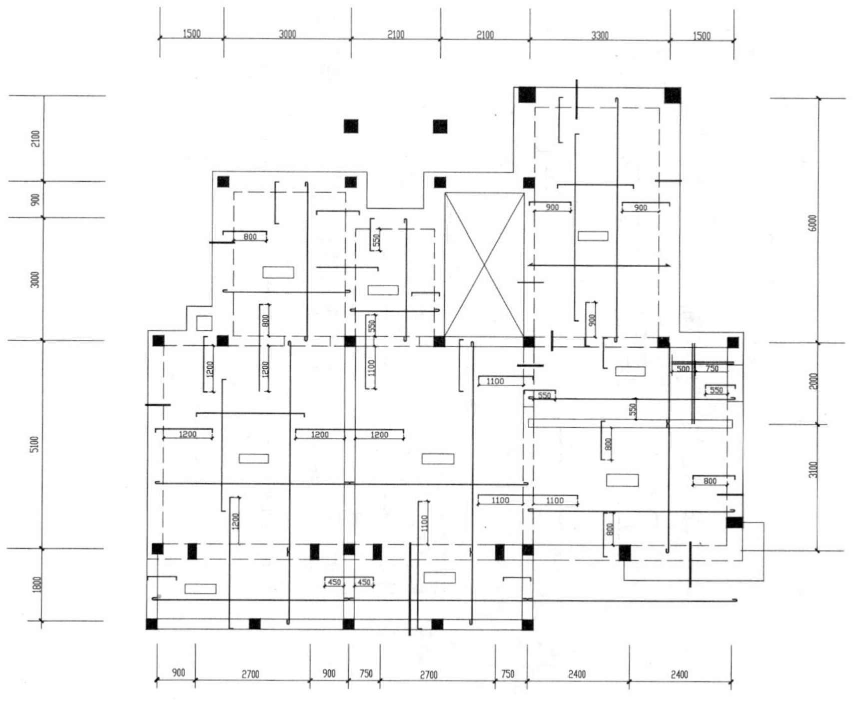

图 12-40　添加第一道尺寸

Note

(36) 单击“默认”选项卡“注释”面板中的“线性”按钮 和“连续”按钮 ，为图形添加第二道尺寸，如图 12-41 所示。

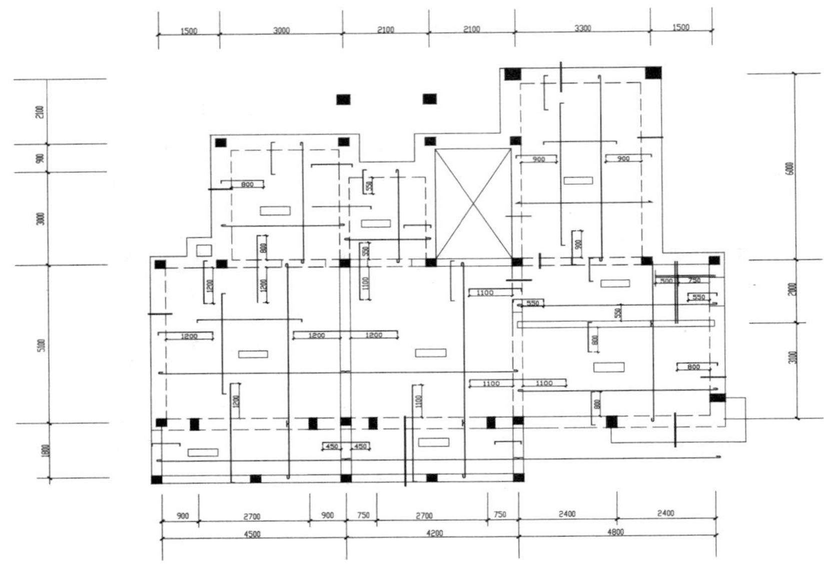

图 12-41　添加第二道尺寸

(37) 单击“默认”选项卡“注释”面板中的“线性”按钮 ，为图形添加总尺寸，如图 12-42 所示。

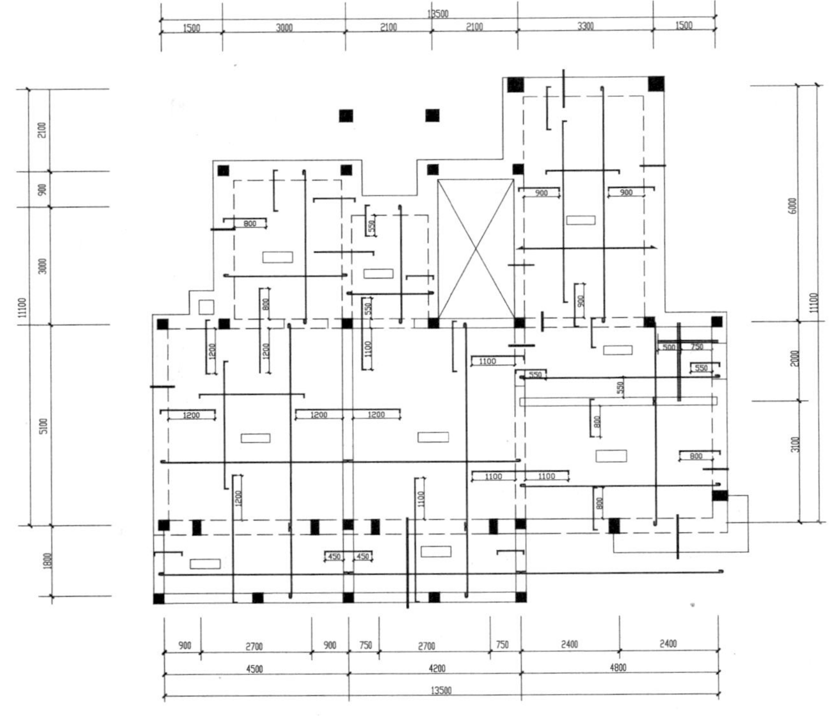

图 12-42　添加总尺寸

（38）利用前面讲述的方法完成轴号的添加，如图 12-43 所示。

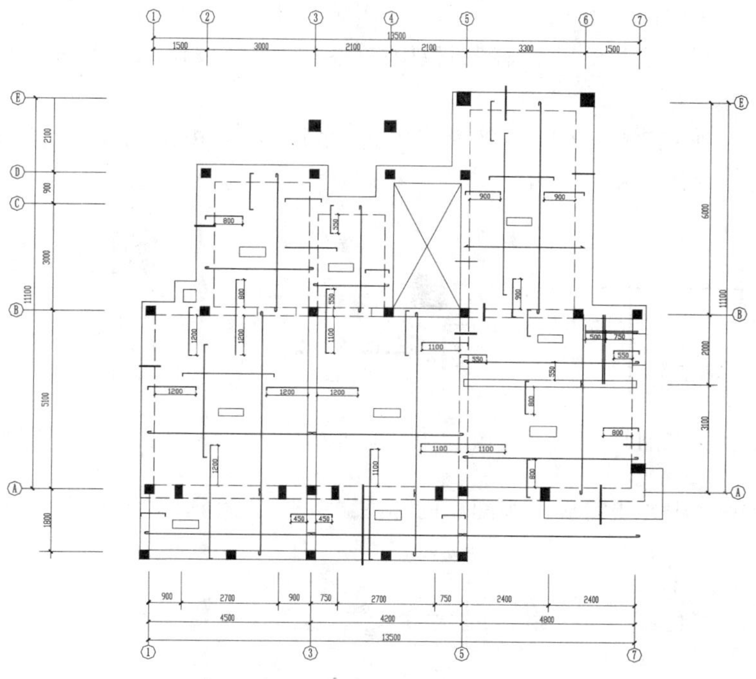

图 12-43　添加轴号

（39）单击“默认”选项卡“注释”面板中的“多行文字”按钮 A，为图形添加构件名称，如图 12-44 所示。

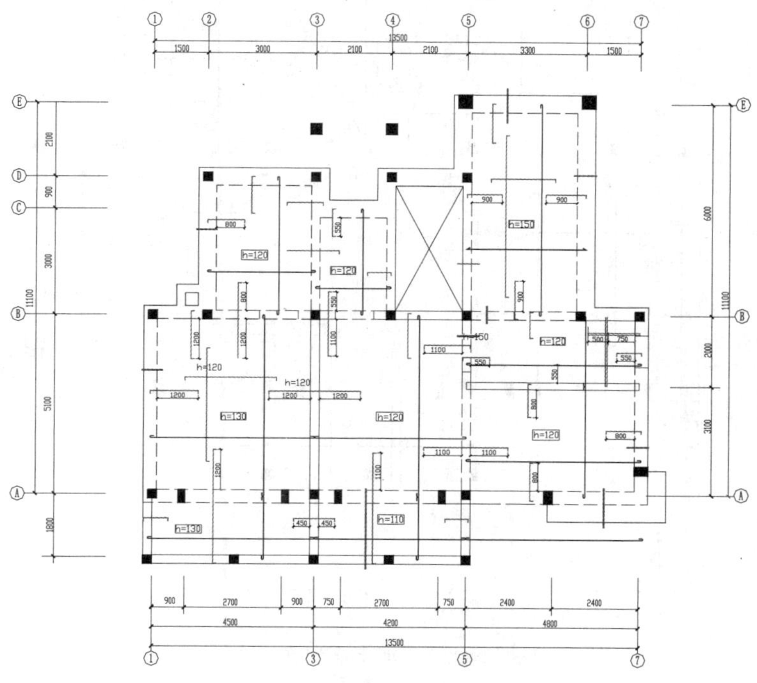

图 12-44　添加构件名称

Note

(40) 单击“默认”选项卡“绘图”面板中的“圆”按钮，在支架钢筋上部位置绘制一个半径为200的圆，如图12-45所示。

(41) 单击“默认”选项卡“注释”面板中的“多行文字”按钮A，为图形添加标注号，如图12-46所示。

(42) 单击“默认”选项卡“注释”面板中的“多行文字”按钮A，在上步图形右侧添加文字，如图12-47所示。

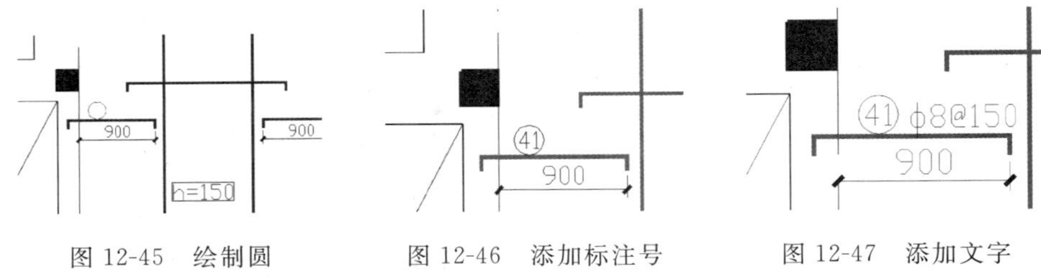

图12-45 绘制圆　　图12-46 添加标注号　　图12-47 添加文字

(43) 利用上述方法完成支座配筋的标注，如图12-48所示。

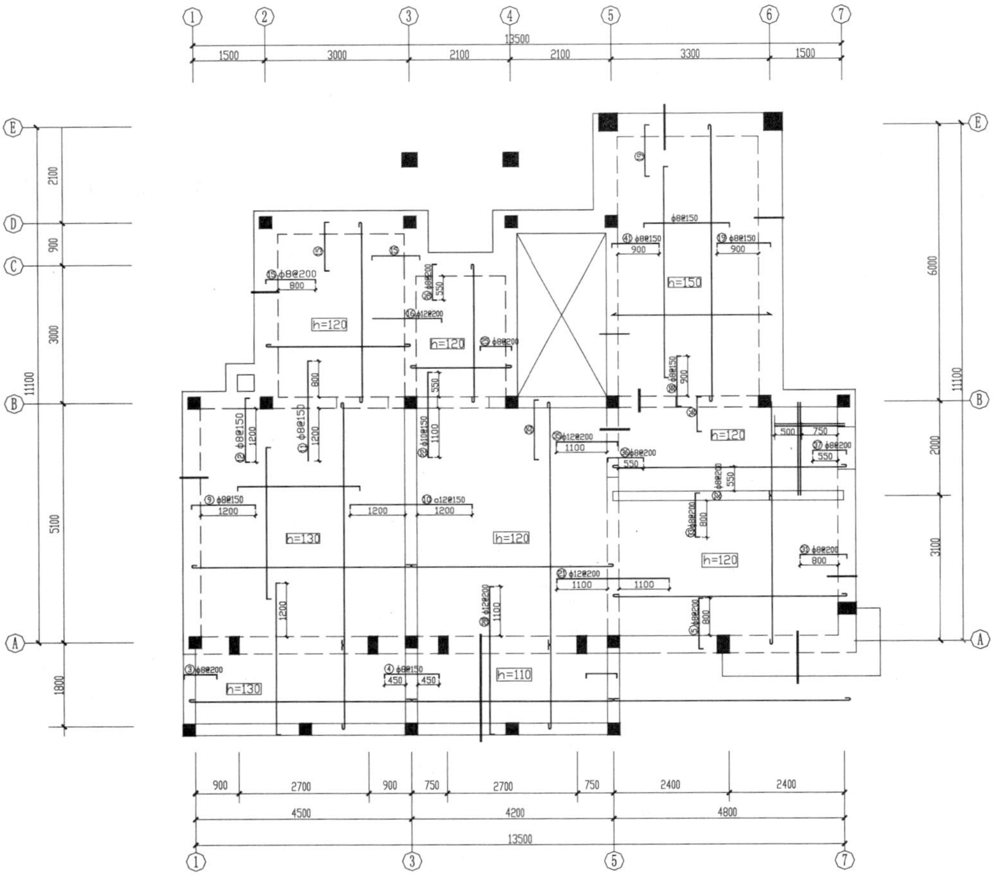

图12-48 添加支座配筋标注

（44）利用上述方法完成板底钢筋的标注，如图 12-49 所示。

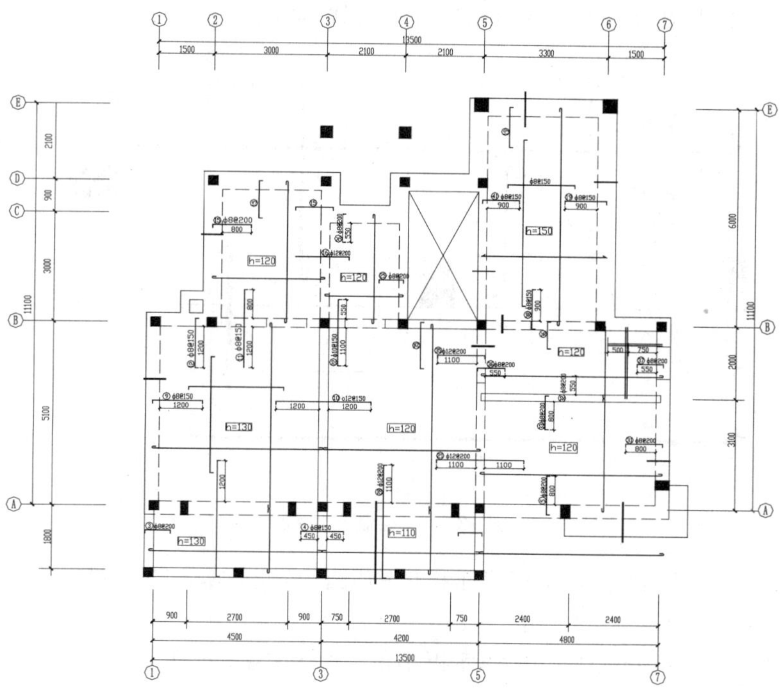

图 12-49　添加板底钢筋标注

（45）利用上述方法完成支座钢筋的标注，如图 12-50 所示。

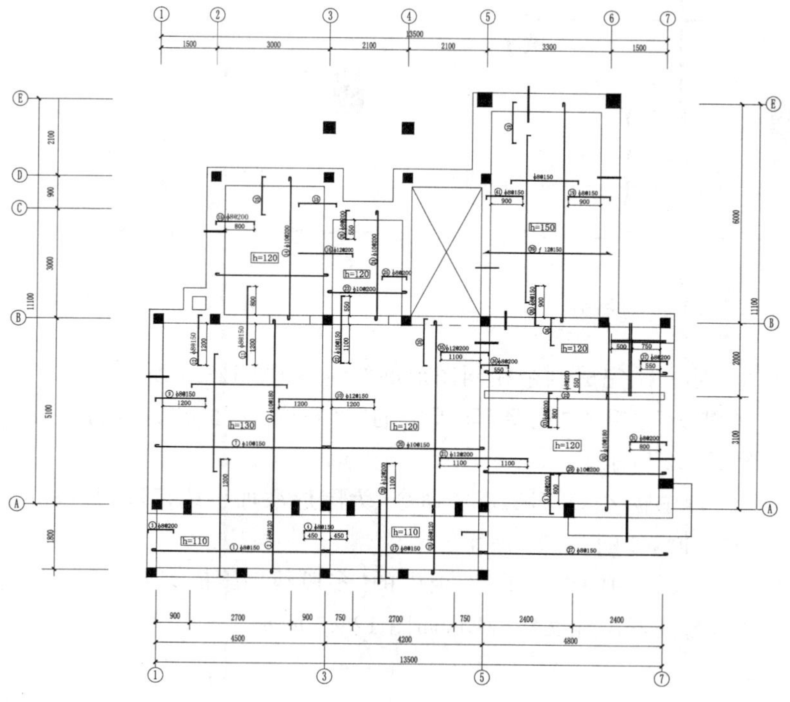

图 12-50　添加支座钢筋标注

Note

(46) 单击“默认”选项卡“绘图”面板中的“多段线”按钮，指定起点宽度为 0、端点宽度为 0，在上步图形适当位置绘制连续多段线，如图 12-51 所示。

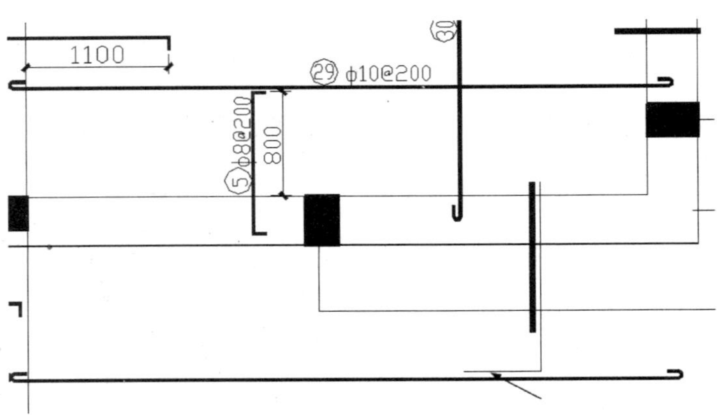

图 12-51　绘制多段线

(47) 单击“默认”选项卡“绘图”面板中的“圆”按钮，在图形适当位置绘制一个半径为 228 的圆，如图 12-52 所示。

(48) 单击“默认”选项卡“注释”面板中的“多行文字”按钮A，在上步所绘制圆内添加文字，如图 12-53 所示。

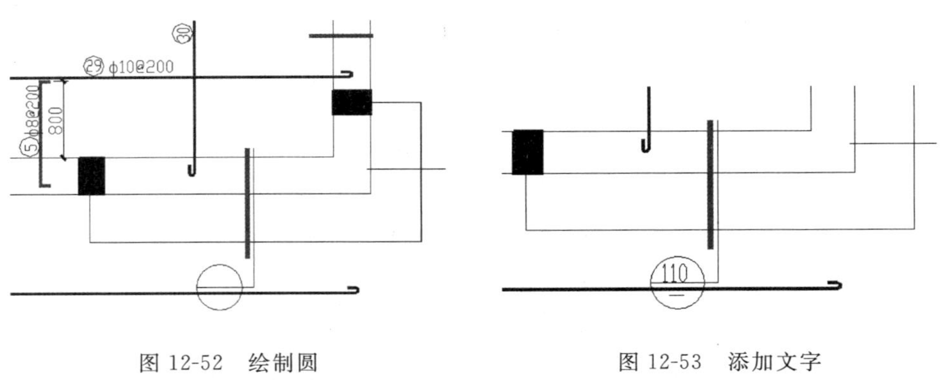

图 12-52　绘制圆　　　　图 12-53　添加文字

(49) 利用上述方法完成剩余相同图形的绘制，如图 12-54 所示。

(50) 单击“默认”选项卡“注释”面板中的“多行文字”按钮A，为图形添加剩余的文字说明，如图 12-55 所示。

(51) 在命令行中输入 QLEADER 命令，为图形添加引线标注，最终完成地下室顶板结构平面图的绘制，如图 12-56 所示。

(52) 单击“默认”选项卡“绘图”面板中的“多段线”按钮和“注释”面板中的“多行文字”按钮A，为图形添加文字说明，如图 12-57 所示。

Note

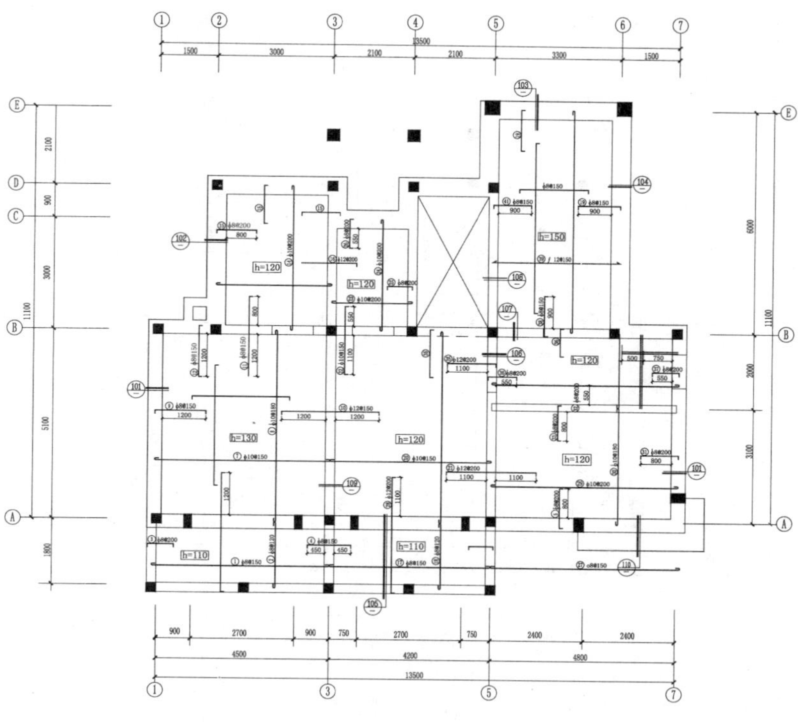

图 12-54 绘制剩余图形

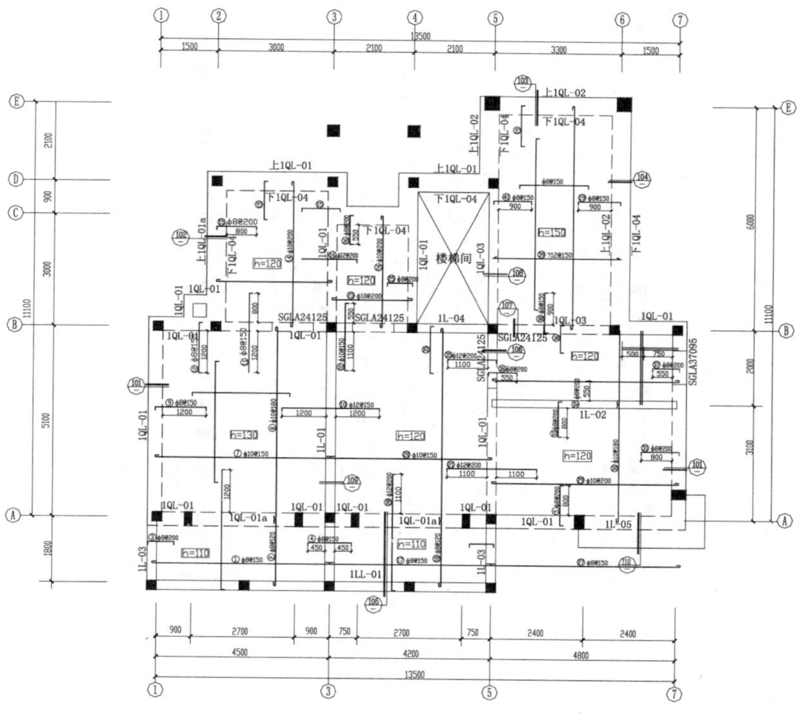

图 12-55 添加文字说明

Note

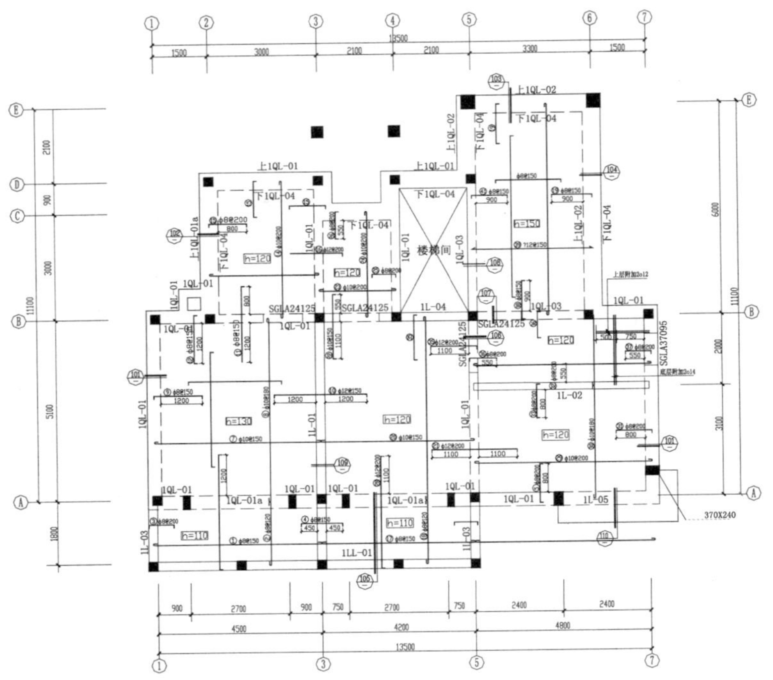

图 12-56　添加引线

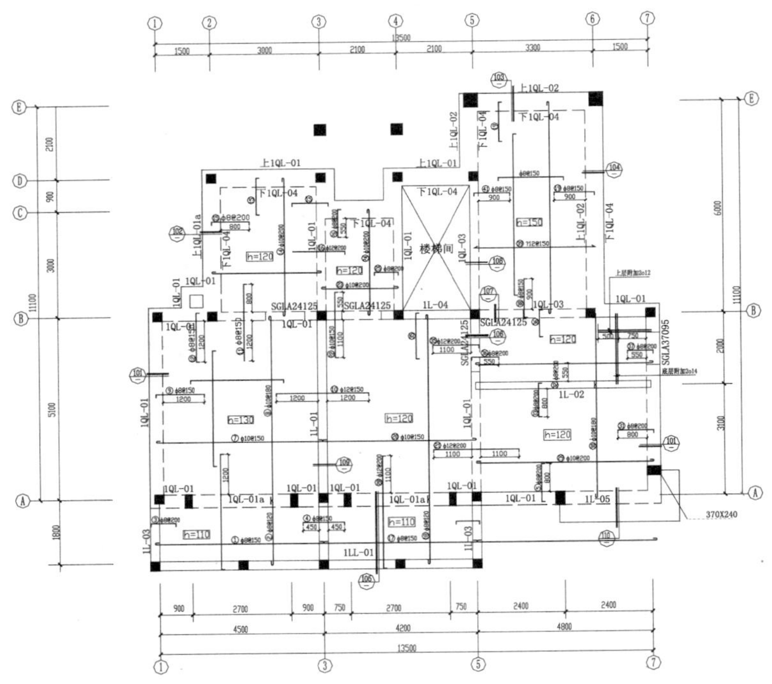

地下室顶板结构平面图 1:50

图 12-57　添加文字说明

Note

12-2

12.1.2　绘制箍梁 101

（1）单击“默认”选项卡“绘图”面板中的“直线”按钮，在图形适当位置绘制一条竖直直线，如图 12-58 所示。

（2）单击“默认”选项卡“修改”面板中的“偏移”按钮，选择上步绘制的竖直直线为偏移对象向右偏移一定的距离，如图 12-59 所示。

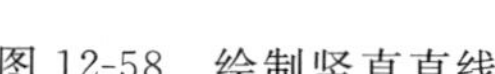

图 12-58　绘制竖直直线　　　图 12-59　偏移直线

（3）单击“默认”选项卡“绘图”面板中的“直线”按钮，在上步偏移的竖直直线上方绘制一条水平直线，如图 12-60 所示。

（4）单击“默认”选项卡“修改”面板中的“偏移”按钮，选择上步绘制的水平直线为偏移对象向下偏移一定的距离，如图 12-61 所示。

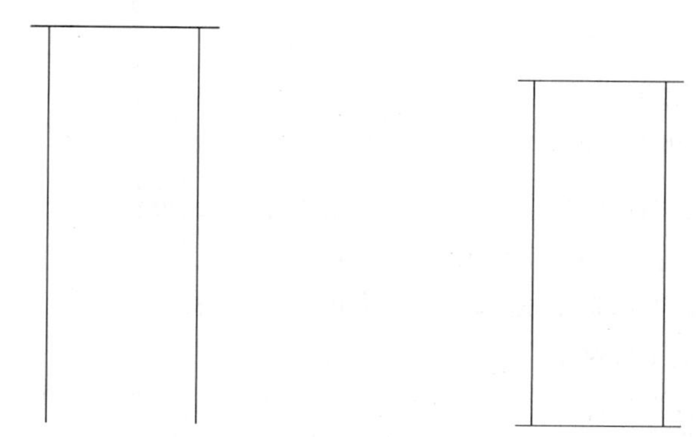

图 12-60　绘制水平直线　　　图 12-61　偏移水平直线

（5）单击“默认”选项卡“绘图”面板中的“直线”按钮，在上步图形适当位置绘制连续直线，如图 12-62 所示。

（6）单击“默认”选项卡“修改”面板中的“复制”按钮，选择上步绘制的连续直线为复制对象向下端进行复制，如图 12-63 所示。

（7）单击“默认”选项卡“修改”面板中的“修剪”按钮，选择上步图形中折线中的多余线段为修剪对象进行修剪处理，如图 12-64 所示。

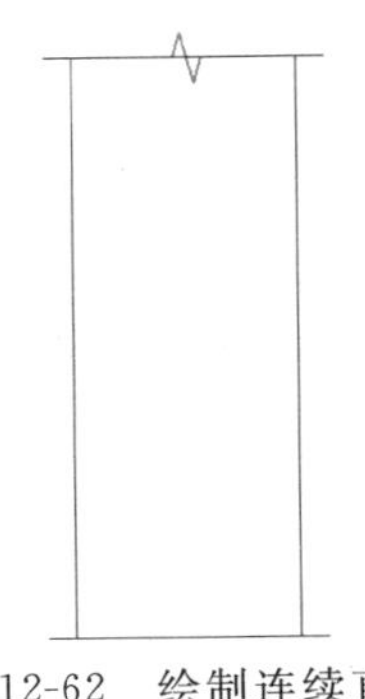
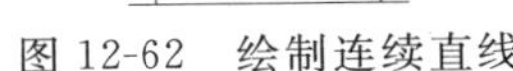

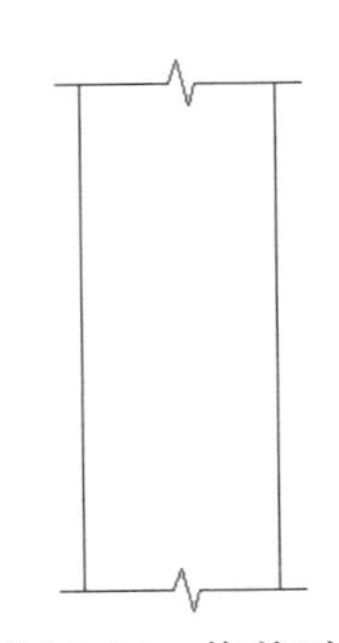

图 12-62　绘制连续直线　　图 12-63　复制图形　　图 12-64　修剪对象

(8) 单击“默认”选项卡“绘图”面板中的“多段线”按钮，指定起点宽度为 0、端点宽度为 0，绘制连续直线，如图 12-65 所示。

(9) 单击“默认”选项卡“修改”面板中的“修剪”按钮，对上步绘制的连续多段线进行修剪处理，如图 12-66 所示。

(10) 单击“默认”选项卡“绘图”面板中的“多段线”按钮，指定起点宽度为 50、端点宽度为 50，绘制连续多段线，如图 12-67 所示。

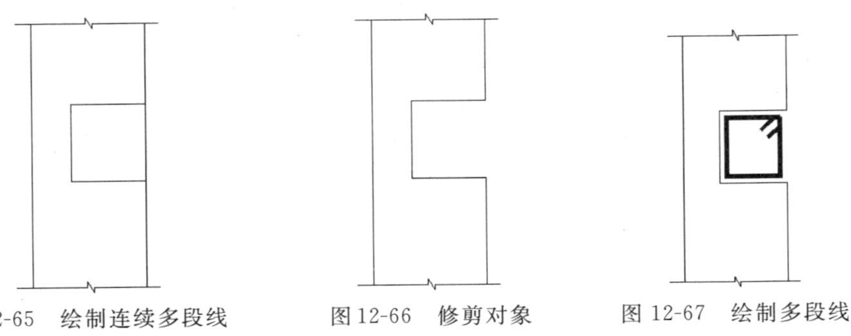

图 12-65　绘制连续多段线　　图 12-66　修剪对象　　图 12-67　绘制多段线

(11) 单击“默认”选项卡“绘图”面板中的“圆”按钮，在上步图形适当位置绘制一个适当半径的圆，如图 12-68 所示。

(12) 单击“默认”选项卡“修改”面板中的“偏移”按钮，选择上步绘制的圆为偏移对象向内进行偏移，如图 12-69 所示。

(13) 单击“默认”选项卡“绘图”面板中的“图案填充”按钮，打开“图案填充创建”选项卡，选择 SOLID 图案类型，并选择填充区域填充图形，效果如图 12-70 所示。

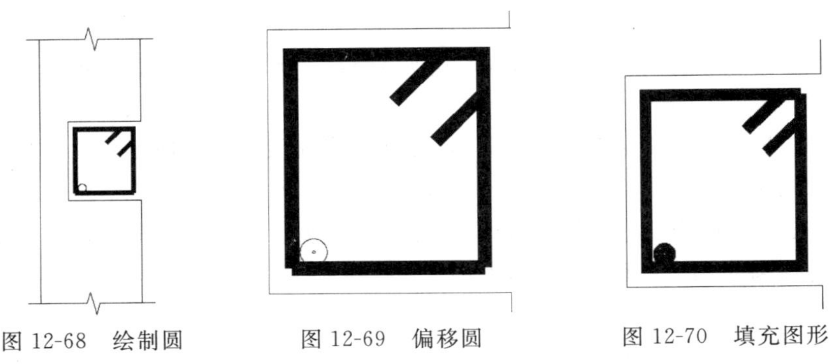

图 12-68　绘制圆　　图 12-69　偏移圆　　图 12-70　填充图形

(14) 单击“默认”选项卡“修改”面板中的“复制”按钮，选择上步填充后的图形为复制对象，对其进行复制，如图 12-71 所示。

(15) 单击“默认”选项卡“绘图”面板中的“图案填充”按钮，打开“图案填充创建”选项卡，选择 ANSI31 图案类型，设置填充比例为 50，选择填充区域填充图形，效果如图 12-72 所示。

(16) 单击“默认”选项卡“绘图”面板中的“直线”按钮，完成剩余图形绘制，如图 12-73 所示。

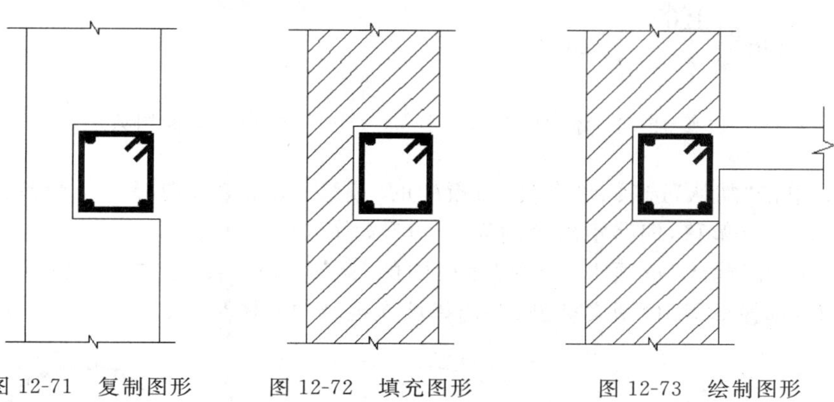

图 12-71　复制图形　　图 12-72　填充图形　　图 12-73　绘制图形

(17) 单击“默认”选项卡“注释”面板中的“线性”按钮，为图形添加标注，如图 12-74 所示。

(18) 单击“默认”选项卡“绘图”面板中的“直线”按钮和“注释”面板中的“多行文字”按钮，为图形添加文字说明，如图 12-75 所示。

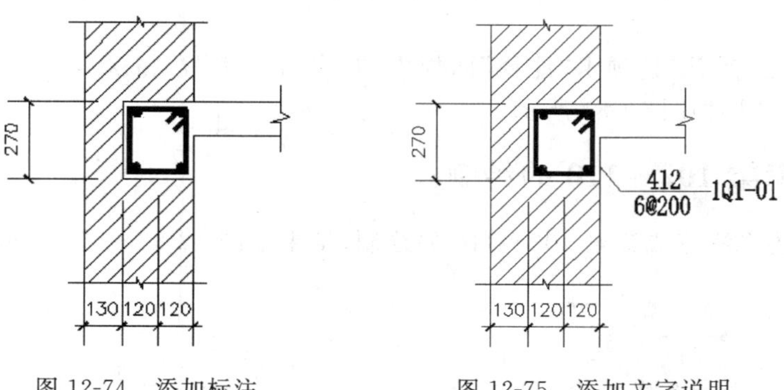

图 12-74　添加标注　　图 12-75　添加文字说明

(19) 单击“默认”选项卡“绘图”面板中的“直线”按钮和“注释”面板中的“多行文字”按钮，完成标高的添加，如图 12-76 所示。

(20) 单击“默认”选项卡“绘图”面板中的“圆”按钮，在标注线下方绘制一个适当半径的圆，完成箍梁 101 的绘制，如图 12-77 所示。

(21) 单击“默认”选项卡“绘图”面板中的“圆”按钮，在上步图形下方绘制一个半径为 457 的圆，如图 12-78 所示。

Note

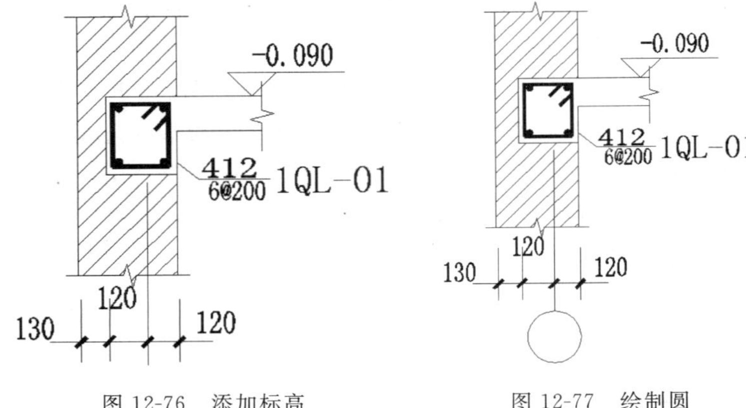

图 12-76　添加标高　　　　图 12-77　绘制圆

(22) 单击“默认”选项卡“修改”面板中的“偏移”按钮，选择上步绘制的圆为偏移对象向外进行偏移，偏移距离分别为 40、93，如图 12-79 所示。

(23) 单击“默认”选项卡“绘图”面板中的“图案填充”按钮，打开“图案填充创建”选项卡，选择 SOLID 图案类型，并选择填充区域填充图形，效果如图 12-80 所示。

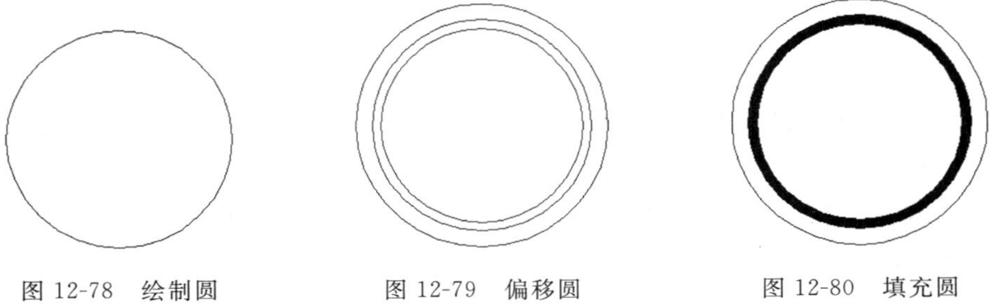

图 12-78　绘制圆　　　　图 12-79　偏移圆　　　　图 12-80　填充圆

(24) 单击“默认”选项卡“注释”面板中的“多行文字”按钮，在上步绘制的图形内添加文字，结果如图 12-81 所示。

12.1.3　箍梁 102～110 的绘制

利用上述方法完成箍梁 102～110 的绘制，结果如图 12-82～图 12-90 所示。

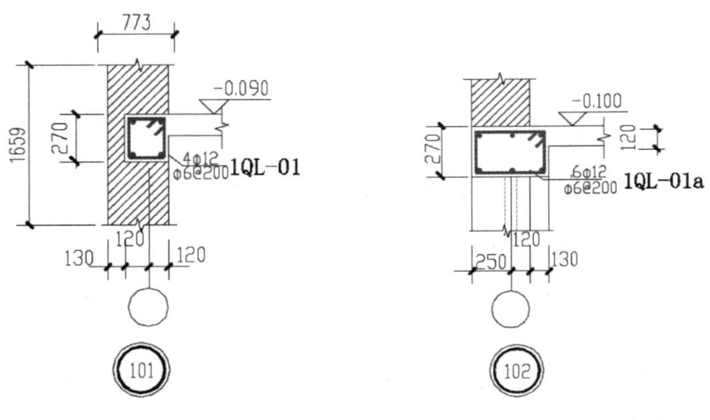

图 12-81　添加文字　　　　图 12-82　102 箍梁

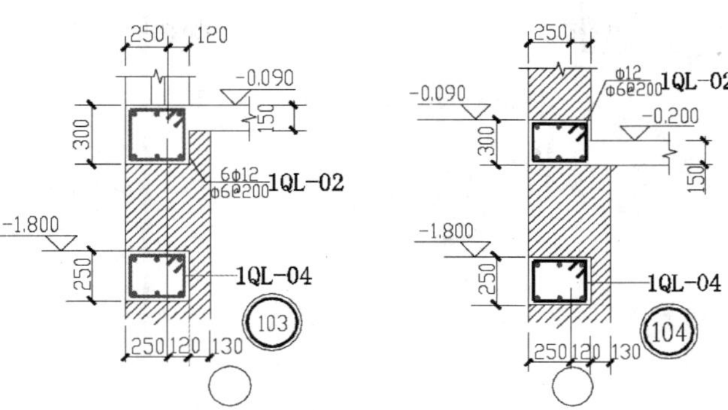

图 12-83　103 箍梁　　　　图 12-84　104 箍梁

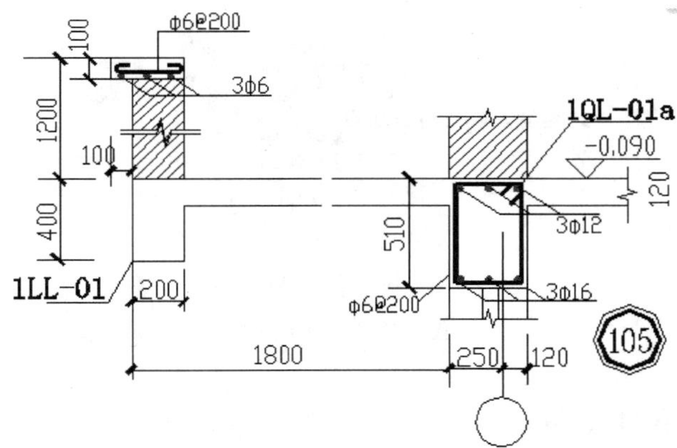

图 12-85　105 箍梁

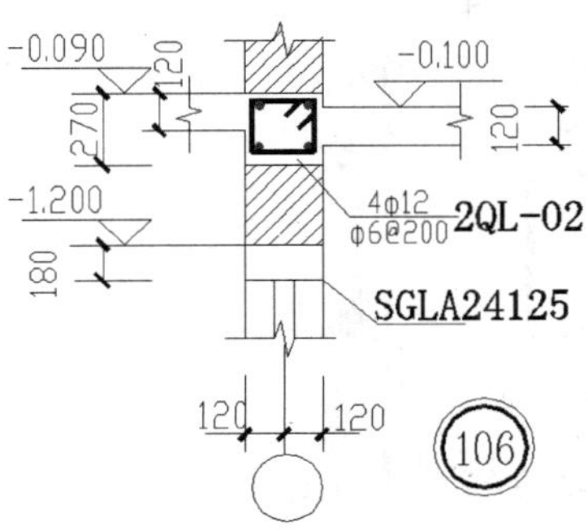

图 12-86　106 箍梁

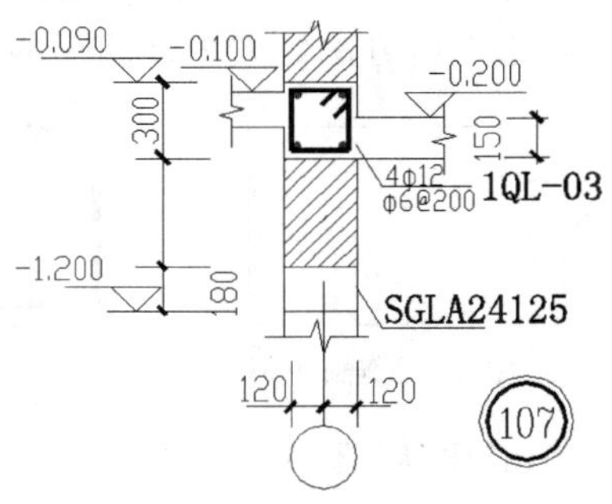

图 12-87　107 箍梁

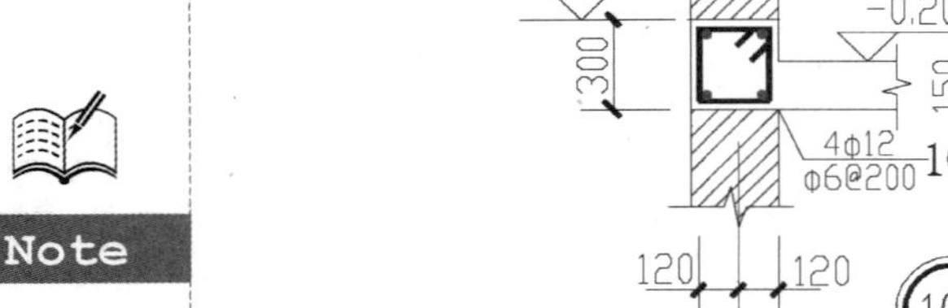

图 12-88　108 箍梁　　图 12-89　109 箍梁

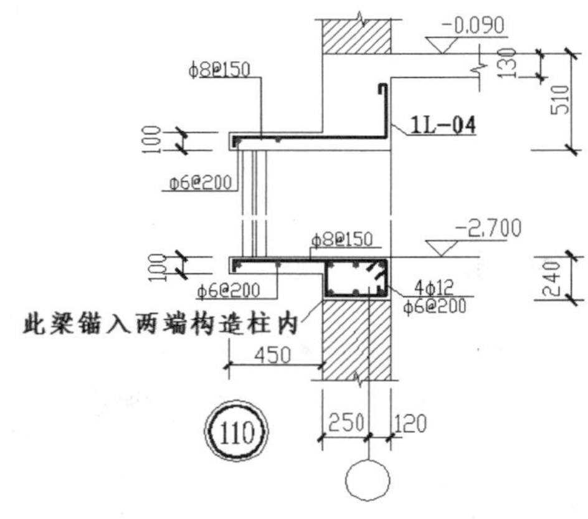

图 12-90　110 箍梁

12-3

12.1.4　绘制小柱配筋

(1) 单击“默认”选项卡“绘图”面板中的“矩形”按钮，在图形空白区域绘制适当大小的矩形，如图 12-91 所示。

(2) 单击“默认”选项卡“绘图”面板中的“多段线”按钮，指定起点宽度为 50、端点宽度为 50，在上步所绘制矩形内绘制连续图形，如图 12-92 所示。

(3) 利用上述方法完成内部图形的绘制，如图 12-93 所示。

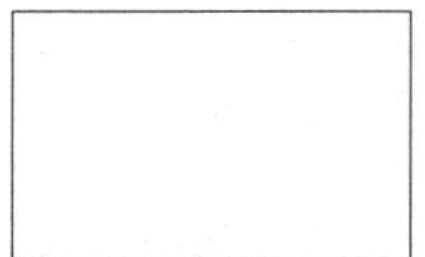

图 12-91　绘制矩形

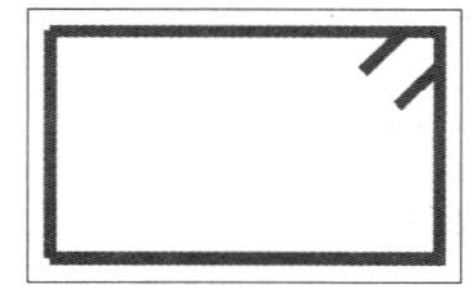

图 12-92　绘制连续图形

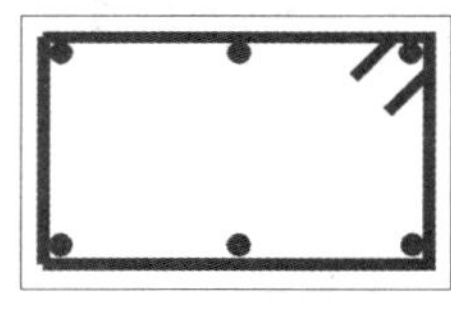

图 12-93　绘制图形

(4) 单击“默认”选项卡“注释”面板中的“线性”按钮，为图形添加标注，如图 12-94 所示。

(5) 单击“默认”选项卡“绘图”面板中的“直线”按钮和“注释”面板中的“多行文字”按钮 A，为图形添加文字说明，如图 12-95 所示。

(6) 利用上述方法完成小柱 2 配筋的绘制，如图 12-96 所示。

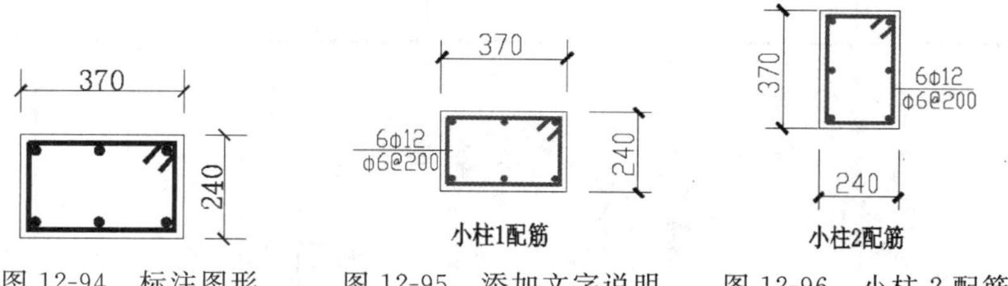

图 12-94　标注图形　　图 12-95　添加文字说明　　图 12-96　小柱 2 配筋

(7) 单击“默认”选项卡“注释”面板中的“多行文字”按钮 A，为绘制的图形添加说明，如图 12-97 所示。

说明：

1.钢筋等级：HPB235(Φ)HRB335(Φ)。

2.未标注板厚均为120 mm，未标注板顶标高均为-0.090 mm。

3.过梁图集选用02G05，120墙过梁选用SGLA12081、SGLA12091。预制钢筋混凝土过梁不能正常放置时采用现浇。

4.混凝土选用C20,梁、板主筋保护层厚度分别为30 mm、20 mm。

5.小柱1、小柱2生根本层圈梁锚入上层圈梁配筋见详图。小柱3生根本层1LL-01锚入女儿墙压顶配筋见详图。

6.板厚130、150内未注分布筋为Φ8@200。其他板内未注分布筋为Φ8@200。

图 12-97　说明文字

(8) 单击“默认”选项卡“块”面板中的“插入”按钮，打开“插入”对话框，如图 12-98 所示。单击“浏览”按钮，打开“选择图形文件”对话框，选择下载的“源文件/图块/A2 图框”图块，将其放置到图形适当位置，最终完成地下室顶板结构平面图的绘制。结合所学知识为绘制的图形添加图形名称，最终完成地下室顶板结构平面图的绘制，如图 12-1 所示。

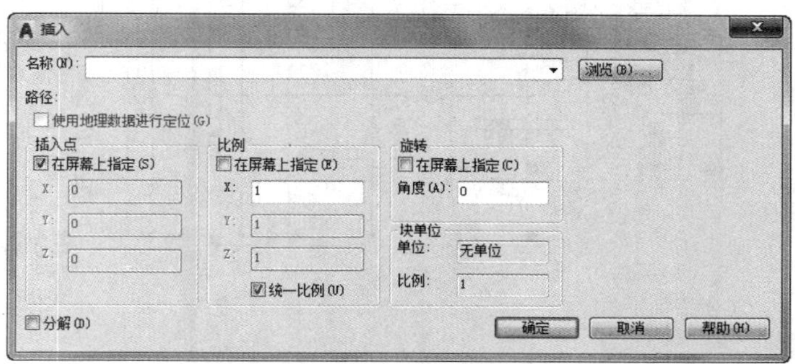

图 12-98　“插入”对话框

12-4

12.2　首层结构平面布置图

本节主要介绍首层结构平面图以及箍筋 201～211 的绘制方法，如图 12-99 所示。

(1) 利用上述方法完成首层结构平面布置图的绘制，如图 12-100 所示。

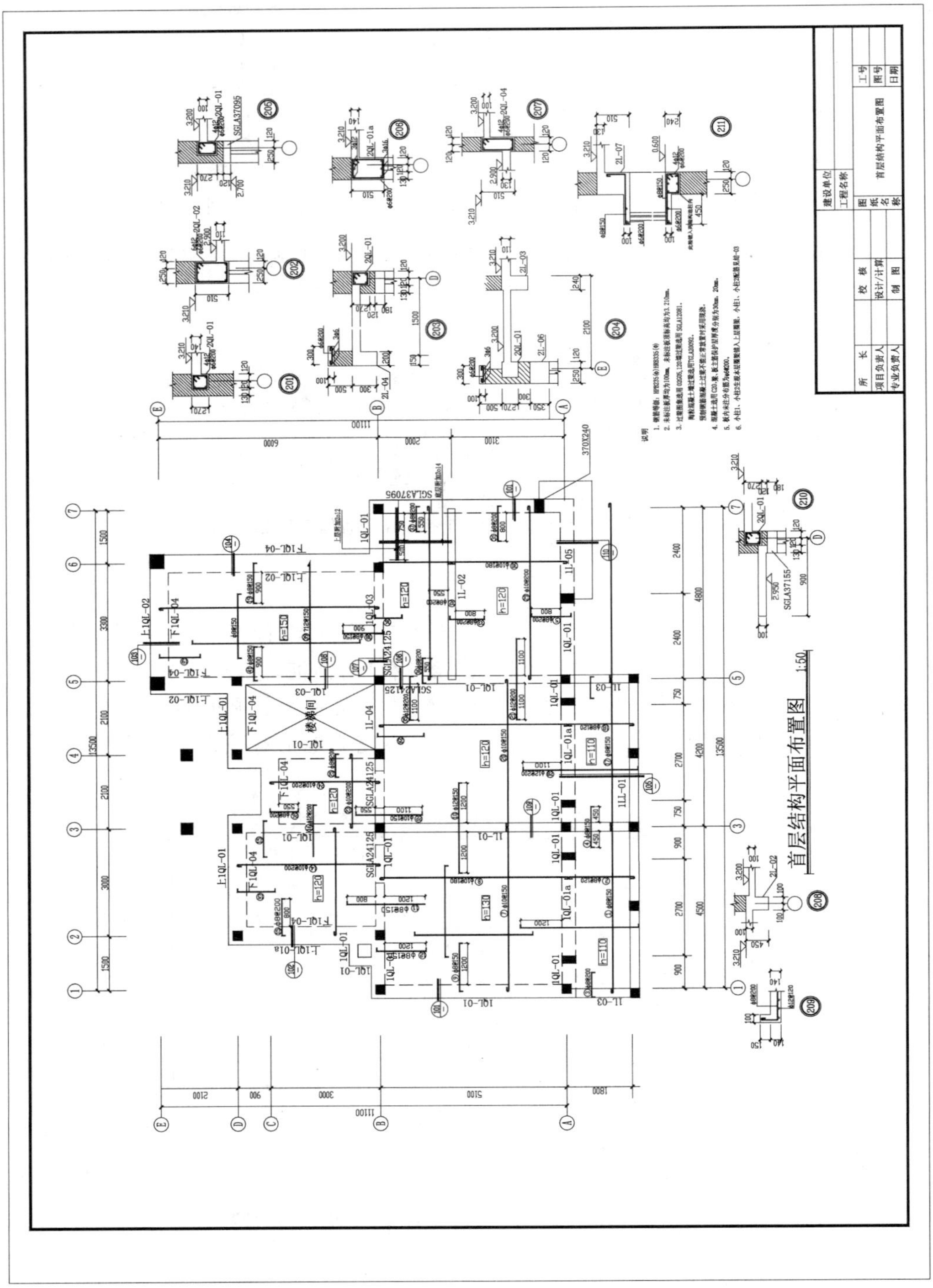

Note

图 12-99　首层结构平面布置图

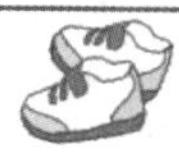

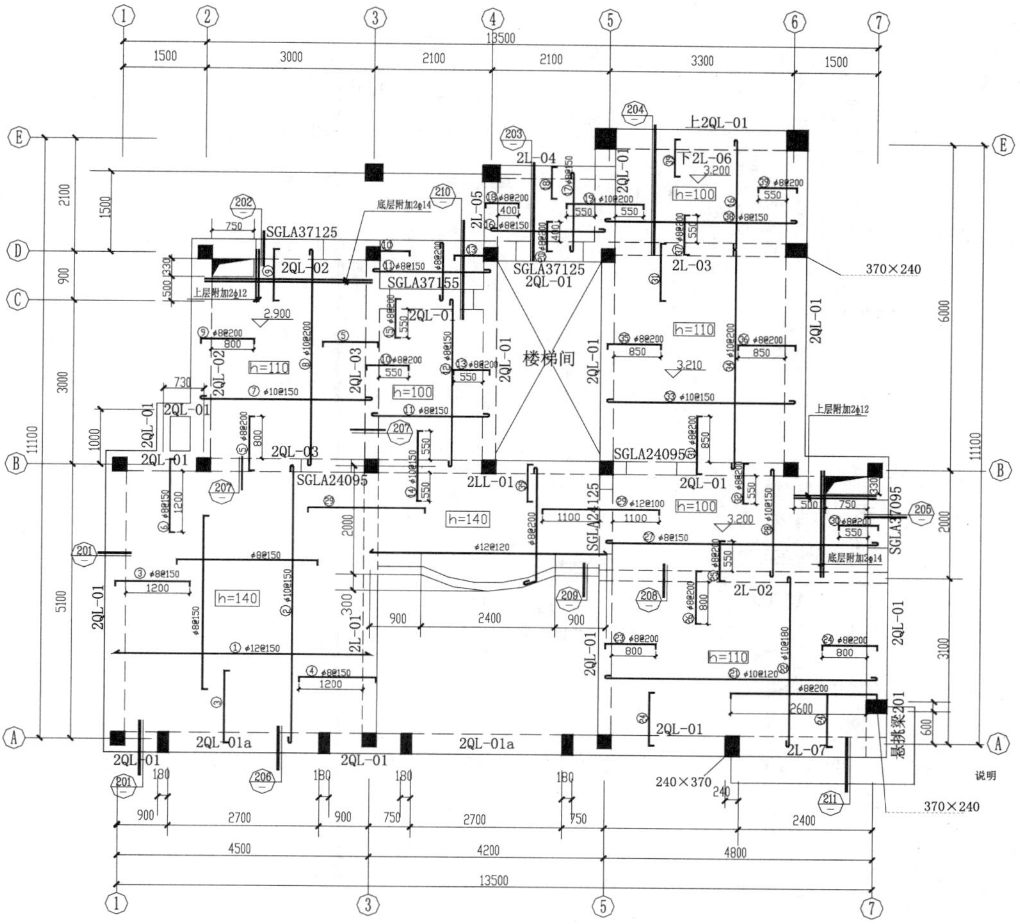

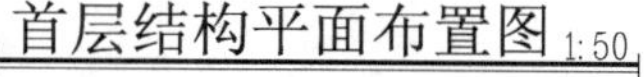

图 12-100　首层结构平面布置图

(2) 利用上述方法完成箍筋 201～211 的绘制，如图 12-101～图 12-111 所示。

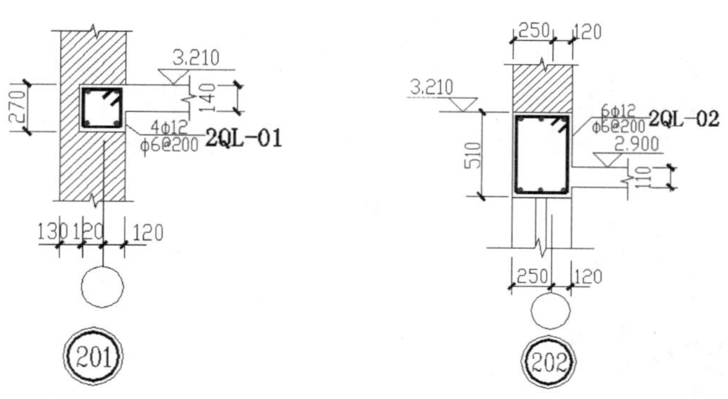

图 12-101　201 箍筋　　　　图 12-102　202 箍筋

Note

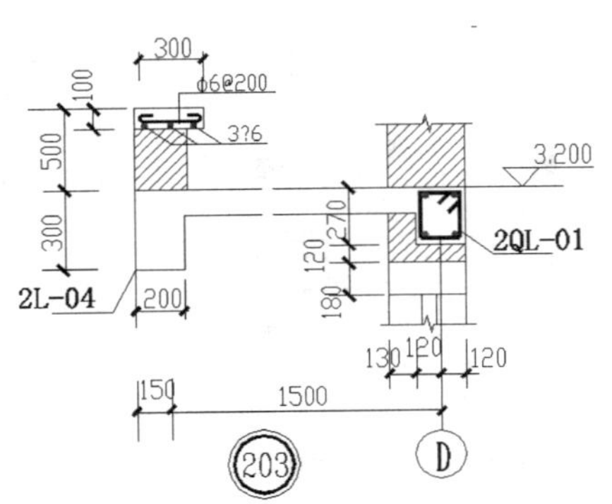

图 12-103　203 箍筋

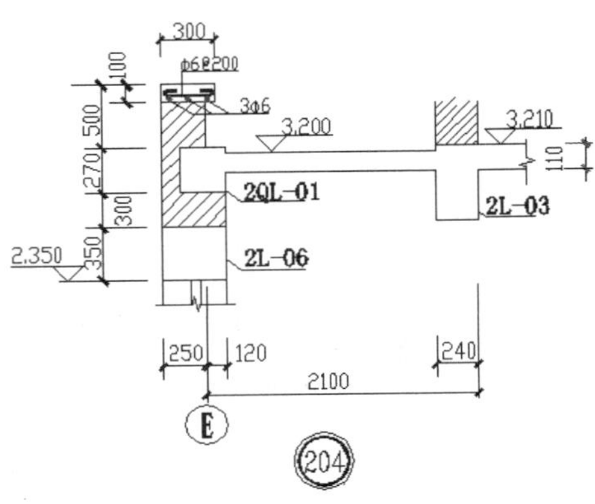

图 12-104　204 箍筋

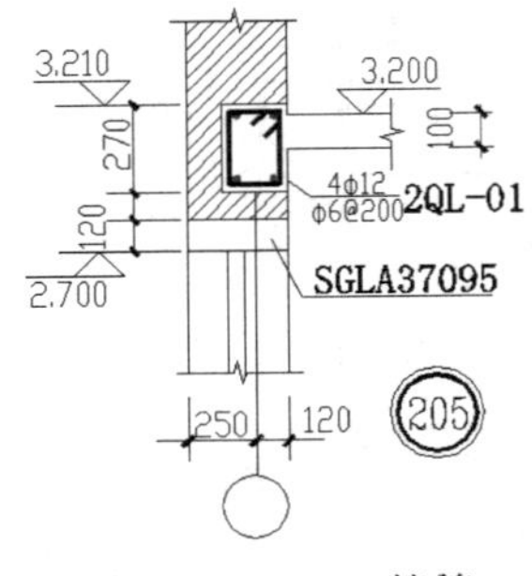

图 12-105　205 箍筋

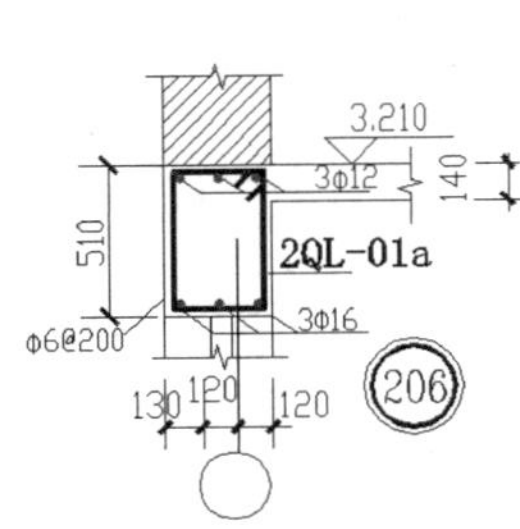

图 12-106　206 箍筋

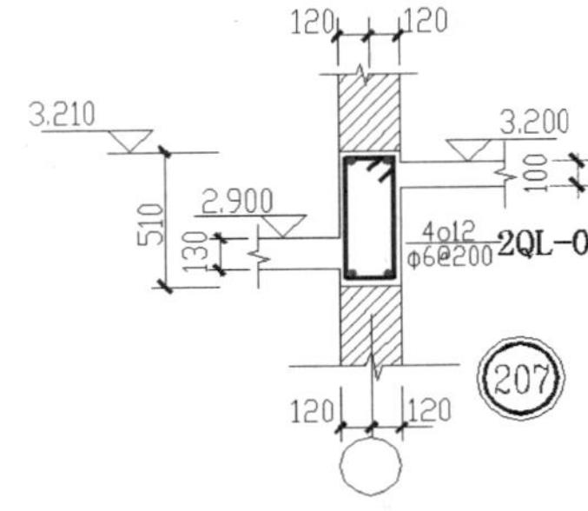

图 12-107　207 箍筋

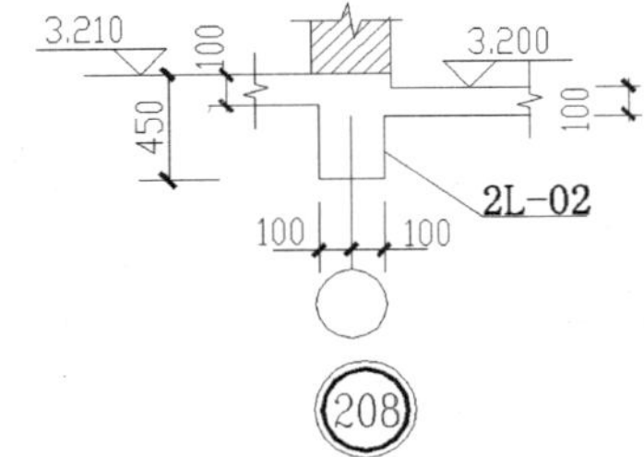

图 12-108　208 箍筋

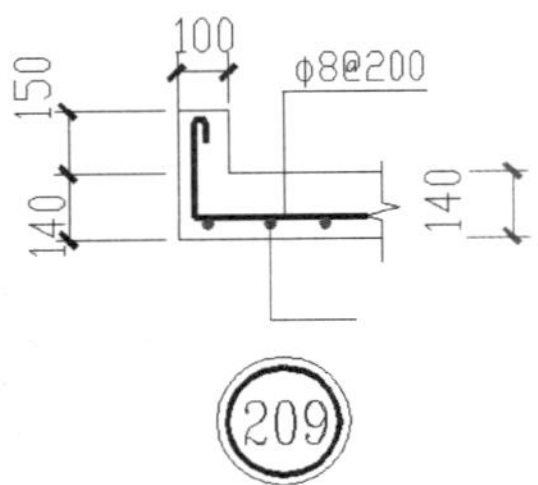

图 12-109　209 箍筋

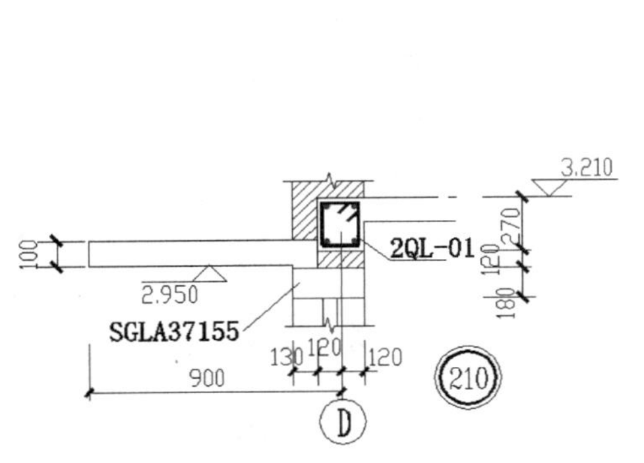

图 12-110　210 箍筋

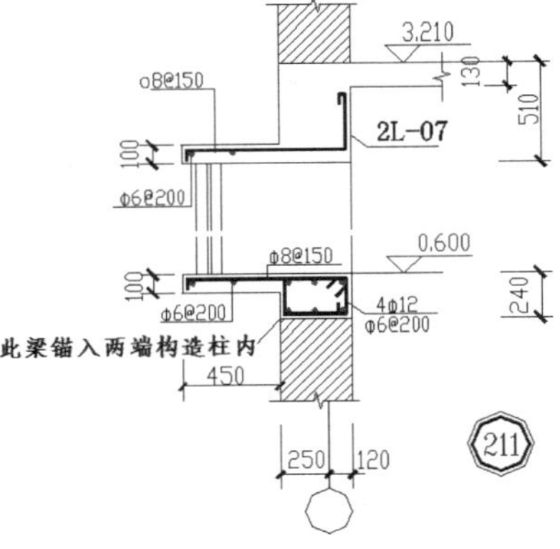

图 12-111　211 箍筋

(3) 单击“默认”选项卡“注释”面板中的“多行文字”按钮 A，为图形添加说明文字，如图 12-112 所示。

Note

说明：

1. 钢筋等级：HPB235 (φ)HRB335(Φ)。
2. 未标注板厚均为100 mm，未标注板顶标高均为3.210 mm。
3. 过梁图集选用 02G05，120墙过梁选用 SGLA12081。
   陶粒混凝土墙过梁选用TGLA20092。
   预制钢筋混凝土过梁不能正常放置时采用现浇。
4. 混凝土选用 C20，梁、板主筋保护层厚度分别为 30 mm，20 mm。
5. 板内未注分布筋为 Φ6@200。
6. 小柱1、小柱2生根本层圈梁锚入上层圈梁，小柱1、小柱2配筋见结-03。

图 12-112　说明文字

(4) 单击“默认”选项卡“块”面板中的“插入”按钮，打开“插入”对话框，如图 12-113 所示。单击“浏览”按钮，打开“选择图形文件”对话框，选择下载的“源文件/图块/A2 图框”图块，将其放置到图形适当位置，结合所学知识为绘制的图形添加图形名称，最终完成首层结构平面布置图的绘制。

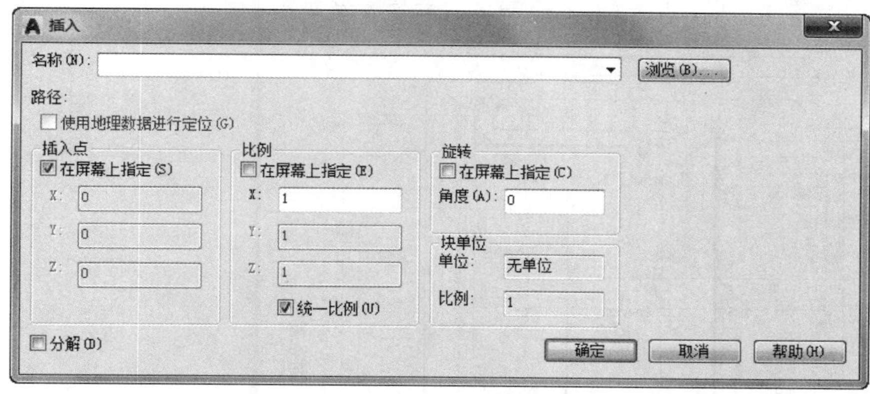

图 12-113　“插入”对话框

12-5

12.3　屋顶结构平面布置图

屋顶结构平面图主要表达屋顶顶板浇筑厚度、配筋布置和过梁、圈梁结构等具体结构信息，包括屋脊线节点详图、板折角详图等屋顶结构特有的结构造型情况。就本案例而言，由于该别墅设计成坡形屋顶，建筑结构和下面两层的结构平面图有所区别。下面介绍屋顶结构平面布置图的绘制方法，所绘图形如图 12-114 所示。

12.3.1　绘制屋顶结构平面图

(1) 单击“快速访问”工具栏中的“打开”按钮，打开下载的“源文件/地下室顶板结构平面图”文件。

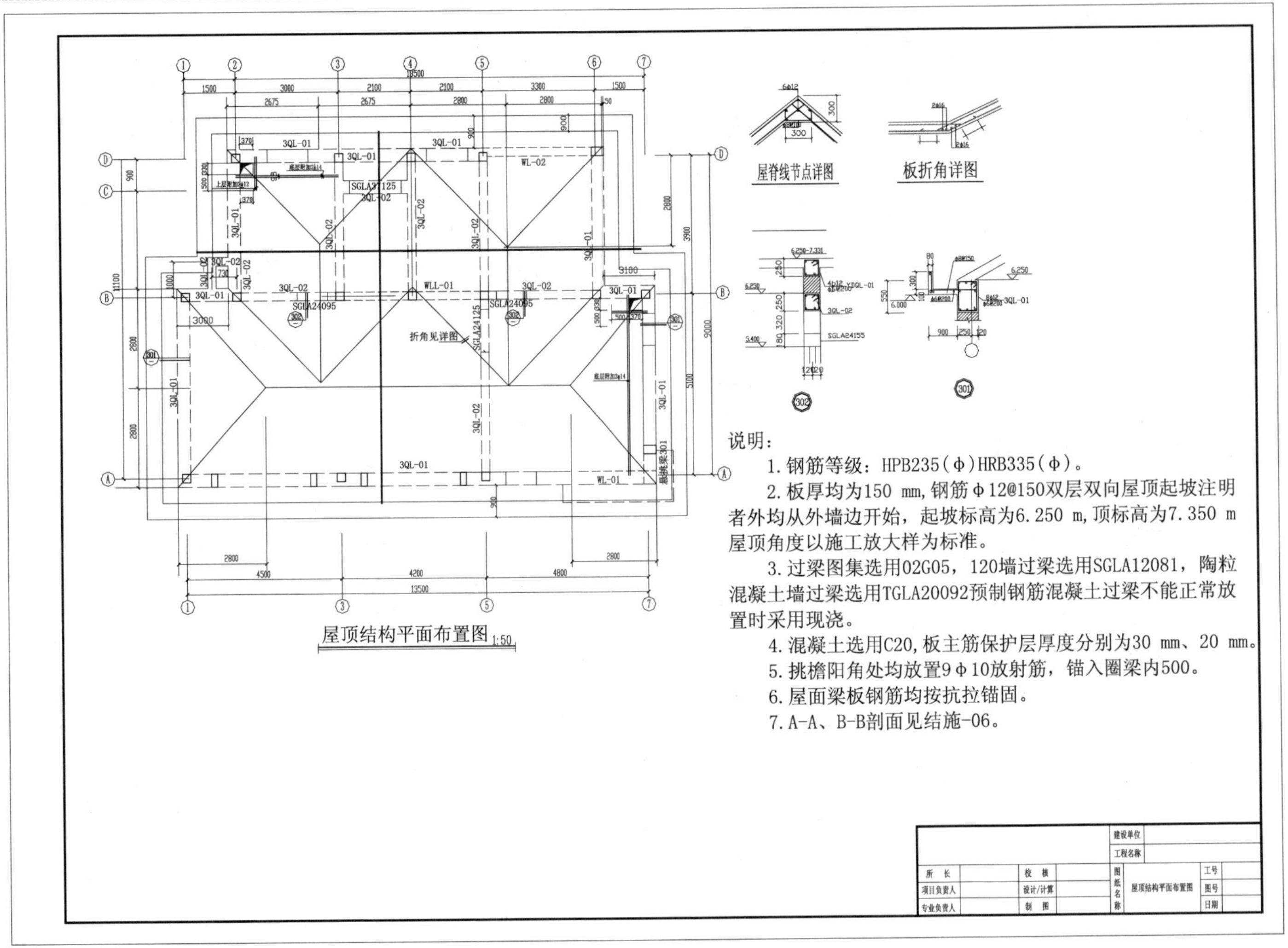

Note

屋脊线节点详图

板折角详图

说明：

1. 钢筋等级：HPB235(Φ)HRB335(Φ)。
2. 板厚均为150 mm，钢筋Φ12@150双层双向屋顶起坡注明者外均从外墙边开始，起坡标高为6.250 m，顶标高为7.350 m屋顶角度以施工放大样为标准。
3. 过梁图集选用02G05，120墙过梁选用SGLA12081，陶粒混凝土墙过梁选用TGLA20092预制钢筋混凝土过梁不能正常放置时采用现浇。
4. 混凝土选用C20，板主筋保护层厚度分别为30 mm、20 mm。
5. 挑檐阳角处均放置9Φ10放射筋，锚入圈梁内500。
6. 屋面梁板钢筋均按抗拉锚固。
7. A-A、B-B剖面见结施-06。

屋顶结构平面布置图 1:50

图 12-114 屋顶结构平面布置图

(2) 单击“快速访问”工具栏中的“另存为”按钮，将打开的“地下室顶板结构平面图”另存为“屋顶结构平面图”。

(3) 单击“默认”选项卡“修改”面板中的“删除”按钮，删除图形，保留部分柱子外部图形墙线，并关闭标注图层，结合所学命令补充缺少部分，结果如图 12-115 所示。

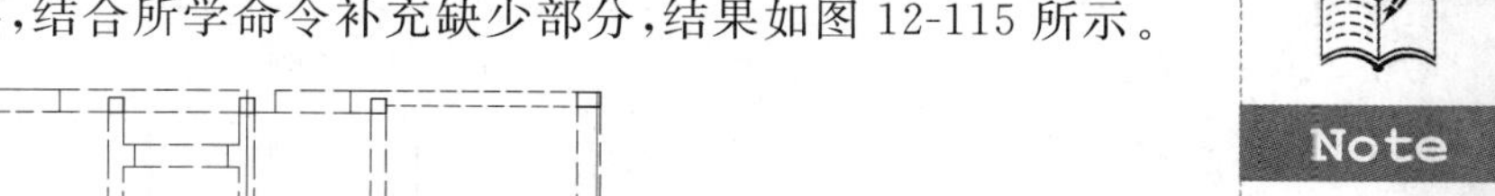

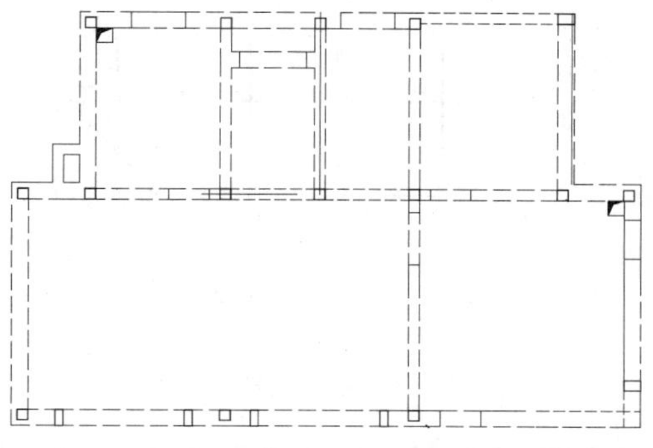

图 12-115　修改屋顶结构平面图

(4) 单击“默认”选项卡“绘图”面板中的“多段线”按钮，指定起点宽度为 0、端点宽度为 0，在上步整理后的平面图外围绘制连续多段线，如图 12-116 所示。

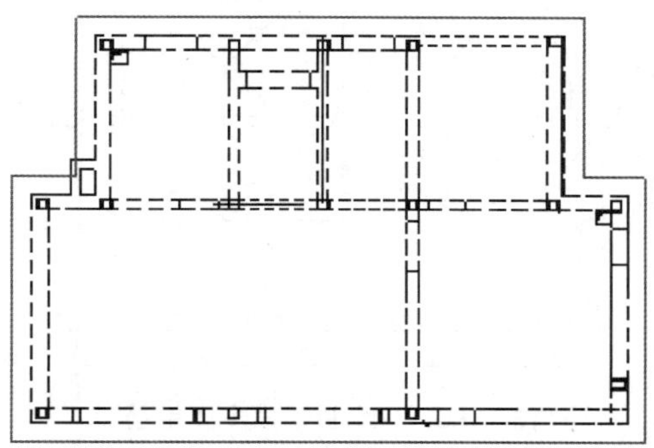

图 12-116　绘制连续多段线

(5) 单击“默认”选项卡“修改”面板中的“偏移”按钮，选择上步绘制的多段线向外进行偏移，偏移距离为 900，如图 12-117 所示。

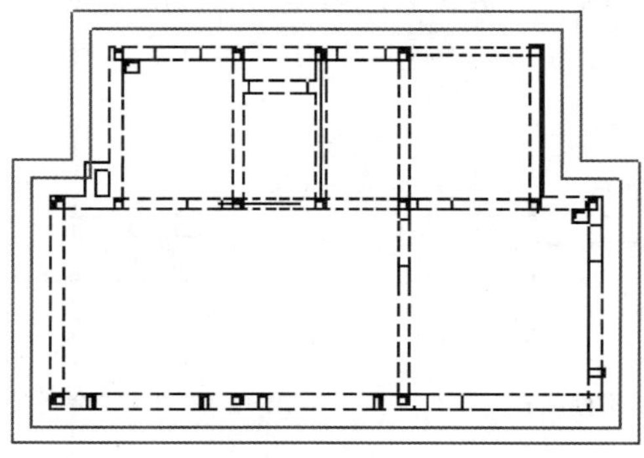

图 12-117　偏移多段线

Note

(6) 单击“默认”选项卡“绘图”面板中的“多段线”按钮，指定起点宽度为 30、端点宽度为 30，在上步图形内绘制连续多段线，如图 12-118 所示。

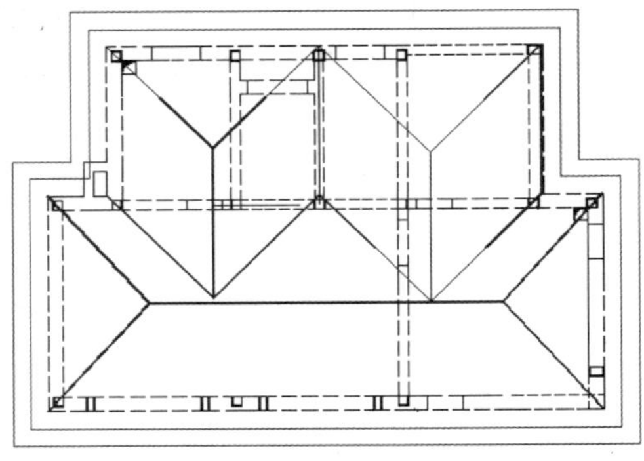

图 12-118 绘制连续多段线

(7) 单击“默认”选项卡“绘图”面板中的“多段线”按钮，指定起点宽度为 45、端点宽度为 45，在图形适当位置绘制一根支座钢筋，如图 12-119 所示。

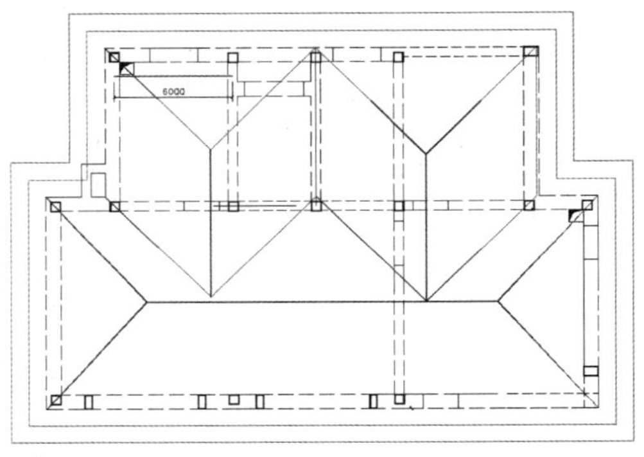

图 12-119 绘制一根支座钢筋

(8) 单击“默认”选项卡“修改”面板中的“偏移”按钮，选择上步绘制的支座钢筋为偏移对象向下进行偏移，偏移距离为 98，如图 12-120 所示。

(9) 单击“默认”选项卡“绘图”面板中的“多段线”按钮，指定起点宽度为 45、端点宽度为 45，在上步绘制的支座钢筋上方选择一点为起点，向下绘制一条竖直多段线，如图 12-121 所示。

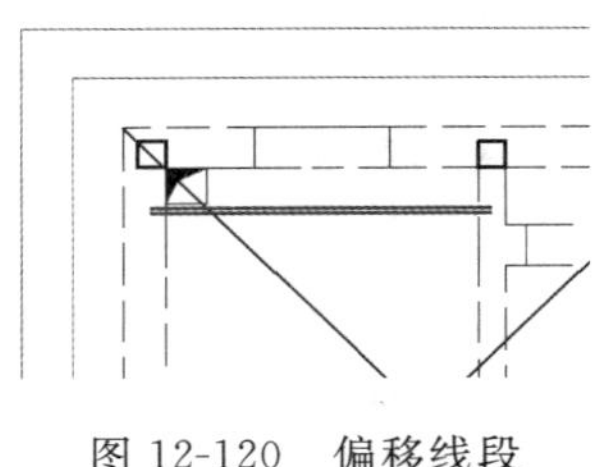

图 12-120 偏移线段

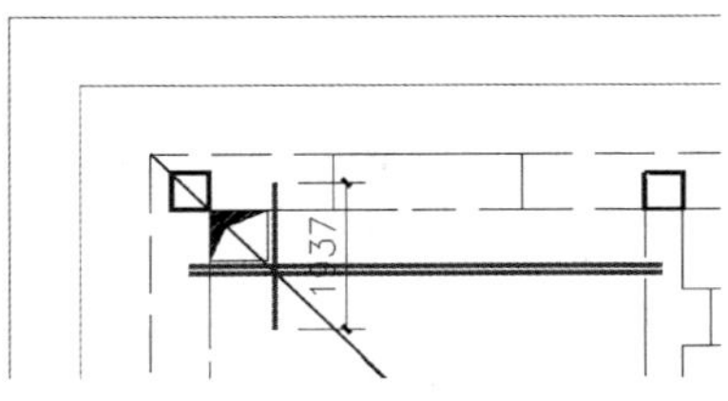

图 12-121 绘制竖直多段线

(10) 单击“默认”选项卡“修改”面板中的“偏移”按钮，选择上步绘制的竖直多

Note

段线为偏移对象向右进行偏移，偏移距离为 98，如图 12-122 所示。

（11）利用上述方法完成剩余的支座钢筋的绘制，如图 12-123 所示。

图 12-122　偏移多段线

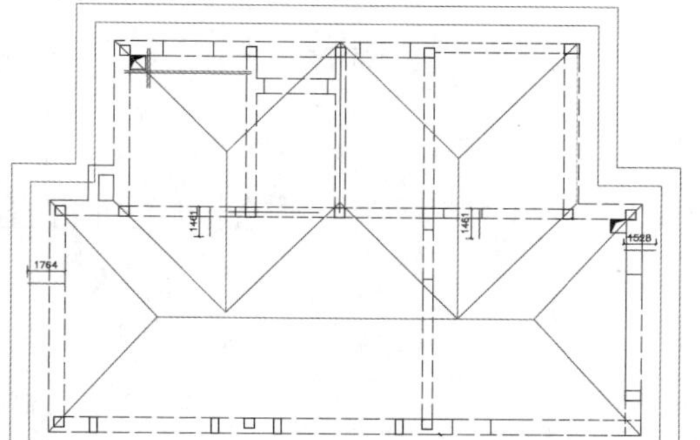

图 12-123　绘制支座钢筋

（12）利用前面讲述的方法为图形添加标注及轴号，如图 12-124 所示。

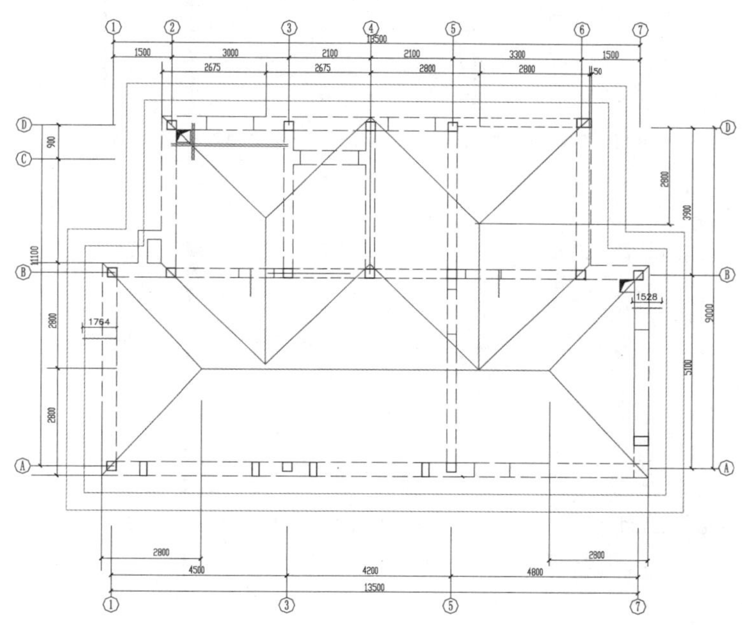

图 12-124　添加标注及轴号

（13）单击“默认”选项卡“绘图”面板中的“多段线”按钮，在支撑梁左侧绘制连续多段线，如图 12-125 所示。

（14）单击“默认”选项卡“绘图”面板中的“圆”按钮，选择上步绘制的水平多段线的端点为圆心，绘制一个半径为 456 的圆，如图 12-126 所示。

（15）单击“默认”选项卡“注释”面板中的“多行文字”按钮 A，在上步绘制的圆内添加文字，如图 12-127 所示。

（16）利用上述方法完成相同图形的绘制，如图 12-128 所示。

Note

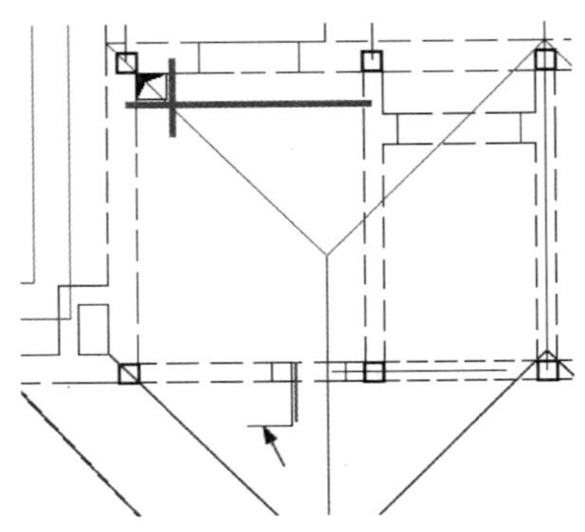

图 12-125　绘制多段线

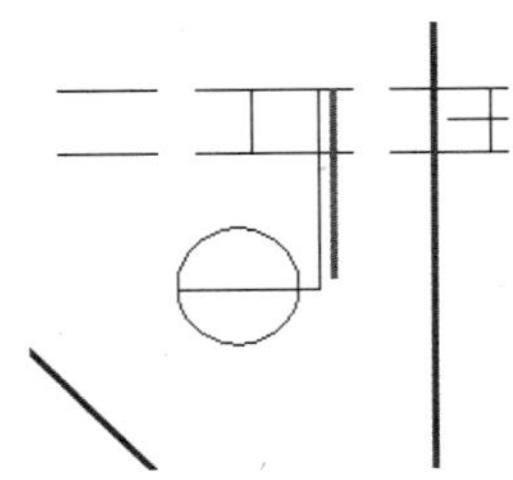

图 12-126　绘制圆

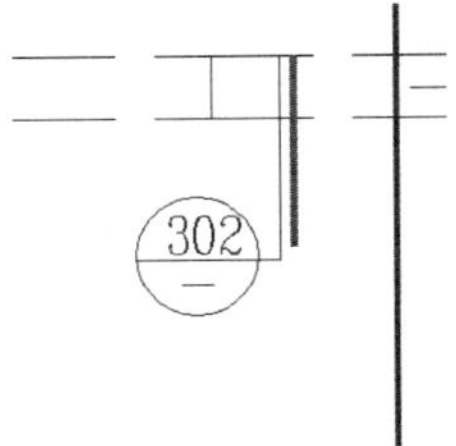

图 12-127　添加文字

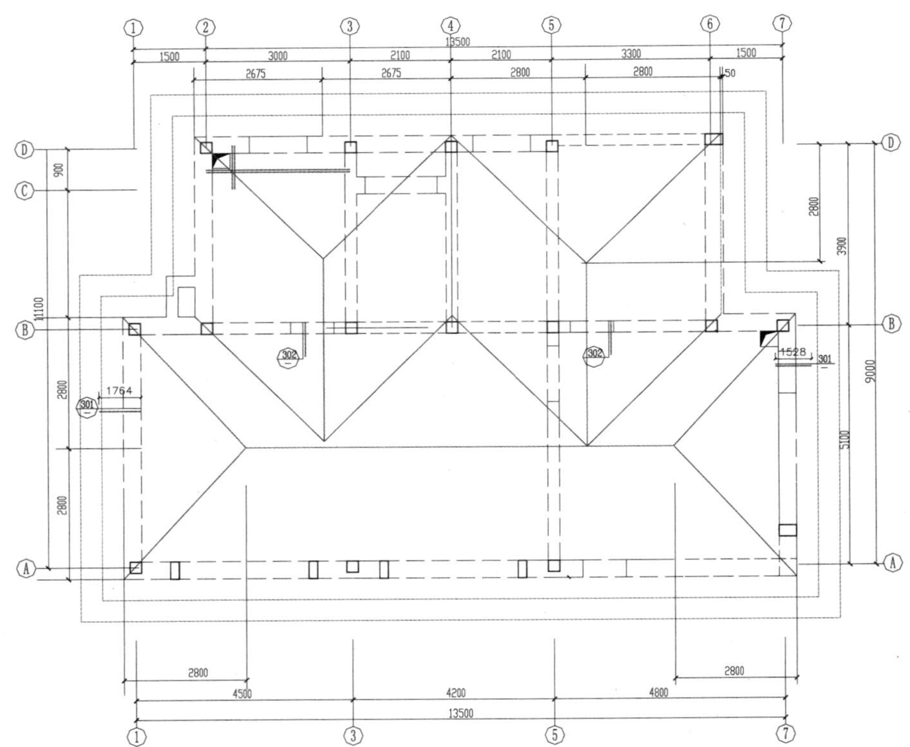

图 12-128　绘制相同图形

（17）单击“默认”选项卡“绘图”面板中的“直线”按钮和“注释”面板中的“多行文字”按钮A，为图形添加文字说明，打开关闭的标注图层，最终完成屋顶结构平面布置图的绘制，如图 12-129 所示。

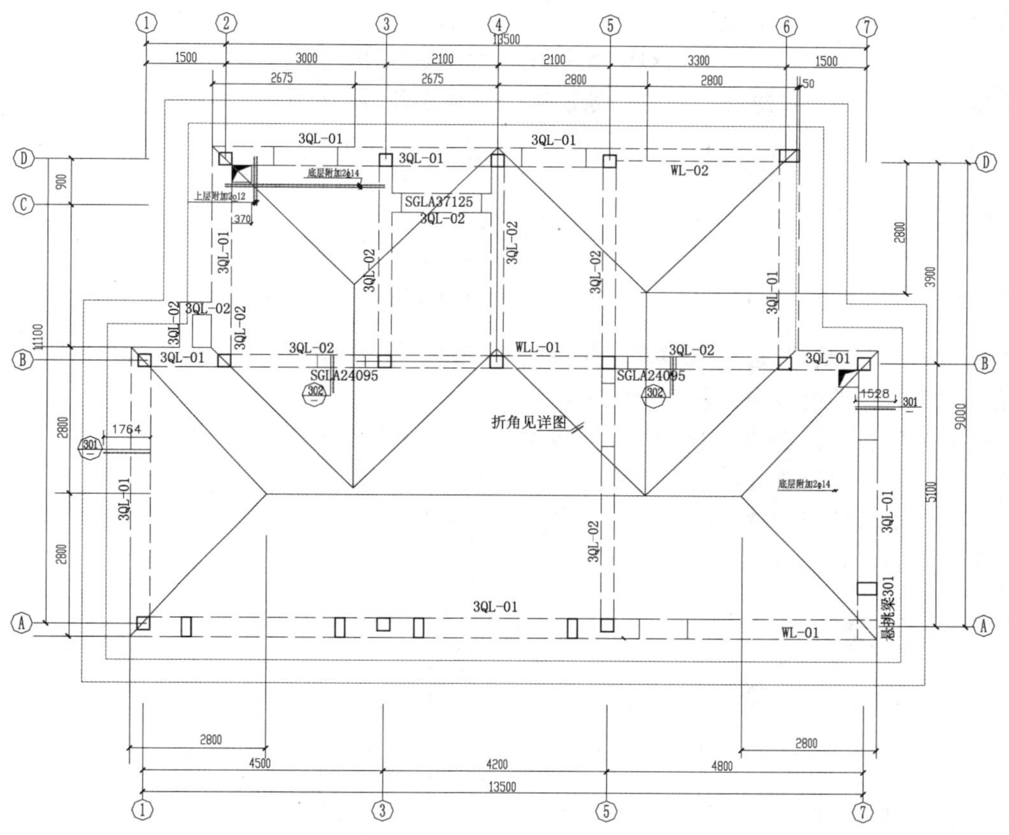

图 12-129　绘制屋顶结构平面图

12.3.2　绘制屋脊线节点详图

（1）单击“默认”选项卡“绘图”面板中的“直线”按钮，在图形适当位置绘制一条角度为 52°的斜向直线，如图 12-130 所示。

（2）单击“默认”选项卡“修改”面板中的“镜像”按钮，选择上步绘制的斜向直线为镜像对象对其进行竖直镜像，如图 12-131 所示。

（3）单击“默认”选项卡“修改”面板中的“偏移”按钮，选择上步镜像图形为偏移对象向下进行偏移，如图 12-132 所示。

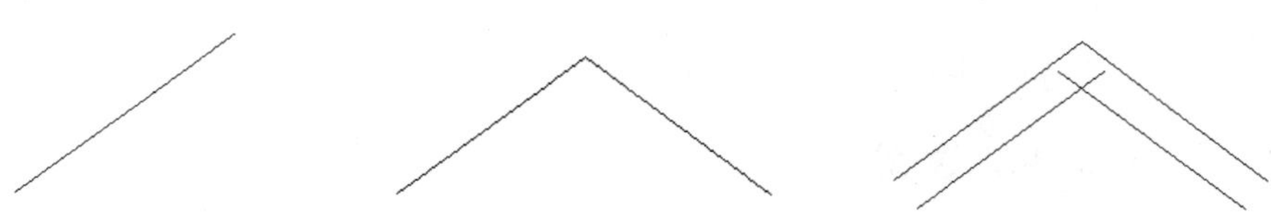

图 12-130　绘制斜向直线　　图 12-131　镜像图形　　图 12-132　偏移对象

Note

(4) 单击“默认”选项卡“绘图”面板中的“直线”按钮，在上步图形适当位置绘制一条水平直线，如图 12-133 所示。

(5) 单击“默认”选项卡“修改”面板中的“修剪”按钮，选择上步绘制的水平直线为修剪对象对其进行修剪处理，如图 12-134 所示。

(6) 单击“默认”选项卡“绘图”面板中的“多段线”按钮，指定起点宽度为 50、端点宽度为 50，在上步绘制的图形中绘制两条斜向多段线，如图 12-135 所示。

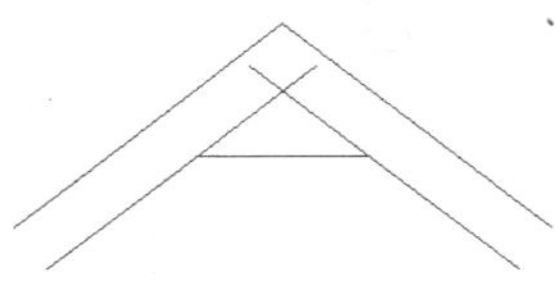

图 12-133　绘制水平直线

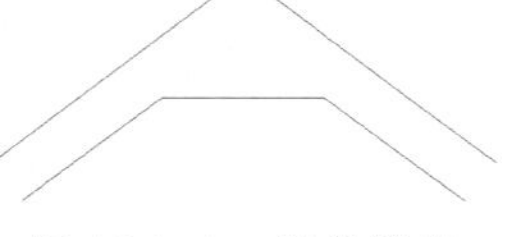

图 12-134　修剪线段

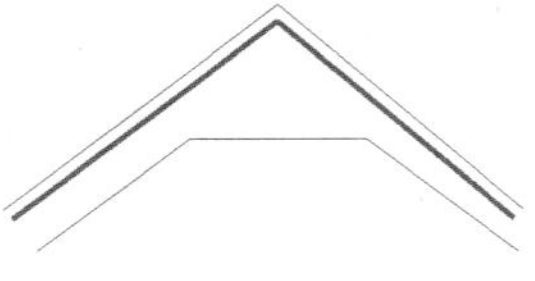

图 12-135　绘制多段线

(7) 单击“默认”选项卡“修改”面板中的“偏移”按钮，选择上步绘制的多段线为偏移对象向下进行偏移，偏移距离为 455，如图 12-136 所示。

(8) 单击“默认”选项卡“绘图”面板中的“多段线”按钮，指定起点宽度为 50、端点宽度为 50，在图形适当位置绘制连续多段线，如图 12-137 所示。

(9) 单击“默认”选项卡“绘图”面板中的“圆”按钮和“图案填充”按钮，完成图形剩余部分的绘制，如图 12-138 所示。

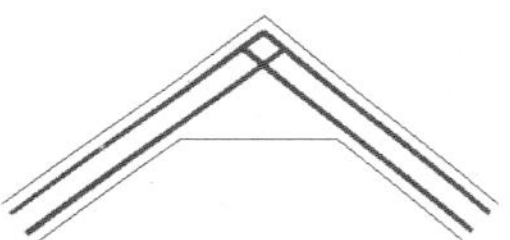

图 12-136　偏移线段

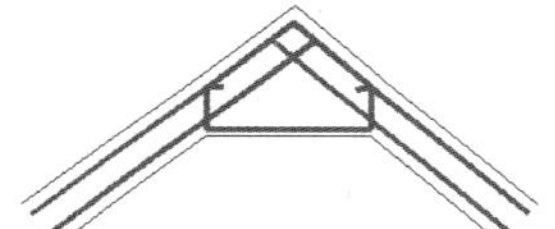

图 12-137　绘制连续多段线

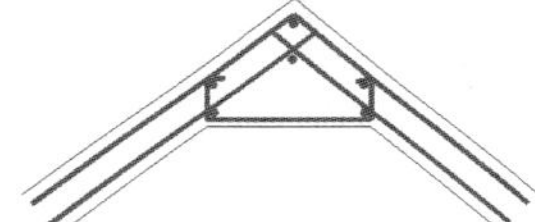

图 12-138　绘制图形

(10) 单击“默认”选项卡“注释”面板中的“线性”按钮，为图形添加线性标注，如图 12-139 所示。

(11) 单击“默认”选项卡“绘图”面板中的“直线”按钮和“多行文字”按钮，为图形添加文字说明，如图 12-140 所示。

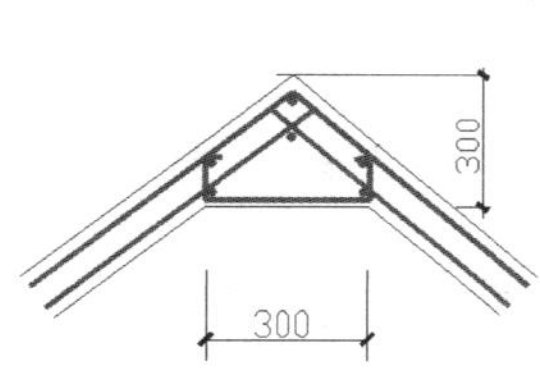

图 12-139　添加线性标注

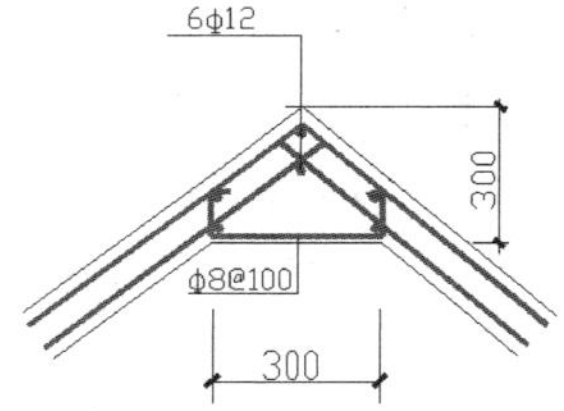

图 12-140　添加文字说明

(12) 利用上述方法完成板折角详图的绘制，如图 12-141 所示。

12.3.3　绘制 302 过梁

12-7

(1) 单击“默认”选项卡“绘图”面板中的“直线”按钮，在图形空白位置绘制一条水平直线，如图 12-142 所示。

Note

（2）单击“默认”选项卡“修改”面板中的“偏移”按钮，选择上步绘制的竖直直线为偏移对象向下进行偏移，如图 12-143 所示。

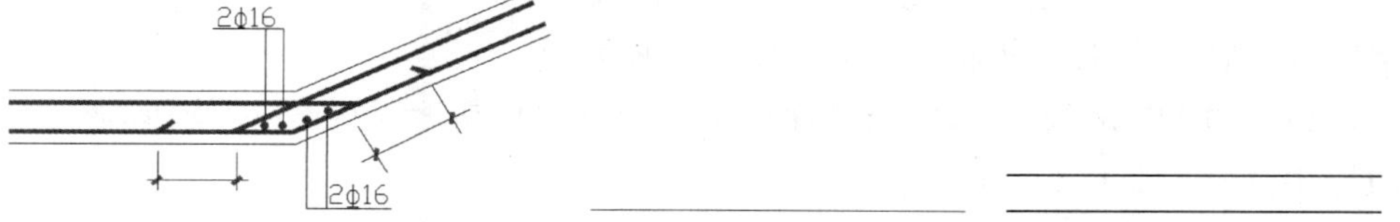

图 12-141　板折角详图　　图 12-142　绘制水平直线　图 12-143　偏移水平直线

（3）单击“默认”选项卡“绘图”面板中的“直线”按钮，在上步偏移线段上方选择一点为直线起点向下绘制一条竖直直线，如图 12-144 所示。

（4）单击“默认”选项卡“修改”面板中的“偏移”按钮，选择上步绘制的竖直直线为偏移对象向右进行偏移，偏移距离为 240，如图 12-145 所示。

（5）单击“默认”选项卡“修改”面板中的“修剪”按钮，选择上步偏移线段为修剪对象对其进行修剪处理，如图 12-146 所示。

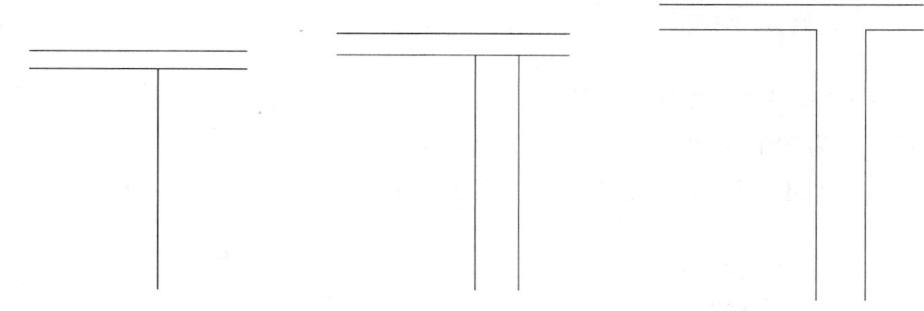

图 12-144　绘制竖直直线　图 12-145　偏移竖直直线　　图 12-146　修剪处理

（6）单击“默认”选项卡“绘图”面板中的“直线”按钮，在上步图形内绘制水平直线，如图 12-147 所示。

（7）利用所学知识完成直线内挑梁的绘制，如图 12-148 所示。

（8）单击“默认”选项卡“绘图”面板中的“图案填充”按钮，打开“图案填充创建”选项卡，选择 ANSI31 图案类型，设置填充比例为 1000，选择填充区域填充图形，效果如图 12-149 所示。

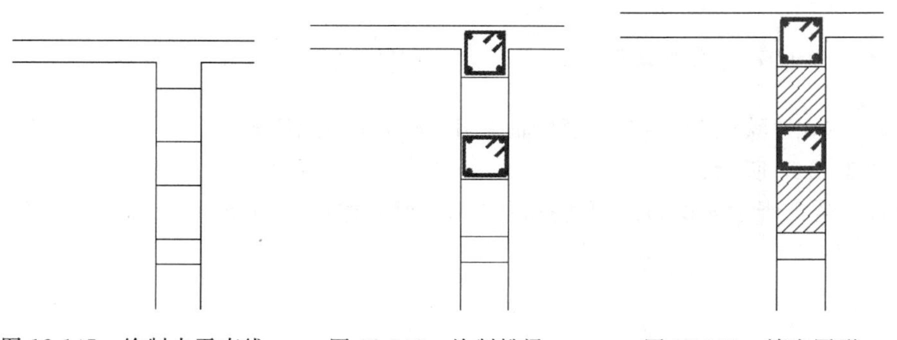

图 12-147　绘制水平直线　图 12-148　绘制挑梁　　图 12-149　填充图形

（9）单击“默认”选项卡“绘图”面板中的“直线”按钮，在上步图形底部绘制几条竖直直线，如图 12-150 所示。

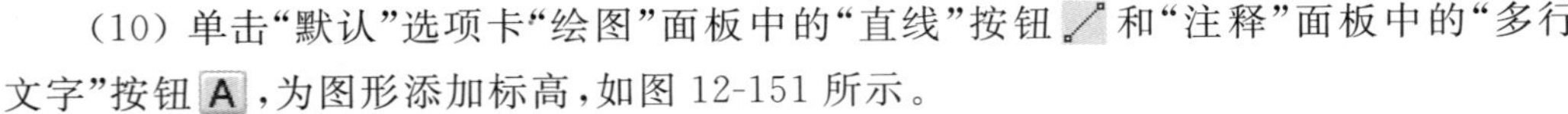

（10）单击“默认”选项卡“绘图”面板中的“直线”按钮和“注释”面板中的“多行文字”按钮，为图形添加标高，如图 12-151 所示。

Note

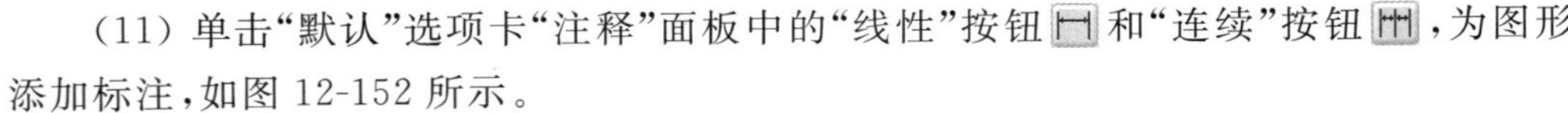

（11）单击“默认”选项卡“注释”面板中的“线性”按钮和“连续”按钮，为图形添加标注，如图 12-152 所示。

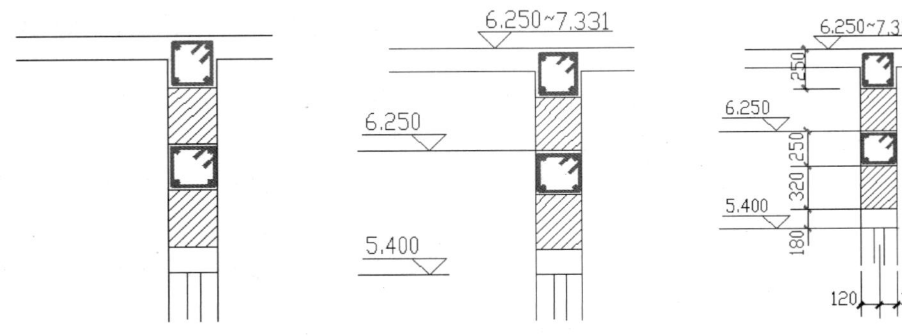

图 12-150　绘制竖直直线　　图 12-151　添加标高　　图 12-152　添加线性标注

（12）单击“默认”选项卡“绘图”面板中的“直线”按钮和“注释”面板中的“多行文字”按钮，为图形添加文字说明，如图 12-153 所示。

（13）利用上述方法完成挑梁 301 的绘制，如图 12-154 所示。

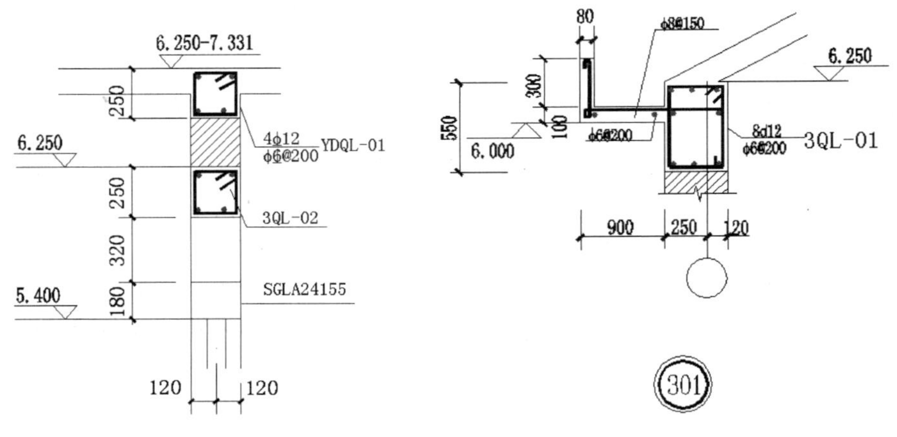

图 12-153　添加文字说明　　图 12-154　绘制挑梁 301

（14）单击“默认”选项卡“注释”面板中的“多行文字”按钮，为图形添加文字说明，如图 12-155 所示。

（15）结合所学知识为绘制的图形添加图形名称，最终完成屋顶结构平面布置图的绘制。

说明：

1.钢筋等级：HPB235(ф)HRB335(ф)。

2.板厚均为150 mm,钢筋ф12@150双层双向屋顶起坡注明者外均从外墙边开始，起坡标高为6.250 m,顶标高为7.350 m屋顶角度以施工放大样为标准。

3.过梁图集选用02G05，120墙过梁选用SGLA12081，陶粒混凝土墙过梁选用TGLA20092预制钢筋混凝土过梁不能正常放置时采用现浇。

4.混凝土选用C20,板主筋保护层厚度分别为30 mm、20 mm。

5.挑檐阳角处均放置9ф10放射筋，锚入圈梁内500。

6.屋面梁板钢筋均按抗拉锚固。

7.A-A、B-B剖面见结施-06。

图 12-155　添加文字说明

12.4　上机实验

通过前面的学习，读者对本章知识也有了大体的了解，本节通过几个操作练习使读者进一步掌握本章知识要点。

实例 1　绘制如图 12-156 所示的标高 17.970m 结构施工图。

1. 目的要求

本例练习标高 17.970m 结构施工图的绘制方法，可以利用前面所学的相关知识完成施工图的绘制。本例的绘制思路为：先确定定位辅助线，再根据辅助线运用直线命令、偏移命令、修剪命令、延伸命令、多行文字命令等完成绘制。本例绘制的结构施工图如图 12-156 所示。

2. 操作提示

(1) 设置绘图环境。

(2) 绘制定位辅助轴线。

(3) 绘制墙体。

(4) 绘制门窗。

(5) 绘制钢筋。

(6) 绘制剩余图形。

(7) 添加文字说明。

实例 2　绘制如图 12-157 所示的某别墅斜屋面板平面配筋图。

1. 目的要求

利用前面所学的相关知识完成某别墅斜屋面板平面配筋图的绘制。

2. 操作提示

(1) 设置绘图环境。

(2) 绘制轴线。

(3) 绘制屋面板。

(4) 绘制钢筋。

Note

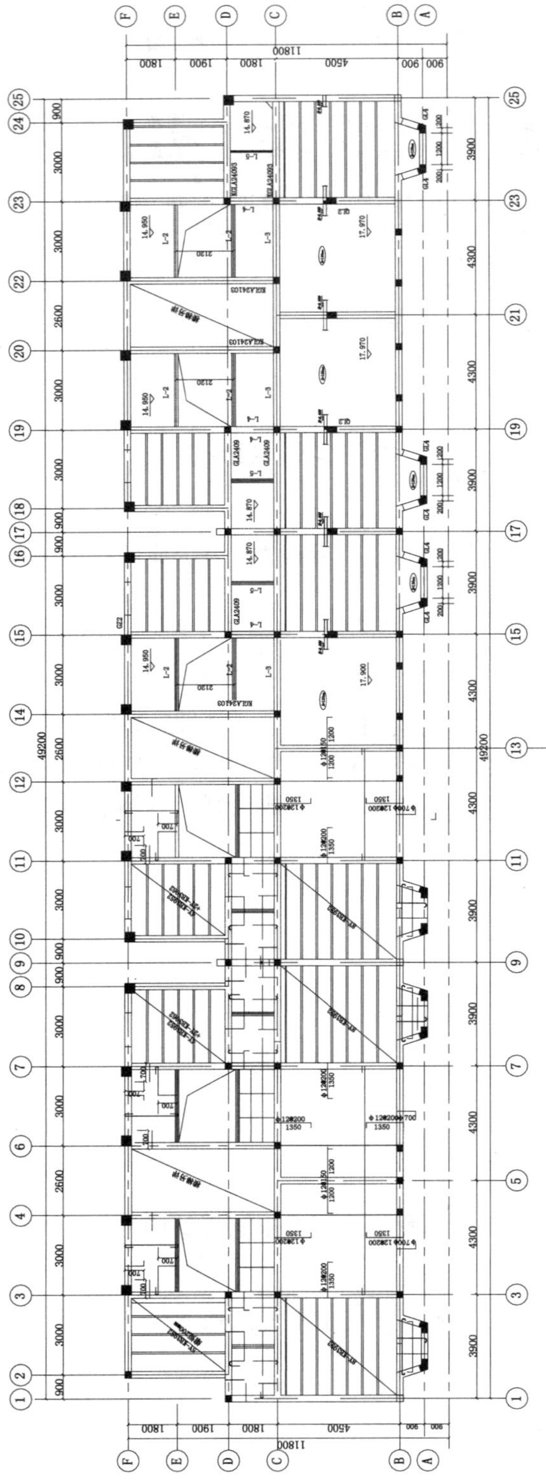

说明:
1. 未标出的现浇板钢筋为φ8@200,未标注的柱子均为构造柱GZL,配筋详见结施-03。
2. 未标出的现浇板厚均为100。
3. 未注明标高的部位均为H-0.030,H为相对应楼层的标高。
4. 未标注梁号的外墙洞口均以圈梁代过梁,详见结施-08。
5. 未标注圈梁均为QL1,配筋见结施-04。

标高17.970m结构施工图　1∶100

图 12-156　标高 17.970m 结构施工图

(5) 绘制剩余图形。

(6) 添加轴号。

(7) 添加标注和文字说明。

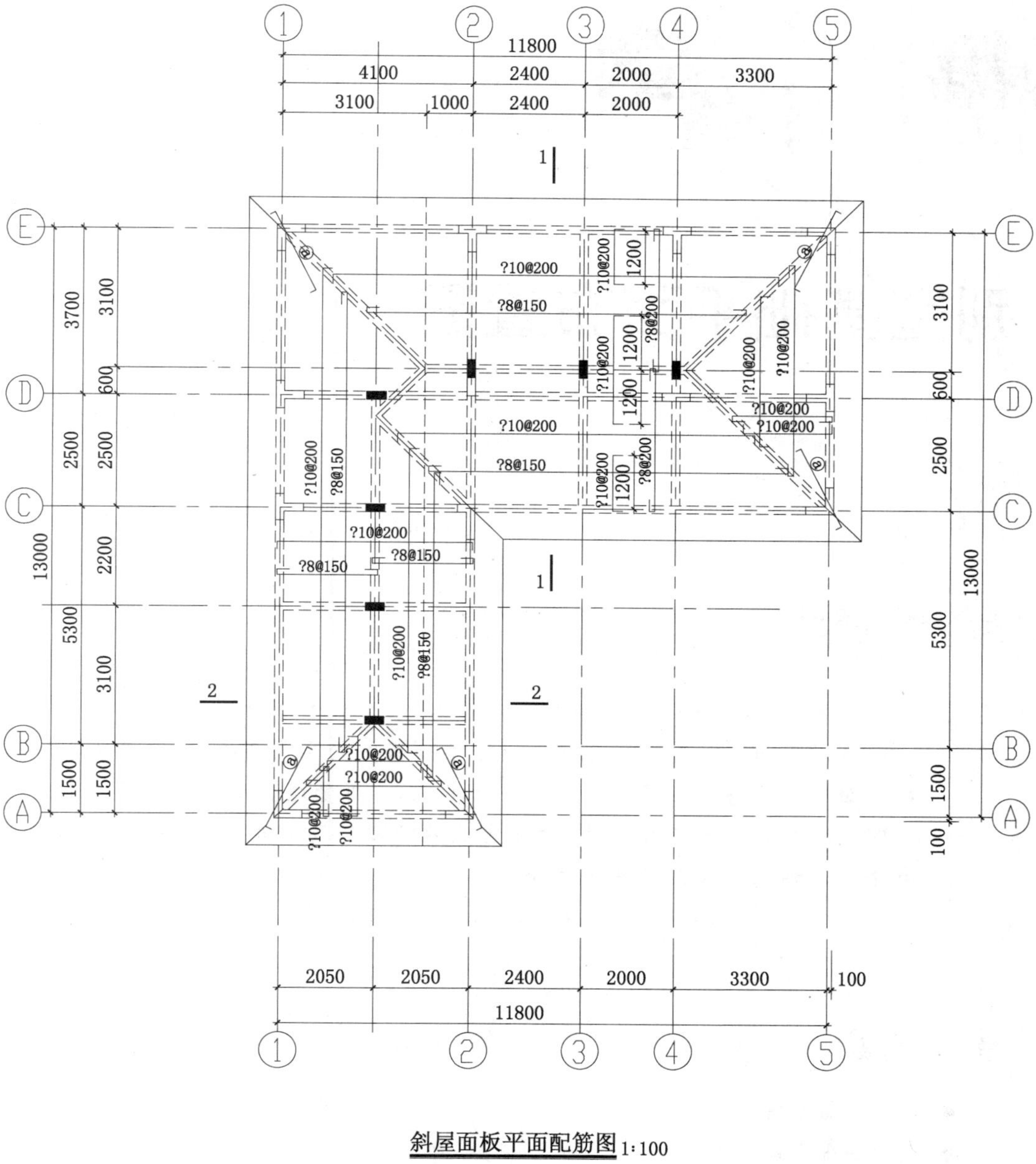

斜屋面板平面配筋图 1:100

图 12-157　某别墅斜屋面板平面配筋图

第13章

别墅基础平面布置图

基础平面图与前文所介绍的地下室顶板结构平面图类似，其中的基础平面布置图与其他层的平面布置图类似，不再赘述。下面介绍基础平面图中相对独特的建筑结构，比如自然地坪以下防水做法、集水坑结构做法及各种构造柱剖面图等的绘制。

学 习 要 点

- 基础平面图概述
- 绘制基础平面图

13.1　基础平面图概述

本节介绍绘制结构平面图的一些必要的知识，包括基础平面图相关理论知识要点以及图框绘制的基本方法，为后面学习作必要的准备。

基础平面图一般包括以下内容。

(1) 绘出定位轴线，以及基础构件(包括承台、基础梁等)的位置、尺寸、底标高、构件编号，基础底标高不同时，应绘出放坡示意。

(2) 标明结构承重墙与墙垛、柱的位置与尺寸、编号，当为钢筋混凝土时，此项可绘平面图，并注明断面变化关系尺寸。

(3) 标明地沟、地坑和已定设备基础的平面位置、尺寸、标高，以及无地下室时±0.000标高以下的预留孔与埋件的位置、尺寸、标高。

(4) 提出沉降观测要求及测点布置(宜附测点构造详图)。

(5) 说明中应包括基础持力层及基础进入持力层的深度、地基的承载能力特征值、基底及基槽回填土的处理措施与要求以及对施工的有关要求等。

(6) 桩基应绘出桩位平面位置及定位尺寸，说明桩的类型和桩顶标高、入土深度、桩端持力层及进入持力层的深度、成桩的施工要求、试桩要求和桩基的检测要求(若先做试桩，应先单独绘制试桩定位平面图)，注明单桩的允许极限承载力值。

(7) 当采用人工复合地基时，应绘出复合地基的处理范围和深度，置换桩的平面布置及其材料和性能要求、构造详图，注明复合地基的承载能力特征值及压缩模量等有关参数和检测要求。

当复合地基另由有设计资质的单位设计时，主体设计方应明确提出对地基承载能力特征值和变形值的控制要求。

13.2　绘制基础平面图

本节主要介绍自然地坪以下防水、集水坑结构施工及构造柱剖面的绘制方法，结果如图13-1所示。

13-1

13.2.1　自然地坪以下防水做法

(1) 单击“默认”选项卡“绘图”面板中的“多段线”按钮，指定起点宽度为50、端点宽度为50，在图形空白位置绘制连续多段线，如图13-2所示。

(2) 单击“默认”选项卡“修改”面板中的“镜像”按钮，选择上步绘制的多段线为镜像对象对其进行镜像处理，如图13-3所示。

(3) 单击“默认”选项卡“绘图”面板中的“多段线”按钮，指定起点宽度为50、端点宽度为50，在上步绘制的多段线底部绘制连续多段线，如图13-4所示。

Note

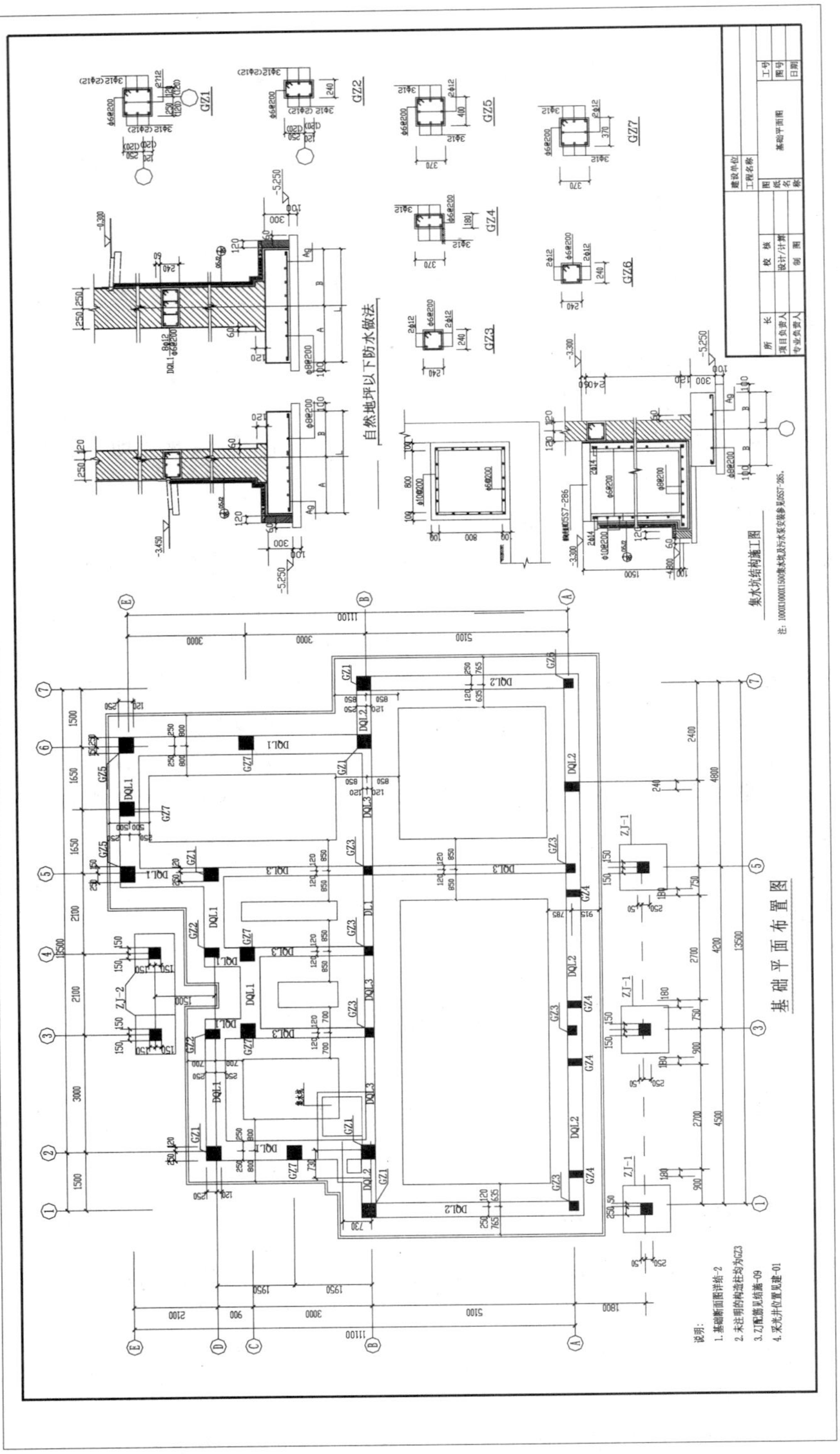

图 13-1　基础平面布置图

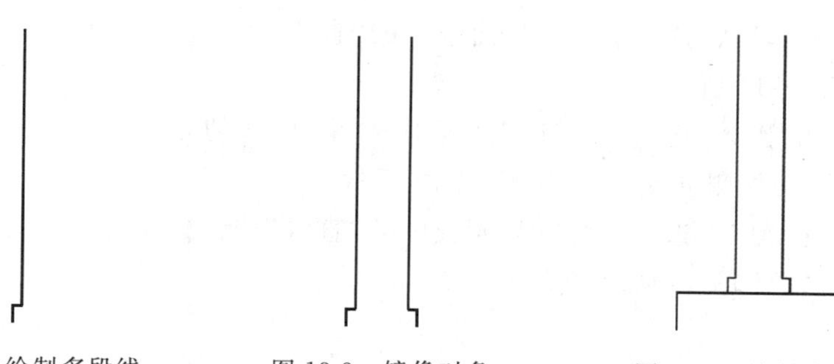

图 13-2　绘制多段线　　图 13-3　镜像对象　　图 13-4　绘制多段线

(4) 单击“默认”选项卡“绘图”面板中的“直线”按钮，在图形适当位置绘制多条水平直线，如图 13-5 所示。

(5) 单击“默认”选项卡“绘图”面板中的“矩形”按钮，在上步图形下部位置绘制一个适当大小的矩形，如图 13-6 所示。

(6) 单击“默认”选项卡“修改”面板中的“修剪”按钮，对上步所绘制图形进行修剪处理，如图 13-7 所示。

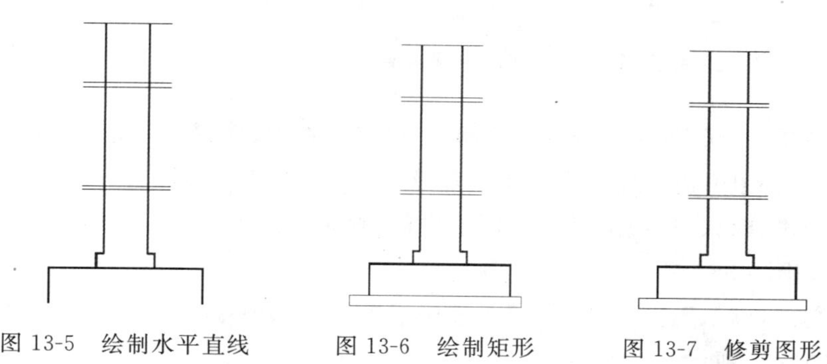

图 13-5　绘制水平直线　　图 13-6　绘制矩形　　图 13-7　修剪图形

(7) 单击“默认”选项卡“绘图”面板中的“直线”按钮，在上步图形顶部位置绘制连续直线，如图 13-8 所示。

(8) 单击“默认”选项卡“修改”面板中的“修剪”按钮，以上步绘制的连续直线为修剪对象，对其进行修剪处理，如图 13-9 所示。

(9) 利用上述方法完成剩余相同图形的绘制，如图 13-10 所示。

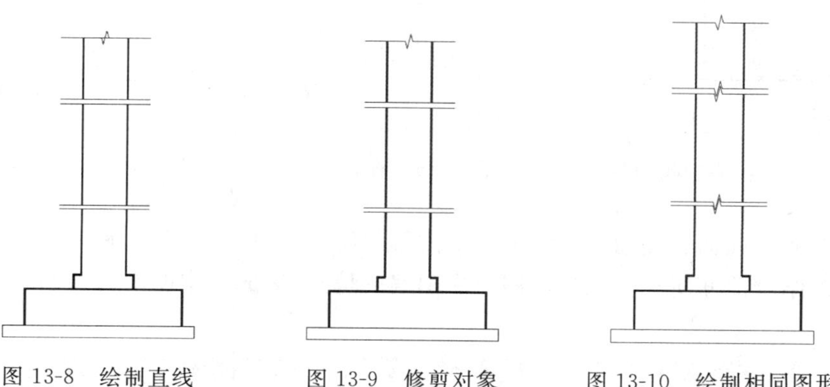

图 13-8　绘制直线　　图 13-9　修剪对象　　图 13-10　绘制相同图形

Note

(10) 单击"默认"选项卡"绘图"面板中的"直线"按钮，在上步图形左侧绘制连续直线，如图 13-11 所示。

(11) 单击"默认"选项卡"修改"面板中的"偏移"按钮，选择上步绘制的连续直线为偏移对象向外侧进行偏移，如图 13-12 所示。

(12) 单击"默认"选项卡"绘图"面板中的"直线"按钮，在图形适当位置绘制一条竖直直线，如图 13-13 所示。

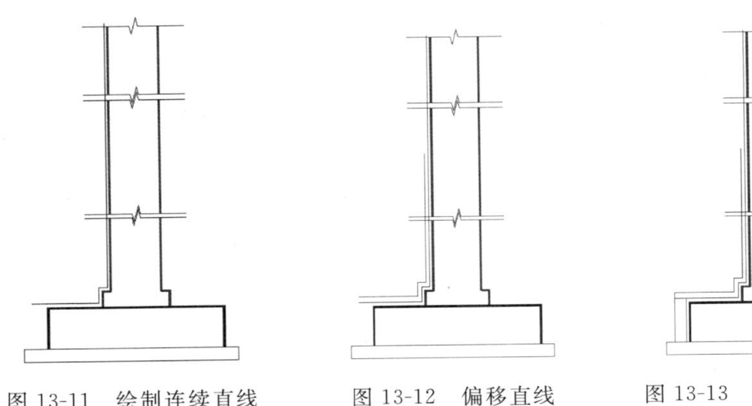

图 13-11　绘制连续直线　　图 13-12　偏移直线　　图 13-13　绘制竖直直线

(13) 单击"默认"选项卡"绘图"面板中的"多段线"按钮，指定起点宽度为 30、端点宽度为 30，在图形适当位置绘制连续多段线，如图 13-14 所示。

(14) 单击"默认"选项卡"修改"面板中的"修剪"按钮，对上步绘制的线段进行修剪处理，如图 13-15 所示。

(15) 单击"默认"选项卡"绘图"面板中的"直线"按钮，在上步图形内绘制水平直线，如图 13-16 所示。

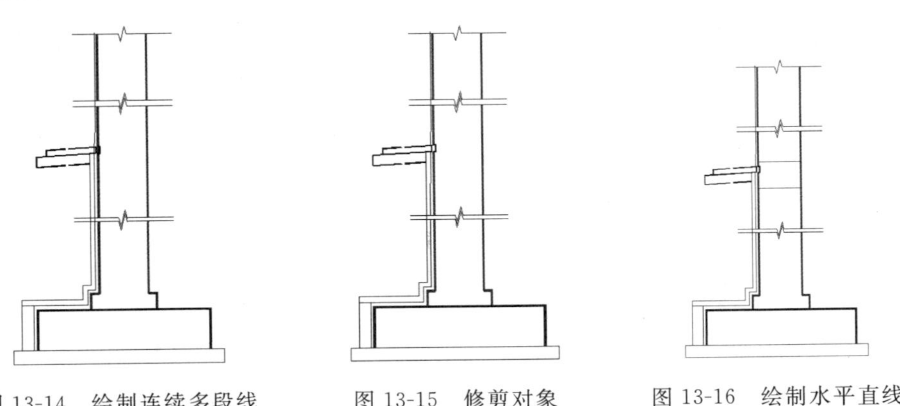

图 13-14　绘制连续多段线　　图 13-15　修剪对象　　图 13-16　绘制水平直线

(16) 利用前面讲述的方法完成内部图形的绘制，如图 13-17 所示。

(17) 结合前面所学知识进行图形中图案的填充，完成基本图形的绘制，如图 13-18 所示。

(18) 单击"默认"选项卡"注释"面板中的"线性"按钮和"连续"按钮，为图形

添加标注,如图 13-19 所示。

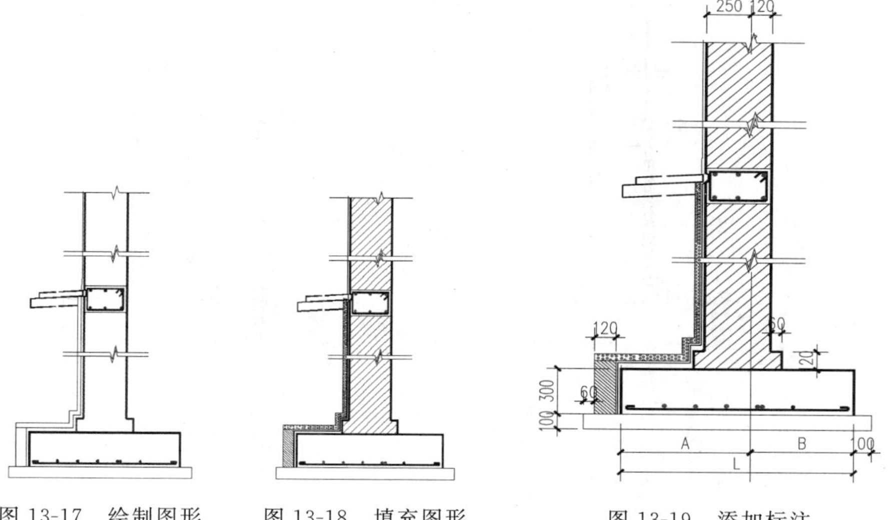

图 13-17　绘制图形　　图 13-18　填充图形　　图 13-19　添加标注

（19）单击"默认"选项卡"绘图"面板中的"直线"按钮 和"注释"面板中的"多行文字"按钮 A ,为图形添加标高,如图 13-20 所示。

（20）单击"默认"选项卡"绘图"面板中的"直线"按钮 ,在图形适当位置绘制一条水平直线,如图 13-21 所示。

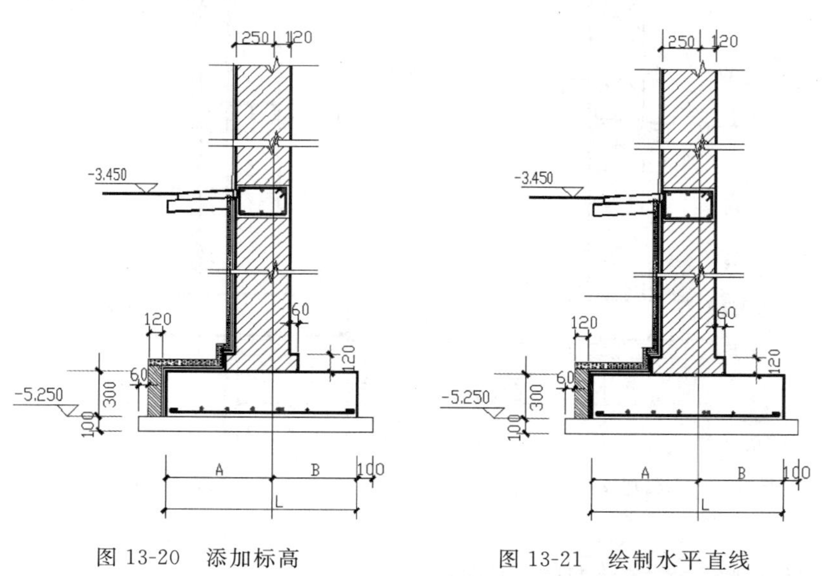

图 13-20　添加标高　　图 13-21　绘制水平直线

（21）单击"默认"选项卡"绘图"面板中的"圆"按钮 ,在上步绘制的水平直线上选取一点为圆心,绘制一个适当半径的圆,如图 13-22 所示。

（22）单击"默认"选项卡"注释"面板中的"多行文字"按钮 A ,为图形添加文字说明,如图 13-23 所示。

Note

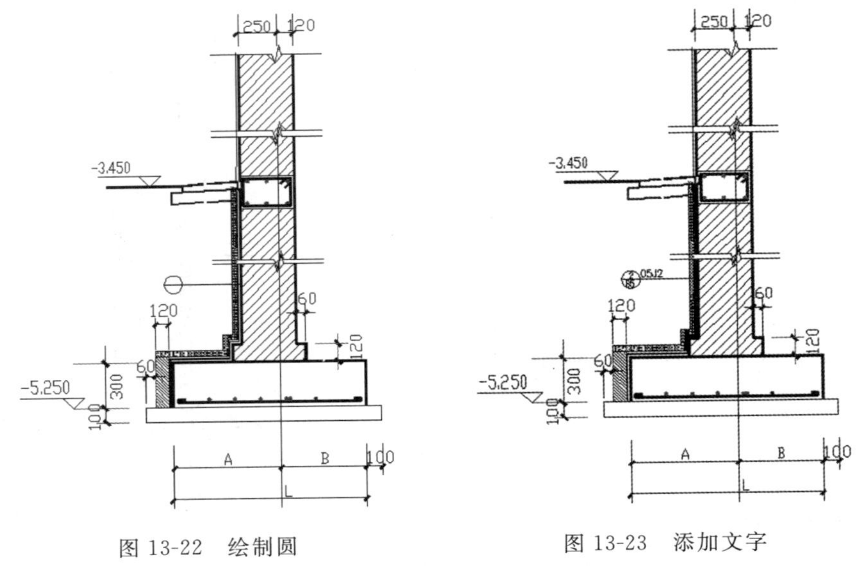

图 13-22　绘制圆　　　　图 13-23　添加文字

（23）单击“默认”选项卡“绘图”面板中的“直线”按钮 和“注释”面板中的“多行文字”按钮 ，为图形添加剩余文字说明，如图 13-24 所示。

（24）利用上述方法完成剩余自然地坪以下防水做法，如图 13-25 所示。

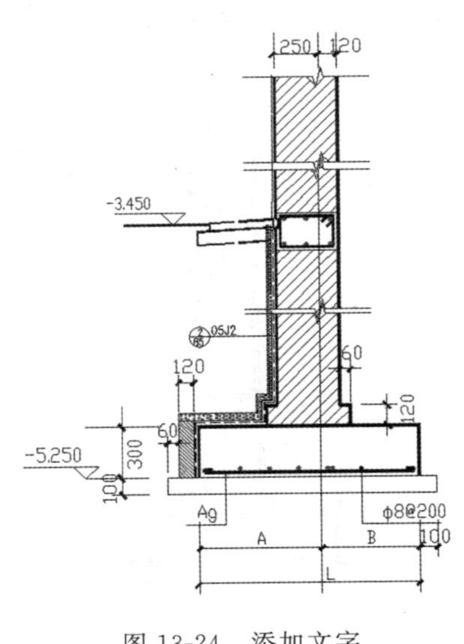

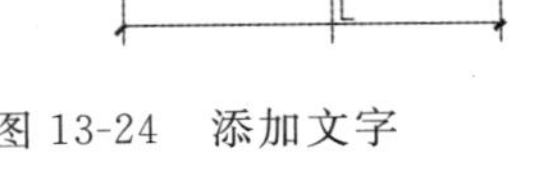
图 13-24　添加文字

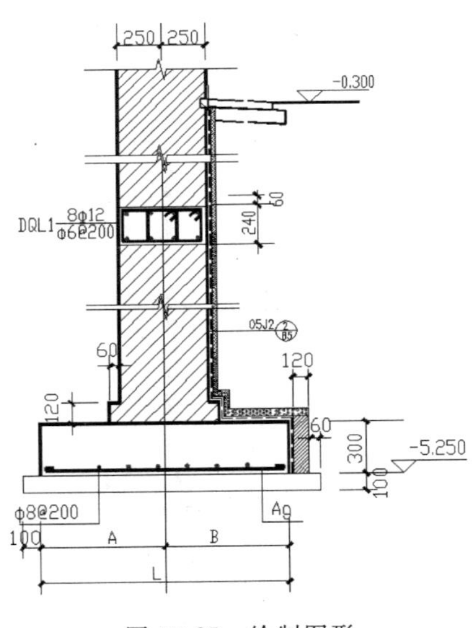

图 13-25　绘制图形

13.2.2　绘制集水坑结构施工图

13-2

（1）单击“默认”选项卡“绘图”面板中的“多段线”按钮 ，指定起点宽度为 50、端点宽度为 50，在图形适当位置绘制连续多段线，如图 13-26 所示。

（2）单击“默认”选项卡“绘图”面板中的“多段线”按钮 ，指定起点宽度为 50、端点宽度为 50，在上步所绘多段线下端绘制连续多段线，如图 13-27 所示。

(3) 单击"默认"选项卡"绘图"面板中的"直线"按钮，封闭上步绘制的多段线，如图 13-28 所示。

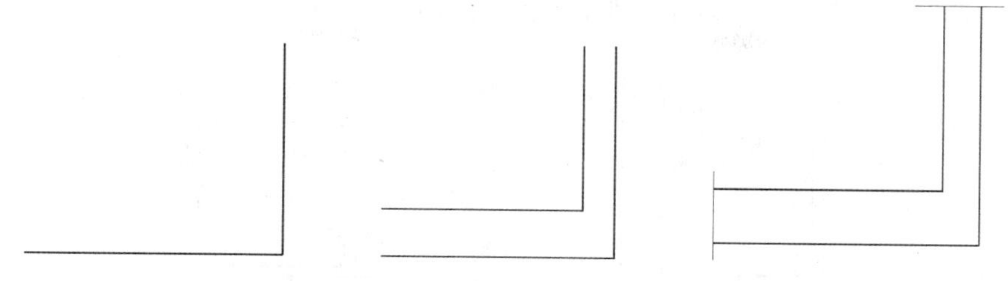

图 13-26　绘制连续多段线　图 13-27　绘制多段线　图 13-28　绘制直线

(4) 单击"默认"选项卡"绘图"面板中的"直线"按钮，在上步绘制的直线上绘制连续直线，如图 13-29 所示。

(5) 单击"默认"选项卡"修改"面板中的"修剪"按钮，对上步绘制的连续线段进行修剪，如图 13-30 所示。

(6) 单击"默认"选项卡"绘图"面板中的"直线"按钮，在上步图形适当位置绘制连续直线，如图 13-31 所示。

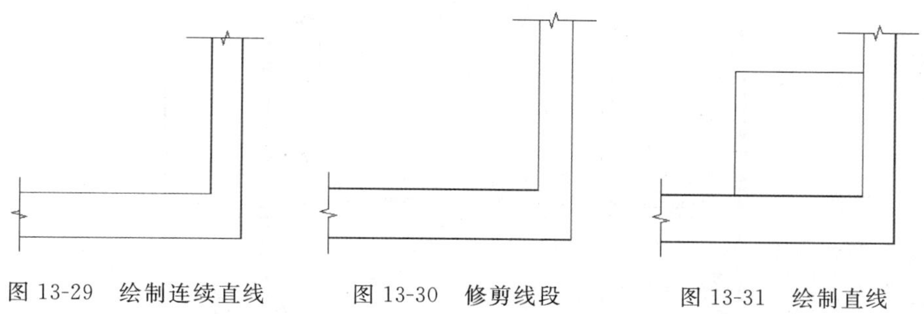

图 13-29　绘制连续直线　图 13-30　修剪线段　图 13-31　绘制直线

(7) 单击"默认"选项卡"绘图"面板中的"多段线"按钮，指定起点宽度为 35、端点宽度为 35，绘制连续多段线，如图 13-32 所示。

(8) 单击"默认"选项卡"绘图"面板中的"圆"按钮和"图案填充"按钮，绘制的图形如图 13-33 所示。

(9) 单击"默认"选项卡"修改"面板中的"复制"按钮，选择上步绘制图形为复制对象，对其进行连续复制，如图 13-34 所示。

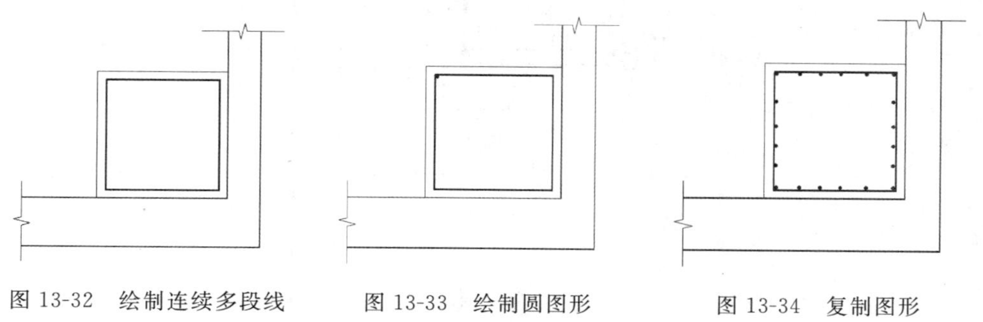

图 13-32　绘制连续多段线　图 13-33　绘制圆图形　图 13-34　复制图形

Note

（10）单击“默认”选项卡“绘图”面板中的“矩形”按钮▭，在上步图形内绘制一个适当大小的矩形，如图 13-35 所示。

（11）结合所学知识完成基本图形的绘制，如图 13-36 所示。

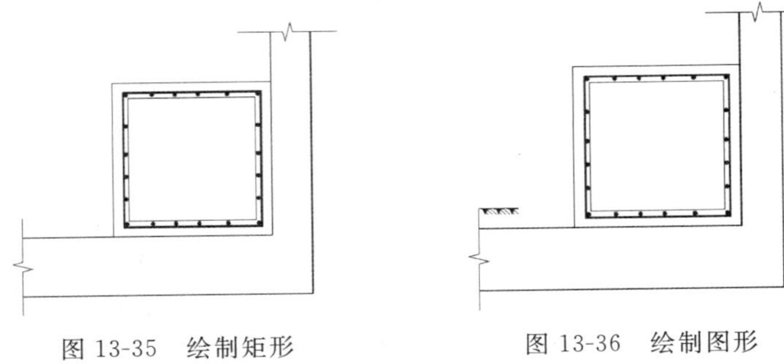

图 13-35　绘制矩形　　　图 13-36　绘制图形

（12）单击“默认”选项卡“注释”面板中的“线性”按钮和“连续”按钮，为上步图形添加标注，如图 13-37 所示。

（13）单击“默认”选项卡“绘图”面板中的“直线”按钮和“注释”面板中的“多行文字”按钮A，为图形添加文字说明，如图 13-38 所示。

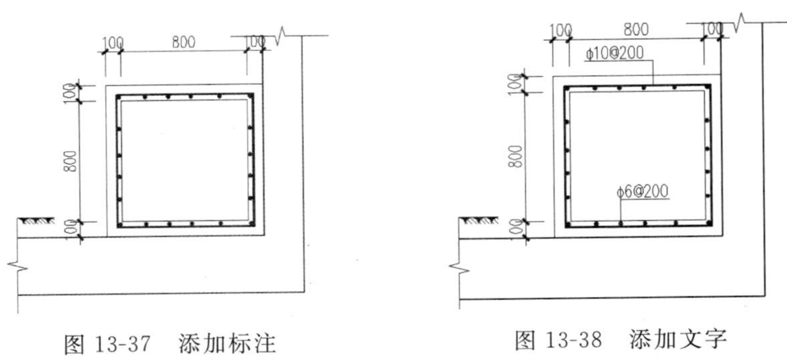

图 13-37　添加标注　　　图 13-38　添加文字

（14）利用上述方法完成集水坑结构施工图的绘制，如图 13-39 所示。

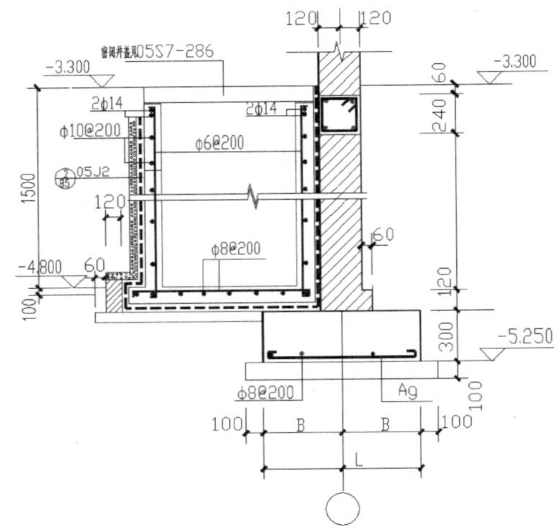

图 13-39　集水坑

(15) 单击“默认”选项卡“注释”面板中的“多行文字”按钮 A，为集水坑结构施工图添加文字说明，如图 13-40 所示。

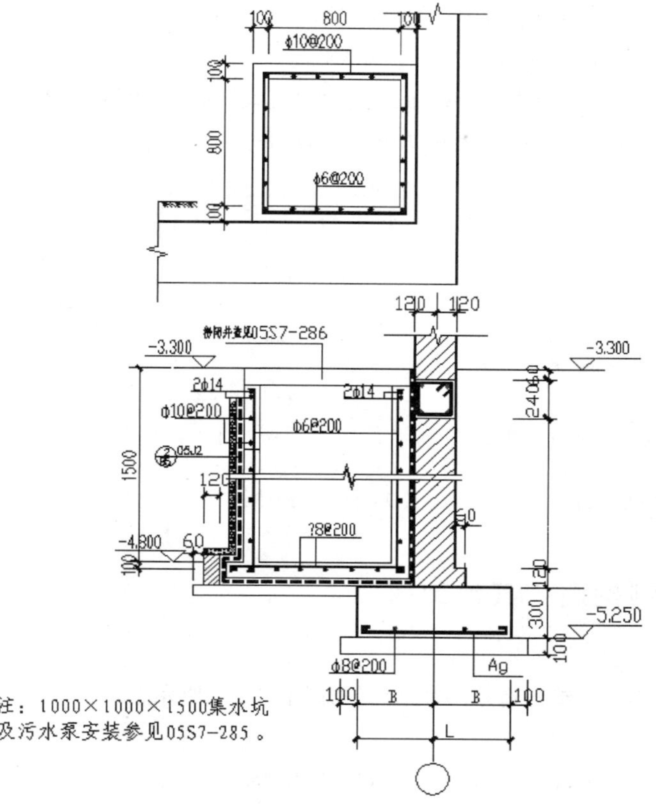

图 13-40　添加文字说明

13.2.3　绘制构造柱剖面 1

13-3

(1) 单击“默认”选项卡“绘图”面板中的“矩形”按钮，在图形空白位置绘制一个矩形，如图 13-41 所示。

(2) 单击“默认”选项卡“绘图”面板中的“多段线”按钮，指定起点宽度为 50、端点宽度为 50，在上步所绘矩形内绘制连续多段线，如图 13-42 所示。

(3) 单击“默认”选项卡“绘图”面板中的“圆”按钮和“图案填充”按钮，在上步绘制的多段线内填充圆图形，如图 13-43 所示。

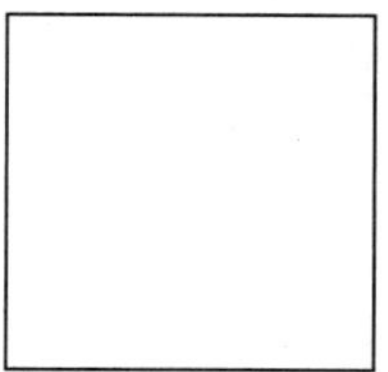

图 13-41　绘制矩形

图 13-42　绘制多段线

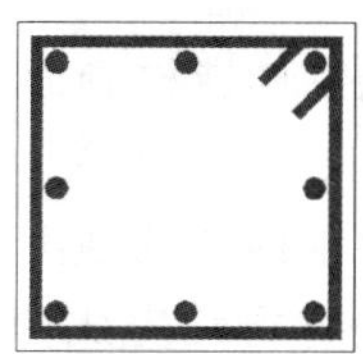

图 13-43　填充圆图形

Note

（4）单击“默认”选项卡“注释”面板中的“线性”按钮和“连续”按钮，为图形添加标注，并利用 DDEDIT 命令修改尺寸线上文字，如图 13-44 所示。

（5）单击“默认”选项卡“绘图”面板中的“圆”按钮，在上步图形的标注线段上绘制两个相同半径的轴号圆，如图 13-45 所示。

（6）单击“默认”选项卡“绘图”面板中的“直线”按钮和“注释”面板中的“多行文字”按钮，为图形添加文字说明，如图 13-46 所示。

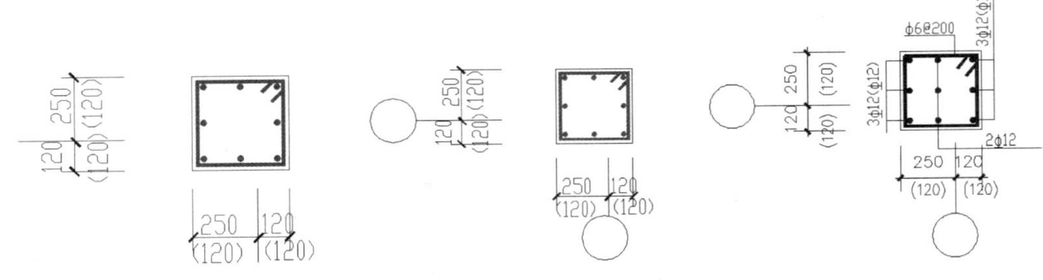

图 13-44　添加标注　　图 13-45　绘制圆　　图 13-46　添加文字

13.2.4　绘制构造柱其他剖面

（1）绘制构造柱剖面 2

利用上述方法完成构造柱 2 的绘制，如图 13-47 所示。

（2）绘制构造柱剖面 3

利用上述方法完成构造柱 3 的绘制，如图 13-48 所示。

（3）绘制构造柱剖面 4

利用上述方法完成构造柱 4 的绘制，如图 13-49 所示。

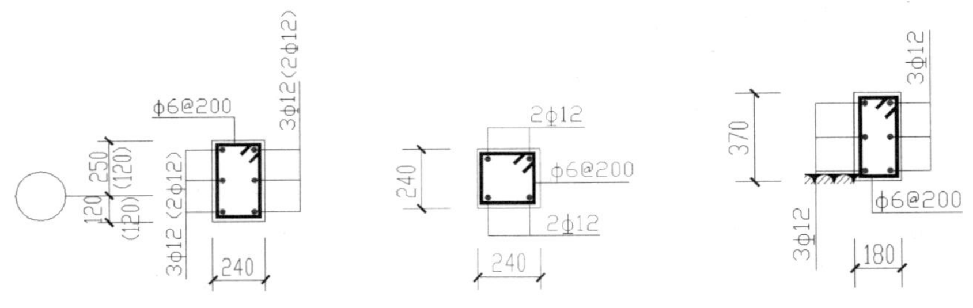

图 13-47　绘制构造柱 2　　图 13-48　绘制构造柱 3　　图 13-49　绘制构造柱 4

（4）绘制构造柱剖面 5

利用上述方法完成构造柱 5 的绘制，如图 13-50 所示。

（5）绘制构造柱剖面 6

利用上述方法完成构造柱 6 的绘制，如图 13-51 所示。

（6）绘制构造柱剖面 7

利用上述方法完成构造柱 7 的绘制，如图 13-52 所示。

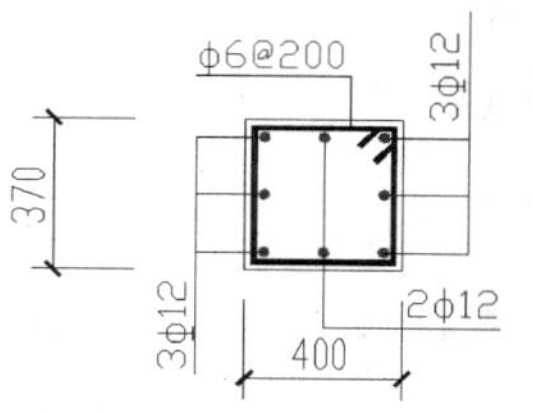

图 13-50　绘制构造柱 5

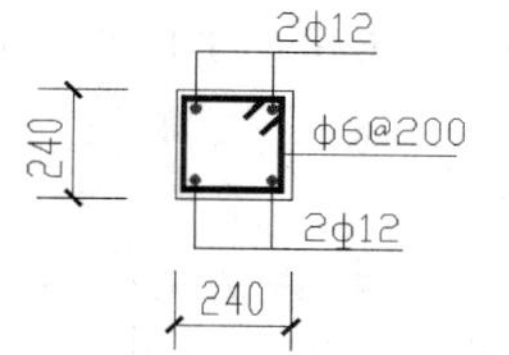

图 13-51　绘制构造柱 6

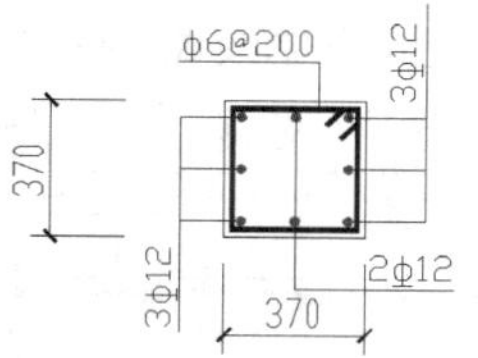

图 13-52　绘制构造柱 7

13-4

13-5

13.2.5　文字说明

单击“默认”选项卡“注释”面板中的“多行文字”按钮 A，为图形添加文字说明，如图 13-53 所示。

说明:
1. 基础断面图详结-2。
2. 未注明的构造柱均为GZ3。
3. ZJ配筋见结施-09。
4. 采光井位置见建-01。

图 13-53　添加文字说明

13.2.6　插入图框

单击“默认”选项卡“块”面板中的“插入”按钮，打开“插入”对话框，如图 13-54 所示。单击“浏览”按钮，打开“选择图形文件”对话框，选择下载的“源文件/图块/A2 图框”图块，将其放置到图形适当位置，结合所学知识为绘制的图形添加图形名称即可。

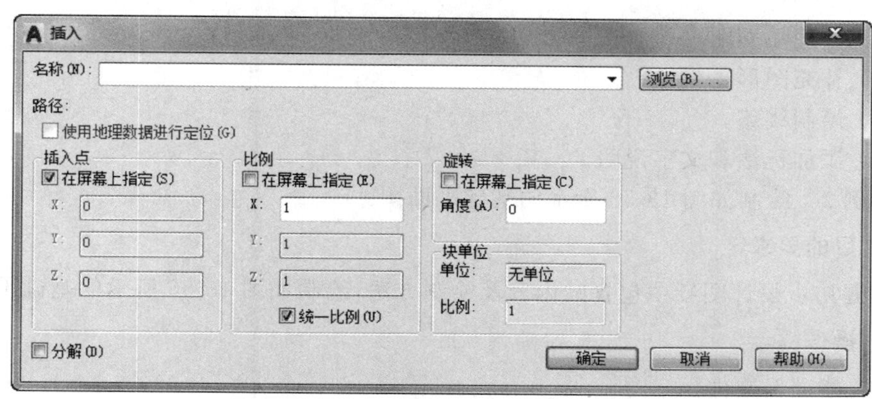

图 13-54　“插入”对话框

13.3　上机实验

通过前面的学习，读者对本章知识也有了大体的了解，本节通过几个操作练习使读者进一步掌握本章知识要点。

实例 1　绘制如图 13-55 所示的基础平面布置图。

1. 目的要求

本例主要要求运用前面所学知识来绘制基础平面布置图。基础平面布置图是在地

Note

下层平面图的基础上发展而来的，所以可以在平面图的基础上加以修改，删除一些不需要的图形，增加线路，并重新添加标注和文字而得到，如图 13-55 所示。

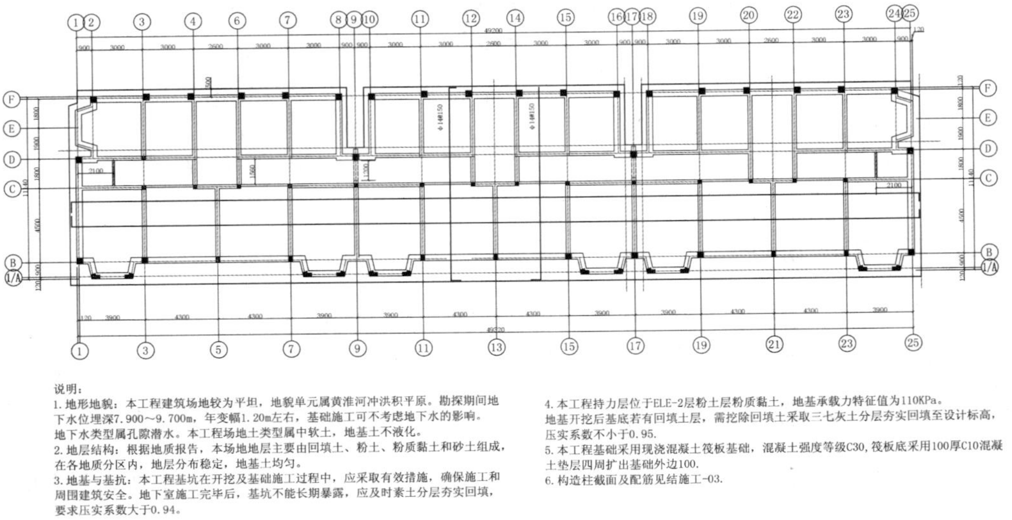

说明：
1. 地形地貌：本工程建筑场地较为平坦，地貌单元属黄淮河冲洪积平原。勘探期间地下水位埋深7.900～9.700m，年变幅1.20m左右，基础施工可不考虑地下水的影响。地下水类型属孔隙潜水。本工程场地土类型属中软土，地基土不液化。
2. 地层结构：根据地质报告，本场地地层主要由回填土、粉土、粉质黏土和砂土组成，在各地质分区内，地层分布稳定，地基土均匀。
3. 地基与基抗：本工程基坑在开挖及基础施工过程中，应采取有效措施，确保施工和周围建筑安全。地下室施工完毕后，基坑不能长期暴露，应及时素土分层夯实回填，要求压实系数大于0.94。
4. 本工程持力层位于ELE-2层粉土层粉质黏土，地基承载力特征值为110KPa。地基开挖后基底若有回填土层，需挖除回填土采取三七灰土分层夯实回填至设计标高，压实系数不小于0.95.
5. 本工程基础采用现浇混凝土筏板基础，混凝土强度等级C30，筏板底采用100厚C10混凝土垫层四周扩出基础外边100.
6. 构造柱截面及配筋见结施工-03.

图 13-55　基础平面布置图

2. 操作提示

(1) 整理平面图。

(2) 补充图形。

(3) 绘制线路。

(4) 添加标注和文字说明。

实例 2　绘制如图 13-56 所示的基础平面图。

1. 目的要求

掌握初步设计图纸中包含的内容及绘制方法，绘制如图 13-56 所示的基础平面图。

2. 操作提示

(1) 建立新文件。

(2) 创建图层。

(3) 绘制和标注轴线。

(4) 布置框架柱。

(5) 绘制柱子外轮廓。

(6) 标注尺寸和文字。

(7) 绘制表格。

(8) 标注总说明文字。

(9) 绘制大样图。

(10) 插入图框。

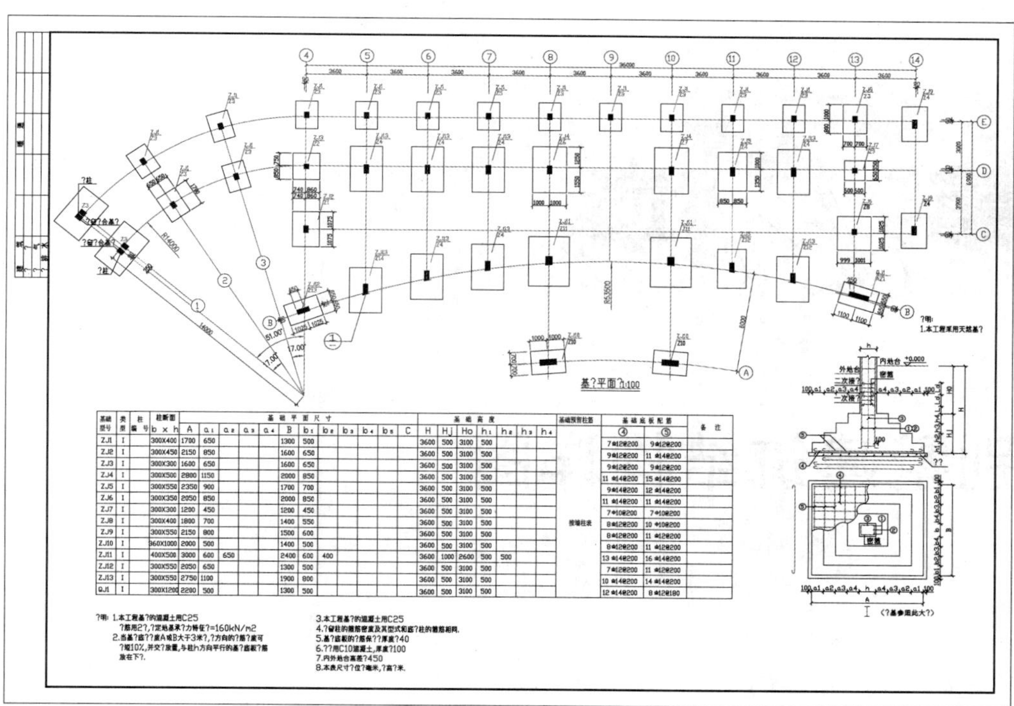

图 13-56　基础平面布置图

第14章

别墅建筑结构详图

本章将以别墅结构详图为例，详细介绍各种建筑结构详图的绘制过程。在介绍过程中，将逐步引领读者完成屋顶烟囱、挑梁配筋大样图、楼梯剖面图的绘制，并说明关于建筑结构详图设计的相关知识和技巧。本章内容主要包括住宅结构详图绘制的知识要点、尺寸文字标注等。

学习要点

- 烟囱详图
- 基础断面图
- 楼梯结构配筋图
- 悬挑梁配筋图

14.1　烟囱详图

Note

相比普通单元住宅而言，烟囱是别墅建筑的独有建筑结构。在现代别墅建筑中，烟囱基本上失去了它原本排烟的实际作用，而变成了一种带有象征意义的建筑文化符号。本节主要介绍 A-A、B-B、WL-01、WL-02 烟囱详图的绘制过程，绘制结果如图 14-1 所示。

14-1

14.1.1　绘制屋顶剖面图

（1）单击“默认”选项卡“绘图”面板中的“直线”按钮，在图形空白区域任选一点为起点绘制一条长度为 27500 的水平直线，如图 14-2 所示。

（2）单击“默认”选项卡“绘图”面板中的“直线”按钮，以上步绘制的水平直线左端点为直线起点向上绘制一条长度为 2523 的竖直直线，如图 14-3 所示。

图 14-2　绘制水平直线

图 14-3　绘制竖直直线

（3）单击“默认”选项卡“修改”面板中的“偏移”按钮，选择上步绘制的竖直直线为偏移对象向右进行偏移，偏移距离分别为 925、12149、600、12900、925，如图 14-4 所示。

（4）单击“默认”选项卡“绘图”面板中的“多段线”按钮，指定起点宽度为 50、端点宽度为 50，在上步的偏移线段上方绘制连续多段线，如图 14-5 所示。

图 14-4　偏移竖直线段

图 14-5　绘制连续多段线

（5）单击“默认”选项卡“绘图”面板中的“圆”按钮，在上步绘制的连续多段线内绘制一个半径为 50 的圆，如图 14-6 所示。

（6）单击“默认”选项卡“修改”面板中的“偏移”按钮，选择上步绘制的圆为偏移对象向内进行偏移，偏移距离为 45，如图 14-7 所示。

（7）单击“默认”选项卡“绘图”面板中的“图案填充”按钮，打开“图案填充创建”选项卡，选择 SOLID 图案类型，填充图形，如图 14-8 所示。

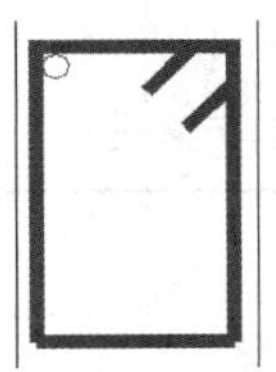

图 14-6　绘制圆

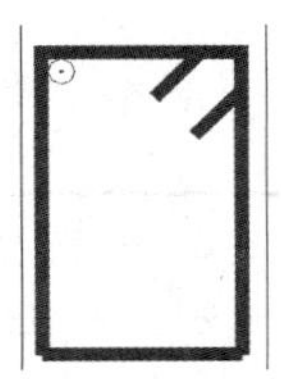

图 14-7　偏移圆

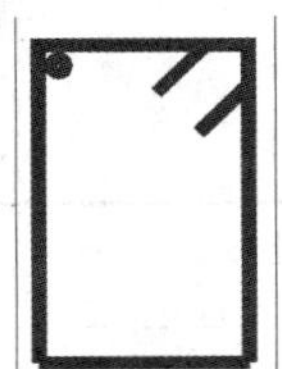

图 14-8　图案填充

Note

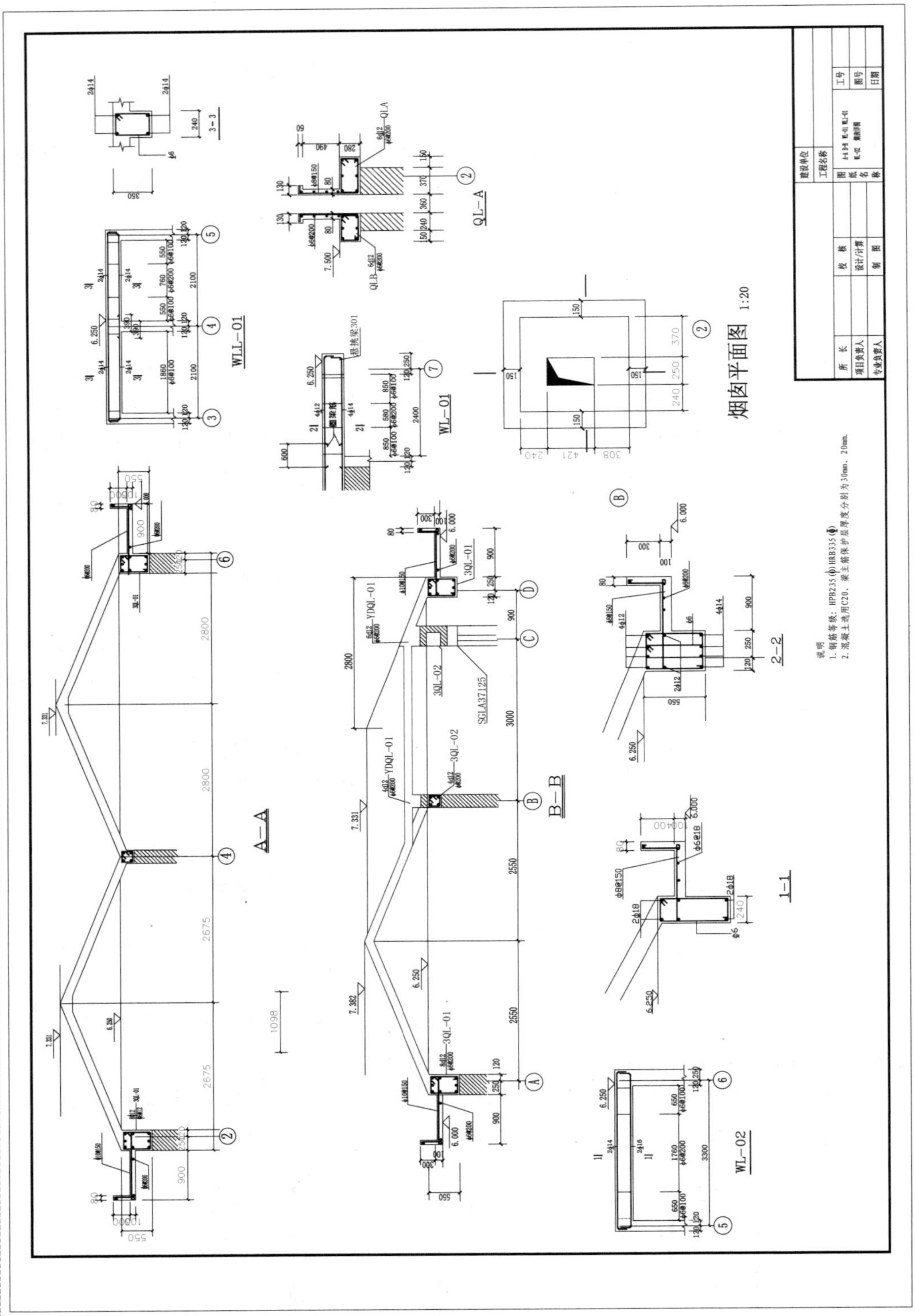

图 14-1 烟囱详图

(8) 单击“默认”选项卡“修改”面板中的“复制”按钮，选择上步填充图形为复制对象对其进行复制，如图 14-9 所示。

(9) 单击“默认”选项卡“绘图”面板中的“多段线”按钮，指定起点宽度为 50、端点宽度为 50，绘制连续多段线，如图 14-10 所示。

(10) 单击“默认”选项卡“修改”面板中的“镜像”按钮，选择左侧已有图形为镜像对象向右进行镜像，如图 14-11 所示。

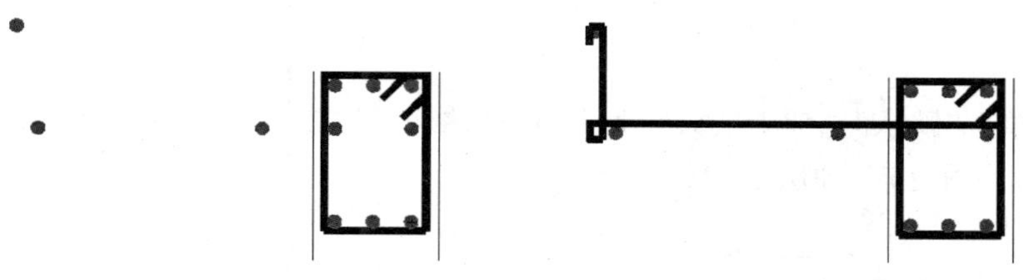

图 14-9　复制对象　　图 14-10　绘制连续多段线

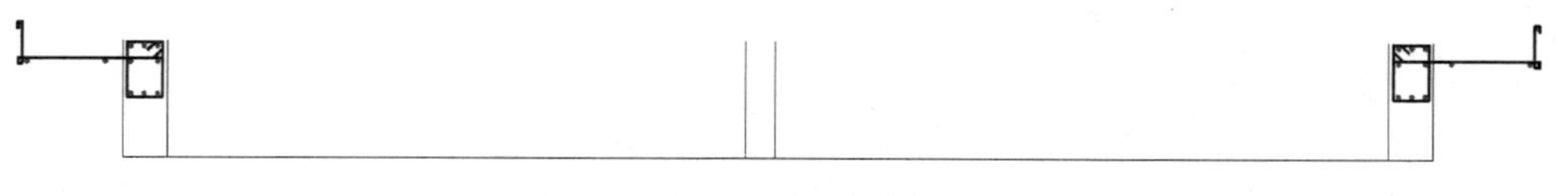

图 14-11　镜像图形

利用上述方法完成中间图形的绘制，如图 14-12 所示。

图 14-12　完成中间图形绘制

(11) 单击“默认”选项卡“绘图”面板中的“多段线”按钮，指定起点宽度为 20、端点宽度为 20，绘制屋顶线，如图 14-13 所示。

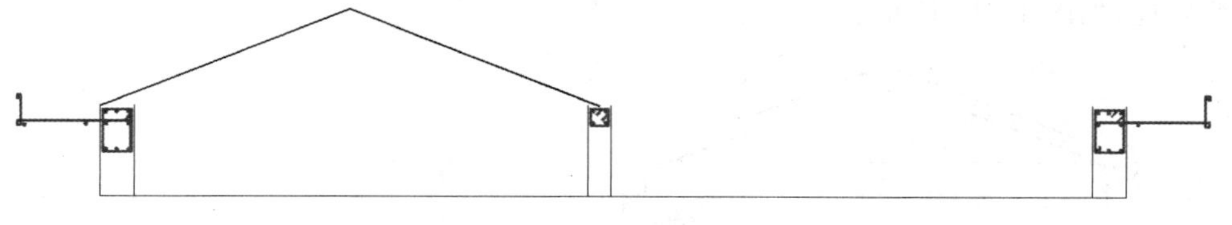

图 14-13　绘制多段线

(12) 单击“默认”选项卡“修改”面板中的“偏移”按钮，选择上步绘制的多段线为偏移对象向下进行偏移，偏移距离为 375，如图 14-14 所示。

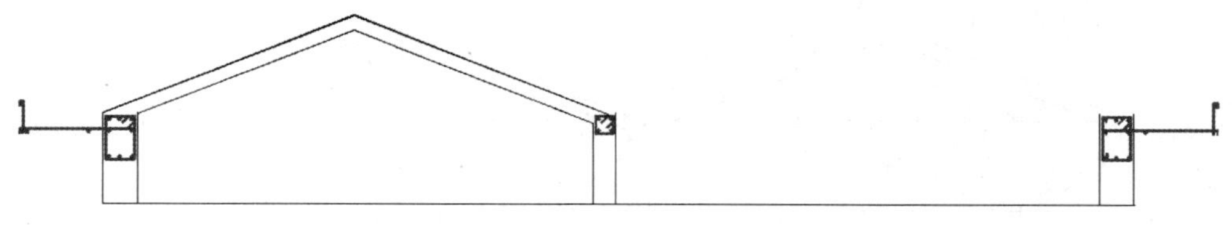

图 14-14　偏移多段线

Note

（13）单击“默认”选项卡“绘图”面板中的“多段线”按钮，在上步绘制的多段线上绘制一条水平多段线，如图 14-15 所示。

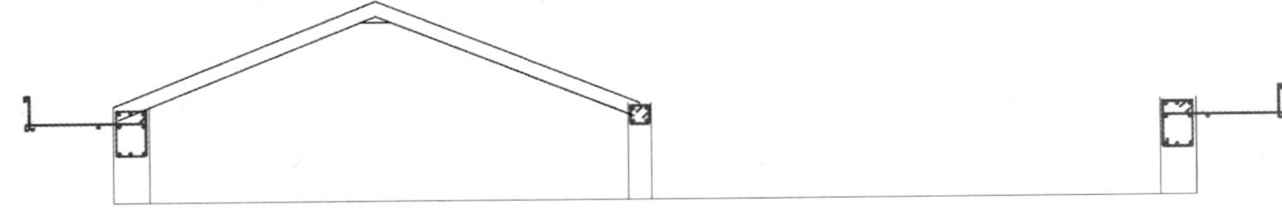

图 14-15　绘制水平多段线

（14）单击“默认”选项卡“修改”面板中的“修剪”按钮，选择上步图形为修剪线段对其进行修剪处理，如图 14-16 所示。

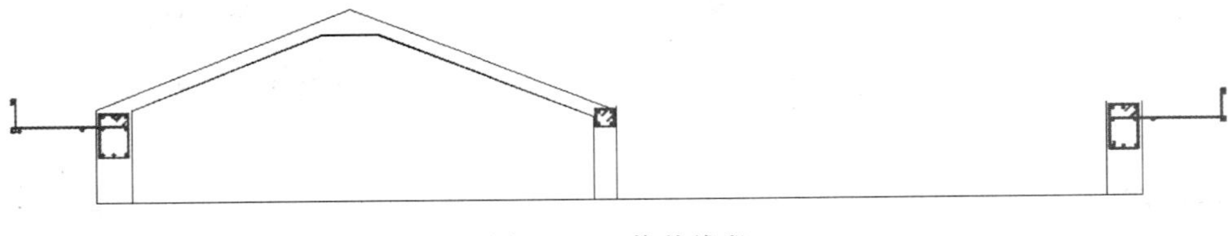

图 14-16　修剪线段

（15）单击“默认”选项卡“绘图”面板中的“直线”按钮，在上步图形适当位置绘制一条水平直线，并将上步修剪后的多段线进行延伸，如图 14-17 所示。

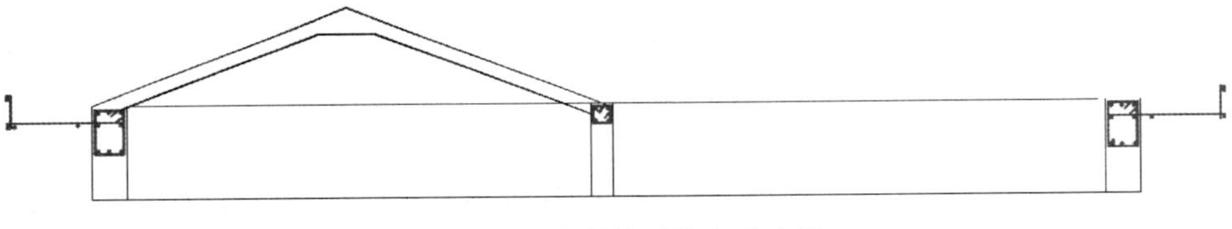

图 14-17　绘制并延伸水平直线

（16）单击“默认”选项卡“修改”面板中的“修剪”按钮，对上步绘制的直线进行修剪处理，如图 14-18 所示。

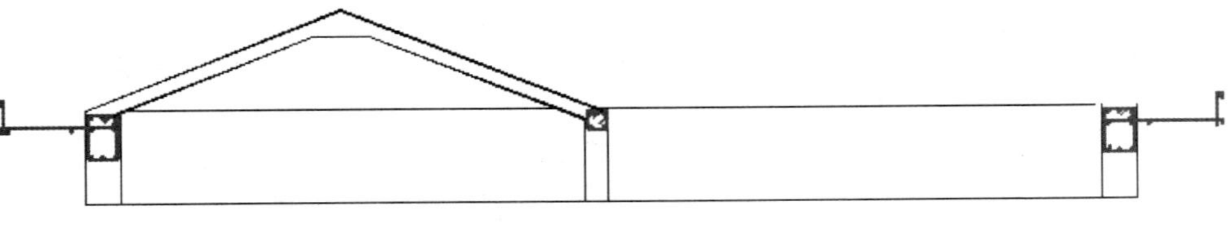

图 14-18　修剪水平直线

利用上述方法完成剩余图形绘制，如图 14-19 所示。

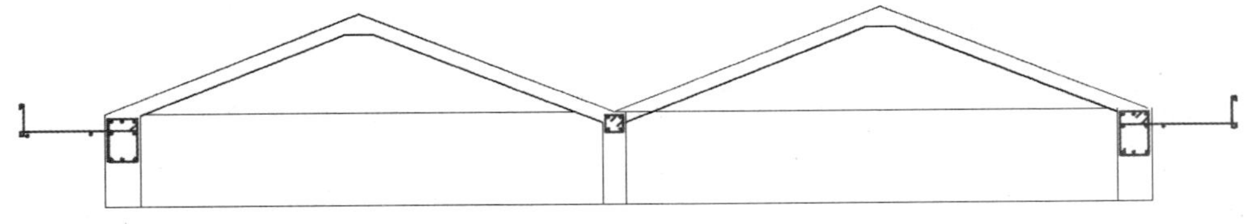

图 14-19　绘制剩余图形

(17) 单击“默认”选项卡“修改”面板中的“修剪”按钮，对上步绘制图形进行适当的修剪，如图 14-20 所示。

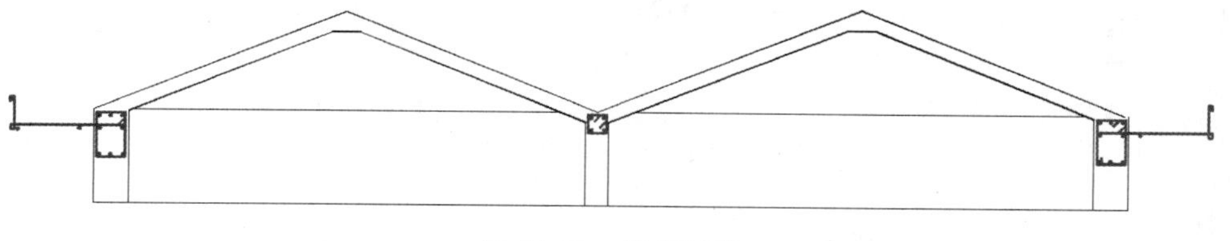

图 14-20 修剪图形

(18) 单击“默认”选项卡“绘图”面板中的“直线”按钮，绘制水平直线，封闭填充区域，如图 14-21 所示。

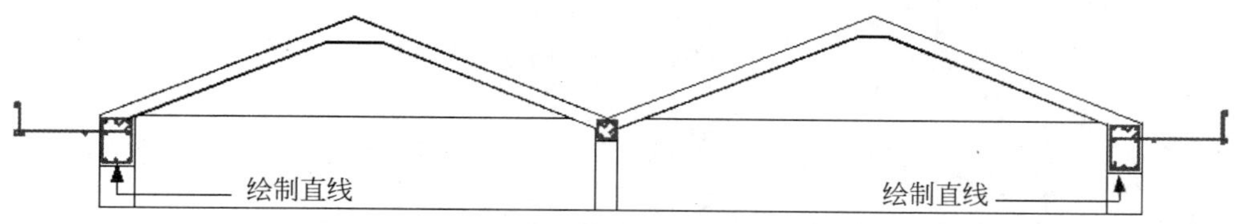

图 14-21 绘制水平直线并封闭填充区域

(19) 单击“默认”选项卡“绘图”面板中的“图案填充”按钮，打开“图案填充创建”选项卡，选择 ANSI31 图案类型，设置填充比例为 40，填充图形，如图 14-22 所示。

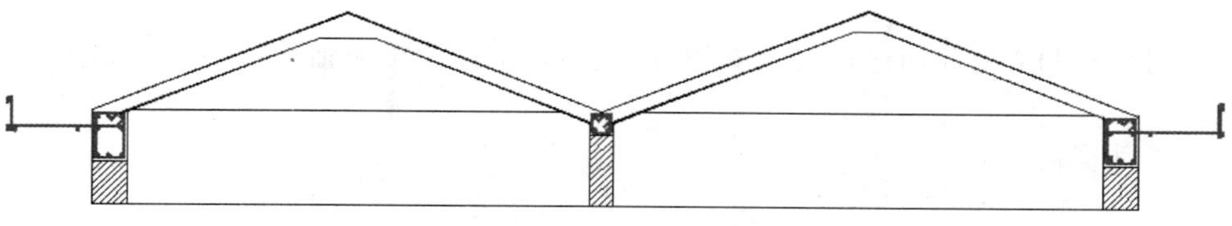

图 14-22 填充图形

(20) 单击“默认”选项卡“修改”面板中的“删除”按钮，选择底部水平直线为删除对象，将其删除，如图 14-23 所示。

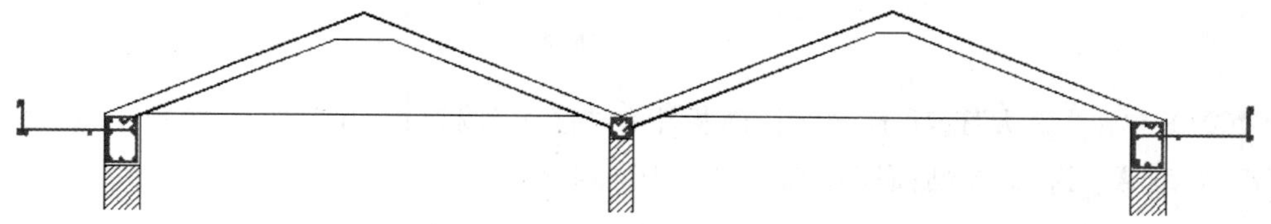

图 14-23 删除底部水平直线

(21) 单击“默认”选项卡“绘图”面板中的“多段线”按钮，指定起点宽度为 0、端点宽度为 0，在图形左右两侧绘制连续多段线，如图 14-24 所示。

(22) 单击“默认”选项卡“修改”面板中的“修剪”按钮，选择多余线段进行修剪，如图 14-25 所示。

(23) 单击“默认”选项卡“注释”面板中的“线性”按钮和“连续”按钮，为图形添加标注，如图 14-26 所示。

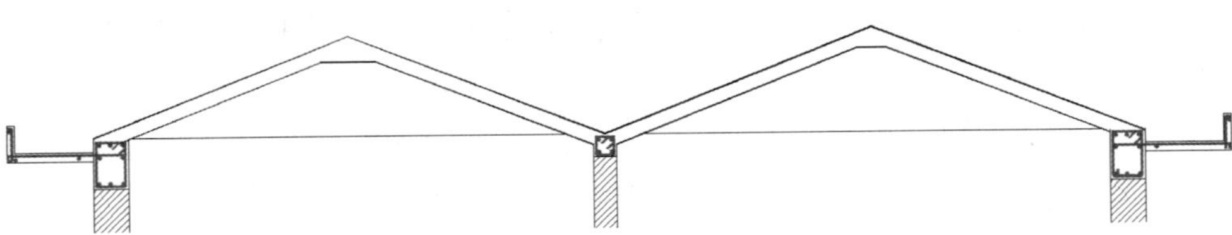

图 14-24　绘制连续多段线

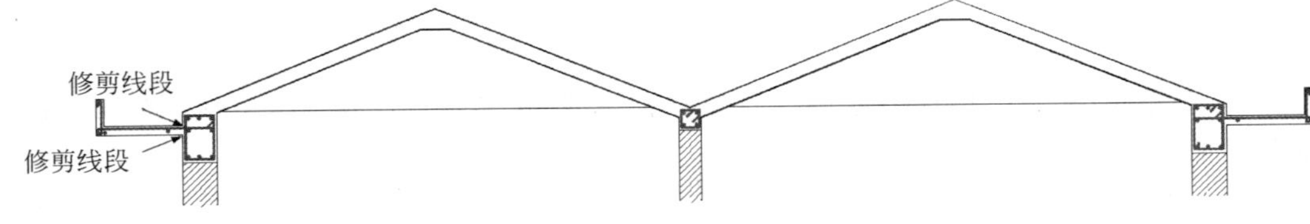

图 14-25　修剪处理

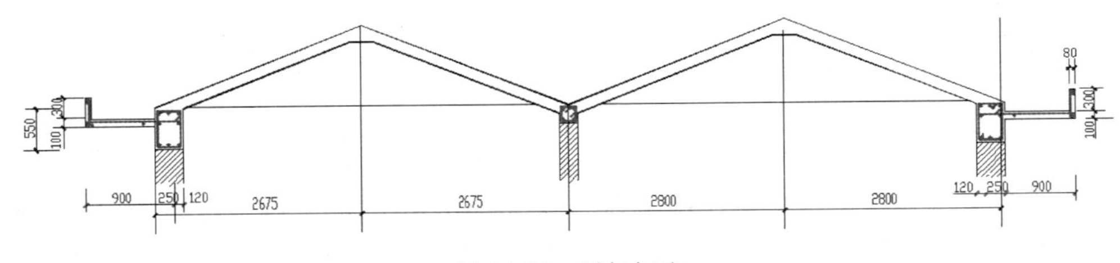

图 14-26　添加标注

轴号的绘制方法前面已经详细介绍，这里不再阐述。添加轴号后的图形如图 14-27 所示。

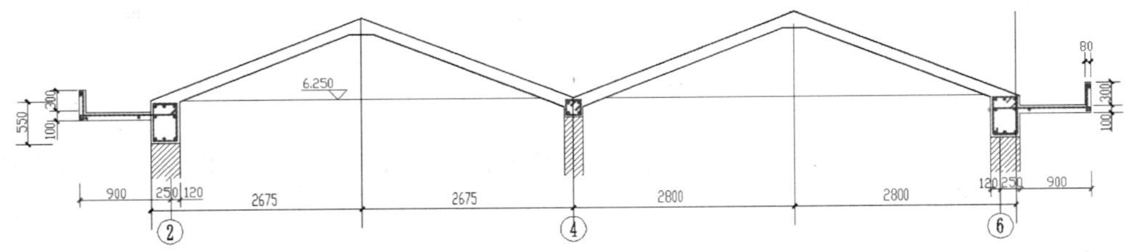

图 14-27　添加轴号

(24) 单击“默认”选项卡“绘图”面板中的“直线”按钮 和“注释”面板中的“多行文字”按钮 A，为 A-A 剖面图添加标高，如图 14-28 所示。

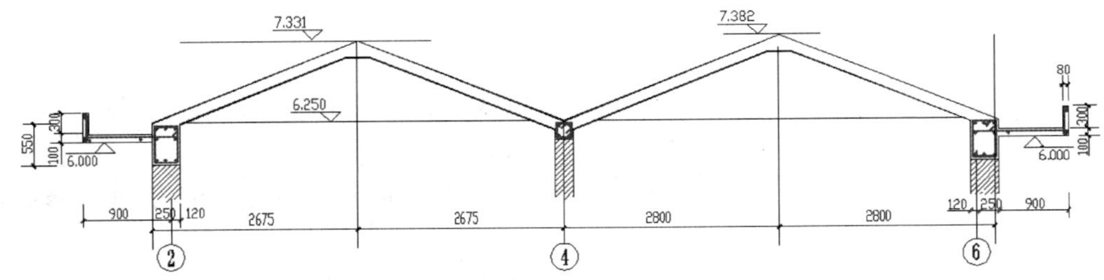

图 14-28　添加标高

Note

(25) 单击“默认”选项卡“绘图”面板中的“直线”按钮 和“注释”面板中的“多行文字”按钮 A，为图形添加文字说明及标高，最终完成 A-A 剖面图的绘制，如图 14-29 所示。

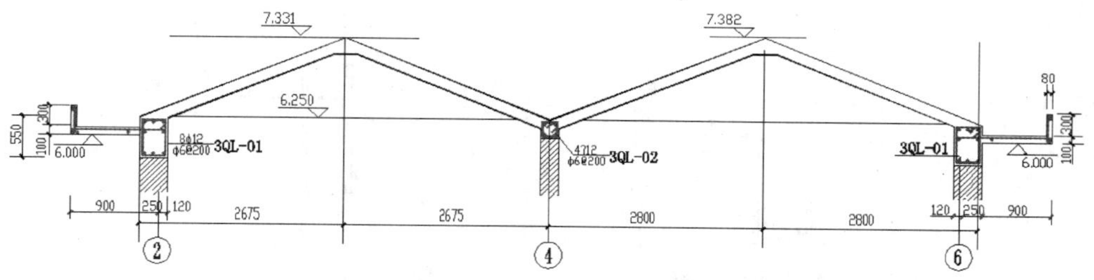

图 14-29 A-A 剖面图

利用上述方法完成 B-B 剖面图的绘制，如图 14-30 所示。

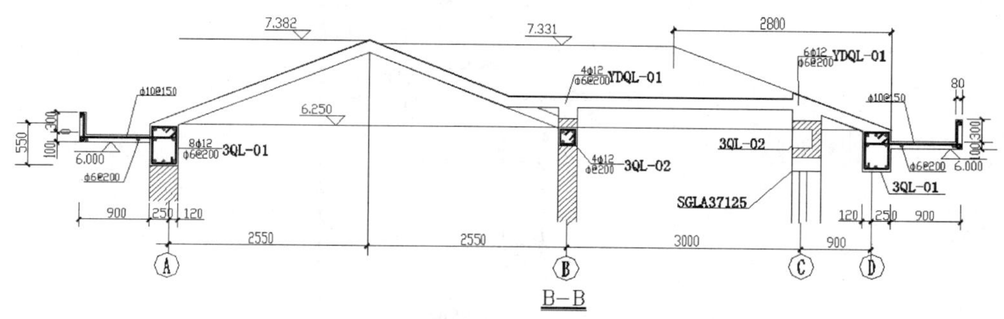

图 14-30 B-B 剖面图

14.1.2 绘制箍筋剖面图

14-2

(1) 单击“默认”选项卡“绘图”面板中的“多段线”按钮 ，指定起点宽度为 50、端点宽度为 50，绘制连续多段线，如图 14-31 所示。

(2) 单击“默认”选项卡“绘图”面板中的“多段线”按钮 ，指定起点宽度为 0、端点宽度为 0，在上步图形外围绘制连续多段线，如图 14-32 所示。

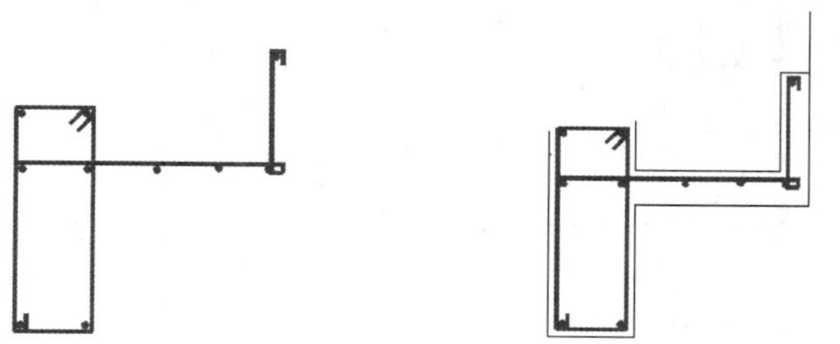

图14-31 绘制连续多段线(一)　　图14-32 绘制连续多段线(二)

(3) 单击“默认”选项卡“绘图”面板中的“直线”按钮 ，在上步绘制的图形上部位置绘制两条斜向直线，如图 14-33 所示。

Note

(4) 单击“默认”选项卡“注释”面板中的“线性”按钮和“连续”按钮，为1-1剖面图添加标注，如图14-34所示。

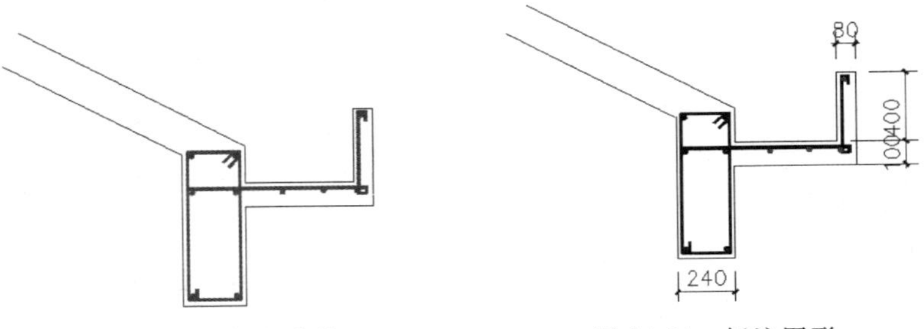

图14-33　绘制斜向直线　　图14-34　标注图形

文字与标高的添加前面已经讲述过，这里不再详细阐述。最终完成1-1剖面图的绘制，如图14-35所示。

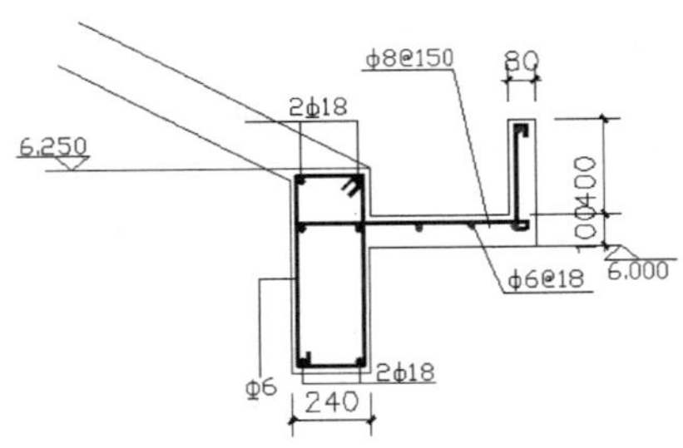

图14-35　1-1剖面图

利用上述方法完成箍筋2-2剖面图的绘制，如图14-36所示。

利用上述方法完成箍筋3-3剖面图的绘制，如图14-37所示。

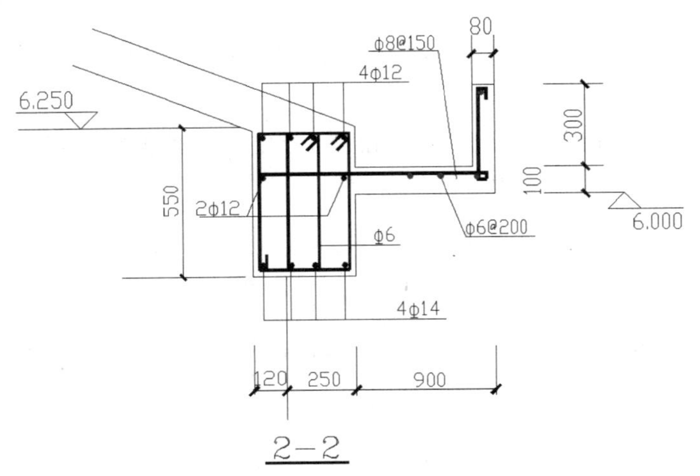

图14-36　箍筋2-2剖面图

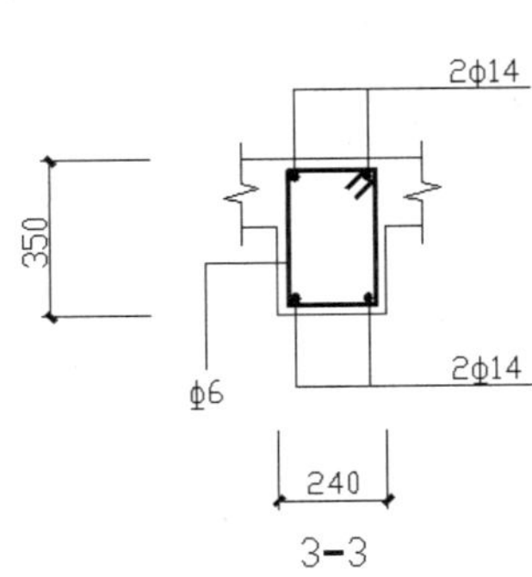

图14-37　箍筋3-3剖面图

14-3

14.1.3　烟囱平面图的绘制

(1) 单击“默认”选项卡“绘图”面板中的“矩形”按钮，在图形适当位置绘制一个

适当大小的矩形，如图 14-38 所示。

（2）单击“默认”选项卡“修改”面板中的“偏移”按钮，选择上步绘制的矩形为偏移对象向内进行偏移，如图 14-39 所示。

图 14-38　绘制矩形

图 14-39　偏移矩形

（3）单击“默认”选项卡“绘图”面板中的“矩形”按钮，在上步图形内适当位置选取矩形起点，绘制一个小矩形，如图 14-40 所示。

（4）单击“默认”选项卡“绘图”面板中的“直线”按钮，在上步图形内绘制直线，如图 14-41 所示。

（5）单击“默认”选项卡“绘图”面板中的“图案填充”按钮，打开“图案填充创建”选项卡，选择 ANSI31 图案类型，设置填充比例为 4，填充图形，结果如图 14-42 所示。

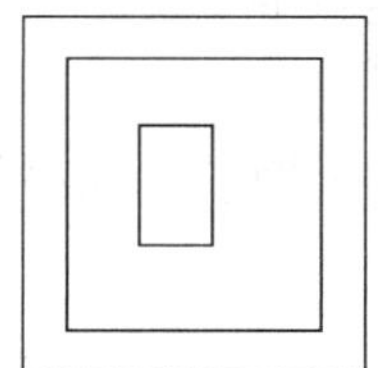

图 14-40　绘制小矩形

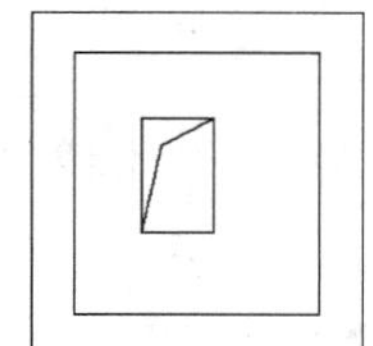

图 14-41　绘制连续直线

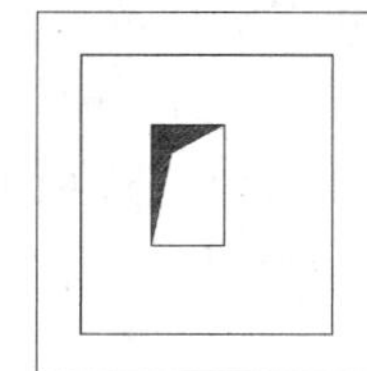

图 14-42　填充图形

（6）单击“默认”选项卡“注释”面板中的“线性”按钮，为图形添加线性标注，如图 14-43 所示。

利用前面介绍的方法完成轴号的添加，最终完成烟囱平面图的绘制，如图 14-44 所示。

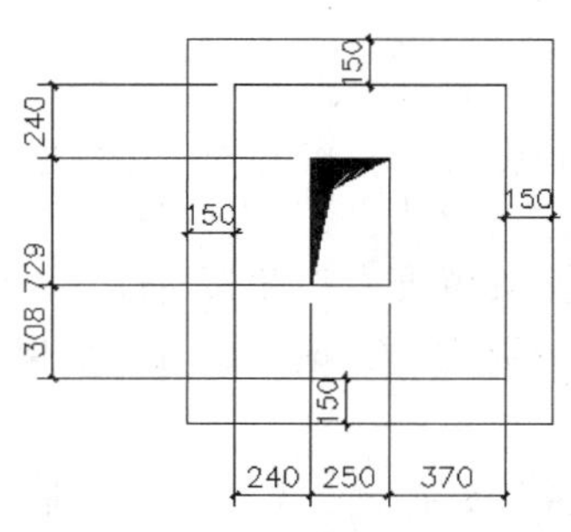

图 14-43　添加线性标注

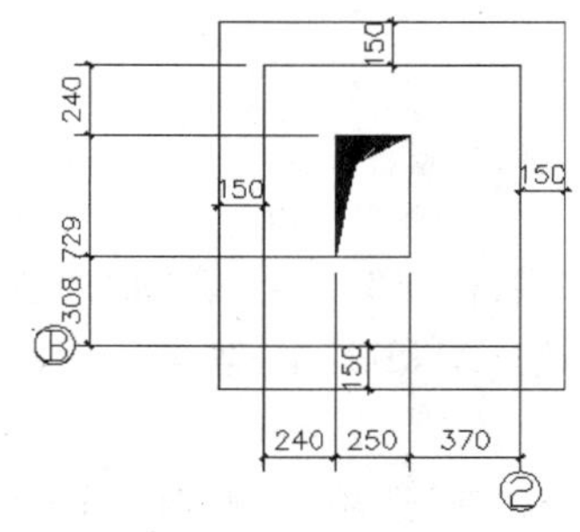

图 14-44　添加轴号

14.1.4　绘制圈梁

（1）单击“默认”选项卡“绘图”面板中的“多段线”按钮，指定起点宽度为 45、端

14-4

点宽度为 45，在图形适当位置绘制连续多段线。

（2）单击“默认”选项卡“绘图”面板中的“圆”按钮和“图案填充”按钮，完成内部图形的绘制，如图 14-45 所示。

（3）单击“默认”选项卡“修改”面板中的“镜像”按钮，选择上步绘制的图形为镜像对象对其进行竖直镜像处理，对镜像后的图形进行向右拉伸，如图 14-46 所示。

（4）单击“默认”选项卡“绘图”面板中的“多段线”按钮，指定起点宽度为 0、端点宽度为 0，在上步图形的外围位置绘制连续多段线，如图 14-47 所示。

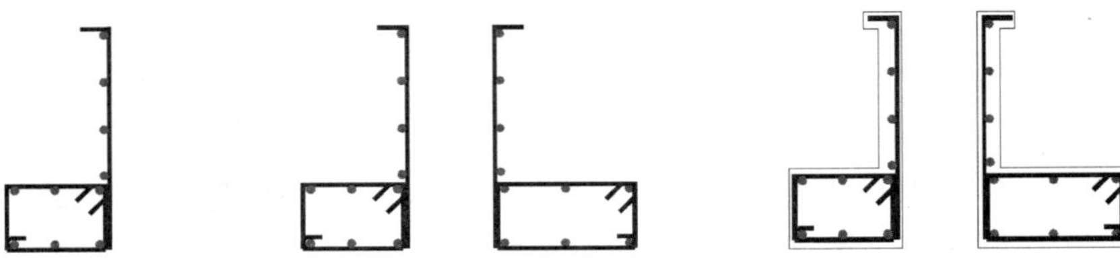

图14-45　绘制轮廓　　图 14-46　镜像及拉伸图形　　图 14-47　绘制连续多段线

（5）单击“默认”选项卡“绘图”面板中的“直线”按钮，在图形适当位置绘制一条竖直直线，如图 14-48 所示。

（6）单击“默认”选项卡“修改”面板中的“偏移”按钮，选择上步绘制的竖直直线为偏移对象向右进行偏移，如图 14-49 所示。

（7）单击“默认”选项卡“绘图”面板中的“直线”按钮，在上面图形底部位置绘制上步竖直直线底部的连接线，如图 14-50 所示。

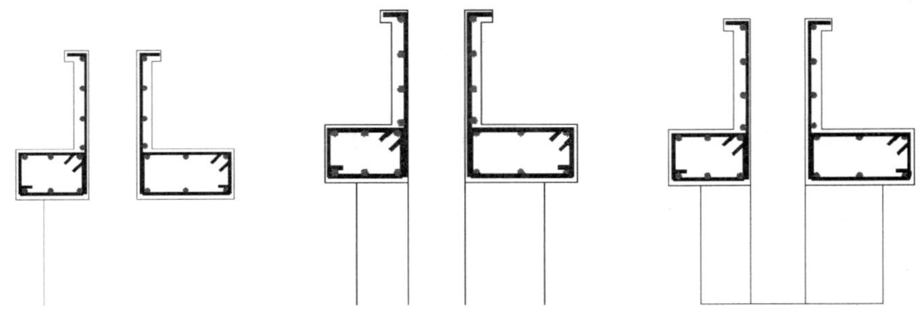

图 14-48　绘制竖直直线　　图 14-49　偏移竖直直线　　图 14-50　绘制连接线

（8）单击“默认”选项卡“绘图”面板中的“图案填充”按钮，打开“图案填充创建”选项卡，选择 ANSI31 图案类型，设置填充比例为 60，填充图形，结果如图 14-51 所示。

（9）单击“默认”选项卡“修改”面板中的“删除”按钮，选择上步绘制的水平直线为删除对象，将其删除，如图 14-52 所示。

（10）单击“默认”选项卡“注释”面板中的“线性”按钮和“连续”按钮，为图形添加标注，如图 14-53 所示。

Note

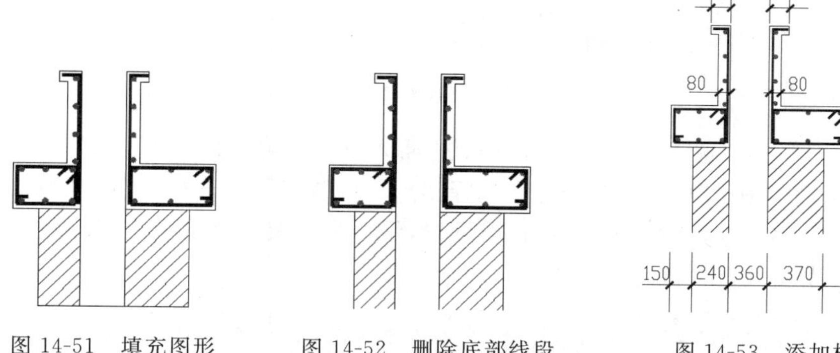

图 14-51　填充图形　　图 14-52　删除底部线段　　图 14-53　添加标注

利用前面讲述的方法完成标高的绘制，如图 14-54 所示。

利用前面讲述的方法完成轴号及文字的添加，如图 14-55 所示。

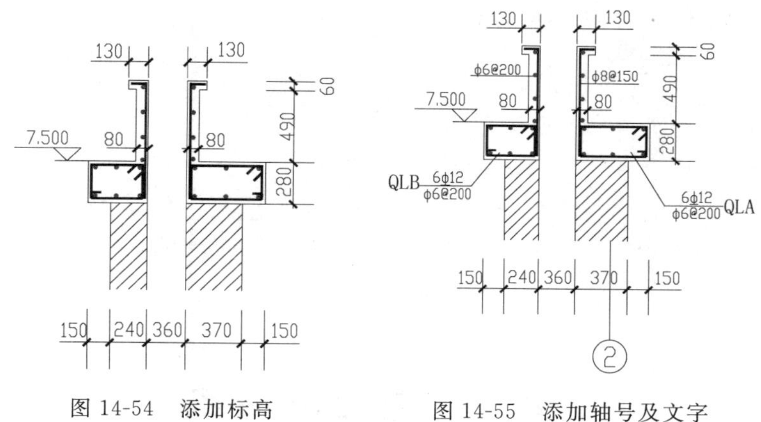

图 14-54　添加标高　　图 14-55　添加轴号及文字

利用上述方法完成圈梁 2 的绘制，如图 14-56 所示。

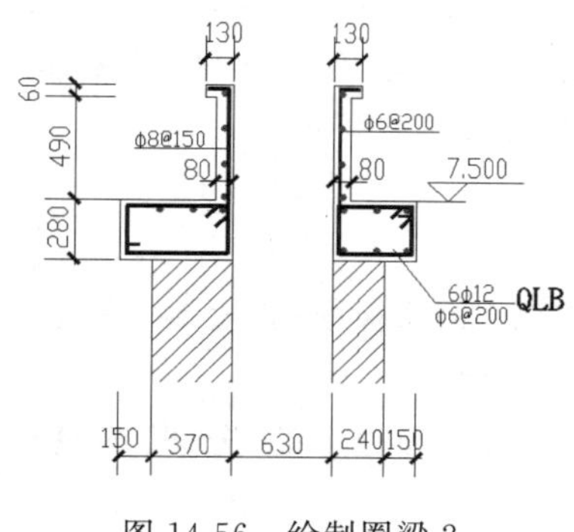

图 14-56　绘制圈梁 2

14.1.5　添加文字说明及图框

14-5

（1）单击“默认”选项卡“注释”面板中的“多行文字”按钮 A，为图形添加文字说明，如图 14-57 所示。

Note

说明:

1. 钢筋等级: HPR225(φ)HRB335(Φ)。
2. 混凝土选用C20, 梁主筋保护层厚度分别为30 mm、20 mm。

图 14-57　添加文字说明

(2) 单击“默认”选项卡“块”面板中的“插入”按钮，打开“插入”对话框，如图 14-58 所示。单击“浏览”按钮，打开“选择图形文件”对话框，选择下载的“源文件/图块/A2 图框”图块，将其放置到图形适当位置，结合所学知识为绘制图形添加图形名称，最终结果如图 14-1 所示。

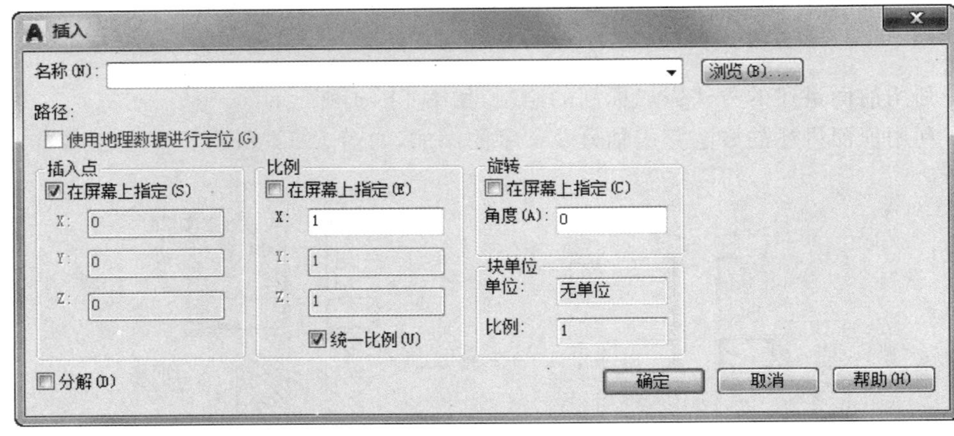

图 14-58　“插入”对话框

14.2　基础断面图

基础断面的结构设计对建筑结构非常重要，一般能够体现出该建筑结构的抗震等级、结构强度、防水处理方法、浇筑方法等重要的建筑结构信息。本节主要介绍基础断面图的绘制方法，所绘图形如图 14-59 所示。

14-6

14.2.1　绘制图例表

(1) 单击“默认”选项卡“绘图”面板中的“矩形”按钮，在图形适当位置绘制一个适当大小的矩形，如图 14-60 所示。

(2) 单击“默认”选项卡“修改”面板中的“分解”按钮，选择上步绘制的矩形为分解对象，按 Enter 键进行分解。

(3) 单击“默认”选项卡“修改”面板中的“偏移”按钮，选择上步分解矩形的左侧竖直直线为偏移对象向右进行连续偏移，如图 14-61 所示。

(4) 单击“默认”选项卡“修改”面板中的“偏移”按钮，选择上步分解矩形顶部的水平直线为偏移对象连续向下进行偏移，如图 14-62 所示。

基础一览表

基础剖面	基础宽度			基础配筋	备注
	A	B	L	Ag	
1 - 1	765	635	1400	?10@180	地圈梁布置??基?平面?
2 - 2	915	785	1700	?10@120	
3 - 3	见大样				
4 - 4	800	800	1600	?10@150	
5 - 5	700	700	1400	?10@180	
6 - 6	500	500	1000	?10@200	
7 - 7	850	850	1700	?10@120	
8 - 8	700	700	1400	?10@180	
7a-7a	850	850	1700	?10@120	
7b-7b	800	800	1600	?10@150	
8a-8a	700	700	1400	?10@180	
9 - 9	见大样				
10-10	850	850	1700	?10@120	

基础说明:

1. 本工程按本地区地震基本烈度七度设防.
   设计基本地震加速度为0.15g,所属设计地震分组为第一组.
2. 采用墙下条形基础,基础垫层为C10素混凝土,
   其余均为C25混凝土. I(φ)级钢筋, II(Φ)级钢筋.
3. 砖砌体: ±0.000以下采用MU10机砖M10水泥砂浆
   一层采用MU10烧结多孔砖M7.5混合砂浆.
   二层采用MU10烧结多孔砖M5.0混合砂浆.
4. 基础开槽处理完成后经设计单位验收合格后
   方可进行下一步施工.
5. 基础底板受力钢筋保护层厚度为40mm.
6. 构造柱配筋见详图,在柱端800范围内箍筋加密为 φ@100.
7. 标高以米为单位,其余均以毫米为单位.
8. 设备管道穿墙.板.洞口位置参设备图留设.
9. 本工程地基承载力特征值按 Fak=110KPa计算
   基底标高 -5.250m相当于地质报告中高程为28.000m.
10. 所有外墙均做防水,高度至自然地坪下
11. 采光井围护墙为240厚,下设C10混凝土垫层厚100MM,垫层底标高为-1.600M

1--1　2-2 7a-7a　4--4　5-5 6-6　7--7

8--8　3--3　7b-7b 8a-8a　9--9

10-10　构造柱插筋　120隔墙基础

所长		校核		图纸名称	基础断面图	工号	
项目负责人		设计/计算				图号	
专业负责人		制图				日期	

建设单位　工程名称

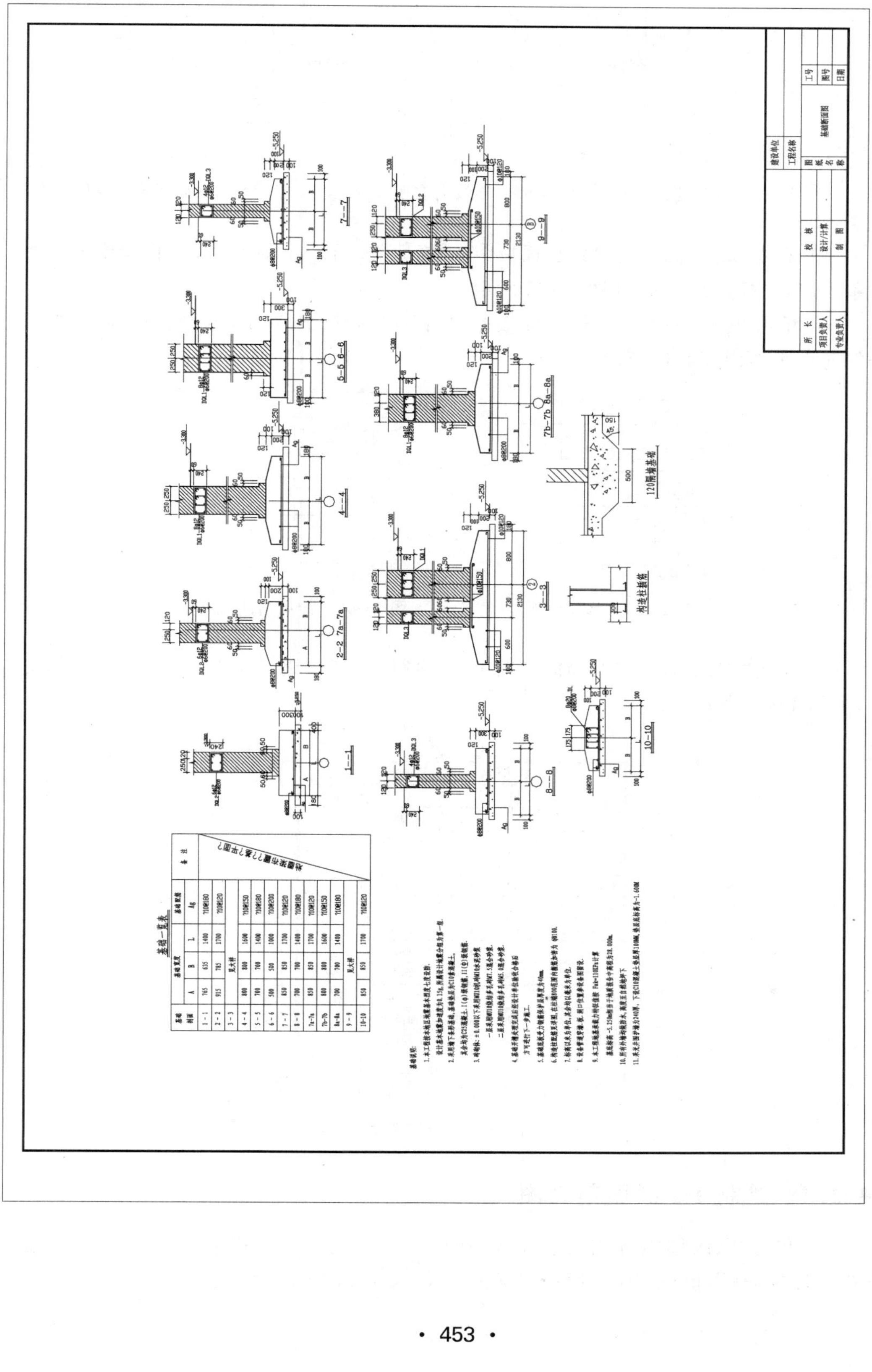

图 14-59　基础断面图

Note

图 14-60　绘制矩形

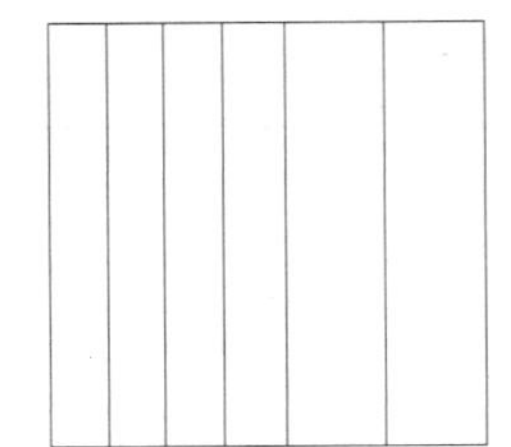

图 14-61　连续向右偏移线段

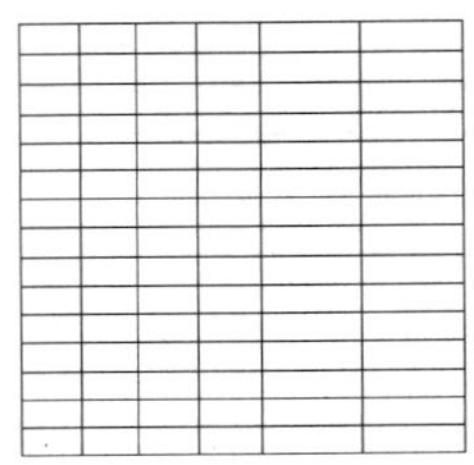

图 14-62　向下偏移线段

(5) 单击"默认"选项卡"修改"面板中的"修剪"按钮，选择上步偏移线段为修剪对象，对其进行修剪处理，如图 14-63 所示。

(6) 单击"默认"选项卡"绘图"面板中的"直线"按钮，在上步绘制图形内绘制一条斜向直线，如图 14-64 所示。

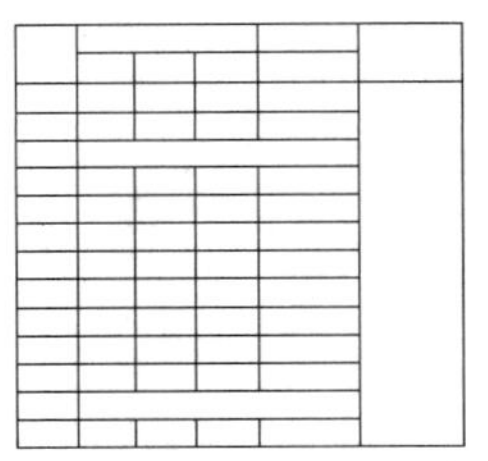

图 14-63　修剪图形

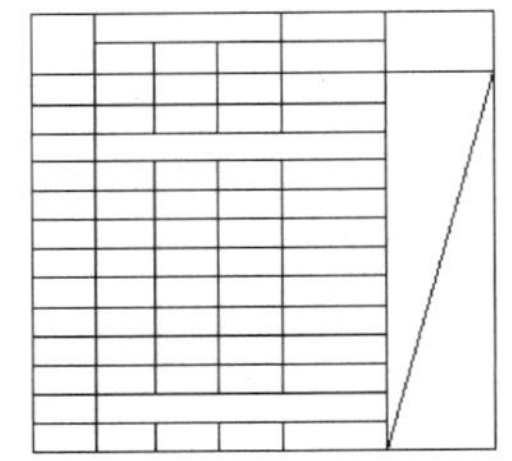

图 14-64　绘制斜向直线

(7) 单击"默认"选项卡"注释"面板中的"多行文字"按钮，在上步图形内添加文字，如图 14-65 所示。

基础一览表

基础剖面	基础宽度			基础配筋	备 注
	A	B	L	Ag	
1 - 1	765	635	1400	ф10@180	地圈梁布置详见基础平面图
2 - 2	915	785	1700	ф10@120	
3 - 3	见大样				
4 - 4	800	800	1600	ф10@150	
5 - 5	700	700	1400	ф10@180	
6 - 6	500	500	1000	ф10@200	
7 - 7	850	850	1700	ф10@120	
8 - 8	700	700	1400	ф10@180	
7a-7a	850	850	1700	ф10@120	
7b-7b	800	800	1600	ф10@150	
8a-8a	700	700	1400	ф10@180	
9 - 9	见大样				
10-10	850	850	1700	ф10@120	

图 14-65　添加文字

14.2.2　绘制 1-1 断面剖面图

14-7

(1) 单击"默认"选项卡"绘图"面板中的"多段线"按钮，指定起点宽度为 30、端点宽度为 30，在图形适当位置绘制连续多段线，如图 14-66 所示。

（2）单击“默认”选项卡“修改”面板中的“镜像”按钮，选择左侧图形为镜像对象对其进行竖直镜像，如图 14-67 所示。

（3）单击“默认”选项卡“绘图”面板中的“矩形”按钮，在上步绘制的图形底部位置绘制一个适当大小的矩形，如图 14-68 所示。

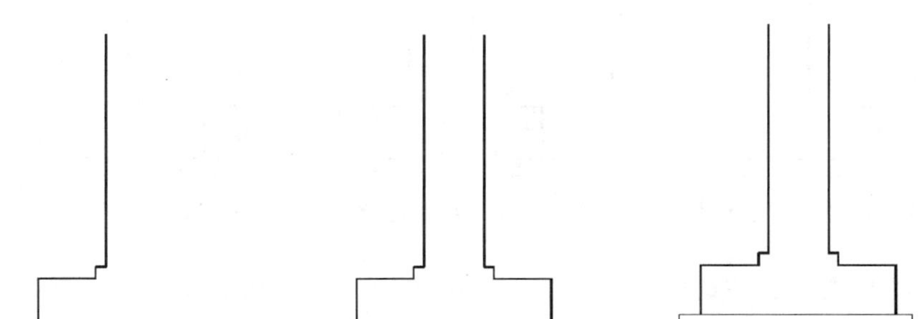

图 14-66　绘制连续多段线　　图 14-67　镜像图形　　图 14-68　绘制矩形

（4）单击“默认”选项卡“绘图”面板中的“直线”按钮，在上步绘制的图形内绘制一条水平直线，如图 14-69 所示。

（5）单击“默认”选项卡“修改”面板中的“偏移”按钮，选择上步绘制的水平直线为偏移对象向下进行偏移，如图 14-70 所示。

（6）单击“默认”选项卡“绘图”面板中的“多段线”按钮，指定起点宽度为 50、端点宽度为 50，在图形适当位置绘制连续多段线，如图 14-71 所示。

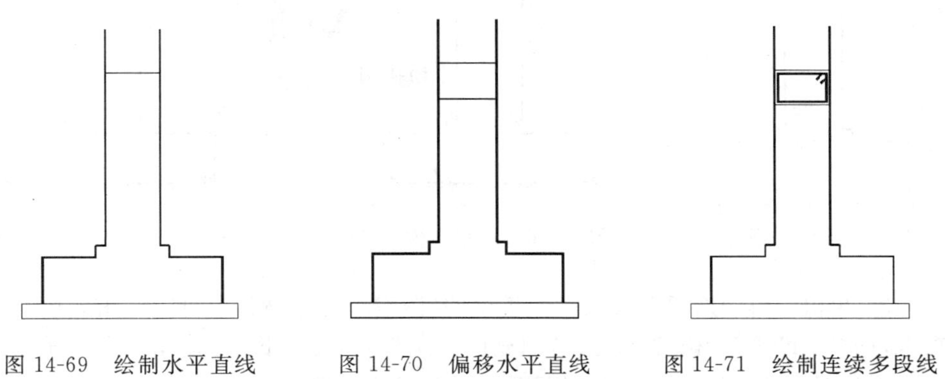

图 14-69　绘制水平直线　　图 14-70　偏移水平直线　　图 14-71　绘制连续多段线

（7）单击“默认”选项卡“绘图”面板中的“直线”按钮，在上步绘制的图形顶部位置绘制一条水平直线，并利用上一小节介绍的方法完成多段线内部图形的绘制，如图 14-72 所示。

（8）单击“默认”选项卡“绘图”面板中的“直线”按钮，在上步绘制的水平直线上绘制连续直线，如图 14-73 所示。

（9）单击“默认”选项卡“修改”面板中的“修剪”按钮，选择上步绘制的线段之间的多余线段对其进行修剪处理，如图 14-74 所示。

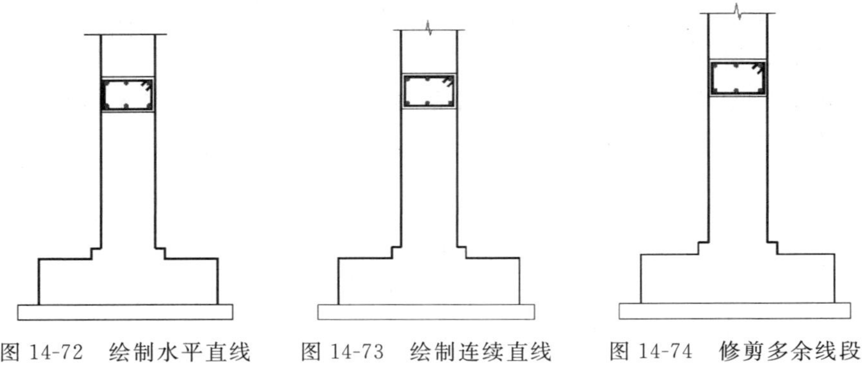

图 14-72　绘制水平直线　　图 14-73　绘制连续直线　　图 14-74　修剪多余线段

(10) 单击“默认”选项卡“绘图”面板中的“直线”按钮，在上步绘制的图形底部位置绘制一条水平直线，如图 14-75 所示。

(11) 单击“默认”选项卡“绘图”面板中的“多段线”按钮，在图形底部绘制连续多段线，如图 14-76 所示。

(12) 单击“默认”选项卡“绘图”面板中的“圆”按钮和“图案填充”按钮，完成剩余图形的绘制，如图 14-77 所示。

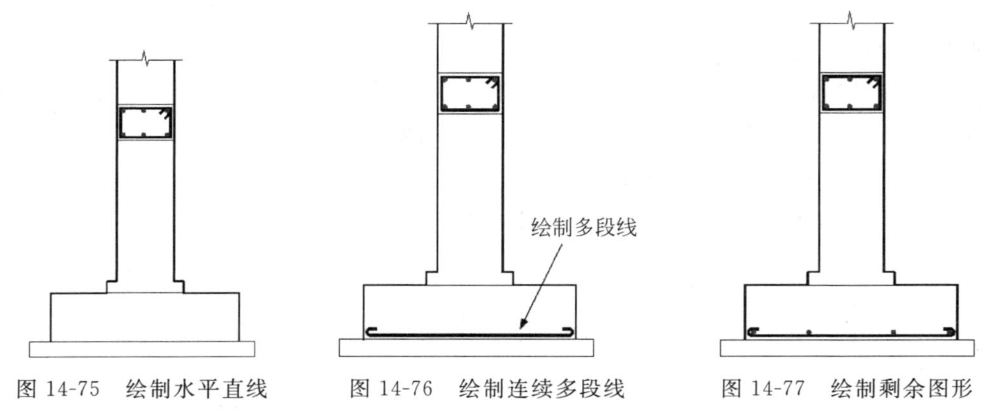

图 14-75　绘制水平直线　　图 14-76　绘制连续多段线　　图 14-77　绘制剩余图形

(13) 单击“默认”选项卡“绘图”面板中的“图案填充”按钮，打开“图案填充创建”选项卡，选择 ANSI31 图案类型，设置填充比例为 80，填充图形，效果如图 14-78 所示。

结合所学知识完成 1-1 断面剖面图中剩余部分的绘制，如图 14-79 所示。

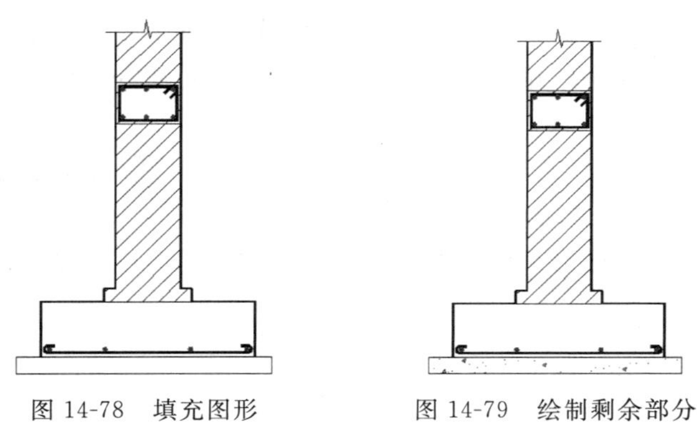

图 14-78　填充图形　　图 14-79　绘制剩余部分

(14) 单击“默认”选项卡“注释”面板中的“线性”按钮 和“连续”按钮 ，为图形添加标注，如图 14-80 所示。

利用前面讲述的方法完成标高的绘制，如图 14-81 所示。

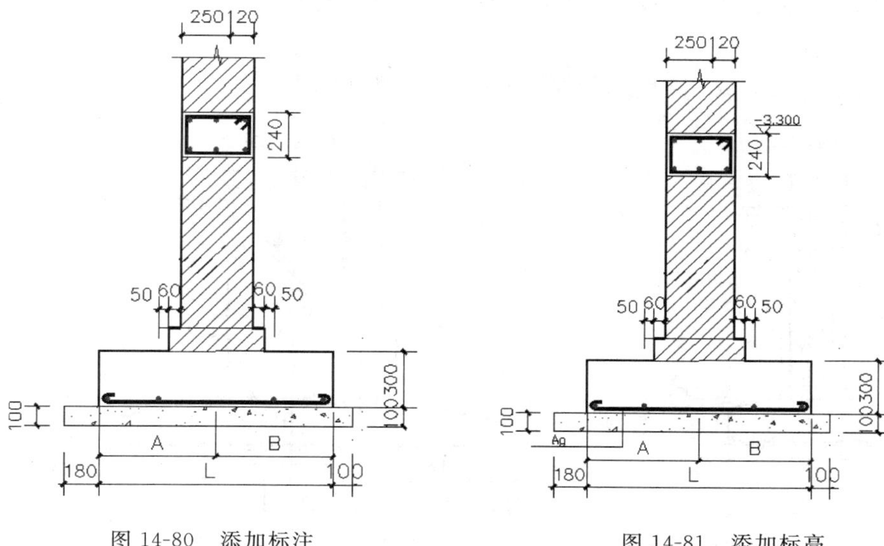

图 14-80　添加标注　　　　图 14-81　添加标高

(15) 单击“默认”选项卡“注释”面板中的“多行文字”按钮 和“绘图”面板中的“直线”按钮 ，为图形添加文字说明，如图 14-82 所示。

(16) 单击“默认”选项卡“绘图”面板中的“圆”按钮 和“直线”按钮 ，在图形底部绘制圆，最终完成 1-1 断面剖面图的绘制，如图 14-83 所示。

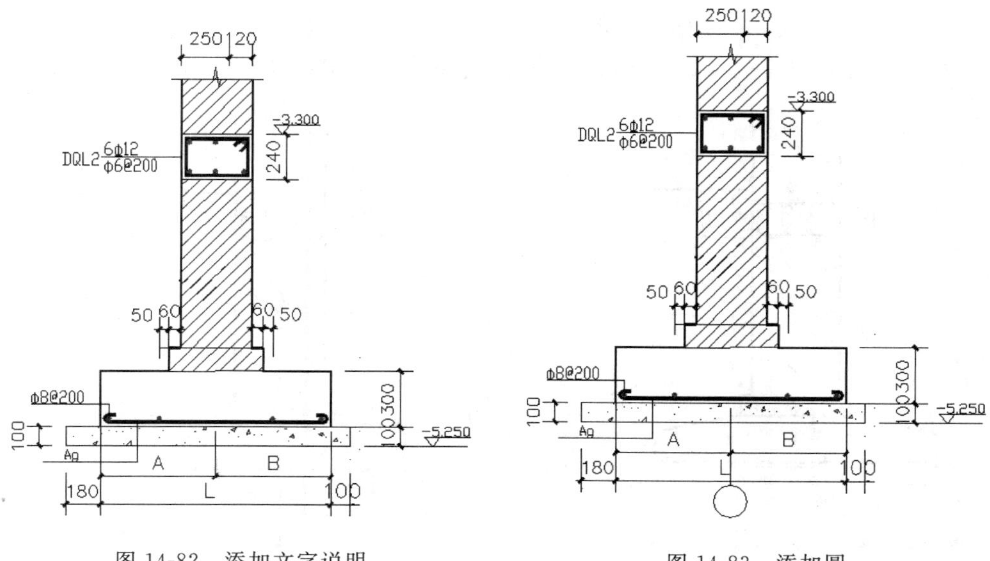

图 14-82　添加文字说明　　　　图 14-83　添加圆

Note

14.2.3 绘制其他断面剖面图

(1) 2-2 断面、7a-7a 断面剖面图

利用上述方法完成 2-2 断面、7a-7a 断面剖面图的绘制，如图 14-84 所示。

(2) 3-3 断面剖面图

利用上述方法完成 3-3 断面剖面图的绘制，如图 14-85 所示。

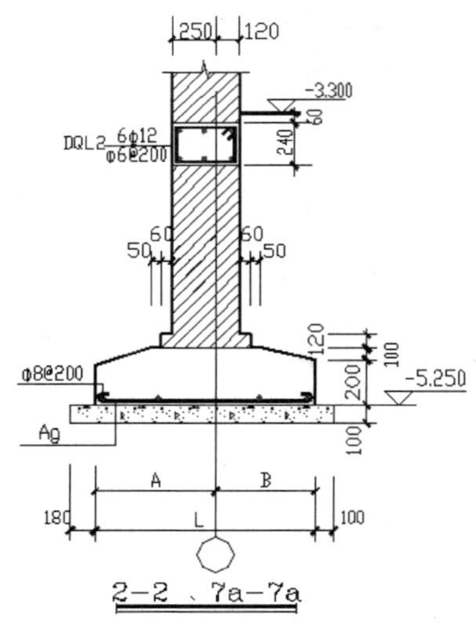

图 14-84　2-2 、7a-7a 断面剖面图

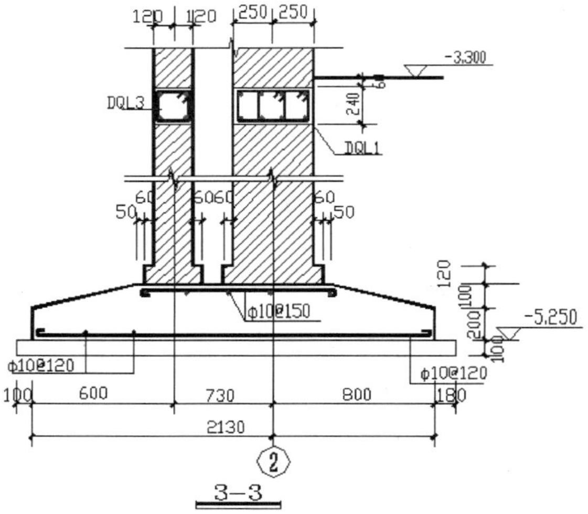

图 14-85　3-3 断面剖面图

(3) 4-4 断面剖面图

利用上述方法完成 4-4 断面剖面图的绘制，如图 14-86 所示。

(4) 5-5 断面及 6-6 断面剖面图

利用上述方法完成 5-5 断面及 6-6 断面剖面图的绘制，如图 14-87 所示。

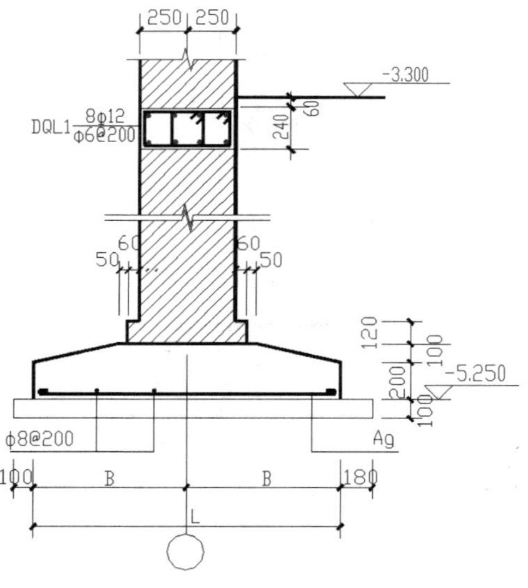

图 14-86　4-4 断面剖面图

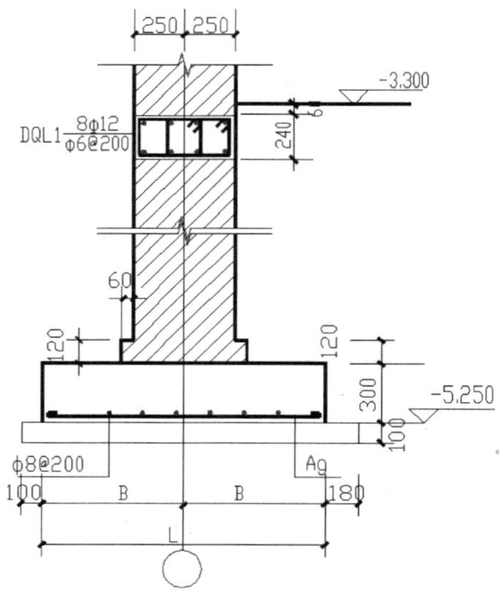

图 14-87　5-5 断面及 6-6 断面剖面图

Note

(5) 7-7 断面剖面图

利用上述方法完成 7-7 断面剖面图的绘制，如图 14-88 所示。

(6) 8-8 断面剖面图

利用上述方法完成 8-8 断面剖面图的绘制，如图 14-89 所示。

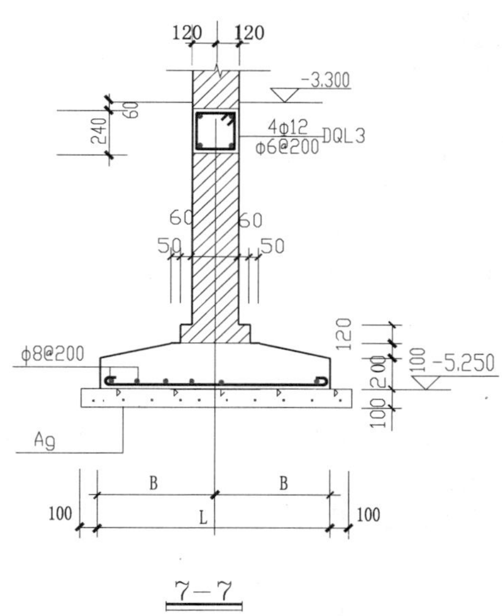

图 14-88 7-7 断面剖面图

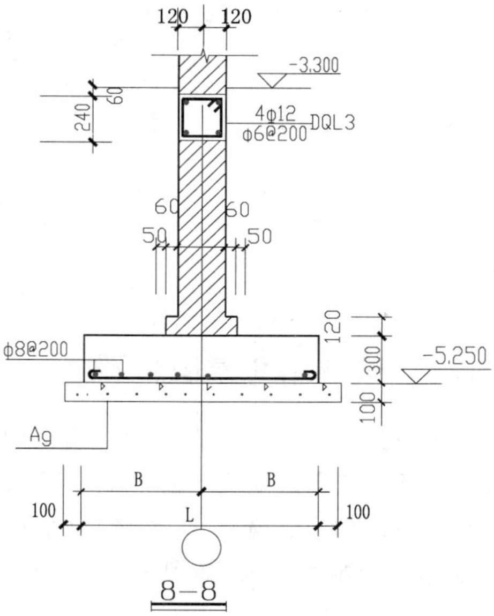

图 14-89 8-8 断面剖面图

(7) 7b-7b 断面、8a-8a 断面剖面图

利用上述方法完成 7b-7b 断面、8a-8a 断面剖面图的绘制，如图 14-90 所示。

(8) 9-9 断面剖面图

利用上述方法完成 9-9 断面剖面图的绘制，如图 14-91 所示。

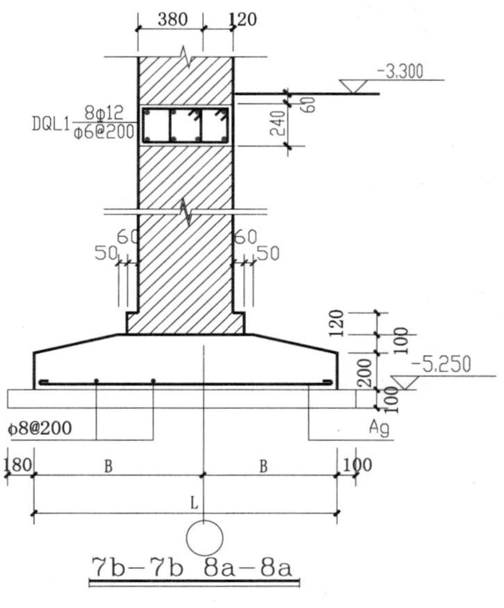

图 14-90 7b-7b 断面及 8a-8a 断面剖面图

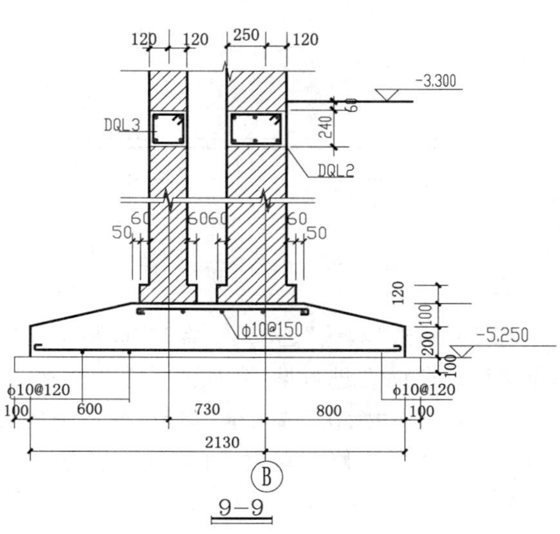

图 14-91 9-9 断面剖面图

Note

(9) 10-10 断面剖面图

利用上述方法完成 10-10 断面剖面图的绘制，如图 14-92 所示。

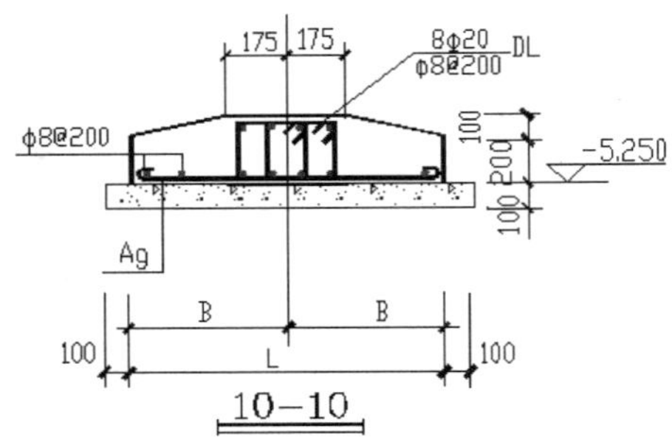

图 14-92　10-10 断面剖面图

14-8

14.2.4　绘制 120 隔墙基础

(1) 单击“默认”选项卡“绘图”面板中的“多段线”按钮，指定起点宽度为 50、端点宽度为 50，在图形适当位置绘制一条水平多段线，如图 14-93 所示。

(2) 单击“默认”选项卡“绘图”面板中的“直线”按钮，在上步绘制的水平多段线上方绘制一条水平直线，如图 14-94 所示。

图 14-93　绘制水平多段线　　图 14-94　绘制水平直线

(3) 单击“默认”选项卡“绘图”面板中的“多段线”按钮，指定起点宽度为 0、端点宽度为 0，在上步绘制的图形下端位置绘制连续多段线，如图 14-95 所示。

(4) 单击“默认”选项卡“绘图”面板中的“直线”按钮，在上步绘制的图形上端位置选取一点为直线起点，绘制一条竖直直线，如图 14-96 所示。

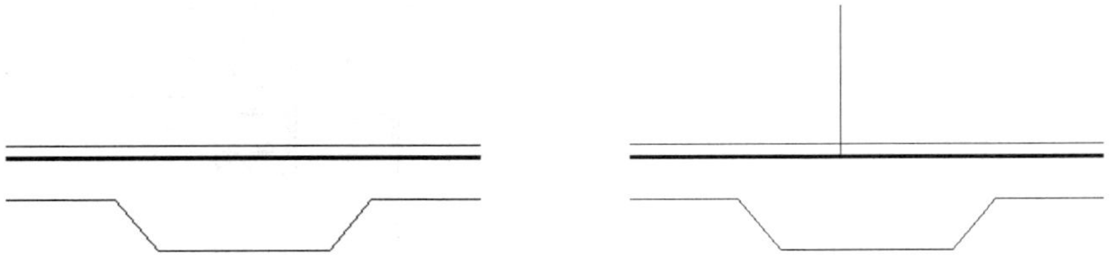

图 14-95　绘制连续多段线　　图 14-96　绘制竖直直线

(5) 单击“默认”选项卡“修改”面板中的“偏移”按钮，选择上步绘制的竖直直线为偏移对象向右进行偏移，如图 14-97 所示。

(6) 单击“默认”选项卡“修改”面板中的“修剪”按钮，选择上步绘制的竖直直线间的多余线段为修剪对象，对其进行修剪，如图 14-98 所示。

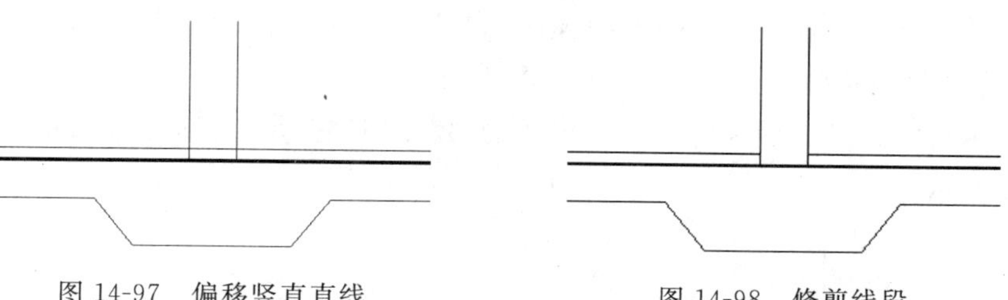

图 14-97　偏移竖直直线　　　　图 14-98　修剪线段

(7) 单击“默认”选项卡“绘图”面板中的“直线”按钮，在上步绘制的图形适当位置绘制封闭区域线，如图 14-99 所示。

(8) 单击“默认”选项卡“绘图”面板中的“直线”按钮，在上步绘制的图形适当位置绘制多条斜向直线，如图 14-100 所示。

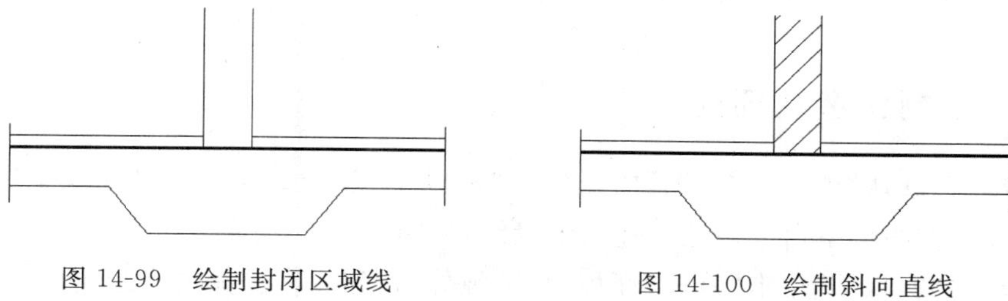

图 14-99　绘制封闭区域线　　　　图 14-100　绘制斜向直线

结合所学知识，完成上步绘制的图形中填充物的绘制，如图 14-101 所示。

(9) 单击“默认”选项卡“绘图”面板中的“直线”按钮，在图形左侧竖直边上绘制连续直线，如图 14-102 所示。

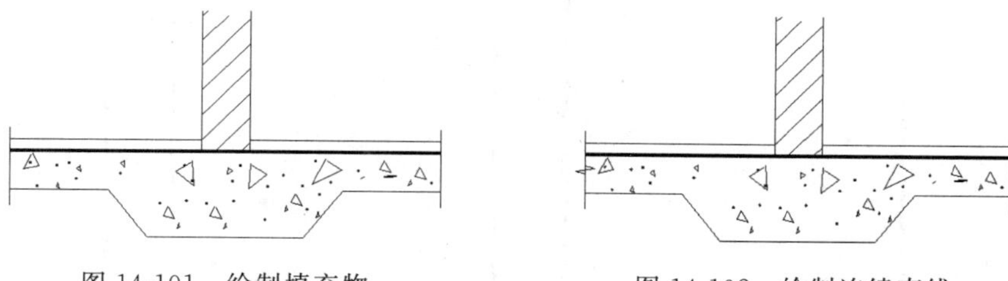

图 14-101　绘制填充物　　　　图 14-102　绘制连续直线

(10) 单击“默认”选项卡“修改”面板中的“修剪”按钮，选择上步绘制的连续直线间的多余线段为修剪对象，对其进行修剪处理，如图 14-103 所示。

利用上述方法修剪另一侧相同图形，如图 14-104 所示。

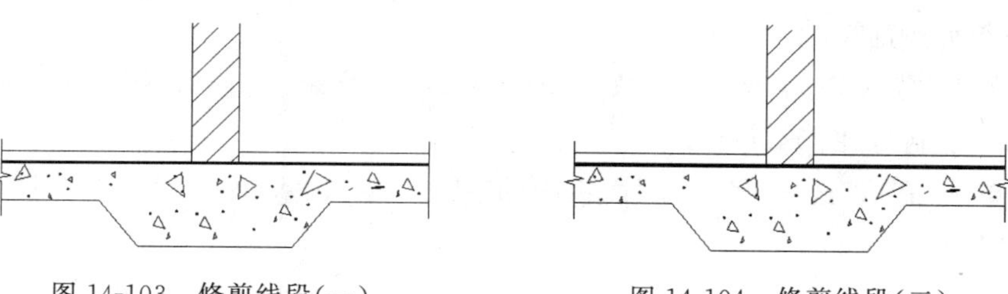

图 14-103　修剪线段(一)　　　　图 14-104　修剪线段(二)

（11）单击“默认”选项卡“注释”面板中的“线性”按钮，为图形添加标注，并调用DDEDIT命令修改标注上文字，如图14-105所示。

（12）单击“默认”选项卡“注释”面板中的“角度”按钮，为图形添加角度标注，如图14-106所示。

Note

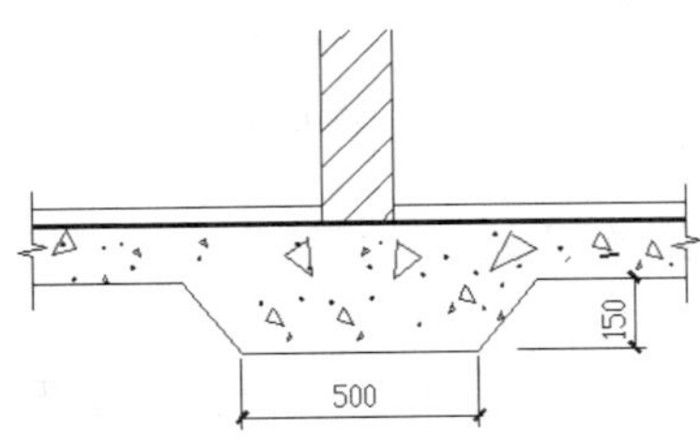

图14-105　添加线性标注

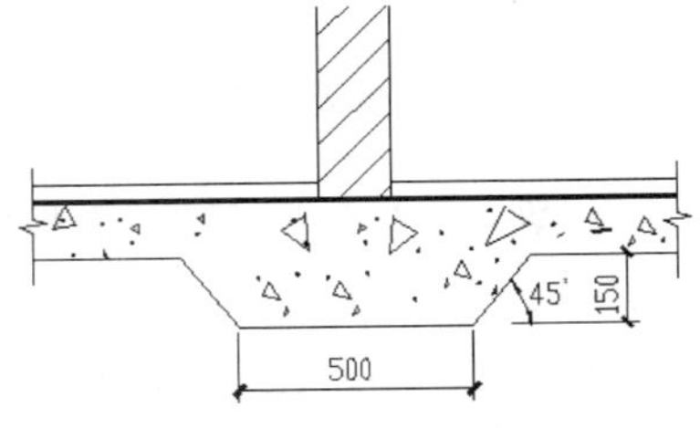

图14-106　添加角度标注

14-9

14.2.5　绘制构造柱插筋

（1）单击“默认”选项卡“绘图”面板中的“多段线”按钮，指定起点宽度为50、端点宽度为50，在图形空白区域绘制连续多段线，如图14-107所示。

（2）单击“默认”选项卡“修改”面板中的“镜像”按钮，选择上步绘制的连续多段线为镜像对象对其进行竖直镜像，如图14-108所示。

（3）单击“默认”选项卡“绘图”面板中的“直线”按钮，在图形适当位置绘制连续直线，如图14-109所示。

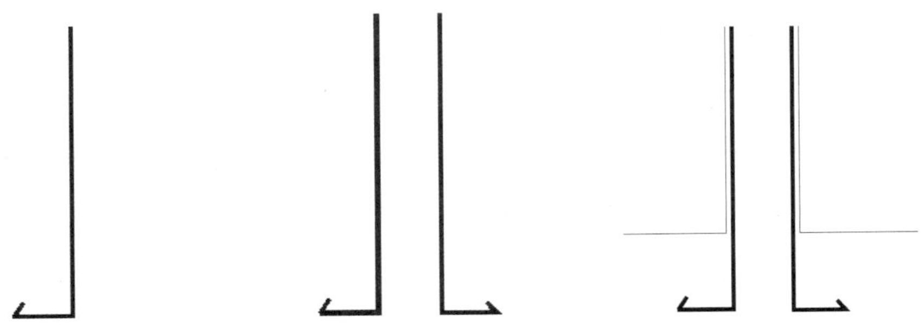

图14-107　绘制连续多段线　　图14-108　镜像图形　　图14-109　绘制连续直线

（4）单击“默认”选项卡“绘图”面板中的“直线”按钮，在上步绘制的图形底部位置绘制一条水平直线，如图14-110所示。

（5）单击“默认”选项卡“绘图”面板中的“直线”按钮和“修剪”按钮，完成图形剩余部分的绘制，如图14-111所示。

（6）单击“默认”选项卡“注释”面板中的“线性”按钮，为图形添加线性标注，如图14-112所示。

Note

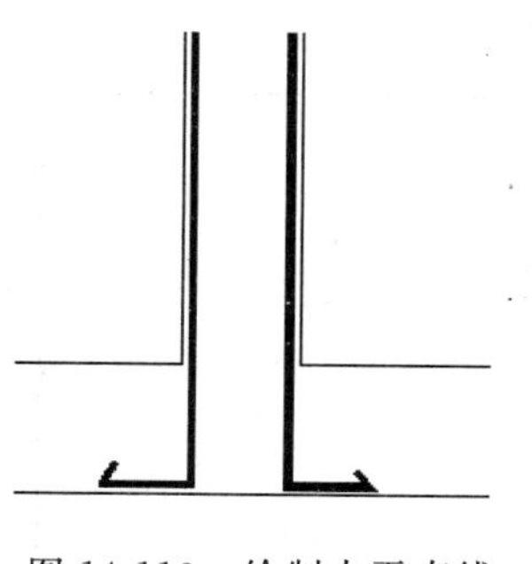

图 14-110　绘制水平直线

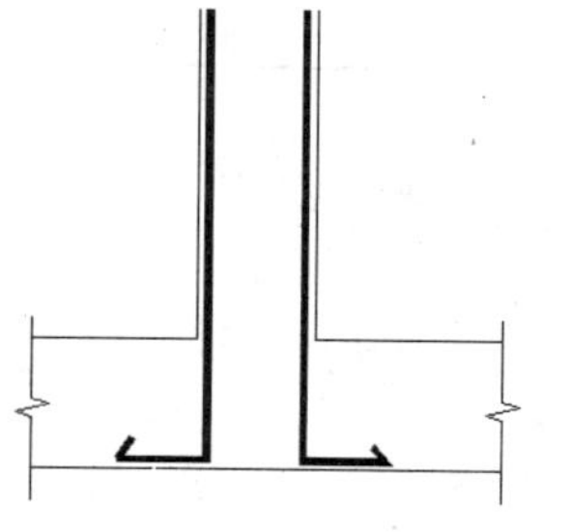

图 14-111　绘制图形的剩余部分

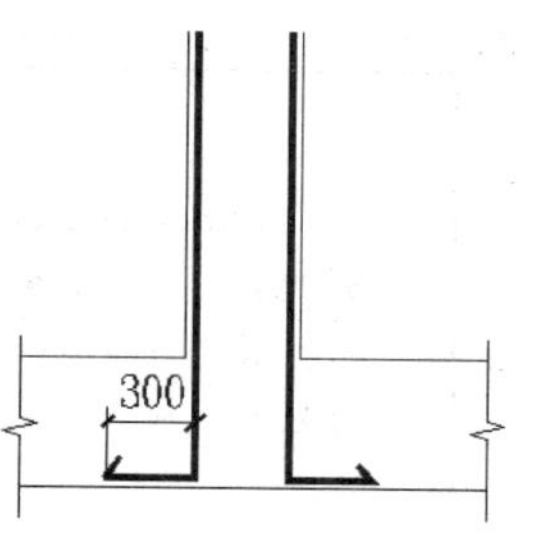

图 14-112　添加线性标注

14.2.6　添加文字说明及图框

14-10

（1）单击“默认”选项卡“注释”面板中的“多行文字”按钮 A，为绘制完成的图形添加文字说明，如图 14-113 所示。

基础说明:

1. 本工程按本地区地震基本烈度七度设防.
   设计基本地震加速度为0.15 g,所属设计地震分组为第一组。
2. 采用墙下条形基础,基础垫层为C10素混凝土,
   其余均为C25混凝土。I(ϕ)级钢筋,II(ϕ)级钢筋.
3. 砖砌体: ±0.000以下采用MU10机砖M10水泥砂浆。
   一层采用MU10烧结多孔砖M7.5混合砂浆.
   二层采用MU10烧结多孔砖M5.0混合砂浆.
4. 基础开槽处理完成后经设计单位验收合格后
   方可进行下一步施工。
5. 基础底板受力钢筋保护层厚度为40 mm。
6. 构造柱配筋见详图,在柱端800范围内箍筋加密为ϕ6@100。
7. 标高以米为单位,其余均以毫米为单位。
8. 设备管道穿墙.板.洞口位置参设备图留设。
9. 本工程地基承载力特征值按 Fak=110 kPa计算基底标高
   -5.250 m相当于地质报告中高程为28.000 m。
10. 所有外墙均做防水,高度至自然地坪下
11. 采光井围护墙为240厚，下设C10混凝土垫层厚100 mm,垫层底标高为-1.600 m。

图 14-113　添加文字说明

（2）单击“默认”选项卡“块”面板中的“插入”按钮，打开“插入”对话框，如图 14-58 所示。单击“浏览”按钮，打开“选择图形文件”对话框，选择下载的“源文件/图块/A2 图框”图块，将其放置到图形适当位置，结合所学知识为绘制的图形添加图形名称，最终完成基础断面图的绘制，如图 14-59 所示。

14.3　楼梯结构配筋图

楼梯是建筑中必不可少的附件，楼梯结构图主要表达各处楼梯的结构尺寸、材料选取、具体做法等。本节主要介绍楼梯结构配筋图的绘制方法，所绘图形如图 14-114 所示。

Note

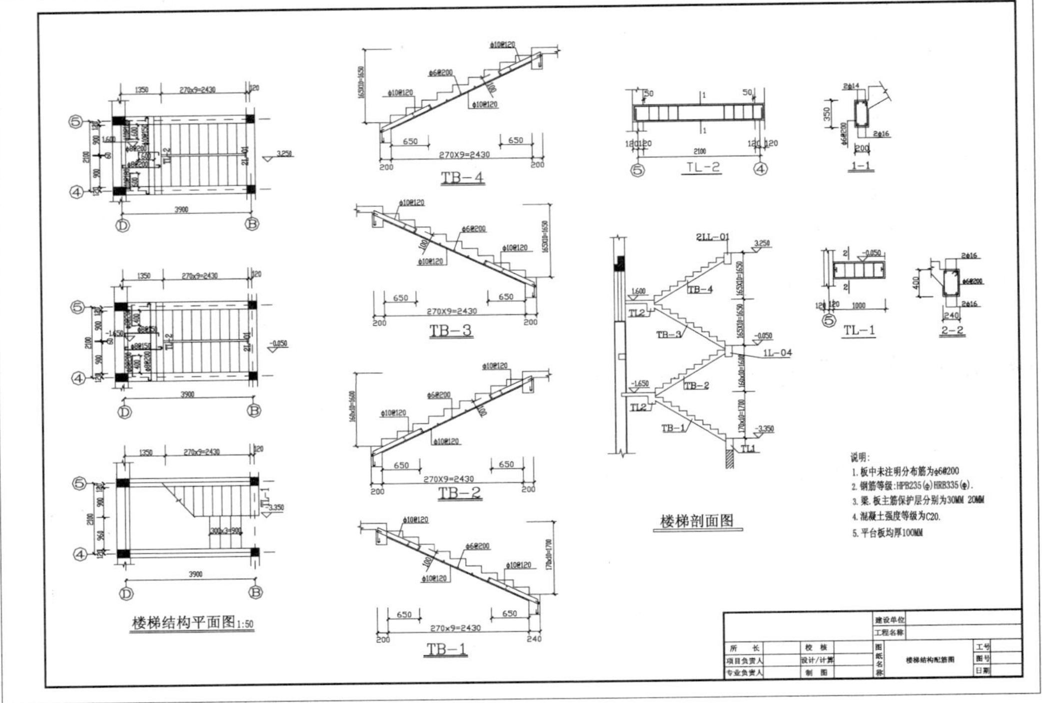

图 14-114　楼梯结构配筋图

14-11

14.3.1　绘制楼梯结构平面图

(1) 单击“快速访问”工具栏中的“打开”按钮，打开下载的“源文件/楼梯结构平面图”文件，如图 14-115 所示。

(2) 单击“默认”选项卡“绘图”面板中的“多段线”按钮，指定起点宽度为 50、端点宽度为 50，在楼梯间绘制连续多段线，如图 14-116 所示。

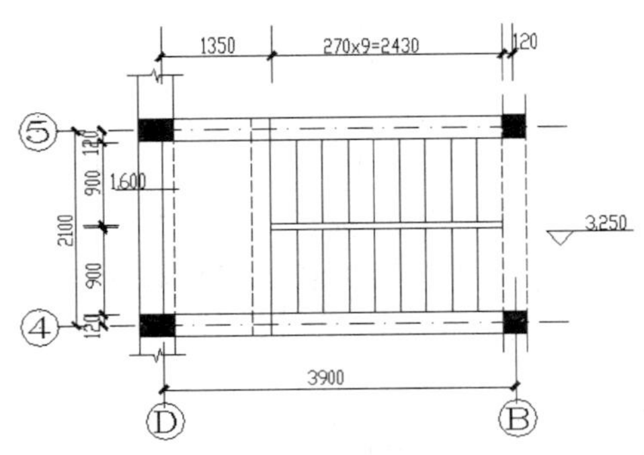

图 14-115　楼梯结构平面图

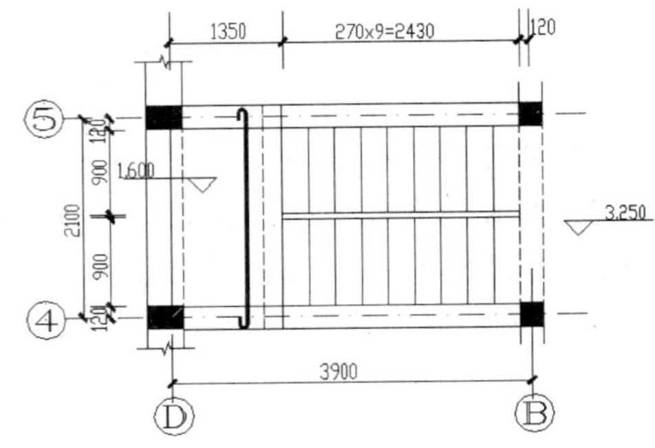

图 14-116　绘制连续多段线

利用上述方法完成相同筋的绘制，如图 14-117 所示。

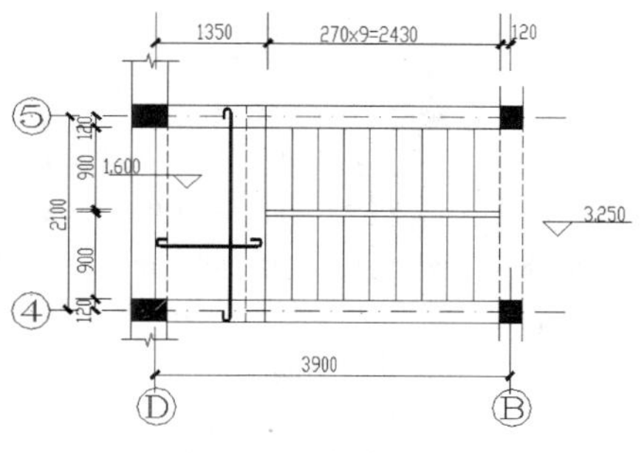

图 14-117　绘制筋

(3) 单击“默认”选项卡“绘图”面板中的“多段线”按钮，指定起点宽度为 50、端点宽度为 50，在上步绘制的图形适当位置处绘制连续多段线，如图 14-118、图 14-119 所示。

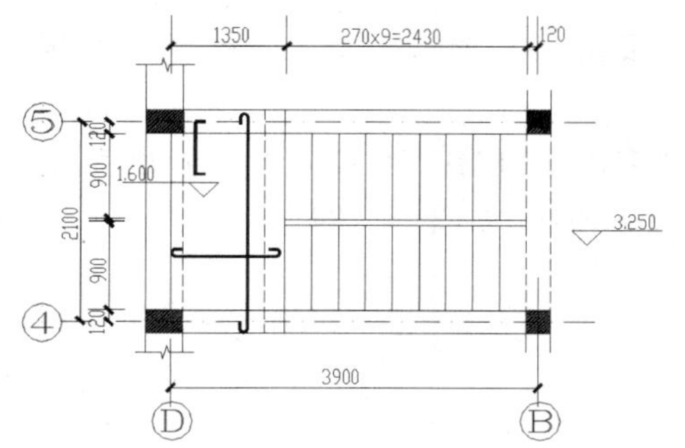

图 14-118　绘制连续多段线(一)

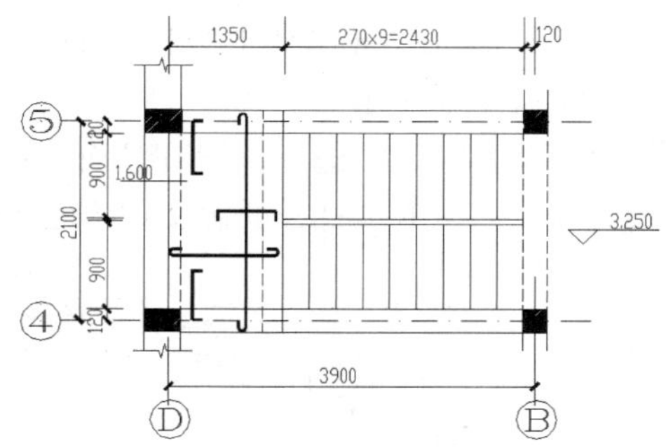

图 14-119　绘制连续多段线(二)

(4) 单击“默认”选项卡“注释”面板中的“线性”按钮，为上步绘制的图形添加标注，如图 14-120 所示。

(5) 单击“默认”选项卡“注释”面板中的“多行文字”按钮 A，为图形添加文字说明，如图 14-121 所示。

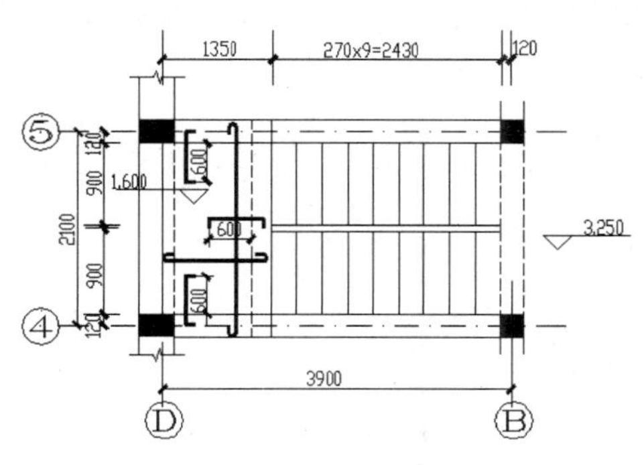

图 14-120　添加标注

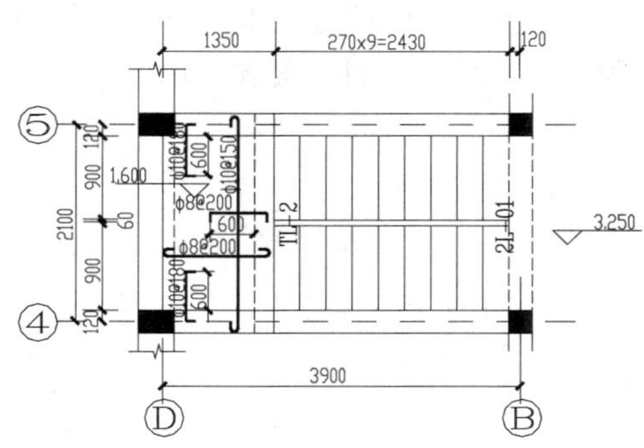

图 14-121　添加文字

利用上述方法完成剩余楼梯结构图的绘制，如图 14-122 所示。

Note

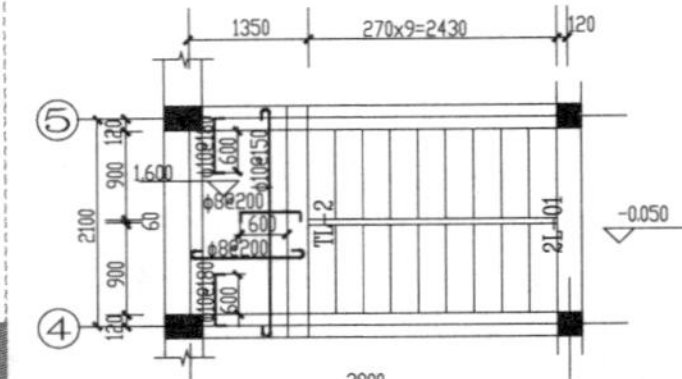

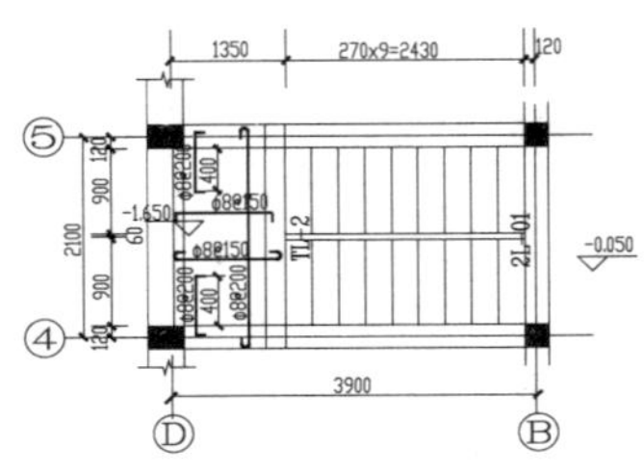

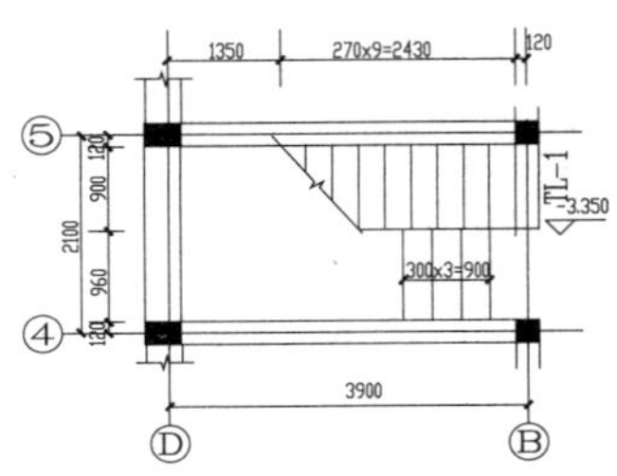

楼梯结构平面图1:50

图 14-122　绘制剩余楼梯结构图

14-12

14.3.2　绘制台阶板剖面 TB-4

（1）单击“快速访问”工具栏中的“打开”按钮，打开下载的“源文件/台板”文件，如图 14-123 所示。

（2）单击“默认”选项卡“绘图”面板中的“多段线”按钮，指定起点宽度为 30、端点宽度为 30，在上步打开的源文件内绘制连续多段线，如图 14-124 所示。

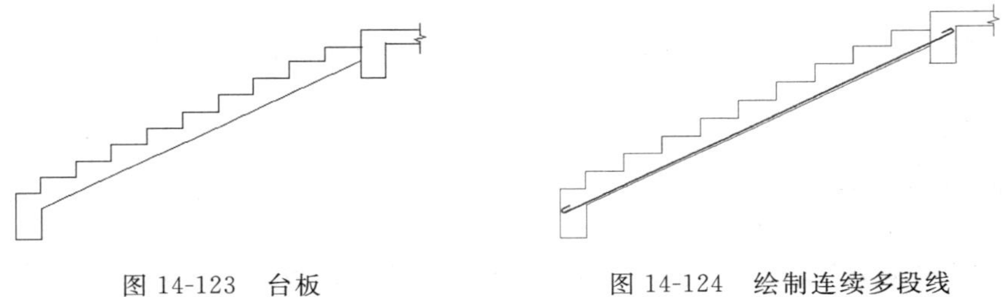

图 14-123　台板　　　　图 14-124　绘制连续多段线

（3）单击“默认”选项卡“绘图”面板中的“多段线”按钮，指定起点宽度为 30、端点宽度为 30，在上步绘制的多段线下部绘制连续多段线，如图 14-125 所示。

（4）单击“默认”选项卡“修改”面板中的“复制”按钮，选择上步绘制的连续多段线为复制对象向右进行复制，如图 14-126 所示。

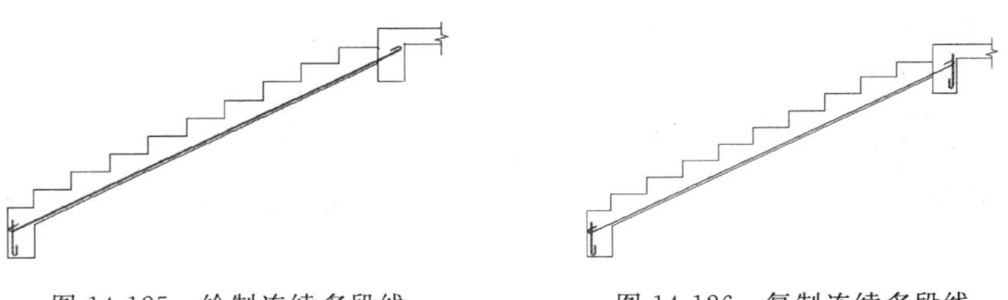

图 14-125　绘制连续多段线　　　　图 14-126　复制连续多段线

（5）单击“默认”选项卡“绘图”面板中的“多段线”按钮，指定起点宽度为 30、端点宽度为 30，绘制剩余连接线，如图 14-127 所示。

（6）单击“默认”选项卡“绘图”面板中的“圆”按钮和“图案填充”按钮，在上步绘制的图形内填充图形，如图 14-128 所示。

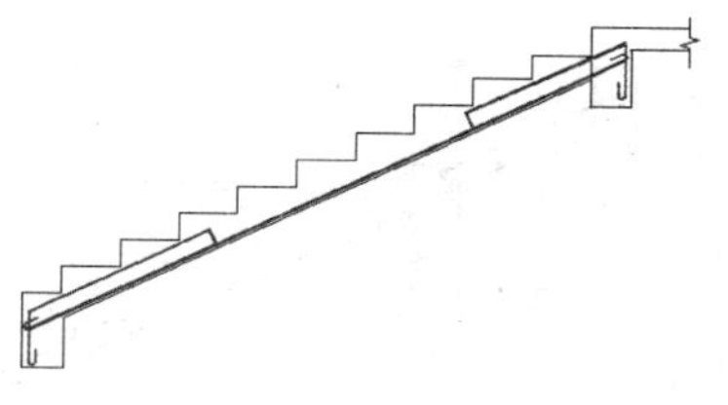

图 14-127　绘制剩余连接线

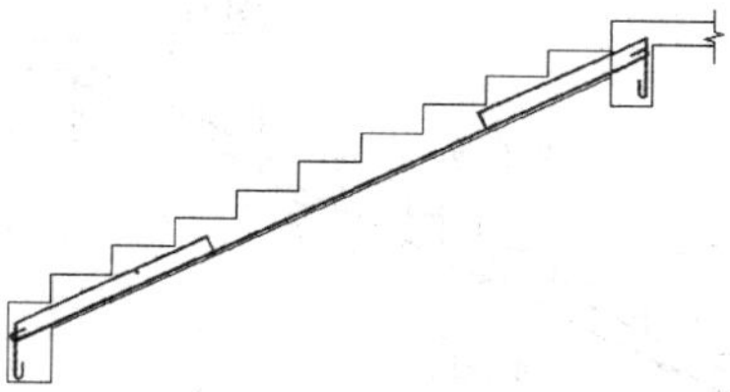

图 14-128　填充图形

(7) 单击“默认”选项卡“修改”面板中的“复制”按钮，选择上步绘制的图形为复制对象向右进行连续复制，如图 14-129 所示。

(8) 单击“默认”选项卡“注释”面板中的“线性”按钮和“连续”按钮，为图形添加标注，如图 14-130 所示。

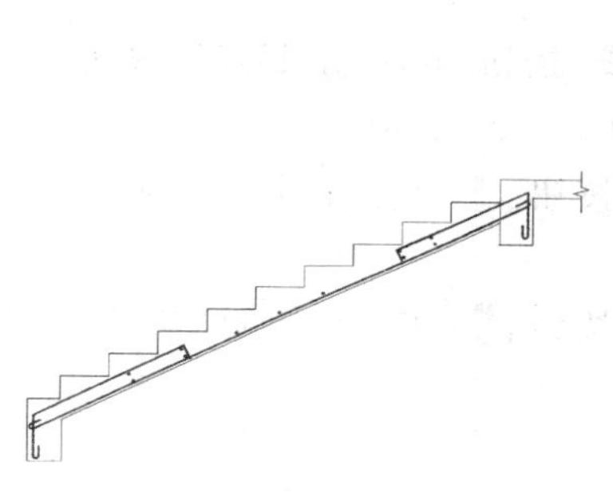

图 14-129　连续复制图形

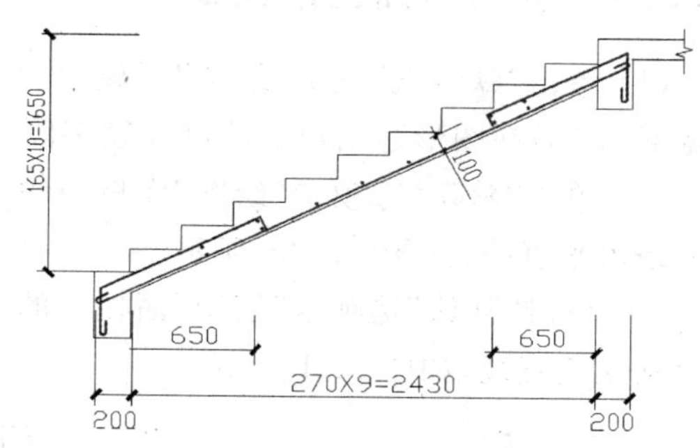

图 14-130　添加标注

(9) 单击“默认”选项卡“注释”面板中的“多行文字”按钮，为图形添加文字说明，如图 14-131 所示。

利用上述方法完成剩余台阶板剖面 TB-3 的绘制，如图 14-132 所示。

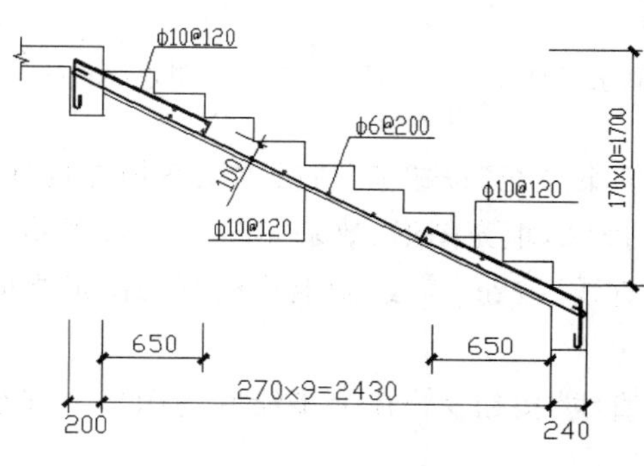

图 14-131　添加文字说明

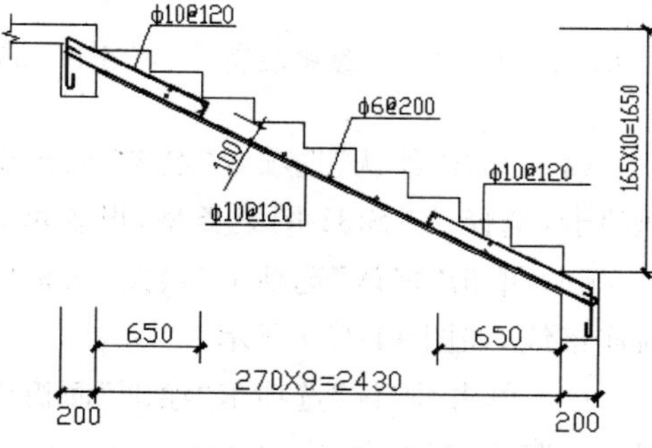

图 14-132　绘制 TB-3 剖面

利用上述方法完成剩余台阶板剖面 TB-2 的绘制，如图 14-133 所示。

利用上述方法完成剩余台阶板剖面 TB-1 的绘制，如图 14-134 所示。

Note

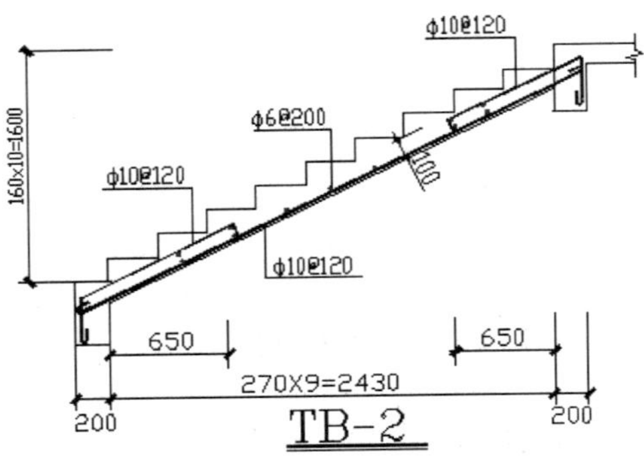

图 14-133　绘制 TB-2 剖面

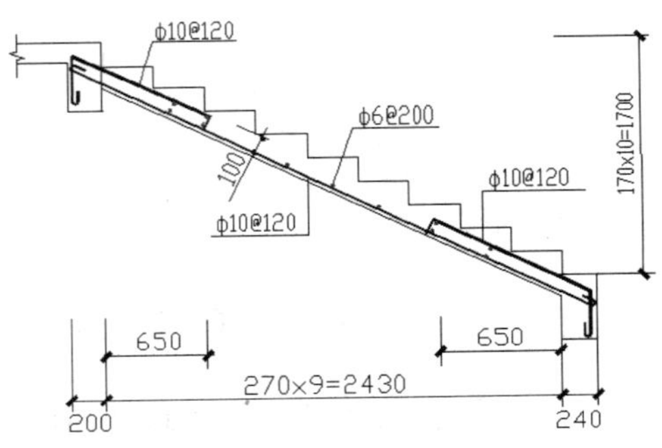

图 14-134　绘制 TB-1 剖面

14-13

14.3.3　楼梯剖面图的绘制

(1) 单击“默认”选项卡“绘图”面板中的“多段线”按钮，指定起点宽度为 66、端点宽度为 66，在图形适当位置绘制连续多段线，如图 14-135 所示。

(2) 单击“默认”选项卡“绘图”面板中的“直线”按钮，在上步绘制的图形底部绘制一条水平直线，如图 14-136 所示。

(3) 单击“默认”选项卡“绘图”面板中的“直线”按钮，在上步绘制的图形适当位置绘制连续直线，如图 14-137 所示。

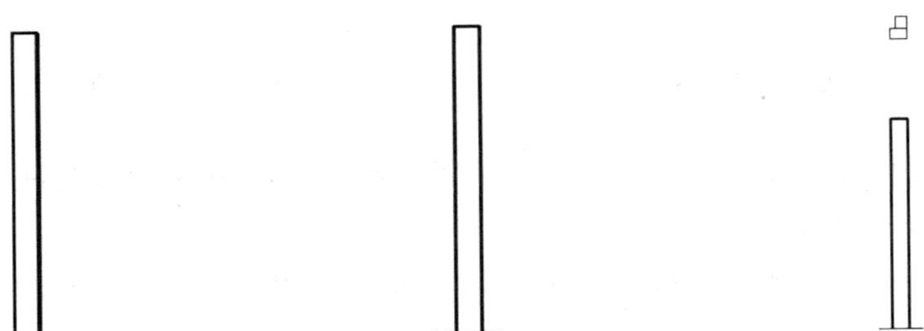

图 14-135　绘制连续多段线　　图 14-136　绘制水平直线　　图 14-137　绘制连续直线

(4) 单击“默认”选项卡“绘图”面板中的“图案填充”按钮，打开“图案填充创建”选项卡，选择 ANSI31 图案类型，设置填充比例为 2，填充图形，效果如图 14-138 所示。

(5) 单击“默认”选项卡“绘图”面板中的“直线”按钮，绘制上步绘制的图形之间的连接线，如图 14-139 所示。

(6) 单击“默认”选项卡“绘图”面板中的“直线”按钮，在上步绘制的图形上部绘制两条竖直直线，如图 14-140 所示。

(7) 单击“默认”选项卡“绘图”面板中的“直线”按钮，在上步绘制的图形适当位置绘制一条水平直线，如图 14-141 所示。

(8) 单击“默认”选项卡“绘图”面板中的“直线”按钮，在上步绘制的图形适当位置绘制连续折弯线，如图 14-142 所示。

(9) 单击“默认”选项卡“修改”面板中的“修剪”按钮，对上步绘制的折弯线进行

修剪，如图 14-143 所示。

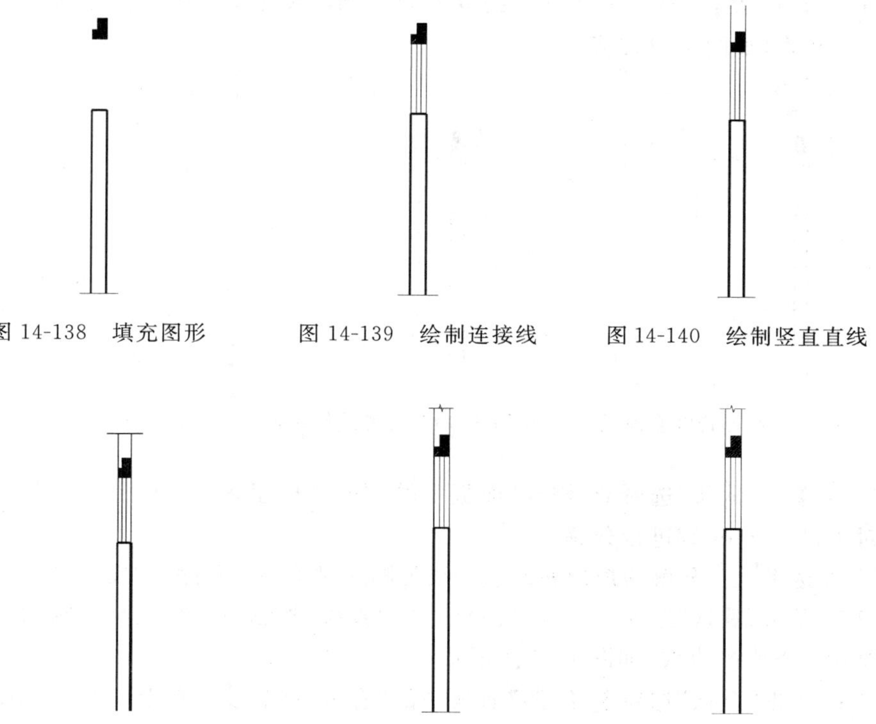

图 14-138　填充图形　　图 14-139　绘制连接线　　图 14-140　绘制竖直直线

图 14-141　绘制水平直线　　图 14-142　绘制折弯线　　图 14-143　修剪折弯线

利用上述方法完成底部相同图形的绘制，如图 14-144 所示。

(10) 单击“默认”选项卡“绘图”面板中的“直线”按钮，在上步绘制的图形适当位置绘制连续直线，如图 14-145 所示。

(11) 单击“默认”选项卡“修改”面板中的“修剪”按钮，选择上步绘制的连续直线为修剪对象对其进行修剪，如图 14-146 所示。

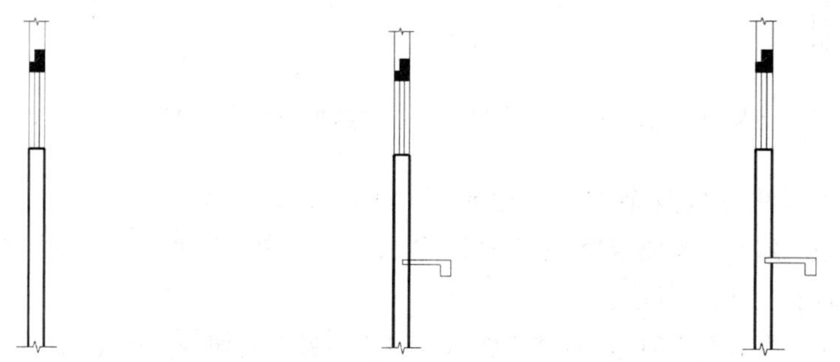

图 14-144　绘制底部相同图形　　图 14-145　绘制连续直线　　图 14-146　修剪连续直线

(12) 单击“默认”选项卡“绘图”面板中的“多段线”按钮，指定起点宽度为 0、端点宽度为 0，在上步绘制的图形上绘制连续多段线，如图 14-147 所示。

(13) 单击“默认”选项卡“绘图”面板中的“直线”按钮，在上步绘制的图形适当

Note

位置绘制一条斜向直线,如图 14-148 所示。

(14) 单击“默认”选项卡“绘图”面板中的“矩形”按钮,在上步绘制的图形底部绘制一个矩形,如图 14-149 所示。

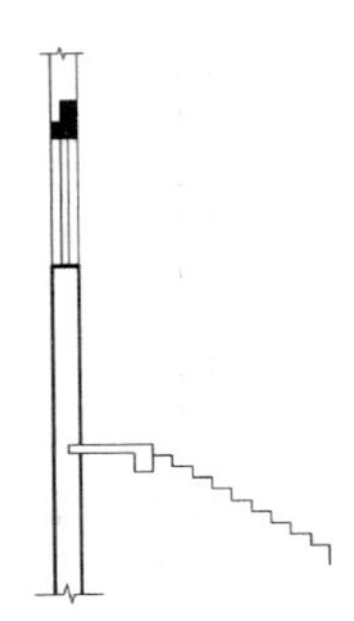

图 14-147　绘制连续多段线

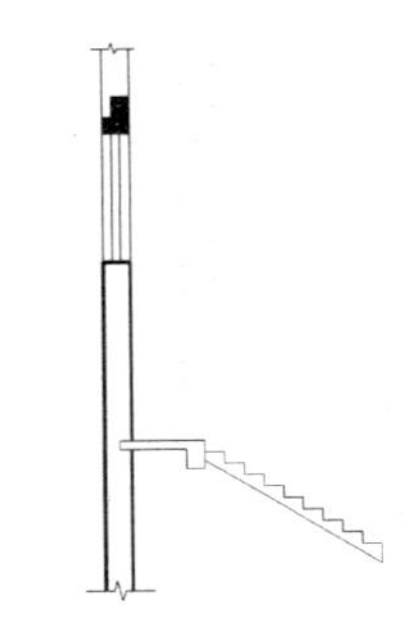

图 14-148　绘制斜向直线

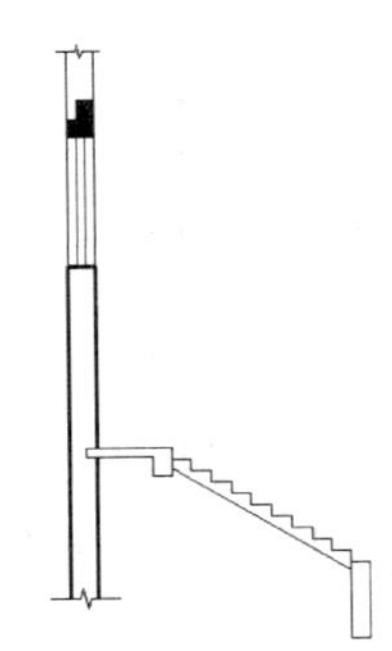

图 14-149　绘制矩形

(15) 单击“默认”选项卡“修改”面板中的“分解”按钮,选择上步绘制的矩形为分解对象,按 Enter 键进行分解。

(16) 选择上步分解的矩形底部水平线为删除对象将其删除,如图 14-150 所示。

(17) 单击“默认”选项卡“绘图”面板中的“直线”按钮,在上步绘制的图形适当位置绘制一条水平直线,如图 14-151 所示。

(18) 单击“默认”选项卡“绘图”面板中的“直线”按钮,在上步绘制的图形内绘制斜向直线,如图 14-152 所示。

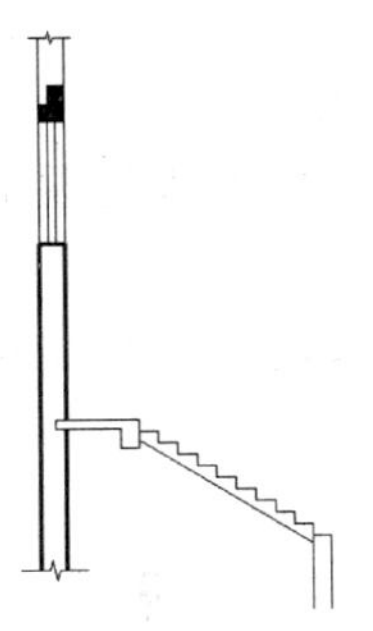

图 14-150　删除底部水平线

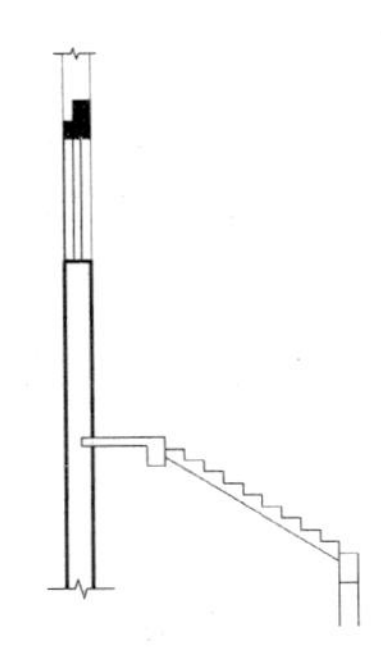

图 14-151　绘制水平直线

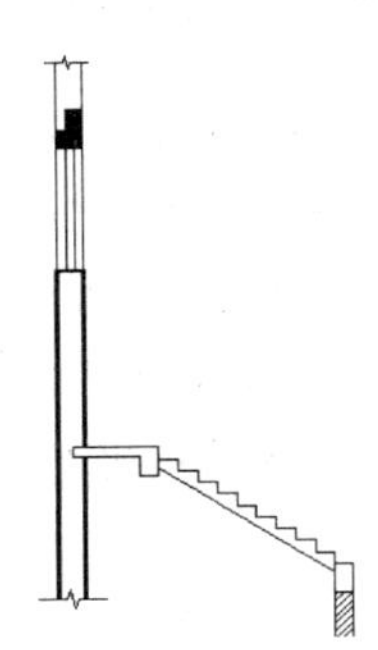

图 14-152　绘制斜向直线

利用上述方法完成其余图形的绘制,如图 14-153 所示。

(19) 单击“默认”选项卡“注释”面板中的“线性”按钮和“连续”按钮,为图形添加标注,如图 14-154 所示。

(20) 单击“默认”选项卡“绘图”面板中的“直线”按钮和“注释”面板中的“多行文字”按钮 A ,为图形添加标高,如图 14-155 所示。

(21) 单击“默认”选项卡“绘图”面板中的“直线”按钮和“注释”面板中的“多行文字”按钮 A ,为图形添加文字说明,完成楼梯剖面图的绘制,如图 14-156 所示。

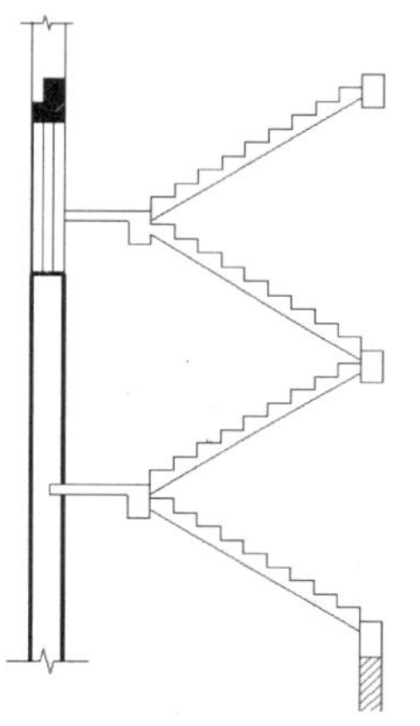

图 14-153　绘制图形

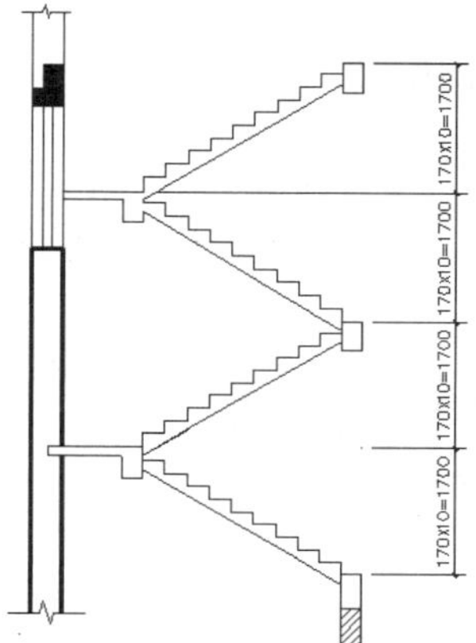

图 14-154　添加标注

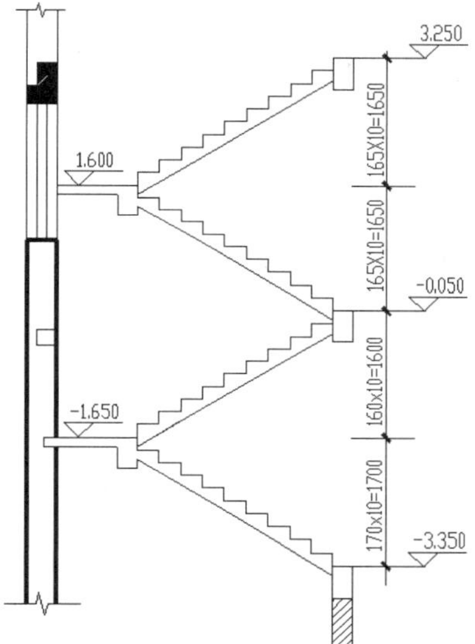

图 14-155　添加标高

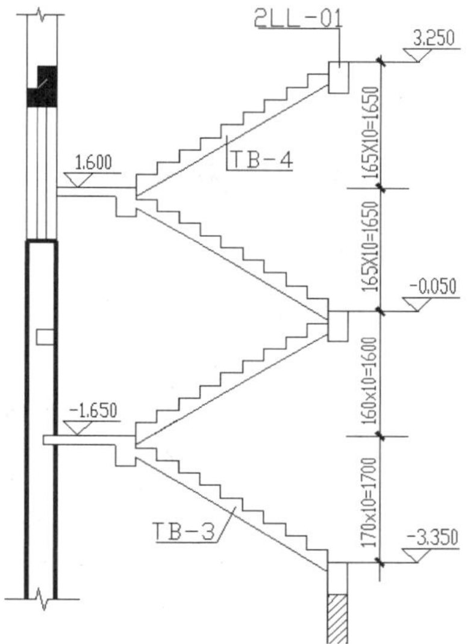

图 14-156　添加文字说明

14.3.4　绘制箍梁

利用前面讲述的方法完成箍梁 1-1 的绘制，如图 14-157 所示。

利用前面讲述的方法完成箍梁 2-2 的绘制，如图 14-158 所示。

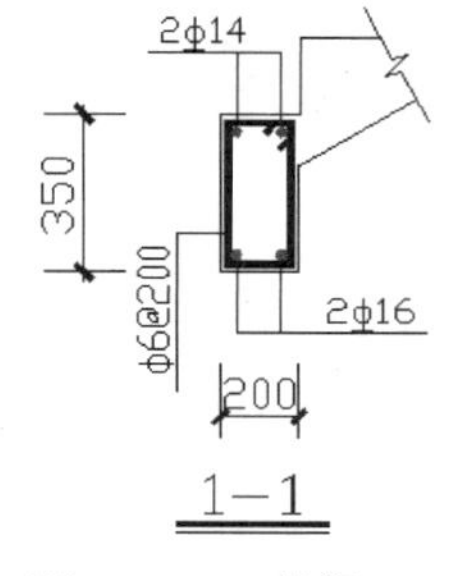

图 14-157　箍梁 1-1

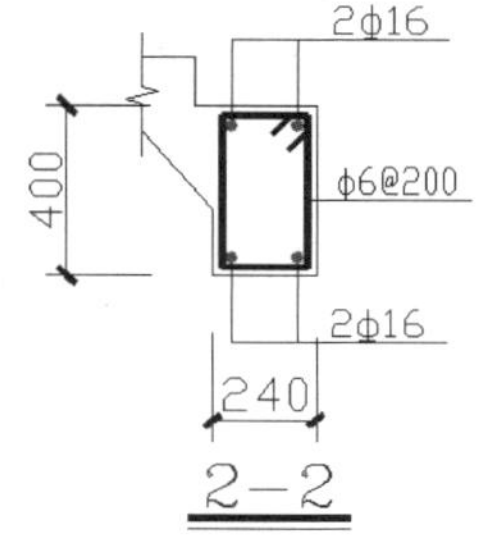

图 14-158　箍梁 2-2

14.3.5 绘制挑梁

利用上述方法完成挑梁 TL-1 的绘制，如图 14-159 所示。

利用上述方法完成挑梁 TL-2 的绘制，如图 14-160 所示。

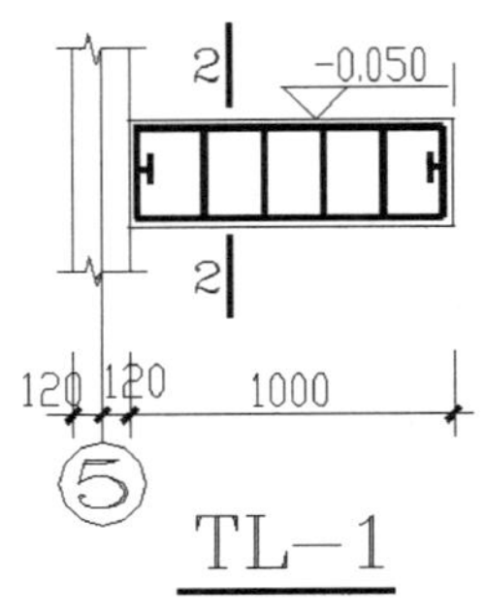

图 14-159 挑梁 TL-1

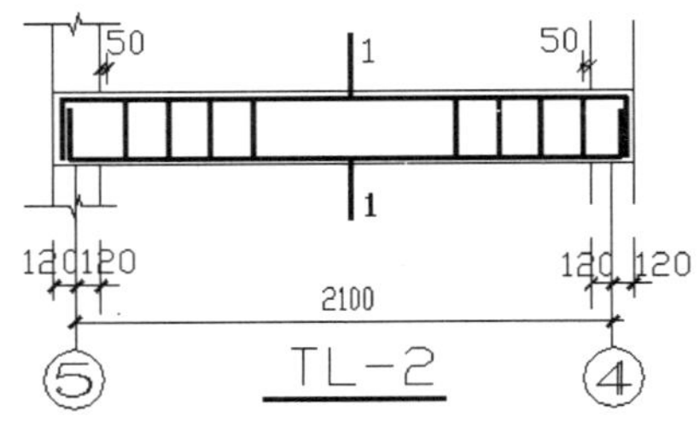

图 14-160 挑梁 TL-2

14-14

14.3.6 添加文字及图框

(1) 单击“默认”选项卡“注释”面板中的“多行文字”按钮 A，为图形添加文字说明，如图 14-161 所示。

说明：

1. 板中未注明分布筋为ф6@200。
2. 钢筋等级：HPB225(ф)HRB335(ф)。
3. 梁、板主筋保护层分别为30 mm、20 mm。
4. 混凝土强度等级为C20。
5. 平台板均厚100 mm。

图 14-161 添加文字说明

(2) 单击“默认”选项卡“块”面板中的“插入”按钮，打开“插入”对话框，如图 14-58 所示。单击“浏览”按钮，打开“选择图形文件”对话框，选择下载的“源文件/图块/A2 图框”图块，将其放置到图形适当位置，结合所学知识为绘制的图形添加图形名称，最终完成楼梯结构配筋图的绘制，如图 14-114 所示。

14.4 悬挑梁配筋图

利用前面所述方法可以绘制出悬挑梁配筋图，如图 14-162 所示。具体方法这里不再赘述。

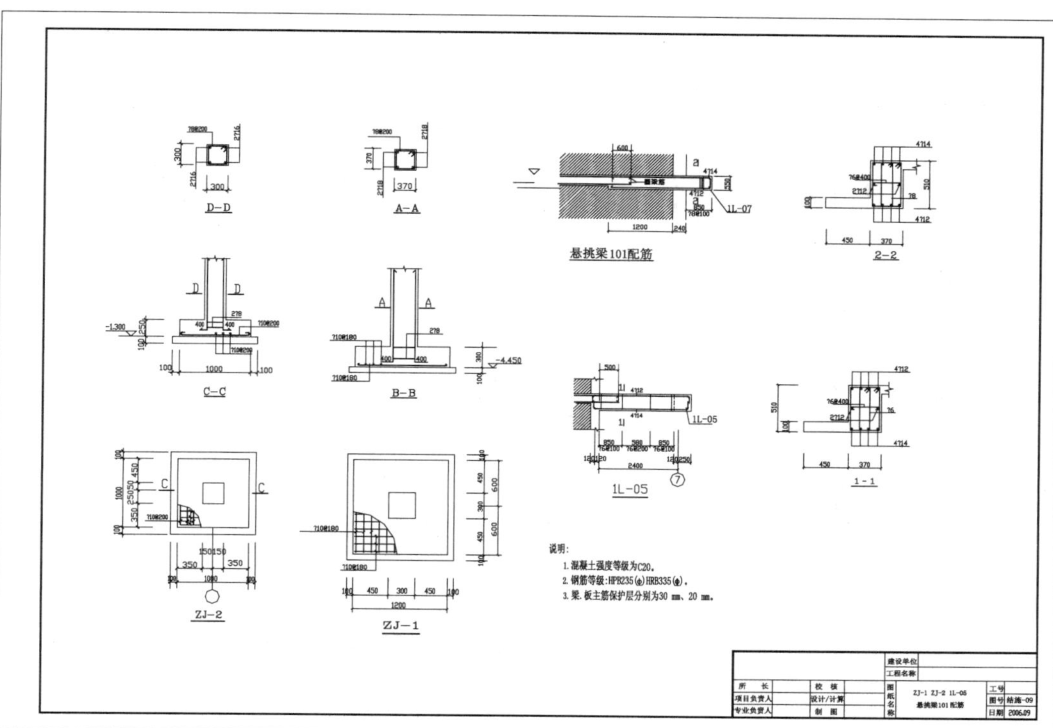

图 14-162　绘制 ZJ-1 悬挑梁、ZJ-2 悬挑梁及 1L-05 悬挑梁 101 配筋

14.5　上机实验

通过前面的学习，读者对本章知识也有了大体的了解，本节通过几个操作练习使读者进一步掌握本章知识要点。

实例 1　绘制如图 14-163 所示的挑梁配筋大样图。

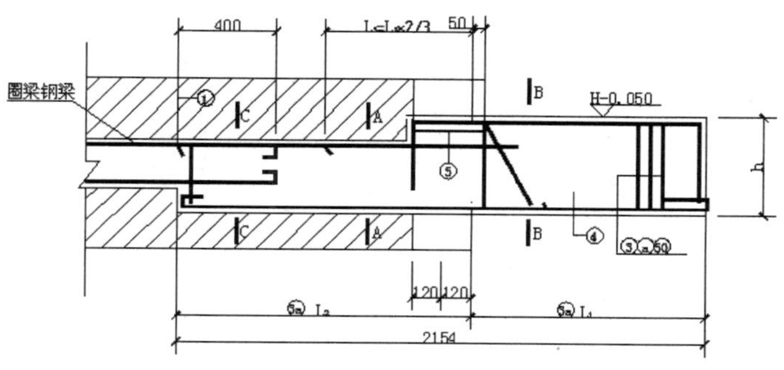

图 14-163　挑梁配筋大样图

1. 目的要求

本例主要练习挑梁配筋大样图的绘制方法。绘制挑梁配筋大样图的基本思路是：

首先绘制挑梁配筋大样图的基本轮廓线，根据基本轮廓线绘制外围线，然后填充图形，最后标注尺寸和文字，如图 14-163 所示。

2. 操作提示

（1）绘制基本轮廓线。

（2）绘制外围线。

（3）添加标注和文字说明。

实例 2 绘制如图 14-164 所示的楼梯剖面图。

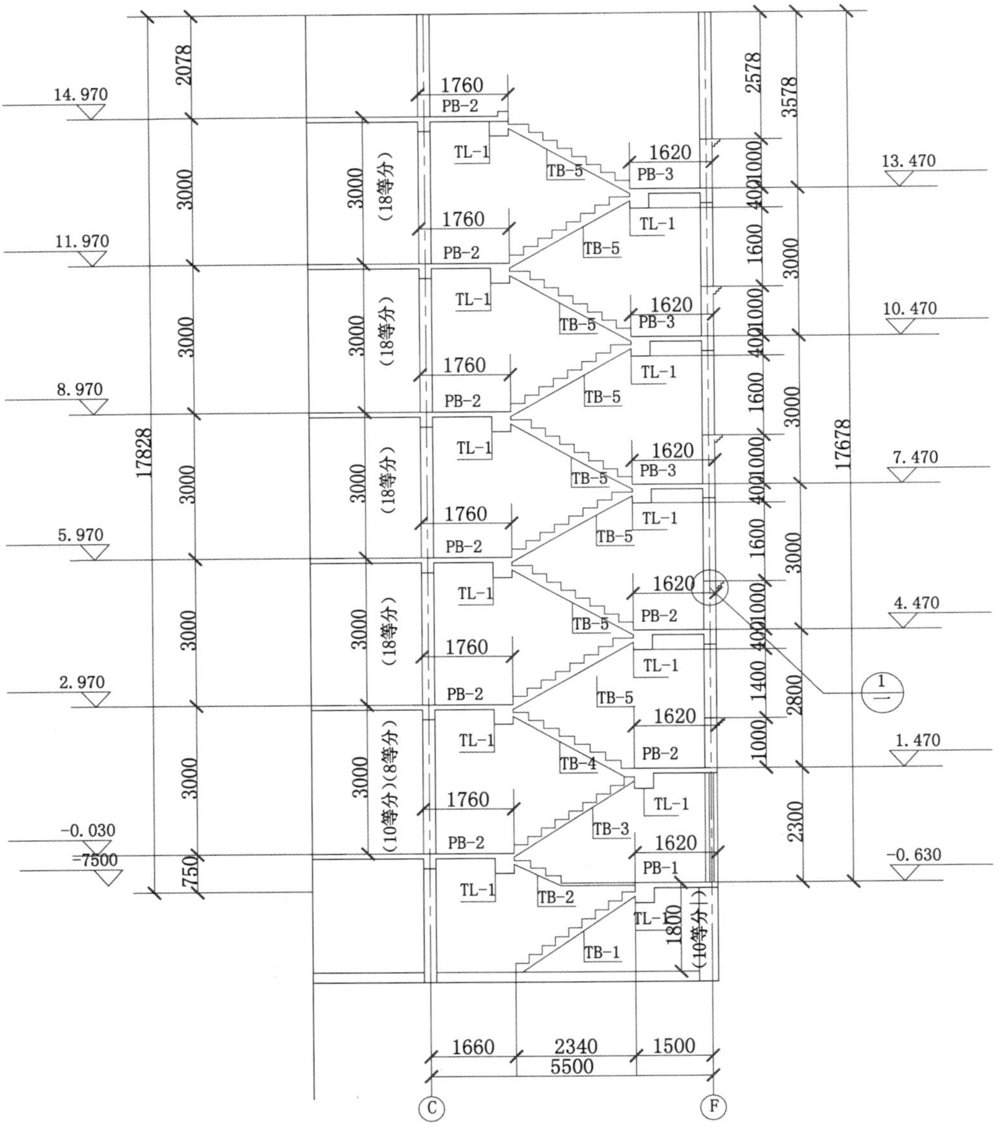

图 14-164 楼梯剖面图

1. 目的要求

本例主要练习楼梯剖面图的绘制方法，运用所学的知识结合工程实际情况进行绘制。所绘图形如图 14-164 所示。

2. 操作提示

（1）绘制轴线。

（2）绘制墙线。

（3）绘制楼梯平台。

（4）绘制楼梯。

（5）绘制剩余图形。

（6）添加标注和文字说明。

附　录

Autodesk 工程师认证考试样题(满分 100 分)

一、单项选择题(以下各小题给出的四个选项中,只有一个符合题目要求,请选择相应的选项,不选、错选均不得分。共 30 题,每题 2 分,共 60 分)

1. 展开图形修复管理器顶层节点最多可显示 4 个文件,其中不包括(　　)。

A. 程序失败时保存的已修复图形文件

B. 原始图形文件(DWG 和 DWS)

C. 自动保存的文件

D. 图层状态文件(las)

2. 使用 JOIN 命令将相似的对象合并为一个对象,用户可以合并的对象不包括(　　)。

A. 圆弧、椭圆弧　　B. 直线、多段线

C. 样条曲线　　D. 文字、标注

3. 下列变量中哪一个的功能是控制当光标悬停在支持夹点提示的动态块和自定义对象的夹点上时夹点提示的显示?(　　)

A. GRIPHOT　　B. GTAUTO　　C. GRIPTIPS　　D. ANGDIR

4. 下列关于动态块的制作顺序正确的是(　　)。

A. 绘制几何图形—添加参数—添加动作

B. 添加参数—添加动作—绘制几何图形

C. 添加参数—绘制几何图形—添加动作

D. 绘制几何图形—添加动作—添加参数

5. 引线标注中的点数最多可以设置几个?(　　)

A. 1　　B. 2　　C. 3　　D. 4

6. 在尺寸标注样式管理器中将“测量单位比例”的比例因子设置为 0.5,则 30°的角度将被标注为(　　)。

A. 15　　B. 60

C. 30　　D. 与注释比例相关,不定

7. 图案填充时,有时需要改变原点位置来适应图案填充边界,但默认情况下,图案填充原点的坐标是(　　)。

A. 0,0　　B. 0,1　　C. 1,0　　D. 1,1

8. F10 快捷键的作用是(　　)。

A. 切换“对象捕捉追踪”　　B. 切换“动态输入”

C. 切换“极轴追踪” D. 切换 ORTHOMODE

9. 实体填充区域不能表示为以下哪项？(　　)

A. 图案填充(使用实体填充图案) B. 三维实体

C. 渐变填充 D. 宽多段线或圆环

10. 自动保存文件“D1_1_2_2014.sv$”，其中 2014 表示什么意思？(　　)

A. 保存的年份 B. 保存文件的版本格式

C. 随机数字 D. 图形文件名

11. 将图和已标注的尺寸同时放大 2 倍，其结果是(　　)。

A. 尺寸值是原尺寸的 2 倍

B. 尺寸值不变，字高是原尺寸的 2 倍

C. 尺寸箭头是原尺寸的 2 倍

D. 原尺寸不变

12. 执行环形阵列命令，在指定圆心后默认创建几个图形？(　　)

A. 4 个 B. 6 个 C. 8 个 D. 10 个

13. AutoCAD 中“°”“±”“Φ”符号的控制符依次是(　　)。

A. %%D，%%P，%%C

B. %%P，%%C，%%D

C. D%%，P%%，C%%

D. P%%，C%%，D%%

14. 新建一个标注样式，此标注样式的基准标注为(　　)。

A. ISO-25 B. 当前标注样式

C. 应用最多的标注样式 D. 命名最靠前的标注样式

15. 对于更改对象线宽，以下说法正确的是(　　)。

A. 将对象重新指定给具有不同线宽的其他图层

B. 更改对象所在图层的线宽

C. 为对象明确指定线宽

D. 以上说法都是正确的

16. 以下对于圆环的说法正确的是(　　)。

A. 圆环是填充环或实体填充圆，即带有宽度的闭合多段线

B. 圆环的两个圆是不能一样大的

C. 圆环无法创建实体填充圆

D. 圆环标注半径值是内环的值

17. 块和外部参照的重要区别是：(　　)。

A. 图形作为块插入时，它不随原始图形的改变而更新。图形作为外部参照插入时，对原图形所作的任何修改会显示在当前图形中

B. 图形作为块插入时，可以分解。图形作为外部参照插入时，不可以分解

C. 图形作为块插入时，存储在图形中。将图形作为外部参照插入时，是将图形链接到当前图形中

D. 块插入的是图形文件。外部参照插入的是图像文件

Note

18. 创建新图形“使用样板”时，符合中国技术制图标准的样板名代号是(　　)。
    A. Gb　　B. Din　　C. Ansi　　D. Jis
19. 刚刚绘制了一直线，现在直接按两次 Enter 键，其结果是(　　)。
    A. 直线命令中断　　B. 以直线端点为起点绘制圆弧
    C. 以直线端点为起点绘制直线　　D. 以圆心为起点绘制直线
20. 将特性从一个图层复制到其他图层用到的功能是(　　)。
    A. 图层匹配　　B. 图层漫游
    C. 图层隔离　　D. 以上都不正确
21. 下面不可以拖动的是(　　)。
    A. 命令行　　B. 工具栏　　C. 工具选项板　　D. 菜单
22. 使用 stretch 拉伸功能拉伸对象时，以下说法错误的是(　　)。
    A. 拉伸交叉窗口中部分包围的对象
    B. 拉伸单独选定的对象
    C. 移动完全包含在交叉窗口的对象
    D. 以上说法均不对
23. 在 AutoCAD 2018 中使用下列哪个命令可以显示出图 1 的“阵列”对话框？(　　)
    A. ARRAY　　B. ARRAYRECT
    C. ARRAYCLASSIC　　D. ARRAYPOLAR

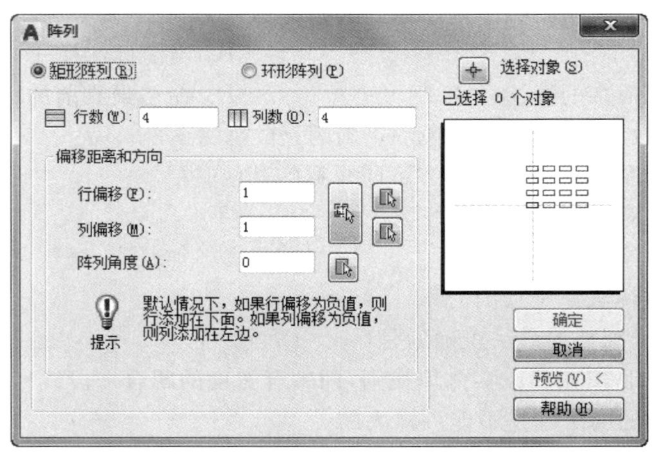

图　1

24. 按住(　　)键来切换所要绘制的圆弧方向。
    A. Shift　　B. Ctrl　　C. F1　　D. Alt
25. 非关联的填充图案，是否可以对边界使用夹点拖动编辑？(　　)
    A. 可以　　B. 不可以
    C. 当边界是一个对象的时候可以　　D. 当公差间隙等于零的时候可以
26. 下列不是自动约束类型的是(　　)。
    A. 共线约束　　B. 固定约束　　C. 同心约束　　D. 水平约束

Note

27. 下列关于块的说法正确的是(　　)。
    A. 块只能在当前文档中使用
    B. 只有用 Wblock 命令写到盘上的块才可以插入另一图形文件中
    C. 任何一个图形文件都可以作为块插入另一幅图中
    D. 用 Block 命令定义的块可以直接通过 Insert 命令插入到任何图形文件中
28. 打开和关闭命令行的快捷键是(　　)。
    A. F2　　　　B. Ctrl+F2　　　　C. Ctrl+F9　　　　D. Ctrl+9
29. 多行文字分解后将会是(　　)。
    A. 单行文字　　　　B. 多行文字　　　　C. 多个文字　　　　D. 不可分解
30. 新建图纸,采用无样板打开—公制,默认布局图纸尺寸是?(　　)
    A. A4　　　　B. A3　　　　C. A2　　　　D. A1

二、操作题(根据题中的要求逐步完成。每题 20 分,共 2 题,共 40 分)

1. 绘制如图 2 所示的二层梁钢筋图(可不绘制图框和表格)。

操作提示:

(1) 绘制基础平面图。

(2) 绘制框架梁。

(3) 绘制钢筋。

(4) 标注尺寸和文字。

(5) 插入图框。

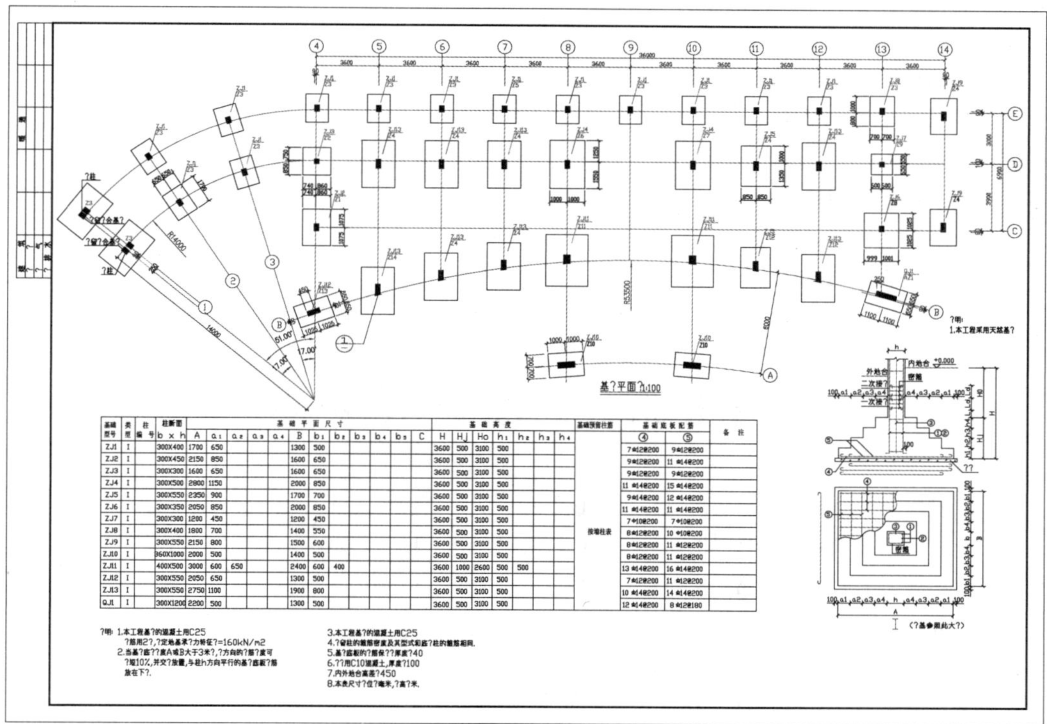

基础型号	类型	柱编号	柱断面 b×h	基础平面尺寸 A	a1	a2	a3	a4	B	b1	b2	b3	b4	b5	C	基础高度 H	HJ	Ho	h1	h2	h3	h4	基础预留柱筋	基础底板配筋 ④	⑤	备注
ZJ1	I		300X400	1700	650				1300	500						3600	500	3100	500				按墙柱表	7Φ12@200	9Φ12@200	
ZJ2	I		300X450	2150	850				1600	650						3600	500	3100	500					9Φ12@200	11 Φ14@200	
ZJ3	I		300X300	1600	650				1600	650						3600	500	3100	500					9Φ12@200	9Φ12@200	
ZJ4	I		300X500	2800	1150				2000	850						3600	500	3100	500					11 Φ14@200	15 Φ14@200	
ZJ5	I		300X550	2350	900				1700	700						3600	500	3100	500					9Φ14@200	12 Φ14@200	
ZJ6	I		300X350	2050	850				2000	850						3600	500	3100	500					11 Φ14@200	11 Φ14@200	
ZJ7	I		300X300	1200	450				1200	450						3600	500	3100	500					7Φ10@200	7Φ10@200	
ZJ8	I		300X400	1800	700				1400	550						3600	500	3100	500					8Φ12@200	10 Φ10@200	
ZJ9	I		300X550	2150	800				1500	600						3600	500	3100	500					8Φ12@200	11 Φ12@200	
ZJ10	I		360X1000	2000	500				1400	500						3600	500	3100	500					8Φ12@200	11 Φ12@200	
ZJ11	I		400X500	3000	600	650			2400	600	400					3600	1000	2600	500	500				13 Φ14@200	16 Φ14@200	
ZJ12	I		300X550	2050	650				1300	500						3600	500	3100	500					7Φ12@200	11 Φ12@200	
ZJ13	I		300X550	2750	1100				1900	800						3600	500	3100	500					10 Φ14@200	14 Φ14@200	
QJ1	I		300X1200	2200	500				1300	500						3600	500	3100	500					12 Φ14@200	8 Φ12@180	

图　2

Note

2. 绘制如图 3 所示的楼梯详图(可不绘制图框和表格)。

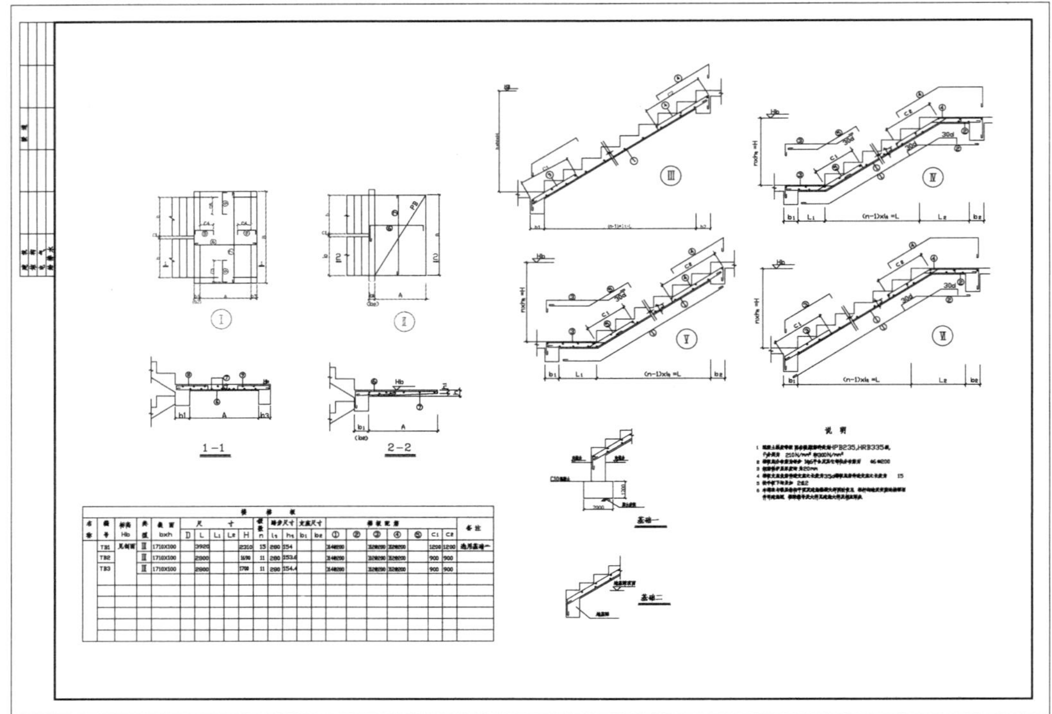

图 3

操作提示:

(1) 绘制楼梯平面图。

(2) 绘制楼梯剖面图。

(3) 绘制基础图。

(4) 插入图框。

单项选择题答案:

DCCAD　　CACBC　　ABABD　　AAACA　　DCCBA　　BCDAA

学习效果自测答案(选择题)

第 2 章　1. C　2. B　3. C　4. B　5. D　6. D　7. C　8. C　9. A

第 3 章　1. D　2. B　3. D　4. C　5. D　6. B　7. B

第 4 章　1. B　2. A　3. D　4. B　5. B　6. C　7. A　8. A　9. C

第 5 章　1. A　2. A　3. C　4. D　5. A　6. B　7. B　8. A　9. C

第 6 章　1. B　2. B　3. A　5. B　6. B

第 7 章　1. A　2. A　3. C　4. A

第 8 章　1. D　2. D　3. A　4. D　5. B　6. A　7. D　8. B

第 9 章　1. C　2. A　3. B　4. C　5. B　6. D　7. D　8. C

二维码索引

Note

Note